中国合成洗涤剂工业60年

(1959—2019)

王万绪　主编

山西出版传媒集团　山西人民出版社

图书在版编目（CIP）数据

中国合成洗涤剂工业60年：1959—2019 / 王万绪主编 . —太原：山西人民出版社，2019.9
ISBN 978-7-203-11072-9

Ⅰ.①中⋯ Ⅱ.①王⋯ Ⅲ.①合成洗涤剂—化学工业—中国—1959-2019 Ⅳ.① F426.7

中国版本图书馆CIP数据核字（2019）第192554号

中国合成洗涤剂工业60年：1959—2019

主　　编：	王万绪
责任编辑：	陈俞江
复　　审：	傅晓红
终　　审：	秦继华
装帧设计：	芦文秀
出 版 者：	山西出版传媒集团·山西人民出版社
地　　址：	太原市建设南路21号
邮　　编：	030012
发行营销：	0351-4922220　4955996　4956039　4922127（传真）
天猫官网：	http://sxrmcbs.tmall.com　电话：0351-4922159
E-mail：	sxskcb@163.com　发行部
	sxskcb@126.com　总编室
网　　址：	www.sxskcb.com
经 销 者：	山西出版传媒集团·山西人民出版社
承 印 者：	山西出版传媒集团·山西省美术印务有限责任公司
开　　本：	889mm×1194mm　1/16
印　　张：	36
字　　数：	600千字
印　　数：	1—2 000册
版　　次：	2019年9月　第1版
印　　次：	2019年9月　第1次印刷
书　　号：	ISBN 978-7-203-11072-9
定　　价：	580.00元

如有印装质量问题请与本社联系调换

《中国合成洗涤剂工业60年（1959—2019）》编辑委员会

主　任

王万绪

（中国日用化学工业研究院　院长）

委　员（按姓名汉语拼音字母排序）

曹　平

（上海家化联合股份有限公司　资深总监）

曹玉英

（中国日用化学工业信息中心　原主编）

陈建斌

（广州市浪奇实业股份有限公司　总经理）

陈凯旋

（广州立白企业集团有限公司　董事长）

程 宁
(表面活性剂和洗涤剂行业生产力促进中心 主任)

CHO HYE IM
(琪优势化工(太仓)有限公司 商务部副总经理)

董万田
(中轻日化科技有限公司 董事长)

方银军
(赞宇科技集团股份有限公司 总经理)

封益民
(中轻化工股份有限公司 总经理)

耿 涛
(中轻日化科技有限公司 总经理)

郭建国
(中国日用化学工业研究院 党委副书记)

何丽明
(纳爱斯集团有限公司 董事长兼总裁)

黄建文
（东莞立顿集团企业有限公司　董事长）

蒋伟民
（中国石化金陵石化有限责任公司烷基苯厂　厂长兼党委副书记）

李秋小
（中国日用化学工业研究院　顾问）

刘国彪
（湖南丽臣实业股份有限公司　副总经理兼总工程师）

刘立新
（山西焦煤运城盐化集团有限责任公司　党委书记兼董事长）

陆　中
（威莱（广州）日用品有限公司　首席科学家）

潘　东
（蓝月亮（中国）有限公司　董事局主席）

裴　鸿
（中国日用化学工业信息中心　主任）

任林松
（中国石油抚顺石化公司洗涤剂化工厂　厂长兼党委副书记）

沈　俊
（联合利华（中国）有限公司　研发总监）

沈新华
（浙江嘉化能源化工股份有限公司　副董事长）

石荣莹
（上海和黄白猫有限公司　副总经理兼研发总监）

孙永强
（表面活性剂国家工程研究中心　主任）

汪敏燕
（中国洗涤用品工业协会　理事长）

吴焕清
（广东铭康香精香料有限公司　董事长）

吴鹰花
（中山榄菊日化实业有限公司　首席运营官）

徐昌诚

（南京佳和日化有限公司　董事长兼总经理）

徐建成

（苏州绿叶日用品有限公司　董事长）

许玉田

（新浪爱拓设备（江苏）有限公司　董事长）

杨效益

（中国日用化学工业研究院上海分院　院长）

於水新

（上海艾肯化工科技有限公司　总经理）

于　文

（西安开米股份有限公司　董事长）

张　辉

（北京绿伞化学股份有限公司　副总经理）

赵建利

（洛娃科技实业集团有限公司　执行董事）

《中国合成洗涤剂工业 60 年（1959—2019）》编辑部

主 编：王万绪
副 主 编：李秋小
执行主编：曹玉英
特约编审：华章熙
责任编辑：李保林
编 辑：（按姓名汉语拼音字母排序）
　　　　　杜志平　冯正诗　傅明权　郭朝华　李向阳　刘　瑜
　　　　　刘有才　罗　毅　裴　鸿　孙明和　孙永强　唐鸿鑫
　　　　　童　年　王佩维　王泽云　吴惠平　徐长卿　杨秀全
　　　　　姚晨之　张　辉　赵永杰　周　婷

发展合洗工业 美好人民生活

张崇和 己亥年

张崇和　中国轻工业联合会　会长
　　　　中华全国手工业合作总社　主任

加快科技创新，
发展合成产业。

孙宝国
2019.3.5.

孙宝国 | 中国工程院　院士
北京工商大学　校长

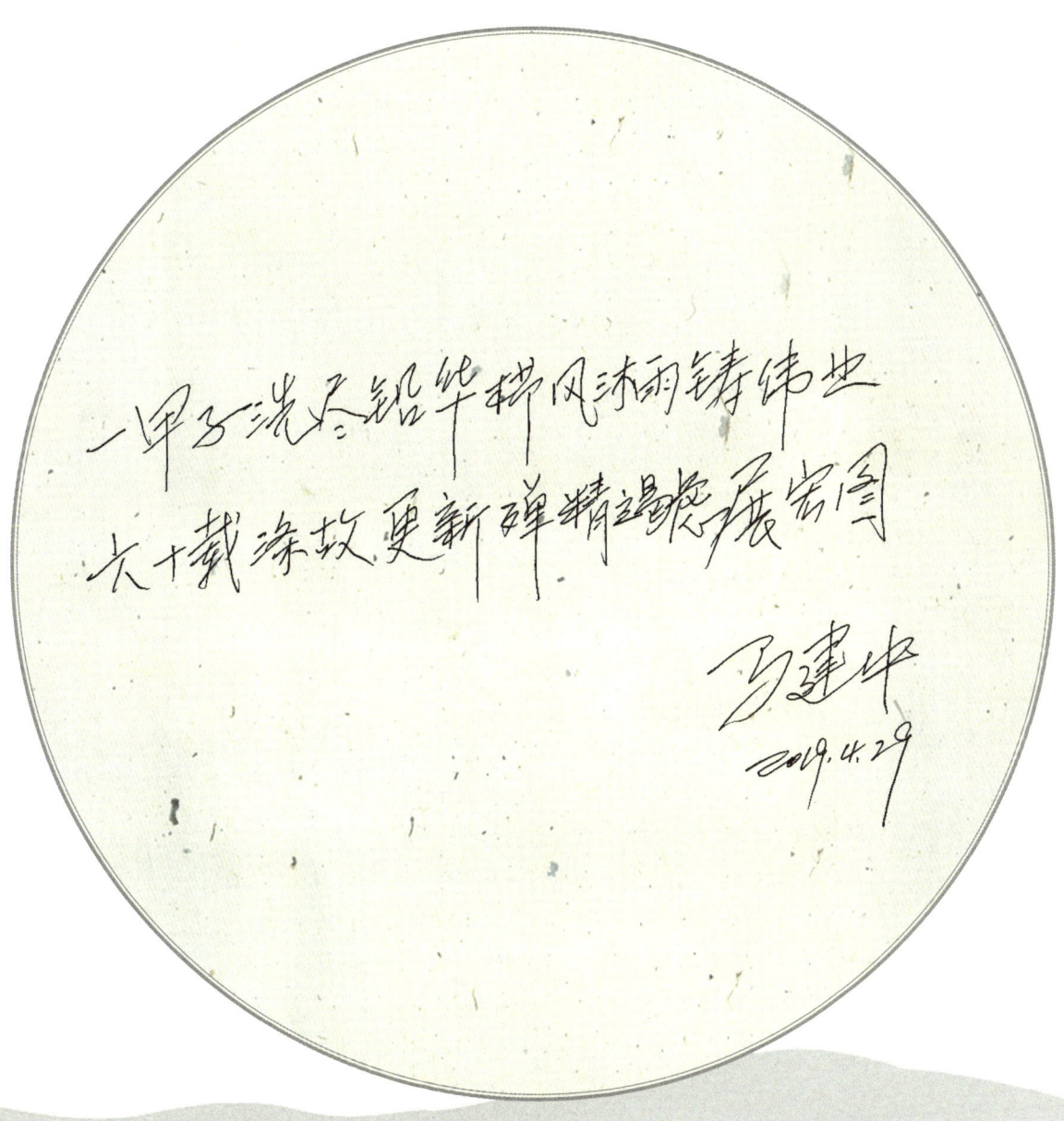

一甲子洗尽铅华栉风沐雨铸伟业
六十载涤故更新弹精竭虑展宏图

马建中
2019.4.29

马建中 | 陕西科技大学 校长

风雨一甲子
　　薪胆有成
　　　　拓民族洗涤新路

耕耘两世纪
　　初心不忘
　　　　和神州复兴强音

　　　　　　全国胶体与界面化学专业委员会
　　　　　　　　主任委员
　　　　　　　　黄建滨

黄建滨 | 全国胶体与界面化学专业委员会　主任委员
北京大学化学与分子工程学院　教授

砥砺奋进六十载

再创佳绩向未来

庆祝中国合成洗涤剂工业创立六十周年

汪敏燕 2019.08.

汪敏燕 | 中国洗涤用品工业协会　理事长

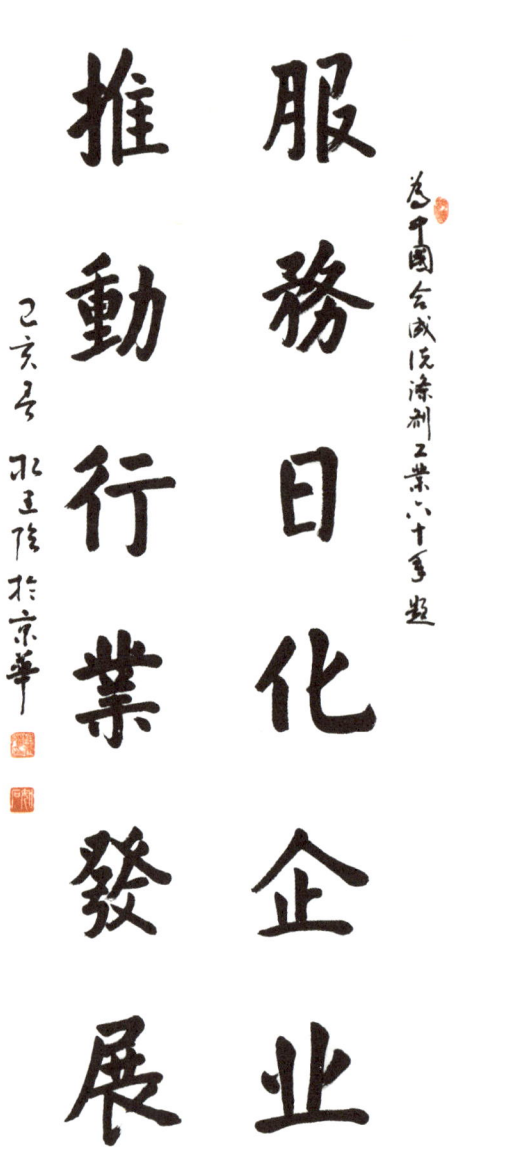

相建强 | 中国口腔清洁护理用品工业协会　理事长

前　言

日月轮回，斗转星移，至2019年中国合成洗涤剂工业已走过60年的历程。回望历史，中国合成洗涤剂工业从1959年以5700 t产品问世，到2018年达到近1400万t的规模，增长何止千倍，创造的辉煌不言而喻。

合成洗涤剂是现代文明的产物。欧洲发达国家在20世纪30年代开始有合成洗涤剂产品面市，1959年之前中国大陆还没有工业化意义上的合成洗涤剂产品供应市场。从1957年开始，由食品工业部上海科学研究所油脂化工研究室（中国日用化学工业研究院的前身）率先开展合成洗涤剂的研究，并同上海油脂化学工业公司、上海永星化工厂等单位通力合作，开发合成洗衣粉的生产技术，在实验成功的基础上于1959年在永星化工厂建成年产5000 t的洗衣粉生产装置，其产品以"工农"牌洗衣粉于1959年5月1号正式面市，宣告了中国合成洗涤剂工业的诞生。1959年是中国合成洗涤剂工业的创立之年，虽然先天不足，却也呱呱坠地，开始了合成洗涤剂工业60年的发展历程。

1959年正处于我国三年困难时期，合成洗涤剂工业在艰难中起步，蹒跚前行。开始阶段由于原料短缺，技术落后，困难重重。合成洗涤剂工业历尽艰辛，努力奋进，1959年至1978年间年增长率达到23%，1972年产量突破10万t，1978年达到30万t。这一时期中国合成洗涤剂工业从无到有，再到几十万吨的规模，达到了和肥皂一比高低的发展水平，为合成洗涤剂行业的进一步发展奠定了良好的基础。

1978年12月，中国共产党召开了十一届三中全会，提出了把工作重点转移到社会主义现代化建设上来。从1979年开始到1988年，这10年期间，合成洗涤剂工业乘着改革开放的春风，得到快速发展。1985年我国合成洗涤剂产量首次突破100万t，和肥皂产量持平；1988年合成洗衣粉产量达到100万t。这是两件具有里程碑意义的事件，标志着我国洗涤用品工业开始进入合成洗涤剂主导的时代。

1989年至1998年的10年间，洗涤用品行业进入了持续、稳定、健康发展时期，行业综合实力获得显著提高。所有制结构进一步过渡到多种经济成分相互竞争、相互渗透的阶段，促进了行业的发展。到20世纪末，洗涤用品工业已形成了原材料供应、生产经营、监督检测、信息网络、科研设计、人才培养等较为完整的行业体系。洗涤用品工业持续、稳定、健康发展，行业综合实力显著提高。

到了世纪之交的1999年,市场竞争的意识已经深入人心,企业完善了自己的销售网络,充分利用商品批发市场、集市、商店、卖场、超市等多种渠道甚至品牌专卖店的形式销售产品。与此同时,随着企业的综合实力不断增强,市场调查、市场预测和信息传递的质量得到迅速提高,企业由此改善了组织生产、满足市场需求的能力,提高了产品和服务质量。之后的20年间合成洗涤剂行业保持了持续快速的增长,合成洗涤剂产量由1999年的287万t增加到2018年的近1400万t。

60年来,科技进步一直是合成洗涤剂工业发展的首要动力。中国日用化学工业研究院作为洗涤剂行业唯一的国家级科研机构,在合成洗涤剂工业的发展历程中始终起到了引领行业科技进步的作用,为行业发展做出了重要贡献。尤其是进入21世纪以来,在合成洗涤剂工业工艺技术和产品的绿色化转型过程中,中国日用化学工业研究院一直站在行业技术发展的前沿,瞄准国际先进水平,引领合成洗涤剂工业在技术、产品、品牌及市场等方面取得全面进步,大大缩小了和发达国家的差距,促进了行业的可持续发展。

目前,我国合成洗涤剂总产量已跻身世界前列,成为合成洗涤剂生产大国,且正在快速迈向合成洗涤剂生产强国。今后,随着工农业的发展和人民生活水平的提高,对合成洗涤剂在质和量方面的需求将继续增加,这是洗涤用品发展的潜力所在。我国合成洗涤剂行业的生产技术水平、经营管理水平需进一步提高,产品品种、应用领域、整体产品质量水平有待进一步增加、扩大和提高。

我国合成洗涤剂工业的奋斗目标是向世界强国迈进。今后要继续扩大绿色化原料的开发,为不断增加新产品提供条件;继续提高行业整体技术和装备水平,全面实现机械化、自动化;加快企业的产品结构调整,开发节能、节水产品;要重视我国特有的油料资源的发展,使资源合理利用,保护环境,坚持可持续发展的战略;加速培育大型企业集团,提高国际性竞争能力,更好地满足我国国民经济发展和人民生活水平日益提高的要求。

60年来,我们为取得的辉煌成就而自豪。我们在此全面回顾合成洗涤剂行业的发展历程,将60年的发展分为三个阶段进行比较全面的总结,并从科技、原料、产品、装备及标准检测与信息等侧面进行梳理分析,就是为了记住发展的历史,从合成洗涤剂行业的发展过程中汲取经验和力量,不忘初心,牢记使命,在建设中国特色的社会主义、全面建成小康社会的战略目标指引下,为建设更加完善、更加强大的中国合成洗涤剂工业而继续奋斗。

中国日用化学工业研究院　院长

2019年5月

目 录

一、综合篇

1 合成洗涤剂的起源 ········003
2 中国合成洗涤剂工业的发展与现状 ········004
3 合成洗涤剂工业分阶段发展历程 ········005
  3.1 改革开放前的 20 年（1959—1978 年） ········005
    3.1.1 合成洗涤剂工业的创立 ········005
    3.1.2 合成洗涤剂工业的发展 ········006
    3.1.3 合成洗涤剂产品的发展 ········008
    3.1.4 合成洗涤剂原材料的发展 ········008
  3.2 改革开放后的 20 年（1979—1998 年） ········016
    3.2.1 1979—1988 年 ········016
    3.2.2 1989—1998 年 ········033
  3.3 世纪之交及其后的 20 年（1999—2018 年） ········048
    3.3.1 合成洗涤剂产品结构明显变化 ········049
    3.3.2 品牌优势进一步确立 ········052
    3.3.3 合成洗涤剂原料生产能力提高 ········053
    3.3.4 装备水平稳步提高 ········055
    3.3.5 科研力量进一步加强 ········057
    3.3.6 完善产品标准，调整产品结构，提高产品质量 ········057
    3.3.7 发展方向及目标 ········058

二、科技篇

1 合成洗涤剂行业科技工作概述 ········063
  1.1 科研体系的建立 ········063

1.1.1 中国日用化学工业研究院的变迁和发展 ……………………………… 063
　　　1.1.2 地方科研机构 ……………………………………………………… 066
　　　1.1.3 大中型企业科研机构 ……………………………………………… 068
　　　1.1.4 大专院校科研机构 ………………………………………………… 069
　　1.2 制定科研规划和科技攻关规划 …………………………………………… 070
2 合成洗涤剂工业各个时期科研工作总结 ……………………………………… 080
　　2.1 合成洗涤剂面市之前的科研工作 ………………………………………… 080
　　2.2 日化工业技术改造与发展时期的科研工作 ……………………………… 082
　　　2.2.1 烷基苯的生产工艺和设备的技术改造与开发 …………………… 083
　　　2.2.2 烷基苯 SO_3 磺化工艺与设备的研究开发 ……………………… 089
　　　2.2.3 合成洗涤剂的配方研究 …………………………………………… 091
　　　2.2.4 洗涤剂成型装置的研究开发 ……………………………………… 093
　　2.3 表面活性剂和民用及工业用制剂全面发展时期的科研工作 …………… 094
　　　2.3.1 各种表面活性剂的制备技术的研究开发 ………………………… 094
　　　2.3.2 民用和工业用制剂的研究开发 …………………………………… 101
　　2.4 2000 年后的科研工作 …………………………………………………… 102
　　　2.4.1 新产品与新技术的研究开发 ……………………………………… 103
　　　2.4.2 工程化技术和专用设备的研究开发 ……………………………… 107
　　　2.4.3 应用基础研究 ……………………………………………………… 109
　　　2.4.4 环保、标准等公益性的研究工作 ………………………………… 110
3 表面活性剂／洗涤剂领域国家攻关计划总结 ………………………………… 111
　　3.1 行业国家科技攻关项目（国家支撑计划）概况 ………………………… 111
　　3.2 行业国家科技攻关项目（国家支撑计划）课题汇总 …………………… 113
　　　3.2.1 国家"七五"科技攻关计划项目 ………………………………… 113
　　　3.2.2 国家"八五"科技攻关计划项目 ………………………………… 114
　　　3.2.3 国家"九五"科技攻关计划项目 ………………………………… 116
　　　3.2.4 国家"十一五"科技支撑计划项目 ……………………………… 117
　　　3.2.5 国家"十二五"科技支撑计划项目 ……………………………… 117
　　　3.2.6 "十三五"国家重点研发计划重点专项 ………………………… 119

三、原料篇

1 表面活性剂 ………………………………………………………………………… 125

1.1 表面活性剂概述
1.1.1 表面活性剂的定义 ... 125
1.1.2 表面活性剂的特性 ... 125
1.1.3 表面活性剂分类及制备工艺 ... 126
1.1.4 表面活性剂的性能及其应用 ... 127
1.1.5 发展及现状 ... 128
1.1.6 核心优势及产业布局 ... 130
1.1.7 市场需求及下游应用情况 ... 130
1.1.8 发展趋势 ... 131
1.1.9 存在问题 ... 132
1.1.10 发展方向 ... 133

1.2 阴离子表面活性剂 ... 134
1.2.1 烷基苯磺酸钠 ... 135
1.2.2 醇醚硫酸盐（AES/AES-NH$_4$） ... 147
1.2.3 十二烷基硫酸钠 ... 159
1.2.4 α-烯基磺酸盐 ... 166
1.2.5 脂肪酸甲酯磺酸钠（MES） ... 175
1.2.6 醇醚羧酸钠 ... 184
1.2.7 氨基酸表面活性剂 ... 192

1.3 非离子表面活性剂 ... 195
1.3.1 脂肪醇聚氧乙烯醚 ... 195
1.3.2 脂肪酸甲酯乙氧基化物 ... 204
1.3.3 烷基糖苷 ... 208
1.3.4 烷基醇酰胺 ... 215

1.4 阳离子和两性离子表面活性剂 ... 219
1.4.1 以长链烷基叔胺为原料的表面活性剂 ... 219
1.4.2 非烷基叔胺衍生的阳离子和两性表面活性剂 ... 237

2 助剂 ... 247
2.1 合成洗涤剂磷酸盐类助剂 ... 248
2.1.1 简介 ... 248
2.1.2 发展与现状 ... 248
2.1.3 生产工艺 ... 251
2.1.4 STPP 产量及产品标准 ... 251

2.1.5 结语 ··· 253
2.2 4A沸石 ··· 253
　　2.2.1 简介 ··· 253
　　2.2.2 洗涤剂用4A沸石的发展与现状 ·· 254
　　2.2.3 4A沸石制备方法 ··· 255
　　2.2.4 4A沸石的应用 ·· 259
　　2.2.5 生产厂商、产量及产品标准 ·· 260
　　2.2.6 结语 ··· 262
2.3 其他洗涤剂助剂 ··· 262
　　2.3.1 硅酸盐 ·· 262
　　2.3.2 碳酸钠 ·· 263
　　2.3.3 其他助剂 ·· 264

3 添加剂及填充剂 ··· 264
3.1 漂白剂及其活化剂 ·· 264
　　3.1.1 过碳酸钠 ·· 264
　　3.1.2 过硼酸钠 ·· 267
　　3.1.3 四乙酸乙二胺 ·· 268
3.2 荧光增白剂 ·· 268
　　3.2.1 简介 ··· 268
　　3.2.2 洗涤剂用荧光增白剂的生产和使用特点 ·· 269
　　3.2.3 荧光增白剂的安全性 ·· 270
　　3.2.4 生产厂商及质量标准 ·· 271
3.3 填充剂无水硫酸钠 ·· 272
　　3.3.1 简介 ··· 272
　　3.3.2 无水硫酸钠用于洗衣粉配方的起因及其作用 ··· 272
　　3.3.3 制备方法 ·· 273
　　3.3.4 生产及供应 ··· 273
3.4 洗涤剂用酶 ·· 274
　　3.4.1 简介 ··· 274
　　3.4.2 合成洗涤剂用酶发展和现状 ··· 274
　　3.4.3 洗涤剂用酶的主要品种 ··· 275
　　3.4.4 展望 ··· 276
　　3.4.5 主要供应商 ··· 277

四、产品篇

1 合成洗涤剂概述 ··· 283
　1.1 合成洗涤剂的发展与现状 ··· 283
　1.2 合成洗涤剂的分类 ··· 284
　　1.2.1 按用途分类 ·· 284
　　1.2.2 按泡沫丰富程度分类 ·· 285
　　1.2.3 按物理状态分类 ·· 285
　　1.2.4 按污垢轻重分类 ·· 286
2 洗衣粉 ··· 286
　2.1 我国洗衣粉工业发展历程 ··· 287
　　2.1.1 1959—1978年，起步发展阶段 ······························ 287
　　2.1.2 1979—1983年，蓬勃发展阶段 ······························ 287
　　2.1.3 1984—1993年，市场繁荣阶段 ······························ 288
　　2.1.4 1994—1996年，外资主导阶段 ······························ 288
　　2.1.5 1997—1999年，民营洗衣粉异军突起 ·················· 289
　　2.1.6 2000年之后，民营企业快速发展，行业重新洗牌 ············· 290
　2.2 合成洗衣粉各类产品的发展与现状 ································· 290
　　2.2.1 普通洗衣粉 ·· 291
　　2.2.2 浓缩洗衣粉 ·· 293
　　2.2.3 加酶洗衣粉 ·· 298
　　2.2.4 无磷洗衣粉 ·· 298
　　2.2.5 漂白洗衣粉 ·· 299
　　2.2.6 低泡洗衣粉 ·· 300
　2.3 合成洗衣粉生产厂商及历年产量统计 ····························· 300
　2.4 结语 ··· 301
3 洗衣液 ··· 302
　3.1 概述 ··· 302
　3.2 发展与现状 ··· 303
　3.3 国内洗衣液品牌 ··· 305
　3.4 洗衣液技术发展 ··· 306
　3.5 优势与挑战 ··· 306

                3.5.1　环境问题 ·· 306
                3.5.2　质量创新 ·· 308
                3.5.3　包材的挑战 ·· 308
                3.5.4　结语 ·· 309
        4　洗衣膏 ·· 309
            4.1　概述 ·· 309
            4.2　发展与现状 ·· 310
            4.3　洗衣膏面临的困境 ·· 310
            4.4　洗衣膏的发展方向 ·· 311
            4.5　产量及质量指标 ·· 312
        5　洗衣片 ·· 312
            5.1　洗衣片的发展与现状 ·· 313
            5.2　洗衣片发展中存在的问题 ·· 314
            5.3　展望 ·· 314
        6　洗衣凝珠 ·· 315
            6.1　发展与现状 ·· 315
            6.2　展望 ·· 315
        7　餐具洗涤剂 ·· 316
            7.1　概述 ·· 316
            7.2　发展与现状 ·· 317
            7.3　存在的问题 ·· 318
                7.3.1　质量问题 ·· 318
                7.3.2　行业产品高度同质化，市场集中度较高 ······················ 320
                7.3.3　小作坊生产现象严重，市场存在不正当竞争 ·············· 320
            7.4　产量及质量标准 ·· 320
            7.5　发展方向 ·· 321

五、工艺与装备篇

1　洗涤剂生产工艺及装备 ·· 327
    1.1　洗衣粉生产工艺及装备 ·· 327
        1.1.1　我国洗衣粉装置发展历程 ·· 327
        1.1.2　大塔喷粉工艺装备发展现状 ·· 328

        1.1.3　附聚成型洗衣粉生产工艺 …………………………………………… 330
        1.1.4　国内洗衣粉生产装置现状 …………………………………………… 332
        1.1.5　结语 …………………………………………………………………… 336
    1.2　液体洗涤剂生产装置的技术与装备 ………………………………………… 336
2　表面活性剂主要生产工艺及装置 ………………………………………………… 337
    2.1　磺化／硫酸化工艺及装备 …………………………………………………… 337
        2.1.1　我国磺化／硫酸化技术发展历史 …………………………………… 337
        2.1.2　我国三氧化硫磺化技术发展的过程 ………………………………… 338
        2.1.3　我国三氧化硫磺化／硫酸化技术的现状 …………………………… 338
        2.1.4　我国三氧化硫磺化装置的分布及特点 ……………………………… 339
        2.1.5　三氧化硫磺化产品的发展 …………………………………………… 347
        2.1.6　结语 …………………………………………………………………… 350
    2.2　乙氧基化工艺及装备 ………………………………………………………… 351
        2.2.1　聚氧乙烯型非离子表面活性剂概述 ………………………………… 351
        2.2.2　乙氧基化生产工艺过程概述 ………………………………………… 352
        2.2.3　国内乙氧基化生产工艺的发展历程 ………………………………… 355
        2.2.4　乙氧基化产业装置布局现状 ………………………………………… 359
        2.2.5　乙氧基化生产工艺与装备展望 ……………………………………… 361
    2.3　脂肪醇催化胺化制叔胺的工艺及装备 ……………………………………… 361
        2.3.1　脂肪醇催化胺化制叔胺工艺概述 …………………………………… 361
        2.3.2　脂肪醇催化胺化制叔胺工艺技术发展及现状 ……………………… 362
        2.3.3　脂肪醇催化胺化制叔胺的装备发展现状 …………………………… 362
        2.3.4　存在问题和发展方向 ………………………………………………… 364

六、检测与标准篇

1　洗涤用品质量监督检验中心发展概况 …………………………………………… 369
    1.1　洗涤用品质量监督检测机构的设置和发展 ………………………………… 369
    1.2　历届管理组织 ………………………………………………………………… 371
    1.3　国家洗涤用品质量监督检验中心的工作任务 ……………………………… 372
    1.4　各时期重点工作的开展情况 ………………………………………………… 372
    1.5　分析方法研究及其他科研项目工作及成果 ………………………………… 379
2　洗涤用品行业标准化发展概况 …………………………………………………… 381

2.1 表面活性剂和洗涤用品行业标准化的发展情况 ……………………………… 381
　　2.1.1 行业标准化机构的建设 ……………………………………………… 381
　　2.1.2 国际标准化（ISO/TC91）在国内的机构情况 ……………………… 382
　　2.1.3 组织机构及历届管理组织 …………………………………………… 382
2.2 工作任务和职责 ………………………………………………………………… 384
　　2.2.1 行业标准化管理工作任务和职责 …………………………………… 384
　　2.2.2 ISO/TC91 技术对口工作职责 ………………………………………… 385
2.3 各时期重点标准化工作的开展情况 …………………………………………… 385
2.4 ISO/TC91 技术对口工作开展情况 ……………………………………………… 387
2.5 国内和国际标准资料的汇编出版 ……………………………………………… 389
2.6 标准宣贯工作 …………………………………………………………………… 389
　　2.6.1 主要工作内容和形式 ………………………………………………… 390
　　2.6.2 组织活动 ……………………………………………………………… 390
2.7 参加国际标准化组织活动 ……………………………………………………… 391
2.8 标准化研究及获奖情况 ………………………………………………………… 392
2.9 各时期本行业部分重点标准的制、修订工作 ………………………………… 394
　　2.9.1 洗衣粉产品标准的制、修订历程 …………………………………… 394
　　2.9.2 《衣料用液体洗涤剂》产品行业标准的制、修订历程 …………… 396
　　2.9.3 餐具洗涤剂产品标准及试验方法标准的制、修订历程 …………… 396
　　2.9.4 《果蔬清洗剂》产品标准的制、修订 ……………………………… 397
　　2.9.5 国家标准《洗涤用品安全技术规范》的制定 ……………………… 398
　　2.9.6 国家标准《表面活性剂 洗涤剂试验方法》的整合修订 ………… 398
　　2.9.7 标准的沿革 …………………………………………………………… 399

七、信息篇

1 中国合成洗涤剂工业信息机构的建立与发展 ………………………………… 429
　1.1 中国日用化学工业信息中心及表面活性剂和洗涤剂行业
　　　生产力促进中心 ……………………………………………………………… 429
　1.2 中国合成洗涤剂行业协（商）会及企业 …………………………………… 433
2 中国合成洗涤剂工业的信息工作 ……………………………………………… 435
　2.1 专业媒体 ……………………………………………………………………… 435
　　　2.1.1 《日用化学工业》 …………………………………………………… 436

2.1.2 《日用化学品科学》……………………………………………………436
　　2.1.3 《中国洗涤用品工业》…………………………………………………436
　　2.1.4 《中国洗涤用品工业简讯》……………………………………………437
　　2.1.5 表面活性剂和洗涤剂行业生产力促进中心和中国日用化学
　　　　　工业信息中心官网………………………………………………………437
　　2.1.6 中国洗涤用品行业信息网………………………………………………437
　　2.1.7 中国日用化学工业信息中心官方微信…………………………………438
　　2.1.8 中国洗涤用品工业协会官方微信………………………………………438
　　2.1.9 *CHINA DETERGENT & COSMETICS* ……………………………438
　2.2 专业会展和培训………………………………………………………………439
　　2.2.1 中国洗涤用品行业年会…………………………………………………439
　　2.2.2 国际表面活性剂和洗涤剂会议／展览会………………………………439
　　2.2.3 中国日用化学工业论坛…………………………………………………440
　　2.2.4 全国磺化／乙氧基化技术与市场研讨会………………………………441
　　2.2.5 中国国际日化产品原料及设备包装展览会……………………………442
　　2.2.6 洗涤剂基础知识与配方技术培训………………………………………442
　　2.2.7 中国洗协工业与公共设施清洁行业年会………………………………443

八、企业篇

宝洁（中国）有限公司……………………………………………………………447
北京绿伞化学股份有限公司………………………………………………………449
东莞立顿集团企业有限公司………………………………………………………452
广东铭康香精香料有限公司………………………………………………………455
广州立白企业集团有限公司………………………………………………………458
广州市浪奇实业股份有限公司……………………………………………………460
湖南丽臣实业股份有限公司………………………………………………………463
蓝月亮（中国）有限公司…………………………………………………………465
联合利华（中国）有限公司………………………………………………………469
洛娃科技实业集团有限公司日化板块……………………………………………473
纳爱斯集团有限公司………………………………………………………………476
南京佳和日化有限公司……………………………………………………………480
琪优势化工（太仓）有限公司……………………………………………………482

山西焦煤运城盐化集团有限责任公司	483
上海和黄白猫有限公司	486
上海家化联合股份有限公司	491
苏州绿叶日用品有限公司	495
威莱（广州）日用品有限公司	497
西安开米股份有限公司	500
新浪爱拓设备（江苏）有限公司	502
赞宇科技集团股份有限公司	504
浙江嘉化能源化工股份有限公司	508
中国石化集团金陵石油化工有限责任公司烷基苯厂	510
中国石油天然气股份有限公司抚顺石化分公司洗涤剂化工厂	513
中轻化工股份有限公司	515
中山榄菊日化实业有限公司	517

九、花絮拾遗篇

忆日化院脱氢一条龙时的辉煌	521
叔胺新技术开发花絮	523
正确而完美的设计是中试成功的关键	525
我国合成洗涤剂工业的起步	528
我国合成洗涤剂和表面活性剂工业60年发展过程的点滴回忆	531
半个多世纪以来我国三氧化硫磺化技术的发展	537
"公正、科学、求实"是标准化中心和质检中心发展之本	542
天津"九玻"叔胺试车记	546
烷基多苷研发琐记	548
多种污布织物洗涤性能评价去污力测定方法建立	554

十、大事记

| 大事记 | 559 |
| 编后记 | 563 |

中国合成洗涤剂工业60年

一

综 合 篇

1 合成洗涤剂的起源

我们今天所称的合成洗涤剂,是除肥皂以外的家用洗涤剂的统称。合成洗涤剂工业,是在第二次世界大战后在国外逐步发展起来的新兴工业。

1941年,国外采用廉价的石油气中的丙烯为原料,经聚合后再与苯缩合制成十二烷基苯(也称四聚丙烯烷基苯),再经发烟硫酸磺化、烧碱中和而制成烷基苯磺酸钠。从此,合成洗涤剂工业才取得了比较大的发展。我国合成洗涤剂工业起步较晚,有产量统计记录是在20世纪50年代末期。到80年代中期,仍在使用四聚丙烯烷基苯磺酸钠作为合成洗涤剂的活性物来生产。

全世界合成洗涤剂工业的生产技术装备在不断地创新改进,其产品产量在逐年增长,花色品种也在不断增加,应用范围也在逐渐扩大。目前,合成洗涤剂不仅用于纺织纤维、服装,还用于日用器皿、卫生间、厨房清洁等。合成洗涤剂能快速发展除其优越的洗涤性能外,一个很重要的原因是可节省大量食用油脂。生产100 t肥皂约须耗用50 t油脂,而生产100 t粉状合成洗涤剂只需要20~25 t石油。石油工业的发展,轻油、重油、炼油厂废气、石油裂解产物的合理利用,为合成洗涤剂提供了原料和中间体,为多品种合成合成洗涤剂的发展开拓了广阔的前景,促进了合成洗涤剂工业及其产品的高速发展。合成洗涤剂是人们日常卫生的必需品。采用动植物油脂和苛性碱反应制得的肥皂,是较早生产的洗涤剂。近代科学技术和石油化学工业的发展,为以石油化工产品为原料来生产洗涤剂开辟了道路。合成洗涤剂就是在这样的背景下,迅速发展起来的新兴产业。第一次世界大战期间,德国曾利用煤焦油试制合成洗涤剂,1925年开始生产。1935年美国试制完成烷基苯磺酸钠,1939年开始利用石油炼厂的丙烯聚合为四聚丙烯进行工业化生产。20世纪50年代以后,各国相继建厂生产合成洗涤剂,以补肥皂之不足,特别是石油工业和石油化学工业的发展,不仅在数量上,而且在品种上为合成洗涤剂工业的迅速发展提供了必需的原料。1960年世界合成洗涤剂产量约为600万t,1975年提高到1200万t,到目前为止达4500万t以上。随着人们物质生活的极大丰富,全世界合成洗涤剂的产量逐年增长,合成洗涤剂工业已成为发展最快、应用范围最广的工业之一。

2 中国合成洗涤剂工业的发展与现状

我国合成洗涤剂工业起步较晚，直到1949年，洗涤用品工业还只有肥皂工业，而且多数是手工作坊，规模小，设备简陋。仅在上海、天津等少数大城市有几家规模稍大，采用机器生产的工厂。与今天的技术装备相比，谈不上工业生产规模。1949年肥皂产量仅3万t。我国合成洗涤剂真正开始工业化生产并投放市场，开始有产量统计是在1959年。1959年肥皂产量达到41.5万t，同年开始生产合成洗涤剂，但产量不足6000t。1959—2018年，我国合成洗涤剂工业经历了60个春秋。60年来随着我国经济的发展、人民生活水平的提高、住房条件的改善、洗衣机的普及，我国合成洗涤剂工业不断地发展壮大，其发展过程可粗略划分为以下几个基本阶段：

① 1959—1978年是计划经济条件下的20年，为创业及原料制约的起步发展阶段。

② 1979—1988年为计划经济向市场经济转化的阶段，合成洗涤剂工业开始得到蓬勃发展。

③ 1989—1999年，随着大量技术及设备的引进，国有企业、外资企业和其他非国有企业间的相互竞争占领市场，合成洗涤剂工业的发展进入快车道，同时这也是消化吸收国外先进技术，改进和完善国有技术装备的有利阶段。

④ 1999—2018年是我国合成洗涤剂工业规模化、专业化、自动化以及产品质量、品种均进入稳定、理智的发展阶段。

目前，我国合成洗涤剂工业已具有相当大的规模，技术装备水平已达到或接近国际先进水平。产品的数量和质量均有大幅度的增长和提高，品种不断增加，技术装备不断升级及产品的应用范围不断扩大。

从1960年开始，随着合成洗涤剂的发展，逐步实现了烷基苯、三聚磷酸钠等原材料的生产。1978年以后，洗涤用品生产发展迅速，品种逐步增加。如洗衣粉中生产出了复配、加酶、杀菌消毒、加色、加香、浓缩等许多品种；液体洗涤剂中生产出了洗涤餐具、水果蔬菜、浴缸、炉灶、纱窗、玻璃、搪瓷器皿、地毯等各种专用洗涤剂，以及洗发香波等。还生产出了润肤、护肤以及具有一定疗效的香皂、香浴液，和适合老年人、妇女、儿童特点的产品。工业用洗涤剂的应用领域不断扩大，生产的各种表面活性剂和工业用的洗涤剂已应用于机械、冶金、石油、化学纤维、纺织、印染、皮革、造纸、油田等各个领域。1985年洗涤用品总产量达到200万t，其中合成洗涤剂100.4万t；2000年洗涤用品总产量达到382.77万t，其中合成洗衣粉235.0万t、液体洗涤剂87万t；2013年洗涤用品总产量达到1117.79万t，其中合成洗衣粉448.37万t、液体洗涤剂581.42万t。从1985年到2000年，洗涤用品总产量平均年增长率约为6%；从2000年到2013年，洗涤用品总产量平均年增长率为14.7%。可以看出，2000年以来洗涤用品总产量的增长速度超过了国内生产总值（GDP）的平均增长速度。到了2017年，合成洗涤剂总量达到1265.10万t，具体数据见表1-1。2018年，全国合成洗涤剂产量继续小幅增长，行业内估计约1350万t。

表1-1 2017年洗涤用品行业产品产量表

产品名称		产量（万t）	2017年同比增长（%）	2016年同比增长（%）
合成洗涤剂		1265.10	12.39	2.37
其中	合成洗衣粉	456.79	4.97	−0.47
	液体洗涤剂*	808.31	17.07	3.92
肥（香）皂**		92	1.1	1

注：*液体洗涤剂包括家居及工业公共设施清洁剂等；**肥（香）皂产量为中国洗涤用品工业协会信息统计中心统计数据。

中国合成洗涤剂工业经过60年的发展，特别是改革开放以来洗涤用品工业迅猛发展，迄今为止，已形成一个以合成洗涤剂为主，包括主要原材料和辅助材料生产的具有相当规模的洗涤用品工业体系，可以完全满足人民群众对洗涤用品的需求。

3 合成洗涤剂工业分阶段发展历程

3.1 改革开放前的20年（1959—1978年）

3.1.1 合成洗涤剂工业的创立

我国于1957年先后在上海、天津、沈阳等地开始进行合成洗涤剂的研发工作，并于1959年在上海永星化工厂建成年产5000 t的合成洗衣粉生产装置，其产品以"工农"牌洗衣粉正式面市，当年产量为4100 t，标志着我国合成洗涤剂工业的诞生。与此同时，天津、辽宁、吉林、江苏、四川、湖北等地也积极开展合成洗涤剂的研发。1959年全国洗衣粉产量为5700 t，除上海的4100 t、天津的1100 t外，辽宁、江苏、吉林、湖北、四川也有少量生产。

1959年以后，由于受到农业连年歉收的影响，生产肥皂使用的天然油脂来源越来越少。1961年肥皂产量锐减到20.06万t，比1959年的41.58万t减少约一半，仅相当于1955年的水平。由于肥皂市场供应紧张，从1961年开始，全国多数地区陆续对肥皂实行凭证限量供应。在此形势下，大力发展合成洗涤剂的需求非常迫切。1961年7月，召开了全国轻工业厅局长会议，根据中央精神，提出要努力克服原料不足的困难，积极开辟新的原材料来源，利用工矿原料，增加日用品生产。同时，国家决定重工业要加强对轻工业的支援，为轻工业提供更多的原材料。当时轻工业部门努力发展合成脂肪酸和合成洗涤剂等产品生产。政府的大力支持和石油部门的积极支援，尤其是大庆油田的开发，为发展合成洗涤剂创造了有利条件，使合成洗涤剂在1957年以来的研究基础上，获得了快速发展。1959年，在上海永星化工厂建成厢式喷粉生产洗衣粉装置并正式投产以后，为提高洗衣粉质量，随后又在1963年建成年产5000 t的高塔喷粉洗衣粉生产装置，7月投产，生产出我国第一批空心颗粒状合成洗衣粉。该喷粉塔直径4 m，塔高28 m，钢筋混凝土结构。1964年，天津建成塔式喷雾干燥洗衣粉年产5000 t装置，当年11月第一批空心颗粒合成洗衣粉上市，商品牌子为"白鸽"。该座喷粉塔直径为5.2 m，有效高度28 m，钢质结构。1962年在北京通县原糠醛厂内建生产洗衣粉装置，改名为北京日用化学二厂，设计规模为粗烷基苯年产1250 t，塔式喷雾干燥洗衣粉年产5000 t。该座喷粉塔直径5.2 m，有效高度28 m，为钢筋混凝土结构，于1965年8月投产，生产"北海""灯塔"牌洗衣粉。上海、天津、北京三地合成洗涤剂厂的建成投产，标志着我国合成洗涤剂工业进入了工业性生产阶段，洗衣粉质量上了一个台阶，为以后的发展奠定了一个良好的基础。

3.1.2 合成洗涤剂工业的发展

我国政府十分重视这一新兴工业的发展，继上海、天津、北京三地合成洗涤剂厂建成投产后，国家又相继建设了太原、双城、邵阳、成都、桂林、徐州等合成洗涤剂厂，到1978年，除贵州、青海、西藏外，合成洗涤剂生产厂已遍及全国各省、市、自治区。

20世纪60年代初期，我国建设第一批合成洗涤剂厂（车间）时，都是采用我国自行研究开发的工艺技术，自行设计、自行加工安装，多数为年产5000 t的规模。并配套建设年产1250 t烷基苯车间，工艺采取深度光氯化生产粗烷基苯或脱油烷基苯，发烟硫酸磺化和高塔喷粉。但在工艺设备方面还都不太完善，许多工序都是间歇操作，由于当时材质选择有限，设备也容易腐蚀。为此，国家投入了大量的资金，对原有工厂（车间）进行了一系列技术改造，规模逐渐扩大，生产能力成倍提高。

我国合成洗涤剂工业自1959年诞生后，发展很快，产量逐年增加。1970年全国合成洗涤剂产量已达9.3万t，比1959年开始生产时的0.57万t，增长了约15倍。1978年全国产量已达32.41万t，比1959年增长约56倍，在这20年中，合成洗涤剂产量平均年递增速度高达23.7%。全国合成洗涤剂产量逐年增长情况见表1-2。

表1-2　1959—1978年全国合成洗涤剂产量逐年增长情况

年份	产量（万t）	比1959年增	比上年增	年份	产量（万t）	比1959年增	比上年增
1959	0.57			1969	6.19	9.86倍	46.7%
1960	0.95	66.7%	66.7%	1970	9.30	15.30倍	50.2%
1961	1.14	1倍	20.0%	1971	10.90	18.10倍	39.4%
1962	2.43	3.3倍	1.1倍	1972	15.19	25.60倍	39.4%
1963	2.21	2.9倍	9.1%	1973	17.91	30.40倍	17.9%
1964	2.26	2.96倍	2.3%	1974	19.27	32.80倍	7.6%
1965	3.01	4.3倍	33.2%	1975	22.34	38.19倍	15.9%
1966	4.16	6.3倍	38.2%	1976	21.72	37.10倍	2.8%
1967	3.66	5.4倍	12.0%	1977	25.72	44.10倍	18.4%
1968	4.22	6.4倍	15.3%	1978	32.41	55.90倍	26.0%

从1959年合成洗涤剂批量投放市场后，由于当时生产技术和配方都不够完善，产品质量差，与肥皂相比，价格也比较高，群众对这一新型产品还不太认识，所以虽然产量很少，但市场上仍然发生滞销现象。1963年产量仅维持1962年的水平，但在1963年末商业库存达到1.14万t，占当年产量的一半。当时，虽然商业部门的合成洗衣粉库存积压，但肥皂供应却很紧缺。为此，国家采取了以下三项措施：

①积极改进技术，提高产品质量，将生产细粉的厢式喷粉改为塔式喷粉，生产颗粒状洗衣粉，并由使用粗烷基苯、脱油烷基苯逐步推行使用精烷基苯，由使用磷酸氢二钠、焦磷酸钠改为使用三聚磷酸钠，从而改善了合成洗衣粉的外观和内在质量，提高了去污效能。

②加强对产品的宣传服务工作，轻工业部、商业部以及上海、天津等洗衣粉生产企业联合组织调查组，到山东、安徽、湖南三省进行宣传、调查和召开营业员座谈会，进行合成洗衣粉知识讲解，并在集市上当场示范，使群众了解合成洗衣粉的性能和使用方法，开展边宣传边推销活动。

③国家为了扩大合成洗衣粉的销售，1963年7月16日国务院以物字（63）481号文，批转了全国物价委员会《关于洗衣粉和肥皂降、提价格的报告》。采取提高肥皂价格，降低洗衣粉价格的措施，商业部门用提高肥皂价格增收部分来弥补洗衣粉降价的损失（当年肥皂的产量为27.85万t，合成洗衣粉产量为2.21万t）。

3.1.3 合成洗涤剂产品的发展

1959年以前，我国洗涤用品工业实际上就是肥皂工业。自1959年合成洗涤剂投产以来，洗涤用品产品结构逐渐发生变化，由单一肥皂逐步发展成肥皂和合成洗涤剂两大类产品，而且合成洗涤剂发展速度快于肥皂。1959年洗涤用品总产量为42.15万t，其中肥皂产量为41.58万t，占洗涤用品总产量的98.65%，合成洗涤剂的产量为0.57万t，仅占洗涤用品总产量的1.35%。1970年洗涤用品总产量为56.99万t，其中肥皂产量为47.69万t，在洗涤用品总产量中的比重降为83.68%，合成洗涤剂产量为9.3万t，比重上升为16.32%。1978年洗涤用品总产量为92.04万t，其中肥皂产量为59.63万t，在洗涤用品总产量中的比重进一步下降为64.79%，合成洗涤剂产量为32.41万t，比重进一步上升到35.21%。随着合成洗涤剂工业的发展，不仅肥皂和合成洗涤剂的产量比例有较大变化，而且合成洗涤剂工业本身的技术力量、技术水平、产品质量和品种也都得到了较大提高。20世纪70年代之前，我国合成洗涤剂基本上还都是由烷基苯磺酸钠和烷基磺酸钠作为活性物配制的洗衣粉，且活性物含量又都统一在20%、25%、30%三种规格上，故当时称之为：20型、25型和30型。20世纪70年代之后，由于非离子表面活性剂、碱性蛋白酶等逐步在洗衣粉中使用，所以又开始出现了复配洗衣粉和加酶洗衣粉等。在60年代末，为节约投资和减少能耗，上海、北京等地先后出现了少量液体洗涤剂。1969年，轻工业部日用化学工业科学研究所应山西省急需洗涤剂供应的要求，1970年开始生产浆状洗涤剂（俗称洗衣膏），产品一上市就受到了消费者的欢迎。该产品很快受到轻工业部的重视，1972年在太原召开了全国推广现场会。会后，浆状洗涤剂很快就在山西省大同、阳泉、运城、榆次，河南省安阳，内蒙古呼和浩特，山东省济南等地投产，从此也就成了洗涤剂中一个新品种。

3.1.4 合成洗涤剂原材料的发展

原材料是产品生产的基础，洗涤用品工业不能搞"无米之炊"。洗涤用品工业发展的快慢，很大程度上取决于原材料，特别是专用原材料工业的发展。1960年、1961年油料歉收，1961年肥皂产量下降到20.06万t。为此，在发展合成洗涤剂的同时，如何抓好合成洗涤剂专用原材料的生产和供应就成了当务之急。鉴于我国当时处于统一的计划经济体制，从生产到投资实行部门管理，合成洗涤剂所用的专用原材料本应由石油、化工部门生产供应。但是，这些部门迫于把支援农业的化肥、农药和三酸两碱等基本化工原材料作为发展重点，无暇顾及合成洗涤剂的需求。因此，轻工业部门面对市场洗涤用品供应的巨大压力，不得不在发展合成洗涤剂的同时，努力抓好合成洗涤剂生产所需原材料的建设和生产。合成洗涤剂的原料主要由表面活性剂和助剂构成。表面活性剂从烷基磺酸钠（AS）开始，最早由上海、天津两地组织开发生产，早期的洗衣粉所用表面活性剂就只是烷基磺酸钠一种，后来才发展加入了烷基苯磺酸钠。我国表面活性剂和主要助剂的生产，基本上都是由轻工业部门组织研究、开发和建设的。

（1）烷基磺酸钠的生产

1957年，上海采用锦州石油六厂的合成石油为原料，通过磺氯酸化、皂化、脱油等工序进行实验室研究。1958年5月在实验室工作的基础上，在上海制皂厂进行扩大试验，依据扩试结果，在该厂建成了烷基磺酸钠的中试装置。此后，在上海永星化工厂建成烷基磺酸钠生产车间。与此同时，天津市也在自行研究和试验的基础上，建成了烷基磺酸钠生产车间。

另外，我国很多地区也先后开始了烷基磺酸钠的生产，如沈阳、大连、抚顺等。

（2）烷基苯的生产与发展

我国合成洗涤剂所用烷基苯的生产是以氯化法开始的。石油工业的发展，提供了可用于多种方法生产烷基苯的石油原料，使得裂解法生产烷基苯得到了相应发展，并促进了脱氢法生产烷基苯的研究开发。

1）氯化法生产烷基苯

在建设我国第一个合成洗涤剂厂时，根据我国当时的国情，选定以合成石油中煤油馏分作为起始原料，通过间歇反应，采用烷烃深度光氯化，三氯化铝催化烷基化，发烟硫酸磺化和中和生产烷基苯磺酸钠的工艺技术路线。当时，我国仅锦州石油六厂有合成石油生产，但可供烷基苯生产用的煤油馏分数量有限，使合成洗涤剂的发展受到很大限制。随着国民经济的恢复和建设，新疆和青海等地的石油开采和炼油工业都有了新的发展，为合成洗涤剂的原料的获取提供了条件。鉴于此，轻工业部就决定以天然石油为原料，开展合成洗涤剂的研究工作。在轻工业部1961年1月确定的"1961年轻工业科学技术发展计划主要项目"中，首次列入了"以天然石油制合成洗涤剂的研究"的科研项目，轻工业部食品工业科学研究所和新疆轻工业局以克拉玛依石油为原料，上海市轻工业研究所则以玉门石油为原料，同时进行研究，以观察其与以合成石油为原料的差别。试验中，轻工业部食品工业科学研究所还针对当时工业生产仍多采用耐酸陶瓷或搪玻璃反应罐间歇光氯化的设备，改用玻璃管紫外灯照射装置，进行了连续光氯化试验，同时对烷基化、磺化的连续反应做了探索性试验。结果表明，天然石油中的芳烃、环烷烃、支链烃等对反应和产品质量均有大的影响，而连续氯化、烷基化和磺化结果都优于间歇反应。此后，轻工业部又组织轻工系统多个科研单位和企业，同石油、化工部门的有关单位共同协作，分别对天然石油制得的煤油馏分进行浓硫酸、发烟硫酸、尿素和分子筛等的脱芳、脱蜡处理，同时对采用所得烷烃制取烷基苯磺酸钠的工艺也进行了研究。经过几年的研究，选定了用 10X 分子筛脱蜡的方法和工艺，并在南京炼油厂投建了我国第一套 10X 分子筛脱蜡油的工业装置，为烷基苯生产提供了质量合格的正构烷烃。1962 年我国大庆油田的开采和炼制都已形成相当规模，合成洗涤剂工业所需的天然石油有了较为充足的来源。1967 年，上海合成洗涤剂厂在协作研究的基础上，通过生产工艺的调整和改进，率先用煤油馏分制得的正构烷烃生产了烷基苯，为我国采用天然石油原料生产烷基苯取得了成功的生产经验。由于此路线所需原料在我国容易取得，由其制得的产品生物降解性又符合环境保护的要求，也是当时世界上经济发达国家生产烷基苯广泛采用的原料路线，所以这一原料路线除上海、天津、北京合成洗涤剂厂很快采用外，在其后建成的洛阳合成洗涤剂厂、太原洗涤剂厂、成都合成洗涤剂厂、广州油脂化工厂、桂林合成洗涤剂厂、黑龙江双城合成洗涤剂厂、湖南邵阳合成洗涤剂厂、济南油墨厂、湖南日化总厂、山东潍坊合成洗涤剂厂、徐州合成洗涤剂厂、武汉油脂化学厂、开封日用化工厂、鹰潭化工厂、合肥日化总厂、山东济宁合成洗涤剂厂、兰州日用化工厂、湖北沙市油化厂、张家口四一化工厂、芜湖肥皂厂、重庆香皂厂、乌鲁木齐日化厂、云南昆明合成洗涤剂厂等，也都配套建设了年产 1250~2500 t 规模的氯化法烷基苯生产车间。

我国氯化法烷基苯的生产经过在 20 世纪 60 年代的建设和改进，虽生产技术和装备水平较前有了很大进步，生产规模和产量也都得到了相应扩大和提高，但仍是采用烷烃深度氯化（烷烃含氯量为 12% 左右），粗烷基苯或脱油烷基苯的工艺路线。而且，生产装置仍比较简陋，尚未实现连续化，存在着原材料消耗高、杂质多、品质较差，以及用它生产的洗衣粉在储存中易发红变臭等缺陷。为此，1972 年底，轻工业部在上海组织召开了氯化法生产烷基苯的技术改造座谈会。会议决定，将已有年产 3000 t 精烷基苯生产装置的上海合成洗涤剂厂作为改造的试点单位，由轻工业部日用化学工业科学研究所、上海合成洗涤剂厂、西安轻工机械研究所等单位分工合作，共同承担此项改造任务。通过 1973—1976 年间先后对原料油馏程规格、浅度热氯化（烷烃的含氯量降至 6%）、泥脚溶铝连续烷基化、粗烷基苯精馏等工艺和设备进行了一系列研究与生产试验，氯化烷烃中单氯代烷的选择性由原来的 60%~70% 提高到了 83%，烷基化中的单烷基苯的选择性由 70% 提高到 75%，每吨精烷基苯的原料油单耗从 1300 kg 降到 970 kg，精烷基苯中单烷基苯含量提高到了 90% 以上，萘满、茚满、多苯烷等杂质大为减少。在此基础上，轻工业部决定对上海合成洗涤剂厂和天津合成洗涤剂厂的烷基苯装置进行年产万吨级规模改造工程。通过此次技术改造，我国氯化法烷基苯的生产技术和设备水平都有了很大改善，但由于当时的实际情况和条件限制，在所建的烷基苯生产厂中，除津、沪的规模稍大外，其余则基本都停留在年产 1250 到 2500 t 之间，达不到规模经济要求，生产不正常。通过这一时期的努力，不仅生产水平和产量有了新的提高，在三废处理和环境保护方面也做了大量工作。如为解决生产中产生的大量废盐酸，除努力寻找其利用途径外，轻工业部日用化学工业科学研究所与北京日用化学二厂共同进行了盐酸电解试验；生产中铝锭缩合产生的泥脚（废催化剂黏稠液）是由较多的三氯化铝催化剂和多苯烷、多烷苯以及烷基稠环化合物等组成的极为复杂的物料，若作为废料水解处理，不仅气味难闻，且除去盐酸后的废渣也很难处理。为此，试验成功了在铝锭、盐酸及泥脚的共同作用下，制成红油状的三氯化铝溶液，以解决连续烷基化中催化剂的定量供给问题和减少泥脚的生成。所有这些研究，有的进行了扩试或大生产试验，有的则用于生产。

由于我国烷基苯生产装置规模偏小，综合利用受到极大限制，所以烷基苯的质量、原材料及能源消耗均与国际水平有相当差距。特别是副产品大量废盐酸未得到很好处理和合理利用，造成环境污染，成为氯化法生产烷基苯中一大难题。这些问题的存在，妨碍了我国氯化法烷基苯的进一步发展。

2）裂解法生产烷基苯

裂解法生产烷基苯是以石蜡裂解产生的 α-烯烃为原料，在催化剂的作用下同苯缩合生成烷基苯，这也是国际上采用的一种烷基苯的生产方法。

随着我国石油工业的发展，1968年石蜡裂解制 α-烯烃的工业装置开始投产，这就为用 α-烯烃生产烷基苯提供了有利条件。1965年，沈阳油脂化学厂率先进行由 α-烯烃制烷基苯的工艺研究，1970年该厂又开始了工业性试生产。

轻工业部为加速裂解法生产烷基苯的工业化步伐，尽快以多种原料和方式扩大烷基苯的生产能力，1968年11月21日，轻工业部召开会议，专门安排在北京燕山石油化工总厂旁建石蜡裂解制烷基苯装置的北京曙光化工厂。会后，轻工业部北京设计院便开始了该工程的初步设计。20世纪70年代初轻工业部组织轻工业部日用化学工业科学研究所、北京曙光化工厂、沈阳油脂化学厂、本溪石油化学厂和太原洗涤剂厂共同协作，对石蜡裂解烯烃烷基化的工艺和设备进行了全面研究。1974年，由轻工业部北京设计院及有关科研和企业单位共同努力，先后在沈阳油脂化学厂、北京曙光化工厂、本溪石油化学厂和太原洗涤剂厂内建成裂解烷基苯的生产装置，此后又在徐州合成洗涤剂厂、四平油脂化工厂、兰州炼油厂等厂中建成生产装置，很快形成了我国烷基苯生产的另一条工艺路线。不过，在裂解法烷基苯生产厂中，除北京曙光化工厂外都为小规模生产。

为促进该工艺技术不断完善和装置水平不断提高，在轻工业部的组织协调下，七个裂解法烷基苯厂还组成了"蜡裂解烷基苯生产协作组"，定期交流、讨论生产经验和存在的问题。尽管裂解法烷基苯生产线建设较快，企业间相互配合和促进也进行得很好，但由于生产历史不长，工艺、设备和产品质量仍存在一些问题。特别是裂解原料蜡质量不能保证，原料蜡下油含油量过高，工艺要求裂解用蜡含油量在8%以下，实际上除北京曙光化工厂所用原料蜡含油量在20%左右外，其他裂解蜡含油量均在40%以上（供应的蜡下油），致使裂解工段无法正常生产，严重影响α-烯烃质量和烷基苯质量。蜡裂解后的烯烃分离不够理想，目的烯烃的纯度未达预期要求，所以由其生产的烷基苯经三氧化硫磺化后，色泽太深，只得采用发烟硫酸磺化的生产工艺。裂解烯烃经分离后，得到的联产低碳烯烃和高碳烯烃未能很好综合利用，致使生产成本和环境污染也都存在一些问题。所有这些问题的存在，妨碍了该法的进一步发展。

3）脱氢法生产烷基苯

脱氢法生产烷基苯是采用煤油馏分中的$C_{11\sim13}$正构烷烃作为原料，在催化剂的作用下，脱氢生成烯烃。再在氟化氢的催化下，与苯缩合生成烷基苯，这是国际上20世纪60年代才兴建起来的一种工业生产方法。

20世纪60年代中期，轻工业部决定开展以脱氢法生产烷基苯的研究工作，轻工业部食品研究所即开始探索性试验。1968年轻工业部正式立项，并采取大协作的办法，先后组织轻工业部食品所（其油脂化工研究室即为中国日用化学工业研究院的前身）、中国科学院兰州化物所、中国科学院山西燃料化学研究所（现为中国科学院山西煤炭化学研究所），以及上海轻工业研究所、上海洗涤剂三厂等分工协作，共同开发。通过几年的努力，先后对非铂催化剂、铂催化剂、脱氢工艺小试及中试等进行一系列的研究，于1973年正式通过了我国第一代脱氢催化剂研制的小试鉴定。1973年，我国开始与美国环球油品公司（UOP）谈判，拟引进该公司脱氢法生产烷基苯的整套技术和装置，1975年正式签订了引进年产5万t脱氢法烷基苯生产装置合同，建设南京烷基苯厂。但由于美国环球油品公司不出售烷烃脱氢催化剂的制备技术，势必只能长期向其购买脱氢催化剂。为打破垄断，1974年我国开始了替代美国UOP公司的脱氢催化剂的研究与开发。轻工业部在南京烷基苯厂建设的同时，为加快催化剂的研制，1975年又委托中国科学院大连化物所、轻工业部日用化学工业科学研究所负责，并由南京烷基苯厂、轻工业部北京设计院、大连油脂化学厂配合，共同研制脱氢催化剂。经过一年多的共同努力，完成了第二代高、低铂脱氢催化剂和高温成胶、氨柱成球、大孔径Al_2O_3担体研制的小试工作，取得了突破性的进展。1978年中国科学院大连化物所和轻工业部日用化学工业科学研究所采用日化所生产的高温成胶、氨柱成球、双孔径分布Al_2O_3担体制成第三代低铂脱氢催化剂。扩试评价结果表明，我国自制的脱氢催化剂不仅转化率和选择性均达到UOP公司的报价指标，而且催化剂连续运转63天后仍性能良好，大大超过了UOP公司催化剂40

天的保证期，这就为满足开始建设的南京烷基苯厂所需的国产脱氢催化剂生产提供了技术保证。

我国合成洗涤剂自用烷基苯生产以来，经过20世纪60年代和70年代的建设与发展，氯化法和裂解法烷基苯的生产技术和装备水平有了提高，生产能力和产量也得到稳步提高。采用脱氢法工艺的南京烷基苯厂的建设，为合成洗涤剂的产量和质量进一步奠定了较好的基础。1978年全国烷基苯的产量为33298 t。1972—1978年烷基苯产量见表1-3。

表1-3 1972—1978年烷基苯产量

年份	产量（t）	年份	产量（t）
1972	12560	1976	23822
1973	15066	1977	28726
1974	18484	1978	33298
1975	22384		

虽然烷基苯产量稳步增加，但国产烷基苯的量仍赶不上合成洗涤剂快速发展的需求，因此每年仍须用大量外汇进口烷基苯。

（3）脂肪醇的生产与建设

20世纪50年代末期和60年代初期，我国开始进行非离子和阳离子表面活性剂的合成研究与试制，并于60年代开始小规模生产。但是，作为这些制备表面活性剂原料的高碳醇，当时国内还尚未批量生产。

1959年，上海中国化学工业社（现在上海牙膏厂的前身）为生产牙膏用的新型发泡剂——十二醇硫酸钠，开始用椰子油进行十二醇的试制工作。经过研究，用四根无缝不锈钢管构成压力为8 MPa，反应温度为300 ℃的流动床中压催化氢化装置，投资10万元，1961年试制成功。1963年12月产品经鉴定合格并正式投入生产，设备能力为年产100 t十二醇硫酸钠。

天然脂肪酸和合成脂肪酸加氢制醇工业装置的建立为我国以后脂肪醇的生产和发展奠定了基础。在一些合成脂肪酸生产企业，用合成脂肪酸生产中的二级不皂化物，经过硼酸酯化，生产仲醇，作为仲烷基硫酸钠的原料。

我国虽在20世纪60年代初已开始高碳醇的小量生产，但是多作为生产牙膏和化妆品的原料，很少用于合成洗涤剂的生产。随着液体洗涤剂的发展，对以脂肪醇为原料的表面活性剂用量逐渐增加，所需的脂肪醇和非离子表面活性剂几乎完全依赖进口，仅1978年就进口非离子表面活性剂2450 t。因此，尽快建立我国较大规模的脂肪醇和非离子表面活性剂的生产基地，成为我国合成洗涤剂工业发展中的又一件大事。

（4）其他表面活性剂的开发与生产

烷基苯和脂肪醇的发展为阴离子表面活性剂生产奠定了基础。在重点发展烷基苯磺酸和脂肪醇衍生的阴离子表面活性剂的同时，为满足多品种民用洗涤剂、工业用清洗剂和工业助剂等发展需要，非离子和阳离子表面活性剂也逐步得到不同程度的发展。早在1958年轻工业部食品研究所就开始醇醚、酚醚非离子表面活性剂的研制，1960年又开始了胺类阳离子表面活性剂的合成，1962年完成了扩试。1962年上海新一化工厂（后改为上海合成洗涤剂二厂）的一些技术人员进行了非离子的实验研究，并取得一定成绩，当年生产聚氧乙烯蓖麻油醚16 t，平平加0.03 t，三乙醇胺12 t，从此正式开始了我国非离子表面活性剂的工业生产。同期，天津轻化所和上海、大连等地的企业和研究机构，也分别开展了非离子和阳离子表面活性剂的合成与应用研究。20世纪60年代在大连油脂化学厂和上海合成洗涤剂三厂先后建成了胺类阳离子、烷醇酰胺和依捷邦t等表面活性剂的生产装置，天津助剂厂用氯乙醇法开始了醇醚、酚醚非离子表面活性剂的生产。这些品种的投产，为民用洗涤剂的品种增加与性能改善提供了有利条件，也促进了各种工业清洗剂和工业助剂的发展。

（5）三聚磷酸钠的生产和发展

三聚磷酸钠属于聚磷酸盐，1948年成为以烷基苯磺酸钠为主体的合成洗涤剂的重要组分。三聚磷酸钠在洗涤剂中具有抗硬水能力强、分散力高和抗污垢再沉积性能好等许多优点，它的使用大大促进了合成洗涤剂的发展。合成洗涤剂产量的不断上升，反过来推动了三聚磷酸钠的快速发展。我国合成洗涤剂工业初建时，因国内尚无三聚磷酸钠生产，上海永星化工厂只好先采用正磷酸一钠、正磷酸二钠，而后加入焦磷酸四钠。随着合成洗涤剂工业的发展，20世纪60年代初，我国才正式开始对三聚磷酸钠的研究，60年代中期便陆续建设和批量投产。

磷酸的生产工艺有湿法和热法之分。热法是磷铁矿石在1700 ℃的高温炉内，经还原生成黄磷，黄磷再经燃烧水合生成磷酸。湿法则是以磷矿粉为原料，由硫酸或盐酸、硝酸等强酸，以萃取的方式制得磷酸。磷酸经中和、聚合，最后制成三聚磷酸钠。这两种工艺在我国三聚磷酸钠的生产中，都得到了广泛的应用。由于当时电力供应紧张，我国三聚磷酸钠的研究开发是从湿法开始的，随着电力工业的发展，在部分地区也开始用热法生产三聚磷酸钠。

太原磷肥厂在多年生产磷酸的基础上，于1963年开始了以湿法工艺进行三聚磷酸钠的试生产。

1963年初，徐州化工厂自行开发研究热法制三聚磷酸钠的生产工艺，1963年10月至12月设计并建成一套能力为年产300 t三聚磷酸钠的生产装置，1964年1月正式投产。1963年，上海化工研究院试验一厂进行了湿法和热法制三聚磷酸钠的工艺研究，并取得了良好的结果。

上海合成洗涤剂厂从1963年开始探索三聚磷酸钠生产工艺条件，1965年1月用原生产焦磷酸四钠的转炉作为聚合炉生产三聚磷酸钠。1964年轻工业部上海设计院为上海合成洗涤剂厂设计了年产1710 t三聚磷酸钠的湿法生产装置，投资87.64万元，1965年底安装竣工，1966年10月正式投产。

1964年江西省轻化厅科研所开始研究开发湿法制三聚磷酸钠的生产工艺，并于1965年5月在鹰潭蛋品厂建成能力为年产1000 t三聚磷酸钠的生产装置。随之，蛋品厂便更名为江西鹰潭化工厂（江西合成洗涤剂厂前身）。

徐州化工厂为扩大三聚磷酸钠的生产，在采用热法生产的同时，也请轻工业部上海设计院设计，于1965年又建成了年产2000 t三聚磷酸钠的湿法生产装置，1970年正式投产，1974年再一次扩产到年产4000 t的规模。

随着合成洗涤剂工业的逐步发展，对三聚磷酸钠的需求量也日益增加。由于湿法磷酸生产耗电量少，易于上马，通过多年的生产和改进，工艺也逐步趋于完善，所以用该法上马的三聚磷酸钠装置也就不断增加。在新增的装置中，不仅包括了原先生产化工产品和化肥的生产厂，而且有条件的合成洗涤剂厂自建了一批小型三聚磷酸钠生产车间。如武汉无机盐化工厂、本溪化工厂、湖南岳麓化工厂、大连化工实验厂、四平第一化工厂、太原磷肥厂、兰州制胶厂、襄樊化工厂、开封磷肥厂、天津日化助剂厂、双城合成洗涤剂厂、成都合成洗涤剂厂、西安油化厂、济宁合成洗涤剂厂、广州油化厂、韶关合成洗涤剂厂等，都先后建设了生产规模为年产2500~5000 t的三聚磷酸钠生产装置。广西当时电力供应较好，广西柳城磷肥厂于20世纪70年代采用热法工艺建造了年产1万t三聚磷酸钠生产装置，成了我国当时规模最大、产品质量最好的三聚磷酸钠骨干企业。另外，云南昆阳磷肥厂、江苏连云港红旗化工厂、宝鸡农药厂等也相继建成了热法生产三聚磷酸钠装置。随着三聚磷酸钠生产装置的不断增多，产量也逐年增长，1978年全国产量达到了21192 t。表1-4中列出了全国从1971年到1978年历年的产量。

表1-4　全国1971—1978年三聚磷酸钠年产量

年份	产量（万t）	年份	产量（万t）
1971	0.56	1975	1.44
1972	0.76	1976	0.85
1973	1.22	1977	1.39
1974	1.08	1978	2.12

进入20世纪70年代后，我国三聚磷酸钠的生产技术有了相当发展，生产能力和产量都达到了一定规模。但是，由于合成洗涤剂发展较快，生产出的三聚磷酸钠却越来越难以满足需求。为彻底改变合成洗涤剂发展必须依赖三聚磷酸钠的进口的被动局面，1977年国家决定引进一套生产三聚磷酸钠的大型成套装置。经过调研和考察，1978年由中国技术进出口总公司同德意志联邦共和国的伍德公司正式签订了以磷矿石为原料，采用电炉法年生产3万t黄磷和7万t三聚磷酸钠成套装置合同，拉开了我国建设三聚磷酸钠大型生产基地的序幕。

(6) 原材料和助剂实行定点供应

在合成洗涤剂原料和助剂的生产和供应中，烷基苯、三聚磷酸钠以及硫酸、纯碱、烧碱等由国家计划分配，芒硝由轻工业部会同化工部协商分配。芒硝主要由化工部的山西运城盐化局供应，不仅数量大，而且质量好。所需其他原材料和专用助剂则由轻工业部组织定点生产和统调供应。到1978年止，已形成的定点生产厂家有：

①生产羧甲基纤维素（CMC）的有上海青东化工厂、江苏太仓轻工助剂厂、山东鱼台化工厂、石家庄光华化工厂、山西临汾化工厂、四平第一化工厂、武汉明胶厂等。

②生产对甲苯磺酸钠的有江苏吴县化工二厂。

③生产荧光增白剂的有上海合成洗涤剂三厂。

这些工厂通过自己的生产和改进，不断扩大产量，对制订产品标准、提高产品质量和保证合成洗涤剂发展的需求，都起到了积极作用。

20世纪60年代初，肥皂工业由于受到连年自然灾害的影响，产量急剧下降，市场供应十分紧张。轻工业部在贯彻中央关于"调整、巩固、充实、提高"的八字方针中，针对生产中所用农业原料发生的困难情况，采取了调整原料结构，扩大以工矿产品为原料来源，提出重点发展包括合成洗涤剂和合成脂肪酸在内的新兴产品的生产，借以代替部分农业原料，来缓解人民对洗涤用品的需要。从1959年到1978年用于合成洗涤剂的投资额达到29724万元，建立起一批合成洗涤剂工厂（车间）。到1978年，合成洗涤剂年产量达到32.41万t，比1959年增长了55.9倍。

3.2 改革开放后的20年（1979—1998年）

3.2.1 1979—1988年

这一阶段合成洗涤剂工业得到了全面发展，洗涤用品行业形成了以合成洗涤剂和肥皂两大产品为主，包括洗涤剂专用原材料、助剂以及甘油、硬化油、硬脂酸等的工业生产体系。

1978年12月，中国共产党召开了十一届三中全会，提出了把工作重点转移到社会主义现代化建设上来。1979年4月，党中央召开工作会议，提出对国民经济实行"调整、改革、整顿、提高"的方针。1982年,中国共产党第十二次代表大会上提出了"一个中心,两个基本点"的基本路线,合成洗涤剂工业进入了一个崭新的快速发展时期。

3.2.1.1 合成洗涤剂生产的发展

(1) 产量快速增长

1988年全国合成洗涤剂产量为131.81万t,比1978年的32.41万t增加99.40万t,增长3.07倍;肥皂产量达到119.77万t,比1978年的59.63万t增加60.14万t,增长1倍多。合成洗涤剂增长明显快于肥皂。1979年至1988年洗涤用品产量情况如表1-5所示。

表1-5 1979—1988年合成洗涤剂产量

年份	产量(万t)	比上年增加(%)	合成洗涤剂占比(%)
1979	39.74	22.62	34.56
1980	39.30	−1.00	31.57
1981	47.76	21.53	33.85
1982	56.94	19.11	40.07
1983	67.70	18.90	43.91
1984	80.96	19.59	46.20
1985	100.45	24.07	50.22
1986	117.52	16.99	51.75
1987	119.20	1.40	51.60
1988	131.81	10.58	52.39

(2) 合成洗涤剂品种的发展

1) 洗涤用品产品发生转变

由于合成洗涤剂较肥皂有许多优点,具有较强的生命力,因而洗涤用品产品生产从以肥皂为主逐步向以合成洗涤剂为主转变。改革开放以后,国民经济得到全面发展,人民生活水平不断提高,尤其是洗衣机的迅速发展,为合成洗涤剂发展开辟了广阔前景。1978年全国生产洗衣机仅366台,到1988年达到1044.77万台。(从1978年到1988年全国共生产洗衣机达5170.9万台)1985年合成洗涤剂产量开始超过了肥皂,当年肥皂产量为99.56万t,比1978年增长67.0%,而合成洗涤剂1985年产量已达到100.45万t,比1978年增长了2倍。1988年肥皂产量为119.77万t,比1978年增长1倍多,而合成洗涤剂产量为131.81万t,比1978年增长3

倍多。由于合成洗涤剂发展速度快于肥皂，因而洗涤用品的产品结构也就发生了变化。1978年洗涤用品生产总量中肥皂占64.79%，合成洗涤剂仅占35.21%，到1988年肥皂占47.61%，而合成洗涤剂已占到52.39%，我国合成洗涤用品产品结构就形成了以合成洗涤剂为主的格局。从1978年到1988年洗涤用品中合成洗涤剂产品比重变化情况详见表1-5。

2）在合成洗涤剂中液体洗涤剂的崛起

我国液体洗涤剂产品早在20世纪30年代已有生产，当时上海化学工业股份有限公司首先生产液体香皂（钾皂），亦称香皂精，主要在理发店代替香皂使用，但销路不好。1962年，苏州肥皂厂推出以表面活性剂配制的液体洗涤剂。60年代中期，上海新一化工厂（上海合成洗涤剂二厂）首创海鸥牌液体洗涤剂，主要用于洗涤织物。此后，上海、广州、天津等地的洗涤用品生产企业，也都纷纷开发了液体洗涤剂。这些液体洗涤剂当时除用于洗涤织物外，还增加了餐具洗涤剂、洗发香波等新品种。不过当时除有少量出口外，国内使用较少。1978年3月，轻工业部向党中央汇报工作时，中央领导指示："洗涤剂要狠抓……搞些液体的，用瓶子装。"中国共产党十一届三中全会以后，由于人民生活水平的提高，卫生条件进一步改善，再加上落实中央领导的指示，国家政策支持引导消费，液体洗涤剂出现了强劲的发展势头。1980年全国液体洗涤剂产量3.2万t，仅占合成洗涤剂产量的8.1%。1988年全国液体洗涤剂产量已达20万t，比1980年增长5倍多，占合成洗涤剂产量的15.2%。从1980年到1988年合成洗涤剂中液体洗涤剂产量及其所占的比重见表1-6。

表1-6 1980—1988年合成洗涤剂中液体洗涤剂产量及其所占的比重

年份	液体洗涤剂产量（万t）	液体洗涤剂占合成洗涤剂比重（%）
1980	3.20	8.14
1981	5.43	11.37
1982	4.35	7.64
1983	5.62	8.30
1984	6.87	8.49
1985	9.32	9.28
1986	11.68	9.94
1987	16.24	13.62
1988	20.03	15.20

3）民用合成洗涤剂洗涤用品向多品种及专业化方向发展

1978年以前，我国生产的民用洗涤用品主要用于洗涤各种织物，品种单一。合成洗衣粉仅有 20 型、25 型、30 型（指表面活性剂的百分含量）三种。1978 年以后，随着市场的变化和洗涤用品工业水平的提高，洗涤用品品种日益增多，特别是增添了许多专用品种。

①复配洗衣粉

由于消费水平的提高和洗衣机的发展，消费者对原有配方洗衣粉（采取单一阴离子表面活性剂配制的洗衣粉）泡沫多、不易漂清，感到使用不便。1970 年后进口非离子表面活性剂量有所增加，轻工业部塑化局及时提出利用现有进口非离子表面活性剂，在洗衣粉行业中积极开展洗衣粉复合配方的研究试制工作。当时，洗衣粉厂和科研机构两条战线同时开展工作，特别是上海、天津、北京、南京、武汉、广州、潍坊、济宁、沈阳、双城、长沙、开封、成都、西安、兰州、合肥等地的洗涤剂厂还利用大生产装置积极开展洗衣粉的复配研制。通过广泛研制，改进了配方，生产出了由多种表面活性剂配制的复配洗衣粉。这种洗衣粉在使用时泡沫适中、去污性能好、容易漂清，织物洗涤后的手感好，特别适合洗衣机使用。它同老配方相比，在采用多种表面活性剂复合的前提下，不仅活性物总含量从原来的 20%~30% 降到了 20%，而且通过大量的配方和制备工艺的研究，改善了性能，降低了成本，深得消费者的好评。轻工业部于 1981 年召开的合成洗涤剂生产座谈会上，把交流生产复配洗衣粉的经验作为主要内容。因此，自 1981 年以来，复配洗衣粉的生产经验得到迅速推广，产量增长很快。1982 年有 80% 的洗衣粉生产企业生产复配洗衣粉，全国复配洗衣粉产量为 6.68 万 t，1983 年为 31.49 万 t，1988 年达到 79.00 万 t，占当年全国洗衣粉总产量的 76.9%。国家和轻工业部对此产品的开发和生产都很重视，及时给予奖励和肯定。济宁合成洗涤剂厂生产的泰山牌复配洗衣粉、开封日用化工厂生产的喜梅牌复配洗衣粉，曾在 1982 年获得轻工业部优秀新产品称号。徐州合成洗涤剂厂、上海合成洗涤剂厂、天津合成洗涤剂厂、轻工业部日化研究所及轻工业部日化局等单位的复配洗衣粉推广项目获得 1985 年国家科学技术进步三等奖。

②加酶洗衣粉

加酶洗衣粉对织物上沾染的蛋白质等污垢，如血迹、奶汁、汗渍等的洗涤特别有效。1969 年复旦大学和中国科学院上海微生物研究所协助上海合成洗涤剂厂提取碱性蛋白酶菌种，1973 年在上海新型发酵厂试产成功，并于 1975 年由上海合成洗涤剂厂试制加酶洗衣粉，1979 年首家正式投入生产，并很快在全国推广。1985 年全国加酶洗衣粉产量为 14.92 万 t，占当年全国洗衣粉总产量的 14.53%。上海合成洗涤剂厂生产的佳美牌加酶洗衣粉、天津合成洗涤剂厂生产的天津牌加酶洗衣粉，曾在 1982 年获得轻工业部优秀新产品称号。

③含氧彩漂洗衣粉

这是一种含有过碳酸钠或过硼酸钠的洗衣粉，是国际上20世纪70年代末出现的新产品。这种洗衣粉可以去除茶叶、咖啡、汗迹等形成的污垢，使白色织物更白，彩色织物更加鲜艳，并有一定的杀菌作用。1983年，天津合成洗涤剂厂与天津轻工化学研究所利用吉林化学工业公司化工实验厂开发的过碳酸钠，合作研究开发彩漂洗衣粉，并很快投入生产，并于1985年获轻工业部全国轻工业优秀新产品一等奖。

与此同时，全国主要合成洗涤剂厂也先后采用过碳酸钠开发和生产了彩漂洗衣粉。青海西宁日用化工厂等还采用过硼酸钠生产彩漂洗衣粉。

④杀菌洗衣粉

这是沙市日用化工总厂和沙市香料厂在1983年生产的新品种。经医疗和卫生单位鉴定，这种洗衣粉对杀灭大肠杆菌、金黄色葡萄球菌、痢疾杆菌、绿脓杆菌等十分有效，对肝炎病毒、霉菌等也有杀灭作用，可用于衣物的消毒去污。沙市日用化工总厂生产的美家乐牌高效杀菌洗衣粉曾获得国家产品质量银质奖。

北京、上海等地的合成洗涤剂厂也都推出了杀菌洗衣粉。

⑤浓缩洗衣粉

这是国际上20世纪70年代发展起来的一种节约能源、节约芒硝、节约包装材料、节约储存和运输空间的一种高密度产品。这种产品除表观密度由空心颗粒的$0.3\sim0.4\,\text{g/cm}^3$提高到了$0.6\sim0.8\,\text{g/cm}^3$外，其配方中的活性物和助剂，都与低密度空心粉有差异。由于这种洗衣粉具有多方面的优点，所以在国际上得到了快速发展。

我国浓缩洗衣粉的研制始于20世纪70年代末，上海合成洗涤剂厂、成都合成洗涤剂厂、湖北沙市日用化工总厂、轻工业部日用化学工业科学研究所等单位着手研究，很快就有了生产能力，并先后上市。全国很多合成洗涤剂厂在同一时期也都先后推出了各自的浓缩洗衣粉。1985年获得全国轻工业优秀新产品奖的有上海合成洗涤剂厂的白猫牌浓缩洗衣粉、沙市日用化工总厂的"活力28"超浓缩无泡洗衣粉、成都合成洗涤剂厂的摩丽雅超浓缩低泡洗衣粉。

由于我国浓缩洗衣粉的质量和洗涤习惯问题，浓缩洗衣粉发展不快，到1988年全国总产量只有3.2万t。

另外，一些洗衣粉厂还先后生产了低泡和无泡洗衣粉、柔软洗衣粉、增白加色加香洗衣粉等新品种，受到消费者欢迎。

⑥浆状洗涤剂

20世纪60年代上海新一化工厂已生产出洗发用的海鸥牌洗发膏，由于这种产品性能很好，使用方便，当时很受消费者欢迎，曾几乎遍销全国各地，70年代仍属洗发佳品。60年代末，由轻工业部日用化学工业科学研究所研发出的一种洗衣用的浆状洗涤剂,俗称洗衣膏,它不仅具有生产设备简单(不要喷粉塔)、投资少和能耗低,生产、包装环境无粉尘飞扬和洗涤性能良好等优点,还节省了大量芒硝,价格较低廉,适合中小城镇、广大农村劳动人民的手工洗涤,深受用户欢迎,很快全国许多省建厂(车间)生产,1988年全国洗衣膏产量约为9万t。1983年至1988年全国洗衣膏产量统计见表1-7。

表1-7 1983—1988年全国洗衣膏产量统计

年份	产量（万t）	年份	产量（万t）
1983	3.64	1986	9.60
1984	4.79	1987	8.82
1985	6.50	1988	9.07

20世纪80年代,广州肥皂厂推出了硫黄洗发膏,湖南日化总厂用磺氧化工艺生产仲烷基磺酸钠,配制生产了对皮肤温和、性能优良的青春牌洗发膏,这些产品都受到消费者的欢迎。

⑦液体洗涤剂

在1978年以前,液体洗涤剂产量很少,仅有少量是衣用洗涤剂。1978年以后,液体洗涤剂的品种增加很快,除研发出用于洗丝毛织物的丝毛洗涤剂,洗衣服领、袖的衣领净,使织物柔软的柔软剂,干洗剂等专用洗涤剂外,还扩大到了群众生活领域的其他方面。如厨房用的餐具洗涤剂、水果蔬菜清洗剂、洗发香波、沐浴液、油污清洗剂、卫生间用的清厕剂及除臭剂、浴盆用的清洗剂、玻璃清洗剂、地毯清洗剂等新品种。上海合成洗涤剂五厂生产的白猫牌洗洁精、广州油脂化工厂生产的天丽牌液体丝毛洗净剂获得轻工业部1982年优秀新产品称号。

广州肥皂厂生产的洁花牌儿童香浴液被评为全国儿童用品优质产品称号;江门肥皂厂生产的爽爽牌美浴液、广州肥皂厂生产的肤安浴液获得轻工业部1985年优秀新产品称号;济南轻工化学总厂生产的小鸭牌液体洗涤剂、上海合成洗涤剂五厂生产的达尔美消毒净洗剂、武汉油脂化学厂生产的一枝花健肤佳洗涤剂、广州油脂化工厂生产的星湖牌液体洗涤剂等获得轻工业部1985年优秀新产品称号。

北京合成化学厂生产的奇美牌干洗精、上海合成洗涤剂三厂生产的双鲸牌柔软调理剂等获得轻工业部1987年优秀新产品称号。

上海合成洗涤剂五厂研制生产出蜂花牌洗发精、护发素以后,广州肥皂厂、江门肥皂厂、广州化妆品厂利用我国传统中药首乌、当归、人参、田七等的功能,分别研制成滋养头发、消除头屑、防止早白等多种功能性的洗发香波。韶关日用化工厂利用茶籽,研发出皂素洗发精。

(3) 提高产品质量，优秀品牌产品不断增多

1979年4月9日，国务院批转了轻工业部《关于轻工业工作着重点转移问题的报告》，《报告》提出轻工业工作重点从着重抓产值转到着重抓质量品种上来。为此，洗涤用品行业在轻工业部的组织领导下，大力开展全面质量管理活动，结合企业整顿，努力提高产品质量，积极研发新品种。通过修订产品质量标准，建立国家检测中心和全国检测网络，狠抓生产中的每个环节，开展"质量月"活动，不仅洗涤用品行业的产品质量有了很大提高，而且还出现了一批名优产品。

推行全面质量管理，开展质量管理小组活动，建立质量保证体系。到1986年仅合成洗涤剂行业，共有质量管理小组1132个，参加人数10354人，占职工总数的25.7%。从1984年到1988年，洗涤用品行业共有4个质量管理小组被国家经委评为：全国轻工业优秀质量管理小组。1984年7月，轻工业部颁发了《全国轻工业系统企业全面质量管理检查评分办法》。在洗涤用品行业中，武汉油脂化学厂获1985年全国轻工业优秀质量管理企业称号。北京日用化学二厂、沈阳油脂化学厂、江西油脂化工厂获得1986年全国轻工业优秀质量管理企业称号。石家庄油脂化工厂、杭州东南化工厂、兰溪化工总厂、鹰潭化工厂、济宁合成洗涤剂厂、安阳日用化工厂、沙市日化总厂、武汉化工厂、桂林合成洗涤剂厂、成都合成洗涤剂厂、徐州合成洗涤剂厂、安庆香皂厂获得1987年全国轻工业优秀质量管理企业称号。天津合成洗涤剂厂、上海制皂厂、合肥日用化工总厂、开封日用化工厂、湖南日用化工总厂、宝鸡应用化学厂、广州油脂化工厂获得1988年全国轻工业优秀质量管理企业称号。

3.2.1.2 合成洗涤剂市场供应的变化

合成洗涤剂由卖方市场向买方市场转变，企业之间竞争崭露头角，市场供应发生了显著的变化。

(1) 扭转了长期以来国内市场洗涤用品短缺的局面

由于洗涤用品生产的迅速全面发展，市场供应发生了很大变化，1988年洗涤用品总产量达到251.58万t，比实行凭票限量供应的1961年的21.20万t，增长了10倍以上。其中肥皂由1961年的20.06万t，增长到1988年的119.77万t；合成洗涤剂由1961年的14万t，增长到1988年的131.81万t。从1961年开始对肥皂以及后来对洗衣粉实行的凭证限量供应，到1980年以后各地陆续敞开供应，自由选购，我国结束了长达20年左右的市场供应紧张局面。由于产量迅速增长，市场供应情况发生了根本变化。群众的消费水平有了显著的提高，1961年洗涤用品人均0.32 kg，到1988年提高到2.27 kg。洗涤用品市场也就从卖方市场逐步向买方市场转变。

(2) 由商业统购和包销向企业自销过渡，企业由生产型逐步向生产经营型转变

在计划经济体制下，肥皂和洗衣粉是由商业部门统购、包销的产品，企业只管生产，不问经营。1979年，轻工业部根据国家经济体制改革的精神和当时情况，率先提出改革轻工产品流通领域体制的建议，要求属于商业选购的产品在商业选购之余允许企业自销，该建议得到国务院批准。随着改革开放深入和市场变化，商业经营方式逐步改变，由过去的统购包销，改为选购代销。企业也逐步由过去的生产型转变为生产经营型，一手抓生产一手抓销售，一方面靠商业部门推销产品，另一方面积极开展工厂自销业务，努力开辟多种销售渠道。有的企业自己建立销售网络，有的企业参与商业合作建立联销网络，有些企业开始利用电台、电视台、报纸、杂志、展览会、订货会、新闻发布会等多种形式进行产品宣传，以促进销售，企业自销量随之逐年增加。1983年合成洗涤剂工业自销量为13.29万t，占当年产量的9.6%，到1987年自销量达到64.74万t，占当年产量的54.31%，比1983年工业自销量增长了近4倍。

(3) 市场出现伪劣产品，以劣质低价参与市场竞争

随着市场经济的出现，到20世纪80年代中期，伪劣产品陆续出现，造成市场混乱。据中国洗涤用品工业协会调查，自1987年以来，各地的洗衣粉生产厂、生产点达到数百家，这些厂、点规模小，年产量只有几吨、几十吨，大多数没有必需的生产设备、技术力量和检测手段，有的仅靠几个脸盆和几把铁锹等简单工具就生产出所谓的"高效洗衣粉"。更有甚者，将化肥、石膏粉、白土、白薯粉、木屑等直接掺入购进的大包装洗衣粉内，分装后再作为自己的产品上市销售。有的甚至盗用大厂注册的商标，假冒大厂产品，严重扰乱了市场秩序，损害了消费者的利益，损害了名优产品商标的声誉。与此同时，也有个别计划内的生产企业，为了扩大销售面，采取降低产品质量，低价销售的手段，混入市场竞争。

3.2.1.3 合成洗涤剂原材料的发展

一批合成洗涤剂专用原材料基地建成投产，国产原材料迅速发展，供应形成网络。

我国在建设第一座上海合成洗涤剂厂的同时，就在该厂建设了与其配套的烷基磺酸钠生产车间。随后，各地建设的一些合成洗涤剂厂大部分都配有表面活性剂生产车间。这些小车间生产的产品产量小且消耗大，产品质量差，成本高，对环境有污染。

由于国家每年须从国外进口烷基苯和三聚磷酸钠，为迅速扭转我国合成洗涤剂发展所需主要原材料依赖进口的被动局面，1975年，国家决定从美国和意大利引进技术和设备，建设南京烷基苯厂，规模为年产烷基苯5万t、洗衣粉2万t。

1978年，国家又决定从德国引进技术和设备，建设昆明三聚磷酸钠厂，规模为年产3万t黄磷、11.7万t三聚磷酸钠。

1987年，国家又决定从国外引进技术和成套设备，建设抚顺脂肪醇厂（后改名为抚顺洗涤剂化学原料厂），规模为年产5万t脂肪醇、7.2万t烷基苯。

1979年，轻工业部在新疆盐湖建立了芒硝生产基地，规模为年产10万t芒硝。1988年，在山东铝厂建设了4A沸石生产装置，规模为年产2万t沸石。

（1）第一个原材料基地——南京烷基苯厂建成投产

1973年1月25日，轻工业部以（73）轻合字第005号文件《关于加快发展我国合成洗涤剂工业的请示报告》，请示中央批准进口年产5万t脱氢法制直链烷基苯的成套设备。经国务院批准于1974年开始筹建，1975年对外谈判，同年12月由中国技术进出口公司与美国环球油品公司（UOP）、意大利欧洲技术公司签订了烷基苯装置的专利技术、设备制造、化学药品供应、技术服务的合同。这是我国合成洗涤剂行业首次成套引进的大型现代化生产烷基苯和合成洗衣粉装置，其土建、公用工程及辅助设施由我国轻工部北京设计院自行设计、配套。该装置工艺技术包括下述几点：

①烷基苯生产装置有加氢、分子筛脱蜡、脱氢、烷基化等具有国际先进水平的装备。

②合成洗衣粉生产装置有磺化、中和、连续配料等先进设备。

该项目总投资为人民币28010万元，其中引进部分投资为3870万美元（折合人民币13600万元），国内配套投资人民币14410万元。项目于1976年2月由国家计委以（76）计字44号文批准计划任务书，1976年8月国家建委以（76）建发设字205号文批准总体设计。1976年10月破土动工，1980年11月25日生产出合格产品，1981年1月通过考核，1982年10月经国家验收合格，正式移交生产。项目工程由轻工部北京设计院设计。该工程被国家评为全优工程，荣获国家优质工程银质奖。

在此工程建设的同时，轻工业部为保证国产脱氢催化剂能及时代替进口催化剂，于1979年以（79）轻科字1045号文给中国科学院大连化物所、轻工业部日用化学工业科学研究所、南京烷基苯厂，下达了《关于脱氢催化剂制备补充试验及中试有关问题的通知》，以督促研制工作的进展。经过三个单位的密切合作，不仅完成了可满足烷基苯生产使用的具有我国特色的第三代脱氢催化剂的中试，而且建成了年产5t $\gamma-Al_2O_3$ 小球担体、年产10t催化剂和纯氢预还原3套装置。对试制催化剂的工业生产评定结果表明，每千克催化剂的烷基苯产量、蜡耗、苯耗、能耗均达到UOP公司的DEH-5催化剂的实际生产水平，为国产脱氢催化剂的生产作好了准备。该项目1981年获轻工业部科技进步二等奖，1985年获中国石化总公司科技进步一等奖,同年获国家科委发明三等奖。

该厂建成投产后,所生产的烷基苯产品质量好,达到国际同类产品水平,原材料消耗低、经济效益较国内原有小规模生产的烷基苯大为提高。该厂生产的烷基苯1982年获得轻工业部优质产品称号,1983年获得国家优质产品银质奖,1990年获得国家优质产品金质奖。从1980年到1983年,三年间共生产烷基苯14.5万t,节约外汇1.45亿美元。当时每进口1t烷基苯国家要补贴2300元,14.5万t可减少补贴3.3亿元,仅此一项就相当于该厂的全部投资。

南京烷基苯厂从1980年11月25日生产出烷基苯,到1988年底共生产40.5万t烷基苯,对促进我国合成洗涤剂的发展,提高合成洗涤剂产品质量,提高行业技术水平,保障市场供应,增加财政收入,提高经济效益等,都具有重大意义。

随着南京烷基苯厂建成投产,国内原有的小烷基苯厂便逐步关停。

1979—1988年10年间烷基苯产量情况列于表1-8。

表1-8 1979—1988年烷基苯产量

年份	产量(万t)	年份	产量(万t)
1979	3.37	1984	7.24
1980	3.85	1985	7.38
1981	7.03	1986	6.84
1982	7.66	1987	5.30
1983	7.72	1988	5.92

(2) 第二个原材料基地——昆明三聚磷酸钠厂建成投产

这是轻工业部建议新建的生产合成洗涤剂原料的第二个专用原材料基地项目。1979年9月8日,经国家计委以(79)计轻字519号文批准《关于昆明三聚磷酸钠厂计划任务书》,该厂总规模为年产黄磷3万t,三聚磷酸钠11.7万t,洗衣粉5万t,分两期建设。一期工程为年产黄磷3万t,三聚磷酸钠7万t,洗衣粉5万t,其黄磷和三聚磷酸钠的工艺和成套设备从德国伍德公司引进,土建、公用工程及辅助设备由我国自行设计配套。其工艺技术特征为电炉法生产黄磷,再用燃烧、水合一步法制取磷酸,磷酸以纯碱中和,再经喷粉聚合一步法制得三聚磷酸钠。一期工程投资51506万元(其中外汇9040万美元)。1980年11月15日国家建委正式批准动工,1983年6月基本建成,1983年12月至1984年3月投料试车,1984年4月转入试生产,1985年12月16日通过国家验收,1986年1月正式投产。1982年国家又批准该厂进行第二期工程建设,规模为年产4.7万t三聚磷酸钠,投资3423万元(其中外汇120万美元),1983年11月开始建设,1987年竣工,1988年5月

10日经国家验收交付生产。一、二期工程建设项目由轻工业部北京设计院设计。该项目于1988年12月5日经国家质量奖审定委员会批准，荣获国家优质工程银质奖，1991年又获国家优秀工程设计金质奖。

该项目在第二期工程建设中，采用了由轻工业部设计院和昆明三聚磷酸钠厂合作开发的利用发生炉煤气生产三聚磷酸钠的技术。昆明三聚磷酸钠厂是由德国引进的成套设备和生产工艺，采用塔式一步法生产三聚磷酸钠，这种生产方法是德国Knapsack厂的专利技术。原设计采用黄磷电炉气为能源，1983年工厂投产以后，由于引进装置中只有1台黄磷电炉，因生产性停车便造成发生磷炉气供应中断或不足的情况。当时我方曾多次建议德方用该厂原有发生炉煤气作为第二热源，德方委托某燃烧研究所试验，结论认为："这种发生炉煤气，只能供应五钠干燥聚合塔保温用，不能作为生产之用。"昆明三聚磷酸钠厂与轻工业部北京设计院的技术人员应用紊流无焰燃烧的原理设计了具有多层次、多股分流、重复保火等功能的燃烧器，在对原设备不做改动的情况下，完成了燃烧器的更新工作。该项目不仅满足了磷炉正常生产的需要，而且在磷炉停车时还可确保三聚磷酸钠的正常生产。该项目1986年获轻工业部科学进步一等奖，1987年获国家科技进步二等奖。

昆明三聚磷酸钠厂从1983年12月一期工程投料试车，到1988年12月，在能源供应紧张，设备能力仅发挥60%左右的情况下，共生产三聚磷酸钠29.40万t，彻底改变了我国三聚磷酸钠依赖进口的局面，节约了外汇，促进了我国合成洗涤剂的发展。

1979—1988年10年间三聚磷酸钠产量列于表1-9中。

表1-9　1979—1988年三聚磷酸钠产量

年份	产量（万t）	年份	产量（万t）
1979	2.40	1984	11.78
1980	3.46	1985	13.76
1981	4.56	1986	15.70
1982	6.09	1987	18.65
1983	6.60	1988	17.13

（3）开始筹建第三个原料基地——抚顺洗涤剂化学厂

轻工业部于1983年7月23日以（83）轻计字第133号文，向国家计委报送了《关于抚顺合成脂肪醇厂项目建议书》。国家计委于1984年3月15日以计轻（1984）419号文《关于〈关于抚顺合成脂肪醇厂项目建议书〉的复函》，同意并提出抓紧调查研究工作，尽快编制可行性研究报告以及设计任务书报国务院审批。轻工业部于 1985 年 4 月至 5 月，组织去国外技术考察，中国轻工业北京工程咨询公司于 1985 于 8 月完成了可行性研究报告。该报告经轻工业部组织论证后提出与 7.2 万 t 烷基苯生产装置联合建设，并由中国轻工业北京工程咨询公司对可行性研究报告进行修改。1986 年 2 月，轻工业部将可行性研究报告（附设计任务书）及论证意见报国家计委，提出"确定建设规模为年产脂肪醇 5 万 t，烷基苯 7.2 万 t"，并将项目名称改为"抚顺洗涤剂化学厂项目"。国家计委委托中国国际工程咨询公司就该项目进行评估，经专家多方面论证，确认在抚顺建设合成脂肪醇厂是可行的，并于 1987 年 2 月 10 日由国家计委报请国务院批准后，以计轻（1987）63 号文下达了可行性研究报告的批复，轻工业部开始着手对外技术引进谈判。抚顺合成洗涤剂化学厂项目引进的主要是以正构烷烃和苯为原料，通过使用 UOP 工艺技术和 SHELL 羰基合成工艺技术生产直链烷基苯和合成脂肪醇的装置。轻工业部组织了考察组，先后赴日本、美国、英国进行考察，于 1987 年 5 月至 1988 年 3 月分别与美国的 UOP 公司、西班牙技术公司以及日本三菱油化工程公司进行了多次技术谈判。1988 年 1 月 9 日，中国技术进出口总公司与美国 UOP 公司签订了《关于在中国抚顺洗涤剂化学厂安装脱氢Ⅰ－洗涤剂烷基化和脱氢Ⅱ－烷烯分离工艺装置的专利协议》。1988 年 1 月 20 日，由中国技术进出口总公司与日本三菱石油化学工程株式会社签订了《关于三菱油化 SHELL 羰基合成（SHP）装置洗涤剂醇专利协议》。1988 年 1 月 20 日，由中国技术进出口公司与西班牙 TECNICAS、REUNIDAS S.A 公司和 EUROCOITROC S.A 公司签订了抚顺洗涤剂化学厂的商务合同。1988 年 9 月 26 日，由中国银行与西班牙政府签订了贷款协议，并宣告该项目全部有关专利协议和商务合同于 1988 年 9 月 27 日开始生效。1989 年 7 月 26 日召开了初步设计审查会议，1989 年 10 月 27 日国家计委正式批准并下达开工报告。至此，抚顺洗涤剂化学厂完成了前期准备工作。在抚顺洗涤剂化学厂筹建的同时，为了与抚顺洗涤剂化学厂生产的脂肪醇配套，国家又决定建设抚顺醇醚化工厂、吉联（吉林）石油化学有限公司、上海表面活性剂厂、南京表面活性剂厂和安徽宿县轻工化学厂等 5 个生产醇醚的企业。

（4）建设芒硝供应基地——新疆盐湖化工厂芒硝工程

新疆盐湖化工厂芒硝工程的一期工程于 1979 年动工，到 1981 年建成投产，生产无水芒硝 5 万 t/a。1986 年又动工兴建二期工程，于 1989 年底建成投产，新增能力为生产芒硝 5 万 t/a。

（5）在山东铝厂筹建 4A 沸石车间

20 世纪 70 年代初，世界上工业发达国家普遍出现水体富营养化问题，含磷洗涤剂的使用也受到了一定的关注。因此，对洗涤剂的限磷、禁磷呼声较高，寻找三聚磷酸钠替代品的研究开发也随之活跃，4A 沸石很快就成了首选的代磷助剂。我国当时水体的富营养化虽未达到严重程度，但是已经引起整个洗涤用品行业对此的重视。因此，1978 年轻工业部即安排吉林省轻工业设计研究所，以高岭土为原料，研制洗涤剂用的 4A 沸石。其后，宁夏轻工研究所，上海、天津的无机盐研究所，北京日化二厂等也先后以活性白土、氢氧化铝等为原料，开始了 4A 沸石的研制工作。1980 年，山东铝厂研究所向轻工业部推荐了他们以该厂炼铝的副产品氢氧化铝为原料，研制 4A 沸石的小试成果。轻工业部科技局组织的工作组考察之后，于 1981 年将"合成洗涤剂新型助剂 4A 沸石的研究"列为重点科研项目，由该厂负责建设 4A 沸石生产工艺的小试、扩试和年产 500 t 的半工业性试验装置。轻工业部日化所负责各项质量控制方法及配方应用研究，上海、天津合成洗涤剂厂负责用该助剂进行洗衣粉的生产试验。1985 年 6 月，轻工业部组织了技术鉴定，一致认为研制单位较好地完成了任务，建议以山东铝厂为基地，尽快进行工业化生产。从 1986 年到 1988 年，轻工业部日化局与中国有色金属工业总公司生产部联合，先后召开了"年产 2 万 t 洗涤剂用 4A 沸石项目的可行性研究报告"审查会和"4A 沸石建设工程初步设计"审查会，批准了"年产 2 万 t 4A 沸石的可行性研究报告"。1988 年 6 月，轻工业部批准了年产 2 万 t 4A 沸石初步设计，正式开始了 4A 沸石生产车间的建设工作，总投资为 2997.03 万元。为我国低磷和无磷洗涤剂的生产做好了代磷助剂的技术和生产准备。

3.2.1.4 积极提高工艺技术和装备水平

在我国合成洗涤剂的发展过程中，比较注重对一部分老肥皂厂、老油脂化学厂的技术力量和工厂条件进行改造，这样既建设周期短又投资少。20 世纪 60 年代，我国建设的合成洗涤剂工厂（车间）多数为年产 3000~5000 t 的规模，企业的生产技术比较落后，许多工序都是间歇操作。70 年代，国家投入了一定的资金，对原有企业（车间）进行了技术革新及设备改造，使企业规模逐渐扩大，生产能力成倍提高，合成洗涤剂工业面貌有了一定的改变。以上海合成洗涤剂厂为例，这个厂前身是上海永星化工厂的合成洗涤剂车间，当时年生产能力只有 7000 t，厢式喷粉，环境污染大。经过不断的设备更新和技术改造，生产能力逐渐增大，首建了我国生产空心颗粒的喷粉塔，到 1978 年已经发展成年产合成洗涤剂 4 万 t 以上的企业。此外，长沙、北京、武汉、广州、沙市、开封以及沈阳等地合成洗涤剂厂也都是利用老企业（油化厂、肥皂厂、糠醛厂）建成的合成洗涤剂装置，经过不断的技术改造，到 1978 年也都达到年产 3 万 t 左右的规模。

虽然合成洗涤剂工业是个新兴行业，但是国家对这一行业中的老厂投资也不多。如上海合成洗涤剂厂，1949 年至 1985 年实现利税为 4.1 亿元，而同期固定资产投资仅 3474.5 万元，实现利税为固定资产投资的 11.8 倍。

1982 年 1 月 18 日，国务院发布（1982）15 号文件，决定对现有企业有重点、有步骤地进行技术改造。要求改变过去以新建企业作为扩大再生产的主要手段，实行以老厂技术改造作为扩大再生产的主要途径。

洗涤用品行业虽然经过 30 年的发展，已经打下了一定的基础，但是大多数企业仍然是设备陈旧，工艺技术较落后，产品缺乏适应和竞争能力。因此，必须下决心对现有企业进行技术改造。把投资重点放在对现有企业的改造上来，把洗涤用品工业重心转移到加强技术基础上来。对老企业的技术改造，除依靠自己的装备和技术力量外，加快引进步伐也是一条重要的措施。

我国的合成洗涤剂工业是在十分艰苦的条件下，依靠自己的力量，同心同德，艰苦奋斗，从工艺研究、设计、设备制造到原材料的配套建设，都是在自力更生方针的指导下，从无到有，从小到大发展起来的。在 20 世纪 60 年代初期，用天然轻蜡代替合成轻蜡作原料扩大了原料来源。以后又研究与采取了中温浅度热氯化、连续烷基化以及烷基塔式喷粉和洗衣粉配方改进等一系列措施，在提高产品质量和劳动生产率方面都取得了较好的效果。

进入 20 世纪 80 年代，采取了国内技术开发和引进国外先进技术设备相结合的方针，进一步促进了行业的技术进步，提高了行业技术装备水平，提高了竞争力。

我国合成洗涤剂在初期生产中，普遍采用发烟硫酸磺化工艺，开始都是单罐间歇式磺化，后虽改为主浴式，但是仍存在着产品纯度低，原材料消耗大，生产成本高，废酸处理困难等缺点。20 世纪 60 年代研究开发了罐组式三氧化硫磺化技术，虽然经过多次改进，仍未正常运行。在轻工业部日化局的统一安排下，组织轻工业部日用化学工业科学研究所、轻工业部北京设计院、轻工业部安阳轻工机械研究所与上海合成洗涤剂厂组成该项目工程化攻关小组，经过合作研制、工程放大，成功地建成了带有保护风的三氧化硫双膜磺化反应器和整个磺化装置。该工程项目获得 1985 年国家科学技术进步二等奖，并先后在上海合成洗涤剂厂、成都合成洗涤剂厂、江西合成洗涤剂厂、杭州万里化工厂以及昆明合成洗涤剂厂等推广应用。

武汉油脂化学厂研制成功用磺酸直接中和配料生产洗衣粉的新工艺，并将其用于生产。这一经验在洛阳合成洗涤剂厂、合肥日化厂、芜湖合成洗涤剂厂等得到推广。

上海合成洗涤剂厂、轻工业部设计院、轻工业部杭州轻工机械设计研究所联合研究的年产 5 万 t 洗衣粉成型技术（喷粉塔），对热风系统、塔底冷却系统、风送冷结晶系统、塔顶结构、雾化系统和尾气除尘系统都进行了技术改造。通过技术改造，单塔年产量由 3.5 万 t 增加到 5 万 t，每吨粉的喷粉耗柴油低于 60 kg，尾风粉尘含量降至 50 mg/m^3，低于国家排放标准。上海合成洗涤剂厂喷粉塔技术改造的成功，为我国合成洗涤剂厂的喷粉技术改造提供了很好的经验。该项科技成果获得1985年国家科技进步三等奖，并在一些合成洗涤剂厂推广应用。

为了尽快提高行业技术装备水平，在国内技术开发的同时，我国还加速了引进国外先进技术装备。1974年，国家决定采用引进技术建设南京烷基苯厂，即引进一套生产能力为1 t/h烷基苯磺酸的三氧化硫磺化装置和年产2万t洗衣粉料浆的连续配制技术设备（原料输送及喷粉部分为国内设计）。1983年，湖北沙市日化厂引进意大利1 t/h烷基苯磺酸的三氧化硫磺化装置后，济宁合成洗涤剂厂、湖南日化总厂、邵阳合成洗涤剂厂、武汉油脂化学厂、北京日化二厂以及成都、潍坊、运城、本溪、沈阳、双城、天津、张家口、西安、广州、韶关、洛阳、开封、安阳、四平、桂林、合肥等地都先后从意大利、美国引进三氧化硫磺化装置，截至1988年先后引进三氧化硫磺化装置达20多套。通过采取国内开发与国外引进的举措，除已开发出具有我国特点的磺化装置外，我国还拥有了多种形式具有国际先进水平的三氧化硫磺化装置，较为全面地掌握了不同特点的磺化技术。在引进三氧化硫磺化装置的同时，还引进了多套喷粉成型装置、自动配料装置、后配料装置以及附聚成型装置与液体洗涤剂生产、包装设备等。这些装置的建成投产，不仅使我国合成洗涤剂的生产能力得到了快速扩展，技术装备水平也有了很大提高，达到了国际上20世纪80年代末的水平，为以后合成洗涤剂工业的进一步发展打下了很好的装备和技术基础。

3.2.1.5 行业经济体制改革

洗涤用品行业所有制结构原来全部为公有制。随着深化改革，扩大开放政策的落实，吸引外商来华投资，洗涤用品行业开始出现中外合资企业，乡镇和民营企业。洗涤用品行业中公有制企业的比重开始下降，企业内部和企业之间也推行了一系列相应的改革措施。

（1）中外合资企业出现，乡镇和民营企业兴起

洗涤用品行业第一家中外合资企业是1985年3月杭州东南化工厂与澳大利亚CP公司合资兴办的亚大肥皂有限公司，1987年5月正式开业运转。上海利华有限公司是由上海制皂厂与英国联合利华有限公司于1986年7月15日，经上海市对外经济贸易委员会以沪经贸外字（86）第1153号文批复同意合资组建的。7月23日取得营业执照后，经过厂房改建、设备安装等工程，于1987年12月建成年产力士香皂及其他洗涤用品6500 t生产线。合资总投资为440万美元，双方各占50%（在中方投资中，上海日化公司占10%）。上海利华有限公司建成投产后，取得了良好的经济效益，为此双方同意共同扩大投资范围。1988年11月30日经沪外贸委（88）23号文及177号文批准，增加投资638.4万美元，增设一条年产3250 t香皂成型生

产线，并配置吹塑及灌装设备，用于生产洗发液、柔软剂等液体产品，年生产能力为 3300 t，当年即开始建设。与此同时，广州肥皂厂与美国宝洁公司、香港和记黄浦中国公司以及广州经济技术开发区进出口贸易公司合资成立广州宝洁有限公司，生产洗涤用品和卫生用品。

随着改革开放的不断深入，中国洗涤用品市场对外商的吸引力越来越大，德国、日本、澳大利亚等国家以及中国香港、台湾地区的商人也相继而来，与内地洗涤用品生产企业商讨合作、合资事宜。英国联合利华公司与上海市有关单位商讨合资建设合成洗衣粉生产企业，美国宝洁公司也与我国生产洗衣粉企业洽谈合资事宜。

1987 年前后，我国洗涤用品市场一度出现供应紧张局面，此时正值深化农业改革，乡镇企业、民营企业像雨后春笋蓬勃发展的时期，一些民营企业和乡镇企业趁机采用简陋的手工生产方式，生产低质量的洗衣粉和肥皂，并将其拿到市场低价销售。当时这种手工作坊式的生产点，全国约有几百家，江苏、河北、河南、山东、四川、安徽、广东等地较多，这些厂大多采取不正当销售手段销售洗衣粉和肥皂，给行业的健康发展留下了隐患。

(2) 实行经营承包责任制

为了促使企业所有权与经营权分离，进一步调动企业经营积极性，各地对洗涤用品企业都进行了一系列的改革。

1) 企业内部实行多种形式的经营承包责任制

例如，沈阳油脂化学厂在不断深化企业改革、完善经营机制的同时，实现了多种形式的经营承包责任制。该厂实行的经营承包是以厂长任期目标为主导，根据"销售围绕市场转，生产围绕销售干，供应围绕生产办，计划围绕效益变"的生产经营方针，按不同的层次环节，展开纵横承包体系。在纵向上实行了"三级一长"承包责任制，工段长、车间主任、厂长一级对一级负责，各项承包指标与工厂总目标挂钩，并落实到每个经营者和生产者身上，使全厂形成以产品为龙头的承包体系。在横向上对不同的职能部门确定不同的任务，保证每个部门都能有效地开展承包，严格兑现奖惩制度，按责任贡献大小拉开档次，形成完整的考核体系。另外还实行销售联利计奖承包、物资管理与原料采购承包、降低物耗承包、科研项目和工程项目承包等各种不同类型的承包责任制，取得较好效果。

2) 企业向政府承包

济宁合成洗涤剂厂于 1987 年 9 月与济宁市政府签订了承包经营责任制合同书。承包经营采取上缴利润递增包干，超收全留的形式，一定四年不变。承包时间从 1987 年 1 月 1 日开始到 1991 年 12 月 31 日为止。合同对上缴利润、实现利润、归还贷款、工业总产值、资产增值、生产能力、出口产品、安全生产、工作指标等九项承包内容规定了指标,并就双方的权利和义务、对厂长的奖惩、合同的变更和解除等做了明确的说明。

沙市日化总厂与沙市经委、沙市财政局签订了承包经营合同书。根据"包死基数,确保上缴,超收多留,欠收自补"的原则,确定上缴利润递增包干,定额还款。

1984年,上海合成洗涤剂厂开始实行厂长负责制。上海市政府要求企业自主经营,自负盈亏,基建和技改由拨款改为贷款,并以税代利,增加企业上缴留成幅度。由上海市财政局和上海市日化公司与该厂签订承包合同,定承包基数,超额有奖。为完成与政府的承包合同,厂长在厂内推行了经营责任制,有关部门、班组签了经济承包合同。如卡车运输组承包后,年运输量增加了一倍,每个驾驶员的收入都增加了50%以上。这大大调动了积极性,车辆保养、运输节油也有了较大改善。

3) 企业承包企业

如1987年9月,天津合成洗涤剂厂承包了天津日化助剂厂,到年底使天津日化助剂厂转亏为盈,天津日化助剂厂实现利润28万元。

(3) 发展经济联合,加强经济技术协作

在国务院关于"扬长避短,发挥优势,保护竞争,促进联合"的方针指引和在国家经济体制改革的推动下,洗涤用品企业探索和组织了各种形式的经济联合。

1) 以优质名牌产品为龙头,实行跨地区的经济联合

天津合成洗涤剂厂以获得国家银质奖的天津加酶洗衣粉为龙头,本着"扬长避短、形式多样、互惠互利、共同发展"的原则,与张家口合成洗涤剂厂、太原合成洗涤剂厂、黑龙江合成洗涤剂厂以及西宁日化厂等企业联合生产天津加酶洗衣粉。联合的形式为天津合成洗涤剂厂提供工艺、配方和商标,由联合厂按配方要求组织生产,但是必须保证产品的质量、保证国家质量银质奖的声誉。

2) 发展跨行业的横向经济联合,解决原材料供应不足的困难

1983年和1984年合成洗涤剂生产所需的无水芒硝供应紧张,一些合成洗涤剂生产企业与盐厂联合增产无水芒硝,由合成洗涤剂厂提供资金,盐厂增产芒硝。如徐州合成洗涤剂厂与羊口盐场,广州油脂化学厂和湖北沙市日化厂与湘澄盐矿,北京日化总厂与新疆七角井盐场等签订联合开发协议,增产无水芒硝。

3) 工贸联合,疏通销售渠道

一些合成洗涤剂企业为了疏通销售渠道、密切工贸关系,与当地商业部门联合成立销售公司,发挥各自优势。湖南日化总厂1982年因库存积压,资金周转有了困难。为扭转这种局面,1983年4月厂领导决定放弃自销,与长沙百货站签订联营销售协议。1984年7月,进而发展为工商合资联营,利润按出资比例分成,从而很快打通了销售渠道,搞活了市场,不到两个月便解决了香皂的积压问题。同时,联营后加

强了市场预测，加速了信息反馈，使企业做到了以销定产，促进了新产品的研发，1983年4月到12月增加盈利95万元。1984年新开发的"时珍"多效药香皂、"贝花"厨房洗涤剂、"贝花"复配洗衣粉、Q-2型青春洗发膏、混凝土脱模剂等先后上市。1985年又有"白浪多"液体洗洁精、"爱洁"复配洗衣粉、"风光"旅游香皂等陆续投放市场，还扩大了"天鹅"低泡、"光辉"低泡、"光辉"复配等中高档洗衣粉的生产，当年增加利润87.91万元。

(4) 开展股份制试点

浙江省政府1988年7月决定，以兰溪化工总厂为基础，成立浙江凤凰化工股份有限公司，进行股份制试点。由国家股、企业股、社会单位股和个人股组成，该公司成为以公有制为主体的多元所有制组成的股份制企业。公司实行独立核算，自主经营，依法纳税，自负盈亏，并以其全部资产对债务承担有限经济责任，股东对公司的经营拥有决策权。这是我国洗涤用品行业成立的第一家股份有限公司。

3.2.2 1989—1998年

这一阶段，在社会主义市场经济的发展中，洗涤用品行业进入了持续、稳定、健康发展时期，行业综合实力得到显著提高。所有制结构进一步过渡到多种经济成分相互竞争、相互渗透，促进了行业的发展。到20世纪末，洗涤用品工业已形成了原材料供应、生产经营、监督检测、信息网络、科研设计、教育等较为完整的行业体系。

1992年初，邓小平视察南方的重要讲话，要求全党全国思想更解放一点，改革开放的胆子要大一点，建设步子更快一点，千万不可丧失时机，并指出"计划多一点，还是市场多一点，不是社会主义与资本主义的本质区别。计划经济不等于社会主义，资本主义也有计划；市场经济不等于资本主义，社会主义也有市场。计划和市场都是经济手段"。同年10月12日至18日，中国共产党第十四次代表大会明确指出，我国经济体制改革目标是建立社会主义市场经济体制。各种改革措施相继出台，对外开放进一步扩大，从而加快了洗涤用品市场化进程，洗涤用品各企业增强了竞争意识，使洗涤用品工业进入持续、稳定、健康发展时期。

3.2.2.1 合成洗涤剂占洗涤用品主导地位

自改革开放以来，我国洗涤用品一直处于快速发展时期。1999年洗涤用品总产量比1978年增长3.7倍，我国已成为世界洗涤用品生产大国。1978年，据国外对世界136个国家和地区的统计，我国洗涤用品产量居世界第七位，次于美国、苏联、联邦德国、印度、日本、法国。1998年我国洗涤用品总生产能力超过500万t，产量仅次于美国，居世界第二位。1998年我国洗涤用品（合成洗涤剂和肥皂）总产量达到342.67万t，其中合成洗涤剂286.53万t。从1989年至1998年的合成洗涤剂产量见表1-10。

表1-10 1989—1998年历年合成洗涤剂产量

年份	产量（万t）	比上年增加（%）	合成洗涤剂占比（%）
1989	146.56	10.06	34.56
1990	151.42	3.32	31.57
1991	146.17	−3.47	33.85
1992	166.61	13.98	40.07
1993	188.24	12.98	43.91
1994	217.02	15.29	46.20
1995	278.56	28.36	50.22
1996	262.20	−5.87	51.75
1997	279.91	6.75	51.60
1998	280.71	0.29	52.39

洗涤用品产品结构随着市场导向和经济发展的变化，合成洗涤剂仍以较快的速度发展，而肥皂1988年后则呈下降趋势。1998年合成洗涤剂生产能力达440万t，产量为280.71万t，产量比1989年增长91.53%。

由于合成洗涤剂发展较快，而肥皂产量逐步下降，合成洗涤剂已在洗涤用品中占据主导地位。1998年合成洗涤剂在洗涤用品中的比重已达84.5%。

在合成洗涤剂中，液体洗涤剂的增长速度快于合成洗衣粉。1998年液体洗涤剂产量达到75.67万t，是1989年的约3.8倍；而合成洗衣粉1998年产量为194.37万t，比1989年增长89.24%。洗衣膏产量为10.66万t，比1989年增加了22.67%。从1989年到1998年合成洗衣粉、液体洗涤剂、洗衣膏产量变化情况见表1-11。

表1-11 1989—1998年合成洗衣粉、液体洗涤剂、洗衣膏产量

年份	合成洗衣粉（万t）	液体洗涤剂（万t）	洗衣膏（万t）
1989	118.12	19.75	8.69
1990	119.65	21.02	10.75
1991	112.02	23.85	10.30
1992	125.01	29.79	11.83
1993	143.74	33.73	10.77
1994	164.40	43.97	8.65
1995	188.82	79.56	10.18
1996	188.32	61.21	12.67
1997	192.48	75.86	11.56
1998	194.37	75.67	10.66

由于液体洗涤剂发展较快,液体洗涤剂占合成洗涤剂的比重逐步提高,1989年为13.48%,1998年提高到26.96%。合成洗衣粉所占比重1989年为80.59%,1998年下降到69.24%。从1989年到1998年合成洗涤剂产品结构变化如表1-12所示。

表1-12　1989—1998年合成洗涤剂产品结构变化

年份	洗衣粉在合成洗涤剂中的比例(%)	液体洗涤剂在合成洗涤剂中的比例(%)	洗衣膏在合成洗涤剂中的比例(%)
1989	80.59	13.48	6.88
1990	79.02	13.88	7.10
1991	76.64	16.32	7.04
1992	75.03	17.88	7.09
1993	76.36	17.92	5.72
1994	75.75	15.20	6.88
1995	67.78	28.56	3.66
1996	71.82	23.35	4.83
1997	68.76	27.10	4.14
1998	69.24	26.96	3.80

在合成洗衣粉中,加酶洗衣粉发展最快,到1998年其产量已约占合成洗衣粉产量的40%。浓缩洗衣粉、无磷洗衣粉、彩漂洗衣粉、增白洗衣粉等也呈逐步发展趋势。在液体洗涤剂中,洗发液(香波)、餐具洗涤剂发展较快。

3.2.2.2　产品品种向多元化与系列化方向发展

洗涤用品市场琳琅满目,品种繁多,供应充足。随着消费者生活水平的提高,洗涤用品改变了过去品种比较单调的格局,产品品种进一步向多元化、系列化转变。除洗涤织物外,其品种进一步向居住环境、生活用品、个人清洁用品等领域延伸。在织物洗涤剂中,除加酶洗衣粉、复配洗衣粉、含氧漂白洗衣粉、杀菌洗衣粉、浓缩洗衣粉、无磷洗衣粉、液体洗涤剂、洗衣皂、洗衣膏外,还发展出了丝毛洗涤剂、衣领净、干洗剂、透明皂、半透明皂、复合洗衣皂、羽绒洗涤剂、运动鞋泡沫喷剂、织物柔软剂、漂白剂等专用产品。在生活及家居环境方面有餐具洗涤剂、水果和蔬菜清洗剂、油污清洗剂、陶瓷与搪瓷器皿清洗剂、玻璃清洗剂、地毯清洗剂、家具光洁剂、洁厕剂、除臭剂、消毒剂等等。在个人清洁用品中,除各类香皂、浴皂、卫生皂外,还开发了洗发液(香波)、洗面奶、各种沐浴液等。根据不同年龄、性别的不同需求,开发了儿童专用洗涤用品,妇女专用洗涤用品,老年人专用洗涤用品。国内消费市场的洗涤用品已琳琅满目,品种繁多,供应充足,基本满足了不同消费群体的需求。

从1982年轻工业部评选优秀新产品开始,到1991年国务院生产办公室以生企业(1991)17号文,下达《关于暂停对企业的评优升级活动和清理整顿各种对企业检查评比的通知》为止,洗涤用品行业近70种新产品获得轻工业部优秀新产品称号。

3.2.2.3 提高产品质量,发展名牌产品

随着改革开放的逐步深入,洗涤用品企业开始在市场经济的海洋里拼搏,涌现出一批经过市场锤炼,家喻户晓的名牌产品。从1988年到1991年国务院下达停止评优活动的通知为止,三日牌烷基苯获得国家优质产品金质奖,8种产品获得国家优质产品银质奖,57种产品获轻工业部优质产品称号。

1979年国家经委制定了《中华人民共和国优质产品奖励条例》。经过评审,对一批产品质量达到国际先进水平、知名度高、市场占有率高的产品,授予国家质量奖。自1979年起到1991年为止的12年中,洗涤用品行业有1个产品获得国家质量金质奖,26个产品获得国家质量银质奖,191个产品获得轻工业部优质产品称号。

为了增强我国经济实力,振兴民族工业,推动企业创名牌。1995年初,中国轻工总会发出《关于推动轻工企业实施名牌战略的几点意见》,要求各级轻工业管理部门和生产企业认真找出自己的产品与当前国际先进水平的差距,分析原因,制定实施名牌战略规划。中国轻工总会成立了名牌战略办公室,组织自行车、家用电器、洗涤用品、香精香料和化妆品、啤酒、饮料、五金制品、造纸等8个行业,根据1994年产品产量、销售收入利润、税收、市场占有率、产品销售率、质量检测等七项指标进行考核。其中,产品质量指标具有一票否决权。名牌产品经各省、市轻工业厅局初审认可,总会名牌战略办公审核确定名单,并于1995年8月中国轻工总会召开了"中国轻工名牌战略研讨会暨'95中国轻工10种产品排行榜发布会"。在发布的"'95中国轻工10种产品排行榜"中,合成洗衣粉产品排行榜见表1-13。

表1-13 合成洗衣粉品牌排行榜(1995年)

品牌	生产企业
高富力	广东浪奇宝洁有限公司
白猫	上海白猫有限公司
加佳	南京金陵石化公司烷基苯厂
天津加酶	天津汉高洗涤剂有限公司
活力28	沙市活力28集团公司
海鸥	徐州合成洗涤剂总厂
熊猫	北京熊猫宝洁洗涤剂有限公司
佳丽	山东佳丽日化股份有限公司
矛盾	开封日用化工厂
芳草加酶	合肥日用化工总厂

根据国家工商行政管理局1996年8月14日颁布的《驰名商标认定和管理暂行规定》，随后认定，上海合成洗涤剂厂生产的以"白猫"牌为商标的洗涤用品，浙江纳爱斯化工股份有限公司生产的以"雕"牌为商标的洗涤用品，山西南风化工集团股份有限公司生产的以"奇强"牌为商标的洗涤用品为中国驰名商标。

随着市场经济的发展，虽然产品质量不断提高，并涌现出一批名牌产品，但是20世纪80年代以来，市场上陆续出现了假冒伪劣产品，给市场造成了一定混乱。国务院根据一些从事生产、收购、储运、国内经销、外贸出口的单位和个人无视国家法律法规，明目张胆地在商品中掺杂、使假，牟取暴利的行为，于1989年9月3日下达了《关于严厉打击在商品中掺杂、使假的通知》。通知要求有关部门按各自的职责分工，依照《投机倒把行政处罚条例》和国务院办公厅以国办发（1989）32号文转发的国家技术监督局《关于严厉惩处经销低劣商品责任者的意见》等文件规定，从重给予处罚。1989年10月5日，国家工商行政管理局、国家技术监督局、轻工业部、商业部联合以（1989）轻质字第63号文下达了《关于加强管理，制止劣质、假冒商标洗衣粉流入市场》的通知，决定采取发放生产许可证，查处制造、销售假冒商标洗衣粉，加强原料管理，实行扶优限劣政策，加强产品质量监督，加强包装材料管理等项措施。

1990年，国家对申请生产合成洗衣粉的企业审查后，给113家合格企业颁发了第一批合成洗衣粉生产许可证；1994年，又对403家申请生产餐具洗涤剂的企业进行审查，给322家合格企业颁发了第一批餐具洗涤剂生产许可证。

同时，为加强对洗衣粉（膏）的监督检测工作，国家洗涤用品质量监督检验测试中心，在不预先通知各生产企业的情况下，对全国洗衣粉（膏）产品质量进行了抽检。国家技术监督局对洗衣粉（膏）产品进行了全国统一监督检查部署，各地技术监督部门根据统检要求，进行统一检查。从检查结果看，占有主导地位的大中型企业产品质量稳定，合格率高，而一些乡镇企业及民营小企业产品质量差。为此，国家技术监督局要求各地，根据本地统检情况报告当地人民政府，并与有关部门一起组织力量，对不具备生产条件的企业坚决予以取缔。对这次统检不合格的企业，要令其认真整改，对生产伪劣产品的要进行严肃处理。虽然国家采取了一系列制止和查处措施，但是伪劣产品的生产、销售仍然时有发生。

3.2.2.4　合成洗涤剂专用原材料瓶颈得到突破

合成洗涤剂专用原材料烷基苯、脂肪醇以及非离子表面活性剂等长期以来供应不足，每年国家须用大量外汇来进口解决。为此，对已建成的南京烷基苯厂进行生产装置的技术改造，自1989年到2000年共进行四次大规模的技术改造，改造完成后，烷基苯联合装置的生产能力从年产烷基苯5万t和年产轻蜡5万t提高到年产烷基苯 10 万 t 和年产轻蜡 14 万 t。1990 年 3 月 30 日，又动工建设了第三个原料基地——抚顺洗涤剂化学厂，年产 7.2 万 t 烷基苯装置于 1992 年 9 月试车成功，年产 5 万 t 合成脂肪醇装置于 1993 年 11 月试车成功，1996 年正式移交生产。该项目由轻工部北京设计院设计，并获得国家优秀工程设计金质奖。投产后，该厂又进行了扩建、改建，提高了烷基苯的生产能力，达到年产 14.4 万 t。并于 1995 年建成年产 15 t 脱氢催化剂的装置。上海、南京、吉林、抚顺、宿县等非离子表面活性剂项目也陆续上马。金陵石油化工责任有限公司与英属维尔京宝智投资公司、台湾和桐化学股份有限公司合资建设的金桐石化公司年产 5 万 t 烷基苯项目，也于 1995 年 12 月上马。这一时期，大连华能股份有限公司、江门油脂化学厂等 10 余家建设的中小型天然脂肪醇装置、合成脂肪醇装置，也相继建成投产。

山东铝厂建设的年产 2 万 t 4A 沸石车间于 1989 年试车投产，一些中小型三聚磷酸钠厂通过扩建、改建，也提高了生产能力。

这一批合成洗涤剂专用原材料企业的建成投产，使烷基苯、脂肪醇、三聚磷酸钠、4A 沸石等供应环境得到显著改善。1998 年烷基苯生产能力达到 30 万 t，脂肪醇生产能力超过 10 万 t，三聚磷酸钠生产能力达到 100 万 t，4A 沸石生产能力达到 5 万 t。1998 年生产烷基苯 26.15 万 t，比 1988 年增长了 3.41 倍；生产三聚磷酸钠 44.23 万 t，比 1988 年增长了 1.58 倍；生产脂肪醇 2 万 t，非离子表面活性剂 9.54 万 t，脂肪胺 1.2 万 t。主要原材料的生产，基本上已能满足国内合成洗涤剂发展的需要，并有少量出口。

3.2.2.5 科学技术的快速发展

我国洗涤用品工业一开始，就是在边搞科研边创建的基础上，通过自力更生、艰苦奋斗发展起来的。40 年来的发展历史，也就是研究开发与生产建设密切结合的发展史。科研设计单位、高等院校和生产企业长期紧密配合，共同协作，先后开发并建成了合成洗涤剂所需的烷基磺酸钠（SAS）、烷基苯磺酸钠（LAS）、烷基硫酸钠（AS）等阴离子表面活性剂，甜菜碱、咪唑啉型两性表面活性剂，脂肪醇聚氧乙烯醚、烷基酚聚氧乙烯醚、烷醇酰胺等非离子表面活性剂，以及脂肪胺类阳离子表面活性剂的生产装置。1986 年又利用引进的三氧化硫磺化装置开始试产脂肪醇醚硫酸钠（AES），并先后在湖南日化厂和西安日化公司投产。西安日化公司投产后，在提高产品质量、改进产品包装等方面做了不少工作，取得了较好的成绩。之后，全国许多厂也很快开始了此产品的生产。在表面活性剂开发和建设的同时，也建成了烷基苯、脂肪醇、脂肪胺等原料和热、湿法三聚磷酸钠、对甲苯磺酸钠、荧光增白剂、CMC、4A 沸石、聚丙烯酸盐和碱性蛋白酶等洗涤剂助剂的生产基地。在长期研究开发的基础上，先后设计制造出了具有先进水平的烷基苯磺化装置，建成了结构比较合理的洗衣粉喷粉塔、自动配料装置。20世纪80年代中期，用国内的研究成果生产出了具有国际先进水平的脱氢法烷基苯生产所用的脱氢催化剂及其担体。通过研究开发，α-烯烃磺酸盐（AOS）也已投产，脂肪醇聚葡糖苷（APG）新型表面活性剂生产装置也建成了。引进的三聚磷酸钠生产装置中单台黄磷电炉生产性停车，使得生产能力不能完全发挥，我国设计人员同生产厂共同协作，经过试验、试生产，将发生炉煤气作为第二热源，解决了上述问题，使三聚磷酸钠装置的生产能力得以充分发挥。

洗涤用品工业的原材料发展为产品的发展创造了极其有利的条件，产品的品种和质量也都随之分别得到了很大的发展和提高。根据我国国情，还研究出洗衣膏、衣领净、草药沐浴液、香皂和洗发、护发等产品。这都是科研服务生产，生产促进科研所取得的丰硕成果。

改革开放以来，科研队伍更加壮大，研究条件进一步得到改善，科学研究和设计在适应市场、服务企业的发展中，取得了贴合市场要求和企业发展的一系列研究成果。从1978年至1999年这一时期，洗涤用品科研设计单位、高等院校和企业在科技攻关、技术发展等方面取得了优异成绩。从1978年到1999年获得国家科技进步二等奖6项、三等奖3项；获得国家科技发明二等奖1项、三等奖1项；获得轻工业部科技进步一等奖5项、二等奖20项、三等奖91项、四等奖39项。

3.2.2.6 装备水平得到较快提高

我国洗涤用品行业自中华人民共和国成立之后，就是在自力更生、艰苦奋斗的前提下，依靠自己的技术力量新建和改造了合成洗涤剂厂和肥皂厂，形成了较完整的工业体系。在合成洗涤剂方面，建成了一批具有国际先进水平或接近国际先进水平的烷基苯双膜磺化、多管磺化装置，洗衣粉自动配料装置，洗衣粉喷粉装置，洗衣粉附聚成型装置。由于我国洗衣粉生产中塑料袋包装机问题一直是困扰行业的一大难题，从20世纪60年代到80年代，全国不少单位对塑料袋洗衣粉包装机进行了研制，虽然有所进展，但是未能取得圆满成功。80年代初，一些企业开始从国外引进，但无一可正常用于生产。1991年，江苏丹阳市仅一包装机械厂从上海包装研究所购买了洗衣粉包装的技术，在上海白猫公司的大力支持下，于1996年研制成功第一台全自动称重法塑料袋洗衣粉包装机，得到行业一致好评。该机彻底解决了我国洗衣粉自动包装的难题，在短短的4年中，已向国内外提供近200多台。

3.2.2.7 开拓国际市场，扩大洗涤用品出口

十一届三中全会之后，随着改革开放政策的落实，洗涤用品工业得到了快速发展。20世纪80年代，在满足国内市场需要的基础上，出口量随之稳步增加，到1989年洗衣粉出口量达到4.7万t，肥皂出口量达到174.0万箱。进入90年代，为

了使我国商品加速进入国际市场，洗涤用品的出口量又有较大增长，尤其是随着液体洗涤剂产量的增加，合成洗涤剂出口量也随之增加，到 1998 年合成洗涤剂出口量达到 13.84 万 t。进入 90 年代虽然肥皂产量下降，但是出口量仍维持在 80 年代末期水平，1998 年出口量为 3.12 万 t。

3.2.2.8　加强国有企业管理

十一届三中全会以后，洗涤用品行业每个国有企业，按照国家的总体部署，不断进行调整和改革。20 世纪 80 年代初期，是企业改革的初步阶段，管理部门通过放权让利、利改税等措施来调整企业与国家的关系，以扩大企业自主权，增强企业活力，调动了企业和职工的生产积极性。

进入 20 世纪 80 年代中期，为了转变企业经营机制，把企业推向市场，1986 年国务院颁发了《关于深化企业改革，增强企业活力的若干规定》，提出"推行多种形式的经营承包责任制，给经营者以充分的经营权"，实行了所有权与经营权的两权分离，实行厂长负责制，推行了承包经营责任制。洗涤用品行业各企业，通过承包，推动了企业内部改革，调动了职工的积极性，增强了职工和承包人的责任感，促进了企业经营方式的改革和经营机制的转变。与此同时，股份制作为一种新型的企业财产组织制度，登上了企业改革的舞台。洗涤用品行业中浙江凤凰股份有限公司首先作为股份制试点出台，以后逐步扩大，广州浪奇股份有限公司、沙市活力 28 集团股份有限公司等纷纷出现。随着股份市场的逐步形成，洗涤用品行业中的一些股份有限公司逐步在深圳和上海证券交易所上市。已上市的股份有限公司，除浙江凤凰股份有限公司外，还有广州浪奇股份有限公司、沙市活力 28 集团股份有限公司、南风集团股份有限公司等。国有企业股份制的实行，改变了全民所有制企业单一国有的组织制度，企业的资本所有权和法人财权相分离，使企业真正成为自主经营，自负盈亏的独立法人实体，企业行为逐步市场化。从 1994 年起，企业改革进入了制度创新阶段，建立了"产权清晰、权责明确、政企分开、管理科学"的现代企业制度，使企业改革工作全面向前推进，企业逐步成为自主经营、自负盈亏、自我发展、自我约束的法人实体和市场竞争的主体，从而进入建立适应社会主义市场经济需要的现代企业制度的新阶段。在国务院试点的 100 户国有大中型企业中，洗涤用品行业有昆明三聚磷酸钠厂。为了扩大轻工企业推行建立现代企业制度的范围，轻工总会确定了 55 家轻工企业为建立现代企业制度的试点单位，其中，洗涤用品行业有郑州油脂化学厂、沙市活力 28 集团公司、江西合成洗涤剂厂、成都蓝风实业股份有限公司、宝鸡应用化学厂 5 家。洗涤用品行业中的部分大中型企业，根据国家深化体制改革和建立现代化企业制度的要求，在已有改革的基础上，加快现代企业制度的建设。

国有企业管理水平不断提高，多家企业进入了国家级企业行列，并逐步向现代化企业制度迈进。

3.2.2.9 贯彻可持续发展战略，加强环境保护

随着合成洗涤剂工业的建立和发展，行业管理部门一开始就比较重视治理污染和保护环境工作。在20世纪70年代中期，轻工业部就决定，在合成洗涤剂配方中禁止使用难生物降解的四聚丙烯烷基苯磺酸钠作为活性物，将其替换为易降解的直链烷基苯磺酸钠。在1984年，制定的洗衣粉标准中，增加了生物降解度项目，从法规上限制了生物降解度低的四聚丙烯烷基苯磺酸钠等的使用。之后，在建设引进的烷基苯、脂肪醇、三聚磷酸钠等原料基地时，注意在引进国外先进水平的工艺技术和装备的同时，也引进治理环境的装置，并在环保方面达到"三同时"（同时设计、同时建设、同时投产）。随着产业结构的调整，适时关停了质量差、成本高、三废污染较为严重的氯化法烷基苯、裂解法烷基苯、湿法三聚磷酸钠的小规模装置，减少了这些企业三废治理的压力。

在合成洗涤剂生产企业中，推广了化学法和生物法污水处理技术，三废排放达到了国家排放标准。特别是山东丽波日化公司（原潍坊合成洗涤剂厂）经过废水处理和回用，还达到了零排放。喷粉塔尾气经除尘过滤后，排出的尾气粉尘含量低于国家排放标准。在20世纪70年代末期，行业就组织科技人员着手研制开发代磷助剂和无磷洗衣粉的配伍技术。80年代末，山东铝厂建成了代磷助剂4A沸石的年产2万t的生产装置。进入90年代，太湖、滇池、巢湖等禁磷法规的颁布，对洗衣粉生产的品种提出了更高的要求，一些洗衣粉生产企业生产的低磷、无磷洗衣粉相继投入市场，同时在制定的洗衣粉国家标准中包含了低磷、无磷洗衣粉的相关条款。

我国采取了以上多种措施，有效地控制了合成洗涤剂企业对环境的污染，坚持了可持续发展战略，加强了环境保护。

3.2.2.10 由计划经济体制逐步向社会主义市场经济过渡

中华人民共和国成立后，洗涤用品行业与其他行业一样，采取的是计划经济体制，"人财物""产供销"都由国家各级管理部门控制。原材料供应、生产、销售、基本建设，几乎都是通过政府计划安排，价格也是政府管理。生产肥皂用的油脂由各级政府和商业部门安排，生产由各级政府部门下达计划，产品由商业部门统购、包销，价格由政府部门确定。工厂利润上缴政府，基本建设由政府部门安排，技术改造须经政府部门审批。合成洗衣粉从一开始生产就被列入了国家计划管理产品，产品生产计划为国家指令性计划。使用的专用原材料，如烷基苯、三聚磷酸钠等，从基建、技改、生产、进口到产品分配以及价格审定，都由国家管理，洗衣粉由国家商业部门统一收购包销。

1978年，中国共产党十一届三中全会提出重视价值规律的调节作用。1981年的

政府工作报告中指出，我国经济改革的基本方向是"在坚持社会主义计划经济的前提下，发挥市场调节的辅助作用"。1982年，中国共产党第十二次代表大会报告中指出"正确贯彻计划经济为主，市场调节为辅的原则，是经济改革中的一个根本性问题"，大幅度缩小了国家指令性计划范围，实行指令性计划、指导性计划和市场调节相结合的管理方式。洗涤用品行业根据国务院（1984）138号文件，关于"适当缩小指令性计划范围，扩大指导性计划和市场调节的范围"的精神，合成洗涤剂产品由国家指令性计划改为国家指导性计划，并确定1985年下达生产计划时，采取计划产量指标与国家分配原材料数量挂钩的办法，实行择优安排。这一时期，合成洗衣粉由商业部门统购、包销，逐步向商业部选购，企业自销方面发展。

1987年，中国共产党第十三次代表大会提出，要建立"国家调节市场，市场引导企业"的运行机制。1992年邓小平南方谈话时，再次论述了计划与市场的关系，指出计划经济不等于社会主义，资本主义也有计划；市场经济不等于资本主义，社会主义也有市场。

3.2.2.11　单一公有制结构向多种经济成分共存过渡

在所有制方面，洗涤用品工业在中华人民共和国成立之初，伴随着国家实行计划经济体制管理，对私营企业和手工业实行了社会主义改造。通过公私合营、手工业合作化等形式，洗涤用品工业逐步向公有制转变，形成了国有和集体所有制两种不同形式的单一公有制体系。1978年中国共产党十一届三中全会提出了以公有制为主体，发展多种经济成分的指导方针。1988年第七届全国人民代表大会通过的《中华人民共和国宪法修正案》，提出了"私营经济是社会主义公有制经济的补充"。中国共产党第十五次全国代表大会，明确指出"非公有制经济是我国社会主义市场经济的重要组成部分"，并进一步把"公有制为主体，多种经济共同发展"，确定为我国社会主义初级阶段的一项基本经济制度。

洗涤用品工业进入20世纪80年代后，逐步实行市场经济体制，所有制体系又从单一公有制结构，逐渐过渡到多种经济成分共存、相互竞争、相互渗透的格局，促进了行业的发展。

3.2.2.12　多种经济成分共存，促进行业发展

随着改革开放的不断深入，市场经济的发展，企业之间的相互竞争逐渐激烈。尤其是中国市场对外商有很大的吸引力，外商利用资金优势以与中国企业合资等形式来参与中国市场的竞争。同时，一些小型企业、民营企业也如雨后春笋建立起来，利用灵活的机制和经营策略来参与竞争。

到1996年已形成中外合资企业、国有企业和民营企业相互竞争、相互渗透的格局。洗涤用品行业多种经济成分共存，促进了行业的发展。

3.2.2.13 科研设计、监督检测、信息网络及教育获得全面发展

到 20 世纪末，洗涤用品行业已形成原材料供应、生产经营、监督检测、标准化、科研设计、人才培养、信息网络等较为完整的行业体系。国民党统治时期，1930 年就在南京成立了"中央工业试验所"，该所的造胰实验室就是我国最早的洗涤用品研究机构。当时的主要研究以油脂和肥皂为主，并涉及少量液体皂、洗发膏等洗涤用品。由于抗日战争爆发，1938 年该所随国民政府迁往重庆，抗日战争胜利后，又迁到了上海。1949 年 5 月上海解放，该所开始由中国人民解放军上海市军事管制委员会接管，后归华东工业部领导，遂更名为华东工业部中央工业试验所。1950 年由中央人民政府轻工业部正式接管，并依据轻秘字第 3776 号文的要求，更名为中央轻工业部上海工业实验所。后又几经合并调整，1959 年 1 月迁至北京。1960 年，国务院决定将油脂制备行业划归中央粮食部管理，科研工作也相应做了调整。1961 年根据轻工业部（61）轻工办字第 40 号令，将所名改为轻工业部食品工业科学研究所。该所下设的油脂化学研究室就是以从事合成洗涤剂、表面活性剂、肥皂及合成脂肪酸等研究为主的洗涤用品研究机构。1963 年，国家为加速洗涤用品和表面活性剂工业的发展，轻工业部以（63）轻工技字第 431 号文和（63）轻工干字第 940 号命令，决定成立轻工业部日用化学工业科学研究所。1969 年 5 月，该所迁到山西省太原市，人员也由油脂化学研究室的 50 多人发展到 400 多人。

轻工业部日用化学工业科学研究所设有表面活性剂制备和应用、合成洗涤剂配制、合成脂肪酸、分析检测、科技情报等研究室，还有中试和机修车间，形成了从研究开发到扩大试验比较完整的科研体系，成为我国从事表面活性剂和洗涤用品的研究开发中心。表面活性剂国家工程研究中心、国家洗涤用品质量监督检验测试中心、全国表面活性剂洗涤用品标准化中心、全国日用化学工业信息中心以及中国洗涤用品工业协会科学技术委员会设在该所。设在该所的表面活性剂国家工程研究中心，是一个设施较为齐全的中试开发基地，可为规模化生产提供成套表面活性剂生产技术和应用技术。

除轻工业部日用化学工业科学研究所外，一些省、市的轻工业研究所都为洗涤用品的发展做了很多工作。如天津市轻工化学所从 20 世纪 60 年代开始就对非离子表面活性剂、纺织助剂等作了大量研究工作，中国洗涤用品工业协会表面活性剂专业委员会设在该所；上海轻工业研究所很早就参与了我国表面活性剂的开发研究工作；黑龙江轻工业研究所作了合成仲醇等的研究开发；宁夏轻工业研究所和吉林轻工业设计研究所进行了 4A 沸石的制备工艺研究；上海日化研究所、北京日化研究所、四川轻工研究所、江苏日化研究所、湖南轻工研究所、长治轻工研究所等都从事表面活性剂和洗涤用品的开发、研制工作。

在洗涤用品行业中，如大连油脂化学厂、上海合成洗涤剂厂、上海制皂厂、南京烷基苯厂、昆明三聚磷酸钠厂、沈阳油脂化学厂、湖南日化总厂、杭州东南化工厂等一些大中型企业也都建立了自己的研究所（中心）或试验室，成为自身技术开发或产品开发的科研机构。另外，轻工业部北京设计院和轻工业部上海设计院、杭州轻工机械研究所、杭州自动化研究所、北京大学、无锡轻工业学院（现更名为江南大学）、北京轻工业学院、大连轻工业学院、郑州轻工业学院、齐齐哈尔轻工业学院、山东大学、山东师范学院等单位，也都设有相应的专业和研究机构，承担和完成了很多基础理论、应用和工程化研究。

这些单位为我国合成洗涤剂实现零的突破，为表面活性剂及洗涤用品在新技术、新工艺、新设备、新原料、新产品的开发上，在生产技术的改进、产品质量的提高、环境保护以及相关理论研究等各个方面，都发挥了重要作用，为行业的技术进步做出了贡献。

3.2.2.14 设计队伍的发展和设计水平的提高

洗涤用品行业建设项目的整体工程设计，在中华人民共和国成立前基本上是空白。中华人民共和国成立后，于1953年1月成立了轻工业部设计院（当时名为轻工业部基建司设计公司）。经过几十年的努力，由初创时期的几十人发展到近千人。其中油化室也由20多人发展到140人，其中国家级设计大师1人、教授级高级工程师2人、高级工程师51人、工程师68人、助理工程师18人。他们长期从事洗涤用品工业的科研和设计工作。现在，技术人员都采用计算机进行设计，工艺、设备、总图、建筑、结构、公用工程、概算及技术经济等各专业都利用有关软件进行制图和工作，并已形成网络，配之以大型绘图机、大型复印机等先进设备，大大提高了工作质量和工作效率。

轻工业部北京设计院油化室最早是1955年轻工业部食品局组建的油脂设计小组，1956年5月组建油脂设计院，以后油脂设计院几经分合，于1958年并入轻工业部轻工业设计院，组成油化室。几十年来，油化室承担着油脂制备、油脂化工、洗涤用品及其配套原料的工程设计，包括洗衣粉、液体洗涤剂、洗衣皂、香皂、合成脂肪酸、硬脂酸、硬化油、烷基苯、脂肪醇、醇醚类非离子表面活性剂、三聚磷酸钠等工程设计。洗涤用品行业的重点工程项目大都是由该院负责设计的。几十年来，承担或参与了南京烷基苯厂、昆明三聚磷酸钠厂、抚顺洗涤剂化学厂、北京日用化学二厂、天津合成洗涤剂厂、天津合成化学厂、北京曙光化工厂、上海合成洗涤剂厂、上海硬化油厂、上海制皂厂、西安油脂化学厂、郑州油脂化学厂、成都合成洗涤剂厂、徐州合成洗涤剂厂等的工程设计和技术改造，完成了200多项新建、改建和扩建项目。援外方面，承担了越南河内肥皂厂、越南越池电解厂硬化油车间、越南海防米糠油厂、捷克棉籽油厂和北也门红海洗涤剂厂等工程。该院负责设计的南京烷基苯厂工程获得国家优质工程银质奖，昆明三聚磷酸钠厂一期二期工程和抚顺洗涤剂化学厂工程获得国家优秀工程设计金质奖，天津合成洗涤剂厂工程获得轻工业部优秀工程设计二等奖。此外，该院还获得了部级优秀设计和科研成果奖20多项。轻工业部北京设计院已成为承担我国洗涤用品工业工程建设的主要设计单位。

轻工业部上海设计院承担的工程设计项目有上海合成洗涤剂厂的我国第一座洗衣粉喷粉塔和烷基苯蒸馏装置、上海合成洗涤剂厂和徐州合成洗涤剂厂的三聚磷酸钠装置、浙江凤凰化工股份有限公司的天然脂肪醇生产装置等，还承担了越南硬化油厂和孟加拉国米糠浸出油工程的设计。天津轻工业设计院承担了天津合成化学厂的合成脂肪酸装置的工程设计。另外，还有西安轻工业设计院、轻工业部杭州轻工机械设计研究所、杭州自动化研究所以及一些省市和大中型企业的设计队伍，都承担过一些洗涤用品行业的工程设计和改造任务。这些设计单位为我国洗涤用品工业的建设发展做出了贡献。

经过几十年的建设发展，我国已拥有一批较高水平的设计人才，能够承担洗涤用品行业的各种大型工程设计。

3.2.2.15 监督检测和标准化机构逐步健全

中华人民共和国成立后，我国就很重视洗涤用品的质量控制和监督检测工作。20世纪50年代中期，中央食品工业部在原中央地方工业部关于肥皂、甘油标准制定工作的基础上，组织中央食品工业部上海工业试验所和有关肥皂厂，参照苏联的肥皂、甘油标准，结合我国实际情况，制定了肥皂、甘油产品的标准。50年代末期，我国合成洗涤剂工业建立的，同时，确定了合成洗衣粉及其主要原料烷基苯质量规格的测试方法。1961年，轻工业部食品工业科学研究所油化室负责制定合成洗衣粉和烷基苯的质量标准。在洗涤用品工业的发展中，除各生产厂都建立健全了各自的质量检验科、化验室，从事产品和原料监督检测外，轻工业部还于1981年组建了全国合成洗涤剂产品质量监督检测中心和上海、北京、天津、武汉、徐州5个检测分站，形成了全行业产品和主要原材料监督检测体系。自1985年轻工业部按国家经委的要求，责令全国合成洗涤剂产品质量检测中心筹建国家级产品质量检测中心以来，经过几年的调整和准备，于1991年12月12日由国家技术监督局批准授权，正式成立了国家洗涤用品质量监督检验测试中心。

从轻工业部组建合成洗涤剂产品检测中心（站）到国家技术监督局授权成立国家洗涤用品质量监督检验测试中心，各洗涤用品检测机构配合国家技术监督局和行业管理部门，在产品质量评比，抽样监督检查，评选部优、国优产品，产品质量调查，产品质量纠纷仲裁，进出口产品检验，制定、修订和考察产品标准以及检验方法标准，发放生产许可证前的产品检验，国家级洗涤用品科技成果鉴定检验测试等工作中，做了大量工作，这对促进我国洗涤用品产品质量的提高和整个行业的发展起到了推动作用。

我国洗涤用品及其主要原料和产品的标准制定工作，虽然从20世纪50年代就开始了，但是标准化的专业技术机构70年代才正式成立。1976年3月，轻工业部以（76）轻科字第024号文《关于建立轻工业标准化工作第一批专业归口单位的通知》中，明确了13个单位为轻工业专业技术归口单位，轻工业部日用化学工业科学研究所（中国日用化学工业研究所前身）即为其中之一。从此，我国洗涤用品及表面活性剂等的标准化工作，走上了国家正规管理轨道。

我国是1947年发起创建国际标准化组织的创始国之一，1978年9月恢复我国在该组织中的合法席位，为理事国成员。1980年3月，国家标准局以国标发（80）58号文，指定轻工业部日用化学工业科学研究所为国际标准化组织技术委员会ISO/TC91表面活性剂技术委员会在我国的归口单位。1981年4月，国家标准局以国标发（81）140号文明确指出，在ISO/TC91国际组织中，我国为P成员（积极成员）单位，归口单位开始承担ISO/TC91下发的文件、国际标准文本及有关活动的来往、翻译、传播、交流等项工作。1985年10月，国家标准局下发了ISO技术归口单位验收合格证书。1990年4月，轻工业部以（90）轻质字第32号文，命名该标准化中心为"全国表面活性剂洗涤用品标准化中心"。

我国洗涤用品及其原料和产品标准工作开展以来，标准化中心和行业内的有关单位密切配合，相互协作，制定了一系列国家标准、行业标准和企业标准，参与了许多国际标准的修订和P成员国应承担的ISO/TC91的常规工作。这些对提高我国洗涤用品质量，加速我国洗涤用品质量标准同国际水平接轨起到了积极作用。

3.2.2.16 信息队伍成长，全国形成网络

我国洗涤用品行业的信息工作始于20世纪50年代中期。1957年中央食品工业部以中食（57）计字第174号文下达中央食品工业部上海工业试验所（中国日用化学工业研究所的前身），令其在所内组建为行业发展服务的情报资料室，开展包括油脂、洗涤用品及表面活性剂在内的科技情报工作。该室除开展技术情报服务外，还创立了《油脂工业译丛》等译报性刊物。随着洗涤用品工业的全面发展，70年代初，该室逐步扩大，80年代发展成为由近30人组成的全国日用化学工业科技情报站。站内分设有期刊编辑部、专题情报调研组、日化信息组和图书资料室等几个专业部门，形成了较为完整的科技情报研究机构。该站从1957年创办《油脂工业译丛》开始，逐步发展成为由《日用化学工业》《日用化学工业译丛》《日用化学文摘》《日用化学工业信息》组成的配套刊物，后又调整为《日用化学工业》《日用化学品科学》《日用化学工业信息》三种期刊。

为配合洗涤用品工业更快更好的发展，该站从20世纪70年代中期开始，根据各个时期发展的需要，先后组织有关单位共同开展了氯化法和裂解法制烷基苯、合成洗涤剂、合成脂肪酸、合成脂肪醇、非离子表面活性剂、阳离子表面活性剂、液体洗涤剂等20多个专题情报调研，其中有些项目还获得轻工业部科技情报进步奖。

1984年，为加快信息传递，促进行业发展，轻工业部科技情报研究所组织各轻工专业情报站，组建各自的全国专业信息网络。全国日用化工科技情报站在轻工业部主管部门及各省市轻工业厅局的大力支持下，当年10月即建成了由全国20多个省市及主要大型企业参加的全国日用化学工业科技情报网。该网的中心机构设在全国日用化学工业科技情报站内，省、市设有分站，主要大型企业还设有专职通信员，形成了一个由中央、地方和企业组成的全国三级信息网络。全国日用化学工业科技情报站不仅负责编印《日用化学工业信息》网刊，同时还经常开展全行业信息发布和技术交流活动。后因体制改革的需要，全国日化信息网也就形成了直接由网员单位构成的网络组织。

轻工业部科技情报研究所是轻工业部直属的综合信息研究机构，为洗涤用品工业配备了专职情报人员，一方面为轻工业部有关领导部门的规划、决策及时提供情报依据，另一方面还为行业的发展做了很多专题情报调研。

全国很多省市轻工研究设计机构也先后设立了情报室，大中型企业也都建有从事洗涤用品情报服务的情报组或图书资料管理组。这些地方或企业的情报机构很多都出版了适合本行业、本地区、本企业的技术或信息刊物，为配合本行业、本地区、本企业的发展需要也作了不少专题情报调研，组织地区技术交流和学术活动，对促进我国洗涤用品工业的发展做出了贡献。

中国洗涤用品工业协会于1983年成立后，为了及时给会员单位提供和传递技术经济管理信息，创办了《中国洗涤用品工业》会刊，并和天津轻化研究所联合出版了《表面活性剂工业》专业期刊，同时中国洗涤用品工业协会还向会员单位发送了《中国洗涤用品工业简讯》，以及时传递相关信息。

中国洗涤用品工业协会直属的各专业委员会，先后建立了经济技术指标的交流制度，编印了洗涤用品行业定期统计资料。肥皂、合成洗涤剂、三聚磷酸钠、表面活性剂信息，为行业做出了贡献，受到会员单位的欢迎。

总之，随着我国洗涤用品行业的发展，科技信息队伍逐步壮大，各种传递技术和信息媒体技术也逐步完善，形成了由企业专业组到专业委员会到中国洗涤用品工业协会信息中心完整的三级信息网络体系。

3.2.2.17 完善教育体系，注重人才培养

中华人民共和国成立初期，由于洗涤用品工业基础薄弱，主要是肥皂生产，所

以大专院校中尚未建立相关专业。

1952年全国进行院系调整以后，南京工学院、天津大学、华南工学院、四川化工学院等几所综合性大学设立了与轻工有关的专业，向洗涤用品行业输送了一些高级技术人才，他们很多都成为行业的技术骨干。上海中华职业学校（后改为上海机械学校）、南京食品学校，为我国油脂行业、肥皂行业培养了中级技术人才。

1958年，无锡轻工业学院在南京工学院食品工业系的基础上正式成立，该院设有油脂制备和油脂化工专业，是洗涤用品行业培养技术人才的重点学院。1972年油脂化工专业改为日用化工专业，1980年更名为轻工有机合成专业，1985年又更名为精细化工专业，1999年更名为化学工程和工艺专业。1972年至1999年，毕业的本科生2000余名，1979年至1999年已获硕士学位的研究生60余人。毕业生中约有1/4进入洗涤用品行业。他们在工厂兴建、技术改造、生产管理中起着重要的作用，其中有一部分人已成为大中型企业的负责人和省市行政管理部门的领导。

北京轻工业学院化工系设有精细化工专业，主要培养表面活性剂、洗涤剂、香料香精、化妆品和油墨等日用化工人才。该专业从1984年至1999年，毕业的本科生共630名，已获硕士学位的研究生共77名。

大连轻工业学院1985年开设了精细化工专业，并培养了一批硕士研究生和博士研究生。

无锡轻工业学院、北京轻工业学院和大连轻工业学院都设有专门从事洗涤用品和表面活性剂研究开发的实验室，大连轻工业学院还设有精细化工（染料、表面活性剂）合成国家重点实验室。

北京大学、北京石油学院、齐齐哈尔轻工业学院、山东大学、山东师范大学和郑州轻工业学院等院校也在洗涤用品行业的教育和科研等方面做了不少工作。

随着洗涤用品工业的发展，相关院校与专业从无到有，逐步壮大，现已成为既可为该行业培养输送各类中高级技术人才，又有较高科研水平的教育体系。

3.3 世纪之交及其后的20年（1999—2018年）

1987年以后，随着改革开放的深入，洗涤用品逐步由计划经济体制下的商业统购包销过渡到企业自销。到了世纪之交的1999年，市场竞争的意识已经深入人心，企业完善了自己的销售网络，充分利用商品批发市场、集市、商店、卖场、超市等多种渠道甚至品牌专卖店的形式销售产品。与此同时，随着企业的综合实力不断增强，市场调查、市场预测和信息传递的质量得到迅速提高，企业由此提高了组织生产、满足市场需求的能力，提高了产品和服务质量。

2018年全国合成洗涤剂产量比1978年增长了42倍，比1999年增长了3.8倍。

合成洗涤剂产量占洗涤用品产量的比例在2011年超过了90%，洗涤用品的市场供应发生了显著变化。1999年到2018年的合成洗涤剂产量统计数据列于表1-14。

表1-14　1999—2018年合成洗涤剂产量及逐年增长情况

年份	产量（万t）	比上年增加（%）	合成洗涤剂占比（%）	年份	产量（万t）	比上年增加（%）	合成洗涤剂占比（%）
1999	286.53	2.07	84.62	2009	692.87	15.89	88.69
2000	322.00	12.38	89.67	2010	730.07	5.37	88.33
2001	335.75	4.27	85.65	2011	851.13	16.58	91.11
2002	353.95	5.42	86.31	2012	887.67	4.29	91.26
2003	404.81	14.37	86.123	2013	1029.79	16.01	92.13
2004	482.90	19.29	88.06	2014	1228.68	19.31	93.17
2005	494.43	2.39	87.35	2015	1264.55	2.92	93.36
2006	546.14	10.46	88.35	2016	1299.14	2.74	93.45
2007	568.40	4.08	88.30	2017	1265.10		93.22
2008	597.89	5.19	89.16	2018	928.56*（~1350）		

注：*928.56万t为国家统计局数据，明显偏低，可能是统计口径和业态变化造成的。括号内数据为业内估计的产量。根据2018年合成洗涤剂主要原料的生产供应情况、主要洗涤剂生产厂家的信息反馈以及终端市场的表现，合成洗涤剂2018年产量应在1350万t左右。

同时，产品的品种齐全，基本上满足了人们日常生活中对洗涤用品的多样化需求。在此期间，合成洗涤剂行业主要在以下几个方面发生了显著的变化。

3.3.1　合成洗涤剂产品结构明显变化

洗涤用品的产品结构随着消费习惯和经济发展水平而变化，合成洗涤剂的发展速度远远快于肥皂。2018年合成洗涤剂产量达到约1350万t，比1978年增长了近41倍，比1999年增长了3.7倍；而肥皂产量1978年为59.6万t，在1988年创出119.77万t的历史最高年产量后，最近20年总体上呈下降趋势，2018年肥香皂产量为90万t。这是产业结构调整和人民生活需求变化的结果，符合国际上洗涤用品发展的总趋势。

在合成洗涤剂中，液体洗涤剂发展迅速，增长速度高于合成洗衣粉。1999年液体洗涤剂产量为85.16万t，2017年达808.31万t，增长达8.5倍；2017年合成洗衣粉产量为456.79万t，比1999年增长1.4倍。液体洗涤剂占合成洗涤剂的比重由1999年的29.72%提高到2017年的63.89%，合成洗衣粉的比重则由1999年的67.46%下降到2017年的36.11%。

1999—2008年洗衣粉、液体洗涤剂及洗衣膏的产量统计见表1-15，合成洗涤产品结构变化见表 1-16。

表 1-15　1999—2008 年合成洗衣粉、液体洗涤剂、洗衣膏产量

年份	合成洗衣粉（万 t）	液体洗涤剂（万 t）	洗衣膏（万 t）
1999	193.30	85.16	8.07
2000	235.00	100.25	7.98
2001	244.40	85.58	5.77
2002	255.00	93.47	5.49
2003	281.19	181.06	5.62
2004	308.00	181.21	3.75
2005	334.68	200.38	3.46
2006	344.20	211.83	3.20
2007	359.08	221.09	1.05
2008	335.00	262.59	2.15

表 1-16　1999—2008 年合成洗涤剂产品结构变化表

年份	洗衣粉在合成洗涤剂中的比例（%）	液体洗涤剂在合成洗涤剂中的比例（%）	洗衣膏在合成洗涤剂中的比例（%）
1999	67.46	29.72	2.81
2000	68.46	29.20	2.32
2001	72.79	25.49	1.82
2002	72.04	26.41	1.55
2003	60.21	38.77	1.20
2004	62.35	36.69	0.76
2005	67.69	40.53	0.70
2006	61.52	37.88	0.57
2007	61.78	38.04	0.18
2008	55.86	43.78	0.36

2009—2017 年，合成洗衣粉和液体洗涤剂的产量统计以及液体洗涤剂产品占比情况见表 1-17。

表1-17　2009—2017年合成洗衣粉、液体洗涤剂产量及液体洗涤剂产品占比情况表

年份	合成洗衣粉（万t）	液体洗涤剂（万t）	液体洗涤剂占比（%）
2009	380.23	312.64	45.12
2010	392.62	337.45	46.22
2011	373.58	477.55	56.11
2012	420.96	466.71	52.58
2013	448.37	581.42	56.46
2014	468.26	760.42	61.89
2015	444.76	819.79	64.83
2016	446.28	852.86	65.65
2017	456.79	808.31	63.89

1978年以前我国液体产品产量很少，到1999年已有80万t的规模，之后洗涤剂厂纷纷开发液体洗涤剂新品种，除洗衣物用的重垢型洗衣液以外，增加了餐具洗涤剂、果蔬洗涤剂、衣领净、丝毛净、织物柔顺剂等等，以及针对生活环境、公共卫生、公共设施等开发的专用功能型洗涤剂。工业用洗涤剂的应用领域不断扩大，液体洗涤剂在宾馆酒店、食品加工、机械、纺织、石油、冶金、造纸等领域得到了广泛应用。至今，我国洗涤用品已经形成六大类30余种产品，产品更加适应市场，并且正在向规模化、系统化、专业化的方向发展。

2017年液体洗涤剂中各类产品的占比情况见图1-1。

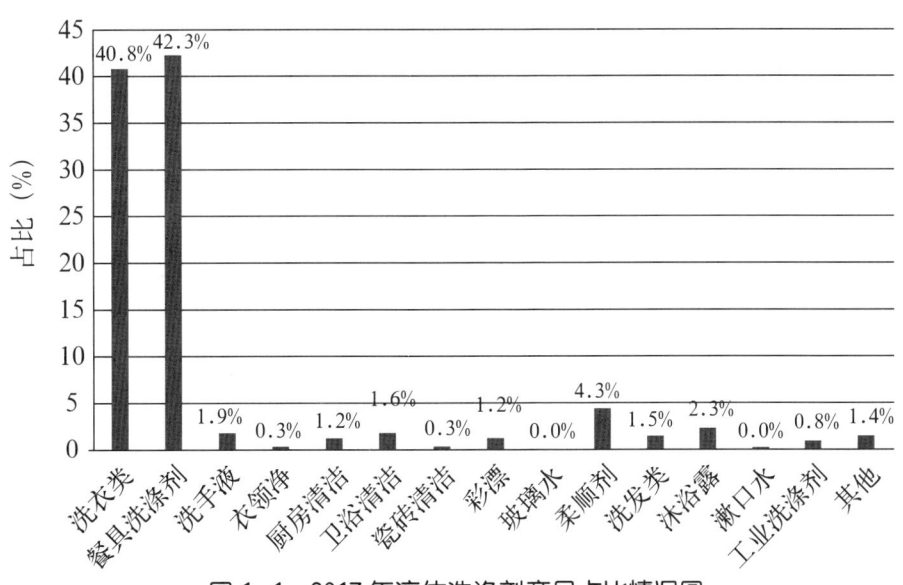

图1-1　2017年液体洗涤剂产品占比情况图

1978年以前，我国生产的民用洗涤用品主要用于洗涤各种织物，品种单一。合成洗衣粉仅有20型、25型、30型（指表面活性剂含量百分比）3种，洗衣皂只有42型、47型、53型（指脂肪酸含量百分比）。随着市场需求的变化，洗涤用品品种日益增多，新添了许多专用品种。就洗衣粉而言，复配洗衣粉配方采用了醇醚型、聚醚型、醇醚硫酸盐型和肥皂等多种活性物，使用时泡沫适中，容易漂清，去污性能好，特别适合洗衣机使用。加酶洗衣粉对去除织物上的血渍、汗渍等特别有效。2007年加酶洗衣粉产量约占洗衣粉总产量的50%，2017年占比超过了80%。另外，还生产了增白洗衣粉、加香洗衣粉、消毒洗衣粉以及低磷、无磷洗衣粉等等。2017年我国洗衣粉产品以普通型洗衣粉为主，普通洗衣粉产量超过91%，浓缩型洗衣粉仅占总产量的3%，还有一部分工业洗衣粉也在统计范围内。另外，单独对加酶洗衣粉和无磷洗衣粉进行统计，统计范围内生产的无磷洗衣粉占总量的88%。

3.3.2 品牌优势进一步确立

改革开放以来，我国洗涤用品行业的主体经历了国有企业、三资企业、民营企业、股份制企业之间的相互融合、碰撞、协调、发展的过程，共同推动了行业的繁荣发展。

20世纪80年代中后期，洗涤用品行业积极引进外资和技术，部分国有企业开始与外资企业携手开发国内市场。全球知名的跨国公司如美国宝洁、英荷联合利华、德国汉高、日本花王等先后来华投资设厂，带来了国内急需的资金、技术以及新的经营机制和管理经验，大大推动了国内洗涤用品行业管理、经营体制的转型。1999年以后，三资企业的经营方式逐渐由合资转为独资。外资企业在管理、科研、质量体系等方面优势凸显，抢占了大量的市场份额，2017年底，外方独资、合资企业洗衣粉产量已占全国总量的20%。

洗涤用品行业是我国较早放开竞争的行业，市场化程度较高。随着改革进程的深入，国有企业经营机制的弊端逐渐暴露。部分企业通过合资、股份制等方式转换机制，赢得了生机。同时，在国家政策引导下，民营资本抓住机遇进军洗涤用品行业，经过10余年的拼搏已站稳脚跟，涌现出了一批优秀的企业，如广州立白集团、浙江纳爱斯集团、安徽全力集团、北京洛娃集团等。他们充分发挥体制优势，立足国内市场，适时地扩大发展，实行多元化经营，取得了良好的经济效益。目前，民营企业已经成为我国洗涤用品行业的主体。

经过股份制改造并上市的企业多数是具有相当实力的国有企业，如山西南风化工集团股份有限公司、广州浪奇实业股份有限公司等，这些企业各方面的基础比较好，实力雄厚，改制调动了各方面的积极性，资产规模不断扩大，经济实力增强，目前仍是行业中的骨干企业。

3.3.3 合成洗涤剂原料生产能力提高

（1）表面活性剂原料工业快速发展，充分满足行业发展需求

洗涤用品工业的发展有力地带动了洗涤用品原材料工业的发展，以烷基苯为例，生产厂商有南京烷基苯厂、抚顺洗涤剂化学厂、金桐系列公司及太仓琪优势公司，总产能达到88万t，1999年全国烷基苯产量已达到33.30万t，洗涤剂用脂肪醇产量只有1.25万t，2018年烷基苯产量达71.15万t，洗涤剂用脂肪醇产量达30万t。从1999年至2018年的烷基苯产量见表1-18。

表1-18 1999—2018年烷基苯产量统计

年份	产量（万t）	年份	产量（万t）
1999	33.30	2009	48.39
2000	31.45	2010	49.92
2001	36.43	2011	46.50
2002	39.03	2012	55.80
2003	40.18	2013	64.79
2004	50.21	2014	67.00
2005	47.18	2015	68.97
2006	50.20	2016	73.00
2007	49.73	2017	70.00
2008	49.78	2018	71.15

（2）表面活性剂新品种的开发，支撑行业绿色化发展

2000年前后，中国日用化学工业研究院（以下简称中国日化院）在国内率先提出了表面活性剂发展的明确方向：

①功能化。大力开发具有洗涤去污功能以外的其他应用性能的表面活性剂新品种。

②绿色化。绿色化是当今世界化学化工发展的方向，对表面活性剂的发展尤其重要，因为表面活性剂对人体和环境的影响是很直接的。

表面活性剂产品绿色化的两个要素：对人体温和，对环境友好。对于表面活性剂的功能化、绿色化，在世界范围内尤其强调绿色化的发展。2013年在巴塞罗那召开的第九届世界表面活性剂大会，就把表面活性剂的绿色化发展作为大会的主题。1999年至2018年期间，围绕表面活性剂绿色化发展的方向，由中国日化院牵头，在国家大力支持下，通过"十一五""十二五"与目前正在执行的"十三五"国家科技计划项目以及其他科技计划项目的部署，完成了一系列表面活性剂新品种的开

发，使得我国表面活性剂绿色化发展达到了世界先进水平。比较典型的发展成果如下。

①糖基表面活性剂。如：烷基糖苷（APG），是目前世界上公认的绿色表面活性剂品种，已入美国药典。中国日化院经过20年的研究开发，工艺技术和产品质量均达到国际先进水平。2005年中国日化院在上海发凯公司实施烷基糖苷自主技术的产业化，打破了跨国公司的垄断，2018年产能达1.5万t。醇醚糖苷，是中国日化院开发的又一糖基表面活性剂品种。该品种用醇醚代替脂肪醇制备糖苷，产品可以解决烷基糖苷在某些应用条件下水溶性不太好的问题，且具有更好的配伍性能。醇醚糖苷的3000 t/a的产业化装置，可向用户提供高质量的醇醚糖苷产品。葡糖酰胺，是又一个典型的糖基表面活性剂，宝洁公司对其开发和应用已有几十年的历史。国内多家单位如中国日化院、北京工商大学、郑州工程学院等进行了开发，其中中国日化院完成了中试，只有催化剂回用、溶剂回收等问题没有得到彻底解决。另外，"十二五"国家支撑计划项目还安排了糖基含硅表面活性剂的开发，已取得中试成果。烷基糖苷柠檬酸盐也进行了中试。

②油脂基新型绿色表面活性剂。表面活性剂绿色化原料的另一选择是天然油脂，由天然油脂衍生的表面活性剂新品种层出不穷。在众多的油脂基表面活性剂品种中，中国日化院开发了具有自主知识产权的独特品种。天然油脂乙氧基化物，是最典型的油脂基表面活性剂品种之一。利用中国日化院特有的插入式乙氧基化催化技术，由天然油脂和环氧乙烷直接反应，一步生产表面活性剂，目前已达到工业化水平。脂肪酸甲酯乙氧基化物（FMEE），实现了工业化生产。改性油脂乙氧基化物，是中国日化院开发的油脂基表面活性剂新品种，和油脂乙氧基化物的制备工艺有所不同，天然油脂经过适当改性，再乙氧基化，得到的产品具有良好的应用性能。

除上面所讲的非离子类产品外，油脂基的阴离子表面活性剂新品种在近几年也得到快速发展，如脂肪酸甲酯乙氧基化磺酸盐、改性油脂硫酸盐等。

③阳离子表面活性剂绿色化新品种。典型的有双烷基羟乙基甲基氯化铵，与传统品种比较，在分子中引入羟乙基，在保留传统季铵盐的杀菌消毒优势之外，克服了在一些应用场合微生物对传统产品的抗药性，显示出优良的综合性能。另外，不同反离子的阳离子表面活性剂新品种及双子型阳离子表面活性剂已经有大规模的工业化应用。

(3) 洗涤剂助剂的充分发展，完全满足洗涤剂生产需求

三聚磷酸钠是优良的洗涤剂助剂，经历了从无到有，从小到大的发展过程，1971年的产量只有0.56t，20世纪末发展到年产量60多万t，2007年产量达到91万t，为历年最高。但由于其对水体富营养化问题以及代磷助剂的研究开发成功，三聚磷酸钠的年产量也在逐步减少。表1-19中列出了1999年至2018年期间三聚磷

酸钠的产量数据。

表 1-19　1999—2018 年三聚磷酸钠产量统计

年份	产量（万t）	年份	产量（万t）
1999	60.28	2009	70.72
2000	68.24	2010	48.33
2001	82.72	2011	36.48
2002	94.23	2012	33.45
2003	89.77	2013	34.79
2004	76.08	2014	36.59
2005	82.25	2015	32.77
2006	89.00	2016	35.72
2007	91.00	2017	32.10
2008	90.00	2018	~30

由于无磷洗衣粉发展的需求，近 20 年 4A 沸石由 2002 年的不到 10 万 t 发展到 2007 年的 40 万 t。近几年由于液体洗涤剂的发展等因素，4A 沸石产量略有下降，目前年产接近 40 万 t，2002—2018 年 4A 沸石产量数据如表 1-20 所示。

表 1-20　2002—2018 年 4A 沸石产量数据

年份	产量（万t）	年份	产量（万t）
2002	9.04	2011	43.17
2003	17.09	2012	42.88
2004	27.83	2013	44.65
2005	24.43	2014	43.27
2006	32.40	2015	45.63
2007	39.31	2016	46.66
2008	45.18	2017	37.33
2009	44.95	2018	~38
2010	41.95		

3.3.4　装备水平稳步提高

工业技术装备，是指为实现项目的工艺技术方案所需的机器、机械、运输工具及生产装备的统称。技术装备包含的内容很多，还应包括自控仪表，电气设备及计算机系统等实体。经过 60 年的发展，我国洗涤用品工业技术水平、生产装备水平不断提高，已摆脱了以手工或半机械化操作为主的生产方式，初步实现了规模化、机械化、自动化，洗涤用品行业生产装备水平已经接近或达到世界水平。

(1) 磺化装备

1999年至今,我国磺化技术和装备取得了更大的进展,实现了国产化。磺化技术及其装备水平已达到或接近世界先进水平,磺化装置逐步向大型化、专业化发展。装置能力已形成 1~6 t/h 系列化设计,装置全部采用(DCS)计算机控制系统,实现生产过程的集中监控、自动控制、报警、安全连锁及应急停车任务,并可自动形成生产和管理报表。据有关资料统计,截至2016年底,我国已建成三氧化硫磺化装置125套,3 t/h 以上装置生产能力达到约190 t/h,约占总装置生产规模的2/3。磺化产品主要有烷基苯磺酸钠(LAS)、脂肪醇聚氧乙烯醚硫酸钠(AES)、脂肪醇硫酸钠(AS)、烯基磺酸钠(AOS)、脂肪酸甲酯磺酸钠(MES)等。

(2) 乙氧基化装备

20世纪90年代以后,引进的乙氧基化设备年生产能力均在万吨以上,自第Ⅰ代PRESS生产工艺被引进国内之后,又相继引进多套PRESS新的生产工艺,包括瑞士BUSS和美国HHT的乙氧基化生产工艺等。国内许多单位在吸收国外先进乙氧基化工艺的基础上,相继开发出先进的乙氧基化国产化生产工艺。

在引进国外先进乙氧基化生产工艺的同时,国内的相关单位也在积极吸收引进工艺中的先进技术和经验,为乙氧基化生产工艺国产化贡献自己的力量。中轻国际利用自己在乙氧基化生产工艺上的经验,在学习国外乙氧工艺技术的同时,结合其他行业的设计经验,2007年在嘉兴三江化工有限公司的10万 t/a 表面活性剂工程中,中轻国际开发了自己的第Ⅲ代外循环生产工艺;2009年在三江化工二期(设计项目)上又做了改进,生产能力均为10万 t/a;2012年在天津市浩元精细化工有限公司5万 t/a 表面活性剂工程中,设计了2套国产化生产装置,生产能力为3万 t/a;2013年在中轻日化科技有限公司的非离子表面活性剂产业化示范基地项目设计中,中轻国际开发了第Ⅴ代外循环生产工艺,目前项目已基本建成,生产能力为1万 t/a。另外,辽宁奥克化学股份有限公司结合多年的生产经验,开发出外循环喷雾生产聚羧酸减水剂大单体的工艺技术,并在辽宁辽阳、吉林经开区、广东茂名、江苏南京、山东滕州、江苏扬州以及湖北武汉等地都建立了乙氧基化生产基地。

(3) 喷粉装置

从20世纪90年代开始,我国开始自行设计及制造洗衣粉生产装置,而且装置的规模和自动化程度不断提高。根据规模要求,塔径多为 6~8 m,塔内料浆喷枪逐步由单层改为双层,双层喷枪比单层喷枪的生产能力可提高约20%,此时塔的干燥强度大幅提高。料浆配制实现了自动称量连续供料,料浆配制浓度由55%提高到65%以上,有效地降低了能耗。对于喷粉塔的干燥热源,国内多数企业已改用净化后的燃煤烟道气,与燃油或燃气热风炉相比较,每 t 产品可降低成本 60~90 元。实践证明，采用净化后的燃煤烟道气对产品质量（白度等）和尾气排放无不利影响。产品包装实现了自动称量自动封口，生产装置实现了计算机全控制。产品品种增多，质量明显提高，劳动生产率得到极大提高。

3.3.5 科研力量进一步加强

以中国日化院为代表的科研队伍紧跟世界潮流，缩小了和国际先进水平的差距。经过多年的发展，中国日化院已具有表面活性剂制备和应用、合成洗涤剂配制、分析检测、科学情报等研究部门，形成了从探索研究、扩大试验到工程开发的完整体系，成为我国从事洗涤用品和表面活性剂的研究开发中心。该院科研力量雄厚，不仅拥有中华人民共和国成立前就从事研究的老专家，而且培养了一批长期从事研究的专家和学者，具有比较集中的人才优势。该院是国家最早设立的洗涤用品和表面活性剂的专业研究机构，在洗涤用品的各个历史发展时期，紧密配合洗涤用品行业发展规划，对阴、阳、两性表面活性剂的合成路线与应用，各种合成洗涤剂、清洗剂、工业助剂等做了大量研发工作，在促进行业的发展中，起到了重要作用。

1999年是中国日化院发展史上极为重要的一年，在这一年中国日化院从事业单位转为企业，完全实行市场化的运行机制，经济上须完全自给，连生存都面临巨大的挑战。在此情况下中国日化院积极调整思路，坚持走技术市场化的路子，从2005年起在上海建立两个产业化基地，成功实现自主技术的转化，经受住了市场化的考验，不但生存了下来，而且得到了很大的发展，提升了自我科研水平以及为行业服务的能力。

3.3.6 完善产品标准，调整产品结构，提高产品质量

洗涤用品是人民日常生活的必需品，在农村和城市均有广阔的消费市场。随着城乡居民生活水平的日益提高和居住环境的不断改善，人们对洗涤用品的质量和品种要求不断提高，洗涤用品的产品结构随之不断调整，推陈出新。为适应市场变化，行业积极组织力量加快标准化工作，为新产品的研究开发和推广保驾护航。目前，已对洗衣皂、洗衣粉、衣料用液体洗涤剂等14类产品制定了国家或行业标准，手洗餐具洗涤剂等3类产品已经纳入国家生产许可证管理。标准是在不断探索和发展中制定和完善的，洗涤用品行业产品标准的变化本身就是本行业与时俱进的发展历程。

为了贯彻落实《轻工业调整和振兴规划》，推动洗涤用品行业的结构调整和产业升级，2009年7月16日，中国轻工业联合会和中国洗涤用品工业协会在北京长城饭店联合召开了浓缩洗衣粉市场推广新闻发布会，并举行隆重的"浓缩洗衣粉标志"揭标仪式，正式启动了洗衣粉浓缩化进程。这项活动得到国家发展改革委、商务部、工业和信息化部、中国消费者协会等有关部门的高度肯定和大力支持。第一批获准

使用浓缩洗衣粉标志的10家公司均为行业重点企业，总产量占行业洗衣粉总产量的70%以上。随着洗衣粉浓缩化进程的稳步推进，我国洗衣粉的产品质量有望再上一个台阶，并将在保护环境、节能减排等方面产生明显的社会效益。

产品标准的完善为产品质量的稳定提高提供了有力保证。在国家免检产品、中国名牌、驰名商标等评比中，洗涤用品行业企业均榜上有名。中国名牌中，洗衣粉有雕、立白、奇强、全力、白猫、传化及浪奇品牌；肥皂有雕、扇、立白、奇强及凤凰品牌；香皂有隆力奇、纳爱斯、浪奇、六神及蜂花品牌；液体洗涤剂有白猫、雕、立白、开米、奇强、传化与浪奇品牌。被评为中国名牌的洗涤用品获得了广大消费者的肯定，弘扬了洗涤用品民族品牌精神。

3.3.7 发展方向及目标

经过60年的发展，洗涤用品行业已由计划经济走向社会主义市场经济，市场化程度日益提高，企业已开始成为生产竞争的主体，所有制结构从单一公有制结构逐步形成多种经济成分相互竞争、相互渗透的格局，为今后洗涤用品行业的发展打下了坚实的基础。

60年来，我国洗涤用品工业已取得了世人瞩目的成就。这些成就是在中国共产党的领导和国家的具体支持下，通过洗涤用品行业的领导者的组织和技术人员与全体职工的共同努力奋斗所取得的，他们为洗涤用品行业的发展做出了巨大贡献。

回顾过去，成绩显著，展望未来，任重道远。

我国是一个人口众多的国家，目前洗涤用品总产量虽名列世界前茅，但是消费水平还很低。今后，随着工农业的发展和人民生活水平的日益提高，需求将继续增加，这是洗涤用品发展的潜力所在。我国洗涤用品行业的生产技术水平以及经营管理水平等需进一步提高，产品品种、应用领域、整体产品质量水平，有待进一步增加、扩大和提高，这是洗涤用品新的增长点。经济结构形式需要进一步调整和转型。

我国虽然可称为世界洗涤用品生产大国，但是我们的奋斗目标是向世界强国迈进。今后要继续扩大新原材料的开发，为不断增加新产品提供条件，继续提高行业整体技术和装备水平，全面实现机械化、自动化，加快企业的结构调整，开发节能、节水产品，要重视我国特有的乌桕、漆蜡、香果树等木本油料资源的发展，使资源得到合理利用，保护环境，坚持可持续发展的战略，更好地适应我国加入WTO的新形势，加速培育大型企业集团，提高国际性竞争能力，更好地满足我国国民经济发展和人民生活日益提高的要求。

我国合成洗涤剂行业总体已经建立起比较完整的生产和研发体系，而国民经济和高新技术的持续快速发展，又对合成洗涤剂的品种、质量和数量提出了更高的要求，科研及生产企业必须加大技术开发力度，对相关技术及装备进行更新以满足市场竞争的需求。为此，建议今后须朝着以下的方向和目标大力发展。

（1）继续坚持改革开放，深化体制改革

在总结行业发展经验的基础上，继续贯彻改革开放方针，使行业稳步增长、协调发展。配合有关部门制定政策，继续弘扬中国名牌，引导优势企业通过资产重组方式进行改组、改造、联合、兼并，组建有经济实力、有较高技术水平的企业集团，培育新的经济增长点，规范行业竞争，加强行业自律。

（2）进一步提高产品质量，调整产品结构，提高经济效益

许多企业已经注意到农村洗涤用品市场的发展潜力，今后一个时期，对农村洗涤用品市场的开发力度将逐渐加大。另一方面，继续关注城市中不同消费层次的需求，重点发展加酶洗衣粉、织物柔软剂和液体洗涤剂。同时，加速洗涤剂浓缩化进程，积极扩大工业洗涤剂的应用领域，优化我国洗涤剂产品结构。

（3）强化环保意识，提高环保水平

对现有各种表面活性剂要择优使用，开发有利于防止污染的新型表面活性剂，提高产品的安全性。加强无磷助剂的开发力度，组织力量对现有新型无磷助剂的技术进行优化，提高其在洗涤剂生产中的使用量。提高"三废"治理水平，对生产中产生的废气、废渣进行有效控制和处理。积极推广先进的"三废"回收和综合利用技术，抓紧淘汰落后生产工艺，通过技术改造和引进先进技术，加强内部管理，杜绝"跑、冒、滴、漏"现象，实现废液和废气的充分回收和利用开发，为"三废"寻找新的用途，力争实现零排放。加大节能减排力度，对洗涤用品企业排放的废水、粉尘坚持达标排放，开发使用降解性好的新型包材，整体提高洗涤用品行业的环保水平。

（4）倡导行业理性竞争

以市场为导向，杜绝生产装置盲目投产。企业竞争强调产品质量意识，本着对社会、对消费者负责的态度有序竞争，避免通过恶性价格战抢占市场，努力营造有利于行业可持续发展的市场环境。

（5）提高企业（行业）安全意识

倡导安全就是效益的观念，建立起投资和安全的平衡关系。对行业安全标准中涉及环保、人身健康的指标应提出更高的要求，重视产品的安全性和环境友好性。以满足当今人们对生存环境日益重视和生活质量日益提高的需求，推动全行业提高为人类提供安全产品的意识。

（6）注重节能管理

大力开发和使用节能型电气、仪表和工业设备及材料，如国家推荐的节能型产品和材料，有效利用能源，向节能管理要效益。加速新型、浓缩型产品的开发与推广。

（7）加快洗涤用品行业产品结构调整

大力开发新产品，提高产品的功能性。我国人均洗涤用品消费水平低于世界人均水平，我国人均消费量远低于发达国家的。大力开发功能性新产品是我国洗涤用品发展的方向。努力提升洗涤用品产品的技术含量，加快新原料、新工艺的应用步伐，提高产品附加值。

（8）提升全行业的技术装备水平，促进清洁生产

加强产品及制造工艺的技术开发和改造，从循环利用、连续自动化水平等方面出发，着重提升产品和原料的技术装备水平，促进清洁生产、安全生产。加强产品制造工艺技术的开发和改造，对高效浓缩化洗衣粉及液体洗涤剂的生产工艺和设备进一步优化改造，提高清洁生产水平。

除管理者思想意识及观念上的改变外，技术装备的更新、改造、改进以及开发，也是实现新目标的必要条件。每一个目标的实现都离不开技术的创新，离不开装备的更新改造和完善。

60年来，我们为所取得的辉煌成就而自豪。今后在建设具有新时代中国特色的社会主义以及全面推行21世纪的战略目标指引下，特别要抓住全球发展机遇，大力开拓和深化与国外同行的合作与联系，注重与"一带一路"沿线国家的交流合作，发扬"和平合作、开放包容、互学互鉴、互利共赢"的丝路精神，为建设一个更加完善、更加强大的洗涤用品行业而继续不懈奋斗。

参考文献：

[1] 中国洗涤用品工业协会. 中国洗涤用品工业发展史[M]. 北京：中华书局，2003.

[2] 王万绪等. 中国日用化学工业研究院院史[M]. 太原：山西人民出版社，2009.

[3] 中国洗涤用品工业协会. 中国洗涤用品工业走过辉煌60年[J]. 中国洗涤用品工业，2009(5)：29-33.

[4] 张高勇，王燕. 中国合成洗涤剂四十年及跨世纪展望[J]. 日用化学品科学，1999，22(5)：1-5.

[5] 许涛，张东义. 合成洗涤剂的发展方向与思考[J]. 中国洗涤用品工业，2015(6)：19-23.

[6] 王全贵，管大松. 合成洗涤剂工业技术装备的回顾与展望[J]. 中国洗涤用品工业，2015(6)：28-33.

中国合成洗涤剂工业60年

二
科技篇

1 合成洗涤剂行业科技工作概述

1.1 科研体系的建立

在中华人民共和国成立前，洗涤用品工业科学研究工作几乎是一片空白，专门研究机构仅在原国民党政府实业部中央工业试验所中设有一个造胰试验室。

中华人民共和国的诞生为我国洗涤用品行业科学技术研究工作创造了良好的条件，在原国民党政府实业部中央工业试验所造胰试验室的基础上，经过十几年的调整和发展，建立了专门从事表面活性剂和洗涤用品研究开发的轻工业部日用化学工业科学研究所（以下简称日化所）。随着洗涤用品工业的逐步发展和壮大，各地区、各大中型企业和有关院校也相继建立了一批从事洗涤用品工业研究工作的科研机构，逐步形成了中央、地方和企业三级比较完整的科研体系。同时，随着我国教育事业的发展，科研机构的建立，我国洗涤用品的科技人才数量不断增加，科技力量不断壮大，到2018年，仅轻工系统的合成洗涤剂和肥皂行业技术人员达万人以上。科研机构的建立，科技队伍的壮大，为我国洗涤用品行业的发展，奠定了坚实的基础。

1.1.1 中国日用化学工业研究院的变迁和发展

我国最早的工业研究机构是原国民党实业部于1930年在南京创建的中央工业试验所。其中所设的造胰试验室就是我国洗涤用品行业最早的研究机构，其主要研究内容为油脂制备和制皂，另有少量香水、脂粉、洗发液的制备。该所于1938年迁至重庆，抗日战争胜利后迁至上海。

1949年5月上海解放后，中央工业试验所由中国人民解放军上海市军事管制委员会接管（接财字第2号）。军管会过渡后隶属于华东工业部，更名为华东工业部中央工业试验所（中职筹业字第4号），由军代表胡镜波、所长顾毓珍、副所长沈曾祚主持日常工作。该所下设三馆，原造胰实验室改建为油脂室，设在第二馆内，馆址设在上海市江苏路271号。

1950年9月22日，由中央人民政府轻工业部接管，更名为中央轻工业部上海工业试验所（轻秘字第3776号）。

1951年，由华东工业部指导监督［轻（51）计字第2936号］，同时隶属于中央人民政府轻工业部，属双重领导。同年3月，原下设的三馆全部搬迁至上海市北京西路1320号原雷氏德医学研究院内集中办公，所设机构不变。

1952年，组织机构调整，洗涤用品研究归属综合化学组。

1955年，更名为轻工业部上海工业试验所［中轻（55）秘字第1348号］，隶属于轻工业部。后又将食品组划归轻工业部食品工业管理局，改组成立上海食品工业研究室。同年7月，部属油脂工业研究室在河南郑州正式成立，由食品工业部油脂工业管理局领导。1957年为了加强科学研究工作的统一领导和管理，食品工业部以中食（57）技字第001号文，决定将上海食品工业研究室、上海芳香工业科学研究室筹建处、上海制皂厂属的中心研究室中关于油脂加工研究部分、食品工业部油脂工业管理局所属的郑州油脂工业科学研究室与部属上海科学研究所调整合并，所名仍为食品工业部上海科学研究所。1957年8月21日，食品工业部以中食（57）干字第2108号文同意该所设立办公室、人事科、计划科、财务科、食品工业研究室、油脂工业研究室、香料工业研究室、食品工业分析研究室、食品工业发酵研究室、机械设备试验室、技术资料室等。在该所的组织编制草案中提出，油脂工业研究室的任务为：进行油脂资源的调查研究；研究取油技术，提高出油率与副产品质量；研究油脂精炼技术，提高食用油脂与工业油脂质量；研究油脂加工技术，为各工业领域提供所需的原料和代用品，并进行肥皂、甘油、合成洗涤剂的科学研究工作，与设备室协作研究油脂、肥皂、合成洗涤剂等工业设备；培养油脂工业研究技术人员等。从而，我国才正式全面开展合成洗涤剂以及洗涤用品的研究试验工作。

1958年5月，根据（58）轻工业研究院字第16号文，上海科学研究所隶属于中华人民共和国轻工业部，更名为轻工业部上海食品工业科学研究所，新增水解研究室。同年11月20日，奉轻工业部（58）轻工干字第375号令，全所除香料工业研究室外，迁往南京中山东路与南京食品工业学校及上海机械学校合并，更名为轻工业部南京轻工业学院，后停建。

1959年1月31日，又遵照轻工业部（59）轻研院字第10号文件的指示，由南京转移至北京，并更名为轻工业科学研究院食品工业研究所。

1960年，根据国家的发展需要，轻工业部将食品工业研究所的油脂工业研究室中的油脂制备部分划归粮食部领导。

1961年6月22日，根据轻工业部（61）轻工办字第40号令，又更名为轻工业部食品工业科学研究所。

随着我国广大人民生活水平的提高，洗涤用品需求增长很快，这促进了我国洗涤用品工业的快速发展。20世纪60年代初，合成洗涤剂、合成脂肪酸工业初步形成，为了适应工业发展和贯彻科研工作应走在前头的指导思想，轻工业部于1963年6月15日根据（63）轻工计字第431号文和（63）轻工干字第940号令，决定成立轻工业部日用化学工业科学研究所筹建处，该处设在食品工业科学研究所内。

油脂工业研究室从1959年1月迁至北京后，稳定了10年。在这10年的工作中，科研取得了很大进展。其中合成洗涤剂与合成脂肪酸两项科研成果均获得国家经委奖励。

1969年5月28日，轻工业部食品工业科学研究所除食品研究室外，全部迁至山西省太原市，并改建为第一轻工业部太原日用化工实验厂。

1970年更名为轻工业部太原日用化工实验厂。同时，组建日用化学工业技术情报中心站。

1972年4月29日，"实验厂"更名为山西省革命委员会轻工业局日用化工研究所。

1978年8月，根据轻工业部轻科学第091号文的指示，正式定名为轻工业部日用化学工业科学研究所（简称日化所）。当时该所人数已达400余人，分设：合成表面活性剂和合成脂肪酸的第一、第二工艺研究室；从事应用和配方的第三研究室；从事设备研究和设计的第四研究室；从事分析方法和检测的分析研究室；从事行业情报服务的科技情报室以及中试车间和机修车间等。

该所根据轻工业部（81）轻生字第5号文要求，于1981年1月31日在该所成立了轻工业部日用化学工业标准化质量检测中心站。1985年又开始筹建国家洗涤用品质量监督检测中心（筹）。该机构系国家洗涤剂产品质量检测的专职机构，在所内保持相对独立。

1990年3月，成立轻工业部日化研究所工程技术试验基地筹备组，调整机构设置，设立国家洗涤用品质量监督检验测试中心，并通过国家级验收。

1991年，在轻工业部日用化学工业科学研究所内设立全国表面活性剂洗涤用品标准化中心，行政挂靠国家洗涤用品质量监督检验测试中心。

1995年2月23日，根据轻总人教（1995）3号文，原轻工业部日用化学工业科学研究所正式更名为中国日用化学工业研究所（简称日化所），隶属于中国轻工总会。

1999年，日化所从事业单位转制为科技型企业，2001年改名为中国日用化学工业研究院（简称日化院）。经过几年的调整与适应，逐步扭转了经营理念，建立了企业化制度，拓展了科研项目来源渠道，扩大了国内外相关机构的科研合作，加强了工程化、产业化研究，加大了整套装置和专用设备的开发力度，并在经济发达地区建成了自己的分支机构，为今后的生存打下了基础，也为进一步发展创造了有利条件。

2000年是日化所转制为科技型企业后的第二年，全所正式职工345人，其中专业技术人员220人。在技术人员中，有中国工程院院士1人，教授级高工11人，高级工程师75人，工程师102人。经过几年科技体制改革中承受的压力和锻炼，已逐步形成了一支素质较高的科研、管理和生产、经营队伍，调整组建了5个集科研、中试、产业化为一体的工程研究部。为适应转企管理需要，撤销了技术部、财务部、物化研究室、工程中心、工程研究部、中试车间，成立了计划财务部、贸易部、表面活性剂重点实验室、第一工程部（包括南阜基地、脱氢催化剂担体和SO_3磺化研究小组）、第二工程部（包括发凯公司）、第三工程部（包括瑞得士公司和物化研究室）、第四工程部（包括富聚公司），并重新选配了各部门的领导。原有的党委办公室、所办公室、基动部、检测中心、标准化中心、信息中心、贸易部等几个职能与业务部门不变，但工作要适应转制后的需要。

2005年，为了适应行业需求和日化院发展的需要，日化院在上海金山设立上海分院并成立下属的上海发凯化工公司，进行以APG为主的科技成果自主转化。2013年，日化院在上海金山开始建设中轻日化科技有限公司，实现乙氧基化领域的新产品的产业化，于2016年竣工验收。

中国日用化学工业研究院从20世纪50年代开始，即专门从事洗涤用品及表面活性剂等日化方面的科研工作。它在我国日化工业的建立和发展的每个历史阶段，都负有配合主管领导部门确定行业发展方向，提供发展所需主要技术，解决行业存在的共性和关键技术难题等的重要任务。在轻工业部每次制订行业与科技发展规划时，除负责提供国内外技术状况与发展前景外，还遵照指示，派员参加或负责规划方案的制订起草。在科研工作中，根据发展规划和工业实际，完成了一系列先期试探、工业技改、国家重点、应用基础、产品研制、分析方法等科研项目。这些成果的取得，对我国日化工业的建设和发展，都起到了很大的促进和推动作用，尽到了一个中央部属专业研究机构应尽的责任。

中国日用化学工业研究院已具有表面活性剂制备和应用、合成洗涤剂配制、分析检测、科学情报等研究部门，设有中试和机修车间，形成了从探索研究、扩大试验到工程开发的完整体系，成为我国从事洗涤用品和表面活性剂的研究开发中心。该院科研力量雄厚，不仅拥有中华人民共和国成立前就从事研究的老专家，而且培养了一批长期从事研究的专家和学者，到2018年底，国家级有突出贡献的专家2人、部级专家2人、教授级高级工程师12人、高级工程师85人、享受政府特殊津贴的专家12人。该所是国家最早设立的洗涤用品和表面活性剂的专业研究机构，在洗涤用品的各个历史发展时期，紧密配合洗涤用品行业发展规划，对阴离子、阳离子、两性离子表面活性剂的合成路线与应用，各种合成洗涤剂、清洗剂、工业助剂等做了大量工作，在促进行业的发展中，起到了重要作用。仅1978年以来，完成科研项目180多项，其中国家攻关及部、省级项目120多项，获部、省级以上各种科技奖励80多项，获国家发明奖和国家科技进步奖13项。

1.1.2 地方科研机构

中华人民共和国成立后，随着洗涤用品行业的发展，很多省、市相继组建了包括洗涤用品、表面活性剂研究的日化研究所，或在综合性轻工研究所里设立专业研究室（组）。其中主要有以下研究所。

天津市轻工业化学研究所。该所成立于1957年，以表面活性剂、助剂和香精香料为主要研究内容。在非离子表面活性剂、纺织油剂、多种工业助剂和新型表面活性剂的开发研究中做了很多工作。1990年至1992年连续三年被评为天津市一级所，1993年被授予天津市骨干研究所称号。主要仪器设备近300台（套），所内藏书14万册。天津市日化产品第三质量检测站、全国华北东北地区香料检测站、全国合成脂肪酸检测站设在该所内。该所科研人员160人，其中高级工程师27人，工程师60人。该所在40多年中，共完成科研项目近500项，获全国、市、局科研成果奖60余项，其中国家科技进步二等奖1项、三等奖1项；国家发明四等奖1项；全国科技大会奖4项；轻工业部科技成果三等奖2项、四等奖4项；轻工业部金龙奖3项。

上海市日用化学工业研究所。该所是在1979年成立的上海市日用化学工业研究室的基础上发展起来的，1984年正式转为研究所。该所有职工100余人，其中科研人员60多人，高级职称12人，中级职称19人。所内设有洗涤剂、化妆品、香精、分析、情报等研究室及生产经营部。国家轻工业局香料化妆品洗涤用品质量监督检测上海站、化妆品标准化中心设在该所内。主要从事洗涤剂、化妆品、香精香料、工业用表面活性剂、精细化工等领域的研究和开发。1985年以来共计完成科研项目80个，获奖成果有国家优秀新产品奖1项、轻工业部优秀新产品奖2项、轻工业部科技进步三等奖4项、上海市科技进步三等奖4项。

湖南轻工业研究所。该所成立于1958年，是设有日化等多专业研究室的综合轻工所，全所共有180名科技人员，其中高级职称40人，中级职称80人。1996年合并各研究室建立科技开发中心。该所在洗涤用品方面重点研究开发特种表面活性剂、纺织助剂等，1985年以来完成科研项目20个，其中获国家级奖励5项、部省级奖励16项。

北京日用化学研究所。该所建立于1972年，主要从事表面活性剂、化妆品、香料的研究及应用。有洗涤用品研究课题人员28人。国家轻工业局化妆品洗涤用品质量监督检测北京站设在该所。1988—1989年完成科研项目12项、推广应用7项。

黑龙江省轻工业研究所。该所成立于1959年，主要进行氨基酸、有机酸、精细化工、洗涤用品研究开发，从事洗涤用品课题研究的有15人。该所情报室还承担全省日化情报站的工作。

四川省轻工业研究所。该所主要从事表面活性剂、化妆品原料及产品的研究开发，有洗涤用品研究课题人员19人。除承担研究任务外，还担负四川省日化情报站工作。

青岛市轻工业研究所。该所从事轻化工、食品等领域的科研开发，有洗涤用品课题专业人员20人。

湖北省日用化学工业研究所。该所主要从事日用化工、精细化工的科技开发，并担负全省日化情报工作。有洗涤用品课题科技人员27人。

武汉市第一轻工业科学研究所。该所从事日化产品、香精、香料等科研工作，有洗涤用品课题科技人员7人。

江苏省日用化学工业研究所。该所成立于1978年，主要从事日用化工和轻工助剂的研究开发。所内设有助剂研究室、化妆品研究室、分析测试室、中间试验室、情报资料室，共有50多名科研人员，其中高级工程师6人，工程师26人。该所自建所以来，共完成国家、部省科研项目40多项，其中20多项获国家级科技进步奖和部省级科技成果奖。

陕西省轻工业科学研究所。该所以应用科研为主，主要从事脂肪酸深加工和各种洗涤用品等的研制，并担负科技情报任务，有课题工作人员8人。

贵州省轻工业科学研究所。该所为综合性研究所，内设日化研究机构，配有7名研究人员，日化研究机构以本地特色资源的原料优势为基础开发了低刺激、功能性的洗涤用品。该所同时为全省科技情报中心。

广州市日用化学工业研究所。该所主要从事洗涤用品、化妆品及电池的研究开发工作，从事洗涤用品课题工作的有4人。

山西省长治市轻工业研究所。该所主要从事表面活性剂及洗涤用品的科技开发，全所职工90人，科研人员21人左右。

吉林省轻工业设计研究院。该院主要从事表面活性剂、洗涤剂的研究开发，有课题研究人员14人。

宁夏轻工业研究所。该所日用化工研究室主要对民用和工业用洗涤剂等进行研究，在20世纪70年代末承担的4A沸石研究项目取得了较好的成果，得到了推广使用。

1.1.3 大中型企业科研机构

为满足自身发展的需求，一些大中型企业先后建立了自己的研究所或中心试验所（室），使其成为自身技术进步或产品开发的科研机构。

上海白猫公司研究所。1963年建立厂中心试验室，1992年建立研究所，以洗涤剂生产设备、新工艺、新产品为科研开发方向，科研任务由公司制订。从20世纪90年代开始，公司加大培植技术中心的力度，1997—1999年三年中科技开发费用投入达10500万元。按国外大公司科研机构标准新建9000平方米的白猫技术中心大楼，1999年投入使用，人均实验面积、实验室规格、实验设施等均已达到国际同行业水平，并建立了自成体系的"OA"系统。该所不断增强科技力量，现有106名科研人员（其中博士 4 人，硕士 22 人，大学以上学历 86 人）。该中心与上海理工大学、清华大学、中国科学院等均建立了稳定的协作关系。通过多年探索，该中心已逐步建立起一套既符合国际科研机构运作，又具有自身特色的创新机制。近三年来，为公司研发投产新产品 18 项，完成老产品换代升级 11 项，产品包装设计 180 项、新原料应用和新工艺研究 2 项。经国家经贸委批准白猫技术中心为国家级企业技术中心。

上海制皂厂中心试验室。1955 年在工程师室中设立新产品研制小组，1962 年新产品研制小组改建为中心试验室。主要从事合成脂肪酸及其产品综合利用，负责全厂产品质量提高和新产品开发。1990 年，中心试验室已发展到 26 人，包括工艺、分析、美工情报资料等部门。

中国石化金陵石化烷基苯厂研究所。1979 年建所，以洗涤剂及催化剂研制为科研开发方向。从事课题研究人员有 60 多人，其中高级职称 12 人、中级职称 12 人。

湖南丽臣实业总公司（原湖南日用化工总厂）研究所。1992 年 10 月在试验室基础上建立，职工总数 28 人，专业技术人员 13 人，其中高级职称 6 人、中级职称 6 人，以日用化学及工业助剂研究方向为主。

杭州东南化工有限公司研究所（开发部）。建于 1978 年，主要从事家庭及个人清洁品、工业用清洗剂、助剂的研究开发以及洗涤剂的更新换代进行研究。全所 23 人，科研人员 9 人，附属实验车间 6 人。

成都蓝风实业股份有限公司科研所。建于 1980 年，科研人员 13 人，主要担负开发研制洗涤用品、化妆品及相关行业产品。"七五""八五"期间完成 44 项课题，已推广 39 项，获奖 9 项。

中轻依兰公司（原昆明三聚磷酸钠厂）科研所。1986 年建所，全所 43 人，课题组 16 人，附属实验车间 8 人。主要从事磷酸盐与洗涤用品工业新产品开发，并担负科技信息工作。"七五""八五"期间完成 21 项研究课题，并已推广应用，获科技成果奖 15 项。

1.1.4 大专院校科研机构

江南大学化学与材料工程学院精细化工教研室。主要以表面化学，表面活性剂合成、分析与应用，精细化学品开发为科研发展方向，从事科研的人员 24 人，其中高级职称 20 人，中级职称 4 人。1985 年以来获奖科研项目共 45 个，其中国家级 6 项、部省级 7 项。

北京工商大学食品学院应用化学系。主要从事洗涤用品应用基础研究，课题研究人员 8 人。

大连理工大学化工学院精细化工系。主要从事精细化工科学研究与技术开发，从事洗涤用品课题科研人员 10 人。主要课题有咪唑啉两性表面活性剂、以葡萄糖为原料合成表面活性剂、乙氧基化与三氧化硫磺化工程方面的研究。

山东大学化学学院。重点对石油开采应用的表面活性剂、洗涤剂进行研究，从事科研试验人员10人，主要课题有重油垢净洗剂、负压洗井液以及油田用的防垢剂、防蜡剂、防膨剂、杀菌和三采驱油剂等，并在油田推广应用。

齐齐哈尔轻工学院。该院设有有机合成研究所，其中从事研究试验人员达32人。主要从事表面活性剂、工业助剂、化纤高聚物改性等方面的科研开发工作。

郑州轻工业学院化工系精细化工教研室。主要从事表面活性剂、助剂及其他精细化工产品的研究开发，课题研究人员5人。

另外，北京大学物理化学研究所胶体化学研究室、山东师范大学化学系界面化学研究室、北京石油大学、大连轻工业学院、西北轻工业学院等都具有相当的研究实力，在基础理论研究和表面活性剂应用方面都做了很多工作。

总之，全行业研究单位为我国合成洗涤剂工业的起步和发展，为表面活性剂及洗涤用品在新技术、新工艺、新设备、新原料、新产品的开发，在生产技术的改进、产品质量的提高、新品种的增加，在环境保护以及相关理论研究等各个方面都发挥了重要作用，为行业的技术进步做出了贡献。

1.2 制定科研规划和科技攻关规划

洗涤用品行业科技规划和科技攻关规划的制定和实施，对指导和推动我国洗涤用品行业科研工作的发展起到重要作用。

中华人民共和国成立之后，洗涤用品行业根据国家总体要求，制定了不同时期、不同内容的中长期科技发展规划，成为轻工业科技发展规划的一部分。规划制定和论证，都邀请了行业专家参加，确保了科学研究工作与行业发展的紧密结合。60年来制定的规划主要包括以下几大方面：

（1）1956—1967年十二年科技发展远景规划

这一规划是在资本主义国家对我国实行经济封锁的前提下制定的，它的实施促进了肥皂行业对非食用植物油脂和低次油脂的开发利用，加速了合成洗涤剂、合成脂肪酸两个新兴行业的诞生和成长。

（2）1958—1962年"二五"科技规划

1958年，我国的洗涤用品还只是肥皂，合成洗涤剂的开发还处于起步阶段。当时油脂供应十分紧缺，肥皂工业的扩大和发展都遇到极大困难。因此"二五"期间科技规划的主攻方向是努力开拓非食用油脂的来源，提高肥皂产量和质量，积极开展合成洗涤剂的研究，增加洗涤用品的产量和品种。

当时，主要确定的科技项目有：石蜡氧化制造脂肪酸综合利用的研究、连续制皂的研究、肥皂的结构与结晶及物理化学的研究、喷雾法制造皂粉的研究、甘油净化新工艺的研究、合成脂肪酸制造工艺的研究、肥皂废液处理的机理与废水处理方法的研究、合成洗涤剂制造工艺的研究[包括烷基磺酸盐、烷基芳基磺酸盐、烷基醚硫酸盐、阳离子季铵盐、非离子脂肪醇（酚）聚氧乙烯醚和从植物中提取皂素等]、洗涤剂配伍混合物的研究、肥皂和洗涤剂性能测定方法的研究等。

1959年，国家重点科学技术研究项目轻工业部分列入了非离子型（醇醚和酚醚）表面活性剂的研究、仲烷基硫酸盐的研究、伯醇硫酸盐的研究及其他与合成洗涤剂有关的项目，以加速逐步代替肥皂，节约油脂，并进一步用于纺织、造纸和皮革等工业领域。为扩大和充分利用各种植物油脂，增加肥皂产量，重点项目中还特别列入油料和野生油料综合利用的研究课题。

（3）1963—1972年科技发展规划

经过前一阶段的研究开发，合成洗涤剂方面的烷基苯磺酸钠生产已采取了连续氯化、蒸气脱苯新工艺，塔式喷粉装置也已建成，仲烷基硫酸钠已进入中试，扩大石油原料的研究已取得初步成效。为使合成洗涤剂工业能够快速成长，规划要求对原料来源、新品种、新工艺、新设备，产品质量、分析检验方法、配方改进、确定去污力的评价方法、改进包装设备等需积极开展研究，相应的理论研究也需逐步建立。在肥皂方面，合成脂肪酸中试车间已于1958年建成，但皂用酸用蜡的规格未定型，氧化产品的综合利用未跟上，合成皂用酸制成的肥皂气味和泡沫性能不够理想，合成酸的消耗定额高，设备的耐腐蚀材料等也需进一步解决。虽然连续皂化、连续酸化、氧化蜡残渣利用、硫酸钠回收、低碳酸高压加氢制醇取得了一些成绩，有的也在生产上开始应用，但仍存在不少问题。天然油脂生产肥皂是我国甘油的唯一来源，代用甘油的研究虽已做了一些工作，如山梨醇、季戊四醇和乙二醇等，但仍满足不了我国对甘油的需求。因此，在以后的科研中强调了以下几项任务：

①发展利用国内资源制备合成洗涤剂，改进生产工艺与设备，加强配方和去污理论的研究。

②氧化石蜡制取合成脂肪酸及其综合利用研究。

③关于肥皂生产和甘油代用品的研究。

同时，在此发展规划中提出，为保证完成以上研究任务，应成立轻工业部油脂化学工业科学研究所。该所以食品工业科学研究所中的油化研究室为基础，加以充实与扩大，于1964年前建所。规划还提出，现有较大的油脂化学厂的技术力量应加以调整，建立厂内中心试验室。应建立与充实现有大学的油化专业，积极培养油化科研人才等。

（4）1978—1985年科技发展规划

当时国外表面活性剂方面除仍以烷基苯磺酸钠为主外，已大力开发新的原料来源，高碳醇及醇系表面活性剂发展很快，α-烯烃和α-烯烃磺酸盐也有发展，非离子表面活性剂增长也很迅速，无公害、易生物降解的活性物及新型助剂研究十分活跃。在洗涤剂方面，三氧化硫磺化、配料喷粉、包装储运已实现机械化和自动化操作。在基础理论研究方面，对相关的反应动力学和工程学，产品结构与性能，去污机理等研究都有了新进展。而我国不论是在产品质量和品种方面，还是在工艺设备、技术经济指标、机械化和自动化等诸多方面都仍与国外有相当差距。为此，如何加强科学研究，实现工艺过程最佳化、包装自动化、分析检测现代化、产品品种多样化即成为本阶段的主要奋斗目标。所以，此阶段确定的主要科研项目有：对引进的脱氢制烷基苯的工艺设备和催化剂的研究与改进，重点开展国产脱氢催化剂及其制备技术和脱氢工艺设备的研究与改进；氯化法制烷基苯工艺设备的研究，重点是使产品质量和原料消耗赶上国际水平，解决盐酸回收问题；石蜡裂解制烷基苯的研究，解决原料蜡质量问题，降低消耗，提高产品质量；三聚磷酸钠生产工艺和设备及代用品的研究；洗涤剂脂肪醇的研究；非离子型表面活性剂制备技术的研究，重点为合成技术和装备，试制新品种，扩大民用和工农业用途；链烷磺酸盐和α-烯烃磺酸盐制备技术的研究；合成洗涤剂中磺化技术的研究和改进；洗涤剂配料、成型、包装工艺设备机械化、自动化的研究；洗涤剂配方研究和改进，重点改进粉状、浆状和液体洗涤剂配方研究；合成洗涤剂和合成脂肪酸的三废治理研究；产品和原料分析方法的研究与质量标准制定；基础理论的研究，包括表面活性剂合成中的催化、反应机理，反应动力学和工程学、表面活性剂的结构和性能，洗涤剂的配伍和去污理论等；合成洗涤剂生化性能的研究，即对人体安全和生物降解的研究；提高合成脂肪酸质量的研究，主要是氧化技术和催化剂的基础研究，蒸馏工艺和设备等；优质合成脂肪酸及原料蜡规格研究。

（5）1986—1990年"七五"科技发展规划和科技攻关计划

我国洗涤用品工业经过30多年的发展，已有了一定基础，但在设备装置、原料品种、产品质量、品种结构等方面，与发达国家比较还有相当差距。因此，此阶段的科技规划应向高技术含量方面发展。从1986年开始的第七个五年计划，国家将表面活性剂和洗涤剂列为国家科技攻关项目，加大了科技投入。国家确定的"七五"科技攻关和国家科研项目有：

①洗衣粉制备技术的研究，包括喷粉成型技术装备的研究和定型，不同品种粉状洗涤剂操作工艺及后配料、雾化技术、热耗和尾气粉尘的降低等。

②磺化技术的研究，包括国内外磺化装置的分析对比，几种重要活性物三氧化

硫磺化工艺的研究，如 AOS、AES 和 MES 等。

③油脂原料生产洗衣粉主活性物的开发研究，其中有脂肪酸加氢制醇，一步法制叔胺，咪唑啉两性表面活性剂等多种以天然油脂为原料的表面活性剂的开发研究。

④助洗剂产品和原料的研究，包括双十八烷基二甲基氯化铵的合成，织物柔软剂、预浸渍剂、羽绒清洗剂、皮革加脂剂、食品工业清洗剂等。

(6) 1990—2000 年中长期科技发展纲要和"八五""九五"国家科技攻关计划

我国洗涤用品行业经过长期建设和发展，不仅产量已基本满足市场需求，花色品种也相应增多，设备水平得到明显改善，原料和专用助剂生产也初具规模。然而，随着人民生活水平的不断提高和国民经济的持续发展，仍不能满足大众需要，与国际的快速发展仍有差距。这时，我国表面活性剂的实际产量还不能满足需求，行业的总体工艺技术落后状况尚未根本改变，基础研究和工程研究都还很薄弱。因此，此阶段科技攻关和科技项目的重点为以下几个方面：

1) 加强原材料开发和应用

在原材料开发和应用上，在继续研究以石油为原料的合成表面活性剂的同时，加强天然可再生资源和专用助剂的开发利用。逐步实现专用原料生产基地化、产品质量规格标准化与系列化，试办天然油源基地，使洗涤用品原料路线向石油与再生资源并重转移，主要助剂达到基本自给。

2) 提高质量、增加品种、扩大应用领域

在提高质量、增加品种及扩大应用领域上，增加专用性产品，到 20 世纪末，全行业产品品种、数量与质量，基本满足国内市场与出口的需要。

3) 注重新工艺与新设备的开发

加强新工艺、新设备和新产品的工程开发能力，积极研究生物工程及微电子技术在原料加工及产品生产工艺中的应用。

4) 强化建立科研体系

建立既面向生产，又符合科学技术发展规律的科技开发体系，逐步形成既有基础研究、应用研究和工程开发，又有不同层次彼此分工协作的研究网络，充分发挥各专业人才的作用，促进技术装备水平的快速提高。

5) 确定科技发展重点

根据上述内容，确定科技发展重点任务及关键技术，从以下几方面着力进行：

①原料的研究、开发与应用

调查、筛选、培育及改良高产油料作物，试办洗涤用品工业油脂原料基地；研究合理采集与加工技术，积极研究以此原料制备脂肪酸、脂肪醇、脂肪胺的生产技术；研究开发以淀粉为亲水基原料的新型表面活性剂；加速 C_{16-18} 的饱和、不饱和脂肪酸类、脂肪醇类、甲酯磺酸盐、仲烷基磺酸盐等高碳表面活性剂的研究开发与推广应用；积极开展性能优良的助剂（包括三聚磷酸钠的代用品）、各种酶制剂（包括低温碱性蛋白酶、脂肪酶、纤维酶、淀粉酶）、低温漂白剂（含漂白促进剂）及香皂用助剂的研究开发与推广应用；开展湿法磷酸净化研究，加速湿法磷酸的技术改造。

②提高产品质量，开发新品种和新产品

加强表面活性剂间的相互作用及与助剂间的配伍性能及应用技术研究；开展醇系表面活性剂及应用研究，扩大应用范围；开展高效能、低能耗洗涤用品新品种的研究开发，继续研究常温高效洗涤剂、含助剂的重垢型液体洗涤剂、抗硬水皂、低刺激性的餐洗剂与香波、各种家用清洗剂与硬表面擦洗剂；开展性能协和的多功能洗涤剂及织物防污染处理的研究。

加强表面活性剂在塑料、造纸、食品、化妆品、纺织、皮革、金属加工、农药、石油等国民经济各个领域中的应用研究及推广；研究香皂用油脂的精炼技术，降低油脂色泽与气味，减少香精用量，提高香皂质量。

改进并健全洗涤用品产品质量的检测方法与标准。

③新技术、新设备、新工艺的研究开发及应用

油脂水解酶的驯化、培养、提纯与油脂酶法水解研究；酶法制各种甘油的研究；洗衣粉包装技术的研究；研究开发从原料配制到成品包装的电脑自控技术；附聚成型工艺、配方与设备的开发研究；羰基合成醇催化剂的研究开发；甲酯低压加氢制醇催化剂及工艺的研究；油脂一步法制腈的工程化研究；脂肪酸、脂肪醇精馏技术装备的研究；磺化技术和磺化产品品种；乙氧基化技术装备；长链烷烃脱氢中有关装备的改进；油脂加氢制醇装备；油脂连续皂化工艺的改进和推广；香皂生产线；油脂中压水解等。

④节能、节水与三废处理技术

甘油三效强化节能技术的提高与推广；喷粉节能技术的研究推广；油脂精炼，脂肪酸、脂肪醇蒸馏，甘油回收等废渣的综合利用研究。

（7）2001—2005年洗涤用品行业"十五"发展规划

洗涤用品行业"十五"发展规划指出："十五"期间，洗涤剂行业要在邓小平理论和党的十五大精神指引下，以保障和提高国内市场需求，积极抓好产品结构、产业结构、企业结构的调整，继续贯彻改革开放政策，紧紧依靠科技进步，改进完善企业技术装备，提高自动化、机械化水平，开发节能节水、环保、高效的新产品，坚持质量至上，提高劳动生产率和经济效益。加强企业经营管理，提高职工素质，提高企业的市场竞争力。

"十五"期间科技工作发展方向为：

①技术结构的调整应向规模经济的技术方向发展。通过生产发展，合成洗衣粉装置规模应大于 5 万 t，成型装置多数是 6 m 以上的喷粉设备；加快包装技术发展；加快表面活性剂技术的研究和提高。

②国际上应用的表面活性剂品种很多，现在已大量使用的新品种，相比之下我们仍有差距，如 MES、APG 等，应进一步研究使其工业化，在技术上还应进一步提高和完善；积极认真做好无磷洗衣粉及其助剂的研究工作。

(8) 2006—2010 年洗涤用品行业"十一五"发展规划和表面活性剂"十一五"国家支撑计划

洗涤用品行业"十一五"科技发展的思路和发展目标是：全面贯彻落实科学发展观，以市场需求为导向，依靠科技进步，抓好结构调整，提高行业竞争力，增强企业可持续发展的能力。加强行业自主创新能力建设，积极开展技术创新活动，做好技术引进及自主开发，全方位提高行业技术水平。以建设资源节约型、环境友好型社会为目标，提高环保节能意识，提倡清洁生产，开发节能、节水、高效的洗涤剂产品及原料，实现循环经济和行业的可持续发展。以提高企业的质量效益为中心，在保证并提升质量的前提下实现企业的经济效益，使企业经济效益每年增长 5% 以上；保持洗涤用品产量持续稳定较快增长，年均增长速度在 7.5% 以上。

国家"十一五"科技支撑计划共列 5 个课题，均顺利结题。

(9) 2009—2011 年洗涤剂和表面活性剂行业调整和振兴规划

根据国家统一部署，洗涤剂行业编制了三年调整和振兴规划，明确了在调整时期科技工作的主要任务。

1) 大力发展油脂基绿色表面活性剂及功能性表面活性剂

表面活性剂不仅是洗涤用品的最重要原材料之一，也是国民经济其他诸多领域的重要原辅材料。一些重要的行业如纺织、造纸、化妆品、食品、材料、建筑、石油、采矿、农药等都离不开表面活性剂。我国的表面活性剂工业是随着洗涤用品行业的发展而逐步发展起来的。迄今为止，我国已经具备了大批量生产几种主要表面活性剂的能力，特别是用于洗涤剂的烷基苯磺酸、脂肪醇醚、醇醚硫酸盐、α-烯基磺酸盐等大宗产品，但是对于一些新品种和特殊品种，尤其是基于可再生资源的绿色表面活性剂仅仅处于实验室研究阶段，或者是工业试验阶段，没有形成生产力。即使是已经形成较大产能的品种，由于技术水平和装备水平的不足，在产品质量、经济指标等方面还与发达国家存在一定的差距。本规划任务重点是新建和扩建油脂基绿色表面活性剂及功能性小品种年产能 20 万 t，主要包括当前行业重点关注的 MES（脂肪酸甲酯磺酸盐）、APG（烷基糖苷）、FMEE（脂肪酸甲酯乙氧基化物）、氨基酸表面活性剂及酯基季铵盐等，达产后将使国内表面活性剂行业的产品结构进一步优化，为洗涤用品及相关制造业提供高质量的绿色及功能性品种，打破跨国公司对这些品种的垄断，提高行业的产品竞争力，进一步解决我国表面活性剂行业功能性品种缺失的问题。

在大力发展表面活性剂绿色新品种的同时，注重表面活性剂制造业所需的关键中间体二甲基丙二胺和甲基二乙醇胺的开发，将形成年产5万t的关键中间体生产能力，为前述表面活性剂品种提供可靠的中间体，促进功能性表面活性剂产品的发展。

2）调整洗涤用品行业产品结构

积极调整洗涤用品行业产品结构，发展液体洗涤剂，尤其是衣用液体洗涤剂；发展浓缩化产品。本阶段我国的洗涤产品还是以传统的粉状产品为主，液体产品尤其是发展潜力大的液体洗衣产品还刚刚处于起步阶段。而粉状产品也还存在有效物含量低、产品功能单一和产品类别少等问题。大力发展节能和资源节约型液体产品和浓缩化产品。提升衣用液体洗涤产品的比重达15%左右，浓缩化产品30%，使洗涤用品行业产品结构更加趋于合理，向着环保、节能、节水、高效的方向前进一大步。推广用于洗衣粉双层喷枪大塔喷粉和后配料及流化床装备与技术。与现行技术相比具有明显的技术进步优势，除可以达到节能15%以上的显著效果外，后配料技术还可以实现一个基础配方多个花色品种的产品方案，更加符合产品浓缩化的需求，能有效降低洗衣粉产品芒硝使用量，不仅节约了资源，降低了包材使用量，而且减少了产品使用后对环境的影响，以及生产过程、运输过程等的能耗等，大大提高了企业应对市场和原料多变的能力，具有明显的技术优势，有利于企业产品结构灵活调整，提高企业竞争力。

3）绿色表面活性剂的新型连续法工艺和装备

绿色表面活性剂的新型连续法工艺和装备，包括生产脂肪酸甲酯磺酸盐的分子膜连续漂白与二级螺旋膜连续真空干燥成型技术和装置；生产脂肪酸甲酯乙氧基化物的专用催化剂制备技术和乙氧基化技术与设备；生产烷基糖苷的一步法工艺以及配套的膜式蒸馏装置和阳离子表面活性剂的连续季铵化装置；采用新型三氧化硫磺化工艺替代浓硫酸，利用管式反应器取代落后的釜式反应器等先进工艺和装置。

4）大力推广节能降耗技术

在本行业大力推广产品浓缩化和液体化等节能降耗技术，提高生产环节水的循环利用率。到2011年，完成本规划任务后每年可实现降低洗涤产品芒硝用量约20万t，降低能耗折合6.5万t标准煤。推广工艺用水循环利用技术，使循环利用率达到80%以上。

发展绿色环保、节约资源多功能型表面活性剂，有利于改变表面活性剂单纯依赖于石油资源的状况，有利于使用表面活性剂的下游各工业领域减少对环境的影响，有利于改善各相关行业的节能减排状况。同时，在这些表面活性剂的生产过程中采用绿色工艺，减少生产过程中的污染排放。

5）建立行业公共技术平台

洗涤用品与表面活性剂行业的公共技术平台主要有两个：一是以产品升级换代为主要核心的现代配方开发和评估体系；二是新型表面活性剂品种与工艺的开发平台。与此同时，在现有基础上针对基础通用标准、重点产品标准和检测标准，补充提高，形成完善的标准体系。

（10）2011—2015年洗涤用品行业"十二五"发展规划和表面活性剂"十二五"国家支撑计划

洗涤用品行业"十二五"科技发展的重点任务为：

1）加强行业标准化体系建设

着重加快产品和原料的安全性标准的完善，注重国际国内产品安全法规与本行业标准的对接，加强产品安全性评价方法及标准的研究制定，加强检验方法标准的研究制定。对行业安全标准中涉及环保、人身健康的指标应提出更高的要求，以满足人们对生存环境和生活质量日益增长的需求，促使洗涤用品行业为消费者提供安全产品的意识日益增强。进一步加强完善制定行业清洁生产和节能减排标准。对已有产品标准进行修订，提高标准水平，加强新型、浓缩型产品标准制定工作。

2）加快洗涤用品行业产品结构调整

以节能、节水、易漂洗、高效、多功能、环保与安全作为新产品开发的主导。大力发展多种品种、多种形态的节能和资源节约型浓缩化洗涤产品，降低芒硝等非有效成分的使用量，节约资源，降低包装材料的使用量，进一步实施节能减排，扩大可再生资源及其衍生物在产品中的使用量，注重产品线的开发延伸；努力提升洗涤用品的产品质量，加快新原料、新产品的开发应用步伐，提高产品的附加值。

加强酶制剂在洗涤剂中的应用研究，促进加酶洗涤剂产品的发展，研究用生物酶取代部分化学品从而减少化学品的使用量和排放量。

积极发展工业及公共设施清洗产品，加快技术研发及产品应用，着重做好产品安全规范的完善工作。

3）加快原材料的开发与应用，促进环保及多功能原料的发展，坚持走可持续化道路

着重开发功能型环保型表面活性剂新品种，加大适用于无磷洗涤剂、液体洗涤剂的功能型表面活性剂的研究开发和应用，关注具有特殊结构的表面活性剂的开发及应用；充分利用可再生资源，着重发展油脂化工行业，开发油脂化工产品及其衍生物，加强功能性强与生物降解性好的表面活性剂产品的开发和应用，加强以可再

生资源为原料的表面活性剂的研究、开发和应用；进一步做好洗涤剂助剂的研究工作，重点加速对液体洗涤剂助剂以及环保型代磷助剂的研发和应用，加强环保型螯合剂的开发研究工作以及降解性能好的水溶性聚合物助洗剂的开发研究工作；进一步加强洗涤剂用生物酶制剂的研究开发，鼓励更多具有针对性功能的多效、高效酶制剂在洗涤剂等产品中的应用；建立表面活性剂及洗涤用品效能对比、有效成分生物降解、毒理分析等效果评估和环境检测的机制和方法；加强油脂化工副产物的深加工应用研究。

4）提升技术装备水平，促进清洁生产

从提高循环利用、连续自动化水平等方面出发，着重提升产品和原料的技术装备水平，促进清洁生产。

研究和开发表面活性剂的新型连续法工艺和装备，开发以天然资源为原料的表面活性剂万吨级产业化技术，开发表面活性剂节能及清洁生产工艺的工程化技术；加强产品制造工艺技术的开发和改造，对高效浓缩化洗衣粉及液体洗涤剂的生产工艺和设备进行进一步的研究和改造；加快对传统间歇式等落后工艺的技术改造等。

5）全面推进实现"三废"的"零排放"

推广先进的"三废"回收和综合利用技术，抓紧淘汰落后的生产工艺。通过技术改造和引进先进技术，加强内部管理，杜绝"跑、冒、滴、漏"现象，实现废液和废气的充分回收利用。开发下游产品，鼓励企业自行研究"三废"回收利用技术，为"三废"寻找新的用途，化废为利，变废为宝。

6）积极建立日用化学品行业公共技术服务平台和科技创新平台

建立公共技术平台和科技创新平台。该平台应具有以下职能：

①合理组织进行基础性研究。

②对原料、产品以及各组分的安全性进行评估、评价，从而保证日用化学品及其原料对环境和生态的安全性。

③开发具有先进技术水平的洗涤剂、表面活性剂新产品和与之相应的新技术，增强行业自主创新能力。

④对现有标准体系补充提高，形成完善的标准体系。

⑤对各科研机构、高等院校的科研成果进行推广，实现"产、学、研"的对接，为行业科研、生产、后备等方面提供服务支持。

充分发挥上述平台的功能，促进工艺优化和产业升级，推动行业实现可持续发展。

7）继续加强质量和品牌建设

强化"产品质量是企业生命"的意识，推进企业利用信息化手段实现产品全生命周期管理，提升企业质量管理水平；加强行业自律，进一步做好洗涤用品质量跟踪调查，及时向消费者通报行业质量状况，提高行业质量安全水平。

企业发展离不开品牌建设，创造和维护品牌并使其成为名牌是一项重要的系统工程。对于企业来说，品牌不仅仅是其物质财富，更是其企业文化的精髓；对于消费者来说，品牌意味着信誉，是品质、品味的保证。企业要注重通过产品结构调整，提升其品牌产品的市场占有率；通过技术创新，提升技术内涵，提高产品价值；通过细分消费者的需求，生产适销对路的产品，从而提高消费者的忠诚度。

8）加强人才队伍建设

科学技术是第一生产力、人才资源是第一资源。行业发展需要专家型人才出谋划策，行业专家广泛来自企业、科研院所。企业广纳自身需要的人才是在激烈的市场竞争中立于不败之地的关键。为此，行业和企业要加强完备的人才培养机制建设，加大在人才培训方面的投入，每年应确定培训的目标和指标。

目前，我们国家在表面活性剂和洗涤剂研究方面的专门研究机构和院校专业相对较少，建议高等院校可以增设一些相应的专业，培养行业所需的中高级专门人才梯队。

9）加强科学使用洗涤用品的宣传，提升人们生活质量和卫生意识

我国的大多数居民，即使是一些城市居民，家中洗涤剂的种类多限于三种：肥皂、洗衣粉、洗洁精。这说明国内消费者对洗涤剂的认识还处于比较初级阶段。因此，全行业应积极行动起来，发挥各方力量，加强科学使用洗涤用品知识的宣传普及，提升人们生活质量和卫生意识。

10）淘汰和限制落后产品、生产工艺和产能

限制以下产品及工艺：5万t/a以下三聚磷酸钠生产线、单层喷枪喷粉工艺及装备的建设；烷基酚聚氧乙烯醚（典型产品为TX-10）、双十八烷基二甲基氯化铵（D1821）、支链烷基苯磺酸钠（ABS）产品的使用。

淘汰以下生产工艺：脂肪酸法制叔胺工艺（脂肪酸—腈—伯胺—叔胺）；发烟硫酸磺化工艺；搅拌釜式乙氧基化工艺。

国家"十二五"科技支撑计划共安排4个专题，17个课题，全部通过了科技部验收。

（11）2016—2020年洗涤用品行业"十三五"发展规划和"十三五"国家重点研发计划重点专项

"十三五"期间，洗涤用品行业应认真贯彻党中央战略决策和部署，准确把握国内外发展环境和条件的深刻变化，积极适应把握引领经济发展新常态，增强忧患意识、责任意识，坚定信心，尊重市场规律，着力优化结构，增强动力，补齐短板，不断开拓发展新境界，全面推进创新发展、协调发展、绿色发展、开放发展、共享发展。

科技发展目标：积极推动前沿基础研究、共性关键技术及产业化示范的完整链条的创新，通过高效催化、清洁工艺的研究，开发对人体和生态环境安全的表面活性剂和助剂，积极鼓励利用天然可再生资源开发的绿色原料的应用；采用安全、环保型表面活性剂和助剂，开发浓缩、节水、环保、安全的洗涤用品；提升生产运营整体水平，全面推进洗涤用品行业的节能降耗，促进洗涤用品行业的可持续发展。

提升洗涤用品、表面活性剂、油脂化工、洗涤助剂等制造行业智能制造装备水平，形成新型传感器、智能控制系统、工业机器人、自动化及信息化的成套生产线智能制造装备产业体系，重点实现一批具有知识产权的重大智能制造装备。

"十三五"国家重点研发计划重点专项共有3个项目立项，含15个课题，目前正在进行中。

2 合成洗涤剂工业各个时期科研工作总结

60年来，我国洗涤用品工业的科学研究得到了迅速发展，逐步形成了企业、地方、院校和中央比较完整的科研体系。科研队伍不断壮大，人员素质、仪器装备和研究水平都有了很大提高。科学研究工作始终是在行业科技规划的指引下，本着自力更生，艰苦创业的精神，采取企业、科研设计、教育三结合的方式，针对发展方向的重大技术和生产中的技术难题进行攻关，取得了丰硕成果。所有这些成果都在洗涤用品工业的发展中起到了重要的作用。

2.1 合成洗涤剂面市之前的科研工作

中华人民共和国成立之初，在国际上合成洗涤剂已成为洗涤用品中的重要品种，但是在我国的洗涤用品中，仍然只有肥皂及少量香皂。虽然原轻工业部上海工业试验所于1950年曾进行过合成洗涤剂用的依捷邦T（Igepon T）和拉开粉（nekal，丁基萘磺酸盐）的试制，并对产品进行了化学组成分析与渗透力、洗涤力等性能测试，但因其他任务，研究未能继续进行。当时，我国虽有肥皂生产，但多为分散的作坊式手工小厂。设备简陋，工艺落后，产品质量普遍偏低，洗衣皂有"三夹板""冒霜""收缩"，香皂有"烂糊""开裂""不留香"等重大缺陷。为此，轻工业部责成华东办事处，于1953年9月派沈济川同志到轻工业部上海工业试验所组织肥皂质量研究小组，以尽快解决肥皂、香皂存在的质量问题。通过对原有制皂工艺，肥皂、香皂配方，原料油品配比，产品物化性能测试等多方面研究，肥皂收缩、冒霜缺陷等问题得到了改善，找出了香皂开裂、烂糊规律，拟定了肥皂暂行检验方法及质量规格标准，这些研究成果很快在生产中发挥了作用。1955年，为进一步提高肥皂、香皂质量，该所遵照部里要求，与相关单位合作，又进行了肥皂物理性能测定和质量改进研究，1957年还进行了连续制皂工程研究的初步试验。

20世纪50年代中期，我国肥皂、香皂需求量迅速增长，而食用油脂已十分紧缺，皂用油脂更难以满足供应。虽在国家政策鼓励下，广泛采用非食用野生油脂及各种油脂下脚料进行肥皂生产，但不论产量还是质量，仍远满足不了消费需求。为此，不论在行业生产会议、制订科研规划，还是出国考察汇报时，专家和领导都一致提出，应尽快建立我国合成洗涤剂工业。1958年，在原食品工业部的组织安排下，轻工业部上海工业试验所及相关单位，都先后开展了合成洗涤剂的科研工作，并在研究的基础上，轻工业部又很快决定，由该所负责工业技术研究，先后在上海、天津、北京发展我国合成洗涤剂工业。

为尽快建立我国合成洗涤剂工业，原食品工业部于1957年首先责成部属上海科学研究所，率先开展合成洗涤剂的研究。该所遵照部里指示，立即组织安排，展开了合成洗涤剂用多种表面活性剂的合成工艺与设备、产品配方与性能测试等一系列研究工作。截至1958年，该所已先后进行或完成了雷米邦A试制、石油磺酸钠工艺研究、石油苯磺酸钠工艺研究、脂肪醇硫酸钠试制、石油磺酸苯酚酯试制、乳化剂STH（烷基磺酰胺乙酸钠）试制、金属钠还原试制脂肪醇硫酸钠、石蜡氧化制脂肪醇、仲烷基硫酸钠试制、椰子油或其酯高压氢化制伯醇的试验、伯脂肪醇与环氧乙烷缩合物的制备及其性能初步测定、合成甘油、洗涤剂配方研究、洗涤剂作用理论及其测定方法、肥皂及洗涤剂去污性能测定方法研究等科研项目。

1958年2月，上海市轻工业局遵照部里要求，成立上海合成洗涤剂领导小组。食品工业部于1957年首先责成部属上海科学研究所按照领导小组决定，由油脂研究室负责，在已有研究的基础上，同从相关单位抽调的技术人员一起，以试制民用洗涤剂品种为主，对烷基磺酸钠、烷基苯磺酸钠、脂肪醇硫酸钠三种活性物的制备工艺，合成洗涤剂配方与性能测试等进行小试，扩、中试则由上海制皂厂、中化厂（中国化学工业社）、永星化工厂、五洲肥皂厂等单位配合进行。当时，国家对此已十分重视，经国家计委同意，该项工作很快列为国家重大科研计划项目。石油磺酸钠试验以锦州石油六厂的合成煤油馏分为原料，在紫外线的激发下，以二氧化硫和氯气进行磺氯酰化，然后经中和、脱盐、脱油制得不皂化物为7%的产品。石油苯磺酸钠试验，则分别采用锦州合成石油和上海炼油厂的天然石油为原料，以15%的氯化深度进行氯化，在三氯化铝催化下与苯缩合，经脱苯、分油后，再以发烟硫酸磺化，最后中和制得成品。脂肪醇硫酸钠试验分别以金属钠还原椰子油和石油空气氧化制得脂肪醇，然后依次硫酸化、中和制得产品。在合成洗涤剂配制研究方面，该所于

1957年开展了"洗涤剂作用理论及其测定方法"研究,收集对比了19个城市水质资料,研制了不同配方,确定了污料配比和污布制备,设计了污染和洗涤设备。1958年配合扩、中试,以烷基磺酸钠或烷基苯磺酸钠为主体,配以碳酸钠、硫酸钠、羧甲基纤维素、硅酸钠和各种磷酸盐助剂,研制了多种洗衣粉配方,经泡沫力、表面张力、润湿力、去污力、污垢再沉积等测定优选的最佳配方,直接用于扩、中试。

1958年5月1日,上海永星厂进行的石油磺酸钠扩试业已完成,所得产品经配制和厢式喷粉后,送至有关单位试用。该厂规模为2~4 t/d洗衣粉的中试装置,安装工作虽与扩试同时开展,但因缺乏制造磺氯酰化反应罐所需的硬质聚氯乙烯,不得不采用"土洋结合"的办法,以陶瓷罐代替反应器,保证了中试试验的顺利开展。石油苯磺酸钠的扩、中试安排在上海五洲制皂厂,扩试规模为30 kg/d洗衣粉,10月开始试车运行。脂肪醇硫酸钠采用石蜡氧化制醇工艺,扩、中试于中国化学工业社(即上海牙膏厂)开展,扩试规模为30 kg/d脂肪醇,中试准备也与扩试同时进行。另外,该所以氯醇法制环氧乙烷和醇醚型非离子表面活性剂、仲烷基硫酸钠等的合成试验,也在同期紧张地进行。

为加快我国合成洗涤剂工业建设,1958年决定先将上海永星厂肥皂车间改建为5000 t/a洗衣粉生产车间,生产装置设计与中试试验同步开展,以便及时提供工艺与设备设计所需数据。1959年,采用"边试验、边设计、边施工、边试车"的建厂方式,以"土洋结合"的办法,仍用陶瓷罐作为磺酰氯化反应器,用蛋粉厂的喷粉厢进行喷雾干燥,成功地建成了洗衣粉车间,并于4月生产出了我国第一批合成洗衣粉。5月1日以"工农牌"作为商标正式上市,结束了我国无合成洗涤剂生产的历史。

2.2 日化工业技术改造与发展时期的科研工作

1959年,在合成洗涤剂具有工业化规模的产品后,为使合成洗涤剂工业水平快速提高,轻工业部上海科学研究所根据轻工业部的规划要求和工业技术改造需要,对合成洗涤剂原有工艺、设备的改进,新技术的研究开发,工业助剂的研究开发等,都做了大量深入细致的科研工作。这些研究成果,对我国日化工业技术改造和快速发展,都起到了很好的推动作用。

我国虽于1959年采用磺酰氯化制烷基磺酸钠的工艺技术,首先在上海建成了第一套5000 t/a合成洗衣粉的生产装置,相同规模的装置也相继在天津、北京等地投产,初步形成了我国合成洗涤剂工业体系,但由于烷基磺酸钠固有性能的缺陷,加之产品采用厢式喷粉或烘干粉碎成型,普遍存在细粉飞扬、吸潮结块、不易溶解、去污力差、泡沫多、不易漂洗等缺点,所以主活性物很快改为了性能更为适宜的烷基苯磺酸钠。不过,由于当时的技术水平和各种条件所限,生产工艺和工业装置仍很落后,产品质量也存在很多问题。为此，日化所按照部里要求，从20世纪60年代初到70年代末，对已投产的烷基苯磺酸钠的生产工艺与设备的技术改造，对裂解法、四聚丙烯法，特别是长链烷烃脱氢法制烷基苯的技术开发，烷基苯的磺化，洗涤剂助剂，各品种洗涤剂配方、成型和产品性能测试等，都进行了全面系统的研究，很多成果在日化工业整体水平提升中，都起到了至关重要的作用。

2.2.1 烷基苯的生产工艺和设备的技术改造与开发

（1）氯化法烷基苯

1960年以后，我国烷基苯磺酸钠虽已形成规模化生产，但全是采用宽馏分烷烃深度氯化，三氯化铝催化缩合，脱苯后的粗烷基苯经发烟硫酸磺化，然后再经静置分油、中和等的间歇工艺生产，所以存在单氯代烷选择性差，烷基苯纯度低，产品色泽深，不皂化物高，原材料消耗大，由其配制的洗衣粉在储存中易发黄变臭等许多缺陷。为此，日化所遵照轻工业部的要求和指示，20世纪60年代主要进行了以天然石油为原料，实现各工段连续化生产所需工艺与设备的研究。70年代，根据国际烷基苯生产技术的发展，又进行了全面技术提升的改造研究。

1）20世纪60年代的连续化研究开发

①天然石油代替合成石油和连续氯化的试验研究

随着我国石油工业的发展，天然石油逐渐增多。从1960年开始，日化所先后采用大同煤低温焦油中的轻柴油馏分、克拉玛依等石油中的煤油馏分进行了合成洗涤剂的研究工作。结果表明，天然石油馏分经脱芳、脱烯处理后，其品质与合成石油相当。后又对尿素脱蜡及硅胶吸附芳烃脱出蜡进行了试验，并提出了原料油的初步规格，从根本上解决了合成油成本高，供应量小的原料问题。与此同时，日化所还根据轻工业部的要求，为改进现有生产水平，开展了连续化工艺和设备的改造研究。1960年开始烷烃连续氯化实验室小试，工艺和设备确定后，很快在北京日化厂开展了扩大试验。扩大试验采用内径8 cm和长3 m的玻璃管，外置5只紫外灯作为连续氯化反应器，氯气与原料油由底部并流喷入，定期测量尾气中盐酸和游离氯量。结果表明，该装置不仅反应平稳，易于操作，与间歇法相比，氯气反应率提高了7%，达到99%以上，设备利用率提高了6倍，该成果很快在工业生产中得到了广泛应用。

②连续烷基化的试验研究

1963年，日化所在连续氯化试验的基础上，采用自行设计的3个钢质串联搅拌反应系统，在实验室进行了氯化石油与苯连续烷基化的小型试验。为使连续反应中三氯化铝催化剂量保持恒定，实验室采用螺旋输送器，定量送入固体三氯化铝，或用络合物泥脚（烷基化后分离出的高沸物与溶解的三氯化铝混合物）溶解三氯化铝，用控制装置定量调节催化剂。在避免扩散因素影响的前提下，分别考察了催化剂用量、温度、时间、苯量、不同原料油等因素对反应速率的影响，对比了催化剂和反应物的加料方式，测量了不同时间反应物中残氯量和烷基苯质量，并研究了设备腐蚀等问题。结果表明，此套工艺不仅具有传质、传热均匀，反应平稳，易于操作，烷基苯与成品质量稳定等许多明显优点，而且进出料辅助设备也大为减少，尾气吸收易于控制，设备利用率大大提高。

1964年，由轻工业部北京设计院、天津合成洗涤剂厂和北京糠醛厂参与协作，在北京日化厂进行了扩大试验。扩大试验以10 L、20 L、20 L三个串联的钢质搅拌罐作为主反应器，用络合物泥脚溶解三氯化铝控制催化剂，考察了各因素对反应的影响，对比了不同条件下所得产品的质量性能差异。结果表明，由于该系统处于不受扩散影响的反应动力学区域，因此传质、传热均匀，减少了副反应，烷基苯和活性物色泽大为改善，反应时间也从间歇法的10 h缩短为1.5~3 h。同时，由于部分络合泥脚循环，三氯化铝消耗量降低约10%。若以相同的单位体积功率进行比拟放大，运转功率也将比间歇法减少50%。1965年，轻工业部组织进行了技术鉴定，肯定了此套工艺、设备，其效果明显，可用于工业改造。

项目鉴定后，轻工业部很快组织轻工业部设计院、上海合成洗涤剂厂、天津合成洗涤剂厂加入协作，将北京合成洗涤剂厂的间歇生产装置改造为三罐串联连续反应器，用螺旋输送器将固体三氯化铝直接送入第一反应罐，进行了实际生产试验。1966年，经过半年连续化生产运转，不仅验证了扩试结果，并充分证明，此套工艺和装置很适合于原有工业装置的技术改造。

1964年，国家计委、科委、经委评选了一批对国民经济和国防建设具有重要意义，代表先进科学技术水平，又是第二个五年计划期间全国首次试制成功，并在生产中已发挥作用的项目，给予了奖励。以日化所为主研制烷基苯磺酸钠与烷基磺酸钠技术，一起荣获了国家计委、科委和经委共同颁发的"新产品一等奖"，这也是我国洗涤用品行业首次获得国家颁发的重大科技奖励。

2) 20世纪70年代生产技术改造的研究开发

氯化法制烷基苯磺酸钠的工业生产虽已实现连续化，全国合成洗涤剂产量也由1962年的2.43万t发展到了1972年的15.19万t，但是人均消费量却仅为世界平均量的五分之一。特别在生产工艺路线上，我们仍是以$C_{9~15}$宽馏分分子筛蜡深度氯化，粗烷基或脱油烷基苯发烟硫酸磺化为主。当时国内虽也有少量精烷基苯生产，但原材料消耗却比国外高出50%，且烷基苯质量与世界水平也存在很大差距，直接影响了合成洗涤剂工业的快速发展。为此，日化所在轻工业部的组织安排下，同兄弟单位合作，对氯化、烷基化、烷基苯精馏的工艺与设备，原料油规格馏程，SO_3双膜磺化以及副产盐酸处理等，进行了全面系统的研究，并以上海合成洗涤剂厂作为技术改造试点，通过扩大试验和生产考察，各项技术经济指标都达到或接近了国际先进水平，为上海、天津合成洗涤剂厂的万吨改造，提供了技术保证。

①原料油规格试验

合成洗涤剂采用天然石油馏分作为原料油后，虽由尿素、硅胶处理过渡到分子筛处理，正构烷烃含量有所提高，整体品质有所改善，成了合成洗涤剂工业生产的主要原料，但是由于仍为 $C_{9~15}$ 宽馏分，且溴指数及硫、芳烃等含量偏高，所以对各工段反应的选择性，精烷基苯分馏时的交叉馏分，原材料消耗等，均与国外有很大差距。为此，该所根据国外原料油中正构烷烃的一般都在4个碳数以内的规格要求，1974年开展了氯化法制烷基苯原料蜡馏程研究。首先将 $C_{9~15}$ 分子筛蜡"切头去尾"和"一分为二"，即去掉小于 C_9 及大于 C_{14} 部分，保留 $C_{10~13}$ 馏分，或以 C_{12} 为分隔点，切成 $C_{9~12}$ 和 $C_{12~15}$ 两个馏分，然后分别以含氯量为4%~6%进行浅度热氯化，以三氯化铝为催化剂进行烷基化。经烷基苯分馏表明，$C_{10~13}$ 烷烃为最佳馏分，由其生产精烷基苯时，则可完全避免交叉馏分，与宽馏分深度氯化结果相比，每吨烷基苯的蜡耗可由1300 kg 左右降至900 kg 以下，达到一般国际先进水平。这为制订氯化法烷基苯原料油规格和上海、天津万吨级合成洗涤剂改造原料油选用，提供了可靠依据。

②浅度热氯化工艺与设备的研究

烷烃氯化属串联反应，在生成单氯代烷的同时，伴生的多氯代烷也随氯化深度的加大而增加。多氯代烷在烷基化中，又可生成多苯烷、茚满、萘满等多种杂质，这不仅影响烷基苯和最终产品质量，还使整个生产的原材料消耗大为上升。为此，日化所于1973年，以5A和10X分子筛蜡作为原料，先后采用搅拌式、4~5段空塔或填料塔及管道化不同形式的反应装置，进行半连续和连续热氯化试验，考察了原料杂质、搅拌速度、氯化深度、氯化温度、氯气分布器孔径、反应时间、管道化反应的线速度等对单氯代烷选择性的影响。试验结果表明，只要采用带有预氯化的4~5段塔式装置，氯化深度控制6%左右，温度120~130 ℃，单氯代烷的选择性即可从深度氯化的70%提高到83%以上，茚满、萘满的含量从13%降至6%~8%。经在上海合成洗涤剂厂进行的扩大试验和生产试验验证，结果完全与小试相符。

③烷基化及精烷基苯生产技术改造研究

我国氯化法生产烷基苯，虽由间歇工艺逐步过渡到连续缩合，催化剂也由固体三氯化铝改由铝锭产生，但由于每日必须停车加铝，既破坏反应平衡，又影响产量，且催化剂生成量也无法控制，直接影响烷基苯的质量和收率，更无法实现生产过程的自动化控制。由粗烷基苯或脱油烷基苯生产洗衣粉，是根据我国当时国情建立起来的一种工艺路线，原材料消耗高，产品质量差也是其固有缺陷。所以，在氯化法生产烷基苯的技术改造中，从1973年开始，进行了泥脚（缩合产生的废催化剂液）

溶铝，红油（泥脚溶铝制得的络合催化剂）回用连续烷基化工艺；各种馏分原料油制得的粗烷基苯的精馏试验；烷基化中副反应物的物理性能及其对成品质量的影响；高沸物歧化回用；盐酸电解制氯气等一系列研究。

1976年，在泥脚溶铝烷基化小试的基础上，与上海合成洗涤剂厂协作完成了扩大试验，结果表明该工艺有利于单烷基苯的生成。经实验室精馏结果计算，若采用宽馏分蜡制精烷基苯，每吨精烷基苯的交叉馏分和高沸物可分别减少 50~70 kg，若用 C_{10-13} 馏分蜡，则交叉馏分被完全消灭，高沸物也从宽馏分的 260 kg 降为 220 kg，原料蜡单耗降至 885 kg，所得精烷基苯质量达到了国外先进水平。同时，由于催化剂量易于控制，也无须中途停车，所以反应长期处于平稳状态。这样，不仅使铝耗减少一半以上，设备能力可增加一倍，而且降低了原材料消耗，提高了产品质量，为实现连续自控缩合提供了技术依据。

因当时国内洗衣粉生产仍广泛采用宽馏分原料蜡深度氯化，粗烷基苯或脱油烷基苯磺化的工艺路线。为配合工业技术改造，日化所还于1974年开展了浅度氯化粗烷基苯的脱油和烷基苯精馏试验，并进行了高沸物歧化回用研究。通过对粗烷基苯、脱出油、交叉馏分、塔顶与塔釜产品各项物理性能测定，C_{9-15} 烷基苯各异构体蒸气压数据推算，以及设计的精馏装置进行的精馏试验表明，若采用实际塔板数为30的浮阀塔，回流比分别控制为 1:1 和 1:2，浅度氯化和深度氯化的烷基化物相比，每吨精烷基苯的交叉馏分可减少 60 kg 以上，泥脚和高沸物可降低 40~50 kg，所得精烷基苯中的单烷基苯含量可提高到 90%。通过高沸物与苯在三氯化铝的作用下的单独歧化试验，85%的高沸物可转化为可磺化率为 91%~92%的粗烷基化物，对其精馏，可得 30%~40% 目的馏分，这对每吨精烷基苯的蜡耗而言，又可节约 50~70 kg。这些试验为以宽馏分原料蜡生产精烷基苯技术改造，提供了工艺改造途径和烷基苯精馏塔设计依据。

（2）脱氢法烷基苯

长链烷烃脱氢制烷基苯，是 20 世纪 60 年代后期美国环球油品公司（UOP）首先开发成功的一条新的工艺路线，1968 年开始工业化生产。与氯化法相比，它具有原材料消耗少，产品质量高，不用氯气，无副产盐酸，减少了环境污染和设备腐蚀等问题。当时，我国合成洗涤剂主要是以氯化法烷基苯磺酸钠为活性物，由于合成洗涤剂工业的发展，氯气供应已十分紧缺，环境污染也难以改善。所以，该所在轻工业部组织和科学院的支持下，于1968年开始，同兄弟单位合作，本着"奋发图强，自力更生"的精神，对此工艺路线展开了全面研究。整个研究分为两个阶段进行，1968—1972 年对催化剂及其载体制备，长链烷烃脱氢（和 HF 催化烷基化）工艺进行全面研究，1974年起，重点转向了赶超和替代美国 UOP 公司脱氢催化剂及其载体的研制。研制很快达到预期效果，保证了我国脱氢法生产烷基苯工业发展所用的国产催化剂。

1) 脱氢法制烷基苯技术路线的开发研究

1968年，日化所与中国科学院兰州化物所、中国科学院太原燃化所、上海轻工所、上海合洗厂、上海挺进合洗厂、上海新华香料厂等共同协作，先后在兰州、上海、太原开展工作，对烷烃脱氢催化剂载体、非铂及含铂催化剂组分与制备方法，正构原料煤油预处理方法，脱氢工艺条件，烯烃在三氯化铝催化下烷基化工艺，回收油的循环使用，中间馏分利用，废催化剂的再生，粗烷基苯精馏、磺化、中和与喷粉等进行了系统的研究。通过初期大量试探和后来的系统研究，在小试的基础上又进行了5 L/批催化剂的初步扩大制备试验。经烷烃脱氢小试和初步扩试装置标定表明，当烷烃转化率为11%时，单烯烃的选择性可达80%~85%，使用寿命为一个月。若用烧碳法再生两次，总寿命可达两个半月，所得烷基苯质量接近进口四聚丙烯烷基苯，优于国内氯化烷基苯，1973年通过了小试鉴定，研制成功了我国第一代长链烷烃脱氢催化剂。

2) 脱氢催化剂及其载体的研制

为使我国合成洗涤剂工业迅速缩小与国外的差距，1973年我国与美国UOP公司谈判引进脱氢法烷基苯工业装置，但该公司只卖脱氢催化剂成品而不转让其制备技术。为摆脱国外对此项技术的垄断，该所从1974年起，又重点转向赶超和替代美国UOP脱氢催化剂的制备研究。1975年，轻工业部为加快科研进度，通过中国科学院，委托大连化物所一起协作研制脱氢催化剂，载体研究则仍由轻工业部日化所负责进行。日化所在原有研究的基础上，为减少载体造成催化剂内扩散的影响，采用高温成胶和多项工艺改进，研制出了粒度小，堆比重低，孔径大，强度高的 $\gamma-Al_2O_3$ 小球，不仅性能符合脱氢催化剂要求，而且与UOP油柱成型相比，更具有原料成本低，操作周期短和工艺设备简单等优点。在催化剂的制备方面，两单位对脱氢反应特点和催化剂作用机理分析研究后，很快突破了几个关键技术，制得的催化剂经小试评价表明，高铂催化剂的活性和选择性都达到了UOP报价指标要求，而催化剂寿命则大大超过了报价40天的保证指标，低铂催化剂也具有较好的性能。1978年初，由5 L/批装置制备的催化剂，经1 L模拟工业脱氢装置扩大评价试验表明，催化剂的活性和选择性虽仍与国外催化剂基本一致，但催化剂的稳定性仍存在一定差距。为此，我国立即对载体的成胶过程，成球工艺，干燥速度，水洗、活化、蒸汽处理等工艺，进行了逐一研究改进，明确了载体的晶相、孔结构、孔容、表面积、孔分布等对催化剂性能的影响，在2 kg的载体装置上，成功地制得了更适合于脱氢催化剂用的优良小球。同时，调整了催化剂的活性组分，改进了制备工艺，采用络合浸渍法，在批量为 5 L 的扩大试验装置上,制备出了性能更为优异,称为 NDC-1 的脱氢催化剂。催化剂经 1 L 的脱氢中试运转表明,不仅活性、选择性及稳定性均达到了 UOP 公司 DEH-5 的水平,而且催化剂的金属分散度、高温下吸附氢能力和抗积碳能力,都优于 DEH-5 催化剂。1980 年 7 月,该项研究成果通过了轻工业部科学院和中国科学院沈阳分院主持的技术鉴定。在该项目取得进展的同时,轻工业部于 1979 年 9 月,以轻科字 1045 号文下达了中试任务,明确催化剂制备装置设计由部日化所负责,规模以考虑满足生产性试验需要为准,中试放在南京烷基苯厂进行。1981 年 9 月,完成了规模为 10 t/a,由耐酸回转式真空浸渍器、高温活化器、干氢预还原等构成的催化剂中试装置安装任务,同期日化所也建成了 5 t/a 的 $\gamma-Al_2O_3$ 中试装置。1982 年 7 月 19 日,在南京脱氢生产工业装置上对中试催化剂进行生产考核,催化剂虽达到了 UOP 的报价指标,但与 DEH-5 催化剂相比,尚有一定差距。为此,再一度对催化剂制备工艺与设备进行了调整,生产出了称为 NDC-2 的脱氢催化剂。1984 年 1 月重新考核,经 69 天连续生产表明,NDC-2 催化剂不论活性、选择性、稳定性,还是技术经济指标等,都达到了 UOP 公司 DEH-5 工业运转的较好水平,铂分散度和高温下氢吸附量还优于国外催化剂,每 1 kg 催化剂产出烷基苯可高达 14.4 t。1984 年 9 月 11 日,由轻工业部、中国科学院和中国石化总公司共同组织的技术鉴定一致肯定,该课题提供了一套完整的 NSC-2 脱氢催化剂制备技术,成功地研制出了性能优良,具有特色的脱氢催化剂。1981 年该项目获轻工业部科技成果二等奖,1985 年获国家科委科技发明三等奖和中国石化总公司科技成果一等奖,1988 年获国家发明专利权。

催化剂正式用于工业生产后,日化所在继续研究增强载体强度和改善综合性能的基础上,2001 年扩建成功了 75 t/a 载体车间,并为抚顺洗化厂设计建立了一套新的脱氢催化剂生产装置。此项研究不仅保证了我国脱氢法烷基苯的生产和发展,而且国产催化剂和载体,还有了一定量的出口。

在对脱氢催化剂和载体研究的同时,为了与长链烷烃脱氢制烷基苯扩试配套,也为了对蜡裂解烯烃制烷基苯进行技术改造,1975 年该所以 HF 为催化剂,开展了烯烃同苯烷基化的工艺与设备研究。试验结果表明,在烯烃烷基化中,HF 的确优于 $AlCl_3$,不仅精烷基苯的收率提高了 12%,而且烷基苯的质量也明显得到提高。但由于 HF 是高腐蚀和剧毒性化学品,为保证人身和生产安全,所以中试专门设计了附有安全装置的脉冲反应器。该套装置和工艺,不仅成功地完成了脱氢中试任务,而且也在蜡裂解烯烃烷基化技术改造中广泛采用,1981 年获得了轻工业部重大成果三等奖。

(3) 裂解烯烃烷基苯

石蜡裂解法生产烷基苯，是我国20世纪60年代末发展起来的一条新的工艺路线。日化所应行业发展需要，1970年在实验室对烯烃馏分选择及最佳工艺条件进行了系统试验。在此基础上，日化所进行了太原洗涤剂厂1万t/a蜡裂解装置的设计、安装与试车，同北京燕山石化公司曙光化工厂等合作，进行了裂解烯烃HF催化缩合的扩大试验和生产试验，并为非目的烯烃的综合利用，开展了非离子和阳离子表面活性剂等的合成研究。

(4) 四聚丙烯法烷基苯

随着石化工业的发展，四聚丙烯已有望成为烷基苯的一种原料来源。1968年，日化所在轻工业部的安排下，开展了以$AlCl_3$为催化剂的四聚丙烯制烷基苯的小试研究。1970年，国产烷基苯已不能满足洗涤剂生产需要，主要是从日本进口四聚丙烯烷基苯，但他们则以高价卡我们。该所在"政治建厂"的形式下，进行了扩试和中试，取得了良好结果，制得的精烷基苯也直接用于了3000t/a洗衣膏的生产。后来，由于此类烷基苯的生物降解问题和丙烯在其他化工方面的应用，此工艺也即停止发展。

2.2.2 烷基苯SO_3磺化工艺与设备的研究开发

烷基苯用气体SO_3磺化是国际上20世纪60年代发展起来的一种新工艺，与发烟硫酸法相比，它具有生产工艺简便，产品中含盐量低，无废酸产生，降低烧碱用量，同时也避免了发烟硫酸贮运和使用中的危险性等诸多优点。为彻底改变我国烷基苯磺化生产技术状况，日化所于60年代中期开始，以气体SO_3作为磺化剂，先后进行了罐组及双膜式磺化的工艺与设备的系统研究。特别是双膜磺化器，经工业放大和装置完善后，在洗涤用品工业中获得了广泛应用，对提高我国磺化工段生产水平起到了极大作用。

(1) 气体SO_3罐组连续磺化工艺与设备的研究

鉴于我国烷基苯磺化均以发烟硫酸为磺化剂，而第三个五年计划规划中的黑龙江和湖南两个合成洗涤剂厂，发烟硫酸的供应也难以解决，日化所于1966年初开展了气体SO_3磺化工艺与设备的研究工作。试验以国产精烷基苯为原料，用发烟硫酸气提SO_3作为磺化剂，在实验室先以间歇磺化试探，然后以两个串联搅拌罐进行连续磺化试验。试验结果表明，此套装置和工艺可制得优质产品，并且肯定了反应温度和复相物料混合是控制反应的主要关键。

在小试的基础上，由轻工业部北京设计院和北京日化二厂参与协作，在北京日化二厂进行了扩大试验。试验装置由混合、磺化、老化等几个带有搅拌的串联罐构成。为使气、液能有良好的接触面，又可控制物料流向，特在反应器内装有较大的涡轮搅拌器和导流筒。为加大传热面积，除在反应罐内装有冷却盘管和器壁冷却夹套外，还采用了带有冷却夹层的导流筒。试验以北京合成洗涤剂厂的精烷基苯为原料，开始以 SO_2 催化转化为 SO_3 作为磺化剂，因用量太小，转化操作有时不稳，后改为发烟硫酸气提。经 460 多小时连续运转表明，此套装置和工艺反应稳定，易于控制，SO_3 利用率达 98%，成品色泽达到国内发烟硫酸磺化水平。1968 年，日化所与轻工业部设计院合作，为广西桂林、湖南邵阳和黑龙江双城三个合成洗涤剂厂各投建了一套 5000 t/a 洗衣粉规模的罐组磺化装置。经过一定时期运转，发现个别指标不够理想，该所又针对性地进行了动力学、传质、工艺条件等冷模试验，达到了平稳优质运转的要求，该项目于 1986 年获得轻工业部科技进步三等奖。

(2) SO_3 双膜磺化工艺与设备的研究

为促进合成洗涤剂工业技术进步和配合所内 3000 t/a 浆状洗涤剂生产，日化所于 1970 年，在 SO_3 罐组连续磺化研究工作的基础上，自行设计、制造和安装了双膜磺化装置，采用空气干燥、燃硫及 SO_2 转化、膜式磺化、尾气吸收四大工艺过程，进行了工艺与设备的开发研究。试验很快取得初步成果，产品直接供给所内浆状洗涤剂生产。1972 年 12 月，在轻工业部组织的上海合成洗涤厂技术改造座谈会议上决定，以日化所 SO_3 双膜磺化研究成果为基础，由上海合成洗涤剂厂、部北京设计院、安阳轻机厂和该所共同商讨磺化器结构及具体试验方案，在所内进行扩大试验，以尽快为技改提供所需设计数据。扩大试验在 2500 t/a 的 30 型洗衣粉所需规模的双膜磺化装置上进行，着重对反应器头部结构、烷基苯多孔成膜分配器和保护风等进行了研究。通过反复试验和改进，采用自主设计的烷基苯多孔成膜分配器，保证了内外膜烷基苯均匀、稳定成膜，适宜的二次风喷嘴和风量，使快速放热反应段适当下移，避免了膜顶过磺化发生。为提高磺化器设备能力和降低磺酸出口温度，磺化器尾部选用了"急冷循环流程"。同时，对硫黄燃烧、SO_2 转化、反应器的有效高度确定、气－液分离器，以及磺化与中和仪表控制等，都进行了反复修改和调整，既保证了磺酸质量，又使 SO_3 利用率达到了 98% 左右。

为彻底消除尾气中的有机酸雾，还建议进一步放大时应采用静电除雾装置。1975 年，试验圆满结束后，轻工业部立即组织部北京设计院、安阳轻工业机械设计研究所、上海合成洗涤剂厂和该所，共同研究设计了 0.8 t/h 磺酸的双膜磺化生产装置。该装置于 1978 年投产，经长期运转和调整，不论工艺水平、产品质量，还是生产成本等，均处于国内领先地位，并达到了国际同类装置水平，1984 年通过了轻工业部组织的技术鉴定。该项目于 1981 年获轻工业部科技成果二等奖，1985 年获国家科技进步二等奖。后又经陆续放大，已形成多种规模装置，现有百余套正在生产上应用。

2.2.3 合成洗涤剂的配方研究

我国在1958年创建合成洗涤剂工业时，配合工艺试验对合成洗涤剂的配方、成型、性能测试，以及洗涤剂助剂的选用等，进行了全面研究。随着合成洗涤剂工业的发展和消费水平的不断提高，先后研制了多种不同性能和品种的洗衣粉、液体洗涤剂，浆状洗涤剂配方。为适应配方与环保需要，又对洗涤助剂的制备和性能测试等，进行了一系列研究。这些研究成果，不仅保证了我国合成洗涤剂工业的成功创建，而且对合成洗涤剂的品种发展和质量提高，都起到了很大的促进和推动作用。

（1）合成洗衣粉

在合成洗涤剂工业创建时，洗衣粉配方和性能研究，已与合成工艺试验同步开展，随着技术水平和工业的发展，研究内容和范围也在不断扩展。但由于在我国合成洗涤剂是新兴工业，产品品种和性能均与国外存在相当差距。20世纪60年代初，日化所对活性物中不皂化物及各种羧甲基纤维素钠对去污力的影响，洗衣粉性能测定方法与配方改进，以及60年代中期我国虽仍无洗涤剂专用磷酸盐生产，但根据发展趋势，对三聚磷酸盐的抗硬水、防止污垢再沉积及其在洗衣粉中的配比和效用等，都进行了系统研究。这些研究成果对提高和改善当时洗衣粉的质量，都起到了很好的指导作用。

进入20世纪70年代后，国际洗衣粉市场已陆续出现加酶、复配、浓缩、多功能等多品种洗衣粉，而且发展十分迅速。日化所为推动我国洗涤剂品种发展，满足民众生活水平提高的需要，先后开发了多种不同品种、不同用途洗衣粉配方，为工厂生产和市场供应，增添了许多新的花色品种。

①加酶洗涤剂

1963年，荷兰首先研制出一种性能良好的蛋白酶，将其加入洗衣粉后，对血迹、汗渍等去污力大为增强，国际上得到快速发展。1970年，日化所开始立题，从菌种筛选到培养、酶制剂制备、加酶洗涤剂生产工艺、洗涤剂组分对酶活力的影响、加酶洗涤剂使用条件和对人体的安全等，逐一进行了研究，成功制得了质量稳定以及去污力好的加酶洗衣粉。项目通过轻工业部派员参加的技术鉴定后，1974年在榆次日化厂，采用1000 t/a流化床，以直接黏结的方式，率先在国内生产出了加酶洗衣粉，填补了我国此一品种的空白。

②复配洗衣粉

我国洗衣粉中活性物长期以来一直以烷基苯磺酸钠为主，活性物用量为产品总固体的20%、25%、30%三个档次，所以产品普遍存在泡沫多，难漂洗，成本高，对皮肤有较强刺激性等诸多缺陷。1980年，日化所在配方研究的基础上，应太原洗涤剂厂要求，通过阴离子和非离子表面活性剂复配，以及三聚磷酸钠及纯碱等的配比调整，研制出相当于该厂 20 型洗衣粉质量指标且成本较低的新配方。该配方经生产试验表明，不仅新产品性能优于原产品，而且每 t 原料成本也降低了 100 元左右。

（2）液体洗涤剂

液体洗涤剂也是国际洗涤剂中一个主要品种，而我国洗涤剂仍仅有洗衣粉。日化所于 1963 年就进行了配方研究，率先研制出了液体洗涤剂，其去污力相当于"工农牌"洗衣粉。1966 年，以烷基苯磺酸钠配以适量非离子表面活性剂作为活性物，以磷酸盐、尿素及若干无机盐作为助剂，进行了轻垢液体洗涤剂配方研究。通过配比调整和性能测试，优选出了几个较好的配方，除泡沫稍低外，其余性能均接近国外同类产品。由于液体洗涤剂生产工艺简单，设备投资少，能耗和生产成本低，无须高大喷粉塔，符合当时"备战"要求，因此很受生产厂家的欢迎。

20 世纪 70 年代，国外重垢液体洗涤剂，特别是家用重垢液体洗涤剂，很快发展成为仅次于洗衣粉的大品种。因其具有良好的洗涤性能，能耗也低，又不使用三聚磷酸钠，避免了当时认为洗涤剂磷是污染水源的主要因素这一误区，所以受到国家很大重视。轻工业部曾几次组织会议，要求尽快提出优良配方，供生产厂家使用。日化所遵照轻工业部的要求，立即于 1978 年安排项目，从配方到性能测试，加速展开研究。通过大量试验，研制出以非离子表面活性剂为主，适于低温、高硬度水使用的液体洗涤剂配方。该配方不仅适于我国洗涤习惯，且成本合理，性能与国内洗衣粉相当，很快得到普遍推广，为此我国也增加了非离子表面化活性剂的进口量。

20 世纪 80 年代末和 90 年代初，国际上出现了一种"液晶型"结构型重垢液体洗涤剂。它是将可溶或不溶的固体助剂，以颗粒形式分散于或包络于表面活性剂形成的液晶内，可比一般液体洗涤剂含有更多助剂，又可长期稳定贮存的液态产品，其性能优于普通液体洗涤剂。日化所在初步试探的基础上，1994 年列为轻工业计划项目，1995 年与中国轻工总会签订了"结构型重垢液体洗涤剂的开发"轻工业科技计划项目合同。通过对配制产品的相行为和流变性研究，并采用偏光显微镜直接观察，考察了各种表面活性剂复配对球体液晶形成，各种助剂对体系的液晶结构及产品性能的影响，优化确定了高磷、中磷和无磷三种最佳配方工艺，洗涤性能均优于国内同类产品。该成果经投产上市后，已取得了较好的经济效益，是我国液体洗衣剂中的最佳品种之一。

（3）餐具液体洗涤剂

20 世纪 70 年代中期，国外餐具洗涤剂已很普及，成为厨房普遍使用的专用洗涤产品。我国当时还无此类产品，大饭店、宾馆为除去餐具上的油垢和残渣，又避免传统碱面对手的刺激，甚至用普通洗衣粉代替。为此，日化所于 1979 年开始进行"餐具洗涤剂的研究"试验，1980 年被列为轻工业部重点科学技术项目。经过三年的紧张试验，日化所不仅研制出了性能良好、毒性低、皮肤刺激小、成本低廉的优良配方，而且还采用洗盘法建立了评价手段。1982年通过轻工业部组织的技术鉴定后，全国各洗涤剂生产厂纷纷要求投产，该配方生产的产品很快遍布全国，形成了国内液体洗涤剂中产量最大的品种。目前，该产品已发展成为餐饮业和城乡居民家中不可缺少的必需品。

（4）浆状洗涤剂

"文化大革命"运动中，日化所按轻工业部军代表的决定，将研究所改建成轻工业部日化实验厂。根据当时情况和经费条件，只能以投资少、见效快的浆状洗涤剂为建厂产品。为此，该所于1969年初组织配方研究，很快研制出了以四聚丙烯烷基苯磺酸钠为活性物的浆状洗涤剂。当年9月投产，首先在山西市场投放，立即受到城乡居民极大地欢迎，缓解了当地洗涤用品奇缺的局面。由于该产品的生产具有设备简单、投资少、能耗及成本低、使用方便、洗涤性能良好等优点，又减少了当时供应紧张的芒硝消耗，全国许多省、市纷纷投产，该产品很快成为洗涤剂中的重要品种。后因我国无四聚丙烯烷基苯生产，1975年开展了直链烷基苯磺酸钠制浆状洗涤剂的研究。但直链烷基苯磺酸盐配制的产品存在浆体太稀、容易分层、不易形成稳定的商品。通过配方试验，摸清了各种助剂对产品黏度、去污力、结晶、分层等的影响，调整了助剂，改进了配方，为采用国产原料生产创造了有利条件，推动了生产的进一步发展。1988年的产量占到了合成洗涤剂总产量的10%左右。

（5）块状洗涤剂

1970年，考虑到我国洗涤习惯和节约皂用天然油脂，日化所与太原肥皂厂合作，着手进行了"合成块皂的研究"。该研究以烷基苯磺酸钠为主，配以少量合成脂肪酸和适当助剂研制成功了不冻裂、不收缩、不变形，以及既有去污力强、发泡量大、抗硬水，又有与肥皂一样携带方便等优点的新品种。研制成功后，在制皂设备上生产了"收获"牌合成洗衣皂，受到了当时消费者的欢迎。

2.2.4 洗涤剂成型装置的研究开发

我国合成洗涤剂工业创建时，因条件所限，借用蛋粉厂厢式喷雾干燥器生产洗衣粉，所以产品存在细粉多，视比重大，溶解度差等质量缺陷，细粉飞扬对环境也造成极大影响。当时国外洗衣粉均是采用大塔喷粉，产品为空心大颗粒，具有很好的溶解性。为此，按轻工业部的要求，由原轻工业部科学研究设计院食品工业研究所油脂研究室负责，同上海油脂化公司、天津合成洗涤剂厂、上海食品工业设计院共同合作，1960年承担了列为国家重点科研项目的"空心粒状洗涤粉喷雾干燥研究"课题。1961年经国家批准，决定首先在上海建5000 t/a塔式喷粉干燥装置，并责成该所所长沈济川主持。以轻工业部科学研究设计院食品工业研究所、上海油脂化学工业公司、天津合成洗涤剂厂、上海食品工业设计院为执行单位，共同进行了工程设计和喷雾干燥试验工作。1962年夏，我国第一座直径4 m，高28 m的钢筋混凝土结构的喷粉塔竣工，8月开始运转试验。经过一年多的试验和调整，各项指标均达到预期要求，1963年10月通过了轻工业部组织的技术鉴定。至此，厢式喷制洗衣粉的装置，也就完成了它的历史使命。

1973年，应浆状洗涤剂生产和发展的需要，又研制成功了浆状洗涤剂包装机，并在生产厂得到推广应用。20世纪80年代中期，为节约能源，减少仓储和运输费用，国际上涌现出了一种节能型的浓缩洗衣粉。这种洗衣粉生产上避免了投资大，能耗高的大塔喷粉装置，采用体积小，具有高剪切力的附聚器，直接由粉体和液体原料生产出一种高比重、易溶解、多孔结构的粉状产品。1985年，日化所富聚公司开发了洗衣粉生产用的静态混合器，解决了洗衣粉均匀加入液体非离子表面活性剂和洗涤酶的后加料技术。1988年，该所富聚公司进而开发了具有自己特色的附聚器，并研制了与之配套的浓缩洗衣粉配方。该项目结束后，很快在全国推广了100余套，并出口印尼。1991年，该项目荣获了轻工业部颁发的科技进步三等奖。

2.3 表面活性剂和民用及工业用制剂全面发展时期的科研工作

20世纪70年代，国际上的表面活性剂品种与数量，各种功能型洗涤剂、专用洗涤剂以及各工业领域的助剂等，都到得到了飞速发展，"环保"意识和"回归自然"概念也日趋高涨。但是，我国当时表面活性剂仍以烷基苯磺酸钠为主，合成洗涤剂则主要是普通洗衣粉，而工业用表面活性剂和各种工业助剂的品种很少，产量也极低。作为专业研究所，日化所虽为改变我国这种落后面貌曾做过一些努力，但因各种条件所限，未能得到很好深入和发展。改革开放以后，同国外技术交流的机会增多，国外产品也陆续进入我国市场，加之天然油脂供应大为改善，日化所除继续为脱氢法烷基苯的催化剂、载体及产品制备工艺与设备，以及工业亟待解决的技术问题进行研究外，投入大量人力和物力，全面展开了以天然油脂为主体原料的各种离子型表面活性剂，功能型、专用型洗涤剂，各种工业助剂等的研究开发。而且，随着乡镇企业的快速发展和科研与工业体制改革的推进，大量科研成果通过"技术转让"和自己组织生产，很快在全国形成了基本可满足当时需要的生产能力。这不仅为我国日化行业全面快速发展做出了较大贡献，而且也锻炼和增强了日化所"自主经营，自负盈亏"的经营和管理能力。此一阶段研究开发的主要成果和产品，可概括为下述几个方面。

2.3.1 各种表面活性剂的制备技术的研究开发

日化所从20世纪70年代末开始，根据日化产品和各种工业助剂发展的需要，先后安排了胺类阳离子、咪唑啉型两性表面活性剂，以及新型阴离子、非离子等表面活性剂的大量研究开发工作，很多项目还被列为了国家重点攻关项目。80年代，大部分成果被陆续转化为规模化生产，为彻底改变我国表面活性剂结构，推动整个行业发展，做出了新的贡献。

(1) 阳离子型表面活性剂的研究开发

日化所早在1960年应军工要求，率先合成了季铵盐型阳离子表面活性剂，解决了当时的特种需要。20世纪70年代，国际上以阳离子表面活性剂配制的织物柔软剂、抗静电剂和杀菌剂都在快速发展，我国裂解法烷基苯副产的高碳烯烃也需利用，1981年日化所以裂解烯烃为原料，开展了"烯烃制阳离子表面活性剂"的合成研究。后因裂解烯烃组成复杂，工艺路线较长，1984年转向了工艺简便，产品质量高的"醇一步法制叔胺"的合成研究。此后，又采用不同原料，不同工艺，开发了多种阳离子表面活性剂，满足了国内相关行业不断发展的需求。

1) 烷基叔胺和季铵盐型阳离子表面活性剂的研究

这是由不同原料经胺化、季铵化合成的一大类阳离子表面活性剂，烷基叔胺的合成是其制备的关键技术。日化所首先开展了醇一步法制叔胺，并分别以一卤甲烷、卤代苄等进行季铵化，先后开发了C_{12}或C_{18}烷基三甲基卤化铵、双C_{18}烷基二甲基氯化铵、烷基二甲基苄基卤化铵等系列产品，继而又进行了具有广泛用途的"三烷基叔胺的合成"研究。

①脂肪醇常压一步法催化胺化制叔胺的研究

这是日化所于1984年率先开发的以C_{12}或C_{18}脂肪醇为原料，在氢和催化剂的存在下，同二甲胺常压反应，"一步法"合成叔胺的一条工艺路线。小试结束后，很快又完成了50~100 t/a扩大试验，1986年通过了山西省轻工厅组织的技术鉴定，两套扩试装置随即转入了正式生产。1987年该项目被列为国家"七五"重点科技攻关项目，通过400 t/a胺化中试，优选出了Cu-Ni二元和多元有载体的G-20两种催化剂，首创了萃取净化粗叔胺的新工艺，既解决了双烷基甲基叔胺蒸馏难度，又提高了精叔胺的收率，也降低了生产成本。由于该项技术工艺先进，设备投资少，操作简便，产品质量高，原材料消耗低，基本无"三废"排放，并达到了国外同类技术先进水平，1991年1月通过了轻工业部组织的技术鉴定，并于当年分别获得了轻工业部科技进步一等奖和国家重大成果奖。

项目完成后，400 t/a叔胺装置立即转入了生产，并通过"技术转让"或"联合经营"，很快在长治轻工所、湘潭电化厂、上海合成洗涤剂三厂、长治合成化学厂、北京合成化学厂建成了五套50~500 t/a生产装置。随着季铵盐型阳离子表面活性剂应用领域的不断扩展，又陆续向江苏、山东、天津等地转让建成了多套500 t/a装置，有的已逐步发展成了年产数千吨或上万吨的大型企业。时至今日，由该技术生产的产品不仅满足了国内需要，我国还成为国际上主要出口国之一。

②脂肪醇一步法制三长链烷基叔胺的合成研究

三长链烷基叔胺是烷基叔胺中的一个重要品种，在能源工业、材料工业、环境工程、日用化工等方面都已有广泛应用。日化所在醇一步法制叔胺研究的基础上，以脂肪醇和液氨为原料，采用"脱氢-加氢胺化"工艺，于环路反应器中，进行了合成研究，并于1996年被列为国家重点科技（攻关）项目。在三长链烷基叔胺的合成中，因位阻效应大于单、双长链叔胺，只有能以克服较大位阻影响的催化剂才可有效地进行合成，所以该项目的技术关键在于催化剂的制备。经过催化剂大量制备和筛选试验，优选出了既可克服位阻，又有高活性、高选择性和稳定性极好的催化剂。该催化剂经受了自建300 t/a中试装置的多次运转和试生产考验，醇的转化率均稳定在98.8%以上，选择性超过了95.5%，工艺、设备、原材料消耗等均达到了合同指标，所得产品经用户生产应用证实，可完全替代进口产品。1999年12月，通过了中国轻工总会组织的验收评估，肯定了催化剂在制备技术上有所突破，解决了三长链烷基叔胺制备的工程放大问题，技术上处于国内领先水平。产品应用效果良好，有明显的经济效益，并成功地完成了3000 t/a生产装置的基础设计。

2）烷基咪唑啉型阳离子表面活性剂

1981年，在开发咪唑啉型两性表面活性剂的过程中，随着工业助剂发展的需要，利用硬脂酸同时进行了单烷基和双烷基两种咪唑啉型阳离子表面活性剂的研究开发。1986年同两性咪唑啉表面活性剂的研究一起被列为国家"七五"科技攻关项目。1989年完成了100 t/a规模的单烷基或双烷基咪唑啉硫酸二甲（乙）酯阳离子表面活性剂的中试制备，技术水平和产品质量都达到了国际先进水平，1991年通过了轻工业部组织的国家重点科技项目验收，并同两性咪唑啉表面活性剂一起，先后获得轻工业部科技进步二等奖和国家重大成果奖。

在烷基季铵盐作为织物柔软剂的发展中，逐渐发现其存在抗静电性差，刺激性强，织物易泛黄，且生产成本高，难以配制高浓度产品，生物降解也不太容易等缺陷，国外已在进行替代研究。因此，日化所在咪唑啉型表面活性剂研究的基础上，开展了长链烷基咪唑啉酯季铵盐的制备研究，1996年该项目又被列为中国轻工总会的轻工业科技计划项目。该项目以脂肪酸或其酯、羟乙基乙二胺及硫酸二甲酯为原料进行了小试，1997年在100 t/a装置上开展了烷基咪唑啉酯的中试，并在红外光谱仪和核磁共振仪的配合下，优化了季铵化工艺条件，所得产品配制的柔软剂，不仅具有良好的柔软性、抗静电性、再润湿性，使用后也不会影响织物的白度，而且还可配制高浓度、低黏度产品，既节约了原材料，又降低了成本。此套工艺合理，产品质量优异，填补了国内新型柔软剂的空白，1999年通过了国家轻工局组织的技术鉴定。

3）烷基聚氧乙烯基阳离子表面活性剂的研究

鉴于长链脂肪烷基季铵盐疏水性强，溶解度低，应用上受到一定限制，日化所于1989年开展了烷基聚氧乙烯基阳离子表面活性剂的合成研究，并被列为轻工业部科技发展基金项目。该项目采用醇醚催化胺化工艺路线，通过催化剂的制备、筛选和合成工艺的优化，成功地制得了单、双长链烷基醇醚叔胺，经氯甲烷或氯化苄季铵化，分别合成了单烷基聚氧乙烯基三甲基氯化铵、双烷基聚氧乙烯基二甲基氯化铵和烷基聚氧乙烯基二甲基苄基氯化铵。通过400 t/a模拟生产装置试验，达到了合同规定的指标要求，1996年通过了中国轻工总会组织的技术鉴定。该项目的完成，不仅扩展了我国阳离子表面活性剂的品种，而且还可以通过调节醇醚中聚乙氧基的长度，生产不同水溶性的产品。

(2) 两性咪唑啉型表面活性剂的研究开发

我国两性表面活性剂虽已生产多年，但基本上只有烷基甜菜碱，且产量和应用领域极为有限。随着我国化妆品工业的发展，对毒性低、刺激性小、性能好的表面活性剂的需求更加迫切。1981年，日化所采用月桂酸、羟基乙基乙二胺、氯代乙酸（或盐）等为原料，在红外光谱仪和分光光度仪的配合下进行环化，以免眼刺激、冷藏、总固体测定季铵化产品性能，开展了毒性低、刺激性小、乳化、分散、发泡、去污、抗硬水、杀菌、缓蚀、可完全生物降解等多种优良性能的乙酸钠基型咪唑啉两性表面活性剂的合成研究。1982年该项目被列为轻工业部重点科研项目，1984年通过了小试评议，1985年同轻工业部签订了由国家经委拨款的"科技项目专题合同"。1986年在自行设计的专用设备上，完成了100 t/a规模的中试试验，当年通过了轻工业部组织的项目验收。该项技术不仅工艺合理，流程短，基本没有"三废"产生，而且产品质量、应用性能和兔眼刺激试验，都达到了国外同类产品的水平。由于该产品和技术均属国内首创，在试验的进行中已受到多个生产厂的重视，1986年应江苏省连云港市日化厂的要求，首先为其建成了500 t/a的生产装置，并很快又转让邢台、南阳、山海关等地，形成了年产千余吨的生产规模。

在上述研究的基础上，根据我国造纸、化纤、纺织、金属清洗等行业工业助剂发展的需要，开展了咪唑啉系列表面活性剂的研究。1986年7月，通过了国家科委"七五"攻关项目论证，咪唑啉系列低刺激两性离子和阳离子表面活性剂新产品开发被一起列为国家"七五"科技攻关项目。在两性表面活性剂的合成中，分别采用氯代羟丙基磺酸钠和氯代羟丙基磷酸酯钠同烷基咪唑啉反应，通过小试、扩试和1989年的100 t/a规模的中试，成功地完成了磺酸盐型、磷酸盐型和无盐型三大类

7个品种的研究开发，技术水平和产品质量都达到了国际同期先进水平。1991年1月15日通过了轻工业部主持的国家重点科技项目攻关验收，同年荣获了两部一委颁发的重大成果奖和轻工业部的科技进步二等奖。

（3）非离子表面活性剂的研究开发

在我国合成洗涤剂和表面活性剂工业发展之初，日化所于1959年即已进行了伯脂肪醇与环氧乙烷缩合物的制备及其性能的初步研究。1978年又以气-质谱仪联用方法，进行了醇醚非离子表面活性剂的结构分析，1979年，为石蜡裂解制烷基苯副产的低碳和高碳烯烃的合理利用，日化所又进行了烯烃歧化和羰基合成制醇的试探，以期开辟醇醚非离子表面活性剂原料醇的供应。后因抚顺5万t/a合成醇的引进，研究工作未继续进行。20世纪80年代初，随着日化产品和工业助剂的快速发展，日化所对山苍子核仁油制脂肪醇、烷醇酰胺，椰子油及$C_{16~18}$不饱和脂肪酸合成单乙醇酰胺聚氧乙烯醚，葡萄糖和脂肪醇合成烷基多苷，淀粉水解糖制葡胺类和葡糖苷聚氧乙烯脂肪酸酯、脂肪酸甲酯乙氧基化物等各种非离子表面活性剂，开展了一系列研究，成果先后都推向了生产，满足了相关领域快速发展的需求。

1）利用山苍子核仁油研制脂肪醇及烷醇酰胺

我国工业用天然油脂主要依赖进口，因此开发野生天然油脂再度受到重视。山苍子核仁油的组成与椰子油相近，其制取和利用已有较长的历史，但脂肪酸收率总在50%左右。1985年，日化所开展了山苍子核仁油制醇的试探研究。试验在全面分析山苍籽核仁油组成的基础上，经预酯化、酯交换合成甲酯，使脂肪酸的收率提高到了80%。1987年，该项目被列为国家"七五"重点科技攻关项目，以山苍子核仁油预酯化、酯交换制甲酯为基础，分成几个分项专题，与相关单位合作进行了攻关研究。其中"制备山苍子核油脂肪酸甲酯、脂肪醇及牙膏发泡剂的研究"与湘潭电化厂，"山苍子核油基醇酰胺的合成与性能研究"与湖南省轻工所、湘潭电化厂共同合作，根据山苍子核油的特点，在热力学与动力学分析及大量工艺和设备试验的基础上，确立了半连续预酯化及酯交换的工艺流程，通过甲酯加氢制醇催化剂的组分调整和评价，进行了脂肪醇和脂肪醇硫酸钠（牙膏发泡剂）的合成。采用动力学和数理统计方法，优化了烷醇酰胺合成工艺参数，提出了放大规律，1988年完成了整个小试和扩试，各项工艺和产品指标均达到合同要求。1988年，在长治合成化学厂和湘潭电化厂分别开展了250 t/a和500 t/a预酯化酯交换中试，1989年在长治合成化学厂，完成了500 t/a烷醇酰胺的中试，并于1990年形成了1000 t/a生产能力。1990年，湘潭电化厂也同时完成了300 t/a脂肪醇及牙膏发泡剂和500 t/a烷醇酰胺的中试，所有试验的工艺、设备和产品质量均达到国外同类产品水平。两厂的中试工作结束后，装置均转入了正式生产。日化所转让给福建建阳油脂化工厂甲酯和烷醇酰胺、湖北枝城油化厂与太原肥皂厂烷醇酰胺、浙江兰溪化工总厂甲酯的技术也都先后投产，各厂均取得了显著的经济效益。1991年，该项目通过了轻工业部组织的攻关项目验收和科技成果鉴定。鉴定结果肯定了半连续预酯化、酯交换工艺具有一定特色，技术达到国际水平。山苍子核油基醇酰胺与性能经中试和生产实践证明，不仅全面达到攻关合同指标要求，而且1∶1烷醇酰胺填补了国内空白，产品质量和单耗与国外20世纪80年代水平相同。1990年，预酯化酯交换制脂肪酸甲酯生产技术获轻工业部科技进步二等奖，1991年，山苍子核仁油、椰子油烷醇酰胺生产技术获轻工业部科技进步二等奖。

2）烷基多苷（APG）类合成工艺及催化剂的研究

这是一类新型的非离子表面活性剂，又具有一定阴离子表面活性剂的特点。由于其具有强的降低表面张力能力，泡沫丰富细腻且稳定，无毒无刺激，生物降解快且完全，复配性能好，协同增效作用强，基本无"三废"产生等多种优点，1978年法国首先实现工业化，许多国家也都在开发研究。1987年开始，日化所采用葡萄糖与丁醇催化缩水，然后同长链醇进行酯交换进行了实验室小试，对催化剂及其催化工艺等进行了深入研究。1991年初通过了轻工业部组织的技术鉴定，并于同年被列为国家"八五"攻关项目。项目在100 t/a APG装置上进行了扩试，调整和筛选了催化剂，优化了工艺条件，解决了高碳醇的分离难题，技术水平和产品质量均达到了预期要求。1993年与广东省广宁县中南精细化工厂合作（以技术转让形式），1994年完成了1000 t/a的APG中试，填补了国内空白，合成工艺、设备与产品质量均达到了国际先进水平，12月通过了轻工业部组织的"八五"国家重点攻关项目验收，1999年获得了国家发明专利证书。该技术先后还转让到了广东和湖北等地。

3）脂肪酸聚甘油酯的合成研究

我国食品工业的发展，对添加剂品种和数量需求也随之增加。但原有国产食品乳化剂则多为脂肪酸单甘酯，使用效果和应用领域均受到很大限制。为此，日化所于1985年进行了甘油聚合，再与食用油脂进行酯交换，经精制得到聚甘油酯的研究工作。小试样品经北京、上海和青岛相关单位试用，获得一致好评。由于聚甘油酯具有独特的优点，除食品工业应用外，也广泛用于纺织、橡胶、油漆、涂料、润滑等工业领域，1986年9月，该项目被列为国家"七五"科技攻关项目。通过扩试和30 t/a聚甘油酯中试，调整简化了工艺，掌握了控制甘油聚合度的方法，扩展了油脂原料，拓展了产品品种，通过了卫生防疫部门的检测，达到了国外同类产品水平。1990年9月，通过了轻工业部组织的技术鉴定，1991年1月通过了国家重点科技攻关项目验收，1994年又被列为国家"八五"科技攻关项目。在原有试验的基础上，经工程放大和设备改进，1995年4月建成了500 t/a工业生产装置。该套装置工艺合理，易于操作，甘油聚合度易于控制，填补了国内空白，产品质量达到国外同类产品水平，并已在北京、上海、山西、河北、长春等地的冰激凌、冷饮、糖果、面包、起酥油、人造黄油、巧克力等食品工业中得到广泛应用。1997年6月通过了中国轻工总会组织的项目验收和技术鉴定，并获得了中国轻工总会颁发的科技进步三等奖。

(4) 阴离子表面活性剂的研究

在我国合成洗涤剂工业创建时，主要开发和生产的是阴离子表面活性剂，而且品种主要是烷基苯磺酸钠。改革开放后，为适应发展的需要，日化所在原有研究的基础上，先后开发了多种新型阴离子表面活性剂，并很快都实现了工业化，及时满足了相关行业的发展需求。开发的主要品种有以下几种：

1) 磺化（硫酸化）生产技术和列管式磺化器的研究开发

日化所在 SO_3 罐组及双膜磺化器研制基础上，又综合了引进的国外多种磺化器工艺、设备和仪表控制的特点，1986年确定自主开发列管式磺化器。该项目受到轻工业部的极大重视，当年即被列为国家"七五"重点科技攻关项目，并组织轻工业部北京设计院同日化所共同承担此项任务。设计工作结束后，采用上海五钢专门为之研制的特种钢管，福州轻工机械厂承担加工，1988年5月第一套列管式磺化器的制造即告完成。经冷膜测试后，9月份即在湖南日化总厂的生产线上开始生产考察，烷基苯和醇醚的磺化均取得满意结果，AES的产品质量还优于引进设备生产的产品。为考察设备的适应性和拓展不同磺化产品的生产技术，日化所还对MES的生产工艺进行了试验，同样得到了满意的结果，1990年9月通过了轻工业部组织的技术鉴定和"七五"攻关项目验收。专家一致认为，该装置经历了两年多的生产考验，产品质量达到或略优于进口设备生产的产品，可代替进口磺化器，并被国家科委列为"推广技术"。该装置已在国内推广多套，AES和MES的技术也日臻成熟，日化所已为多家进行了技术服务，特别是AES的产量仅次于烷基苯磺酸盐，已成为我国第二大阴离子表面活性剂的主要品种。

2) 醇（酚）醚衍生新型阴离子表面活性剂的研制

1987年，鉴于我国醇（酚）醚产量和品种的不断增多，各工业领域对新型阴离子表面活性剂的需求，日化所首先在实验室以 AEO_3、AEO_9、TX-10 等为原料，采用不同的工艺路线，进行了羧基型、磷酸酯盐型和磺酸盐型三种类型阴离子表面活性剂的合成研究。1989年11月，该项目被列为轻工业部科技发展基金项目，经过三年多的研究，成功地开发出了不同疏水链，不同乙氧基聚合度的醇（酚）醚磺基琥珀酸单酯二钠盐、磷酸酯盐及羧酸盐三个类型十几个品种的合成技术。1990年进行初步中试后，醇醚磺基琥珀酸单酯二钠盐于1991年以200 t/a中试性规模转至邢台日化厂，醇醚磷酸酯盐于1992年以500 t/a的规模转让给南京永寿表面活性剂厂，醇醚羧酸盐装置建于所内，进行了完善中试和生产，1994年通过了轻工总会组织的技术鉴定。鉴定认为，该项目选题正确，工艺合理，研究内容和产品质量达到了轻工总会下达的指标要求，技术和产品填补了国内空白，具有较大的经济和社会效益，1995年获得了轻工总会颁发的科技进步三等奖。

1996年，在原有研究的基础上，醇醚羧酸盐工程化技术研究又被列为"九五"国家重点科技攻关项目。试验采用正交优选法优化了醇醚羧甲基化工艺条件，研究成功了氯乙酸的干混制法，设计了200 t/a装置，完成了工程化模拟试验，提出了1000 t/a工业化装置的基础设计文件。2000年国家轻工业局验收认为，该项目全面完成了攻关合同内容，各项技术经济指标达到合同要求，技术水平和产品质量达到国际同期先进水平，解决了氯乙酸钠制备工艺和设备难题，提供了工程放大数据，技术和产品具有很好的社会和经济效益，2005年该项目获得了中国发明专利证书。

3）SO_3磺化制α-烯烃磺酸盐（AOS）的合成研究

日化所在20世纪70年代就曾进行过α-烯烃的磺化研究，但因蜡裂解烯烃质量太差，试验未能继续。1990年，在联合国援助项目引进的磺化中试装置上，进行了气体SO_3磺化α-烯烃制AOS的研究，该项目于1991年被列为国家"八五"重点科技攻关项目。1991年，在中试装置安装调试的同时，先在实验室建立了一套小型玻璃管降膜磺化器，以进一步探索烯烃的磺化规律。中试先后在单管和不带保护风的列管磺化装置上进行，通过对原设计不合理的部件重新设计、改进，对α-烯烃磺化工艺的调整，1995年圆满地完成了中试任务，并首先在中轻浙江化工公司实现了工业化生产。

该项目不仅技术和产品质量指标均达到或超过了合同指标，同时还与轻工总会杭州自动化仪表所合作，实现了全系统操作计算机自动化控制。1996年1月通过了技术鉴定和"八五"攻关项目验收，并于同年获得了国家重大成果奖励。

2.3.2 民用和工业用制剂的研究开发

为适应我国民用洗涤、护理产品及各种工业助剂需求的不断增加，日化所在20世纪70年代开发此类产品的基础上，利用表面活性剂和助剂品种与数量迅速增加的有利条件，加强了对产品配制、配方基础理论、助剂性能与应用、产品与原料标准等方面的研究力度。在民用洗涤与护理产品方面，先后开发的优质、高效和专用性、功能性产品主要有：餐具洗涤剂、餐具消毒洗涤剂、重垢液体洗涤剂、无磷结构液体洗涤剂、浓缩洗衣粉、结构型重垢液体洗涤剂、附聚成型洗衣粉、含4A沸石洗衣粉、无磷高效浓缩洗衣粉、活力28超浓缩洗衣粉、高效袖口与衣领洗净剂、发用冷烫液、去皱剂、沙棘复方粉刺霜、瑞得士203消毒杀菌剂和205高效杀菌剂、厨房油垢清洗剂、盥洗卫生间清洗剂等。在工业助剂的研究开发方面，日化所虽在六七十年代也有开发，但多偏重于特种用途。如去除放射物质的高效洗消剂，铀、钍污染工作服用的洗涤剂，大型武器装备油垢表面常温消除剂等。70 年代末，随着工业的发展，我国对工业助剂品种和数量的需求也日趋增多，日化所根据不同行业发展需要或企业要求，先后开发的工业助剂主要有：客车外皮专用洗涤剂、羽绒加工用的洗涤剂、毛皮加工用的 DG-系列专用脱脂净洗剂、毛皮及皮革专用加脂剂、皮革加脂促进剂、山羊绒净洗剂、皮革防水剂、服装革加脂剂、毛皮酸性染料低温染色助剂、食品乳化剂、PC 系列输奶管道杀菌消毒净洗剂、蛋白饮料乳化稳定剂、金属高速切削降温乳化油、金属清洗与防锈剂、高效无毒水基切削液、漆膜剥离剂、甘蔗和甜菜制糖工业用促进剂、糖用脱色剂、糖用杀菌剂、磷酸工业用消泡剂、高效常温粉状水基金属清洗剂、焊接防溅剂、废纸脱墨剂、油田用 TB-1 稠油清洗剂、稠油高效破乳剂、提高石油采收率用的重烷基苯磺酸盐驱油剂等。其中，很多项目都被列为国家"七五""八五""九五"重点科技攻关项目、国家扶植出口产品科研项目、轻工科技计划项目、轻工业部科技发展基金项目、轻工业部专项合同项目以及省、市重点项目等。

在配方研究中，为使配方更加科学合理，更好掌握各组分间相互作用机理，充分发挥各组分的协同增效作用，还专项进行了很多基础和应用理论方面的研究。完成的主要研究项目有："阴、非离子表面活性剂临界胶束浓度测定""非离子表面活性剂浊点指数测定""加酶洗衣粉中酶活力测定方法改进""表面活性剂润湿力测定""非离子表面活性剂亲水亲油平衡值的测定""表面活性剂和聚合物的相互作用及体系相行为的研究""阳离子表面活性剂的配伍性能及其基础配方研究""阴阳离子表面活性剂复配技术的研究""表面活性剂浓溶液体系相行为、流变性与稳定性研究""表面活性剂及助剂对层状液晶形成的影响""复配阴阳离子表面活性剂的去污性能研究""餐具洗涤剂去污力评价方法研究""洗涤剂去污力测定方法的研究""洗涤剂物理性能测定方法研究"以及"X 射线衍射法测定肥皂晶相"等。

上述研究成果不仅绝大多数转化为了工业生产，而且许多项目都已获得了国家和部、省级的各种奖励。

2.4 2000 年后的科研工作

中国日用化学工业院自 1999 年从事业单位转制为科技型企业后，隶属关系和经费来源虽发生了根本变化，但由于长期作为中央部属专业科研机构，不论是科研力量方面，还是在行业发展中的作用方面都居重要地位，其科研工作和自身发展，仍受到国家相关部门及行业的重视和支持。作为转制的科技型企业，既要按企业化运作力求更好的生存发展,又要瞄准市场前沿,为行业发展继续做出贡献。所以,转制后既为行业或跨行业发展承担了很多原料、产品和技术以及应用基础、环保、标准等方面的研究,也为增强自身发展实力,进行了许多工程化、产业化和专用设备的开发。这些成果多被用于了生产,在行业和自身的发展中,都起到了很大的促进作用,也取得了很好的经济和社会效益。

2.4.1 新产品与新技术的研究开发

由于全球环境不断恶化,人们的环保意识亦愈来愈强。寻求更为环保的原料、产品,开发无污染的生产工艺过程,已成为全球研究开发的趋势。日化院从20世纪末以来,除已完成的改进双孔低密度氧化铝载体综合性能研究、烷基多苷工程化研究、醇醚羧酸盐工程化研究、长链烷基二甲基叔胺固定床研究等新产品、新工艺项目外,对新型"绿色"表面活性剂、环保产品以及其他行业所需的专用表面活性剂等,进行了许多研究开发。已取得成果的主要项目有:

(1) 脂肪酸甲酯乙氧化物(FMEE)合成及物化性能研究

这是一种新型的非离子表面活性剂,它与醇醚(如 AEO_9)相比,具有毒性和刺激性小,综合性能优良,原料成本低,生产工艺流程短等许多优点。20世纪90年代中期,许多国外公司都对其进行了研究开发,并有少数公司已实现工业化生产。日化所利用脂肪酸甲酯的研究优势,开展了"脂肪酸甲酯直接乙氧基化研究"课题,并于1998年列为国家轻工业局的轻工业科技项目。该项目的技术难点是提高反应速度和控制产品中的EO分布,控制的关键因素则是催化剂。通过催化剂组分的筛选与制备工艺研究,优选出了高效有机Al-Mg体系的催化剂。通过1L高压釜非均相体系合成工艺试验,2000年已取得了甲酯转化率高达99%以上,产品含量96.64%,达到了国家轻工业局轻工业科技项目合同指标要求。2002年该项目又被列为山西省科技项目,原料扩展为月桂酸甲酯、椰油酸甲酯、棕榈酸甲酯、棉油酸甲酯,在200L环路反应器上进行了乙氧基化中试验证,得到了理想的重现结果。2003年,该项目的产业化研究又列为山西省重点技术创新项目,建立了24 t/a催化剂装置,完成了催化剂的生产试验。在试验过程中,得到上海金山石化公司助剂分公司和抚顺远东化工厂的大力支持,先后在其乙氧基化生产装置上,完成了生产试验。两厂都是一次试车成功,共生产204 t产品,质量均达到了合同指标要求。

试验产品的物化性能和表面活性全面测试研究表明,FMEE不仅与 AEO_9 性能相似,而且在表面张力、水溶速度、对油的乳化力以及毒性、刺激性等方面均优于 AEO_9。作为 AEO_9 替代品种,FMEE又分别与南风化工集团、浙江花王集团技术中心合作,用其生产的洗衣粉表明,在原有生产工艺条件下,它不仅去污力与原配方产品一样,而且还降低了产品成本,所以很快得到了国内几家洗衣粉大厂的应用。

该项目于2004年12月通过了山西省科学技术厅组织的技术鉴定，肯定了FMEE确系"绿色"表面活性剂，自主开发的催化剂具有活性高，选择性好的优点，优于国外同类产品，整个工艺已属成熟的产业化技术。

（2）重烷基苯磺酸盐驱油剂基础研究和喷射磺化装置及工艺的开发

2003年5月，日化院在中国石油勘探开发科学研究院承担的国家973项目"大幅度提高石油采收率的基础研究"中，分担了"化学驱油剂表面活性剂的分子设计与合成研究"课题。鉴于我国提高采油率所用驱油剂多为重烷基苯磺酸盐，着重进行了"重烷基苯磺酸盐驱油剂提高石油采收率的基础研究"。课题主要是从分子结构上研究重烷基苯磺酸盐提高采收率的理论基础，以供合理配制重烷基苯磺酸盐高效驱油剂。为此，首先采用层析法将重烷基苯依族组成分离为六个部分，以红外、紫外、荧光光谱进行组成鉴定。除去第一部分为烷烃，第六部分为复杂有机化合物外，其余四部分经磺化、精制和作为驱油剂，再分别进行原油／水界面张力测定。根据各组分磺酸盐的界面性能和表面活性剂碳数及原油等效烷烃碳数（EACN），以及复配增效后产生的低或超低界面张力的测定结果，归纳了各组分间以及二烷基苯磺酸盐与其他表面活性剂的复配规律，为高效驱油剂的配制和应用，提供了科学依据。

重烷基苯是洗涤剂烷基苯生产中的副产物，是一种包含有单烷基苯、二烷基苯、烷基茚满、烷基萘满、多苯烷等多种组分的混合物，所以很难由通用的磺化方法制得合格产品。虽然日化院对气体SO_3磺化技术研究已很成熟，也有包括喷射反应器在内的各种磺化器的设计经验，但由于气体SO_3磺化属瞬间快速和高放热反应，重烷基苯磺化产物黏度又高，所以膜式磺化中出现结焦堵塞和过磺化的现象在所难免。为此，小试首先采用烟酸釜式、气体SO_3膜式和喷射式三种磺化器进行比较，结果发现喷射式磺化器更为适合。通过喷嘴和反应器的反复设计、试验和修改以及大量的工艺条件调整，不仅研制成功了结构简单、操作方便、生产弹性大、适应范围广的喷射式磺化器，而且通过工艺优化，生产出了质量优于国内外的优质产品，为重烷基苯磺酸盐驱油剂的合理配制和国家973项目的推进，提供了很好的技术保证。

2006年，还进行了重烷基苯生产控制和质量指标研究，以确保重烷基苯磺酸盐生产和其他应用。

（3）高碳α-烯烃磺酸盐的研制

日化院在研究油田用表面活性剂的过程中，发现$C_{20\sim24}$ α-高碳烯烃磺酸盐国外已作为提高采油率的一种有效驱油剂。2002年，在多年开发洗涤剂用α-烯烃磺酸盐生产技术的基础上，用膜式磺化器对其进行了实验室的磺化研究。但因其碳链太长，凝固点也高，不可按一般膜式磺化条件进行合成。后经设备和工艺参数的相应调整，调节了供料比例，改善了系统保温，成功地完成了小试和扩试，顺利地制得了预期产品。产品经相关石油部门测试确认，高碳 α-烯烃磺酸盐不仅是配制无碱型二元驱油剂的高效活性物，而且更是高温、高矿化度油井用驱油剂的有效组分。2003年，在西安南风日化有限公司的支持下，在其厂的生产设备上顺利地完成了生产试验，该技术已用于沿海一生产厂家，为油田提供了此种产品。

（4）N-烷基葡萄糖酰胺的研究

这是一种由天然脂肪酸和葡萄糖为原料合成的生物降解度高，性能温和，低毒，低刺激，有极好表面活性，对生物和环境极为安全，极具发展潜力的新型非离子表面活性剂。2003年，日化院在探索研究的基础上，该项目被列为国家科学院所专项资金项目。该合成为葡萄糖同甲胺反应先生成葡糖亚胺，然后催化加氢为葡糖胺，最后与月桂酸甲酯催化酰胺化制得产品。通过加氢催化剂的制备和筛选以及整个工艺过程和溶剂的优化，在气相色谱和红外光谱的配合下，成功取得并首创了葡萄糖亚胺常压加氢催化剂制备和合成工艺的理想结果。

（5）自乳化型农药微乳化新剂型及其助剂的开发

鉴于普通O/W型微乳农药虽有原液自身稳定性，但稀释使用时乳液结构即遭破坏，严重影响其药效作用。为此，日化院根据含硅表面活性剂合成研究及性能测试的结果，2004年同武汉大学、武汉天惠生物工程有限公司合作，共同承担了国家"十五"科技攻关项目。试验采用氨基硅氧烷与二硅氧烷催化制得三硅氧烷，然后同D-葡萄糖酸-δ-内酯反应，再用末端含有环氧乙基的化合物改性，即得一系列含葡萄糖酰胺的三硅氧烷表面活性剂。通过界面性能、接触角、水解性等的测定，选出作为自乳化型农药微乳液的最佳助剂。中试制得微乳助剂后，又在不同物质和植物表面进行了润湿性、铺展性和最佳使用浓度的测试，经仲丁威、阿维菌素农药、有机溶剂、油相、水相多元组分溶解试验，绘制了拟三元平衡相图，研究了农药及硅表面活性剂对相行为的影响，进行了表面张力、接触角、电导等测定。配方确定后，由天惠生物工程公司进行了制剂的中试制备，大样分送辽宁、四川、福建、江苏、湖北等省进行大田和果树试验。结果表明，其不仅效果优于原用乳油，而且也较大幅度地降低了生产成本。2005年10月，该项目通过了中国化工科学技术研究总院组织的"十五"攻关项目验收，日化院获得了3项发明专利。

（6）油脂乙氧基化物

大部分天然动植物油源，除了蓖麻油之外，基本都是三甘油酯结构，在自然界中有丰富的资源。由于分子中不含活泼羟基，而且分子中的空间位阻也较大，直接乙氧基化困难较大，然而在合适的催化剂作用下，可由环氧乙烷直接插入在羰基与甘油基之间形成绿色的价格低廉的非离子表面活性剂。反应属于原子经济反应，无三废产生，属于绿色化工过程，其关键技术在于催化剂的研究。常规的乙氧基化催化剂如 KOH，NaOH 及大部分窄分布催化剂对于天然三甘油酯这类不含活泼氢的原料，不仅反应速度慢、催化活性低，而且会产生大量的副产物如聚乙二醇、甘油乙氧基化物等。日化院采用的新型催化剂可对天然油脂进行插入式环氧乙烷加成，反应结束后，催化剂可通过化学处理方法进行处理，得到满意的天然油脂乙氧基化物。

天然油脂含有不同长度的疏水基，不同的饱和度，如大豆油、椰子油、棕榈油等，针对这些油脂形成多系列不同 EO 加合度的产品，研究其物化性能，针对各自的市场应用，寻找最佳的 HLB 值，即最佳的 EO 加合度，为产品的商业化奠定基础。该项技术已在中轻日化科技有限公司实现万吨级的产业化。

（7）改性油脂

2010 年以来，日化院对改性油脂乙氧基化物（SOE）制备工艺基产品性能（包括水溶性、低温流动性、去污力、泡沫和乳化力等）进行研究，以 SOE/LAS/AES 三元复配体系为基础，研究其凝胶相区，考察了配方体系的稳定性、去污力和泡沫等性能。结果表明，改性油脂乙氧基化物可与水任意比例互溶，凝点低于 $-10\ ℃$，去污力与 AEO_9 相当，具有较强的乳化力，泡沫低，适用于高浓缩洗涤剂配方。SOE/LAS/AES 三元复配体系的凝胶范围窄，泡沫低，其去污力和稳定性满足行业标准对浓缩型洗涤剂的要求。该项技术也在中轻日化科技有限公司实现万 t 级的产业化。

（8）窄分布醇醚及其硫酸盐

AES 是由脂肪醇与环氧乙烷进行加成反应制得脂肪醇醚 AEO，再经 SO_3 硫酸化、NaOH 中和得到。常规 AEO 中游离脂肪醇含量较多，且含有一定量的高 EO 加合数的醇醚。脂肪醇硫酸化产物（脂肪醇硫酸钠，AS）对皮肤的刺激性要大于加入环氧乙烷后的 AES。而高 EO 醇醚硫酸化时，EO 链易在硫酸化过程中或在酸性条件下断裂生成有害物质二噁烷。窄分布 AEO 由于游离脂肪醇和高 EO 加合数的醇醚含量降低，其硫酸化产品（窄分布 AES）的刺激性比常规 AES 小，二噁烷含量也有所降低。除此之外，和常规 AES 相比，窄分布 AES 还具有倾点低、盐增稠能力强等特点。窄分布 AES 作为常规 AES 的升级产品，在品质上有了极大提升，在应用方面极具优势。2013 年以来日化院对该产品进行了系统研究，开发出工业化技术，已在中轻化工有限公司实现了规模化生产。

（9）氧化法 AEC

传统 AEC 的生产主要采用氯乙酸钠羧甲基化工艺，存在环境污染和制备技术工程放大困难等问题，难以形成规模。产品中氯乙酸钠残留对人体有毒，刺激性强，降低其含量需要苛刻的工艺条件，会产生大量的废酸。日化院开发的醇醚直接氧化为醇醚羧酸盐的新工艺，不用氯乙酸钠为原料，可完全避免由于采用氯乙酸钠产生的工艺问题及产品中氯乙酸钠的残留问题，符合清洁生产的发展方向，可为国内市场提供高品质的不含残留氯乙酸钠的 AEC 产品，比传统工艺制备的产品更具安全性，有利于人体健康，同时没有副产物氯化钠等的生成，具有更广泛的应用领域，对相关行业的技术提升和产品改良有着重要的应用价值。该项技术已在上海发凯公司进行千 t 级的成果转化。

(10) 醇醚糖苷技术

醇醚糖苷是由脂肪醇醚与无水葡萄糖进行催化缩合得到的糖苷化产物，具有与烷基糖苷相似的优良性能，如表面活性好、去污性好、低毒、易生物降解等。并且由于分子中有聚氧乙烯基的存在，可以弥补长碳链烷基糖苷水溶性不理想的缺陷，具有更为广泛的应用价值。该技术由日化院技术转移到江苏万琪公司，实现了规模化生产。

2.4.2 工程化技术和专用设备的研究开发

日化院的科研工作，历来多偏重于工艺研究和工业发展中的技术难点，一般项目多数都做到中试，设备和装置设计一般也以扩试、中试为主，所以以往的技术转让规模，多停留在年产数百 t 级的范围。转制后，为加速自主技术工程化和产业化速度，一方面加强工程技术人员配备和培养，另一方面借助于"表面活性剂国家工程中心"工作的开展，加大了工程化研究和专用设备的开发力度。通过几年的努力，业已承接或完成了多个万 t 级工程设计与承包，开发和推广了数十台套专用设备和装置。这不仅为行业发展做出了新的贡献，也为转制后的日化院创造了较大的经济效益。

(1) 工程化和产业化项目的研究、设计与工程承包

2003 年以来，日化院在原有合成工艺和工程化研究开发的基础上，先后完成了山西黄河油脂化工厂蓖麻油加氢、天津天女集团公司 3000 t/a 叔胺、山西恒耀磁化材料有限公司 10 万 t/a 的 4A 沸石、四川明天精细化工有限公司 10 万 t/a 湿法水玻璃等多个工程项目。已经完成的主要项目还有如下几项：

1) 连续化合成亚微米 4A 沸石工程化研究

4A 沸石工业生产，历来多为分级釜式连续晶化工艺，但此工艺存在物料停留时间长，易于返混，产品质量不稳，粒度也不均匀等缺陷。国外在环保涂料、杀菌新材料等方面用的 A 型沸石，多为采用低温、超声、加入晶种或有机溶剂的方法生产的小粒度产品，但仍未达到亚微米级。日化院为适应新的市场需求，采用导向剂和分散剂，在自己设计的管式连续晶化装置中，进行了小型试验，成功地制得了粒度小于 1μm，绝大部分集中于 0.3~0.5μm 的亚微米级产品。2003 年，同四川明天集团公司合作，建成规模为 500 t/a 的中试装置，在 2005 年完成实验并正式转入生

产运行。该套技术不仅工艺先进、流程短、设备投资少、连续化程度高、产品质量稳定以及生产成本低,而且工艺和设备均属首创,具有较强的市场潜力。

2) 湿法水玻璃工程化实施

2007年11月,日化院在原有研究开发的基础上,同苏丹M&B公司上海办事处签订了为其建设2万t/a湿法水玻璃的工程项目。该工程建于苏丹首都喀吐穆工业园区,主要为洗涤剂生产厂提供水玻璃原料,2008年11月为合同完成期。整个项目包括工艺技术、分析方法、工程设计、设备制作、装置安装、调试和试生产的全部过程。

3) 烷基多苷(APG)后续产品的工程化开发

日化院的APG工程化研究完成后已在上海发凯化工公司形成了1万t/a的产业化生产,成为日化院上海分院产业化的主要产品。随着市场的拓展和渗透,纺织、钢铁、涂料等行业对系列产品中的新品种,提出了不同性能的要求。为此,该院及时组织力量,对短碳链、异构链APG等多品种进行了开发,并于2006—2007年先后经上海市火炬高技术产业开发中心、上海市科学技术委员会、上海市高新技术成果转化项目认定办公室与上海市高新技术转化服务中心、科学技术部科技型中小企业技术创新基金管理中心审批,不同品种的"烷基糖苷新型绿色表面活性剂"科研项目,分别被列为"上海市火炬计划项目""上海市科学技术委员会科研计划项目""上海市高新技术成果转化项目"和"科技型中小企业技术创新基金项目"。这些项目取得成果后,立即投入生产,及时为各行业提供了所需的新品种,应用中均得到了极大好评,现已成为上海分院APG系列产品中的重要新品种,目前正在实施5万t/a的扩产计划。

(2) 专用设备和测试仪器的研究开发

日化院历来就具有较强的设备和装置研究、设计和加工能力,也具有丰富的设计、加工经验。在日化和表面活性剂工业蓬勃发展的现在,自主创新研究和工业生产改善,对专用设备和测试仪器提出了新的更高要求。为此,日化院加强研制,开发了多种产品,及时满足了各方面的需求。开发和供应的主要产品有:

1) FGEE-Ⅱ型实验室SO_3磺化装置

在磺酸盐及硫酸盐型表面活性剂的生产中,多种类型的磺化装置技术已十分成熟,但国内仍缺乏实验室探索新工艺,开发新产品和检验磺化原料等目的的小型轻便磺化装置。2004年,日化院在多年研制磺化装置的基础上,为便于实验室操作,采用SO_2为起始原料,研制成功了实验室磺化装置。该装置包括电加热器干燥空气,涡流加热控制钢瓶内SO_2压力,以稳定的SO_2气量送入转化器以及可根据不同需要调节的磺化器和老化、中和、产品水解等工序的配套设备。由于此套装置设计合理,适用范围广，操作简便，环境清洁，节约能源，所以很快在抚顺石化分公司、克拉玛依石化分公司、广州浪奇实业股份有限公司、温州大学、浙江吉利达化工有限公司等单位得到推广应用，受到用户的一致好评。2004年该装置获得国家发明专利权，2007年获中国轻工联合会颁发的科技进步二等奖。

2) RHJD型碟片式静电除雾器

我国SO_3磺化生产装置的尾气除雾，多为电晕丝静电除雾器，日化院针对其存在能耗高，净化效果差，维修不便等缺点，研究开发了碟片式静电除雾器。碟片式静电除雾器不仅允许尾气线流速可高达1.5 m/s，集积管数比老式减少1/4，而且净化效果好，运行可靠性高，节电效果明显，维修方便。2006年在运城南风集团生产装置成功运转后，很快在嘉兴赞宇、洛阳立白等得到推广，现已有5套在生产线上有效运行。

3) FJDRQ型高效节能空气电加热器

为改进SO_3磺化生产装置中空气加热系统，采用冷端设计制造技术，选用耐高温不锈钢管和改性氧化镁粉，研制成功了具有升温速度快，热效率高，操作方便，占地小，安全经济，适用范围广的FJDRQ空气电加热器，并已达到了标准化、系列化产品生产。现已有8套装置分别在中国科学院工程热物理研究所、北京东方罗地亚公司、吉联石化公司、大同蓝浪洗涤用品公司实验室和生产线上应用。

4) RHLQ型多功能立式去污测定机

为使肥皂和洗涤剂去污力测定能方便、快速、准确地进行，日化院在原有去污机的基础上，改进研制成功了多功能立式去污测定机。这是国家标准GB/T 13174—2003《衣料用洗涤剂及抗污渍再沉积能力的测定》认定使用的定型标准设备，它具有程控升温和降温功能，可在5~80 ℃准确测定。该机还配备有餐具洗涤剂去污力评价附件，符合GB 9985—2000《手洗餐具用洗涤剂》去污力评价要求，适用于高、中、低各类餐具洗涤剂去污力测定与评价。该装置于2000年获国家实用新型专利和国家轻工业局科技技术进步二等奖，现已有126台用于宝洁技术中心、白猫有限公司、上海联合利华技术中心、纳爱斯集团公司、天津汉高公司、浙江公证质检中心，并出口印尼、马来西亚、新加坡及印度等国家。

2.4.3 应用基础研究

1999年，山西省科委依托日化院建立了表面活性剂山西省重点试验室，该院表面活性剂学科研究也被列为山西省基础性研究重点学科，该实验室于2000年还升级为省、部共建重点学科实验室。以此为契机，该院的应用基础研究很快得到加强，并初步形成了自己的特色，在国内胶体与界面化学领域研究中已占有一定地位。2000年以来，先后承担了国家自然科学基金会"表面活性剂绿色化学基础研究"项目、

973预研项目"两亲分子有序组合材料及其应用基础研究"、国家自然科学基金会重点项目"新型两亲分子有序组合体的构筑、结构和功能调控研究"、973项目子课题"重烷基苯磺酸盐驱油剂提高石油采收率的基础研究"。

为给应用研究提供基础理论依据，日化院的应用基础研究选题定位于既跟踪国际先进水平，又结合我国实际。目前的主要研究方向和内容包括以下几方面：

①表面活性剂浓溶液的流变学研究。

②微乳液的应用基础研究。

③表面活性剂聚集体（溶致液晶、囊泡等）的应用基础研究。

④新型表面活性剂的合成和应用基础研究。

⑤表面活性剂之间相互作用与配伍性能的研究。

⑥表面活性剂绿色化学的研究。

⑦表面活性剂在高新技术领域的应用基础研究。

⑧表面活性剂在改造提升传统产业中的应用研究。

日化院除承担国家基金会项目外，还承担了大量地方的应用基础研究任务，其内容涉及新型表面活性剂的制备工艺与应用、微乳农药、微乳燃油、中药剂型转换与靶向药物载体、表面活性剂与DNA的相互作用、纳米材料的微反制备与表面改性、新型纳米 $Mg(OH)_2$ 阻燃剂等。

目前，日化院的许多应用基础研究成果已进入工业应用阶段，如：标志着个人护理用品安全绿色的新一代个人洗浴用品和餐具洗涤剂配方技术，已有9个品种交付江苏、浙江的相关企业；液滴尺寸在100 nm以下的微乳柴油、微乳汽油能长期稳定储存，经台架试验表明，其燃烧效率大为提高，节油率可达3%~5%，排气温度可降低20%~60%，烟尘降低30%~80%，NO_X 和 CO 排放量约为一般柴油的25%，既节约了能源，又有利于环境保护；微乳农药借助基础研究成果提出自乳化应用体系的实施方案，并进入国家"十五"攻关计划，形成了工业应用技术；以重烷基苯各族组分磺酸盐提高石油采收率的应用基础研究为起点，经过5年的持续研发工作，2007年重烷基苯的质量控制与磺化技术已交付大庆油田使用，为实现我国三次采油助剂大规模国产化生产，提供了可靠的技术依据。

2.4.4 环保、标准等公益性的研究工作

近几年，日化院承接了国家环保局、国家科委、国家标准局、中国轻工联合会下达的多项任务，并配合中国环境科学院、山西药品检验所和行业发展需要，开展和完成了许多公益、环保项目，制订了多个原料与产品国家及行业标准。先后完成的主要项目有：表面活性剂及助剂对环境影响的研究、洗涤剂中磷酸盐与水质保护的研究和建议、洗涤剂耗水量与节水性能评估研究、个人护理用品中活性组分安全

性评价标准研究、日用化学品制造行业产排污系数核算、表面活性剂生物降解性能研究、肥皂测试方法（标准）、特种洗手液国标制订、洗衣膏标准制订、层状硅酸钠国标制订、日化产品抗菌、抑菌效果评价标准制订、洗涤剂洗涤效果评价方法制订、化妆品及香精香料工业污染物排放标准制订等等。这些项目的完成，对促进环境保护和企业持续健康发展具有重要的保证作用。

表面活性剂对环境影响的另一个主要表征为其生物降解性能，20世纪60年代初国外已相继制订了评价标准，一般要求降解度达90%以上。我国对此研究一直比较薄弱，日化院为填补此空缺，2000年成立了专门研究机构，在参考和对比国外表面活性剂生物降解性能的研究内容和方法的基础上，采用振荡法自行设计建立了半连续和连续活性污泥法生物降解装置，先后开展和完成了"表面活性剂初级生物降解性能研究""表面活性剂生物降解度试验方法""油溶性表面活性剂生物降解性能研究""表面活性剂最终生物降解性能研究""壬基酚聚氧乙烯醚嗜氧生物降解"等课题，以及表面活性剂类型、结构与生物降解性关系的多方面基础研究。目前，不仅建成了完善的评价体系，"表面活性剂生物降解度试验方法"已列为国家标准（GB/T 15818—2006），并归纳文献，建立数据库，通过网站专页，为各行业选用表面活性剂提供了依据。

3 表面活性剂／洗涤剂领域国家攻关计划总结

3.1 行业国家科技攻关项目（国家支撑计划）概况

改革开放以来，洗涤剂领域尤其是作为合成洗涤剂主要原料的表面活性剂工业的技术创新与进步，一直受到国家的重视和支持，关键技术的开发以"国家科技攻关项目（国家支撑计划）"的形式立项研究，取得了丰硕的成果，大大缩小了我国表面活性剂工业与国际先进水平的差距，促进了行业的快速发展。可以说本领域"国家科技攻关项目（国家支撑计划）"的课题内容反映了各个五年计划时期行业亟须解决的问题，是行业科技进步的主线。

"六五"期间，表面活性剂领域的国家科技攻关刚刚起步，只有一个项目（糖用表面活性剂）立项，而在"七五"期间共有25个课题包括在国家"七五"科技攻关项目中涉及内容如：表面活性剂创新品种的开发如MES、咪唑啉、聚甘油酯等；表面活性剂原料如脂肪醇、脂肪胺、壬基酚制备工艺的开发；表面活性剂制备工艺如乙氧基化、磺化的开发；并进行了表面活性剂在不同领域如食品工业、皮革工业、纺织工业的应用技术研究。绝大多数项目按要求完成了任务，为我国表面活性剂行业的发展奠定了良好的基础。

"八五"期间，表面活性剂领域又得到了国家大力支持，纳入国家"八五"攻关项目的共有15个专题，除表面活性剂新品种如烷基多苷、AOS及酰胺系列表面活性剂等以及油化产品脂肪胺、脂肪醇等的制备工艺开发外，还对表面活性剂领域的先进装备如环路反应器、外循环式喷雾式乙氧基化装置进行了开发研究，攻关结果达到了预期目标，提升了我国表面活性剂行业的工艺及装备技术水平。

"九五"期间表面活性剂领域有14个专题被纳入国家科技攻关计划，除了继续对表面活性剂原料及绿色化品种给予投入以外，更加注重表面活性剂的应用技术研究，如阴－阳离子表面活性剂复配技术、无磷洗涤剂配方技术以及表面活性剂在食品、农业及皮革工业中的应用等进行了开发，进一步扩展了表面活性剂的应用领域，促进了表面活性剂工业与国民经济其他领域的结合。

"十五"期间，由于国家机构调整等方面的原因，表面活性剂领域整体没能列于国家攻关计划中，只有日化院在农药项目中列入一个有机硅表面活性剂研发的子课题。"十五"国家攻关项目缺失是表面活性剂行业的发展中的一个缺憾之处。

"十一五"表面活性剂行业又重见光明，经过相关单位的积极争取和科技部的大力支持，有5个课题（含13个子课题）被列入"国家科技支撑计划"（即"十五"以前的"国家科技攻关计划"）。5个课题分别是：

①油脂基绿色表面活性剂制造工艺研究开发及应用示范。
②油脂乙氧基化物和脂肪酸甲酯磺酸钠产业化及应用技术开发。
③温和型表面活性剂醇醚羧酸钠、醇醚葡糖苷制备工艺研究开发。
④无溶剂连续季胺化和脂肪酸乙基磺酸钠——香皂一体化清洁生产工艺产业化。
⑤改性羧酸盐和磺酸盐表面活性剂的研发及应用示范。

上述课题的研究内容涉及表面活性剂行业发展的绿色化工程技术、节能降耗技术、高质量产品制备技术等行业共性技术，涵盖新型催化技术及关键反应设备以及产品及工艺绿色化的公益技术。

"十二五"期间在"十一五"项目顺利实施的基础上获得国家大力支持，共有4个专题，含17个课题列入了国家攻关计划，支持力度空前。

"十三五"国家进行了科技项目申报体系的重大改革，原有国家支撑计划取消。经过多方努力，表面活性剂行业在国家重点研发计划重点专项"重点基础材料技术提升及产业化示范"中得以立项，共有3个专项、15个课题列入，经费支持额度达5000万元以上。

3.2 行业国家科技攻关项目（国家支撑计划）课题汇总

3.2.1 国家"七五"科技攻关计划项目

国家"七五"计划对应1985—1990年。当时的行业主管部门轻工业部在国家计委的统一部署下，安排了轻工领域的国家攻关计划，洗涤剂行业位列其中，共安排了25个课题的攻关任务。课题清单如表2-1所示。

表2-1 洗涤剂行业国家"七五"攻关课题

序号	专题编号	课题名称	承担单位
1	75-39-03-01	山苍子核油制备脂肪醇及其衍生物的研究开发	日化所
2	75-39-03-02	脂肪酸酯加氢制醇的研究	大连油脂化工厂
3	75-39-03-03	MES工程系统试验	无锡轻工业学院
4	75-39-03-04	氨基酸表面活性剂	四川轻工业研究所
5	75-39-03-05	羊毛脂衍生物的开发	上海油脂化工厂等
6	75-39-03-06	脂肪醇乙氧基化工艺改进的研究	大连理工大学、日化所
7	75-39-03-07	家用织物柔软剂的研究	日化所
8	75-39-03-08	醇一步法制叔胺	日化所
9	75-39-03-09	咪唑啉低刺激表成活性剂新品种的开发	日化所
10	75-39-03-10	伯胺甲醛法合成叔胺	化工部北京化工研究院等
11	75-39-03-11	洗衣粉成型技术的消化吸收	上海洗涤剂三厂
12	75-39-03-12	SO_3磺化技术消化吸收——列管式磺化器的研制	日化所
13	75-39-03-14	表成活性剂型聚醚500 t/t中试	上海高桥石化公司化工三厂
14	75-39-03-15	壬基酚合成工艺的开发研究	上海石油化工研究院
15	75-39-03-16	溶剂型清洗剂的研制	上海石油化工研究院
16	75-39-03-17	食品工业清洗剂	日化所
17	75-39-03-18	聚丙烯酰胺的开发与应用研究	天津大学等

续表

序号	专题编号	课题名称	承担单位
18	75-39-03-19	聚氧乙烯的合成研究	化工部上海化工研究院
19	75-39-03-20	聚马来酸酐型BS分散剂的研制	邢台市化工研究所
20	75-39-03-21	共聚改性聚乙烯醇表面活性剂研究	浙江大学
21	75-39-03-22	聚乙烯吡咯烷酮的合成（中试）	浙江省化工研究院
22	75-39-03-23	聚丙烯酸产品合成工艺工程开发	广州市南中有机化工厂
23	75-39-03-24	不饱和醇的制备和应用研究	大连油脂化工厂
24	75-49-04-05	食品添加剂——聚甘油酯的合成及其在食品中的应用	日化所
25	75-48-05-16	毛皮酸性染料低温染色助剂的研究	日化所

上述课题针对行业急需，从原料、表面活性剂新产品、制备工艺到应用进行了全面攻关，并取得明显效果。经过5年的攻关，整个项目于1991年通过了国家计委组织的验收。其中醇一步法制叔胺获得轻工业部科技进步一等奖、国家科技进步二等奖；山苍子核油制备脂肪醇及其衍生物的研究开发获轻工部科技进步二等奖，国家科技进步三等奖。项目验收后多个课题成果在行业内得到广泛推广，为行业技术进步做出了贡献。

3.2.2 国家"八五"科技攻关计划项目

国家"八五"计划对应1991—1995年。在"七五"攻关取得良好效果的前提下，轻工业部又在国家计委部署下安排了洗涤剂行业的"九五"攻关计划项目，项目名称为高效化工催化剂的研究，包括3个专题。分别是：高效催化剂的研究；专用装备的开发；新型表面活性剂的开发。3个专题下共列15个课题，列于表2-2中。

表 2-2 洗涤剂行业国家"八五"攻关课题

"八五"攻关项目专题（高效化工催化剂的研究）			
序号	专题编号	专题名称	承担单位
1	85-516-01-01	高碳醇羰基合成催化剂及放大工艺过程的研究	中科院兰州化物所
2	85-516-01-02	长链烷烃脱氢催化剂载体和催化剂改进研究	日化所
3	85-516-01-03	脂肪胺合成用催化剂的研究	日化所
4	85-516-01-04	脂肪酸甲酯中压催化氢化的研究	日化所
5	85-516-01-05	烷基多苷类合成催化剂及催化工艺的研究	日化所
6	85-516-01-06	酯类表面活性剂合成用催化剂及合成工艺的研究	天津轻工业化工研究所
7	85-516-02-01	α-烯烃磺化技术研究	日化所
8	85-516-02-02	乙醇胺生产技术的研究（羟乙基乙二胺）	轻工部日化所
9	85-516-02-03	脂肪酰胺系列表面活性剂的研究	日化所
10	85-516-02-04	洗涤剂用酶精制与应用研究	天津工业微生物研究所、日化所
11	85-516-03-01	外循环喷雾式乙氧基化设备国产化及技术研究	北京合成化学厂、轻工部规划设计院
12	85-516-03-02	脂肪酸精馏装备国产化及其应用研究	轻工部规划设计院、青岛肥皂厂
13	85-516-03-03	环路反应器工程	日化所、轻工部杭州轻工机械研究所
14	85-720-10-26	5万t/a合成洗涤剂生产线计算机优化控制系统	轻工部自动化研究所、日化所
15	85-603-02-02	商品化陶瓷坯料配方的研究	日化所

整个项目从行业急需的关键技术出发，紧跟国际发展趋势，注重引进、消化、吸收，项目结束后大部分课题成果得到了产业化推广。如α-烯烃磺化技术研究和外循环喷雾式乙氧基化设备国产化及技术研究，取得了良好效果。项目于1996年通过国家计委验收。

3.2.3 国家"九五"科技攻关计划项目

国家"九五"计划对应1996—2000年。洗涤剂行业"九五"国家攻关项目主要针对国内洗涤剂行业功能化表面活性剂产品缺乏和行业技术水平低下的问题，安排了新型表面活性剂原料及产品开发的攻关项目，共有6个专题，含12个子课题。"九五"攻关项目部署时还是由国家发展计划委主管，中期移交科技部主管。课题名称等内容列于表2-3中。

表2-3 国家"九五"科技攻关项目（新型表面活性剂原料及产品开发）课题

专题编号	专题名称	承担单位
96-553-01-01	改进双孔低密度 $\gamma-Al_2O_3$ 载体综合性能的研究	日化所
96-553-01-02	脂肪族叔胺经济规模项目的研究开发	
96-553-01-02-01	环路反应胺化装置胺的研究	日化所
96-553-01-02-02	三长链烷基叔胺的合成	日化所
96-553-01-03	烷基多苷（APG）及衍生物的研究开发	日化所
96-553-01-04	表面活性剂及助剂的研究	
96-553-01-04-01	醇醚羧酸盐工程化技术的研究	日化所
96-553-01-04-02	食品乳化剂柠檬酸甘油单、二酸酯的研究	无锡轻大
96-553-01-04-03	有机硅聚氧烷季铵盐的应用	湖南轻工所
96-553-01-05	表面活性剂在农业和皮革工业中的应用	
96-553-01-05-01	表面活性剂在农田节水增产中的应用技术	天津轻工所
96-553-01-05-02	合成磷酸酯加脂剂	日化所
96-553-01-06	洗涤用品行业共性关键技术的研究	
96-553-01-06-01	阴-阳离子的复配技术	日化所
96-553-01-06-02	无磷洗涤剂配方的研究	日化所
96-553-01-06-03	光漂白剂的研究	北京轻院

"九五"攻关课题设置注重行业共性关键技术的研究和应用技术的研究，成果实用性强，产业化程度高，项目在2001年通过了科技部验收。改进双孔低密度 $\gamma-Al_2O_3$ 载体综合性能的研究，环路反应胺化装置的研究，烷基多苷（APG）及衍生物的研究开发3个课题获得省级科技进步二等奖。

3.2.4 国家"十一五"科技支撑计划项目

从"十五"计划开始,国家攻关计划改为国家支撑计划,在"十五"计划落空的情况下,经过合成洗涤剂行业各方面的努力,争取到了国家"十一五"支撑计划的立项。项目名称:特殊功能表面活性剂的绿色化工程技术开发。目标:开发以可再生资源为原料和新型绿色表面活性剂的中试生产技术以及制约我国表面活性剂发展的重要原料的技术,研究开发新型功能性能面活性剂及其绿色化应用技术,开发环境友好功能表面活性剂及其应用技术,开发表面活性剂及其中间体的清洁生产技术。通过本项目的实施,形成自主创新体系,提高行业和企业创新能力,构建行业产、学、研相结合的技术创新平台。

实施年限为2007年7月—2010年6月,共3年,含5个专题,详见表2-4。

表2-4 国家"十一五"科技攻关项目专题

序号	专题编号	专题名称	承担单位
1	2007BAE52B00	特殊功能表面活性剂绿色化工程技术开发	
1-1	2007BAE52B01	油脂基绿色表面活性剂制造工艺研究开发及应用示范	江南大学
1-2	2007BAE52B02	万t级油脂乙氧基化物和脂肪酸甲酯磺酸盐产业化及应用示范	日化院
1-3	2007BAE52B03	温和型表面活性剂醇醚羧酸钠、醇醚葡糖苷制备工艺研究开发	日化院
1-4	2007BAE52B04	无溶剂连续季胺化和脂肪酸乙基磺酸钠-香皂一体化清洁生产工艺产业化	江南大学
1-5	2007BAE52B05	改性羧酸盐和磺酸盐表面活性剂的创新开发及应用示范	山东大学

3.2.5 国家"十二五"科技支撑计划项目

国家"十二五"计划对应年限为2011—2015年。洗涤剂行业"十二五"国家支撑计划项目于2012年启动,2015年结束。项目名称为"功能化表面活性剂绿色制备与产业化示范",主要目标是以绿色化、功能化为导向,在可再生资源利用、绿色化制备技术及清洁生产工艺、特殊功能品种制备技术、绿色化应用技术以及规模化、连续化和节能减排关键设备等方面组织攻关。通过表面活性剂的分子结构设计、高效催化剂制备及应用、特殊关键设备的设计及应用以及反应器形式、工艺流程及应用技术的原始和集成创新,突破绿色化制备技术、特种产品及工艺技术、节能降耗、催化、关键反应设备等行业共性和关键技术问题。共安排4个专题,17个课题,详见表2-5。

表 2-5 国家"十二五"科技支撑计划项目课题

序号	项目及专题编号	专题及课题名称	承担单位
	2014BAE03B00（项目）	功能化表面活性剂绿色制备与产业化示范	
1	2014BAE03B01（专题1）	耐极端环境表面活性剂的开发及产业化示范	上海发凯
	课题1	单烷基二苯醚磺酸盐的绿色制备技术与万t级产业化示范	日化院
	课题2	支链烷基糖苷的清洁生产技术与产业应用示范	上海发凯
	课题3	长链季铵碱的绿色制备技术与应用示范	日化院
	课题4	芳磺基甜菜碱两性表面活性剂的生产技术示范	江南大学
	课题5	陶瓷模具用磺酸基大分子表面活性剂的清洁生产示范	江南大学
	课题6	油脂基甘氨酸盐的绿色制备与应用技术	北京工商大学
2	2014BAE03B02（专题2）	采油工业用绿色无碱化石油磺酸盐表面活性剂制备关键技术	苏州海基环能科技有限公司
3	2014BAE03B03（专题3）	高效浓缩液体洗涤剂用表面活性剂的清洁生产工艺及配伍技术开发	日化院
	课题1	乙氧基化酯基季铵盐的合成工艺开发	日化院
	课题2	炔二醇乙氧基化物改性三硅氧烷的创新开发及应用示范	日化院
	课题3	丙烯酸类梳形表面活性剂的清洁生产技术开发	日化院
	课题4	糖苷柠檬酸单酯清洁生产技术的开发与产业示范	日化院
	课题5	催化制备古尔伯特醇及古尔伯特醇醚	日化院
	课题6	节水型高效浓缩液体洗涤剂产业化示范	日化院
4	2014BAE03B04（专题4）	天然油脂衍生新型非离子表面活性剂的开发及产业化示范	中轻化工
	课题1	非均相酯基插入式乙氧基化催化剂的研究及其产业化	日化院
	课题2	均相酯基插入式乙氧基化催化剂的研究及其产业化	日化院
	课题3	脂肪酸甲酯直接乙氧基化的万t级产业化示范	中轻化工
	课题3	天然油脂直接乙氧基化的万t级产业化示范	中轻日化
	课题4	插入式乙氧基化产品在皮革脱脂剂中的应用研究开发	皮革院

项目在2017年通过了科技部委托轻工联合会组织的验收，项目成果的特点是所含课题多数实现了产业化或具备了产业化的条件，为洗涤剂行业的进一步发展提供了有力支撑。

3.2.6 "十三五"国家重点研发计划重点专项

"十三五"项目立项期间国家科技项目体制进行重大改革，原三大科技计划（863、973、国家支撑计划）全部撤销，合并为国家重点研发计划。经过努力，表面活性剂在国家重点研发计划得以立项，项目名称为绿色高效表面活性剂的制备技术，以重大专项的形式发表指南，含如下3个专项。

(1) 绿色安全型表面活性剂

研究内容：研究表面活性剂分子内同时存在多活性官能团的交互影响，绿色表面活性剂结构与聚集行为及性能的关系；研发提纯、分离关键技术，利用生物质资源如国产非食用油脂、葡萄糖、木糖、氨基酸等为原料，开发烷基木糖苷、油脂基酰基氨基酸盐类、有机硅葡糖酰胺、囊泡化脂肪酸盐等新型绿色高效表面活性剂的短流程制备技术，突破高黏体系及热敏性反应体系的工程化技术；开展绿色安全型表面活性剂的产业化示范。

考核指标：开发5种以上绿色高效表面活性剂，产业化示范产能分别≥1000 t/a，7天生物降解度高于90%，原子利用率大于90%，应用配方毒性$LD_{50} \geq 2000$ mg/kg，木糖转化率≥99%，油脂转化率≥98%，含氢硅油的接枝率≥95%。申请发明专利10项以上，编制标准和技术规范5项以上，其中制定1项以上国际标准。

实施年限：不超过4年。

(2) 表面活性剂新型催化剂体系的开发及应用技术

研究内容：研究以构效关系为基础的分子设计基础理论催化体系，乙氧基化、胺化均相催化剂体系、离子液体催化体系及其催化机理，研究分子设计、结构表征、溶液行为与构效关系；突破催化、漂色等关键技术，开发生态安全性较高的脂肪醇聚氧乙烯醚硫酸钠（AES）及油脂基阴非离子改性产品，及其在工业领域应用过程中的无溶剂化以及过程无凝胶关键技术；开展表面活性剂节水节能等的工业化应用技术及天然油脂改性技术产业化示范。

考核指标：开发4种绿色高效表面活性剂，产业化示范产能分别≥10000 t/a，乙氧基化催化剂单耗小于0.5%，以AEO_3准，游离醇含量低于10%，窄分布AES中十二烷基硫酸钠（K12）含量低于10%，胶态胺化催化剂单耗小于100 mg/kg，选择性大于98%，烷基化催化剂选择性大于98%，油脂改性阴离子与非离子产品泡沫高度低于10 mm，应用配方毒性$LD_{50} \geq 2000$ mg/kg。申请发明专利10项以上，编制标准和技术规范5项以上。

实施年限：不超过 4 年。

（3）高效高值表面活性剂

研究内容：研究胶体表面及界面行为，分子设计及其构效关系，适用于化妆品、医药、电子行业的表面活性剂结构设计，突破提纯、分离关键技术；研发有耐高矿化度、耐强碱、增稠稳定等特殊功能的新型芳基脂肪酰胺叔胺、有机反离子型季铵盐、两性咪唑类及酰胺型等新结构的表面活性剂制备技术，高效肽表面活性剂分子理性设计及定向制备技术；开展高值表面活性剂的生产示范。

考核指标：开发 5 种以上高值高效表面活性剂，产业化示范产能分别 $\geqslant 1000\,t/a$，季铵化不使用氯甲烷、溴甲烷、硫酸二甲酯等有害烷基化试剂，产物不含亚硝胺等致癌副产物；季铵化率 $\geqslant 98.5\%$，游离胺小于 1%，耐强碱表面活性剂的耐碱度 $\geqslant 5\,mol/L$（以 NaOH 计），原子利用率 $\geqslant 90\%$；油水界面张力小于 $10^{-3}\,mN/m$，7 天生物降解度高于 90%，高效肽表面活性剂原料蛋白转化率 $\geqslant 90\%$，耐盐度 $\geqslant 1.7\,mol/L$（以 NaCl 计），可完全降解。申请发明专利 10 项以上，编制标准和技术规范 5 项以上，其中制定 1 项以上国际标准。

实施年限：不超过 4 年。

根据上述指南，经过申报和立项答辩，确立 3 个专项，15 个课题，于 2016 年 7 月启动，具体课题名称等内容见表 2-6。

表 2-6　国家"十三五"重点研发计划项目课题

序号	项目编号	项目及课题名称	承担单位
1	2017YFB0308700	绿色安全型表面活性剂	北京工商大学
(1)	2017YFB0308701	油脂基酰基氨基酸盐的短流程制备技术开发	北京工商大学
(2)	2017YFB0308702	烷基木糖苷清洁生产技术开发	日化院
(3)	2017YFB0308703	糖苷磺基琥珀酸酯盐的绿色制备研究	日化院
(4)	2017YFB0308704	有机硅葡糖酰胺制备工艺开发	日化院
(5)	2017YFB0308705	脂肪酸囊泡的囊材生产技术开发	江南大学
2	2017YFB0308800	表面活性剂新型催化剂体系的开发及应用技术	中轻日化
(1)	2017YFB0308801	均相窄分布催化乙氧基化醇醚万 t 级产业化示范	天津浩元
(2)	2017YFB0308802	窄分布醇醚硫酸盐 AES 的万 t 级产业化示范	北京大学
(3)	2017YFB0308803	油脂基阴非离子改性技术的万 t 级产业化	中轻日化
(4)	2017YFB0308804	脂肪醇催化胺化胶态催化剂的研究开发	日化院
(5)	2017YFB0308805	双烷基二苯醚双磺酸盐的清洁制备及应用示范	日化院
3	2017YFB0308900	高效高值表面活性剂的研究开发及应用示范	日化院
(1)	2017YFB0308901	新型芳基脂肪酰胺叔胺类表面活性剂制备技术	华东理工大学
(2)	2017YFB0308902	新型有机反离子季铵盐绿色制备技术及生产示范	日化院
(3)	2017YFB0308903	妥尔油基表面活性剂开发及应用示范	日化院
(4)	2017YFB0308904	脂肪酸甲基单乙醇酰胺生产技术及应用示范	江南大学
(5)	2017YFB0308905	高效肽表面活性剂分子理性设计及定向制备技术	北京工商大学

参考文献：

[1] 中国洗涤用品工业协会. 中国洗涤用品工业发展史[M]. 北京：中华书局，2003.

[2] 王万绪等. 中国日用化学工业研究院院史[M]. 太原：山西人民出版社，2009.

[3] 中国洗涤用品工业协会. 中国洗涤用品工业走过辉煌60年[J]. 中国洗涤用品工业，2009(5)：29-33.

[4] 张高勇，王燕. 中国合成洗涤剂四十年及跨世纪展望[J]. 日用化学品科学，1999，22(5)：1-5.

[5] 王全贵，管大松. 合成洗涤剂工业技术装备的回顾与展望[J]. 中国洗涤用品工业，2015(6)：28-33.

[6] 柏长欣. 如何对重烷基苯磺化装置进行优化操作[J]. 中国设备工程，2017(11)：16-17.

中国合成洗涤剂工业60年

三 原料篇

合成洗涤剂是由表面活性剂（又称"界面活性剂"）与其他助剂及添加剂配制而成。合成洗涤剂中，表面活性剂量的占比通常约为10%~15%，是合成洗涤剂中起主要作用的组分，也被称为"活性物"。表面活性剂是化学结构上兼具亲油（疏水）和亲水（疏油）两个部分的两亲分子，能吸附在两相界面上，呈单分子排列使溶液的表面张力降低，这一性质称为表面活性，具有表面活性的物质叫作表面活性剂。其他组分如助剂和添加剂在配方中也起重要作用。除此之外还有在配方中占有最大质量比的填充剂，对洗衣粉而言是元明粉，对洗衣液来讲是水。

1 表面活性剂

1.1 表面活性剂概述

1.1.1 表面活性剂的定义

表面活性剂是一大类化合物，具有在界面上富集、能明显改变界面性质的特点，尤其是能够显著降低水溶液的表面张力。同时此类物质能够在溶液中和界面上形成多种分子有序组合体，这些聚集体显示出许多单个分子不具有的特性。无论何种表面活性剂，其分子结构均由两部分构成。分子中的一部分为非极性亲油的疏水基，有时也称为亲油基；分子中的另一部分为极性亲水的亲水基。两类结构与性能截然相反的分子碎片或基团分处于同一分子的不同部位并以化学键相连接，形成了一种不对称的、极性的结构，因而赋予了该类特殊分子既亲水、又亲油，但又不是整体亲水或亲油的特性。表面活性剂的这种特有结构通常称之为"双亲结构"（或"两亲结构"），表面活性剂分子因而也常被称作"双亲分子"。

1.1.2 表面活性剂的特性

表面活性剂分子是一种两亲分子，具有既亲油又亲水的两亲性质。其分子一般总是由非极性的、亲油的碳氢链和极性的、亲水的基团两部分组成，该两部分分布在分子内不同位置，形成不对称的结构，因此，它具有可在各种界面上定向吸附及在溶液内部聚集形成胶团及其他有序组合体的重要性质。表面活性剂这种由于其两亲分子结构导致的在表面富集和在溶液体相聚集的性质是其区别于其他物质的主要特性。表面活性剂的基本性质是由其分子结构决定的。分子结构中都具有亲水的和疏水的两种基团，溶解于水时，不论离解与否，两种基团同时对水产生了相反的作用。

亲水基团受水的吸引而伸向水溶液，疏水基团则受水的排斥而伸向空气，整齐地排列在溶液的表面而成为单分子层的薄膜和胶束，溶液的表面张力逐渐下降，达到某一最低浓度后便不再下降，这时的溶液浓度称为临界胶束浓度（cmc）。不同的表面活性剂有不同的临界胶束浓度，且随温度而异。达到临界胶束浓度后，溶液中的表面活性剂离子或分子便自行缔合而成为球状（有时也成为层状或棒状）的聚集体，即所谓胶束，以疏水基团朝内，亲水基团向外，例如表面活性剂是离子型的，则离解出来的离子（如 Na^+ 和 Cl^- 等）部分包围在胶束之内，部分扩散在胶束外层。胶束使溶液具有胶体的性质，对去污性至关重要。因为溶液中的胶束存在，和溶液表面上的单分子膜保持平衡使溶液的表面张力保持在最低值。另外，胶束既以疏水端朝向内部而形成一种具有烃类性质的溶剂层，对油性的污垢有良好的溶解性，能裹住油污，在洗涤过程中被洗液带走。

表面活性剂在水溶液中除改变溶液的活性，即降低其表面张力外，与洗涤有关的各种性能，如渗透、吸附、润湿、分散、乳化、胶溶、起泡等作用，在临界胶束浓度附近都将发生明显的变化。如比较典型的表面活性剂十二烷基硫酸钠（$C_{12}H_{25}OSO_3Na$），测定十二烷基硫酸钠上述各种性能在临界胶束浓度附近的变化，发现除表面张力降至最低值而保持不变外，其他性能都发生比较明显的变化。合成洗涤剂中所用的表面活性剂，不是很纯净的单一化合物，常含有或多或少的相邻的同系物。而且，表面活性剂在洗涤剂配方中还占不到总质量的1/3，其余的是各种助剂和辅助剂，起着各种不同的作用。因此，多组分配成的合成洗涤剂在洗涤过程中所起的作用是一个复杂的综合过程。

洗涤用品中所用的表面活性剂以阴离子型最为重要。其中直链烷基苯磺酸盐（LAS）用量最大，其次为脂肪醇硫酸盐、脂肪醇聚氧乙烯醚硫酸盐、烷基磺酸盐等。肥皂是最古老的阴离子表面活性剂，迄今仍然是重要的洗涤用品。近年来，非离子型表面活性剂如脂肪醇聚氧乙烯醚等的用量有较大的增长。

1.1.3 表面活性剂分类及制备工艺

按分子结构及分子带电荷种类划分，表面活性剂可分为阴离子表面活性剂、阳离子表面活性剂、非离子表面活性剂、两性离子表面活性剂以及特种表面活性剂。这是目前表面活性剂行业通行的分类方法。

表面活性剂属于典型的精细化学品，其制备工艺主要是通过某种化学反应，将疏水化学原料和亲水原料结合在一起，或者由疏水性质的分子拓展衍生生成亲水部分，形成具有两性结构的分子，即得到目标产物——表面活性剂。用于表面活性剂制备的典型化学反应主要有磺化（硫酸化）、乙氧基化、季铵化等。

磺化（硫酸化）反应。这是制备阴离子表面活性剂的主要反应，由烷基苯、脂肪醇等同发烟硫酸、气体 SO_3 等磺化剂在合适的条件下，生成所需要的磺酸或硫酸化产品，经中和制得阴离子表面活性剂。目前用 SO_3 经膜式磺化制备表面活性剂已是很成熟和普及的工艺。

乙氧基化反应。这是制备非离子表面活性剂的主要工艺，由脂肪醇、脂肪胺、脂肪酸、脂肪酸甲酯同环氧乙烷进行乙氧基化聚合反应，制得聚氧乙烯型非离子表面活性剂。

季铵化反应。这是制备阳离子表面活性剂的主要方法，由合适的脂肪叔胺和氯甲烷、硫酸二甲酯、氯化苄等季铵化剂反应制得不同的季铵盐，即得到阳离子表面活性剂。

其他类型的反应。如酯化、酰胺化、糖苷化等反应，主要用于不同类型的两性离子或非离子表面活性剂的制备。

1.1.4 表面活性剂的性能及其应用

表面活性剂具有亲水亲油不对称的特殊结构，是一类可以显著改变所在体系界面性质的功能负载型有机化工原材料。根据所需要的性质和具体应用场合不同，有时要求表面活性剂具有不同的亲水亲油结构和相对密度。通过变换亲水基或亲油基种类、所占份额及在分子结构中的位置，可以达到所需亲水亲油平衡的目的。经过多年研究和开发，已派生出许多表面活性剂种类，具有润湿或抗黏、乳化或破乳、起泡或消泡以及增溶、分散、洗涤、防腐、抗静电等一系列物理化学作用及相应的实际应用，成为一类灵活多样、用途广泛的精细化工产品。表面活性剂除了作为日常生活中洗涤剂的主要原料外，在其他许多工业部门都有广泛的应用，被喻为"工业味精"。

经过几十年的发展，表面活性剂已经从扮演传统日用化工产品如洗涤用品中主活性物的单一角色，逐渐扩展到成为在国民经济的各个重要产业部门中不可或缺的功能负载型材料，并正在快速渗透到各高新技术领域。事实证明表面活性剂能提升大多数国民经济重要产业部门的技术水平，并能对信息技术、生物技术、能源技术、新材料等高新技术发展构成强力支撑。在人类面临资源、能源、水源危机的产业转型期，节能减排、增收节支成为开发产业技术的重要导向。在许多主要产业部门如建筑材料、纺织印染、原油开发、农药、造纸及皮革、高分子材料、食品加工等产业中，表面活性剂已经成为支撑其科技进步和产业发展的必需功能负载型有机化工原材料，如果没有表面活性剂支撑这些产业已经不可能从事正常生产，而这些相关产业规模超过国民经济总产值的 20%。

表面活性剂作为功能负载型有机化工原材料应用于相关领域，带来几十倍甚至百倍于自身价值的国民经济产出，是加快发展我国表面活性剂行业最为重要的意义所在。表面活性剂行业的技术提升和发展对于相关的工业和民用洗涤产品、食品、建材、原油开采等行业的发展具有重要意义，通过对这些下游应用行业的支持，为我国经济社会协调发展提供支撑，对国家的科学技术和国民经济可持续发展至关重要。

1.1.5 发展及现状

我国表面活性剂研发工作起始于1957年，具有工业化意义的表面活性剂的生产和合成洗涤剂同步，刚开始生产装置规模只有几千t，品种限于石油磺酸钠和石油基苯磺酸钠等少数产品。合成洗涤剂工业的发展，带动了作为合成洗涤剂主要原料的表面活性剂生产。随着科学技术的发展，表面活性剂的应用已经进入了许多传统产业。它能有效地改进工艺、降低单耗、节约能源、改善环境和提高产品质量，因而广泛地应用于国民经济各领域，例如日用化工、食品、能源、冶金、建材、纺织、塑料等都是表面活性剂应用非常广泛的行业，并且有越来越深入的趋势。发达国家表面活性剂在除日用化学品以外的其他工业中的应用占总产量的60%以上。表面活性剂的工业应用更促进了其从规模到质量的发展。改革开放前表面活性剂产量已超过10万t。

改革开放以来，我国表面活性剂工业发展迅速，20世纪80年代中期年产量只有30万t，2018年高达420万t，约占世界表面活性剂年总产量的20%，实现本行业销售额600多亿元。应用领域不断拓展，工业用表面活性剂份额逐年上升。30年间我国表面活性剂产量增长了十几倍，且还在以每年5%~6%的速度增长，明显高于国外同期2%~3%的增长速度，充分说明了我国表面活性剂行业的技术进步充满活力。国民经济和高新技术持续快速发展，对表面活性剂品种和产量提出了更大的需求。仅以使用表面活性剂为主要原料的日用化工行业计，2016年民用洗涤用品销售额已达到1832亿元、化妆品销售额已达到1609亿元、口腔卫生与清洁用品已达到211亿元。

表面活性剂行业得到良好发展的同时，也存在比较明显的问题，主要有：

（1）特殊功能表面活性剂品种严重短缺

目前，我国表面活性剂品种约1600种，不到世界已有品种的40%。大宗表面活性剂产品的生产经过国家组织的几个五年计划的技术攻关及对引进先进工艺、关键设备的消化吸收，已经基本实现国产化，而所短缺的正是传统应用领域需求的技术含量高、产品质量高、性价比高的表面活性剂新品种，以及新兴应用领域需求的具有特殊功能的表面活性剂新品种。如民用洗涤用品领域，需要开发油脂基温和型、适合于浓缩化洗涤剂的主表面活性剂、易漂洗节水型表面活性剂的合成技术；在原油开发领域，应用高效廉价的表面活性剂，是提高原油采收率的重要技术手段。

（2）绿色品种及清洁生产工艺缺乏产业化导向

进入 21 世纪，全球经济一体化趋势进一步加快，人与自然、社会与环境和谐发展的意识进一步增强，我国表面活性剂行业的发展既有良好机遇，但也面临更加严峻的挑战。这些严峻挑战主要体现在下述几个方面：

①我国绿色表面活性剂品种缺乏，缺少以生物质资源为原料开发的效率高、环境友好型的表面活性剂新品种。如由于石化原料价格大幅波动，需要注重用廉价天然可再生资源制备新型表面活性剂。

②表面活性剂中间体和产品工艺技术和工程化水平近几年得到明显提高，但在某些方面，尤其在细节上和国际先进水平相比仍有差距。

③表面活性剂生产领域的生态循环与经济发展矛盾日益突出，对清洁生产工艺开发不足，对资源利用的合理性差以及原子利用率低、节能降耗减排尚不充分。

上述诸弊端不仅影响了表面活性剂行业自身的可持续发展，还影响到应用表面活性剂的大批相关行业的民族品牌的市场竞争力。

在人类面临资源、能源、水源危机的产业转型期，表面活性剂行业的可持续发展无论对表面活性剂的自身健康发展，还是对相关应用领域的发展均十分重要。通过自主创新和集成创新的技术累积，需求牵引、突出重点的项目实施原则，服务于高新技术和国民经济重要产业部门的产业化导向，资源－能源－水源节约型产品的开发等举措，推广绿色环保节能、原子经济性、循环经济的新产业化理念。以此提升表面活性剂生产行业自身的技术水平和产业化水平，使之紧跟国际发展速度和趋势、积极应对跨国公司的激烈竞争，为我国高新技术发展和经济腾飞贡献力量。

2017 年国内表面活性剂的技术创新亮点还包括插入式乙氧基化技术进一步拓展改性油脂非离子表面活性剂的产业化实施和催化氧化法制脂肪醇聚氧乙烯醚羧酸盐（AEC）千 t 级生产性实验的完成，由中国日用化学工业研究院和中轻日化科技有限公司共同组织实施。

国际上表面活性剂领域的发展一直延续绿色化、功能化的方向，注重产品、工艺及原料的安全性和产品的高效高质化发展。近年来表面活性剂的重大创新是插入式乙氧基化催化技术的成功开发及产业化。该技术的应用使得非离子表面活性剂的制备流程明显缩短，节能减排和降低成本，并且可以制备一些传统工艺无法制备的产品，具有明显的经济和社会效益。这项技术在 2017 年得到了进一步的发展和应用的拓展，如液态催化剂的开发与产业化应用，使得反应产品不需要进行催化剂分离，彻底解决了固体催化剂在产品中悬浮的问题。国内表面活性剂行业在技术创新方面紧跟世界发展趋势，取得明显进步。

1.1.6 核心优势及产业布局

经过中华人民共和国成立以来几十年的发展，我国已具有比较完整的表面活性剂研发体系，包括专业研发机构、高等院校及大中型企业的研发中心，具有产学研结合组织大型科技攻关项目的能力，技术水平和国外的差距明显缩小；表面活性剂产业规模已达到400余万t，大宗产品能够满足国内市场需求。另外，国内表面活性剂下游应用行业的发展也为表面活性剂工业提供了广阔的市场，仅是合成洗涤剂一个领域，其产量已达约1350万t，极大地带动和促进了表面活性剂工业的发展。

从产业布局看，长三角（主要是江、浙、沪）地区的优势非常明显。该地区人口密集，经济发达，消费能力强，市场优势突出，加上基础原料及配套工业发达，交通运输便捷，出口优势明显。如以表面活性剂行业最基础的原料烷基苯和脂肪醇为例，烷基苯已有南京金陵、金桐40万t/a的产能，琪优势化工（太仓）有限公司有10万t/a的产能；脂肪醇已有如皋德源10万t/a、连云港沙索6万t/a、无锡东泰2万t/a、浙江恒翔2万t/a，共计20万t/a，以及浙江嘉化12万t/a、连云港沙索6万t/a的脂肪醇装置。因此在长三角地区有50万t/a烷基苯、38万t/a脂肪醇的生产能力，另有80万t/a乙氧基化和84万t/a磺化的能力，表面活性剂的产能将占全国三分之一以上甚至三分之二的份额，成为全国乃至全球表面活性剂及其原料的主要供应基地。根据不完全统计，其他非离子表面活性剂（如烷醇酰胺、APG等）、两性表面活性剂（如甜菜碱、咪唑啉、氧化胺、氨基酸表面活性剂等）和阳离子表面活性剂长三角地区也要占到全国有效产能的50%以上。

除华东地区外，广东地区也具有明显的优势，尤其是功能性小品种的优势企业如天赐、星业、四川花语（生产基地在广州）等都集中在这一地区。

东北地区和华东及广东相比发展相对落后，但有30万t烷基苯的产能以及5万t合成醇和20万t脂肪醇的产能，加上吉林和辽阳的环氧乙烷资源，表面活性剂发展比其余地区具有明显的优势，占有比较重要的地位。

通过以上分析，可以看到表面活性剂行业目前已有的产业布局主要存在问题是区域发展不均衡，生产企业布局东、南重，西、北轻，在一定程度上影响行业的发展和效益。由于产业布局不平衡导致原料及产品的长距离运输，造成一定的资源消耗和浪费，同时增加二氧化碳的排放。表面活性剂生产厂家多数集中在长江以南的长三角、珠三角，而长江以北，尤其是三北地区（西北、东北、华北）明显落后。

1.1.7 市场需求及下游应用情况

表面活性剂产品及其原料是精细化工领域的代表性产业，大量应用于洗涤用品行业，是构建洗涤用品产品体系的基础。改革开放以来，中国表面活性剂行业通过技术引进与自主研发已建立起相对完整的表面活性剂工业体系，技术水平和装备国产化水平大幅提升，技术更新速度不断加快，能够生产包括阴离子、阳离子、非离子、两性离子及特种产品在内的4大类、130个小类的1600多个品种，2018年的总产量达420万t。除洗涤用品、化妆品、牙膏等日化产品外，表面活性剂产品还广泛应用于纺织印染化学品、造纸化学品、农药助剂、石油开采、塑料添加剂、橡胶助剂以及水泥添加剂等多个行业，对表面活性剂产品都有刚性需求。

随着国民经济的高速发展，人口增长和人民生活水平不断提高，与人民生活密切相关的洗涤剂、化妆品都将得到较快地发展，必将促进其主要的活性组分表面活性剂的较快发展；另外，表面活性剂在各个工业应用领域的拓展，也将大大增加表面活性剂的市场需求，刺激表面活性剂的创新与发展。随着我国表面活性剂产量的增加和全球经济一体化进程的加快，表面活性剂产品的出口量也将有所增长，国际竞争力将得到进一步提高。我国表面活性剂的生产与消费将会持续稳定增长，总体市场前景较好。

1.1.8 发展趋势

（1）表面活性剂的绿色化

表面活性剂绿色化发展的核心是可持续发展、环境友好。近年来，随着"绿色化学"的呼声日益高涨，以天然可再生资源为原料的温和性表面活性剂的理论研究和应用开发不断取得进展。2013年在巴塞罗那召开的第9届世界表面活性剂会议提出，应根据产品的原料来源来标定产品的生态化程度，并建议将此方面的要求体现在产品标准中。在可预见的将来，表面活性剂行业的发展仍将围绕绿色化（生态化）来进行，对人体温和性、环境和生态适应性的新型表面活性剂仍将成为国际表面活性剂的研究热点和发展方向。

（2）表面活性剂的高值化

随着社会经济的快速发展，表面活性剂的应用越来越广泛，在石油、建筑、原油开发、钢铁、食品、医药、农用化学品等领域中对表面活性剂的要求也越来越高，而化妆品、医药、电子行业等特殊行业要求高纯度的表面活性剂，盐含量的要求必须特别低，通过合成工艺的优化结合提纯、分离等关键技术的突破，提升产品的高纯及高效将成为表面活性剂行业提升利润空间的必然手段，也将成为表面活性剂的发展趋势。

（3）表面活性剂的精细化

表面活性剂行业经过多年的培育，其应用领域已从扮演传统日用化学品（如洗涤用品）中主活性物的单一角色，逐渐扩展成为在国民经济的各个重要产业部门中不可或缺的功能负载型材料，并正快速渗透到各高新技术与工业领域，提升了各个经济领域的效率。发达国家表面活性剂总量的近60%用作工业助剂，随着应用领域的拓展,各领域对表面活性剂的细分化、专业化要求也越来越高,如高泡沫、高耐碱性、低泡易漂洗性、高耐电解质性、高润湿性、高乳化性等等,过去表面活性剂大多根据表面活性剂的类型从学术上进行划分,而未来,对其性能上的功效性上及其应用领域上进行划分,强化构效关系研究从而在工艺路线上进行分子设计进行研究开发,将成为表面活性剂的发展趋势。

1.1.9 存在问题

(1) 行业重复建设现象普遍,产能严重过剩

以规模求发展是"十二五"期间表面活性剂行业企业发展的主要现象之一,长期以来粗放式的发展方式未得到根本转变,表面活性剂行业产能过剩。磺化、乙氧基化、胺化等主要工艺装置均出现了显著的产能过剩,尤其是乙氧基化产能已超过了450万t/a,而磺化的产能也已超过了300万t/a。绿色表面活性剂烷基多苷(APG)"十二五"期间的产能也形成了供大于求的现状,导致行业近年来的利润空间越来越小,企业风险越来越大。

(2) 天然油脂需要进口,一些关键原料紧缺,制约行业发展

表面活性剂行业所需原料主要是烷基苯、脂肪醇、脂肪酸和环氧乙烷。在这些表面活性剂主要原料中,目前国内只有烷基苯的供应没有问题,有88万t的产能,产品品质优良,完全满足生产需求。

脂肪醇和脂肪酸来源于天然油脂,尤其是椰子油、棕榈仁油和棕榈油,几乎全部需要进口,主动权完全掌握在东南亚产油国的手里,严重制约国内表面活性剂行业的发展。本来脂肪醇还可走发展合成醇的路子,20世纪90年代在抚顺和吉林也分别建有年产5万t羰基合成醇和10万t齐格勒醇的生产装置,但由于种种原因都早已停车,目前国内 C_{10} 以上合成脂肪醇需要100%进口。

环氧乙烷是表面活性剂行业不可或缺的原料,国内也有不小的产能,但目前市场上环氧乙烷相当紧缺,不能满足表面活性剂行业需求,主要问题在于乙烯缺口,大部分环氧乙烷都用于生产乙二醇,导致商品环氧乙烷供应严重不足,直接影响到表面活性剂行业的发展。

如上所述,表面活性剂行业的主要原料大多存在来源和供应问题,而且这些问题靠表面活性剂行业自身难以很好解决,这是制约行业发展的主要问题之一。

(3) 行业自主创新能力不强,技术创新体系有待加强

经过十几年的发展,我国表面活性剂/洗涤剂行业初步形成了自主发展的技术创新体系,主要由三部分组成:①生产企业尤其是大型生产企业在自身发展过程中形成的研发机构;②行业所属专业性研究院所;③由高等院校的相关专业构成的技术创新力量。三部分技术创新力量互相补充,在创新活动中求得自身发展,同时也

为行业的发展提供了新的技术源泉，是行业进一步发展的重要基础。

虽然我国表面活性剂行业目前已基本形成了自主发展的技术创新体系，但与外资跨国公司相比，仍有一定差距，而多数企业仍存在创新能力不足的问题，行业技术水平参差不齐。主要体现在技术创新人才和资金投入不足，新产品产出速度与数量不足，相关分析检测方法工作相对不足。与国外尤其是国际跨国公司相比较，整个行业自主创新能力不强，更多的品种是跟踪国外技术，自主创新方面相对较少，在一定程度上制约了我国表面活性剂行业的自身发展以及同国际跨国公司的竞争能力。

1.1.10 发展方向

我国已是表面活性剂生产大国，但不是强国。大宗表面活性剂产品的生产经过国家组织的几个五年计划的技术攻关及对引进先进工艺、一些关键技术设备的消化吸收，已经基本实现国产化，而所短缺的正是传统应用领域需求的技术含量高、产品质量高、性价比高的表面活性剂新品种，以及在应用技术支撑下表面活性剂在新兴领域的广泛应用。为达到表面活性剂行业可持续发展的目标，应该对以下问题给予充分关注。

（1）根据国家产业政策和市场需求，积极调整行业产品结构

表面活性剂的绿色化、精细化将成为行业产品结构优化的主要目标。表面活性剂的绿色化包括传统产业生产工艺的绿色化和产品品种的绿色化，通过技术创新，对目前传统产业的现有工艺进行技术改造，实现节能减排的新工艺，开发对环境友好、对人体温和的新品种来代替传统产品，加快我国表面活性剂的绿色化进程，保护环境和人民群众的健康。另外一点，国民经济的发展及技术进步发展史显示，很多支柱产业如能源、机械、石油等的发展，表面活性剂起着至关重要的作用，开发合适的表面活性剂，不仅有可能降低制造业过程产生的三废，提高工艺技术水平，还可以提高产业的产品质量，降低消耗。国民经济的发展需要表面活性剂的精细化发展，针对不同产业开发提供功能化的表面活性剂新品种，坚决抑制大众化产品生产装置的重复建设。

（2）增强自主创新能力，加快技术进步

经过改革开放以来近40年的发展，我国表面活性剂行业取得重大进步，但和国际先进水平比较，整体上还有一定的差距。要鼓励行业的企业、高校及研究院所通过技术引进、吸收、再创新和自主创新，从而进一步提高行业的技术水平和国际竞争力。要围绕行业重大科技需求，解决行业目前存在的主要矛盾和问题，例如以天然可再生资源为原料的绿色表面活性剂的产业化技术开发及推广；高效节水及具有其他特殊功能的表面活性剂新品种的生产及应用技术的开发与产业化推广；表面活

性剂节能及清洁生产工艺的技术开发及推广。

（3）加强应用技术开发，拓展应用领域

与国际先进水平相比较，我国表面活性剂产品的应用技术有较大差距，下游产品配方同质化严重，直接影响表面活性剂及其相关应用领域的技术进步和发展。比较典型的问题有我国洗涤剂配方活性物含量低，非有效成分含量高，急需在配方技术上得到提高。

另外，由于历史的原因，我国表面活性剂工业起源于洗涤剂工业，表面活性剂行业对日化行业比较熟悉，而对其他应用领域则相对陌生，需要通过应用技术研发，拓展表面活性剂应用领域，对接上下游产业，实现"一体化产业链"发展战略，加强表面活性剂行业与其他行业如纺织、印染、能源、建材等的交流，建立相应的研发与市场渠道，针对行业内同领域的如磺化、乙氧基化、胺化等产品和工艺相同或相近的企业的规模及经营的实际情况，实现行业的领域集中化、专业化，使产业整体水平的技术进步与市场竞争力向好的方向发展。

（4）优化产业区域布局，提升产业集群水平

针对表面活性剂行业在地区上的不平衡，应该积极推动表面活性剂行业的均衡布局，依托协会组织，发动行业内外的企业和其他力量，在表面活性剂产业欠发达地区创造条件，发展表面活性剂产业，取得全国范围内的产业均衡发展，减少在运输等环节的低效投入，进行产业集群优化升级，提升了产业集群竞争力。

（5）积极应对原料供应渠道和主要原料短缺的问题

正如我们在前面所提到的，表面活性剂行业的原料供应是行业发展的主要问题之一，因此我们必须给予积极的应对。

对于天然油脂的供应尤其是能够用于制备 C_{12-14} 脂肪酸及脂肪醇的油脂目前几乎需要 100% 进口，短时期内无望彻底解决。国内有过发展山苍子、乌桕等油料作物的尝试，均未获成功。如何利用我们自己可掌握的资源进行加工改造以满足国内对中碳链资源的需求，需要我们积极的思考和探索。对于脂肪醇的供应，另一解决方案是发展合成脂肪醇。目前国内 C_{10} 以上的合成醇需要全部进口。但有一好的信息，据讲抚顺洗涤剂化学厂计划修复已停产多年的年产 5 万 t 羰基合成醇生产装置，如能实现，则对国内表面活性剂行业的发展将起到非常积极的作用。

1.2 阴离子表面活性剂

阴离子表面活性剂是表面活性剂分类中产量最大的一类，尤其是作为洗涤剂的原料，阴离子表面活性剂占据首位。用作洗涤剂原料的阴离子表面活性剂主要为磺酸盐和硫酸酯盐及羧酸盐。

1.2.1 烷基苯磺酸钠

烷基苯磺酸钠，是指烷基碳数为12或其平均碳数约为12的烷基苯经磺化、中和后得到的产物，为合成洗涤剂最主要的原料。可以毫不夸张地说，没有烷基苯磺酸钠就没有现代的合成洗涤剂工业。

烷基苯磺酸钠有所谓"软硬"之分，硬者指的是由四聚丙烯和苯缩合制得的烷基苯磺化及中和得到的产物，其特点是洗涤性能良好但生物降解性能极差，使用排放后影响环境。我国在20世纪六七十年代曾经进口一定量的四聚丙烯烷基苯以生产支链烷基苯磺酸钠，日化所也曾在1970年进行过四聚丙烯烷基苯的试制，进行了中试，结果良好。后因支链烷基苯磺酸的生物降解问题没有继续下去。之后国内四聚丙烯烷基苯再无大的发展，断续有一定量的进口，数量不大。到目前为止，都是直接进口或进口烷基苯在国内磺化，只有在油田等特殊应用领域会用到少量的四聚丙烯烷基苯磺酸钠，洗涤剂行业再没有该类产品的应用。我们以后提到的烷基苯磺酸钠就是指的具有良好生物降解性能的"软性"直链烷基苯磺酸钠。

直链烷基苯磺酸钠简称LAS，化学结构式为$R-C_6H_4SO_3Na$，其中R为平均碳数约为12的烷烃。烷基苯磺酸钠是阴离子表面活性剂中最重要的品种，也是我国合成洗涤剂活性物的主要构成。烷基苯磺酸钠去污力、起泡沫力和泡沫稳定性好，在酸性、碱性和某些氧化剂（如次氯酸钠、过氧化物等）溶液中稳定性好，是优良的洗涤剂和泡沫剂。烷基苯磺酸钠作为洗涤剂配方的表面活性物易喷雾干燥成型，其原料来源充足、成本低、制造工艺成熟，是洗衣粉的必要组分，也可适量用于香波、泡沫浴等个人护理用品中，还可作纺织工业的清洗剂、染色助剂、金属清洗剂、造纸工业的脱墨剂等。

1.2.1.1 LAS的生产工艺

LAS的制备有多种途径，目前最具有工业化意义的路线为烷基苯经气体SO_3磺化后再中和。图3-1是LAS典型的生产工艺流程示意图。

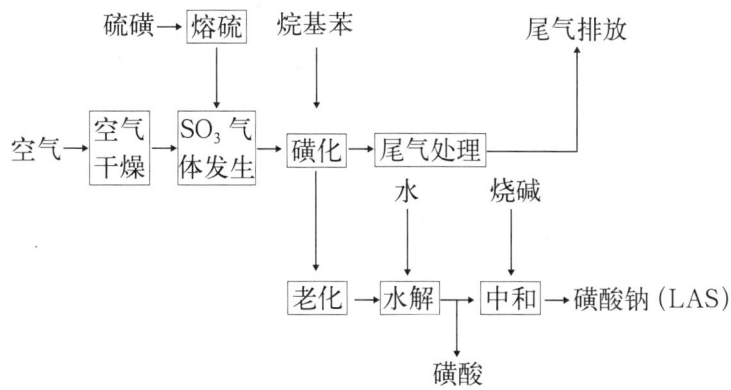

图3-1 SO_3气体磺化生产LAS工艺流程示意图

直链烷基苯经磺化制得的烷基苯磺酸进行中和即得烷基苯磺酸钠，中和剂一般采用30%以上的液体烧碱。20世纪80年代中后期，国内生产洗衣粉的工艺进行了改进，不再用磺酸钠进行配料，而是将磺酸、液碱直接加入配料锅，既省去了中和工序又利用了中和的反应热。这样磺酸便作为主要的商品形式，因40%的磺酸钠含有60%的水，运输、包装成本大，仓储容积大而且存放时间长要分层，从此厂家不再生产磺酸钠。此后我们一般讲到的LAS即指的烷基苯磺酸，简称磺酸。

1.2.1.2 原料（烷基苯）

生产LAS的主要原料为直链烷基苯，解决了烷基苯的供应，则其他辅助材料都不是关键问题。我国合成洗涤剂用烷基苯的生产是以氯化法开始的。随着石油工业的发展，提供了可用于多种方法生产烷基苯的石油原料，先是裂解法生产烷基苯得到了相应发展，随后对脱氢法生产烷基苯进行研究开发，并逐渐占据主导。

（1）国内烷基苯工艺发展历程

①氯化法生产烷基苯

我国氯化法生产烷基苯的生产起步于20世纪60年代，最大规模可到3000 t/a。由于生产装置规模偏小，综合利用受到极大限制，所以烷基苯的质量、原材料及能源消耗均与国际水平有较大差距。特别是副产的大量废盐酸未得到很好处理和利用，造成环境污染，成为氯化法生产烷基苯中一大难题。这些问题的存在，妨碍了我国氯化法烷基苯的进一步发展。

②裂解生产法烷基苯

裂解法生产烷基苯是以石蜡裂解产生的 α-烯烃为原料，在催化剂的作用下同苯缩合生成烷基苯，这也是国际上采用的一种烷基苯的生产方法。我国在20世纪六七十年代开始研发和生产裂解法烷基苯，但由于原料、工艺等方面的问题，生产的烷基苯经SO_3磺化后，色泽很深，只得采用发烟硫酸磺化的生产工艺。裂解烯烃经分离后，得到的联产低碳烯烃和高碳烯烃未能很好综合利用，致使生产成本和环境污染也都存在一定问题。所有这些问题的存在，妨碍了该法的进一步发展。

我国合成洗涤剂用烷基苯自生产以来，经过60年代和70年代的建设与发展，氯化法和裂解法烷基苯的生产技术和装备水平有了提高，生产能力和产量也得到稳步发展，南京烷基苯厂开始建设，这都为合成洗涤剂的产量和质量进一步奠定了较好的基础。表3-1中列出了1972—1999年的烷基苯产量。

表 3-1 1972—1999 年烷基苯产量

年份	产量（万 t）	年份	产量（万 t）
1972	1.26	1986	6.84
1973	1.51	1987	5.30
1974	1.85	1988	5.92
1975	2.24	1989	3.45
1976	2.38	1990	5.80
1977	2.82	1991	6.39
1978	3.33	1992	6.37
1979	3.37	1993	11.52
1980	3.85	1994	13.56
1981	7.03	1995	16.15
1982	7.66	1996	19.66
1983	7.72	1997	24.62
1984	7.24	1998	26.15
1985	7.38	1999	33.30

③脱氢法烷基苯：

脱氢法烷基苯是采用煤油馏分中的 $C_{11\sim13}$ 正构烷烃作为原料，在催化剂的作用下，脱氢生成烯烃。再在氟化氢的催化下，与苯缩合生成烷基苯，这是国际上 20 世纪 60 年代才兴建起来的一种工业生产方法。60 年代中期，我国即开始脱氢法烷基苯的开发，1973 年正式通过了我国第一代脱氢催化剂研制的小试鉴定。1973 年，我国开始与美国环球油品公司（UOP）谈判，拟引进该公司脱氢法生产烷基苯的整套技术和装置，1975 年正式签订了引进 5 万 t/a 脱氢法烷基苯生产装置合同，建设南京烷基苯厂。该厂于 1980 年出产品，1982 年验收投产。虽然烷基苯产量稳步增加，但国产烷基苯的数量仍赶不上合成洗涤剂快速发展的需求，因此每年仍需用大量外汇进口烷基苯。在此情况下轻工部在 1983 年开始准备抚顺洗化厂的建设，包括 7.2 万 t 烷基苯装置。该厂于 1990 年 3 月开工，1992 年 9 月烷基苯装置投产。南京烷基苯厂和抚顺洗涤剂化学厂的建设奠定了我国烷基苯发展的基础。此后随着我国国民经济的快速发展和合成洗涤剂行业的需求，又有金桐石化、太仓琪优势等公司的烷基苯装置建成，加上已有装置的技术改造，烷基苯产能进入了快速发展时期。截至 2013 年，国内主要烷基苯生产企业的烷基苯总产能已经达到 88 万 t/a。

目前，金陵石化有限责任公司烷基苯厂已经拥有 20 万 t/a 烷基苯的生产能力；金桐石油化工有限公司拥有 10 万 t/a 的烷基苯生产装置，并与金陵石化有限责任公司组建了江苏金桐石化有限公司，拥有 10 万 t/a 烷基苯生产装置。江苏金桐石油化工有限公司于 2010 年组建江苏金桐表面活性剂有限公司，新建一套 10 万 t/a 烷基苯生产装置。到2013年，金桐石化旗下的企业共拥有30万t/a的烷基苯生产能力。此外，抚顺石化公司洗涤剂化工厂利用合成脂肪醇联合装置的脱氢单元为烷基苯装置生产烯烃，形成三套脱氢单元与两套烷基化单元的生产布局，烷基苯的生产能力达到28万t/a；琪优势化工（太仓）有限公司建设了一套10万t/a烷基苯生产装置。至此烷基苯产能达到88万t/a。2018年国内烷基苯生产企业及产能如表3-2所示，2000—2018年烷基苯产量列于表3-3。

表3-2 2018年烷基苯产能列表

生产厂家	产能（万t/a）
琪优势化工（太仓）有限公司	10
江苏金桐石油化工有限公司	10
江苏金桐化学公司	20
金陵石化公司烷基苯厂	20
抚顺石化洗涤剂化学厂	28
总计	88

表3-3 2000—2018年烷基苯产量

年份	产量（万t）	年份	产量（万t）
2000	31.45	2010	49.92
2001	36.43	2011	46.50
2002	39.03	2012	55.80
2003	40.18	2013	64.79
2004	50.21	2014	67.00
2005	47.18	2015	68.97
2006	50.20	2016	73.00
2007	49.73	2017	70.00
2008	48.39	2018	71.15
2009	49.78		

（2）国内各生产厂商的技术特点

美国环球油品公司（UOP）的洗涤剂烷基化工艺于1968年首次实现工业化。20世纪70年代末，我国第一套使用UOP脱氢-HF烷基化工艺技术的烷基苯装置——南京烷基苯厂5万t/a烷基苯联合生产装置建成投产。现在，国内正在运转的几套洗涤剂烷基苯生产装置，其烷基化装置均采用UOP的脱氢-HF烷基化工艺技术。

1）金陵石化烷基苯厂

金陵石化有限责任公司烷基苯厂是我国第一家以自馏煤油为原料，采用脱氢工艺生产烷基苯的企业。该厂的烷基苯联合装置在建设时引进了UOP技术，由意大利欧洲技术公司总承包，于1980年底建成并投入生产。

该烷基苯联合装置由加氢精制装置、分子筛脱蜡装置、脱氢装置、烷基化装置等4套装置组成，其烷基苯和轻蜡设计能力均为5万t/a。建成至今，该烷基苯联合装置的加氢－分子筛装置经过多次重大技术改造，轻蜡生产能力已由5万t/a扩大至40万t/a；脱氢－烷基化装置也经过了多次重大技术改造和改进，烷基苯生产能力由5万t/a扩大到20万t/a。

经过将近30年的技术改进、消化和改造，金陵石化公司烷基苯厂的技术目前已经形成自己的技术特点：

①脱氢催化剂的国产化

大连化物所、中国日化院和南京烷基苯厂于1984年共同研发成功NDC-2脱氢催化剂，取代了UOP公司的DEH-5同类催化剂。1991年又开发出NDC-4脱氢催化剂，取代了UOP公司的DEH-7催化剂。这些催化剂都能很好地应用于PACAL装置中。同时，NDC-4后来还出口到印度和伊朗，其中印度Reliance公司每年生产烷基苯所用的脱氢催化剂40%为NDC-4。这样，国产催化剂已真正走出国门，与UOP公司竞争国际市场。

从第一代NDC-2型到目前的NDC-10型，金陵石化生产的催化剂与国际同类产品的性能差距日益缩小，并逐渐以优异的性价比在国内外脱氢催化剂市场上占据了一定的地位。

②新的二烯烃加氢工艺的开发

UOP公司在二烯烃加氢工艺中使用镍系催化剂H-140操作中，需要注硫来提高选择性，并且需要高压、高温的反应条件。相对应地，其工艺设备也较复杂。2000年，金陵石化烷基苯厂开发成功二烯烃加氢工艺及DSH-2催化剂，在低温、低压条件下就能完全满足二烯烃加氢的工艺要求。这再一次打破了UOP公司对该技术的垄断，且操作弹性大，无须加温、加压就能达到反应的目的。

③单套装置生产20万t/a的技术开发

2010年，南京烷基苯厂的烷基苯装置由15万t/a扩能到20万t/a。其主要改造内容有下述几点：脱氢反应器进行改造，催化剂的装填量增加30.2%；增加板式换热器及循环氢压缩机；部分分馏设备进行了更新；烷基苯装置热泵技术的应用等。经过以上改造，使单套装置从原设计的5万t/a的产能扩大到20万t/a，这在全球的烷基苯生产企业中也是个特例。

④能量的优化设计

结合多年的生产经验，南京烷基苯厂的有关技术人员对烷基苯装置（加氢、分子筛、脱氢及烷基化装置）的换热流程进行了优化设计，提高了低温余热的利用率，降低了装置的能耗。

2）金桐石化

金桐石油化工有限公司10万t/a烷基苯生产装置于1996年建成投产，主要包括脱氢、HF烷基化两套装置。其二烯烃选择性加氢购买金陵石化公司烷基苯厂的专有技术。

2001年，金桐石油化工有限公司与金陵石化有限责任公司斥资组建江苏金桐化学工业有限公司。江苏金桐化学工业有限公司拥有一套10万t/a洗涤剂烷基苯装置，装置构成与金桐石油化工有限公司相同。

2010年，江苏金桐化学工业公司组建设立江苏金桐表面活性剂有限公司，在南京化学工业园区新建一套10万t/a洗涤剂烷基苯装置，主要包括脱氢、HF烷基化两套装置。其原料正构烷烃为外购，于2013年上半年投产。金桐石化首次采用了高效板束式换热器和烯烃双段进料技术，这是国内烷基苯生产工艺取得的一项突破性进展，形成自己的特点：

①高效板束式换热器的应用

金桐石油化工有限公司脱氢单元的联合进料换热器在国内烷基苯装置中率先使用了法国Packniox板束式换热器，其热效率得以大大提高，并降低了热油加热炉的热负荷，综合能耗每t烷基苯可减少34 kg标油。在这次成功探索的基础上，板束式换热器已成为国内烷基苯装置的标准配置。

②烯烃双段进料的应用

金桐石化在国内的烷基苯装置上首次采用了原料烯烃双段进料工艺。使用此技术后，在保证苯－烯比（8∶1）的前提下，装置循环苯的用量减少43%，并降低了脱苯塔的热油需要量。由此，每t烷基苯可节约16~20 kg标油。

3）抚顺石化公司洗涤剂化工厂

抚顺石化公司洗涤剂化工厂是国家"七五"期间投资建设的重点项目，1990年被国家列为直接关系到国计民生的全国20项"重中之重"的重大建设项目之一，是目前亚洲最大的合成洗涤剂原料基地。该厂原脱氢－烷基化装置的设计生产能力为7.2万t/a，经过1997年、2000年和2010年的技术改造，其生产能力已经达到28万t/a，并着重开发了油田用表面活性剂技术，有以下特点：

①脱氢催化剂的国产化

抚顺石化公司与大连化物所于1996年初开发出第二代脱氢催化剂（DF-2），用以替代美国UOP公司的DEH-7催化剂，随之在抚顺石化公司洗涤剂化工厂的生产装置上成功应用。2008年，又开发成功DF-3型脱氢催化剂。与DF-2催化剂相比，DF-3催化剂具有高温活性好、多产烷基苯及重烷基苯、使用周期长等优点。

DF-3型脱氢催化剂具有良好的工业应用前景。随着其产量的提高，在公用工程费用基本不变的情况下，每t产品分摊的成本下降。同时，该产品可用于生产驱油用烷基苯，满足大庆油田制备强碱体系复合驱油剂的质量要求，提高了大庆油田三次采油的效率。

②驱油用烷基苯技术的开发

配合大庆油田三次采油的需要，抚顺石化公司利用烷基苯装置的副产物开发出驱油剂用烷基苯，目前已经成功进行了矿场试验及工业化推广。研究表明，碱-表面活性剂-聚合物三元复合驱油工艺特别适合于大庆油田，能够提高15%~25%的原油采收率，而且驱油成本相对较低，可以为大庆及国内其他油田提供更多优质的驱油剂。这项技术填补了国内空白，具有良好的市场前景。

③炉管及辐射室辐射涂层技术的应用

在加热炉炉管表面应用陶瓷涂层技术，炉管表面的陶瓷涂层可以增加炉管吸收热量的能力。这不仅解决了加热炉膛温度过高的问题，而且提高了加热炉的运行热效率。

4）琪优势化工（太仓）有限公司

琪优势化工（太仓）有限公司是由新加坡伟东化工私人有限公司新投资设立的全资子公司，注册资本为3100万美元。而伟东化工是印度尼西亚三林集团和韩国梨树化学株式会社为开发中国市场而合资设立的投资公司，合资双方各占50%股份。

琪优势化工（太仓）有限公司在江苏省太仓市太仓港口开发区石化工业区建设了一套10万t/a的烷基苯联合装置，并预留一套10万t/a烷基苯联合装置的场地。该项目仍采用UOP以液体HF为催化剂的烷基化技术，由韩国大宇工程公司提供工艺包及基础设计文件，中国中轻国际工程有限公司进行施工图设计。

①白土处理器的使用

该装置在烷基苯分馏塔后面加一个烷基苯回收塔。同时，增加一个白土处理器以回收塔顶液，从而提高烷基苯收率，同时降低烷基苯的溴指数。这项技术已在韩国梨树化学公司使用多年。

②设备的优化设计

根据多年的使用经验，琪优势化工对烷基苯装置的关键设备进行了优化设计，使设备体积减小，从而节省了设备投资。

③中和单元的功能化设计

烷基苯中和单元的功能是将烷基化酸区的排水和HF再生塔的塔底物进行中和，并将中和后的产物集中送至污水处理场，在污水处理场进行处理。然后，使用带式压滤机将处理后的残渣进行压滤处理，避免定期清理中和池的作业。

随着国内烷基苯装置产能的扩大，UOP脱氢-HF烷基化工艺技术也在不断创新和优化，催化剂的开发和新技术的应用也取得了突破性进展。工艺技术的进步，降低了烷基苯生产的能耗和物耗，使得国内生产的烷基苯产品在国际市场上具备了较强的竞争力。同时，在对重烷基苯系列产品进行开发利用的过程中，进一步提高产量和质量已成为烷基苯生产厂家急待解决的问题，这也是烷基苯生产技术进步最大的推动力。

（3）现行烷基苯质量标准

工业直链烷基苯现行标准为GB/T 5177—2017，其产品理化指标见表3-4。

表3-4 工业直链烷基苯的理化指标（GB/T 5177—2017）

项目		指标		
		优等品	一等品	合格品
外观		水白透明，无悬浮物的液体		
色泽/Hazen	≤	10	20	100
折光指数 n_D^{20}		1.4820~1.4850	1.4820~1.4870	1.4820~1.4890
密度（20℃）/(g·cm^{-3})		0.855~0.870		
溴价（以Br计），g/100g	≤	0.02	0.03	0.25
可磺化物质量分数/%	≥	98.5	97.5	96.5
直链烷基苯质量分数/%	≥	94.0	92.0	90.0
平均相对分子质量		238~250		235~250
水分质量分数/%	<	0.010		0.050
馏分/℃	体积分数5% >	280		270
	体积分数95% <	310	315	320

1.2.1.3 烷基苯磺酸生产现状

发展LAS的关键是烷基苯的生产。在我国合成洗涤剂发展的前几十年，烷基苯短缺，因此LAS的供应对洗涤剂的发展形成制约。经过几十年的发展，我国目前烷基苯供应充足，LAS的供应也自然没有问题。用于烷基苯磺化的膜式磺化装置的产能在200万t以上，已大大过剩。因此无论从哪一方面讲，LAS的供应都没有问题。在SO$_3$磺化技术中烷基苯的磺化仍然是最主要的生产工艺。粗略估算在我国现有的正在运转的84套规模在1t/h以上的SO$_3$磺化装置中，专门或主要用于生产烷基苯磺酸的就有51套，占61%，总的生产能力可达102 t/h。我国现有的4套5t/h装置中有3套是用来生产磺酸的。我国在2007年烷基苯的销售量（出口4.1万t除外）为45.85万t，按此测算可生产磺酸产品约62万t；2017烷基苯产量70万t，测算磺酸产量约为92万t。我国目前几家主要的洗衣粉和液体洗涤剂生产厂家几乎不拥有或拥有少量的SO$_3$磺化装置。他们需要到市场上去购买磺酸或委托加工磺酸。国内几个烷基苯原料生产厂家通过自有磺化装置生产磺酸和委托加工相结合的方法主导控制了大部分磺酸的生产。这是国内磺酸市场的主要供货来源。

但是还有不少洗涤剂厂家拥有自己配套的磺化装置，数量上约30余套，生产规模均为3t/h以下的装置。这一类磺化装置的运转情况与他们洗涤剂生产情况密切相关，但总体上不如前者理想。有不少厂家未能达到满负荷运转。因此有不少这类磺化装置还可生产AES、AOS等产品，如南风集团所拥有的5套装置，广州浪奇的1套3t/h的磺化装置等实施了多品种生产。生产的各种产品除了自用外也有部分进入市场。这一部分磺化生产装置的潜力还有待于进一步开发出来。

目前可用于烷基苯磺化以生产LAS的装置统计见表3-5，近20年的LAS产量数据见表3-6。现行LAS的产品质量标准见表3-7。

表3-5 烷基苯磺酸生产厂家及装置一览表

序号	规模（t/h）	企业名称	装置来源	投产日期	备注
1	5.0	上海科宁	Ballestra	1998年	真空中和
2		抚顺洗化厂	Ballestra	2005年	144N磺化器
3		天津天智	Ballestra	2005年	带余热回收
4		中轻绍兴化工	国产多管	2006年	
5		广东江门财新	国产多管	2008年	
6		浙江绍兴纳美	国产多管	2009年	停产
7	3.8	四川金桐	Ballestra	2001年	
8		四川金桐	Ballestra	2006年	
9		四川金桐	Ballestra	2008年	
10		天津天智	Ballestra	2005年	
11		马鞍山金桐	国产	2005年	Ballestra磺化器
12		广州立智	国产	2005年	Ballestra磺化器
13		广州立智	国产	2012年	Ballestra磺化器
14		惠州智盛	国产	2011年	Ballestra磺化器
15		惠州智盛	国产多管	2011年	
16		广州立白	国产多管	2007年	
17		湖南丽臣	Ballestra	2005年	
18		上海奥威日化	国产	2010年	Ballestra磺化器
19		嘉兴赞宇	国产多管	2007年	
20		安阳兴亚	国产多管	2007年	
21		南京佳和	国产多管	2006年	
22		新乡立白	国产多管	2012年	
23		昆明立白	国产多管	2014年	

续表

序号	规模（t/h）	企业名称	装置来源	投产日期	备注
24	3.0	南京佳和	Ballestra	1988年	
25		南京金桐	Ballestra	1995年	
26		西安南风	Ballestra	1999年	赞宇租赁
27		安庆南风	Ballestra	2000年	赞宇租赁
28		湖南丽臣	Ballestra	2004年	
29		徐州中轻海鸥	Chemithon	1992年	停产
30		广州浪奇	Chemithon	1996年	
31		运城南风	Chemithon改国产多管	1997年	赞宇租赁
32	2.0	上海花王	花王自有技术	1999年	升膜磺化
33		济南东信	国产多管	2008年	
34		中轻依兰	国产多管	2007年	
35		厦门金桐	国产多管	2000年	
36		桂林立白	国产多管	2009年	1.6 t/h改造为2.0 t/h
37	1.6	潍坊丽波	Ballestra	1994年	
38		天津天智	Ballestra	1998年	
39		运城南风	Ballestra	1988年	停产
40		本溪南风	Mazzoni	1989年	停产
41		广州浪奇	Mazzoni	1988年	改国产多管
42		广州立白	国产多管	2001年	
43		南京佳和	MM	1981年	改国产多管
44		上海金帝	Chemithon	1998年	
45		上海金帝	国产多管	2003年	
46		合肥利华	Ballestra	1988年	
47		北京金鱼	Chemithon	1997年	
48		成都蓝风	Chemithon	1994年	
49		中轻依兰	Chemithon	1995年	
50		洛阳立白	Chemithon	1989年	停产
51		安顺南风	Chemithon	1997年	赞宇租赁
52		四平立白	MM	1995年	
53		成都金陵石化	国产多管	2002年	
54		厦门金桐	国产多管	1996年	
55		济南东信	国产多管	2003年	
56	1.0	湖南丽臣	Ballestra	1986年	换国产多管
57		湖南丽臣	国产多管	1992年	
58		广州浪奇	国产多管	2006年	
59		昆明兰风	国产双膜	1982年	停产
60		武安安和	国产多管	1999年	
61		抚顺洗化龙莹	国产多管	1996年	
62		安徽全力	国产多管	1995年	

续表

序号	规模（t/h）	企业名称	装置来源	投产日期	备注
63	1.0	安徽小保姆	国产多管	2006年	
64		合肥芳草	国产多管	1995年	停产
65		芜湖邦妮	MM	1992年	停产
66		安阳健美日化	国产多管	1994年	
67		厦门金桐	国产多管	1996年	
68		甘肃兴荣	国产多管	1997年	金桐加工
69		白猫（重庆）	国产多管	1993年	
70		白猫（万县工厂）	国产双膜	1997年	
71		安阳兴亚	国产多管	2003年	
72		河南宏泰	国产多管	2005年	
73		安阳健美	国产多管	1994年	
74		韶关兴亚	国产多管	2001年	停产
75		韶关兴亚	国产多管	2003年	停产
76		开封矛盾	国产多管	1994年	
77		开封矛盾	国产多管	1997年	
78		抚顺北天华阳	国产多管	2004年	
79		新疆海斯化工	国产多管	2007年	
80		浙江兄弟科技	国产多管	2012年	
81		西安南风	Ballestra	1988年	
82	0.5	安阳兴亚	国产多管	1997年	
83	0.8	安阳天虹	国产多管	2006年	
84	0.8	安阳德隆	国产多管	2003年	
85	0.25	济南东信	国产多管	1997年	
86	0.8	大同兰浪	国产多管	2002年	
87	0.5	临淄汇丰	国产多管	2000年	
88	0.25	乐陵日化	国产多管	1996年	
89	0.5	济宁日化	国产多管	1999年	
90	0.5	南京利美	国产多管	1996年	
91	0.3	南京浦口金陵磺酸厂	国产多管	1999年	
92	0.8	南京加佳乐化工	国产多管	2003年	
93	0.8	南京加佳乐化工	国产多管	2004年	
94	0.6	南京华悦磷酸盐厂	国产多管	2004年	
95	0.3	丹阳恒洁日化	国产多管	2001年	
96	0.6	句容明星日化	国产多管	2004年	
97	0.6	广州浪奇	国产多管	2007年	停产

表 3-6 烷基苯磺酸产量数据

年份	产量（万 t）	年份	产量（万 t）
2000	40.00	2010	50.60
2001	40.00	2011	35.57
2002	51.07	2012	38.53
2003	54.29	2013	42.38
2004	64.50	2014	45.09
2005	61.00	2015	38.67
2006	58.56	2016	40.88
2007	60.50	2017	54.94
2008	60.00	2018	60.72
2009	60.00		

表 3-6 的数据为洗协的统计结果，很显然表中数据和实际情况有较大偏差，但没有更好的统计数据可以采用。由于国内烷基苯的进出口量都不是很大，可以说生产的烷基苯基本上都是用来生产磺酸的，因此用表 3-3 中烷基苯的产量数据进行换算，所得结果应该是比较可信的。

烷基苯磺酸的现行标准为 GB/T 8447—2008，规定的指标见表 3-7。

表 3-7 直链烷基苯磺酸的产品质量标准（GB/T 8447—2008）

项目	指标	
	优等品	合格品
烷基苯磺酸质量分数 ≥	97	96
游离油质量分数 /% ≤	1.5	2.0
硫酸质量分数 /% ≤	1.5	1.5
色泽 /klett ≤	30	50

1.2.1.4 结语

直链烷基苯磺酸（LAS）是现代合成洗涤剂工业最主要的原料，洗衣粉中更离不开 LAS。可以说没有 LAS 就没有现代合成洗涤剂工业。直链烷基苯磺酸钠是中性的，对水硬度较敏感，不易氧化，起泡力强，去污力高，易与各种助剂复配，成本较低，生产工艺成熟，是非常出色的阴离子表面活性剂。十二烷基苯磺酸钠对颗粒污垢，蛋白污垢和油性污垢有显著的去污效果，对天然纤维上颗粒污垢的洗涤作用尤佳，且泡沫丰富。除用作洗涤剂原料外，直链烷基苯磺酸钠在纺织助剂方面还常作为棉织物精炼剂，退浆助剂，染色时的匀染剂；在金属电镀过程中用作金属脱脂剂；在造纸工业中用作树脂分散剂，毛毡洗涤剂，脱墨剂；在皮革工业上用作渗透脱脂剂；在肥料工业中用作防结块剂；在水泥工业中用作加气剂等诸多方面或单独使用或作配合成分使用。LAS对人体和环境的安全性有充分的证明，可以大规模应用。

过去几十年的发展，我国LAS市场供应彻底走出短缺时代，可以完全满足市场需求，其主要原因是彻底解决了直链烷基苯的生产和供应问题。目前我国烷基苯产能达到88万t/a的规模，换算成LAS则超过110万t。2018年我国烷基苯产量为71.15万t。烷基苯厂家比较集中，其产量统计也比较可靠，而LAS生产厂商比较分散，统计难免不完全。表3-6中所列数据可能与实际产量有较大差异。由于烷基苯除了用作LAS原料之外很少有其他用途，因此按烷基苯的消费量来换算LAS的产量应该是比较可靠的。

1.2.2 醇醚硫酸盐（AES/AES-NH$_4$）

醇醚硫酸盐，即AES或AES-NH$_4$，是指C$_{12}$醇加2~3个环氧乙烷生成的醇醚经过硫酸化反应和中和制得的盐类产品，一般为钠盐，少量为铵盐。实际应用时醇的碳链一般不是只含C$_{12}$而是几种混合的，但应以C$_{12}$为主。脂肪醇醚硫酸盐（AES）是又一个非常重要的阴离子表面活性剂品种，具有较好的抗硬水性、发泡性，可广泛应用于农业、纺织、医药、石油、日化等行业，尤其是合成洗涤剂，是合洗行业除LAS外最主要的原料。近几年来随着我国洗发香波和液体洗涤剂生产量的增加，脂肪醇醚硫酸盐的生产和技术也有了很大的发展，生产企业高度集中，生产规模不断扩大，产品质量也越来越高。

AES生产的工艺流程见图3-2。

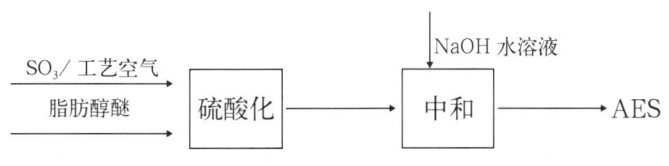

图3-2 AES生产工艺流程示意图

1.2.2.1 我国AES产品的发展和现状

目前在市场上销售的AES产品主要是钠盐（AES-Na）和铵盐（AES-NH$_4$）产品。据中国洗协表面活性剂专业委员会不完全统计，近年来我国AES产量增长较快，2018年我国AES总产量达到51.51万t（除有特殊说明的，其他均以100%活性物计）。折合成70%的AES产品产量为70.53万t，比上一年度增长24.6%（2016

年我国 AES 的产量约为 40.88 万 t）。20 年来 AES 产量数据如表 3-8 所示。

表 3-8　AES（含铵盐）1999 年以来生产统计数据

年份	产量（万 t）	年份	产量（万 t）
1999	6.72	2009	28.86
2000	7.00	2010	36.03
2001	8.04	2011	25.03
2002	8.82	2012	26.24
2003	13.18	2013	29.39
2004	16.04	2014	47.26
2005	17.26	2015	36.28
2006	18.51	2016	40.88
2007	21.40	2017	49.37
2008	24.87	2018	51.51

近几年来，AES 的产量快速增加的原因大致有以下几点：

①国内衣用液体洗涤剂是洗涤用品行业大力推广的产品，其主要活性组分使用 AES-Na 盐产品。一些洗衣粉生产厂家也将其配入洗衣粉中，虽然使用比例不大，但也使得 AES 产品的需求量大增。

②餐具洗涤剂产量稳步增长，其主要活性组分的 AES-Na 的需求量随之增长。

③洗发香波在国内的使用已越来越普及，其市场逐步向农村推进，产量增加，其主要活性原料 AES-Na 与 AES-NH_4 的需求量也相应增加。

④由于 AES 具有优良的表面活性性能。很多工业用途的液体洗涤剂配方中加入了这一品种，使其市场需求量增加。

1.2.2.2　AES 原料生产情况

国内 AES 生产所用的原料以脂肪醇聚氧乙烯醚为主，所需的脂肪醇醚原料，除了部分生产厂家如吉化、科宁、沙索、罗地亚等有自己的乙氧基化生产装置外，其他一些 AES 厂家大都是在市场上采购脂肪醇委托加工成脂肪醇醚，少数厂家直接从市场上购买脂肪醇醚。因此 AES 生产厂家直接面对的是脂肪醇原料供应商。

脂肪醇醚生产时使用的脂肪醇可以是合成脂肪醇，也可以是天然脂肪醇。国内早期以合成脂肪醇为主，即 C_{13} 羰基合成醇与 3EO 的加合物（即 AEO_3），经 SO_3 硫酸化、中和后得合成 AE_3S，主要应用于洗洁精和液体洗涤剂中。它具有良好的调黏和配制功能。目前使用的大多是 $C_{12\sim14}$ 天然脂肪醇（称为椰油醇），经与 EO 加成、

SO_3硫酸化、中和而得的称之为天然 AES。在香波配制中一般还要按一定比例加入由天然醇经 SO_3硫酸化、中和制得的 K12 钠盐或铵盐以提高香波的泡沫性能。

近年来，由于石油产品价格涨幅较快，使得合成脂肪醇的生产成本提高。比较而言，天然脂肪醇虽然也受油脂价格波动的影响而价格上升，但涨幅较小，且价格略低于合成脂肪醇。因此用户在对合成脂肪醇和天然脂肪醇这两类原料制得的 AES 进行性能价格比较与配方改进后，更多地使用天然醇 AES。目前国内 AES 市场中，天然醇 AES 的占有率在 90% 以上。AES 的产量迅速增长，促使国内天然脂肪醇的生产技术、生产装置、生产能力已经超出其实际需求，未来市场竞争会更加激烈。

1.2.2.3 AES 产品生产特点

(1) AES 生产技术日趋成熟

早期的 AES 生产是在用于烷基苯磺化的 SO_3 磺化生产装置上进行的。产品质量不稳定、气泡较多、色泽也较黄，只适合用于配制一般的液体洗涤剂产品，而制高档香波所用的 AES 大多数依赖进口。后来通过对先进的 SO_3 磺化技术进行消化吸收，首先实现了 SO_3 磺化装置的国产化。进而完善了 AES 产品生产的工艺过程，并制定了 AES 等产品的国家标准。此外，一些国外企业如罗地亚、科宁、沙索、花王等在我国改革开放的环境下，通过与中国合资或独资的方式在中国建厂，建设了一些专门用于 AES 生产的 SO_3 磺化装置，同时也带来了先进的生产技术、管理经验和营销策略。因此到目前为止，我国 AES 生产的技术水平和产品质量已经完全能满足客户的各种要求。

(2) AES 生产与销售市场较为集中

目前，国内大概有 110 套 SO_3 磺化装置正在运行，理论上讲 SO_3 磺化装置经过适当改造配置均可进行 AES 的生产。但 AES 的生产和销售量达到万 t 级规模的也只有 10 家左右。到目前 AES 生产的情况又发生了一些变化。有些企业已经停止 SO_3 磺化装置的生产，有的企业可能是停止生产 AES 而生产其他磺化产品。

在现有的 AES 生产企业中，产销量在 3 万 t/a 以上的有浙江赞宇、上海科宁、湖南丽臣、中轻化工和金桐系工厂（包括天津天女、四川金桐和广州立智）。2017 年这 5 家企业的 AES 总产量达到 22.7 万 t/a，占我国 AES 总产量的 45% 以上。可见，目前我国 AES 的生产与销售市场是相对比较集中的。

(3) AES 生产的装置规模向大型化发展

随着 AES 生产的集中化，加之我国 SO_3 磺化技术向大型化发展，AES 的生产装置也向大型化发展。最近几年国内建成的与在建的用于 AES 生产的 SO_3 磺化装置的规模通常是 3.8 t/h 的，有的是 5 t/h 的。生产装置主要是国产的多管降膜磺化反应装置，也有使用进口反应器的，其他的设备采用国内配套的方式建设。

1.2.2.4 主要生产企业的基本情况

AES主要生产企业有浙江赞宇、上海科宁、湖南丽臣、中轻化工和金桐系工厂（包括天津天女、四川金桐和广州立智），其产销量均在3万t/a以上，占有主要市场。除上述5家外，还有上海花王化学、南京沙索，都仅有一套规模不大的磺化装置，以生产AES为主，最近几年的年产销量均在万t以上，在市场上也占有一定的份额。国内也有不少地方过去以生产AES作为主产品立项建设的或曾经生产过AES的磺化装置，如大连、抚顺、中山等地引进的装置和其他一些生产装置。这些装置或因规模较小，缺乏竞争力，因生产方向改变等诸多原因现已停产。还有原本与洗衣粉生产装置配套的磺化装置而生产AES的也减少了，逐步退出了市场竞争。

另外，吉化电石厂有两套从美国Chemithon公司引进的磺化装置，规模分别为5 t/h和3 t/h，主产品为AES。但是辽宁华兴从意大利Ballestra引进的2套带真空中和的磺化装置即将投产。AES的生产与市场竞争仍将愈益激烈。下面就5家主要AES生产企业的基本情况进行叙述。

浙江赞宇科技有限公司目前是AES生产量最大的企业，最近几年以较快的速度递增，其2009年产销量已接近6万t，特别是AES-Na的生产总量位列全国第一。浙江赞宇的主要生产基地在嘉兴乍浦，工厂利用地处嘉兴化工园区、紧靠硫酸厂的有利条件，采用先进的液体SO_3蒸发直接用于磺化的工艺，工艺流程缩短，工艺空气直接使用硫酸厂的排空尾气，公用工程和大部分原料取自园区，经管道输送，既节约了投资，又节省了运输费用，达到了节能减排的目的。目前浙江赞宇在嘉兴基地已陆续建设了4套磺化装置，其中3套规模为3.8 t/h，1套1.6 t/h。这些装置中有3套可用来生产AES。另外，该公司还在四川眉山等地建有生产AES的生产装置，同时还利用江苏徐州、陕西西安和浙江绍兴等其他企业的磺化装置加工AES，其生产发展的潜力将是巨大的。浙江赞宇拥有的这几套磺化装置中有些是专门用于生产AES的，有些则以生产AES为主，兼而生产LAS、K12、AOS等产品，同时还使用这些装置进行油脂磺化和脂肪酸甲酯磺酸盐等新产品的开发，是目前国内磺化和硫酸化产品品种最多的企业。

中轻化工有限公司也是一家专门生产供应磺化和硫酸化产品的企业，总部在杭州。中轻化工从1996年即开始利用从美国Chemithon公司引进的磺化装置生产AES，其后又开发了其胺盐和三乙醇胺盐产品，也能生产烷基苯磺酸、K12、AOS等磺化产品。中轻化工分别在2004年和2006年与国内的设计院和设备厂家合作，先后建成了国内首套产能规模为3.8 t/h和5 t/h的国产多管磺化生产装置。中轻化工的生产规模、产品品种和市场份额处于国内前列，在浙江绍兴拥有生产能力分别为3.8 t/h和5 t/h生产装置各一套，均为国产多管膜式磺化装置，它也是国内

AES 的主要生产企业，具有一定的市场竞争力。

湖南丽臣实业的前身是湖南日化总厂，是国内最早实现 AES 工业化生产的企业。早在 1986 年，当时的湖南日化总厂第一套从意大利 Ballestra 公司进口的磺化装置进行试车。这套装置生产规模为 1 t/h，原本是用于烷基苯磺化并与其 5 万 t/a 洗衣粉生产装置配套而建立的。该套装置在试车过程中，在当时轻工部组织的试车服务小组（主要由当时的轻工部日化所、设计院和有关工厂的技术人员组成）的协助下，进行了脂肪醇醚硫酸化的试生产并取得了成功，生产出 70%AES 的高浓度产品。这是我国首次利用 SO_3 磺化装置生产这类产品，彻底改变了我们从国外进口 AES 产品的历史。其后由当时的轻工部日化局安排，确定了湖南日化总厂为 AES 定点生产企业，其后又加入了西安日化（即现在的西安南风），成为当时选定的南、北两个加工点。当时由于这两套磺化装置主要是用来生产烷基苯磺酸而引进的，国内对 AES 的生产工艺尚不很了解，AES 产品质量尚不稳定，色泽较黄、气泡较多。20 世纪 90 年代以后，无锡、南京、上海和北京等地先后从国外引进了专门用于生产 AES 的装置和技术。不少工厂通过与外资合资或合作的方式带来了 AES 的先进生产技术和管理经验，使 AES 产品的质量稳定和提高。湖南日化经合资与改制成为湖南丽臣实业，其 AES 的生产得到很大发展，2002 到 2005 年间先后从意大利 Ballestra 公司引进了 3 套大型磺化装置，规模为 3 t/h 两套和 3.8 t/h 一套，其中有两套可用来生产 AES。湖南丽臣 2017 年 AES 总产量近 8 万 t，其铵盐产量为 8500 余 t，为国内最大的铵盐供应商。后来该公司又在上海金山建设了一套 3.8 t/h 生产装置。

上海科宁是一家合资企业，自 1998 年引进了一套意大利 Ballestra 公司生产装置（磺化器为 120 根反应管，相当于 5 t/h），既有 AES 的钠盐和铵盐、K12 产品供应市场，同时也生产烷基苯磺酸，2009 年统计的产销（分别为 53000 和 48000 t）应为这些磺化和硫酸化产品的总数。该公司最近几年的 AES 生产还是比较稳定的，生产装置的产能运行还是饱满的。

金桐系企业目前在国内有 3 处磺化装置（天津天女、四川金桐和广州立智）生产 AES，主要是钠盐产品。金桐是国内烷基苯的主要供应商，其建设的磺化装置主要是用于烷基苯磺酸的配套生产与销售，后来在天津天女试生产出 AES 后，继而又在广州立智及四川金桐分别引进了规模为 3.8 t/h 的 Ballestra 公司的磺化装置，用于生产 AES，并在安徽马鞍山和天津等地分别建设规模在 3.8 t/h 或以上的磺化装置，AES 是其主要的目标产品之一。AES 生产装置统计见表 3-9。

表 3-9 AES 生产厂家及装置一览表

序号	规模（t/h）	企业名称	装置来源	投产日期	备注
1	5.0 及以上	上海科宁	Ballestra	1998 年	真空中和
2		吉化电石厂（8.0 t/h，3+5）	Chemithon	2002 年	停产
3		中轻绍兴化工	国产多管	2006 年	
4		广东江门财新	国产多管	2008 年	
5		浙江绍兴纳美	国产多管	2009 年	停产
6		辽宁华兴	Ballestra	未投产	
7		湖南丽臣（东莞）	Ballestra	2016 年	
8	3.8	四川金桐	Ballestra	2006 年	
9		四川金桐	Ballestra	2008 年	
10		天津天智	国产	2011 年	Ballestra 磺化器
11		马鞍山金桐	国产	2005 年	Ballestra 磺化器
12		广州立智	国产	2005 年	Ballestra 磺化器
13		广州立智	国产	2012 年	Ballestra 磺化器
14		惠州智盛	国产	2011 年	Ballestra 磺化器
15		江门景升实业	国产多管	2011 年	
16		湖南丽臣	Ballestra	2005 年	
17		上海奥威日化	国产	2010 年	Ballestra 磺化器
18		中轻绍兴化工	国产多管	2004 年	
19		嘉兴赞宇	国产多管	2006 年	
20		嘉兴赞宇	国产多管	2009 年	
21		嘉兴赞宇	国产	2012 年	Ballestra 磺化器
22		四川赞宇	国产多管	2012 年	
23		河北赞宇	国产	2014 年	Ballestra 磺化器
24		山东东明俱进	国产多管	2006 年	亿丰加工
25		新乡立白	国产多管	2012 年	
26		涟水新源	国产多管	2013 年	
27		昆明立白	国产多管	2014 年	
28		辽宁华兴	Ballestra	未投产	

续表

序号	规模（t/h）	企业名称	装置来源	投产日期	备注
29	3.0	西安南风	Ballestra	1999 年	赞宇租赁
30		安庆南风	Ballestra	2000 年	
31		湖南丽臣	Ballestra	2004 年	
32		徐州中轻海鸥	Chemithon	1992 年	停产
33		广州浪奇	Chemithon	1996 年	
34		北京罗地亚	Chemithon	1999 年	主产品 AESA，停产
35		镇江东泰	国产多管	未投产	
36	2.0	天津天智	Ballestra	2000 年	
37		上海花王	花王自有技术	1999 年	升膜磺化
38		济南东信	国产多管	2008 年	
39		北京宝洁	Ballestra	1988 年	
40	1.6	南京沙索	Ballestra	1995 年	
41		中山赞宇	Ballestra	2002 年	停产
42		天津天智	Ballestra	1998 年	
43		江门景升	Chemithon	1995 年	
44		湖北丝宝	Chemithon	1999 年	
45		嘉兴赞宇	国产多管	2006 年	
46		四川赞宇	国产多管	2009 年	
47	1.0	徐州创新日化	Ballestra	2008 年	
48		湖南丽臣	Ballestra	1986 年	换国产多管
49		邵阳赞宇	Ballestra	1986 年	换国产多管
50		镇江罗地亚	Chemithon	1991 年	
51		广东韶关浪奇	Mazzoni	1988 年	
52		中轻化工（萧山）	Chemithon	1996 年	停产
53		中轻化工（萧山）	Chemithon	2000 年	停产
54		广州宝洁	Chemithon	1993 年	主产品 AESA
55		西安南风	Ballestra	1988	

1.2.2.5 AES生产技术的现状和发展趋势

随着SO_3磺化技术的发展以及AES生产装置的规模化、集中化，我国AES生产技术不管是进口的还是国产的磺化装置，也不管使用的是国外的还是国内生产的脂肪醇原料，生产出的AES产品在产量和质量上均已能够满足客户的各种需求，生产技术是成熟的。AES产品在国家标准中称为乙氧基化烷基硫酸盐，分为钠盐与铵盐两类产品。国家对这两类产品都制定了相应的国家标准GB/T 13529—2011和轻工行业标准QB/T 2572—2002，均由中国轻工业联合会提出，全国表面活性剂洗涤用品标准化中心归口。这两个标准中归纳了目前市场上销售的AES主要质量指标：活性物、未硫酸化物、硫酸钠或铵、氯化钠或铵、pH值、色泽等。AES现行标准规定的理化指标见表3-10。

表3-10 AES现行标准规定的理化指标

项目	膏状	液状
乙氧基化烷基硫酸钠含量 /%	70±2	指标值 ±1
未硫酸化物含量 /%	≤ 3.5	≤ 1.5
硫酸钠含量 /%	≤ 1.5	≤ 0.6
pH值（1% 水溶液）	6.5~9.5	9.0~12.0
色泽（以5%AES计，水溶液）/Hazen	≤ 30	
1，4-二噁烷含量（以100%AES计）/(mg·kg^{-1})	≤ 100	

1.2.2.6 安全性

随着人们生活水平的提高，人们对各类与人体接触的产品配方中，表面活性剂的安全性和温和性投入越来越多的关注。近年来，AES产品中二噁烷（dioxane）的存在及其对人体健康的影响问题引起人们的广泛关注，并对其在AES中的含量提出了限制要求。一些AES-Na与AES-NH$_4$的用户根据自身的要求提出了对这些产品的采购标准，越来越多的采购标准中列入了对二噁烷的指标要求，但相应的国家标准在产品质量指标内均未列入二噁烷，为此由中国轻工业联合会提出、浙江赞宇科技股份有限公司等单位起草、全国香料香精化妆品标准化技术委员会归口，制订了化妆品用乙氧基化烷基硫酸钠与化妆品用乙氧基化烷基硫酸铵的行业标准，在标准的指标中增加了卫生标准，其中有一项对二噁烷的指标提出了限制。脂肪醇醚在与SO_3硫酸化的过程中受原料、生产工艺和设备条件的影响，如不加以控制，早期AES产品中二噁烷的含量可达500~1000 mg/kg。AES产品中二噁烷的检测方法采用带顶空采样器的气相色谱分析法测定。此法的国家标准已制定完成。

二噁烷学名1,4-二氧六环，是两个环氧乙烷分子开环后又互相结合在一起的六环化合物，是一种透明的液体，溶于水和乙醇，在 750 mmHg 柱下的沸点为 101.40 ℃。这种化学品可能对人体的皮肤、肺有刺激性，严重中毒时会损伤肝、肾，但是关于微量二噁烷对人体的毒性学术上一直存有争议。1999 年，国际肿瘤研究机构就将二噁烷列为 2B 级，即对人体有可能致癌的物质。早期制定的 AES 的国家标准中并未将二噁烷的限定指标列入，但一些香波生产企业采购此类产品时将其列入采购标准中。因此，AES 的生产企业及业内人士已经就此开展了大量的研究开发工作，尽可能使 AES 产品中的二噁烷含量降至最低。

（1）AES 产品中的二噁烷的生成与控制

二噁烷是在磺化过程中，原料脂肪醇聚氧乙烯醚中两个分子环氧乙烷化学裂解而形成的，也就是说二噁烷是磺化反应中的一个副反应导致的副产物。原料质量和硫酸化／中和工艺条件的变化，AES 产品中的二噁烷含量可以从痕量变化至数百，甚至数千 mg/kg。

出于对人体安全的考虑，AES 中的二噁烷越来越被人们高度关注。众多机构和技术人员也为此开展了大量的研究，努力降低 AES 产品中的二噁烷含量。

众多研究表明，二噁烷的形成与下列因素有关：

1）过量的 SO_3，即过高的磺化深度或者过低的游离油含量。

2）反应热移除失控引起的高温。

3）装置产能设定过高，即适当降低装置产能有利于降低二噁烷的生成。

4）过长的老化时间。

5）脂肪醇聚氧乙烯醚中偏高的聚乙二醇、水分含量。

6）羰基合成醇烷基链的支链化。

7）脂肪醇聚氧乙烯醚中有较长的乙氧基链。在相同的磺化条件下，当醇醚中的乙氧基链是 1 个时，形成的二噁烷含量很容易控制在低含量（mg/kg 级）水平；当含有 2 个乙氧基链时，形成的二噁烷数量就会上升到数十至数百 mg/kg 水平；当含有 3 个乙氧基链时，形成的二噁烷数量会上升至一千多甚至数千 mg/kg 水平。

8）膜式反应器的制造和安装精度偏低。

生产中根据上述因素，针对性地采取相应措施将会有效地控制二噁烷的生成量。

（2）AES 产品中的二噁烷的脱除

当通过控制原料质量，提高磺化设备制造和安装精度，优化磺化工艺参数后，如果 AES 产品中的二噁烷含量依然达不到要求时，可以使用后续的二噁烷脱除设备来降低二噁烷的含量。当然，建设二噁烷脱除装置的主要目的，是让装置能够在不减负荷的状态下生产低二噁烷产品。

国外的脱除二噁烷的设备主要有Ballestra的真空中和设备和Chemithon的湍流管式（DRS™）设备二种。

Ballestra的真空中和设备，核心是一个刮膜蒸发器。它在真空条件下，利用刮膜器刮板的强烈搅拌作用，一边进行中和反应，一边利用中和反应热加热处在薄膜状态下的AES产品，使其中的部分水分和二噁烷一同汽化（共沸），并随即将所生成的蒸汽移除，从而达到脱除二噁烷的目的。根据Ballestra宣称，它的真空中和设备能脱除产品中约80%~90%的二噁烷。

Chemithon的湍流管式脱二噁烷设备，核心是一个垂直安装具有特殊结构的汽提塔，它是在真空条件下，将中和以后的膏状产品从汽提塔的顶端通过喷嘴喷射进入，同时从气提塔顶部另行同时加入水蒸气，在气提塔的管内，水蒸气急剧膨胀产生的高速气流，使得进入气提塔顶部的膏状产品在湍流状态下被雾化成细小液滴。由于气提的作用，AES液滴中的二噁烷会转移到水蒸气中并随之被带离。据称，Chemithon的湍流管式脱二噁烷设备，单级气提能脱除产品中的7/8（87.5%）的二噁烷，如果将两个气提塔串联使用，则AES中的二噁烷脱除率将达到[1−(1−7/8)×(1−7/8)]=63/64=98.44%。

另外，国内也有企业开发了二噁烷脱除的专利技术，但是它们的原理都与Ballestra和Chemithon的湍流管式设备相近，或者是将两家的不同原理部分组合在一起。比如：

中轻化工公司开发了AES生产过程中脱除二噁烷的专利技术。该技术的原理是：将浓度降低了约10%的AES产品送入薄膜蒸发器加热后，产品中的水分与二噁烷产生共沸汽化，然后将该部分蒸气移出系统，从而达到降低产品中的二噁烷的目的。很明显，这个技术脱胎于Ballestra的真空中和技术。

北京紫晶石公司开发了一种脱除二噁烷装置专利技术。其脱除二噁烷的原理与中轻化工的技术相同。只是据称，该技术可以在薄膜蒸发器蒸发脱水的过程中，还可以再加入一部分水分，如此可以增加过程中的水分脱除量，从而达到增加二噁烷的脱除量。

浙江赞宇公司自行开发了一种真空泵式中和专利技术。该技术是在原来泵式中和系统的管道环路中，用一个体积巨大的真空闪蒸器来替换原来的换热器。生产中，利用中和反应热使产品中的水分和二噁烷，在真空闪蒸器内共沸汽化，并及时将这部分蒸汽移出，从而达到脱除二噁烷的要求。该技术有效地利用了中和反应热，节能效果明显，据称该技术可以脱除AES产品中80%以上的二噁烷。

需要指出的是，国内使用刮膜蒸发器来脱除二噁烷时，由于没有按照实际工况对刮膜蒸发器进行适用性优化设计，而是直接选用设备厂家的一个通用产品，所以普遍存在二噁烷脱除率偏低的现象，其实质是由于高黏度的 AES 产品在刮膜蒸发器内成膜不好，影响了二噁烷的脱除效率。

1.2.2.7 AES 生产中的其他技术问题

（1）AES 产品的 pH 稳定性

AES-Na 产品的国家标准中 pH 指标为 6.5~9.5，一般要求其在偏碱性条件下存放比较稳定。但是 AES-NH_4 产品在碱性状态下有氨味析出，必须保持其相对的酸性状态，故其 pH 值指标为 5.5~7.0。

AES 产品在贮存过程中极易发生 pH 值的偏移而返酸，甚至酸败、分解，必须进行稳定化处理以保持其 pH 值的稳定。铵盐产品更是如此。国内各 AES 生产企业在其生产过程中都有其独特的稳定剂配方。常用的稳定剂原料为多价酸及其盐，如碳酸钠、柠檬酸和柠檬酸钠、磷酸和磷酸盐或它们的混合物。AES 中稳定体系的加入不仅可以保持产品的 pH 值稳定，也可改善其耐热稳定性和产品的调黏、增调性能。

（2）AES 产品的色泽

现有的磺化装置与磺化工艺不管是进口装置还是国产技术，只要生产 AES 的脂肪醇醚的质量符合采购指标要求，均可不经漂白直接制得色泽较浅的产品，低于产品国家标准指标中 30Hazen 的要求，均能满足后续产品配方的使用需求。但是有些用户为配制特殊产品（如透明、无色香波等），对 AES 产品的色泽与外观提出更高的要求。这时，AES 生产时可用过氧化氢进行适当的漂白。漂白剂用量需严格控制，需在产品漂白后加入适量的硫代硫酸钠等还原剂，否则在 AES 产品中残存过多的漂白剂会直接影响到后续产品的配制。AES 生产过程中不得使用含氯漂白剂。

（3）AES 产品的均化与调整

AES-Na 与 AES-NH_4 产品有两种形态，低浓度的液态产品与高浓度的浆状产品。低浓度产品中含有大量的水，比较适用于就地或就近使用，生产时在产品贮罐中可用泵循环即可达到均化的目的。我国国家标准中低浓度 AES-Na 产品活性物指标是 28%±1%，如产品浓度大于 29% 可能出现不具流动性的冻胶状产物，给运输和使用带来困难。标准中 AES-NH_4 的活性物指标是 25%。低浓度 AES 产品使用时就近使用管道输送或槽罐车输送，可节约包装费用，使用配制也比较方便。低浓度 AES 产品易被微生物污染，需加入适量防腐剂。

高浓度的钠盐与铵盐活性物浓度在 70%，其表观黏度约为 8000 mPa·s，由于在产品均化前已经经过真空脱气，为了避免产品在均化过程中再次夹带气泡而影响产品外观，所以在产品均化过程中，搅拌的速度要很低，但是又不能花费太长的搅拌时间。鉴于上述情况，高浓度 AES 产品的均化罐和搅拌桨必须经过专门的设计，设计的原则是低搅拌转速，高搅拌流量，无搅拌死角。2003 年中轻化工在兴建国内第一套 3.8 t/h 磺化装置中，由于当时没有一家国内搅拌器专业厂家能接此工作，所以委托法国罗宾公司专门为其设计了 40 m³ 高浓度 AES 产品均化罐，实际使用效果非常好。

高浓度 AES 产品本身具有抑菌性，无须加入防离剂。这种产品一般使用大口塑料桶包装、运输，可以用泵输送，也可使用槽罐车运输，但费用较高。

1.2.2.8 窄分布 AES

作为 AES 原料的 AEO，由脂肪醇与环氧乙烷（EO）在碱性催化剂的作用下，经过乙氧基化反应制得。AEO 的分子量分布越窄，游离脂肪醇含量越低，越有利于产物的合理利用。自 1978 年美国 CONOCO 公司首次发现含钡化合物催化乙氧基化反应得到的 AEO 具有分子量分布较窄、副产物较少的特性以来，如何降低产品中游离脂肪醇的含量，减少高 EO 加合数 AEO 含量已成为各大化工公司所关注的研究课题之一。20 世纪 90 年代，北京化工大学、大连理工大学及中国日用化学工业研究院等国内高校和科研机构对此项课题进行了研究。中轻日化科技有限公司于 2015 年率先实现窄分布 AEO_2 的工业化生产，其特有的均相催化技术源自中国日用化学工业研究院。常规 AEO_2 和窄分布 AEO_2 的 EO 分布对照见表 3-11。

表 3-11 常规 AEO_2 和窄分布 AEO_2 的 EO 分布对照

组分	w/%	
	常规 AEO	窄分布 AEO
0EO	45.04	32.89
1EO	20.37	20.32
2EO	13.76	22.39
3EO	9.01	16.13
4EO	5.33	6.49
5EO	3.08	1.47
6EO	1.57	0.23
7EO	0.59	—
合计	98.95	99.92

1.2.2.9 结语

AES 作为一种性能优良的阴离子表面活性剂，其用量仅次于 LAS，是合成洗涤剂工业排第二位的活性物原料。它具有优良的去污、乳化、润湿、增溶和发泡性能，溶解性好，增稠效果好，配伍性广，抗硬水性强，生物降解度高，对皮肤和眼睛刺激性低微，且具有较高的性价比，广泛用于液体洗涤剂如餐洗、洗发香波、泡沫浴液、洗手液等中，已经成为而且将在以后成为液体洗涤剂的主要原料。AES 也可用于洗衣粉及重垢洗涤剂中，用AES部分取代LAS不仅可以少用或不用磷酸盐，还能减少总活性物用量，并可作为纺织印染，石油、皮革等行业的润滑剂、助染剂、清洁剂、发泡剂、脱脂剂等。

经过几十年的发展，尤其是进入21世纪以来的快速发展，我国AES的产量由世纪之初的几万t发展到几十万t，完全可以满足市场需求，在生产规模发展的同时，产品质量也稳步提高，尤其是解决了二噁烷的脱除问题，保证了产品的安全性。国内可以生产AES的厂家众多，产量统计也难以完全，表3-8中的数据可供参考，而其反映的发展趋势是没有问题的。

1.2.3 十二烷基硫酸钠

（1）概述

十二烷基硫酸钠在国内广泛简称为K12，在国外又被称为SDS。它是由脂肪醇（一般为$C_{12\sim14}$天然脂肪醇）首先经过SO_3硫酸化，再通过与碱中和，最后得到的一种性能优良的阴离子型表面活性剂。具有良好的乳化、发泡、渗透和去污性能。在牙膏、洗护、医药、农药、造纸、电镀和建筑等许多行业都有着极其广泛的应用。

根据不同市场的需求，K12产品按形态分成液态（低浓度，活性物含量约30%）和固态（高浓度，活性物含量约92%~95%）两种；固态产品按外观形状又分成粉状、针状和球状三种。

（2）各类产品性能对比

1）液态产品：液态K12储存、输送和使用都很方便，但是活性物含量低，不仅物流成本很高，而且由于高含水的原因，使得难以应用于高浓度的产品配方，限制了产品的使用范围。

目前K12的铵盐产品只以液态形式供货。

2）固态产品：

①粉状产品。粉状产品按生产工艺分成三种：第一种是采用高塔喷雾干燥方式生产的；第二种是采用刮膜蒸发器干燥方式生产的；第三种是采用惰性粒子流化床干燥方式生产的。在上述三种生产工艺中，其中只有第一种工艺是以30%低含量的液态产品作为原料，后边二种都是以70%及以上含量的高浓度浆状中间体作为原料。

三者相比有下列优劣和差异：

a. 由于高塔喷雾干燥的产品是粒径均匀的密布微孔的细粉产品，所以它的溶解性相对较好；而刮膜蒸发器干燥的产品粒径差异大且粉体密实，所以它的溶解性相对较差。惰性粒子流化床生产的粉体粒径均匀而且粒径为三者中最小的，其溶解性基本与高塔喷雾干燥产品相近。

b. 高塔喷雾干燥工艺必须采用30%低含量的液态产品作为原料，所以干燥耗能巨大。另外由于干燥塔尾气中饱含大量的水蒸气，造成喷塔尾气中夹带大量的细粉产品难以回收而进入大气，不仅造成产品回收率低，还造成了较为严重的环境污染。

c. 高塔喷雾干燥工艺设备体积巨大，是一个年产5000 t产品的干燥塔，直径约为6.5 m，高度近30 m，就目前技术水平，在生产过程中塔内壁上会不断堆积产品，一般在连续干燥生产约30 h后，挂壁的产品在超过400 ℃高温一次风的不断作用下，就会明显产生焦化、分解现象，此时必须停产，使用高压喷枪采用高温热水进行长时间的内壁清洗，如此又产生了大量的低浓度废水。不仅进一步降低了收率，还污染了环境。

d. 膜蒸发器干燥工艺特点是：采用70%含量的浆状中间体作为原料，干燥节能效果明显，尾风中产品回收彻底，设备体积小而且能长时间连续生产，为此几乎没有污染物排放，产品收率高，环保效果也很好。

e. 惰性粒子流化床干燥工艺是采用一定粒径的较高密度的耐磨小颗粒作为流化物料（惰性粒子），70%甚至更高含量的浆状K12物料进入干燥器后，被均匀涂覆在惰性粒子上，产品被干燥后在惰性粒子相互间撞击摩擦作用下脱落，形成细粉产品。为此与刮膜蒸发器干燥工艺一样，干燥节能效果明显，尾风中产品回收彻底，设备体积小而且能长时间连续生产，为此几乎没有污染物排放，产品收率高，环保效果也很好。另外，与刮膜干燥器工艺相比，惰性粒子流化床干燥装置所用设备少、设备结构简单，为此惰性粒子流化床干燥工艺装置的造价相对要低很多。

②针状产品。针状K12产品是采用粉状产品作为原料，在混入适量水分后，通过螺杆挤出机将产品通过高压从挤出机顶端的密布小孔的孔板中挤出而制成。虽然它可以在一定程度上减少粉尘飞扬改善劳动环境条件，也可以改善粉状产品易抱团、结块影响产品使用的情况。但是由于高压挤出的原因，产品密实度高其溶解性依旧不好。

③球状产品。球状K12产品是采用挤出滚圆造粒工艺制得。它是以粉状产品作为原料，首先将其与辅料预混合后，送入挤出机内。在挤出机内，预混物料继续被混合并被挤压通过孔板形成长圆条状物料；然后在滚圆造粒机内，圆条状物料先被转盘上的破断齿切断成为短圆柱状颗粒，而后在离心转盘、物料颗粒、造粒机筒壁、造粒机筒壁间的气体共同作用下，迅速被搓揉成圆球形；最后通过干燥、冷却，得到含量约92%~95%的圆球形K12产品。

球形K12的优点是：球形粒子强度和密实度适宜，在储存运输和使用过程中不会粉化；粒径一致好，真球度高，表面光滑，不易搭桥和结块，流动性极好；更为主要的是，由于其具有优化的高度一致的粒径和适当的密实度，产品溶解性优于现有的其他所有同类固态产品。

在国外，STEPAN、A&W、WITICO、COGNIS等公司生产球形产品。在国内，中轻化工曾在2009年前后成功进行过小试和产业化实验,均取得了良好的效果。但是由于某种原因,至今仍没有产品投放市场。

(3) 固体K12产品生产的几个关键技术

1) ≥70%高活性物浓度的K12浆料的生产技术

生产的关键是中和技术,它与普通的酸碱中和过程有很大的不同。这种中和的浆料是一种非牛顿型、弱抗剪力的流体,其黏度与剪切速率密切相关。此外,它的黏度还是活性物浓度、过量的碱、游离油、浆料的温度及pH值的复杂相关函数。由于中和是放热反应,必须将此热量迅速移出。中和时的升温会降低浆料黏度,导致进一步的相互影响,但是过高的温度会造成产品分解。由于硫酸酯的不稳定,在中和时各参数间的相互影响的困难程度就显得更加突出,在低pH和高温下它会分解成硫酸和未磺化的有机原料,即俗称的"脱磺",所以一套能够满足生产高浓度浆料的中和设备显得尤为关键。

目前适合生产高浓度浆料的有Ballestra的二级中和,以及Chemithon的泵式中和二种中和设备。其中Ballestra的二级中和最多只能用于生产70%含量的C_{12-14}脂肪醇硫酸钠浆料;而Chemithon的泵式中和不仅能用于生产12~14脂肪醇硫酸钠浆料,如稍加改造还可用于生产≥75%含量的C_{16-18}脂肪醇硫酸钠浆料。

2) 高黏度K12浆料的干燥技术

≥70%高活性物浓度的K12浆料表观黏度达数万甚至达十万毫帕斯卡秒(mPa·s)以上,而且K12还具有一定的热敏性,为此将其干燥成固态产品不是一般常见的干燥设备所能完成的。目前常见的适合干燥高黏度K12浆料的设备有三种:

① Chemithon的湍流管式干燥器系统(Turbo Tube Dryer System),简称TTD,其示意图如图3-3所示。

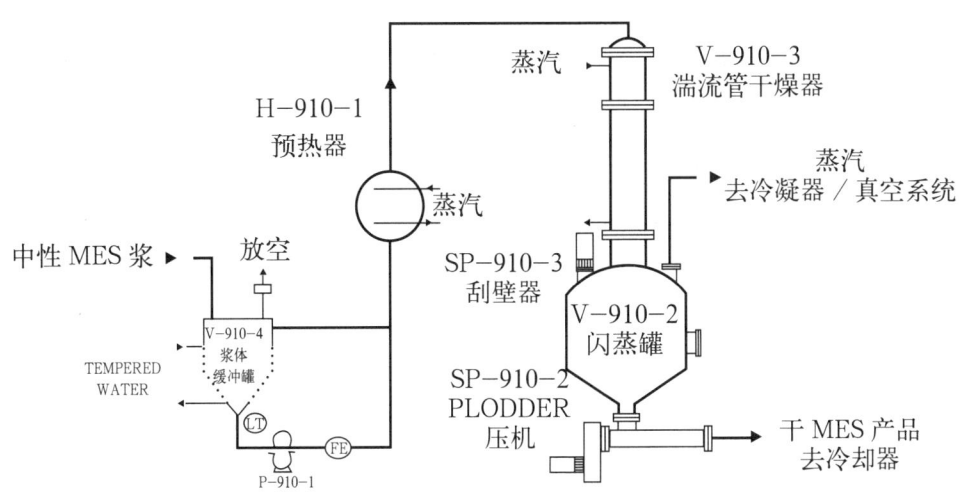

图3-3 MES湍流管式干燥器系统示意图

湍流管干燥器系统的关键设备是一个管式换热器，据报道，这个管式换热器头部示意图如图3-4所示。

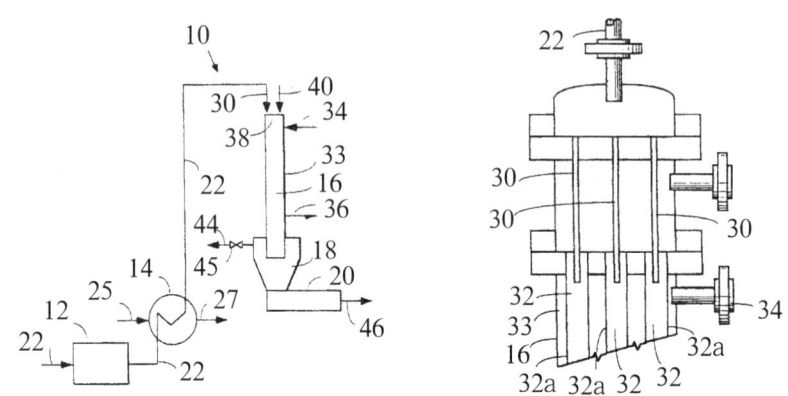

图3-4 湍流管干燥器系统及其管式换热器头部结构示意图

该系统工作时的大致流程按上图简述如下：

a) 将物料预热到一定温度后，从管22泵入换热器头部。

b) 物料从管22进入后，再经细管30流动至管32。细管30的作用是在该管的管前管后产生一个压力差，使得管30前的物料不产生汽化。

c) 物料流出管30后，由于压力降低而产生闪蒸汽化，高速流动的闪蒸蒸气（也可从外部再加入部分蒸气）迅速将物料雾化，并高速推动物料流过管32。

d) 雾化状态下的物料在流经管32过程中，在管外（换热器壳程）蒸气的加热下，物料中水分不断地汽化，含量不断降低。

e) 物料在离开换热器进入闪蒸罐后，汽液两相分离，汽相流出闪蒸罐上部后，再经过冷凝器将大部分水分冷凝后回收，不凝性气体通过真空泵排出系统。浓缩后的物料在闪蒸罐底部收集，然后通过螺杆挤出机排出系统。

上述的TTD系统据Chemithon公司介绍，除了可以干燥K12以外，还可以用于MES、AOS和烷基苯磺酸钠等产品。但是由于高浓度K12浆料具有极高的黏度，对其雾化的稳定进行非常困难，雾化的不稳定造成经常死机停产，规模化生产变得十分困难，为此鲜有稳定的规模化工业生产的实例。在国内目前只有一套TTD系统成功用于MES的干燥，还没有用于干燥K12的成功案例。

② Ballestra 的刮膜干燥系统，其示意图见图 3-5。

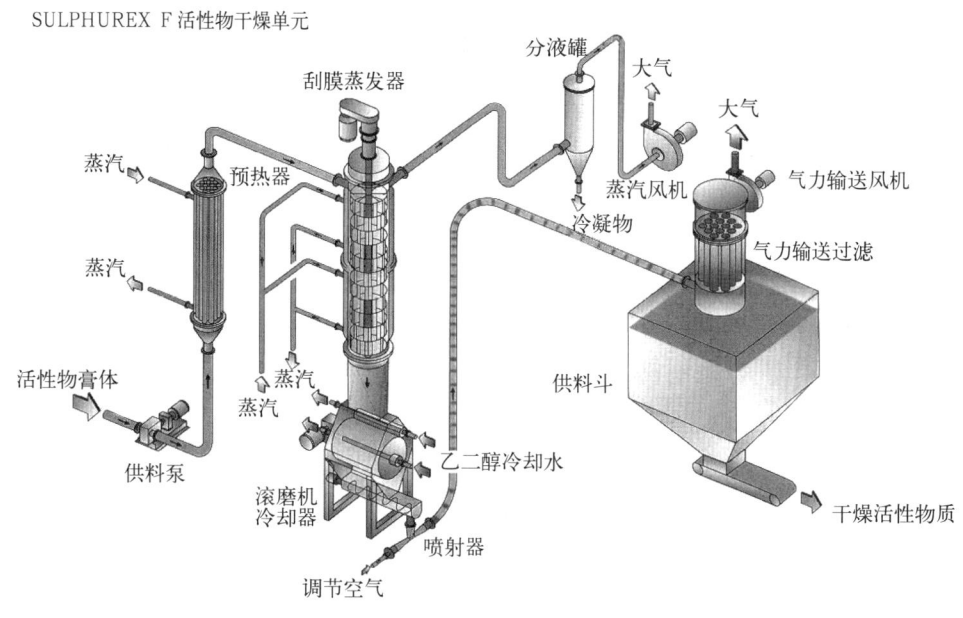

图 3-5　Ballestra刮膜干燥系统示意图

该系统的关键设备是一个经过特殊设计的刮膜干燥器，该刮膜干燥器结构复杂，转动部件多且精度要求高，国内目前尚不会制造，从而造成设备价格高昂，据了解 1 t/h 生产能力的刮膜干燥器单个设备的价格就高达 50 万欧元！

另外，产品粒径差异大且粉体密实，溶解性相对较差，是该技术的一个最大的缺点。

③惰性粒子流化床干燥系统，该系统的工作示意图如图 3-6 所示。

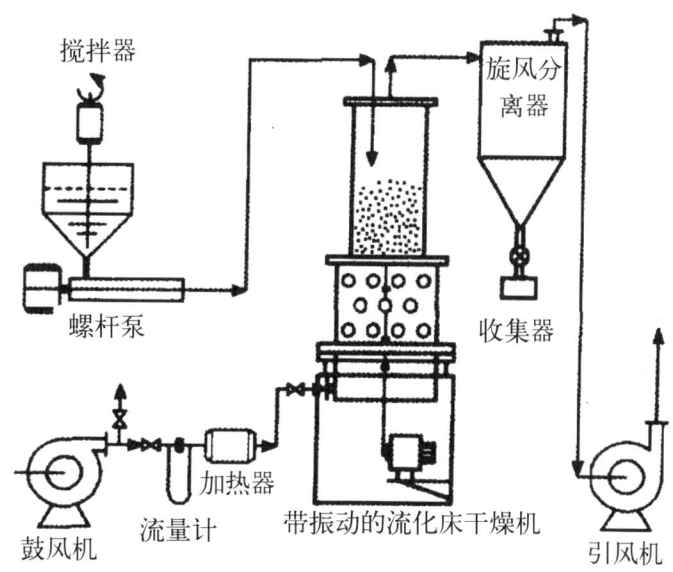

图 3-6　惰性粒子流化床干燥系统工作示意图

工艺是采用一定粒度的较高密度耐磨小颗粒（惰性粒子）作为流化物料，70%甚至更高含量的浆状K12物料进入干燥器后，被均匀涂覆在惰性粒子上，产品被干燥后在惰性粒子相互间撞击摩擦作用下脱落，形成细粉产品。为此与刮膜蒸发器干燥工艺一样，干燥节能效果明显，尾风中产品回收彻底，设备体积小而且能长时间连续生产，为此几乎没有污染物排放，产品收率高，环保效果也很好。另外，与刮膜干燥器工艺相比，惰性粒子流化床干燥工艺的装置系统所用设备少、设备结构简单，生产装置的造价很低。

3）球形产品的造粒技术

球状K12产品是采用挤出滚圆造粒工艺制得。它的系统示意图见图3-7。

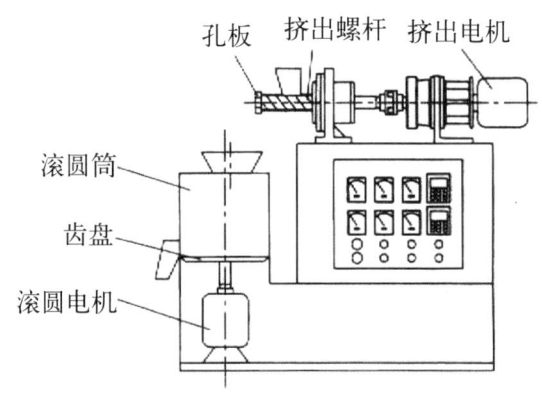

图3-7 挤出滚圆造粒机简图

该技术是以粉状K12产品作为主原料，首先将其与辅料预混合后，送入挤出机内。进一步在挤出机内，预混物料继续被混合并被挤压通过孔板形成长圆条状物料；然后在滚圆造粒机内，圆条状物料先被转盘上的破断齿切断成为短圆柱状颗粒，而后在离心转盘、物料颗粒、造粒机筒壁、造粒机筒壁间的气体共同作用下，迅速被搓揉成圆球形；最后通过干燥、冷却，得到含量约92%~95%的圆球形K12产品。该技术的关键是主设备和相关辅助设备的选型，造粒辅料的选择以及工艺参数的确定，因为这将影响产品的各项技术性能。

（4）国内生产现状

由于SO_3磺化装置只要配有中和系统的都可以生产低浓度的液态钠盐和铵盐产品，技术成熟故不做赘述。20年来K12（包括铵盐）产量统计结果如表3-12所示。

表3-12 K12（含铵盐）产量统计

年份	产量（万t）	年份	产量（万t）
1999	1.80	2009	3.48
2000	3.00	2010	4.53
2001	2.68	2011	3.65
2002	2.39	2012	3.74
2003	2.64	2013	4.48
2004	3.11	2014	4.21
2005	2.71	2015	3.73
2006	3.17	2016	4.50
2007	3.20	2017	3.61
2008	2.71	2018	7.01

K12产品执行标准为GB/T 15963—2008，规定的产品理化指标列于表3-13中。

表3-13 十二烷基硫酸钠理化指标（GB/T 15963—2008）

项目	指标					
	粉状产品		针状产品		液体产品	
	优级品	合格品	优级品	合格品	优级品	合格品
活性物含量[a]/% ≥	94	90	92	88	30	27
石油醚可溶物含量/% ≤	1.0	1.5	1.0	1.5	1.0	1.5
无机盐（以Na_2SO_4+NaCl计）含量/% ≤	2.0	5.5	2.0	5.5	1.0	2.0
pH值（25℃，1%活性物水溶液）	7.5~9.5				≥7.5	
白度（W_G）	80	75	—			
色泽（5%活性物水溶液）/klett ≤	—				30	
水分含量/% ≤	3.0		5.0		—	
重金属[b]（以铅计）含量/(mg·kg^{-1}) ≤	20					
砷[b]含量/(mg·kg^{-1}) ≤	3					

注：a 应标注产品的平均相对分子质量数据；b 用于牙膏原料时的控制指标。

我国当前固态K12产品的年产销量超过5万t。产品形态主要是粉状和针状两种，两种产品的产量基本相当。

经过前几年的洗牌重组，目前国内仅有2家K12生产企业：

①上海星海系，现有产能6 t/h。主要生产厂为江苏启东公司（产能3.5 t/h）、山东东明公司（产能1.5 t/h）和山西长治公司（产能1 t/h）三地。

②上海金山丽臣奥威（湖南丽臣奥威公司的全资子公司），其年产能为1.2 t/h。

由于现有产能不能满足市场需求的发展，上述两家公司分别正在或计划扩大各自的产能。另外，正在新建的河南新乡汇淼科技有限公司，也正在建设固态K12产品的生产装备。

（5）结语

十二烷基硫酸钠（K12）是一种典型的阴离子表面活性剂，易溶于水，与阴离子、非离子配伍性能好，具有良好的乳化、发泡、渗透、去污和分散性能，对人体和环境安全。广泛用于牙膏、香波、洗发膏、洗发香波、洗衣粉、液洗、化妆品和塑料脱模，润滑以及制药、造纸、建材、化工等行业。K12可以作为洗涤剂的活性物使用，尤其是在液体洗涤剂中。可以生产液态低浓度K12产品的厂家很多，因此上述统计数据不够详尽。

1.2.4 α-烯基磺酸盐

1.2.4.1 概述

α-烯基磺酸盐（Alpha Olefine Sulfonates，简称AOS），是由$C_{14\text{-}18}$ α-烯烃经磺化和中和得到的一种阴离子表面活性剂，是一种由日本一家公司首先开发生产和应用的合成洗涤剂活性物，后来印度和美国也有少量生产。这种表面活性剂对毛发非常温和而去污性很好。因此特别适合于配制洗发香波以及毛织品和羽绒制品的洗涤剂。用AOS制成的洗衣粉流动性很好，可与LAS相比。但AOS问世30多年以来发展一直不快，其原因主要是经济性。因为AOS所用原料烯烃（$C_{14\text{-}16}$）虽然有石蜡裂解和乙烯低聚两种，但前者含有二烯烃等杂质较多，生产的AOS质量不好，而后者以往在相当长时间内一直价格高昂，制约了AOS的发展。这种情况在后来发生变化，美国和英国的Shell公司的Shop法烯烃装置都已扩建完成，加上乙基公司在比利时的安特卫普市附近的新建20万t/a α-烯烃装置业已建成投产，使国际市场上的α-烯烃供应充沛，价格大幅度下降。当然AOS的生产在技术上也有难度，α-烯烃的磺化反应热比LAB磺化反应热高，反应速率也高100倍，为防止在反应器内由于反应过于剧烈而结焦，SO_3的气体浓度要降低，一台同样的磺化反应器生产AOS时，其生产能力要比LAS生产时降低一半左右。即使在使用保护风的条件下，AOS产品的色泽比LAS深得多。用NaClO进行漂白后仍然不如LAS。由于过去20年内AOS的发展不快，使用也不普遍，世界各国对AOS的安全性和环境影响的研究工作远不如像对LAS那样深透。例如磺化产物过水解后残余磺内酯对人体的影响及其合理的含量限度，漂白后产物的安全性以及各种同系物的毒性等均尚未在全世界范围内取得共识。这些都在一定程度上制约了AOS的发展。因此，虽然AOS是一种较有前途的表面活性剂，但它要大规模地发展并与LAS一比高下，还是比较遥远的事。

1.2.4.2 AOS 的发展历程

合成洗涤剂工业发展到今天,起主要去污作用的表面活性剂组分已经由早期的 1~2 个品种复配变化成为多元品种复配的形式。这种多元复配使得洗涤产品能够兼顾不同类型的污垢而发挥出更优异的洗涤性能,而且在抗硬水性以及对织物和皮肤的友好性等方面有了更大改善。AOS 就是一种优良的复配型表面活性剂。

AOS 是 α-烯烃(简称 AO)与 SO_3 在适当的条件下发生磺化反应,再通过中和、水解而得到的一种具有表面活性的阴离子混合物。其制备工艺流程见图 3-8。这种混合物的化学组成比较复杂,主要有烯基磺酸盐、羟烷基磺酸盐和少量的烯基二磺酸盐等。市场上的 AOS 产品主要是以该几种成分总和为 35% 左右的液体或 90% 左右的粉状形式存在。AOS 活性成分中三种物质的结构及其大致组成(以 C_{14} 烯烃表达)如图 3-9 所示。

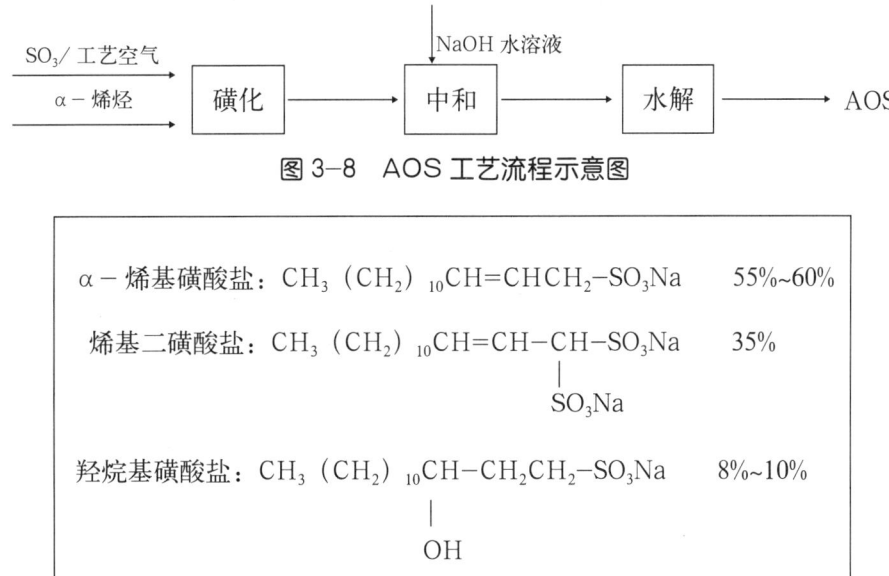

图 3-8 AOS 工艺流程示意图

图 3-9 AOS 活性成分中的物质结构与组成

AOS 的发展经历了一个相当漫长的过程。早在 20 世纪的 30 年代就已有用 α-烯烃直接磺化转化为表面活性剂产品的报道,但当时仅局限于商业宣传价值。直到五六十年代,日本狮子油脂公司对 AOS 进行了大量研究,才使 AOS 作为主要表面活性剂进入洗衣粉市场。1965—1975 年,美国也对 AOS 开展了大量的开发研究。之后,有人提出伴随 AOS 反应的中间产物磺内酯是致癌物质,并对 AOS 的使用提出质疑。1982 年,英国皇家延顿研究中心对 AOS 进行了两年的动物喂养实验,美国乙基公司也进行了 AOS 的毒理试验,得出的结论是:AOS 在正常用量下不会造成环境公害,也不会对人体健康产生明显影响。

早期生产的 α-烯烃采用石蜡裂解法制得,由于其质量较差,磺化产品色泽深,需要进行漂白处理,而使用氯漂处理又容易产生对皮肤有刺激的氯磺内酯,因而其使用受到限制。直到后来一些大的石油公司采用乙烯齐聚法制得高质量的偶碳数 α-烯烃,才解决了 AOS 磺化产品色泽较深的问题,使 AOS 的工业应用得以扩展。

我国在 20 世纪 70 年代也曾对 α-烯烃的磺化进行过研究,90 年代轻工业部日化所引进磺化中试装置,承担了国家"八五"科技攻关项目"α-烯烃磺化技术研究",并取得应用试验成果,但一直没有规模性地推广应用于工业生产。

2002 年,南风化工集团通过技术考察和论证,确定在公司的数套磺化装置上扩充 AOS 的生产设施。经过一年半的实施,率先在国内实现了 AOS 的工业生产,开创了国内 AOS 工业化生产和应用的先河。在随后的几年里,AOS 在国内表面活性剂生产行业中得到了迅速发展。

目前,国内约有 20 余套磺化装置配置了 AOS 的水解系统,具备生产 AOS 的工艺条件。主要生产企业有浙江中轻化工、浙江赞宇和南风化工等。AOS 的生产技术已比较成熟,产品质量也比较稳定。AOS 生产厂家及装置见表 3-14。

表 3-14 AOS 生产厂家及装置一览表

序号	规模(t/h)	企业名称	装置来源	投产日期	备注
1	5.0	中轻绍兴化工	国产多管	2006 年	
2		广东江门财新	国产多管	2008 年	
3	3.8	四川金桐	Ballestra	2006 年	
4		四川金桐	Ballestra	2008 年	
5		广州立智	国产	2005 年	Ballestra 磺化器
6		中轻绍兴化工	国产多管	2004 年	
7		嘉兴赞宇	国产多管	2006 年	
8		山东东明俱进	国产多管	2006 年	亿丰加工
9	3.0	湖南丽臣	Ballestra	2002 年	
10		广州浪奇	Chemithon	1996 年	
11		运城南风	Chemithon 改国产多管	1997 年	赞宇租赁
12	2.0	天津天智	Ballestra	2000 年	
13	1.6	中山赞宇	Ballestra	2002 年	停产
14		本溪南风	Mazzoni	1989 年	停产
15		江门景升	Chemithon	1995 年	
16		安顺南风	Chemithon	1997 年	赞宇租赁
17	1.0	邵阳赞宇	Ballestra	1986 年	换国产多管
18		中轻化工(萧山)	Chemithon	1996 年	停产
19		中轻化工(萧山)	Chemithon	2000 年	停产
20		安徽全力	国产多管	1995 年	
21	0.5	安阳兴亚	国产多管	1997 年	

装置共21套：其中5.0 t/h两套（共10.0 t/h）；3.8 t/h的6套（共22.8 t/h）；3.0 t/h的3套（共9.0 t/h）；2.0 t/h的1套（共2.0 t/h）；1.6 t/h的4套（6.4 t/h）；1.0 t/h的4套（共4.0 t/h）；0.5 t/h的1套（共0.5 t/h）。共计产能54.7 t/h。

1.2.4.3 AOS的特性

AOS之所以能够获得广泛应用，是缘于其具有下面的一系列特殊优良性能。

（1）具有优良的表面活性和去污性能

在一定的浓度范围内，AOS能将水的表面张力从72 mN/m降至30~40 mN/m。这种表面活性赋予AOS优异的去污性能。有实验表明，包含AOS在内的几种表面活性剂的去污能力由高到低依次为：

AES（EO=3）＞ AOS14—16 ＞ AOS14—18 ＞ K12 ＞ LAS。

在以LAS为主表面活性剂的洗衣粉配方中复配一定比例的AOS后，其去污效果明显提高。单组分的实验也表明$C_{14~16}$的AOS的去污性能（尤其是对碳黑污布）明显优于LAS。

（2）具有优良的抗硬水性能

LAS的耐硬水能力较差，在硬水中发泡力会显著降低。而AOS在此方面的性能明显优于LAS。由于其具有较好的抗硬水能力，因而在硬水中的去污能力也基本不会降低。在有皮脂存在时，AOS的发泡力比AES和AS还略高。

用$CaCl_2$的溶液滴定表面活性剂溶液，以溶液是否浑浊作为判定终点，测得几种表面活性剂的抗硬水能力（以$CaCO_3$计），由弱到强依次为：

K12 ＜ LAS ＜ MES ＜ AOS14-18 ＜ AOS14-16 ＜ AES（EO=3）。

（3）具有温和的性能

由于AOS的分子结构中具有双键，使得其在性能方面表现得更为柔和一些，刺激性较LAS明显降低。因此，将它与AES等配合，复配应用到洗涤剂（尤其是液体洗涤剂）中，能够显著降低洗涤剂的刺激性。

（4）协同效应好

AOS易于溶解，且容易与其他组分配伍。因此，AOS与其他表面活性剂和酶制剂等具有很好的协同增效作用。

（5）AOS的生物降解性

阴离子表面活性剂的生物降解性，由易到难的顺序依次为：

AS ＞ AOS ＞ MES ＞ AES ＞ LAS ＞ ABS。

AOS的生物降解速度和最终生物降解度都要明显高于LAS。AOS在自然环境中5~7 d可完全降解而消失，不会污染环境。而LAS则需要20~22 d才能100%降解。

综上所述，AOS具有良好的起泡性、抗硬水性和生物降解性，而且去污力好、刺激性小、配伍性能好，易溶于水。因此，它是一种适用于无磷洗衣粉、复合皂、餐具洗涤剂、香波、沐浴液等洗涤用品使用的理想原料。AOS的上述之性能还使得能够在造纸、石油、工业清洗等领域得到广泛应用。

1.2.4.4　AOS 磺化反应机理描述

α-烯烃与 SO_3 的磺化反应机理通常被描述为如下三个阶段。

（1）初始反应阶段

在初始反应阶段，α-烯烃与 SO_3 迅速作用形成 β-磺内酯，同时形成的 β-磺内酯能再与 SO_3 继续作用，形成一种焦磺内酯的环状物质（见图3-10）。此反应很快，几乎在瞬间完成。反应过程为强放热反应：$\triangle H = -210\,kJ/mol$。

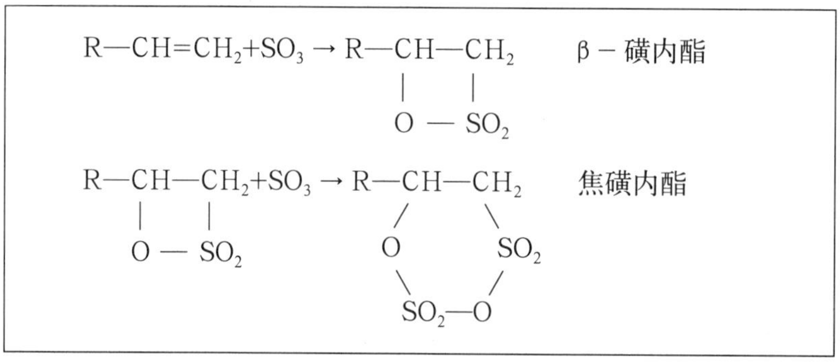

$$R-CH=CH_2 + SO_3 \rightarrow R-CH-CH_2 \quad \text{β-磺内酯}$$
$$\qquad\qquad\qquad\qquad\quad |\quad\ \ |$$
$$\qquad\qquad\qquad\qquad O-SO_2$$

$$R-CH-CH_2 + SO_3 \rightarrow R-CH-CH_2 \quad \text{焦磺内酯}$$
$$\quad |\quad\ \ |\qquad\qquad\qquad / \qquad\ \backslash$$
$$\ O-SO_2 \qquad\qquad\quad O\qquad\quad SO_2$$
$$\qquad\qquad\qquad\qquad\qquad\backslash\qquad\ /$$
$$\qquad\qquad\qquad\qquad\quad SO_2-O$$

图 3-10　AOS 磺化反应的初始阶段

（2）老化反应阶段

反应体系中处于亚稳定状态的焦磺内酯在老化时分解为烯基磺酸，释放出的 SO_3 继续与残留烯烃反应，β-磺内酯也可异构为 γ-磺内酯和 δ-磺内酯的混合物（图3-11）。在大约40℃的老化条件下，β-磺内酯几乎完全消失，少量的 γ-磺内酯和 δ-磺内酯也会在经过水解后被转化。

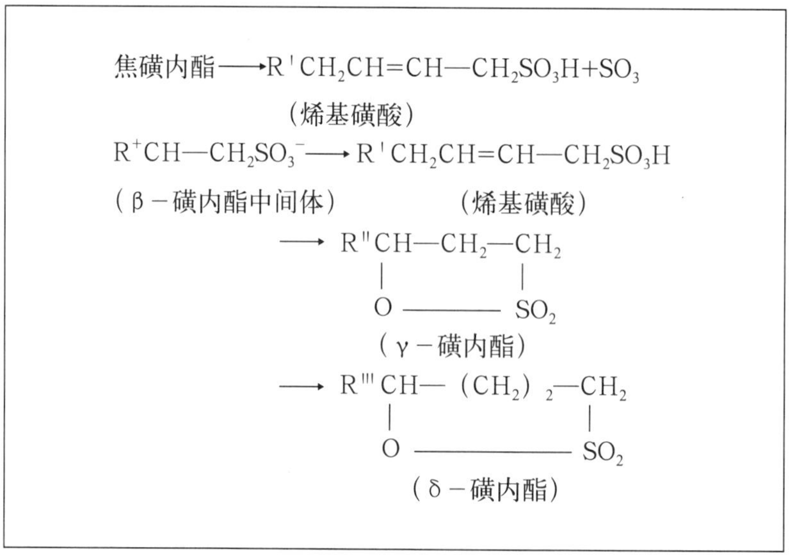

$$\text{焦磺内酯} \longrightarrow R'CH_2CH=CH-CH_2SO_3H + SO_3$$
$$\qquad\qquad\qquad\qquad\text{（烯基磺酸）}$$
$$R^+CH-CH_2SO_3^- \longrightarrow R'CH_2CH=CH-CH_2SO_3H$$
$$\text{（β-磺内酯中间体）}\qquad\quad\text{（烯基磺酸）}$$
$$\longrightarrow R''CH-CH_2-CH_2$$
$$\qquad\quad\ |\qquad\qquad\ |$$
$$\qquad\quad O\ \longrightarrow\ SO_2$$
$$\qquad\qquad\text{（γ-磺内酯）}$$
$$\longrightarrow R'''CH-(CH_2)_2-CH_2$$
$$\qquad\quad\ |\qquad\qquad\qquad |$$
$$\qquad\quad O\ \longrightarrow\ SO_2$$
$$\qquad\qquad\text{（δ-磺内酯）}$$

图 3-11　AOS 的老化反应阶段

（3）副反应

随着反应的进行，其他的副反应也相继发生，并占据优势，主要有以下形式：

①磺内酯中间体异构化成所需要的目的产物烯烃磺酸，分子式如下：

$$RCH=CH-\underset{\underset{SO_3H}{|}}{CH}-CH_2CH_2-SO_3H \text{（烯烃二磺酸）}$$

②形成二磺酸的反应；

③发生氧化／还原反应，在尾气中形成 SO_2。

因此，在 AOS 生产中，必须恰当控制生产工艺条件，让其生成所希望的烯烃磺酸产品，并尽可能避免副产物的生成。

1.2.4.5 AOS 的生产工艺特点

相对于烷基苯磺化而言，AOS 的磺化反应具有以下特点：

① AOS 磺化过程属于强放热反应。其反应热 $\triangle H=-210\,kJ/mol$，比烷基苯磺化的反应热还要多 1/3，反应速度近乎烷基苯磺化的 100 倍，反应更加激烈。因此，其生产过程对原料温度、反应温度和 SO_3 浓度的控制要求比较严格。

②磺化产物属于热敏性物质。因此，在反应过程中必须及时移除反应热，对磺化器列管采用高级别的冷却系统。

③磺化产物组成复杂，反应终点不易控制。产物中存在多量的磺内酯，在常温下不易中和。因此，不能单纯靠酸碱滴定手段来控制反应终点，必须通过严格的工艺条件和综合检测手段来控制。

④磺化产物是一种以 α-烯基磺酸为主的酸酯混合物，故不能直接存放，必须立即进行中和水解，继而以磺酸盐（AOS）的形式存放。因此，其生产装置必须配置水解单元系统。

1.2.4.6 AOS 生产工艺控制关键点

针对 AOS 的生产工艺特点，结合实践，对 AOS 生产中工艺控制关键点作如下总结。

（1）磺化工艺控制

通常，影响 AOS 产品应用的几个质量因素为：产品中的游离油含量，产品色泽，产品的活性物含量以及 pH 值等。

其中，影响最大的是游离油含量和色泽指标。因为过高的游离油和较深的色泽不仅对洗涤剂的结构成型和外观产生不利影响，而且高的游离油也是磺化反应转化率低以及导致 AO 单耗升高的具体体现。可以说，这两大指标主要取决于磺化系统的装置、仪器仪表的完好状态和磺化工艺控制的好坏。因此，应该把磺化环节作为

AOS生产的重点。

（2）硫黄/AO摩尔比

硫黄（S）/AO摩尔比是AOS磺化工艺中最关键的因素。S/AO摩尔比波动或者失控都会直接造成AO的过磺化或欠磺化，进而导致色泽或游离油不合格。实践证明：S/AO摩尔比取值在1.06~1.08是值得信赖的。当然，这个参数取值不只是表观意义上而必须保证是绝对意义上的准确控制，即排除了质量流量计误差因素以后计量数据的准确控制。因而，实际生产中定期严肃地校准和标定硫黄和AO的质量流量计应成为一项重要工作。

（3）中控分析

中控分析指标包括烯烃磺化产物的中和值、未磺化油和色泽。因为在AO磺化产物中不仅有烯烃磺酸、二磺酸，还含有大量的磺内酯等物质，其成分比较复杂。因此，单靠中和值不容易判断磺化状态的好坏以及摩尔比是否恰当，必须同时结合磺化产物的未磺化油和色泽进行综合分析判断。

（4）关于SO_3气浓

与LAB的磺化相比较，AOS的磺化反应更加剧烈、放热量更大。为了减缓其反应速率和控制反应程度，生产过程采用降低反应物浓度和施加冷冻水冷却的方式。按理论上要求，SO_3气浓应控制在3%（体积分数）左右。由于生产中很少去检测SO_3气浓，通常是根据物料衡算数据确定工艺空气流量和SO_3的流量来进行控制。因此，准确把握工艺空气的状态和流量也很重要。

（5）关于磺化温度的控制

磺化器型不同，对酸出口温度和冷却水的温度要求也不相同。对于多管膜式磺化器，由于反应在管中直接完成，管中出口温度相对稍高。其主要目的是避免反应产物的黏度急剧增加而影响其在下段管内膜的流动。因此，冷却方式是上段采用冷冻水，温度16~20℃，保证有效移走反应热（温度并非越低越好）；下段采用冷却水，温度25~30℃。对于Chemithon双膜式磺化器，由于大部分反应在流动膜过程完成，少量反应在主浴式循环回路中完成，因而系统酸出口温度比多管膜式稍低，采用的冷冻水温度控制在18~20℃。

无论哪种磺化反应器，为了有效移走反应热，冷却介质都应该采取大流量、大循环速率而低温升的要求。冷却水的进出口温差应该很小（在1℃左右），这样才能降低热阻，保持最大的传热推动力。换一种方式说，反应系统中酸的温度高低，应该是靠冷却水入口温度的控制来调节，而不应靠冷却水的流量控制来进行调节。

（6）关于中和控制

中和工艺控制的重点是对碱、水的流量和介质酸碱度的把握。由于进入中和系统的磺化产物中含有 40%~50% 的待水解磺内酯，不容易用 pH 值来控制其终点，因而还必须依靠物料平衡计算控制加碱量和加水量。

加碱量是中和过程最关键的控制因素。它不仅要考虑中和反应本身所需的碱量，而且还要考虑水解后磺内酯转化为烯烃磺酸的中和碱量。因此，中和通常是在碱性状态中进行的。碱量过多，也有可能造成浆体黏度高，同时影响洗衣粉的使用；碱量不足，水解时会返酸，会造成介质的腐蚀性或者色泽变深，严重时会在中和水解系统管路中形成凝胶堵塞而造成系统停车。而加水量的稳定则为了使产品中活性物的含量和浓度保持稳定。

（7）水解系统操作控制

水解系统控制的关键因素是水解温度和水解时间。比较优化的条件是在 140~150 ℃的温度下，水解 1 h 左右即可将物料体系中的磺内酯完全转化为烯基磺酸和羟基烷基磺酸。如温度较低，则需要更长的时间。水解温度需要靠一定压力的蒸汽来提供。同时，水解系统的物料也必须具备足够的压力，以保障其饱和蒸气压与水解温度的饱和蒸气压一致。

1.2.4.7 AOS 典型生产工艺数据

AOS 生产物料衡算及生产工艺参数等典型工艺数据列于表 3-15（以 1340 kg/h 纯 AOS 为基准）和表 3-16 中。

表 3-15 物料衡算数据

物料	流量（kg/h）
AO	861
S	151
烯烃磺酸产物	1238
工艺空气	4510
工艺水	1970
工艺烧碱	618
AOS（100%）	1340
AOS（35%）	3828

表 3-16 生产工艺参数（$C_{14\sim16}$ 烯烃）

条件	单位	参数
AO 进料温度	℃	16~20
SO_3 进料温度	℃	40~50
SO_3 气浓	V%	2.5~3.5
S/AO	mgKOH/g 酸	1.06~1.08
反应酸出口温度	℃	42~45
反应酸中和值	mgKOH/g 酸	93~95
冷却水温度	℃	16~20
老化温度	℃	45~50
老化时间	min	15
中和温度	℃	50~55
水解温度	℃	145~155
水解停留时间	min	50~60
水解系统压力	MPa	0.6

1.2.4.8 产量统计及产品指标

目前，可以搜集到的 AOS 产量数据始于 2003 年。2003 年以后的产量数据见表 3-17。

表 3-17 AOS 产量统计

年份	产量（万 t）	年份	产量（万 t）
2003	0.48	2011	6.27
2004	2.00	2012	8.43
2005	3.47	2013	9.31
2006	3.32	2014	9.66
2007	5.94	2015	6.06
2008	4.83	2016	5.41
2009	4.57	2017	6.07
2010	7.06	2018	4.40

AOS 目前执行标准为 GB/T 20200—2006，其中规定的产品理化指标见表 3-18。

表 3-18　AOS 产品理化指标

项目		指标	
		液态产品	固态产品
活性物含量 [a]/%		指标值[b]±1	指标值[b]±2
未磺化物含量[b]/%	≤	5.0	5.0
硫酸钠含量[c]/%	≤	4.0	6.0
游离碱（以 NaOH 计）含量[c]/%	≤	1.0	1.0
色泽（5% 活性物水溶液）/klett	≤	80	100

注：a 应标注产品的平均相对分子质量；b 指标值由生产者在标准中明示；c 按 100% 活性物折算。

1.2.4.9　结语

AOS（α-烯烃磺酸钠）具有很好的综合性能。工艺成熟、质量可靠、去污力很好，即使在硬水中也显示出去污力基本不降低的特点。AOS 生物降解性好，在日本、韩国、印度、美国等地已被大量生产和使用。AOS 作为活性成分应用于洗涤剂中显示了良好的应用性能，其潜在的产品中存在磺内酯的问题也随着制备过程的优化而得到解决。在我国，AOS 在 21 世纪初实现了在洗涤剂行业规模化应用，虽然在原料供应方面存在问题，但目前产量已达到 6 万 t/a。同时也在开发其在油田助剂、淀粉加工助剂、丙烯酸酯乳液聚合、棉的丝光处理、羊毛洗涤、纺织和造纸的润湿剂等领域中的应用。可望在不久的将来 AOS 会作为合成洗涤剂主活性物的一种补充，而更广泛地用于家用和工业用洗涤用品中以及其他工业领域。

1.2.5　脂肪酸甲酯磺酸钠（MES）

1.2.5.1　MES 发展的优势与困难

MES 的研制始于 20 世纪 50 年代，自 80 年代以来有较多的报道。MES 对硬水的适应性优于 LAS，特别是对水中的镁离子不敏感，使得它与沸石有优异的配伍性。它的钙皂分散力比 LAS 高得多，因此有利于复合皂和皂基洗衣粉的生产和应用。纵然这些突出的优点使人们对它产生了很大的兴趣，但长期以来进展不理想。其主要原因是技术上的难度（既在制造技术方面，也在应用技术方面）很大。在 80 年代中期，法国某肥皂公司曾建设了一套 1 万 t/a 左右的 MES 生产装置，用于制造皂基洗衣粉，但不久即因质量不好而停产。日本有 1 万 t/a 生产能力，其他在德国、马来西亚和美国有一些产品，在我国有浙江赞宇和广州奇宁具有比较成熟的 MES 生产技术，也有一定量的生产。目前产量已超过 5 万 t/a，KLK 和狮子公司两家产量较大。

在生产技术上的困难首先是它对原料要求极严,并不是像某些宣传那样什么动植物油脂都可使用。除了椰子油和棕榈仁油以外,棕榈油适用的部分是在控制条件下冷却结晶分出的棕榈油硬脂精(Palm Stearine)。这部分的油脂中饱和C_{16}脂肪酸含量已富集到55%~70%。其他一般的动植物油脂,由于C_{18}脂肪酸的含量高,制得的MES在室温水中溶解性不好,将使去污力等洗涤性能严重降低。因此要说棕榈酸是国内来源丰富的原料,只能是一种愿望。棕油硬脂精、椰子油或棕榈仁油要先与甲醇进行醇解制成脂肪酸甲酯。再经加氢处理使碘价降到0.1以下,方可作为磺化的进料。磺化的温度以及SO_3与有机进料的分子比都要高于LAB的磺化。要用分子比调节系统严格控制。即使在这样的条件下磺化得率也仅95%。产品色泽很深,即使经过漂白,其最终的色泽仍然明显深于LAS。MES用于洗衣粉生产时亦有很多技术上的困难。首先是它的黏度高,料浆浓度高时就难于流动和输送,保持较低浓度时会显著地增加干燥时的热能消耗。再者,由于MES碱性条件下很容易水解生成二钠盐和甲醇,因此在喷雾干燥时要避免与三聚磷酸钠、碳酸钠和硅酸钠等碱性物料混合在一起进行。这就使MES的应用技术成为很复杂的工艺操作。此外,在一般条件下,MES的经济性也不如LAS。因此MES发展需要克服多方面的问题。尽管如此,国内洗涤剂行业一直没有放松对MES发展的努力,近年来也取得了一些进展。

1.2.5.2 MES发展与现状

脂肪酸甲酯磺酸盐,又名α-磺酸脂肪酸甲酯盐,是以天然油脂为原料,经甲酯化、磺化和中和等反应制得,可代替石油基表面活性剂如直链烷基苯磺酸盐(LAS)、烯烃磺酸盐(AOS)等,符合资源与环境的总体发展趋势,是新型的阴离子表面活性剂。MES具有优良的去污能力,并且对皮肤刺激性小,具有性能温和、无过敏、毒性低、安全性高等优点,可应用于日用化工行业以及矿物浮选剂、润滑剂、造纸工业、丝绸印染、皮革制造和农药分散剂等领域。近年来MES在洗涤剂中已有一定量的应用,如浙江赞宇公司的MES(尤其是其液体产品)在南风公司的洗衣粉中作为活性物替代一定比例的LAS,效果良好。

MES的制备是脂肪酸或油脂经甲酯化后,与气体SO_3发生磺化反应,再经老化、酯化、漂白、中和等工艺制得。MES的生产工艺可以分为间歇式和连续式。其通用的工艺流程示意图见图3-12。

但工业生产中,为了提高生产效率和经济效益,基本上都采用连续式工艺。连续式工艺按甲酯磺酸处理方法,又可分为再酯化工艺、直接合成工艺、氯化物漂白工艺、使用超纯甲酯原料工艺,分述如下。

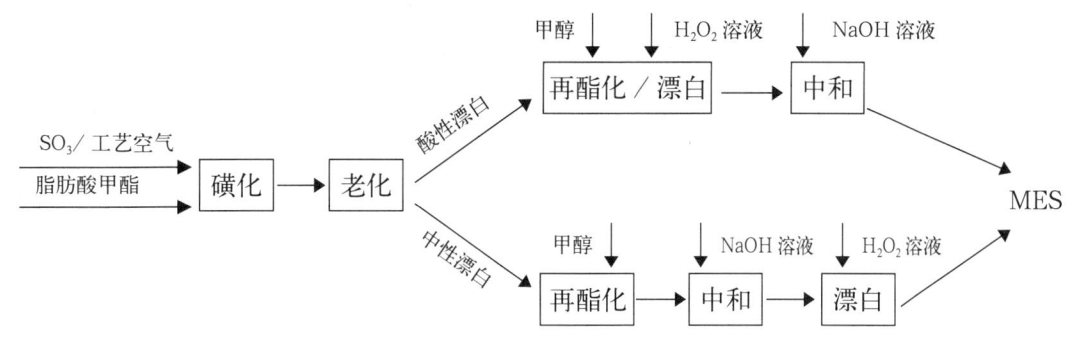

图 3-12 MES 工艺流程示意图

（1）再酯化工艺

该工艺是在老化阶段之后，加入甲醇进行再酯化，醇的加入量在 8%~40%。由于加入较多的甲醇，在促进中间体转化的同时，也降低了物料的黏度。反应物料的低黏度有益于防止中和时因局部碱浓度过高导致二钠盐的形成，而且还提高了漂白效率。该工艺的主要特点是漂白效果较好，对原料甲酯的质量要求相对较低；制得的 MES 产品色泽浅，二钠盐含量低。

再酯化工艺是以再酯化和漂白技术为特征，按漂白工艺的不同，再酯化工艺主要包括 3 种技术，分述如下。

①酸性漂白技术

磺化—老化—再酯化—漂白—中和—MES 成品。酸性漂白技术研究较早已有日本 Lion 公司和美国 Chemithon 公司获得了相关的专利，且 Lion 公司已将技术应用于 MES 的生产；我国科研人员也对此进行了研究，并获得了授权发明专利。

②中性漂白技术

磺化—老化—再酯化—中和—漂白—MES 成品。鉴于酸性漂白技术甲醇用量大，安全性差，经过改进，日本 Lion 公司又发明了中性漂白技术。该技术是在磺化过程中加入着色抑制剂（如无机硫酸盐），再用低级醇对磺化产物进行酯化，经中和、漂白处理，最后进行除臭，即得到色泽浅、臭味小的 MES 成品。中性漂白技术安全性好，但速度慢。

③二次漂白技术

磺化—老化—再醋化—漂白—中和—漂白—MES 成品。该技术是赞宇科技集团股份有限公司，基于酸性漂白和中性漂白技术所研发的新型漂白技术。具有甲醇用量少，安全性高；漂白速度适中，可控性好；较低的操作温度和压力，可操作性强等优点。该技术是在老化后，加入再酯化剂、漂白剂、改良剂，在再酯化的同时，进行预漂白；然后进行中和操作，最后再加入适量漂白剂进行二次漂白，并实时监控调整 pH 值。通过调整二次漂白剂的用量、停留时间等工艺参数达到预期。

(2) 直接合成工艺

直接合成工艺的流程是：磺化—老化—漂白—中和—MES 成品。

该工艺由常州华仁油化所研发，并申请了相关专利，与再酯化工艺中的酸性漂白较为相似，其主要区别是省略了再酯化操作。使用该工艺可以避免生产中使用甲醇等高危性原料，提高了生产安全性；但使用该工艺生产的 MES 产品，具有二钠盐含量较高，色泽较差的缺点。

(3) 氯化物漂白工艺

氯化物漂白工艺的流程为：磺化—老化—再酯化（甲醇）—漂白（H_2O_2）—中和（碱）—漂白（次氯酸钠）—MES 成品。将老化后的甲酯磺酸与甲醇（约5%）进行再酯化，以促使中间体完全反应；然后对 MESA 部分进行中和，在体系呈酸性的条件下加入 H_2O_2；H_2O_2 漂白完成后，调高体系的 pH 值，然后加入次氯酸钠进行漂白；次氯酸钠漂白是在贮存过程中进行的，一般需要 24~48 h。此工艺产品的形式一般有低活性糊状物（35%）和高活性（60%）糊状物两种，且产品中含有少量的甲醇。该工艺虽可以用次氯酸盐使产品色泽达到要求，但该工艺使用的漂白剂 NaClO 商品会含有铁质及其他盐类，对 MES 后期贮存过程中的色泽保持具有较大的影响，而且由于该工艺会形成对皮肤过敏的磺内酯，因此该工艺已逐渐被市场淘汰。

(4) 使用超纯甲酯原料工艺

使用超纯甲酯原料工艺的流程如下：磺化—老化—再酯化—中和—漂白—MES 成品。

由于采用了超纯甲酯，所以漂白前甲酯磺酸的色泽比直接合成工艺要浅；但此工艺制备的甲酯磺酸，色泽仍大于 1000 klett；因此还需进行漂白操作。Huish 公司应用该技术，采用德国 Lurqi 公司的技术制造甲酯。超纯甲酯工艺与氯化物漂白工艺具有相似的局限性，即在中和前必须加入一定量的甲醇，以抑制二钠盐的形成；并且最终的 MES 产品中也含有少量甲醇。产品也是 35% 和 60% 两种形式。

1.2.5.3　生产关键控制

MES 作为新型的磺化类阴离子表面活性剂，其生产工艺非常复杂。虽然实验室小试已经取得成功，但实现产品产业化、规模化的企业非常少，其原因主要是 MES 的生产技术难度很高，生产关键控制非常苛刻。在国外，仅有美国 Stepan 公司、日本 Lion 公司、马来西亚 KLK 公司已经实现规模化生产；美国的 Huish 公司于 2002 年建立了 8.2 t/h 的产业化装置，但后续相关的 MES 生产信息却未有披露。在国内，目前仅有广州奇宁、赞宇科技集团拥有规模化的生产能力，其中广州奇宁生产的 MES 主要供自己公司生产洗衣粉，赞宇科技集团生产的 MES 产品已经向下游日化企业供货。

（1）老化工艺控制

MES 产品在 ME 经过磺化后，需要进行老化操作，确保中间体充分反应，生产 MESA；因此需要严格控制老化阶段的反应参数，如反应温度，反应时间等。如果老化工艺控制不好，将使 MES 产品中的游离油含量升高，而且未反应的中间体还会在后续的中和工艺中生成副产物——二钠盐和甲基硫酸钠。

（2）再酯化脱色工艺控制

再酯化工艺生产得到的 MES 产品色泽浅，残留 H_2O_2 的含量低，是 MES 生产中一种较好的工艺方法，具有明显的优势；因此再酯化工艺的控制，能显著影响 MES 产品的色泽。再酯化工艺中的酸性漂白技术，漂白速度快，甲醇用量大，安全性差；中性漂白技术安全性好，但漂白速度慢。赞宇科技集团发明的二次漂白技术是综合了酸性漂白和中性漂白技术的优点，漂白速度适中，甲醇用量少，安全性好，可控性强。

（3）在线 pH 精确控制

MES 生产中，在中和工艺阶段，由于活性物含量较高，因此物料的黏度较大。高黏度、高浓度的物料容易引起 pH 电极钝化，从而影响中和工艺的操作。如果局部过碱，则容易导致副产物二钠盐和甲基硫酸钠的产生；此外局部过碱，还容易与漂白工艺残留的 H_2O_2 反应生成氧气；在大量中和热产生的情况下，易引起甲醇等挥发性物质的快速膨胀，甚至爆炸。

（4）二钠盐的控制

二钠盐是 MES 产品中的主要副产物，产生阶段主要在中和工艺，尤其在过碱的条件下，中间体极易反应生成二钠盐；此外，MES 产品在碱性条件下，也会生成二钠盐。由于二钠盐在水中低温溶解性差，洗涤去污效果不及 MES，严重影响 MES 产品的性能，因此严格控制二钠盐是 MES 生产中的一项重要工作。

除了控制好老化、中和阶段的工艺条件，准确分析测定二钠盐的含量对生产也具有重要意义。赞宇科技集团发明的自动电位滴定法，在重复性条件下获得的两次独立测试结果的绝对差值约为 0.2%，比现行采用的两相滴定法（绝对差值为 1%）误差小。

（5）甲醇残留量的控制

由于再酯化工艺中，需要使用少量的甲醇以防止 MES 水解。甲醇的存在要求 MES 的生产必须在甲级车间进行，以保证生产安全；而且甲醇的存在还会影响下游企业的使用。因此必须严格控制 MES 产品中甲醇的残留，需要在 MES 后续干燥过程中，通过蒸馏降低产品中的甲醇含量，并进行回收。

1.2.5.4 MES 的应用

MES 因具有优良的性能，已有大量科研工作者进行了应用研究，主要应用集中在日用化工领域等，如洗衣粉、液洗、肥皂、牙膏、个人护理品、矿物浮选剂、润滑剂、造纸工业、丝绸印染、皮革制造和农药分散剂等中都有应用。

（1）在洗衣粉中的应用

普通无磷洗衣粉的去污力不高，但添加 MES 替代 25%~50% 的 LAS 配制的无磷洗衣粉去污力明显增加，对于碳黑和皮脂污布，效果尤其别显说明 MES 和 LAS 复配后去污性能增效明显，适合配制无磷或低磷洗衣粉。

广州浪奇进行了 MES 配方洗衣粉生产工艺的研究。结果表明：MES 在 pH 值为 3.0~9.0 时，可以保证较好的稳定性；在洗衣粉的生产中，MES 配方洗衣粉适合采用后配法进行生产，但不宜用传统的洗衣粉配方工艺。南风集团也对 MES 在洗衣粉中的应用进行了研究，发现粉状 MES 以后配方形式加入洗衣粉中，在 30 ℃下溶解性较好，但在低温 15 ℃条件下溶解性迅速下降；对膏状 MES 以前配方形式加入洗衣粉料浆中，结果显示 LAS 及元明粉对 MES 的稳定性影响很小，纯碱的影响较大，泡花碱的影响最大，但对洗衣粉去污力影响较小，且 MES 等量替代 LAS 的去污效果优于全磺酸体系。

由于 MES 原料来源的可再生性以及良好的环境友好性，MES 在洗衣粉中具有巨大的市场潜力，并在市场应用中逐步取代 LAS。目前，联合利华、南风集团已成功地将 MES 应用到了洗衣粉的配方中，而国内的原料供应商——浙江赞宇、广州浪奇等企业已能规模化生产 MES，使更多企业应用 MES 成为可能。

（2）在液体洗涤剂中的应用

在液体洗涤剂中添加 4%~7% 的 MES，可以有效改进液体洗涤剂的黏度，避免液体洗涤剂因黏度太大造成运输、计量和使用中的困难。

南风集团研究了在衣用液体洗涤剂中，MES 与 LAS，AES 等其他类型表面活性剂的复配体系对去污力、泡沫性能、稳定性以及储存过程中二钠盐含量的影响。他们发现：MES 与 LAS 复配去污性能增效明显，与 LAS+AES 复配有一定的去污增效作用，而与 AES 复配没有增效作用；随复配体系中 MES 加量的增加，洗衣液泡沫下降；随着储存时间的延长和储存温度的升高，产品中二钠盐含量增加。

有人分析了餐洗和洗衣液中 MES 的稳定性。结果表明：餐洗中 MES 较稳定，随时间和温度的变化不明显；洗衣液中 MES 不稳定，温度越高，MES 分解越快，在 45 ℃放置后分解率为 37%，而在 54 ℃放置后分解率高达 60%；体系中 MES 的稳定性随 LAS 取代量的增大而提高。

对 $C_{12\sim14}$MES 和 $C_{16\sim18}$MES 在液体洗涤剂中的应用进行了研究发现，在表面活性剂含量为16%的餐洗配方中，$C_{12\sim14}$MES的添加量小于5%，$C_{16\sim18}$MES的添加量小于7%，配方黏度和耐寒性能比较理想；在含量为12%~15%的浴液配方中，$C_{12\sim14}$MES的添加量小于30%，$C_{16\sim18}$MES的添加量小于5%，配方黏度和耐寒性能比较理想。

从配伍的角度考虑，阴离子表面活性剂的Krafft点较低，则易于配伍且稳定性好。而用MES全部取代LAS或AES，并与AEO类表面活性剂复配，虽可降低MES的Krafft点，但配方的低温稳定性较差，不利于终端产品的市场化。如果采用水溶助剂和特殊的非离子表面活性剂可以加大MES在配方中的含量，但含量高会导致储运过程中稳定性差的问题，尤其在配制浓缩型的液体洗涤剂方面。

（3）在肥皂中的应用

在块状肥皂中，MES活性下降速度非常慢，加有MES的肥皂在储存8周后，仍然具有优良的抗硬水能力；而且加有MES的肥皂在研磨、出条时都很方便，洗涤过程中不糊烂。

对MES与皂的复配性能进行了研究发现，MES与皂复配后提高了抗硬水能力，减弱了泡沫力和去污力受水硬度的影响。在二钠盐含量较高的情况下，钙皂分散性仍然较好，不易产生皂垢，使用时降低了皂对皮肤的刺激性。

（4）在牙膏中的应用

保持牙膏中摩擦剂、甜味剂等组成部分的加入量不变，控制K12和MES的配比来调整配方，结果表明在牙膏中加入MES后，能够改善膏体外观，泡沫量比单独使用K12略低，但所有指标均达到国家标准；当MES/K12质量比=1/2时，牙膏的外观、稠度、稳定性、泡沫量等各项指标综合起来达到最佳。因此，MES可以部分替代K12作为牙膏的发泡剂。

（5）在个人护理用品中的应用

洗手液、沐浴露等个人护理用品已经成为洗涤用品中非常重要的一部分。对MES在个人护理用品中的应用进行了研究发现，在个人清洁用品中MES与其他表面活性剂的复配后，能明显改善洗后的感觉，能降低原表面活性剂配方的紧绷感，洗后感觉更清爽。作为一种性能优异的表面活性剂，MES将在个人清洁用品中有很好的应用前景。

（6）在矿物浮选中的应用

将表面活性剂作为矿物浮选剂的助剂具有非常重要的作用，使用MES作为浮选助剂也取得了很好的效果。例如MES作为磷矿捕收剂，其浮选性能与油酸钠相当，而且选择性更好，抗硬水能力更强，可以减少浮选所需的水玻璃和碳酸钠用量。又如在白钨矿浮选中加入MES后，捕收剂的抗硬水能力大幅提升，对矿物的捕收能力基本不受矿浆中钙镁离子的影响。

(7) 在润滑剂中的应用

现代润滑剂大多以作为基础油的矿物油和各种添加剂组成。在润滑剂的配方中，经常会使用多种表面活性剂，因为非离子型碳氢表面活性剂与离子型碳氢表面活性剂复配可以改善离子型碳氢表面活性剂耐硬水性差的缺点，还可以使胶束和吸附层中分子间的相互作用增强，胶束易于形成，临界胶束浓度变小，表现出强烈的协同增效作用。AEO_9与MES复合研究表明，两者各自在混合胶束及混合吸附层中的组成情况，发现两者复合后在混合吸附层及混合胶束中均具有强协同作用。

有人研究了不同表面活性剂对润滑剂乳液的性能影响，结果表明添加MES后，润滑剂的稳定性提高了3.8%，这是因为MES分子中同时带有离子基团和非离子基团，MES吸附在液滴周围时可以使粒子间产生静电排斥作用和较强的水化作用，避免了乳化液滴的聚合，使乳化液稳定性增加。

(8) 在造纸工业中的应用

MES可用作废纸脱墨剂，当MES在脱墨剂添加量为1%时，废纸浆脱墨率显著提高，最高可达80%以上；在纸浆制备过程中，MES作为蒸煮助剂对木材中木质素和树脂进行脱除，还可以收到良好的树脂脱除效果。

(9) 在皮革加工过程中的应用

MES是一种高效的皮革脱脂剂，在添加量很少的条件下即可达到较高的脱脂率，明显优于有机溶剂和纯碱法的脱脂效果，具有很高的实用价值和经济效益。

(10) 在丝绸印染中的应用

MES还可以作为棉布、羊毛和聚丙烯纤维的染色助剂，在极短的时间内进行毛料的均染和涂染，提高纤维染色的均匀性，使色彩鲜艳，减少染料的用量。还可以防止毛料变黄，防止损坏。

(11) 在农药分散剂中的应用

在表面活性剂行业中，农用表面活性剂是一个重要的领域。研究结果显示，MES具有良好的润湿性能，可以替代传统的润湿剂。

1.2.5.5 MES生产商及质量标准

国内MES生产厂家及装置等信息统计见表3-19。

表 3-19 MES 生产厂家及装置一览表

序号	规模（t/h）	企业名称	装置来源	投产日期	备注
1	5.0	广州奇宁	Chemithon	2011 年	带活性物干燥
2		江苏海清	Ballestra	2012 年	赞宇租赁生产 AES
3	3.8	嘉兴赞宇	国产多管	2009 年	
4	1.6	邹平福海	国产多管	2008 年	停产
5	0.4	济南金轮	国产多管	2003 年	停产
6	0.3	南通油脂厂	国产多管	1989 年	停产

目前，虽然 MES 的发展还没有达到理想的规模，但出于对其发展的热切期待，轻工行业在 2010 年即制定了 MES 的产品标准，QB/T 4081—2010，其中规定的产品理化指标见表 3-20。

表 3-20 MES 产品理化指标

项目	指标			
	液态产品		固态产品	
	优级品	合格品	优级品	合格品
总活性物含量[a]/%	指标值[b] ±2	指标值[b] ±2	指标值[b] ±2	指标值[b] ±2
石油醚可溶物含量[c]/% ≤	2.5	4.0	2.5	4.0
二钠盐含量[c]/% ≤	5	10	5	10
pH（25℃，1% 活性物水溶液）	4.5~7.0			
色泽 [5% 活性物的 1∶1 乙醇水溶液] /Hazen ≤	100	200	100	200

注：a 应标注产品的平均相对分子质量数据；b 指标值由生产者提供；c 按 100% 活性物计。

1.2.5.6 结语

MES 的原料、制备工艺及其应用过程的复杂性对其发展造成了一定程度的限制，但 MES 具有洗涤性能优异、表面活性优越、水溶液毒性低、易生物降解、对皮肤温和等优势，是一种性能优良的阴离子表面活性剂。可以开发不同的配方来满足多种工业需求，一直被表面活性剂应用行业尤其是洗涤用品行业看好，被认为是最有可能成为合成洗涤剂主活性物的油脂基表面活性剂品种。经过 30 多年的发展，已有越来越多含有 MES 的洗涤产品在市场上出现，并且还会继续增长，在选矿、皮革以及涂料等其他工业领域的广泛应用也将带动MES需求的进一步增加。目前MES在市场上已有几千t的销售规模，有望在今后有较大的发展。

1.2.6 醇醚羧酸钠

1.2.6.1 产品简介

醇醚羧酸盐（AEC）系列产品是一类具有阴离子和非离子双重性质的新型表面活性剂，属20世纪90年代三大绿色表面活性剂之一。它集温和性、使用安全性、易生物降解性于一身，是目前公认的功能型新产品。AEC与同类产品皂比较，在皂的亲水基和疏水基之间嵌入了聚氧乙烯链，可以改善抗硬水性、钙皂分散能力和水溶性。因此，在硬水中的稳定性、洗涤能力和钙皂分散能力很强，而且能产生像皂一样的乳状泡沫。与同类产品AEO比较，AEC在AEO的分子末端引入羧基后，对酸、碱、电解质和氧化剂的稳定性更好，而其优良的去污力却得以保留。与同类产品AES比较，AEC分子中的醚键结构比AES的酯键更稳定，具有更好的耐温稳定性和优异的抗分解能力，可以适用于更广泛的工业应用领域。能够作为良好的去污剂、润湿剂、分散剂、发泡剂、温和性改良剂等应用于化妆品、家庭及工业清洗、纺织、化工、医药、能源、材料等行业。AEC具有良好的配伍性能，能与任何离子型和非离子型助剂配伍，尤其对阳离子的调理性能没有干扰，对油脂的乳化性能优异，抗灰变能力强。

随着人们生活水平的提高，人们对环境保护日益重视，醇醚羧酸盐在温和性、安全性和环境效益方面具有较好的优势。因此，国内外均对醇醚羧酸盐具有较好的市场预期，国内外厂家均有批量化生产，产量和消费量也逐年增加。目前，英国、美国、德国及日本等发达国家均已将醇醚羧酸盐系列化产品推向市场，其中工艺成熟，技术力量较强的企业有郝斯特、汉高、巴斯夫、花王以及壳牌等。相对来说，国内对醇醚羧酸盐的研究较晚，国内代表性的醇醚羧酸盐生产企业为上海发凯公司，其技术来自中国日用化学工业研究院。中国日用化学工业研究院也是国内最早对醇醚羧酸盐进行研究的单位。除此之外，江南大学和浙江赞宇科技有限公司等也进行了对醇醚羧酸盐的研究工作。

1.2.6.2 醇醚羧酸盐制备方法

醇醚羧酸盐的制备方法目前主要有三种：羧甲基化法、氮氧自由基催化氧化法及贵金属催化氧化法。羧甲基化法是目前世界上生产醇醚羧酸盐的主要技术路线，但产品中含有氯乙酸钠和二氯乙酸钠残留物，对人体有毒，严重制约产品应用领域，该工艺将逐步淘汰。贵金属催化氧化法是在贵金属催化剂存在下，脂肪醇聚氧乙烯醚的端羟甲基（$-CH_2-OH$）被氧化为羧基（$-COOH$）。该方法转化率高，产品质量好，同时催化氧化技术属清洁生产工艺，无氯乙酸钠残留问题，符合清洁生产要求，是未来 AEC 产品发展的必然方向。

(1) 羧甲基化法

1934 年，Hauntsmann 首次用醇醚、氯乙酸钠和钠合成醇醚羧酸钠。羧甲基化法是最早合成醇醚羧酸盐的方法，同时也是国内外工业化生产醇醚羧酸盐的主要方法。羧甲基化法反应过程包括两个方面，首先是醇醚与无机碱作用，醇醚去质子化形成醇醚钠，之后醇醚钠再与氯乙酸或者氯乙酸盐发生羧甲基化，最终形成醇醚羧酸盐产物，后经酸化处理除去杂质得到最终产品。

羧甲基化法生产醇醚羧酸盐的文献和专利多采用一氯乙酸或其盐为原料，在一定碱性条件下醇醚发生羧甲基化反应，获得一定产率的醇醚羧酸盐产品。该方法合成醇醚羧酸盐，原料难以反应完全。若要获得高转化率需要很长的反应时间，同时氯乙酸或盐需要超过理论量的 1.5 倍以上。在获得目的产物的同时，产品中会含有相当量的羟乙酸盐、氯乙酸钠以及未反应的醇醚。因此，产物若要得以应用，需要进行初步的纯化。纯化的方法是加入无机酸，如硫酸、盐酸，使醇醚羧酸从醇醚羧酸盐中释放出来。通过纯化操作，反应中的副产物被分离溶解在水相中，未转化的醇醚及醇醚羧酸产品进入油相中被分离作为最终产物。

多数文献和专利通过加入氯乙酸的方式的调整来减少副反应和氯乙酸钠残留，通过对酸化工艺投料比和工艺参数的改变来改善产品质量。专利 US720811836 以嵌段环氧乙烷环氧丙烷醇醚为原料，在溶剂存在条件下，与氯乙酸反应生成醇醚羧酸盐，之后加入无机酸调整 pH 小于 3，使醇醚羧酸得以分离。之后不通过水洗而是通过减压蒸馏除去剩余水，可以使水含量小于 0.3%，通过过滤除去沉淀下来的无机盐，得到无机盐含量小于 0.2% 的低盐性醇醚羧酸盐产品，这样可以有效解决产品高含盐量在使用过程中对金属表面形成的点状腐蚀。而另一专利则提供一种合成无难闻气味醇醚羧酸盐的方法。此产品的实现通过三步获得，首先脂肪醇与环氧乙烷或环氧丙烷在碱性条件下合成醇醚，之后中和终止反应得到醇醚，最后以醇醚为原料通过羧甲基化法合成醇醚羧酸盐。此发明的创新之处在于，中和终止反应所用酸为特殊的羧酸，如柠檬酸，苹果酸等。此外，从产品质量考虑，氢氧化钠最好以固体加料，其粒度为 0.2~2 mm 较佳，反应温度为 50~90 ℃，采用连续进料，真空脱水。此方法得到的产品可以使醇醚羧酸盐应用于更多领域中。

虽然人们对羧甲基化法进行了不断的改进，但始终要用到对皮肤有刺激的氯乙酸或氯乙酸盐。因此，难以从根本上解决对人体有不良影响的副产物残留的问题，使产品应用领域受到制约，尤其是个人护理用品等高附加值的高端表面活性剂应用领域。而这些缺陷几乎是羧甲基化法生产工艺无法克服的弊端，因此羧甲基化法被取代是不可避免的趋势。

(2) 氮氧自由基氧化法

首先提出采用氮氧自由基作为催化剂的是 Rozautsev 等，之后氮氧自由基催化氧化醇醚制备醇醚羧酸盐的专利主要被壳牌石油公司申请，1992—1997 年该公司共申请专利文献 15 篇。

从反应催化剂来看，采用的氮氧自由基主要为 2,2,6,6-四甲基哌类氮氧自由基，这类自由基在常温下长年放置仍稳定。常用的三种催化剂体系为：氮氧自由基＋硝酸＋氧气、氮氧自由基＋次氯酸盐、氮氧自由基＋助催化剂＋硝酸＋氧气，其中助催化剂为 Cr^-、Br^-、Cu^+、Fe^{2+} 等，这些离子的存在可以加快反应的进行。因为，这些离子在硝酸存在条件下有利于促进氮氧自由基氧化为催化态。

从工艺条件来看，反应原料主要为 AE，也可以是烷基酚醚、支链醇醚等，反应均在 60 ℃以下，反应条件较温和。低温条件使反应变慢，反应时间较长，选择性较差。这是由于在酸性条件下，产物与原料发生酯化反应生成了酯类物质，因此需要增加自由基的加入量，从而增加了成本。在反应过程中，随着醇醚羧酸盐含量的提高，反应体系的黏度不断加大，最终导致反应无法进行。为了解决黏度过大问题，常采用加入有机溶剂的方法提高醇醚羧酸盐的溶解度，其中采用三甘醇二甲醚作为溶剂对催化剂的选择性影响较小。虽然加入溶剂能有效解决反应体系黏度大的问题，但是也存在加入溶剂不易脱出，产品中含有少量溶剂影响产品使用范围的问题。

氮氧自由基催化氧化法合成醇醚羧酸盐具有反应条件温和，不需要控制体系 pH，转化率高的优点，但是也存在致命的缺点。反应物醇醚中包含有大量的醚键，氧化时容易断裂，所以反应的选择性较差，因此必须用高选择性的催化剂在较温和的条件下反应。此外，产物中含有具有强烈腐蚀性的硝酸，而且难以通过蒸馏加以去除，在生产中还会形成大量的醛和酯等有害副产物，使产物的分离更加困难，产品应用受到限制。该工艺操作复杂，成本较高，产品杂质含量高，因此难以形成大规模工业化生产。

(3) 贵金属催化氧化法

贵金属催化氧化法合成醇醚羧酸盐具有明显的优势，从反应方程式可以看出，反应过程简单，属于原子经济型反应，反应过程不产生有害物质。反应方程式为：

$$RO-(CH_2CH_2O)_n-H+O_2 \xrightarrow[NaOH]{Pd/C} RO-(CH_2CH_2O)_{n-1}-CH_2COOH+H_2O$$

上述反应由醇醚、氢氧化钠和 Pd/C 多组分催化剂的混合物在 50~90 ℃下通入氧气进行反应，反应结束后将催化剂滤出即得 AEC 产品。

由于羧甲基化法和氮氧自由基氧化法存在着不可避免的缺点，日本花王公司开始寻求新的合成方法。最早采用贵金属催化剂成功催化氧化醇醚合成醇醚羧酸盐并于 1975 年申请了第一个采用贵金属催化氧化合成醇醚羧酸盐的专利（JP5096516），反应温度 100~270 ℃，采用空气及含氧气体作为氧化剂合成醇醚羧酸盐。

此后，许多公司认识到贵金属催化氧化的重要性，陆续开展了贵金属催化氧化法合成醇醚羧酸盐的研究，主要公司有 AGIP、Henkel、Hoechst、Shell 等，至今发表催化剂氧化法合成醇醚羧酸盐相关专利超过 40 篇。

1980 年日本花王以环氧乙烷加合数为 5 的醇醚为原料，采用含量 5% 的钯炭负载型催化剂，以连续进氧方式，70 ℃条件下反应 2 h，获得了产率 90% 以上的醇醚羧酸盐产品，通过对催化剂的改进将反应温度大大降低。

1986 年，AGIP 公司以钯或铂为催化剂合成了用于高盐度油井原油回收的醇醚羧酸盐，催化剂的使用量仅对反应物的转化率有关，与选择性无关。因此，反应中采用较低的催化剂使用量来降低成本，同时在催化剂回收后，采用氢气在室温下活化 2 h，有效提高催化剂的回用性。由于催化剂用量的减少，为提高反应速度，加强传质，反应时体系转速高达 1700 r/min，会使催化剂的磨损较为严重。

1994 年汉高公司以氧气和含氧气体为氧化剂，以炭负载贵金属为催化剂，采用循环泵使物料从釜底到釜顶不断循环加强传质，大大降低转速，减少催化剂磨损，同时可以提高反应物初始浓度，得到高浓度的醇醚羧酸盐产物。

1995 年汉高又申请了芳基醇醚羧酸盐的制备方法的专利，通过采用原料醇醚、氧气以及碱金属氢氧化物连续进料的方法解决因反应过程黏度大、体系 pH 高，而影响产品质量及因氧压过高影响催化剂活性的问题。同时氧气加入是在反应体系达到反应温度后，为避免催化剂失活，氧压不应超过 0.6 MPa，进氧速度应保持与氧气消耗速度一致。反应结束后经过滤回收催化剂再次回用，滤液即为产物醇醚羧酸盐，若要产品为醇醚羧酸只需用无机酸酸化调整即可。

1996 年郝斯特公司申请了采用错流过滤器回收贵金属催化剂的专利。在合成醇醚羧酸盐的过程中，随着原料醇醚碳链长度的增加，体系黏度增加，导致贵金属催化剂回收困难。一般常用方法为首先过滤，再在滤液中加入数倍的丙酮使滤液中残留溶解态的催化剂沉淀过滤除去。此处理会导致催化剂活性的减弱，不但经济性较差，还会造成环境污染。而专利所申请方法为反应液进入储液器中，经泵打入错流过滤器中，错流过滤器内部有膜，载体为三氧化二铝和二氧化锆，塑料和活性炭也可以作为载体，催化剂悬浮液经过错流反应器时大约 70% 被过滤，剩余 30% 与催化剂一起回到反应器中回用。此发明的优点是不需要加入溶剂降黏，不需要昂贵的方式便可以实现催化剂的循环使用。

距今最近的一篇关于贵金属催化氧化法制备醇醚羧酸盐的合成专利为日本花王 2012 年在美国申请的。申请的专利工艺分为 3 步，第一步是醇醚的合成，第二步为羧酸中和终止反应获得醇醚，第三步是采用羧甲基化法和贵金属催化氧化法合成醇醚羧酸盐，通过采用特殊的羧酸中和终止反应，解决产品有不好闻气味的问题。

目前，国内合成 AEC 的专利较少，尤其是贵金属催化氧化合成法，仅有两篇专利来自中国日用化学工业研究院，专利主要侧重于对催化剂组分的保护，而合成工艺专利未见报道。国外合成 AEC 的专利较多，其中氮氧自由基氧化法研究最多，其次是贵金属催化剂的制备，但主要是加氢还原催化剂的制备或者其他物质的催化氧化催化剂的制备，专门用于制备醇醚羧酸盐的催化剂的专利相对较少，但催化氧化法合成醇醚羧酸盐的专利较多。以上专利多数是在 2000 年以前申请的，近期申请量较少且专利申请主要集中在少数几个公司，尤其是贵金属催化剂的制备方面专利多数由日本公司申请。日本花王自 1975 年申请第一个贵金属催化法合成醇醚羧酸盐专利至今，在此方面研究近 40 年，是研究贵金属催化氧化制备醇醚羧酸盐的权威。

（4）贵金属催化氧化法催化剂及合成工艺条件

1）催化剂及载体

贵金属催化氧化法合成醇醚羧酸盐的核心是催化剂的选择。能否找到一种高活性、高选择性、使用寿命长的催化剂，是贵金属催化氧化法合成醇醚羧酸盐是否有工业化前景的关键。提高催化剂使用寿命主要与两方面有关，最主要的是选择催化剂本身的催化性能，其次是使用过程工艺条件的控制，减少对催化剂的磨损，降低反应中有害物质对催化剂的毒化。

第Ⅷ族过渡金属对羧基化反应具有优良的催化性能，其中催化性能较好的为钴、铂和钯。而钯作为主催化剂其活性和选择性要明显好于铂，铂活性和选择性要明显好于钴。因此贵金属催化氧化法所采用催化剂多为钯催化剂和铂催化剂。

仅采用单一贵金属制备催化剂，其催化活性和选择性均难以达到理想要求，因此需要添加助催化剂来进一步提高催化剂活性和选择性以满足要求。这类助催化剂可以是铅、铋、锡等，主要作用是作为主催化剂的活化剂。除此之外，在催化剂中加入铁系元素和锌助剂有利于载体的分散，增强抗失活能力。

贵金属催化氧化法催化剂虽然可以以金属或者金属盐的形式起到催化作用，但是存在催化效率低，催化剂不易回收的缺点，因此采用合适的载体可以提高催化剂的比表面积进而提高催化效率。常用于制备贵金属催化剂的载体有很多，作为载体必须具有较好的分散性能，较大的比表面积。这类物质可以是活性炭，金属或者非金属氧化物，如二氧化硅、三氧化二铝、沸石、黏土等。载体的选择除以上要求外，还要适应反应体系和反应条件，而贵金属催化氧化法制备醇醚羧酸盐为碱性环境，催化剂制备吸附过程体系为酸性环境，因此不能采用金属或非金属氧化物为载体。载体的比表面积一般选择 $100\sim2000\ m^2/g$，若载体比表面积过小，很难得到高催化活性的催化剂，载体孔隙容积和平均孔隙直径过小不但影响催化剂的活性，而且会缩短催化剂的使用寿命，较好的范围为载体孔隙容积 0.1~2 mL/g，平均孔隙直径 1~15 nm，常用而又符合条件的载体是经活化具有高比表面积且亲水的活性炭。采用浸渍法通过吸附还原制备钯碳复合催化剂催化醇醚，在合适的条件下，醇醚的转化率大于 95%，选择性大于 90%。

2）催化剂的回收

贵金属催化氧化法工艺的核心是贵金属催化剂，因此贵金属催化剂的回用和回收是该工艺能否实现工业化生产的关键所在。目前，文献和专利采用的回用方法主要有两种：溶剂沉降过滤和错流过滤器过滤。

溶剂沉降过滤过程，首先反应结束后，在室温下用氢气对催化剂进行活化，之后在反应液中加入一定比例的丙酮使溶解态的催化剂沉淀，过滤出催化剂用于下一批反应。经此处理后的滤液体系中残留的贵金属可以降低到 1~4 mg/kg。此方法所得产品会残留一定量的溶剂，对产品质量产生一定的影响。

鉴于溶剂沉降过滤需要用到溶剂，对产品有影响，专利介绍了采用错流过滤器回收催化剂的方法，避免使用溶剂，在催化剂氢气活化后，催化剂进入内部有膜的错流反应器。催化剂悬浮液经过错流反应器时，大约 70% 被过滤，剩余 30% 与过滤所得催化剂一起回到反应器中再次参加反应。此方法不需要昂贵的工艺便可以实现催化剂的循环使用，经济性比较好。

催化剂具有一定的使用寿命，在不断回用中会伴随着碳沉积、晶粒长大、中毒、贵金属流失等，使催化剂活性降低或者失活。在醇醚羧酸盐合成过程中，主要是有机物沉积和加强传质导致的贵金属流失，为了降低催化剂成本，必须对失活催化剂进行回收。最简单的回收方法是将失活的催化剂集中高温焚烧回收其中的贵金属，但是此种方法回收所得的贵金属经济价值不高。有文献提供一种新的贵金属回收工艺，通过焚烧、还原、王水溶解、氧化沉淀、精炼等操作，其贵金属回收率接近 100%，所得贵金属氯化物可以作为催化剂原料再次使用，经济价值较高。

3）工艺条件

贵金属催化氧化合成醇醚羧酸盐为气－固－液三相反应，因此对反应条件要求较高。

醇醚以及氧化产物醇醚羧酸盐凝胶区范围较大，在凝胶区体系黏度较高，反应难以进行。考虑到反应的经济性以及对产品固含量的要求，反应浓度不宜过低，同时不同的醇醚对浓度有一定的要求，如采用催化氧化法氧化 20% 浓度 EO 加合数为 4 的十二碳醇醚几乎是不可能的，此条件下黏度增加反应停止；另一方面，相同浓度 EO 加合数为 11 的十二碳醇醚催化氧化则没有问题，一般醇醚浓度选择在

10%~30% 较为合适。除此之外，当氧气与醇醚在碱液中不断反应时，体系的黏度会发生变化，先增大后减小，其中当反应产物产率达到 30% 时，其值最大。如果体系黏度过大，反应会终止，专利提出的解决方案是通过在反应过程中不断补加醇醚，使体系中醇醚含量始终保持较低的水平。

贵金属催化氧化法，采用的氧化剂为氧气和含有氧气的气体，采用空气作为氧化剂，原料廉价易得，经济性较好，但也有缺点。首先空气中氧气含量较低，反应过程中空气进入反应体系进行鼓泡，使反应空间泡沫丰富，而不参加反应的气体在反应空间中不断堆积，要定时排出。空气的排出会带出少量物料，不仅增加了经济成本，同时对环境也产生了污染。此外空气进入反应体系，大量的不参加反应的气体与氧气一起形成气泡，氧气的传质过程被阻碍，减慢了反应速度。随着空气分离技术的进步，氧气的成本得以降低，因此目前多数采用氧气作为氧化剂。

温度对反应速度的影响最大，因此合适的反应温度决定了产品品质。不同的醇醚所需反应温度不同，最好保持反应温度在浊点以下。一般随着温度的升高，反应体系由液体变为胶体进而分层，体系传质也经历由好变差再次变好的过程。这是由于醇醚属于非离子表面活性剂，在水溶液中依靠形成的氢键溶解，温度升高达到浊点，氢键被破坏，醇醚析出，形成小油滴，最终体系分层，而油滴的存在会导致催化剂凝结失活；再者，高温也会使醇醚发生副反应，导致氧化产物颜色较深，后期处理负担较大。温度较低时，体系处于凝胶区，传质传热效果较差，反应速度较慢。

贵金属催化氧化合成醇醚羧酸盐的主要经济成本在于催化剂，在催化剂配方不发生变化的情况下尽量通过对反应条件的控制减少催化剂的磨损，增加催化剂的使用寿命。催化剂的磨损主要是在加强传质过程中，催化剂与反应器壁、催化剂和搅拌桨叶、催化剂和催化剂之间相互作用产生的磨损，因此较为合适的搅拌速度与催化剂的使用寿命关系较大。

对于回收催化剂的滤液，由于反应原料浓度较低，所以产物中活性物含量较低，需要对产物进一步浓缩处理。常用方法有两种，一种为减压蒸馏过滤得浓缩产品，另外是采用酸化浓缩。减压蒸馏会产生大量气泡，操作较为不便，但是可以得到水含量小于 0.3% 的产品；酸化浓缩不存在以上问题，对设备要求较低，操作方便，但是会产生一定量的酸性废水。

1.2.6.3 醇醚羧酸盐的应用

自 1934 年用于纺织工业的醇醚羧酸盐首次成功合成以来，人们对醇醚羧酸盐的认识不断深入，应用范围也日益广泛。1957 年醇醚羧酸盐被应用于化妆品中，1964 年报道了醇醚羧酸盐的温和性和生物可降解性，1976 年发现其具有良好的皮肤安全性，不干扰皮肤的水分代谢和抵抗力。20 世纪 80 年代人们认识到醇醚羧酸盐的一些特殊性能，醇醚羧酸盐作为性能优异的绿色表面活性剂得到公认，其应用范围也拓展到各行各业。

从醇醚羧酸盐应用专利申请方面看，目前应用于工业清洗的比例较大，其次是日化方面，其他还应用于农业、采油、纺织、金属加工等。此外，国内外应用方面具有较大的差异，主要表现在应用领域上。醇醚羧酸盐在国外的应用专利主要集中在日化方面，占应用总量的一半；而国内多数应用于工业清洗，少量应用于日化。日化领域方面的表面活性剂应用一般属于高端应用，而工业清洗多属于低端应用。国内外存在此种差别的原因在于国内外生产醇醚羧酸盐工艺技术的差距，从而导致产品质量的差距。此外，我国目前研发和生产的醇醚羧酸盐品种单一，通常为AEC_9Na型产品，而对其他疏水基长度和EO加合数产品的制备工艺和应用性能研究较少，限制了醇醚羧酸盐的应用。日化产品对原料的要求极高，对有害物质的残留、色泽、气味都有较高的要求，而工业清洗则要求相对较低。国内采用羧甲基化法生产醇醚羧酸盐，反应用到具有刺激性的氯乙酸盐，产品颜色也较深，因此应用于化妆品方面的醇醚羧酸盐基本依赖进口。

该产品是一种两性表面活性剂，在酸性介质中呈阳离子性，在碱性介质中呈非离子性，具有良好的增稠、抗静电、柔软、增泡和去污性能；产品刺激性低，可有效地降低洗涤剂中的阴离子刺激性，还具有杀菌、钙皂分散、易生物降解等特点。洗涤性能优良，泡沫丰富而稳定，性质温和刺激性低，具有优良的抗静电性和柔软性。

1.2.6.4 生产现状及产品标准

目前，国内采用羧甲基化法生产AEC的厂家有上海发凯公司、青岛长兴公司、福建锦昌公司等，年产量在1万t左右。而具有自主知识产权并且能够采用氧化法合成醇醚羧酸盐的企业仅有上海发凯公司，其催化剂配方来源于中国日用化学工业研究院。在此专利配方基础上，上海发凯公司以系列醇醚为原料氧化法清洁生产醇醚羧酸盐，得到品种齐全、功能多样的醇醚羧酸盐系列产品。其中AEC系列醇醚羧酸盐具有较好的洗涤性，适用于化妆品和洗涤剂；而TOC系列醇醚羧酸盐具有较好的乳化性能，可以用于乳化剂中；XLC系列醇醚羧酸盐具有较好的耐碱耐硬水性，在工业清洗中具有优良的性能。

目前，AEC执行标准为QB/T 2950—2008，其中规定的理化指标见表3-21。

表 3-21 AEC 产品的理化指标

项目	指标		
	酸类产品	盐类产品	
		I 型	II 型
外观、气味	淡黄色液体，无异味	无色至淡黄色液体，无异味	乳白色膏体，无异味
总活性物（以钠盐计）含量 /% ≥	90	24	86
无机盐（以 NaCl 计）含量 /% ≤	0.5	—	—
pH（10% 水溶液，25℃）	1.0~3.0	5.0~7.0	8.0~10.0
一氯乙酸（盐）含量 /(mg·kg^{-1}) ≤	20	5	20

1.2.6.5 结语

醇醚羧酸盐是一类具有优良性能的绿色表面活性剂，其化学结构也决定了它有良好的配伍性能。在诸多的合成方法中，传统的羧甲基化法工艺简单也较为成熟，也是目前工业生产醇醚羧酸盐的主要方法。除了羧甲基化法之外，贵金属催化氧化法已经开发成功，该工艺是原子经济型反应，并且不存在氯乙酸钠残留的问题，是合成醇醚羧酸盐的发展方向。

醇醚羧酸盐应用越来越广泛，有关醇醚羧酸盐应用方面的专利数量逐年增加，发展势头良好，反映了市场对醇醚羧酸盐的潜在需求情况。但我国无论在合成还是应用方面与国外都存在较大的差距，因此，如何优化合成醇醚羧酸盐工艺，改善产品品质是我国当前醇醚羧酸盐发展的重点。

1.2.7 氨基酸表面活性剂

1.2.7.1 简介

氨基酸类表面活性剂从分子结构看有多种类型，日化行业所用的主要是由氨基酸与脂肪酸缩合而成的 N-酰基氨基酸系列表面活性剂。由于原料易得，合成方法相对容易，加之反应物又都是生物体的构成组分，易于生物降解和安全性好而获得了很大的发展。其中尤以 N-月桂酰氨基酸及其钠盐（特别是 N-月桂酰肌氨酸及其钠盐），由于其表面张力，润湿性和渗透性与 JFC（脂肪醇聚氧乙烯醚）相当，它的丰富而细腻的泡沫和与其他配料（特别是阳离子表面活性剂）的广泛配合性大大优于其他表面活性剂。它具有低刺激性，低毒性、柔和性、强的抗菌性和去污能力及优良的缓蚀性，生物降解性，在国内外已广泛用于化妆品（洗面奶、洁手液、沐浴露、香波、面膜等）、牙膏、食品、金属清洗加工、丝绸染整、皮革处理等行业。

1.2.7.2 发展与现状

化学法合成氨基酸型表面活性剂始于1909年Bondi合成N-酰基谷氨酸，至20世纪70年代起研究工作开始活跃起来。由于化学法工艺流程和设备相对简单，原料易得，一般在工业上仍主要采用化学法来合成氨基酸型表面活性剂。采用该法合成的氨基酸型表面活性剂有N-烷基氨基酸、N-酰基氨基酸及其盐类。氨基酸表面活性剂已有产品以N-长链酰基氨基酸盐为常见，国际上早有已有产品出售；但国内在氨基酸表面活性剂研究、开发、应用方面与发达国家相比有相当差距，特别是以氨基酸为主要原料与长链脂肪酸缩合而得的N-酰基氨基酸及其盐，虽然不少单位对该系列产品进行了开发性研究，只是到近几年才有规模化生产的商品供应市场，发展势头很好，已有多家规模化生产厂家，如南京中狮、长沙普济、苏州维美等公司，近几年有较快的进展。

1.2.7.3 制备方法

用氨基酸合成表面活性剂，必须在其氨基或羧基中导入疏水基团，为此常以氨基与长链脂肪酸缩合。由于有多种结构不同的氨基酸和脂肪酸，因此所合成的产品结构和性能也有很大的不同。

合成N-酰基氨基酸系列表面活性剂，所用到的氨基酸（及其盐），常用的主要有肌氨酸、谷氨酸、丝氨酸、丙氨酸、撷氨酸、亮氨酸等，其中以前二者特别是肌氨酸最为常用。所用到的脂肪酸分为饱和与不饱和两种，如月桂酸、油酸、椰子油酸、棕榈油酸、硬脂酸、辛酸、癸酸等。其中以月桂酸和油酸最为常用。合成时由它们的不同组配可合成多种多样的阴离子表面活性剂。

N-酰基氨基酸及其盐的制备方法一般为化学合成法，视原料不同而有几种工艺路线。如脂肪酸酯与氨基酸盐的酰化反应工艺、脂肪腈水解酰化反应工艺、脂肪酰氯与氨基酸反应工艺以及脂肪酸与氨基酸盐反应工艺等。

目前，在工业上用得最多的制备N-酰基氨基酸及其盐的方法仍是用肖顿鲍曼（Schotten-Baumann）缩合反应方法，它是由脂肪酰氯和氨基酸在碱性水溶液或其他有机溶剂中，一次完成制得N-酰基氨基酸盐。然后，经无机酸中和、分离得N-酰基氨基酸粗品，再加碱中和而成为较纯的N酰基氨基酸盐。此法的优点是工艺流程和设备不复杂，原料易得，缩合反应条件温和，反应温度不高（40~70 ℃），易于实现工业化生产。国内有不少学者曾对此工艺进行过实验室研究。但是，此反应的产率和纯度不是很高（一般产率为60%左右）。此外，应用该法主要的问题是酰氯质量要求很高，必须隔绝湿气贮存，以减少其水解，否则水解产物引入产品，除去非常困难。后来有人发现在碱性条件下含有一定量的无机氯化物（一种或多种）存在可使这一问题得以解决，使产品质量得到提高，好的产品甚至可直接用于作制药工业原料。

尽管Schotten-Baumann反应由脂肪酰氯和氨基酸缩合的方法在工业上获得了广泛应用，并经过了不断的改进，但是该工艺从酰氯的制备起就流程而言是相当长的。近几年国内有了商品化的脂肪酰氯供应，可以说解决了这一问题，为氨基酸表面活性剂的发展创造了良好的条件。

1.2.7.4 氨基酸系列表面活性剂的应用

氨基酸系列表面活性剂，特别是N-酰基氨基酸表面活性剂近年来在应用方面获得了很大发展。除了在传统的个人清洁剂、食品添加剂、金属加工、矿石浮选和石油开采等领域的应用不断扩大外，近年来在农业、生物制品和药物制备等一些领域的应用也得到发展。

（1）日化领域

氨基酸表面活性剂，由于具有安全、低刺激及良好的生物相容性等优良特性，可被安全地应用在日化产品中。近些年，随着人们对氨基酸表面活性剂认识的不断深入，氨基酸表面活性剂已经成功地应用在口腔清洁、肌肤清洁、毛发清洁等多种类型的产品当中。氨基酸表面活性剂具有良好的发泡性能和清洁能力，对肌肤有一定的滋润能力，不刺激肌肤和眼睛，特别适合应用于婴幼儿产品和肌肤敏感人群。研究发现，氨基酸表面活性剂具有一定的抗菌能力，应用在口腔清洁产品中，能够有效抑制口腔细菌的生长，并能保持长期活性。

（2）生物医药领域

氨基酸表面活性剂，近年来被应用在生物和医药领域，并取得了迅速的发展，已成为热点的研究方向。研究发现，N-酰基氨基酸表面活性剂能够明显改善维生素E在水中的溶解性，并提高人体对维生素成分的吸收，显著降低对皮肤的刺激作用。2012年，日本的Asahi Kasei化学公司合成了阴离子氨基酸类表面活性剂，作为皮肤渗透剂抗坏血酸-2-葡萄糖苷的化学促进剂，它可以积累皮肤中的亲水物质和提高皮肤渗透通量，有望用于皮肤局部治疗剂。有学者研究了用N-酰基氨基酸及其盐在提取DNA技术中的应用，他们发现用N-酰基氨基酸可从新鲜的鱼血和冷冻过的鲸油中提取分离DNA，并有研究者发现在低pH值条件下，将N-酰基氨基酸作为分离RNA的pH试剂，可安全快速地从人血、动植物细胞和微生物中分离出RNA，还有人发现了用N-酰基氨基酸盐从人类血清中定量提取DNA的简单方法。此外，许多研究者还对N-酰基氨基酸系列表面活性剂在免疫学中进行了很多应用研究。

（3）食品领域

氨基酸表面活性剂，由于其良好的安全性能及生物相容性而被大量应用到食品领域。添加少量的N-酰基氨基酸表面活性剂，能够保持植物油和可可粉等食品的糖果香味不逸出，防止异味的滋生。N-酰基氨基酸表面活性剂可作为食品添加剂，有效抑制碳水化合物中酸性物质发酵并避免其残留在龋齿上，防止对龋齿的酸蚀。此外，氨基酸表面活性剂还具有防雾和抗静电的作用，可用于食品包装、塑料等薄膜制品当中。

（4）工业领域

随着氨基酸表面活性剂性能的深入研究，其在工业领域的应用也取得了一定的进展。如在工业循环冷却水中的缓蚀作用，在润滑油配方中能够提高润滑油的生物降解性能，并表现出良好的防锈、抗磨和耐磨性能。此外，氨基酸表面活性剂还被广泛应用到金属加工和原油开采等相关领域中。

1.2.7.5 发展前景

在当前绿色化浪潮的推动下，氨基酸表面活性剂近几年有了比较快速的发展，但是仍然是一个功能性的小品种。今后的发展也主要是利用其温和的性能在应用配方中起到一定的作用，如婴幼儿用品开发等方面。

1.3 非离子表面活性剂

非离子表面活性剂即是在水溶液中不产生离子的表面活性剂，非离子表面活性剂在水中的溶度是由于分子中具有强亲水性的官能团。非离子表面活性剂在产量上仅次于阴离子表面活性剂，是一类被大量使用的重要品种。

1.3.1 脂肪醇聚氧乙烯醚

1.3.1.1 简介

脂肪醇聚氧乙烯醚（AEO），又称为聚氧乙烯脂肪醇醚，是非离子表面活性剂中发展最快、用量最大的品种。这种类型的表面活性剂从分子结构看是由聚乙二醇（PEG）与脂肪醇缩合而成的醚，但实际制备是由脂肪醇和一定数目的环氧乙烷加合而成，可用以下通式表示：$RO(CH_2CH_2O)_nH$，其中 n 是聚合度。由聚乙二醇的聚合度和脂肪醇的种类不同而有不同的品种。R 一般为饱和的或不饱和的 C_{12-18} 的烃基，可以是直链烃基，也可以是带支链的烃基。n 是环氧乙烷的加成数，也就是表面活性剂分子中氧乙烯基的数目。n 越大，分子亲水基上的氧原子越多，与水就能形成更多的氢键，水溶性就越好。n=1~5 时，产物能溶于油而不溶于水，常作为制备硫酸酯类阴离子表面活性剂的原料。n=6~8 时，能溶于水，常用作纺织品的洗涤剂和油脂乳化剂。n=10~20 时，在工业上用作乳化剂和匀染剂。当碳链 R 为 C_{8-10}，n=5 时，合成的脂肪醇聚氧乙烯醚在工业上称作渗透剂 JFC（Penetrating agent JFC）。当碳链 R 为 C_{12-18}，n=15~20 时，合成的脂肪醇聚氧乙烯醚在工业上称作平平加O（Peregal O）。当碳链R为C_{12}时，生成的脂肪醇聚氧乙烯醚则俗称AEO。

目前，脂肪醇聚氧乙烯醚主要分为AEO_2、AEO_3、AEO_7、AEO_9及其他AEO产品，合计产量和消耗量大约占非离子的比例在53%以上，其中AEO_2和AEO_3大约占31.5%以上，AEO_9占12.5%，其他AEO产品中占9.0%。低乙氧基化醇醚主要作为AES的原料，国内液体洗涤剂产品消耗量的快速增长间接带动AEO_2和AEO_3产品的需求量的逐年增加。

用氢氧化钠作催化剂，长链脂肪醇在无水和无氧气存在的情况下，与环氧乙烷发生开环聚合反应，生成脂肪醇聚氧乙烯醚非离子表面活性剂。反应简式如下所示：

$$ROH + n\, \overset{O}{\triangle} \longrightarrow R\text{-}O\text{-}(CH_2CH_2O)_n\text{-}H$$

1.3.1.2 原料

脂肪醇醚由脂肪醇和环氧乙烷加和而成，脂肪醇和环氧乙烷是其主要原料。

（1）脂肪醇

1）概述

依据生产原料的不同，脂肪醇可分为天然醇和合成醇两大类。合成醇按工艺路线的不同又可分为羰基合成醇、齐格勒合成醇和合成脂肪酸加氢醇等。一般认为天然醇的原料取自于天然的动植物油脂，因此质量较好，安全性高，可用于制作接触人体的各种日用化学品；而合成醇以石油化工产品为原料，在产品质量、性能和安全性等方面不如天然醇。美国Shell公司和日本三菱油化公司等对合成醇与天然醇产品质量、衍生物的生产工艺条件、表面张力与润湿力、生物降解性与安全性等方面进行了详细的研究和试验，证明合成醇同样具有天然醇的良好性能。以Sasol为代表的煤制烯烃，再由烯烃合成脂肪醇以及以Shell为代表的石油裂解烯烃合成醇是典型的合成脂肪醇路线。目前Sasol煤制脂肪醇因成本优势发展很快，石油裂解物合成因石油价格上升，成本太高竞争优势不明显。在东南亚棕榈油资源丰富的地区以油脂为原料的脂肪醇产业也发展迅猛。

脂肪醇是现代合成洗涤剂和表面活性剂的重要原料，以脂肪醇为原料生产的脂肪醇硫酸盐、脂肪醇聚氧乙烯醚（即醇醚）和醇醚硫酸盐等脂肪醇衍生物是优良的阴离子和非离子型醇系表面活性剂，具有表面活性高、应用性能优良、品种多样和用途广泛等优点。

2）国内脂肪醇发展现状

国内合成洗涤剂行业需求以十二、十四混合醇为主，用途基本为乙氧基化、磺化生产AEO、AES、K12、叔胺等产品。十六、十八混合醇用于生产平平加乳化剂和化妆品膏霜中，国内还只能少量生产高纯度（98%）脂肪醇，且质量一般。东南亚国家马来西亚、印尼、菲律宾等国的企业凭借其资源优势，正展开一轮大规模的脂肪醇新建和扩产风潮，预计以后国际脂肪醇市场将有激烈竞争。

我国从20世纪70年代开始大规模发展脂肪醇，先有合成脂肪酸加氢醇的生产，如长治合成化学厂；后有抚顺洗涤剂化学厂的5万t/a的羰基合成醇建成，紧跟其后有吉化公司的10万t/a的齐格勒醇的建设。但是合成脂肪酸加氢醇早已退出历史舞台，抚顺和吉化的合成醇装置也早已停产，前者有可能复产，后者恐怕是没有希望了。从90年代开始国内天然脂肪醇发展很快，2007年时国内就有10多家天然醇生产企业，产能达20万t；2018年全国脂肪醇主要生产厂家的产能数据见表3-22。国内每年产脂肪醇约30万t，进口量也达到30万t左右。

表3-22 国内脂肪醇产能及有关信息统计

序号	生产厂家	产能（万t/a）	备注
1	嘉化能源化工	13.5	
2	德源高科	10	
3	辽宁华兴	22	国内自有技术，停产
4	江苏盛泰科技	8	
5	浙江恒祥化工	3	
6	沙索（中国）	6	
7	无锡东泰	2	国内自有技术，停产多年
8	大连华能	1.5	Henkei技术，设备已经拆除
9	浙江凤凰	1.5	国内自有技术，设备已经拆除
10	广东中轻	1.2	P&G工艺，设备已经拆除
11	吉林石化	10	Ziegler合成醇，停产
12	抚顺洗化	5	OXO合成醇，停产，有望复产

20年来国内的脂肪醇实际产量见表3-23所示。

表3-23 国内脂肪醇产量统计

年份	产量（万t）	年份	产量（万t）
1999	2.00	2009	13.35
2000	2.27	2010	18.69
2001	4.08	2011	12.94
2002	5.33	2012	20.97
2003	4.73	2013	15.20
2004	8.07	2014	28.95
2005	10.98	2015	30.00
2006	13.39	2016	30.00
2007	14.83	2017	27.00
2008	12.28	2018	29.96

目前，国内天然脂肪醇执行标准为GB/T 16451—2017，其中要求的产品理化指标见表3-24。

表3-24 天然脂肪醇理化指标（GB/T 16451—2017）

类型	外观	熔点/℃	色泽/Hazen	酸值（以KOH计）/(mg·g^{-1})	皂化值（以KOH计）/(mg·g^{-1})	碘值（以I_2计）/(g/100g)	水分质量分数/%	羟值（以KOH计）/(mg·g^{-1})	烷烃质量分数/%	主组分质量分数/%	羰值/(mg·kg^{-1})
C_{8-10}醇	透明油状液体(30℃) 优等品	—	≤10	≤0.1	≤0.8	≤0.3	≤0.1	385~410	≤1.0	≥98	≤50
	一等品	—	≤15	≤0.2	≤1.0	≤0.5	≤0.2	380~410	≤1.5	≥97	≤100
	合格品	—	≤20	≤0.3	≤1.5	≤1.0	≤0.3	375~410	≤2.0	≥96	≤150
C_{12-14}醇	透明油状液体(30℃) 优等品	—	≤10	≤0.1	≤0.5	≤0.3	≤0.1	285~295	≤0.5	≥98	≤50
	一等品	—	≤15	≤0.2	≤0.8	≤0.5	≤0.2	280~300	≤1.0	≥97	≤100
	合格品	—	≤20	≤0.3	≤1.0	≤1.0	≤0.3	280~305	≤1.5	≥96	≤150
C_{14-16}醇	白色结晶体(30℃) 优等品	—	≤10	≤0.1	≤0.5	≤0.3	—	240~255	≤0.5	≥98	≤50
	一等品	—	≤15	≤0.2	≤0.8	≤0.5	—	240~260	≤1.0	≥97	≤100
	合格品	—	≤20	≤0.3	≤1.0	≤2.0	—	235~260	≤1.5	≥96	≤150
C_{16-18}醇	白色固体 优等品	47~55	≤10	≤0.1	≤0.5	≤0.5	—	210~220	≤0.5	≥98	≤100
	一等品	47~55	≤15	≤0.2	≤0.8	≤1.0	—	210~230	≤1.0	≥97	≤150
	合格品	47~55	≤30	≤0.3	≤1.0	≤2.0	—	205~230	≤1.5	≥96	≤200
C_8醇	透明油状液体(30℃) 优等品	—	≤10	≤0.1	≤0.8	≤0.3	≤0.1	425~432	≤1.0	≥98	≤50
	一等品	—	≤15	≤0.2	≤1.0	≤0.5	≤0.2	420~432	≤1.5	≥97	≤100
	合格品	—	≤20	≤0.3	≤1.5	≤1.0	≤0.3	420~435	≤2.0	≥96	≤150
C_{10}醇	透明油状液体(30℃) 优等品	—	≤10	≤0.1	≤0.8	≤0.3	≤0.1	351~357	≤1.0	≥98	≤50
	一等品	—	≤15	≤0.2	≤1.0	≤0.5	≤0.2	350~358	≤1.5	≥97	≤100
	合格品	—	≤20	≤0.3	≤1.5	≤1.0	≤0.3	349~359	≤2.0	≥96	≤150

续表

类型		外观	熔点/℃	色泽/Hazen	酸值（以KOH计）/(mg·g^{-1})	皂化值（以KOH计）/(mg·g^{-1})	碘值（以I$_2$计）/(g/100g)	水分质量分数/%	羟值（以KOH计）/(mg·g^{-1})	烷烃质量分数/%	主组分质量分数/%	羰值/(mg·kg^{-1})
C$_{12}$醇	优等品	透明油状液体(30℃)	—	≤10	≤0.1	≤0.8	≤0.3	≤0.1	296~303	≤0.5	≥98	≤50
	一等品		—	≤15	≤0.2	≤1.0	≤0.5	≤0.2	295~310	≤1.0	≥97	≤100
	合格品		—	≤20	≤0.3	≤1.5	≤1.0	≤0.3	290~310	≤1.5	≥96	≤150
C$_{14}$醇	优等品	白色结晶体(30℃)	—	≤10	≤0.1	≤0.3	≤0.5	—	255~265	≤0.5	≥98	≤50
	一等品		—	≤15	≤0.2	≤0.5	≤0.5	—	254~266	≤1.0	≥97	≤100
	合格品		—	≤20	≤0.3	≤1.0	≤1.0	—	250~266	≤1.5	≥96	≤150
C$_{16}$醇	优等品	白色固体	48~51	≤10	≤0.1	≤0.5	≤0.5	—	225~235	≤0.5	≥98	≤50
	一等品		47~51	≤15	≤0.2	≤0.8	≤1.0	—	220~235	≤1.0	≥97	≤100
	合格品		46~52	≤30	≤0.3	≤1.0	≤1.5	—	220~240	≤1.5	≥96	≤150
C$_{18}$醇	优等品	白色固体	57~60	≤10	≤0.1	≤0.5	≤0.5	—	203~210	≤0.5	≥98	≤100
	一等品		56~60	≤15	≤0.2	≤0.8	≤1.0	—	200~215	≤1.0	≥97	≤150
	合格品		55~61	≤30	≤0.3	≤1.0	≤1.5	—	200~220	≤1.5	≥96	≤200

注：烷烃含量包括烷烃和其他非醇杂质；主组分含量系指类型名称所标明组分偶碳伯醇的含量（单一组分或二组分之和）。

(2) 环氧乙烷

环氧乙烷属于大宗化工产品，衍生品也是多种多样。作为表面活性剂原料，它主要用于乙氧基化产品生产，其用量只占其总产量的10%~20%。2012—2016年国内环氧乙烷产能逐步增加，从169.5万t增长到369万t。产能的急剧增加导致开工率下滑，2016年产量约239万t，产能已经处于初步过剩状态。

国内商品EO生产企业主要集中在中石化、中石油、三江化工、辽宁奥克等原油加工企业或EOD企业。"十二五"期间中国EO供应结构发生根本变化，以中石化、中石油为代表的国有企业占据半壁江山，合计产能占比接近57%；以三江化工、辽宁奥克和南京德纳等为代表的民营企业迅速崛起，合计产能比超过43%。国内环氧乙烷主要生产厂家产能统计见表3-25中。

表 3-25 国内环氧乙烷主要生产厂家统计

地区	厂家	产能（万 t/a）	技术
华东地区（189.5 万 t/a）	扬子石化	18	乙烯法
	上海石化	29	乙烯法
	三江化工	38	乙烯法
	三江湖石	6	乙烯法
	安徽丰原	2	乙烯法
	镇海炼化	18	乙烯法
	南京德纳	16	乙烯法
	宁波阿克苏	7.5	乙烯法
	滕州辰龙	6	乙烯法
	扬巴石化	10	乙烯法
	泰兴金燕	6	乙烯法
	富德能源	5	乙烯法
	扬州奥克	20	乙烯法
	远东联扬州	8	乙烯法
华北地区（24 万 t/a）	燕山石化	3	乙烯法
	天津石化	4	乙烯法
	中沙石化	5	乙烯法
	联泓控股	12	MTO
东北地区（64 万 t/a）	吉林石化	11	乙烯法
	辽阳石化	19	乙烯法
	抚顺石化	5	乙烯法
	辽宁北化	17	乙烯法
	吉林众鑫	12	酒精法
华南地区（18 万 t/a）	茂名石化	12	乙烯法
	中海壳牌	6	乙烯法
华中地区（25 万 t/a）	潜江永安	4	乙烯法
	武汉石化	15	乙烯法
	河南中亚	6	乙烯法
西南地区（10 万 t/a）	四川石化	10	乙烯法

1.3.1.3 醇醚的发展与现状

(1) 概况

全球环氧化加成物（主要是环氧乙烷和环氧丙烷的加成物）类表面活性剂的年消耗量约在450万t左右（约占表面活性剂总消耗量的1/5）。其中，聚氧乙烯醚类非离子表面活性剂是这类表面活性剂的主要品种，它包括醇醚（AEO和JFC）、酚醚（OP，NP和TX）、吐温（Tween）以及脂肪酸甲酯乙氧基化物（FMEE）等系列，年消耗量在247万~270万t，约占非离子产品总消耗量的55%~60%。

非离子表面活性剂被广泛用作乳化剂、分散剂、食品添加剂、化妆品助剂、洗涤剂和农药助剂等产品配方原料，在工业生产和民用领域中起着至关重要的作用。非离子表面活性剂中，天然油脂衍生脂肪醇聚氧乙烯醚有较好的生物降解性和复配性能，工业生产和使用对环境的污染也相对较小，近几年得以快速发展。尤其是东南亚优质原料生产国家，大量建设油脂化学品项目。

我国作为脂肪醇醚的消费大国，应用领域涉及日化、洗涤、清洁、医药、工业清洗和石油开采等众多领域。AEO_2和AEO_3等低聚合度乙氧基化物主要作为AES的生产原料；AEO_7和AEO_9主要作为合成洗涤剂主要原料直接使用，也用于温和型日用产品配方原料；天然脂肪醇乙氧基化物在某些领域应用性能不及烷基酚乙氧基化物，烷基酚醚作为国内另外一种主要乙氧基化产品，广泛用于工业清洗和纺织造纸助剂等行业，但由于其应用后的环境问题而受到限制。

(2) 生产与市场

根据行业初步统计，国内有能力生产非离子表面活性剂的企业大约有530余家（多种产品生产统计）。其中乙氧基化装置大约有200多套，技术装备和工艺存在很大差异，2018年国内乙氧基化总产能大约440万t。中国三江精细化工和辽宁奥克作为国内排名前二的乙氧基化企业，前者主要以脂肪醇醚和烷基酚醚为主，年产量超过了10万t，后者主要以减水剂大单体为主，年产量同样超过了10万t。另外，科莱恩（中国）、浙江皇马、江苏海安石化、吉化电石厂和抚顺洗化厂也是国内主要脂肪醇醚生产企业，年产量均在3万~5万t。江苏钟山和辽宁科隆以聚醚多元醇为主，年产量也维持在10万t左右。

国内乙氧基化装置产能虽然很大，但是具体分给脂肪醇醚和烷基酚醚的产能较少，大部分产能集中在减水剂大单体和聚乙二醇等聚醚系列产品。例如辽宁奥克股份公司拥有40万t的乙氧基化产能，但是脂肪醇醚产量不到1.0万t。包括科隆化工和钟山化工基本全部是聚醚多元醇产品。

(3) 醇醚生产装置建设情况

国内主要乙氧基化生产装置见表3-26。

表 3-26　醇醚主要生产厂家装置统计

省份	公司名称	规模（万 t/a）
浙江	三江化工有限公司	23
辽宁	辽宁华兴集团	20
江苏	江苏凌飞科技	13
河南	商丘龙宇化工（停产）	12
上海	中轻日化科技有限公司	10
山东	山东晟瑞新材料	5.0
江苏	江苏盛泰科技	12
广东	科莱恩化工（惠州）	8.0
广东	惠州智盛化学	7.0
天津	天津浩元精细化工	6.2
浙江	宁波联凯化学	6.0
上海	上海花王有限公司	6.0
上海	上海邦高化学公司	3.0
江苏	扬子－巴斯夫	6.0
吉林	吉林石化电石厂	6.0
辽宁	抚顺合成洗涤剂厂	5.2
浙江	桐乡市恒隆化工	5.0
上海	上海台界化学	3.0
江苏	江苏嘉丰化学	3.0
上海	巴斯夫（上海）	3.0
江苏	沙索（中国）化学	3.0
北京	北京罗地亚（已停产）	3.0
上海	上海石化非离子事业部	3.0
江苏	江苏海安石油化工厂	3.0
安徽	安徽丰源生物化学	3.0

20 世纪 90 年代主要是进口意大利 Press 乙氧基化装置，进入 21 世纪后，以国产化的装置为主。目前估计全国醇醚装置的生产能力达 60 万 t/a 以上。2000 年以后，新建较大规模的醇醚装置有：陶氏化学公司在张家港市建年产 12 万 t 环氧丙烷醇醚生产装置，2008 年底投产；德国 BASF 与中石化签订扬巴公司投产协议，除 EO 由 8 万 t/a 扩产到 33 万 t/a 外，还将建 6 万 t/a 非离子表面活性剂工厂；韩国锦湖石化株式会社与江苏金浦集团合资建设 8 万 t/a 环氧丙烷和 5 万 t/a 聚醚多元醇装置；宝智采用瑞士 Buss 公司技术，在广东惠州成立惠州智盛石化公司，建 6 万 t/a 醇醚装置，已完成建设并投产。2016 年中轻日化科技有限公司 10 万 t/a 乙氧基化装置投产，此外辽宁奥克扬州公司 10 万 t/a 于 2016 年建成投产，江苏钟山化工在福建泉港 10 万 t/a 于 2017 年建成投产。

1.3.1.4　近年来醇醚产量统计暨产品质量标准

根据中国洗协表委会统计数据，20 年来主要醇醚生产企业合计产量情况见表

3-27。

表3-27 醇醚（AEO$_{2~3}$+AEO$_{7~9}$）产量统计

年份	产量（万t）	年份	产量（万t）
1999	3.52	2009	13.14
2000	7.10	2010	12.35
2001	7.17	2011	19.53
2002	9.55	2012	21.29
2003	12.41	2013	18.82
2004	11.53	2014	21.00
2005	12.92	2015	24.43
2006	13.39	2016	25.08
2007	15.91	2017	28.55
2008	10.64	2018	50.71

脂肪醇醚现行标准为GB/T 17829—1999，其规定的产品理化指标见表3-28。

表3-28 聚乙氧基化脂肪醇的物理化学指标

项目	指标								
	M类，n≤3			L类，3＜n≤9			A类，n＞9		
	优等品	一等品	合格品	优等品	一等品	合格品	优等品	一等品	合格品
外观（25℃）	无色液体	微黄液体	浅黄色液体	无色或白色液体或膏体	无色至微黄液体或膏体	浅黄色液体或膏体	无色或白色液体或固体	无色至微黄液体或固体	浅黄色液体或固体
色泽，Hazen ≤	20	50	—	20	50	—	20	50	—
pH值（10 g/L 水溶液，25℃）	6.0~7.0	5.5~7.5	5.0~8.0	6.0~7.0	5.5~7.5	5.0~8.0	6.0~7.0	5.5~7.5	5.0~8.0
水分含量，% ≤	0.10	0.15	0.20	0.5	1.0	2.0	0.5	1.0	2.0
聚乙二醇含量，% ≤	1.0	1.5	2.0	3	5	10	5	10	—
平均加合数	n±0.5			n±1			n±10%n		
羟值（HV），mgKOH/g	视需要由厂家自定			视需要由厂家自定			视需要由厂家自定		

注：色泽以100 g/L的95%乙醇溶液测定。

1.3.1.5 结语

脂肪醇聚氧乙烯醚分子中乙氧基数目可在合成的过程中人为调整，故可制得一系列不同性能和用途的非离子表面活性剂。当碳链 R 为 C_{12} 时，生成的脂肪醇聚氧乙烯醚则俗称 AEO。脂肪醇聚氧乙烯醚是最重要的一类非离子表面活性剂。分子中的醚键不易被酸、碱破坏，所以稳定性较高，水溶性较好，耐电解质，易于生物降解，泡沫小。除了在纺织印染行业大量使用外，还大量用于复配低泡液体洗涤剂。脂肪醇聚氧乙烯醚与其他表面活性剂的配伍性好。对硬水不敏感，低温洗涤性能好。洗涤用品行业涉及的 AEO 主要是 AEO_2 和 AEO_3，以及 AEO_7 和 AEO_9。其中 AEO_2 和 AEO_3 主要作为 AES 的原料，AEO_7 和 AEO_9 则作为活性物应用于洗涤剂配方中，和其他表面活性剂起到良好的协同效应。

经过几十年的发展，我国目前醇醚生产能力可完全满足市场需求并且过剩，产品质量稳定。2018 年醇醚（$AEO_{2\sim3}+AEO_{7\sim9}$）统计产量 50.71 万 t，由于生产厂家众多，统计难以完全，实际产量可能远大于此。在可预见的将来，醇醚还会以主要非离子表面活性剂的形式长期存在，并且随着洗涤用品结构的改变会有进一步的发展。

1.3.2 脂肪酸甲酯乙氧基化物

1.3.2.1 简介

脂肪酸甲酯乙氧基化物（Methyl Ester Ethoxylates 或 Fatty Acid Methyl Ester Ethoxylates，简称 MEE 或 FMEE）是一类新型的醚－酯型非离子表面活性剂，由脂肪酸甲酯直接乙氧基化得到，不仅其表面活性、去污力、生物降解性及抗硬水能力与醇醚相当，而且刺激性更低，与绿色表面活性剂烷基多苷（APG）相当，在皮肤相容性和生态毒性方面甚至比 APG 还好。其生产工艺比醇醚少一步加氢工艺，不仅减少了化工生产过程对环境的污染，而且生产成本低；使用时泡沫低、易漂洗，用于工业领域比醇醚更具优势，作为民用产品更有利于节水，其综合性能优于醇醚。从发展趋势上看，将可能在许多行业中替代醇醚从而引起非离子行业的再一次变革，是表面活性剂行业重点发展品种之一。

1.3.2.2 发展与现状

FMEE 是国际上于 20 世纪 90 年代研究开发的新品种，属于一种新型的醚酯型非离子表面活性剂。它是在碱土金属等复合催化剂存在下由脂肪酸甲酯与环氧乙烷直接反应制成的。与常用的脂肪醇乙氧基化物相比，由于脂肪酸甲酯价格比脂肪醇便宜，故 FMEE 成本低于 AEO，且应用性能和 AEO 相当，因此国内外有多家公司和研究机构进行了积极的跟进。目前，德国 Henkel 公司、Condea 公司、日本 Lion 公司、墨西哥喜赫公司和波兰 Mexeo 公司等有产品供应市场，国内中国日用化学工业研究院、江南大学等单位在 90 年代就对其制备技术进行了跟进开发，起步不晚。

目前，中国日用化学工业研究院的技术已在中轻日化科技有限公司等单位实现了万 t 级的产业化实施，辽宁奥克公司也实现了规模化生产。

在发展制备技术的同时，中国日用化学工业研究院等单位也对 FMEE 的应用性能进行了广泛的研究，也与多家洗衣粉厂商合作对 FMEE 在洗衣粉中的应用也进行了研究，取得了一定成果。

1.3.2.3 制备工艺

从理论上讲，FMEE 可以由聚乙二醇单甲醚和脂肪酸或其酯类进行酯化反应或酯交换反应，但这一方法没有实际应用价值。

合成 FMEE 的新方法是在新型复合氧化物催化剂存在下由脂肪酸甲酯和环氧乙烷经一步反应，即酯基的插入式乙氧基化反应直接制备 FMEE，反应条件比醇类乙氧基化的条件略高（170~180 ℃）。这种方法可以利用传统的乙氧基化装置直接以 FAME 为原料来制备 FMEE，克服了两步法反应的缺点，既节省资金又减少了向环境中排放的废气量，对工业生产和环保都非常有利，因此很快被应用于实际生产并实现规模化。

采用脂肪酸甲酯直接乙氧基化生产 FMEE 产品，最大的难点就是脂肪酸甲酯分子中不存在活泼氢，不像脂肪醇很容易发生加成反应，无法用碱催化剂如 NaOH、$NaOCH_3$ 完成乙氧基化反应。因此，如何选择更适合脂肪酸甲酯乙氧基化反应的催化剂成为该工艺的关键，关系着该产品能否实现低成本、规模化生产。目前有效的脂肪酸甲酯乙氧基化催化剂主要有两类：MgO/Al_2O_3 双核金属氧化物催化剂以及 Mg/Al/Co 三元有机酸盐类催化剂。这两种催化剂体系催化效率高，得到的 FMEE 成品色泽浅、透明度高、流动性较好。上述催化剂为固态，反应结束后会以颗粒形式留在产品中，在一些应用中会有一定的影响。近期，中国日化院开发的液态催化剂克服了上述问题，已经实现工业化应用。

1.3.2.4 性能及应用

（1）物化性能

FMEE 与 AEO 的表面性质非常相似，γ_{cmc} 比相应 AEO 小，随平均 EO 数增加而升高；表面压比 AEO 大，随 EO 增加而减小；cmc 和胶束自由能比 AEO 低，EO 数对其影响不大。由于 FMEE 分子中酯基的存在增大了分子的刚性和空间体积，从而降低了形成胶束的趋势。因此，cmc 比相应的 AEO 高，且烷烃链增长 cmc 下降，EO 链长对 cmc 影响很小。

FMEE 末端的甲基使其水溶性降低从而导致在空气、水界面上的表面活性剂浓度增加，故表面张力比 AEO 低。降低表面张力的能力比 AEO 强，FMEE 的浊点也比相应 AEO 低，碳链和 EO 链增长浊点降低，但 EO 大于 15 之后，浊点逐渐趋于一点。

FMEE 结构中存在酯基，因此化学稳定性不如 AEO。在碱性条件下易水解，所以含有 FMEE 的配方的 pH 应小于或等于 9。通过热重分析可知，FMEE 和 AEO 在其沸点以前都是热力学稳定的，但前者的沸点比后者高，稳定性更好。FMEE 末端甲基减小了 EO 链对乙氧基化物的影响，故 FMEE 的熔点范围比 AEO 低，这有助于其保存和处理；AEO 末端为羟基，可与溶剂间借助氢键形成复合结构，黏度较大，易形成凝胶，而 FMEE 的 EO 链末端是甲基，不易形成缔合结构，形成凝胶的趋势小，所以 FMEE 的黏度比 AEO 小，易于应用于液体配方。并随着碳链和 EO 链增长其黏度增大。

FMEE 存在中相的上限临界温度比 AEO 低，形成立方状液晶和六角状液晶的区域很小，因此室温下溶解性好不易形成凝胶，对工业生产非常有利。FMEE 在水中具有良好的溶解能力，在水中的溶解速度快。FMEE 润湿力不如相应 AEO，润湿力主要受疏水基影响，EO 含量对其影响很小。含有长烷烃链、中低等 EO 链的 FMEE 表现出较好的润湿性；FMEE 的起泡性和泡沫稳定性比 AEO 差，泡沫低易清洗，随 EO 数增多泡沫高度增加。对不同表面活性剂增加趋势不同，到一定程度后上升趋势变缓，甚至会下降。烷烃链长的 FMEE 泡沫多，起泡性好，但烷烃链长度对泡沫稳定性影响不大。

（2）应用性能

FMEE 与相应 AEO 的去污力差别不大，去污力与 EO 数大致呈抛物线型变化。FMEE 乳化力优于相应 AEO，乳化力随 EO 数增加先升高再降低。短链、中等 EO 数的 FMEE 和 AEO 具有优良的硬表面清洗能力，FMEE 比 AEO 更适合用于硬表面清洗剂中，疏水链变短、EO 加合数降低，硬表面清洗能力增强。FMEE 溶解污垢的能力弱但可以通过渗透污垢、再液化而提高去污力，碳链越短、EO 数越少，渗透能力越强，清洗性能也就越好。FMEE 具有良好生物降解能力，酯基的存在加快了降解速率，降解率大于 AEO，在环境中最终可以完全矿化。FMEE 产品不仅对环境没有危害，对人体皮肤和眼睛的刺激性也较小。

1.3.2.5 FMEE 产品的应用

（1）日化领域

FMEE 具有类似油脂和蜡质结构，有较强的除油脱脂能力，其防止二次污染能力明显好于其他类型表面活性剂。具有洗涤能力强，泡沫低，易于漂洗等特点，适用于日化洗涤剂的生产，特别是液体洗衣剂产品。

1）在餐具洗涤剂中

餐具洗涤剂是以 LAS/AEO 或 AES 为主成分，配以食盐等增稠剂，产品中固含量 10% 左右，为了降低成本，LAS 或 AES 比例较高。餐具洗涤剂主要针对的洗涤对象为食用油、色拉油等油脂，因此要求其原料有很好的除油脱脂性能。阴离子表面活性剂 LAS 与 AES 虽能降低产品成本，但是去油脱脂效果较差，因此，配方中复配 FMEE 非离子表面活性剂，可以改善产品去油污的能力，提高餐具洗涤剂的清洗效果。

2）在洗衣液中

洗衣液是洗衣粉的升级和替代品。洗衣液由于配方里少了碱性助洗剂和无机盐类助洗剂，使得洗衣液的净洗能力削弱。为了使洗衣液获得近似洗衣粉的净洗效果，在选择表面活性剂时，多选择净洗力和去污力更高的产品作为配方主体成分。FMEE 具有优良的去污与分散净洗能力，净洗性能优于 LAS 与 AEO 等。因此，在洗衣液中用 FMEE 代替其他表面活性剂可以提高洗衣液的去污力。

(2) 硬表面清洗

硬表面清洗主要包括钢材脱脂与除油、地板清洗以及玻璃品清洗等，对化学品的乳化能力要求较高。因此，该领域大量使用含有 APEO 的酚类聚氧乙烯醚类表面活性剂，如 NP 与 OP 系列。随着环保要求进一步严格，也会使用脂肪醇醚 AEO 系列。AEO 系列价格相对便宜，但对于重油污，特别是蜡质的去除效果非常不理想。FMEE 有类似于蜡的酯基结构，对蜡质去除效果较好，与其他非离子表面活性剂复配使用，可弥补其他非离子产品除蜡与分散效果差的缺陷，从而提高整个产品的除蜡清洗效果。

(3) 农业领域

FMEE 具有良好的分散性，对高浓度电解质不敏感。与聚氧乙烯型非离子表面活性剂不同的是，其耐电解质及泡沫较低。因此，适合应用于农业领域。FMEE 作为农药乳化剂和分散剂具有可生物降解、不污染农作物和土地以及吸湿性好等特点，适宜用作农药乳化剂，对草甘膦、毒死蜱和农用灭菌剂均有显著的增效作用。

(4) 石油工业

FMEE 具有降低水活度、改变大页岩孔隙流体的流动状态作用，加入到钻井液中以后，体系具备了部分油基钻井液的特点，如润滑性好、抑制能力强、抗二次沉积能力强，并具有良好的储层保护作用等特点。FMEE 能与其他水溶性聚合物相互作用而达到最佳降滤失效果，拓宽天然聚合物钻井液使用的温度限定范围。

(5) 煤矿浮选

煤田的细粒煤分选主要用捕捉剂浮选，目前常用捕捉剂为柴油或煤油，应用机理为捕捉剂在煤炭表面形成疏水膜层，使细粒煤易于随泡沫脱离煤块并予以收集。为了提高捕捉剂的效率，减少其使用量，一般在浮选过程中添加表面活性剂改善捕捉剂和起泡剂效果。这类表面活性剂要求有较好的煤油或轻柴油的乳化能力和较好的分散性，FMEE 同时具有以上两个特点，适用于浮选促进剂或与煤油等配制混合浮选药剂。

（6）纺织印染

纺织印染行业中也会用到具有净洗功能的表面活性剂。相对于硬表面清洗，纺织品的清洗很注重化学品的环保与安全性。另一方面，纺织品表面的油和蜡等杂质与钢材、地板等相比相对较少，并且容易清洗。所以对纺织品的清洗不像硬表面清洗要求那么高的乳化能力，而是要求具有更全面的性能，像乳化、分散、低泡、渗透、使用方便等诸多性能的均衡体现。

1.3.2.6　FMEE 的生产企业

目前，FMEE 国内生产企业有中轻日化科技有限公司、抚顺石化合成洗涤剂厂、天津浩元化工公司、上海金山石化助剂厂及辽宁奥克公司等。另外墨西哥喜赫公司、美国 Huntsman 公司在中国市场有 FMEE 销售。

1.3.2.7　结语

酯基插入式乙氧基化催化剂的成功开发是 20 世纪 90 年代以来表面活性剂行业最重要的成果之一，是一次颠覆性的技术进步。插入式乙氧基化催化剂的第一个应用对象就是 FMEE 的制备，国内开发成功此类产品已有 20 年的历史。FMEE 具有和醇醚类似的性质，具有良好的应用性能，在某些方面如发泡性能等还要优于醇醚。FMEE 制备工艺也和醇醚类似，不需要增加设备。在洗涤剂中的应用研究表明，FMEE 在洗衣粉中完全可以替代 AEO_9。由于原料及应用过程的一些原因及其他因素，FMEE 的实际应用情况不甚理想，还需要行业内上下游合作，把这一性能优良的品种推广开来。

1.3.3　烷基糖苷

1.3.3.1　简介

烷基糖苷（Alkyl Polyglycosides，简称 APG）是一类新型的非离子表面活性剂，它是由糖的半缩醛羟基和醇羟基在催化剂作用下脱水而成。APG 除了具有传统表面活性剂的优异性能外，还具有许多独特的性能。APG 不仅表面张力低，而且泡沫丰富细腻而稳定，去污性能优良，配伍性能极佳，在电解质浓度很高的条件下，其溶解度仍很高。此外，该类表面活性剂的 LD_{50} 超过 5 g/kg，属无毒级，对皮肤和眼睛无刺激，相容性好，生物降解完全，对环境无害。

APG 具有增黏功能。在液体配方中部分取代阴离子表面活性剂可使黏度增加。将 APG 加入一些表面活性剂中可大大增加其黏度，尤其是单糖苷的增黏能力与常用增黏剂烷醇酰胺相当，APG 可作为无氮增黏剂使用。利用 APG 在高碱度下仍能溶解的特点，可以配制出碱度高、黏度大的液体清洁剂。

1.3.3.2 发展与现状

APG是一种众所周知的新型的非离子绿色表面活性剂，它是以天然可再生资源淀粉或其水解产物葡萄糖为原料，与天然脂肪醇（天然油脂水解后加氢）在酸性催化剂的作用下经缩醛化反应得到的产物。

APG无毒，对人体刺激性低，生物降解迅速且彻底，配伍性能好，泡沫丰富、细腻、稳定，去污力强。因其表面活性高、配伍性能佳、生物降解性能好、产品相对毒性低、对皮肤无刺激和人体相容性好而被广泛应用于化妆品、洗涤剂、食品添加剂、医药以及生物领域中。它是长期以来为精细化工行业广泛研究的产品。第1个APG产品是在约100多年前被Emil Fischer合成和证明。大约在40年后，应用于洗涤剂的第1个专利被申请。在后来的四五十年内，许多公司的研究部门把注意力转到了APG上来，生产出了不同的APG产品。以十二烷基葡萄糖苷为例，其结构式见图3-13。

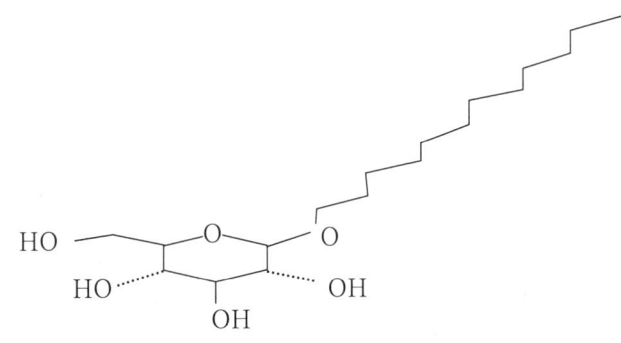

图3-13 十二烷基葡糖苷的结构式

在APG的发展过程中，早期Emil Fischer利用酮糖或醛糖与醇在酸催化下反应，生成糖苷。后来人们利用Emil Fischer反应，起初运用葡萄糖和亲水性的醇反应（如甲醇、乙醇、丁醇等），发展到将糖和疏水醇（如碳链$C_{8\sim18}$典型的脂肪醇）反应。在工业化生产中，这些产品都不是单纯的烷基单苷，而是单苷、双苷、三苷及多苷（并有少量低聚糖和未反应的原料糖）的混合物，故又称烷基多苷。产品的性质由碳链的长度及糖苷的聚合度所决定。

在20世纪70年代后期，美国费城的Rohm & Haas公司率先将辛烷基多苷和癸烷基多苷商品化。紧接着德国路德维希港的BASF公司和法国巴黎的SEPPIC公司也相继将此类产品商业化。但是，由于这类短碳链的产品作为表面活性剂性能不能令人满意，而且色泽较深，致使它们的应用受到了限制，只在少量的市售产品中应用，如瓶装的清洁剂。但是，这些年来，这些产品的质量被大大改善，新型辛烷基多苷和癸烷基多苷两类表面活性剂已由Akzo Nobel、BASF、Henkel、ICI、SEPPIC和Union Carbide等公司生产。在20世纪80年代初期，几家公司开始生

产 $C_{12\sim14}$ APG 表面活性剂，应用到化妆品和洗涤剂行业。根据专利报道，Procter & Gamble、Henkel、Horizon、Huels、Kao 和 Seppic 等公司取得了一定的成就。

虽然，早在 1893 年，Emil Fisher 就合成了 APG，但对其化学合成的认真研究还是在 20 世纪 60 年代。作为新一代表面活性剂，APG 于 1970 年问世，在 20 世纪 80 年代末到 90 年代初真正实现商品化。1978 年法国建成第 1 套 APG 生产装置，1992 年美国 Henkel 公司建成 2.5 万 t/a 的 APG 生产装置。其他包括日本 Kao Cooperation 公司和法国的 Seppic 公司 1 万 t/a 装置。

我国 20 世纪 80 年代开始 APG 的合成研究。最初，中国日用化学工业研究院采用两步法（也称转糖苷化法或醇交换法或间接法）工艺，即先将葡萄糖和正丁醇在酸性催化剂存在下反应，生成低碳 APG，然后再与长链脂肪醇进行醇交换反应。20 世纪 90 年代，由中国日用化学工业研究院和大连理工大学率先开展了长链（C_8 及以上）APG 一步法的合成研究工作。

1992 年，中国日用化学工业研究院在国内申请了用葡萄糖和脂肪醇采用两步法制得 APG 产品的第 1 个专利（CN1077397A）。1994 年分别在广东和湖北建成 1000 t/a 的中试装置各一套，产品质量指标达到国家"八五"攻关项目的要求，填补了国内 APG 生产的空白。"九五"期间，中国日用化学工业研究院成功开发了直接法（也称一步法）制 APG 的工艺技术，并于 2007 年在上海建成年产 5000 t APG 装置一套，随后又建成 1 万 t/a 的装置并投产，实现了产品在市场上规模化销售，得到了行业内认可，产品产量和质量居国内之首。目前，已经有几家 APG 生产厂家供应国内需求，其应用领域主要是用于高档洗涤用品中。

1.3.3.3 制备方法

文献报道合成 APG 的方法有多种，主要有 Fischer 合成法、酶催化合成法、乙酰化醇解法、糖的缩酮物醇解法等。

每一种合成工艺虽有不同，但其本质基本上是在酸性催化剂存在下，糖的半缩醛羟基与醇羟基缩合，生成具有缩醛结构的糖苷。其反应机理主要是醇中的烷氧基取代糖上的缩醛羟基。

基于 Fischer 合成法已经被成功应用于 APG 的生产。经过几十年的发展，Fischer 合成法已经更加具有工业应用魅力，特别是高产品质量和低生产成本方面。目前为止，该法具有废弃物低、散失低的特点，特别是通过醇糖比的调节，可以控制产品的糖苷数量在一个很宽的范围内。利用这一点，可以根据不同的要求生产出具有不同特殊用途的 APG 表面活性剂，且产品不用经过分离纯化。应用 Fischer 合成法生产 APG 的主要生产工艺可归纳为两种：直接法（direct synthesis）和间接法（indirect synthesis）或称转糖苷（transacetalization process）。

（1）直接糖苷化法

目前，直接糖苷化法是研究最多的方法，也是工业化生产APG中应用最广泛的方法。反应由长链脂肪醇与葡萄糖在质子酸催化剂催化下直接反应生成APG。反应方程式如下：

式中：R表示$C_{8\sim18}$烷基；n表示糖单元数。

直接法是采用$C_{8\sim18}$的脂肪醇（可以是单碳醇如C_{12}，也可以是混碳醇如$C_{12\sim14}$），在一定温度和有催化剂存在的条件下与葡萄糖直接反应生产APG。催化剂除常用的如硫酸、对甲苯磺酸外，还有具有乳化性能的酸性催化剂十二烷基苯磺酸、十二烷基磺酸及烷基萘磺酸，普遍采用的则是对甲苯磺酸。

直接催化缩醛化制备APG的清洁工艺分为三个工序，即反应、脱醇、产品后处理。

在反应工序中，由于葡萄糖和长链脂肪醇相溶性较差，同时也为了减少副产物的生成量往往需要加入过量脂肪醇。通常情况下，葡萄糖与脂肪醇的摩尔比为1∶6到1∶3。反应过程中加强固液相传质并及时移除反应生成水是得到高质量色浅APG产品的关键因素之一。反应完成后用碱性化合物将催化剂中和。

APG产品并不是理论上单纯的烷基单苷，在合成反应过程中，理想状态应是1 mol糖和1 mol醇反应，生成1 mol烷基糖苷（单苷），而实际上每个醇分子平均和一个及以上糖分子相结合，生成除单苷以外还有二苷、三苷及多苷。同时，APG产品还含有少量未反应原料糖与少量低聚糖。所以说APG产品是含有多组分的混合物。为了表征产品中单苷含量高低或体现反应控制的好坏引入了平均聚合度（每个烷基结合的葡萄糖的平均个数）概念，平均聚合度值越小越好。APG属热敏性物质，所以在脱醇工序中，物料在脱除醇装置中停留时间要尽量短，一般采用高效蒸发技术脱醇。

缩醛化反应是可逆的，高碳醇ROH需过量，故反应产物中含有大量高碳醇。残余的高碳醇使产品品质降低。因此在反应结束后需除去过量的高碳醇。虽然高碳醇可以用减压蒸馏的方法除去，但蒸馏需要较高温度（例如十二醇沸点255~259℃，减压状态下也需约160~180℃才能除去），而APG属于热敏性物质。

因此，脱除高碳醇应在高真空下进行并尽量降低温度，缩短受热时间。已报道的脱醇方法有以下几种：

①采用薄膜蒸发器，在较高温度和短暂停留时间下脱除醇。

②加入含羟基的高沸点溶剂脱醇。

③加入极性高沸点溶剂使黏度降低，然后脱醇。

④通过吸附分离提纯，先把粗产物通过吸附柱使之饱和吸附，再用脱附剂脱ROH，回收脱附剂，ROH循环使用，最后用糖苷的脱附剂洗脱糖苷，除去脱附剂得糖苷。

⑤两步法脱醇，第一步直接在薄膜蒸发器中使醇的含量降至约20%~40%，第二步在短程蒸发器中使醇的含量降至3%~5%。虽然这些方法的应用使得APG产品的效果有所改善，但是提高了生产成本。

⑥二氧化碳超临界萃取法，采用此法所得产品色泽很浅，但实现工业化生产难度较大，成本高。

目前，普遍采用薄膜蒸发器脱除高碳醇，脱出的高碳醇可反复回用，一般不需要进行处理。采用薄膜蒸发器分离脱除的高碳醇基本上碳数≤14，而C_{14}以上的具有特殊用途的高碳糖苷也可以不脱除醇如C_{18}糖苷（可用作珠光剂），若需要脱除醇时则可采用蒸馏法脱醇或超临界法。不过，在反应物料比的把控上要严格一些，温度也会高一些。

脱醇后的APG产品色泽较深，未完全缩醛化的残余葡萄糖和副产物多糖是造成产品色泽较深的主要因素。在后处理工序中主要任务是脱色，多采用过氧化氢漂白技术，以确保产品的品质。中国日用化学工业研究院对APG产品的漂色技术进行了系统研究，解决了关键性技术难题。

（2）转糖苷化法

转糖苷化法是最早应用于工业化生产APG的一种方法。即采用低碳脂肪醇（一般为正丁醇）和葡萄糖在硫酸、对甲苯磺酸或磺基琥珀酸等酸性催化剂作用下，在低碳醇沸点下进行反应，先生成短碳链的APG，然后与高碳链的脂肪醇（$C_{8~18}$醇）进行取代反应，生成高碳链的APG。脱除未反应的高碳脂肪醇的方式同直接法。合成反应方程式如下：

$$R_1OH + n\text{(glucose)} \underset{}{\overset{H^+}{\rightleftharpoons}} [\text{glucose}]_n OR_1 + nH_2O$$

$$R_2OH + [\text{glucose}]_n OR_1 \underset{}{\overset{H^+}{\rightleftharpoons}} [\text{glucose}]_n OR_2 + R_1OH$$

式中：R_1 为 $\leq C_4$ 的烷基；R_2 为 $C_{8\sim18}$ 的烷基。

转糖苷化法的主要优点是能够很好地解决反应物料间相溶性问题，反应易于进行，过程易于控制，平均聚合度较低，产品水溶性较好等。其缺点主要是产品中存在一定的短碳链糖苷（丁基糖苷），产品的表面活性相对低一点。再则，由于正丁醇的使用有防爆要求，更会给环境带来一定的影响，不符合绿色化工原则。

1.3.3.4 APG 的性能

(1) 物理性状

APG 产品多制成 50%~70% 的水溶液。纯 APG 为白色粉末状固体，实际产品为奶油色、淡黄色至琥珀色。它的物理性质与合成时所用烷基碳链、糖的种类以及聚合度等密切相关，其熔点随产品分子中碳链的增长而升高，甚至有的长碳链糖苷还没融化时就开始分解了，说明 APG 受高热易分解和变色。

固体 APG 易吸潮，一般溶解于水，较易溶于常用有机溶剂，在酸、碱性溶液中呈现出优良的相容性、稳定性和表面活性，尤其在无机成分较高的活性溶剂中。

(2) 生物降解性

能够被微生物降解是防止表面活性剂在环境中累积达到危险浓度的重要消除机制。APG 是以淀粉及其水解产物与脂肪醇为原料合成的，在自然界中能够完全彻底生物降解，不会形成难于生物降解的代谢物，从而避免了对环境造成污染。

(3) 去污能力

表面活性剂的去污能力是随着离子类型、洗涤条件、污垢类型的变化而变化的。涤／棉上的皮脂污垢对非离子洗涤剂敏感，APG 与脂肪醇聚氧乙烯醚硫酸钠盐（AES）的去污效果相当，而且优于直链烷基苯磺酸钠（LAS）、AS 和 SAS。

(4) 表面活性

脂肪醇烷基碳链提供非极性的亲油基团，通常烷基碳链长度大于 8 个碳的 APG 才具有表面活性和临界胶束浓度（cmc），而且随着烷基碳链的增长，其表面张力明显降低，cmc 值也随之降低，说明其表面活性显著提高。据文献报道，APG 与脂肪醇聚氧乙烯醚（AEO）、LAS进行实验比较，表明十二烷基糖苷具有很好的表面活性。

1.3.3.5 APG的应用

APG本身综合了传统的非离子表面活性剂和阴离子表面活性剂的功能特征，具有高的表面活性、丰富而稳定的泡沫性能、好的乳化性能等，并具有出色的环境相容性，是世界公认的绿色表面活性剂，已经被广泛应用于个人护理用品、日化、工业助剂和农药等领域中。

（1）在日化产品中

APG主要是以淀粉或葡萄糖和脂肪醇等天然可再生物质为原料合成的，所以在皮肤学和毒物学方面有着良好的性能，具有以下特点：①无毒，无刺激作用；②对皮肤、眼睛以及黏膜无刺激；③能够快速生物降解；④有良好的乳化性能；⑤可不完全地除去皮肤上的脂肪膜；⑥不会改变皮肤的pH值；⑦不会引起过敏反应；⑧和阴离子、非离子以及两性离子表面活性剂都具有良好的配伍性；⑨对阴离子、两性离子有抗刺激效应；⑩有良好的润肤和润湿性，是新型高端化妆品的原料。

传统的厨房洗涤剂是以LAS、AEO或AES为主成分，另需加入一定量的助溶剂（常常有刺激性），以改善其溶解性和温和性。APG用于家用洗涤剂、香波、沐浴液等个人护理用品配方中，可大大提高产品对皮肤的温和性。迄今为止，用于该类配方的APG主要是$C_{8~14}$基糖苷。上海发凯化工生产的APG作为一种新型绿色可完全生物降解的表面活性剂，质量优于市场上提供的两步法产品，更有利于家庭洗涤剂、餐具洗洁精及个人护理用品中的应用。它与阴离子表面活性剂复配具有更良好的复配性能，并可在含20%~30%常用无机成分的浓电解质溶液中形成稳定的表面活性剂溶液。

（2）在生物化学领域

APG与传统的非离子表面活性剂相比，具有以下优点：①临界胶束浓度高，可用于透析法除去；②蛋白质变性困难；③紫外光穿透性能高，在膜蛋白的增溶、再构成的生物化学领域一般使用效果好；④对细胞色素C、RNA聚合酶等物质具有使这些蛋白质稳定化的功能。

（3）在农业领域

APG有很好的湿润和渗透性质，它属非离子表面活性剂，对高浓度电解质不敏感，并且APG与聚氧乙烯型非离子表面活性剂不同的是，它没有逆相浊点，因此适合农业应用。APG表面活性剂的HLB值可由烷基链的长短和聚糖单元数目进行调节。它还具有很好生物降解性、不污染农作物和土地、吸湿性好等特点，适宜作农药乳化剂，对除草剂、杀虫剂和杀菌剂有显著的增效作用。

1.3.3.6 APG 的标准及质量指标

国内，APG 现行标准为 GB/T 19464—2014，其中规定的产品质量指标见表 3-29 所示。

表 3-29 APG 质量指标

项目		直接法产品			间接法产品		
		一级品	二级品	合格品	一级品	二级品	合格品
外观		无色液体或膏体，无异常气味	无色或淡黄色液体或膏体，无异常气味	—	无色液体或膏体，无异常气味	无色液体或膏体，无异常气味	—
色泽（异丙醇水溶液）/Hazen	≤	50	100	—	50	150	
固含量/%	≥	50			50		
pH	≥	7.0			7.0		
硫酸化灰分含量（按固含量50%计）	≤	3.0			3.0		
游离总脂肪醇含量/%	≤	1.0			1.0		
低碳 APG^a 含量（以固含量计算）	≤	不含			5.0	10.0	10.0
平均聚合度（由组成计算）		1.2~1.8			1.2~1.8		
黏度/(mPa·s)	$C_{8~18}$ ≥	200			100		
	$C_{12~14}$ ≥	1500			800		
	$C_{8~14}$ ≥	1000			1000		

注：a 仅适用于采用交换法生产的产品，如丁基糖苷、乙基糖苷、丙基糖苷的含量或几种之和。

1.3.3.7 结语

APG 具有无毒、无刺激、易生物降解等优良的理化性能，APG 是一类新型的绿色环保型表面活性剂。随着应用研究工作的不断深入和推广，近年来越来越得到业界的推崇。随着石油价格的不断攀升，APG 的性价比优势逐步显现出来。国内以中国日用化学工业研究院直接法技术为代表，上海发凯化工有限公司生产的 APG 产品，已得到了国内多家大中型企业及多家跨国公司的认可并进行批量采购。除上海发凯公司外，国内还有上海 BASF、江苏晨化、江苏万淇、无锡华格、长园嘉彩等公司等有商业化的产品供应，年总产量在 5 万 t 以上。相信 APG 将会成为业界推崇的绿色表面活性剂主要品种之一，APG 工业化应用有着广阔的发展前景。

1.3.4 烷基醇酰胺

1.3.4.1 简介

烷基醇酰胺（或烷醇酰胺）是脂肪酸和乙醇胺的缩合产物，脂肪酸通常为椰子油脂肪酸或月桂酸，乙醇胺为单乙醇胺或二乙醇胺，常用的为二乙醇胺。烷醇酰胺有许多特殊性质，如没有浊点，具有使表面活性剂水溶液变稠的特性，可大大提高制品的黏度；能够稳定洗涤剂溶液的泡沫，特别是月桂酸烷醇酰胺产品，稳泡最有效；也可提高洗涤剂的去污能力和携污性能，防止皮肤发干，对动植物油、矿物油污垢都具有良好的脱除力；还可抑制烷基苯磺酸钠氧化变质；具有防锈功能，很稀的烷基醇酰胺溶液，能抑制钢铁的生锈；还能赋予纤维织物柔软性，兼有抗静电作用。因此，烷醇酰胺作为洗涤剂基料，起到了稳定泡沫、提高去污效果、增加液体洗涤剂稠度的作用，是配制各种洗涤用品，特别是复配洗发香波、洗洁精、浴液和织物液体洗涤剂等的理想原料。还可作为羊毛净洗剂用于毛纺工业，作为纤维整理剂用于纺织工业。在金属加工业可用于表面的除油、脱脂和清洗以及工件的短期防锈。

1.3.4.2 发展与现状

烷醇酰胺是一种非离子表面活性剂，20世纪30年代中期，美国有人首先用椰油酸和二乙醇胺反应制得椰油酸二乙醇酰胺，根据酸和胺的摩尔比不同分为1∶1型和1∶2型，分别称为Ninol（6501）和Ninol（6502）。国内生产烷醇酰胺最早始于60年代，是上海洗涤剂二厂采用脂肪酸乙酯为原料合成的。直到90年代，烷醇酰胺的发展才进入了快车道。前几年在欧洲各国，尤其是法国和德国，因N-亚硝基-二乙醇胺对人体有害，在化妆品配方中避免使用二乙醇酰胺，但在美国、日本以及亚洲诸国，二乙醇酰胺的地位毫不动摇。最近美国"国家毒理学计划"（National Toxicology Program，NTP）已将二乙醇胺从第十一版的致癌物质名单中剔除出来。到目前为止，烷醇酰胺已是国内表面活性剂行业的重要品种之一。

1.3.4.3 制备方法

烷醇酰胺根据采用原料的不同，其合成方法可以分为脂肪酸法、酯（甲酯和甘油酯）交换法以及绿色催化技术——酶法。

（1）脂肪酸法

脂肪酸取自天然且来源广泛，因而采用脂肪酸和乙醇胺直接反应制备烷醇酰胺仍是目前工业生产烷醇酰胺的常用方法之一，也是较为成熟的合成工艺。所用原料可以是辛酸、癸酸、月桂酸、肉豆蔻酸、棕榈酸、硬脂酸，但以C_{12-14}最为常用。尽管用脂肪酸法合成烷醇酰胺具有工艺简单，成本低的优点，但反应温度高会产生较多的副产物，对设备要求高，若工艺条件控制不当产品色泽较深。

（2）酯交换法

1）甲酯法

甲酯法具有反应温度低、副反应少、酰胺得率高等优点，是目前制备烷醇酰胺较为先进的方法。该法生产的产品被称为"超级烷醇酰胺"。该法反应温度较脂肪酸法低，可减少高温氧化，但该工艺流程较复杂，副产物甲醇对劳动保护、防火、防爆等条件要求高。

甲酯法生产烷醇酰胺可以采用分批间歇式和连续式两种方式。当采用分批间歇式时，在反应过程中通常将碱性催化剂先溶于二乙醇胺中，至完全溶解后再加入装有脂肪酸甲酯的反应器内。而连续化反应常采用薄膜反应器，接触面大大增大，可制成高纯度的烷醇酰胺。

2）甘油酯法

甘油酯法，也可称为油脂法，是以油脂为原料直接制备烷醇酰胺。此法油脂来源广泛，反应过程控制相对较少，生产设备投资较节省，产品成本低。现以此法制备的烷醇酰胺也占据了较大的市场份额。但产品中必然含有甘油，在一定程度上影响了其应用。使用较长碳链（以 $C_{16\sim18}$ 为主）的油脂制取高碳脂肪酸烷醇酰胺以及高碳油脂与单乙醇胺制取脂肪酸单乙醇酰胺等所占市场份额相对较少，其应用领域尚待进一步拓展。油脂法制备烷醇酰胺因原料来源不同，所得的产物不同，性能也有差异。

3）酶法

化学合成方法常用碱性催化剂，烷醇酰胺产品的酰胺含量一般在 60%~90%。作为传统工艺的替代，酶法合成烷醇酰胺具有反应条件温和，选择性高、副产物少的优点，因而该法受到研究者的关注。目前，国外已有报道用酶催化合成烷醇酰胺，研究结果表明，酶法较化学合成法更易获得高质量的烷醇酰胺。然而，国内对酶法合成烷醇酰胺的报道较少，特别是酶法合成成本较高，从而限制了其在工业上的应用。

1.3.4.4 性能及应用

酰胺分子中羰基双键上的电子与氨基氮原子的电子形成共轭体系，从而使氨基上的氢原子活泼，碱性减弱，化学稳定性较好。与其他表面活性剂的不同之处在于非离子表面活性剂烷醇酰胺没有浊点，具有较强的去油污能力和抑制烷基苯磺酸钠氧化变质的能力。烷醇酰胺水溶液的渗透力和接触角随碳原子数的增加而减小。

在配方研究中，可根据最终产品的性能要求，调节酰胺与阴离子表面活性剂的配比，从而得到所要求的性能指标。当配方中加入无机盐后其增稠作用尤为明显，这有助于降低成本；其用在粉末状合成洗涤剂中，可提高净洗率和污垢分散性。金属加工用润滑油中加入适量的烷醇酰胺，即有润滑作用和防锈功能，且能增进阴离子和非离子乳液的稳定性。利用烷醇酰胺的乳化、润湿、增黏和抗静电作用，其可作为良好的驱油用表面活性剂，用作三元复合驱油剂的复配组分。烷醇酰胺还可用于染料的增溶剂，使染料增溶或分散，同时增加给色量。

此外，烷醇酰胺在纤维工业中具有广泛的用途，如月桂酸二乙醇酰胺、油酸二乙醇酰胺、蓖麻酸单乙醇酰胺等均是性能优良的抗静电剂、润滑剂和净洗剂，是锦纶、涤纶、聚丙烯等合成纤维纺丝油剂的组分之一。椰子油酸二乙醇酰胺是复配纤维油剂和纺丝用油剂的组分，具有抗静电作用，适用于生产干洗剂。将烷醇酰胺应用于纯棉织物的免烫整理时，在不使用柔软剂的条件下，烷醇酰胺作为纯棉织物免烫整理添加剂，具有用量少、可生物降解和毒副作用小等优点，是一种环保型整理添加剂。

1.3.4.5 生产厂商及产品标准

目前，国内烷醇酰胺主要生产厂商有广东椰氏公司、湖南丽臣奥威公司、浙江赞宇公司、上海麦伦公司及四川花语公司等，2018年总产量在6万~7万t之间。

烷醇酰胺现行标准为GB/T 15046—2011，产品分含甘油（B类）和不含甘油（A类）两类，产品指标分别见表3-30和表3-31。

表3-30 烷醇酰胺（A类）质量指标

项目	1∶1型		1∶2型	
	优级品	合格品	优级品	合格品
甲酯含量 /%	≤ 0.5	≤ 1.0	≤ 0.2	≤ 0.5
活性物含量 /%	≥ 92	≥ 85	≥ 72	≥ 65
胺值（以KOH计）/(mg·g^{-1})	≤ 30	≤ 45	≤ 130	≤ 150
水分含量 /%	≤ 0.5	≤ 1.0	≤ 0.5	≤ 1.0
色泽 /Hazen	300	500	300	500
pH值（10 g/L，10%乙醇溶液）	9.5~10.5	9.5~10.5	9.5~10.5	9.5~10.7
甘油含量 /%	≤ 0.5	≤ 0.5	≤ 0.5	≤ 0.5

表3-31 烷醇酰胺（B类）质量指标

项目	1∶1型		1∶1.5型		1∶2型	
	优级品	合格品	优级品	合格品	优级品	合格品
石油醚溶解物含量 /%	≤ 8.0	≤ 10.0	≤ 6.0	≤ 8.0	≤ 4.0	≤ 6.0
活性物含量 /%	≥ 77	≥ 70	≥ 70	≥ 63	≥ 63	≥ 56
胺值（以KOH计）/(mg·g^{-1})	≤ 30	≤ 45	≤ 90	≤ 100	≤ 130	≤ 150
水分含量 /%	0.5	1.0	0.5	1.0	0.5	1.0
色泽 /Hazen	≤ 300	≤ 500	≤ 300	≤ 500	≤ 300	≤ 500
pH值（10 g/L，10%乙醇溶液）	9.5~10.5	9.5~10.5	9.5~10.5	9.5~10.5	9.5~10.7	9.5~10.7
甘油含量 /%	≤ 10.0	≤ 10.0	≤ 9.0	≤ 10.0	≤ 8.0	≤ 10.0

1.3.4.6 结语

烷醇酰胺有许多特性，没有浊点，能使水溶液变稠，具有悬浮污垢的作用，脱脂力强，有一定的抗静电作用，对电解质敏感，还有一定的防锈作用。烷基醇酰胺的独特性能使其作为增稠剂和泡沫稳定剂大量用于洗涤剂、化妆品中。另外，在柴油乳化以及塑料中的抗静电剂、金属加工清洗剂和防锈剂、纺织助剂和油田开采驱油剂中都有广泛的应用。经过几十年的发展，烷醇酰胺已成为我国非离子表面活性剂中一个重要品种，供应充足，质量稳定，能够满足市场需求。随着洗涤剂行业及相关应用领域的发展以及产品结构的进一步调整，烷醇酰胺还会有一定的发展空间。

1.4 阳离子和两性离子表面活性剂

阳离子表面活性剂分子溶于水发生电离后，与亲油基相连的亲水基带有正电荷。亲油基一般是长碳链烃基。亲水基绝大多数为含氮原子的阳离子，少数为含硫或磷原子的阳离子。季铵盐型阳离子表面活性剂是产量高、应用广的阳离子表面活性剂。一般由叔胺与醇、卤代烃、硫酸二甲酯等烃基化试剂反应制得。吡啶也可以看成一种特殊的叔胺，通常把吡啶与卤代烷的反应产物也归于季铵盐中。如溴代十六烷与吡啶反应得到的产物十六烷基溴化吡啶，它是一种常用的杀菌剂。

季铵盐阳离子表面活性剂水溶性好，既耐酸又耐碱且大多数具有杀菌作用。由于大部分纤维表面带负电，用季铵盐阳离子表面活性剂可中和其电荷，因此有较好的抗静电作用。它们能在纤维表面形成疏水油膜，降低纤维的摩擦系数使之具有柔软、平滑的效果，所以可作柔软剂。这种表面活性剂除可作抗静电剂柔软剂外，还可作护发产品中的头发定型调理剂、纺织工业中的匀染固色剂。但它有使机械生锈的缺点，价格也较贵。在清洗剂中常与非离子表面活性剂复配成杀菌、消毒清洗剂。一般阳离子表面活性剂去污力较差，因此通常不用阳离子表面活性剂作洗涤剂。但在特殊的清洗剂如杀菌消毒洗涤剂中，会加入阳离子特别是季铵盐型阳离子表面活性剂。

在英文中"amphoterics"与"zwitterionics"可以区分得很清楚，但中文名称却不能清楚区分。因此，广义的"两性表面活性剂"包含了狭义的"两性表面活性剂"和"两性离子表面活性剂"。两性型表面活性剂是指同时具有两种离子性质的表面活性剂。两性型表面活性剂，在使用上有这样一个特点：如在酸性溶液中呈阳离子性质，在中性溶液中呈非电离子型性质。两性表面活性剂在印染工业中主要用作织物柔软剂、渗透剂、净洗剂、抗静电剂等。这类表面活性剂品种较少，一般讲其性能温和，在配方中起到性能调节和降低刺激性的作用。

1.4.1 以长链烷基叔胺为原料的表面活性剂

阳离子表面活性剂及两性离子表面活性剂中，有一半以上的品种和产量是叔胺的衍生物，叔胺是表面活性剂行业的重要原料之一。

1.4.1.1 原料（叔胺）

（1）简介

碳链长度在 $C_{8~18}$ 的脂肪胺是一类重要的有机化工产品及中间体，广泛应用于石油化工、医药、农业化学品及表面活性剂制造等行业。目前，全世界脂肪胺年产量约 70 万 t，且呈上升趋势。脂肪胺按其分子结构分为伯胺、仲胺和叔胺三类。从产量上讲，60% 以上为脂肪叔胺。叔胺的主要用途在于作为阳离子或两性离子表面活性剂的原料。可以说绝大多数阳离子和两性离子表面活性剂品种是脂肪叔胺的衍生物。而阳离子和两性离子表面活性剂由于其独特的性能如织物柔软、抗静电、杀菌消毒及金属缓蚀等，具有其他化学品不可替代的地位和作用。

通常所讲的脂肪叔胺按其结构可分为长链烷基二甲基叔胺，双长链烷基甲基叔胺及三长链烷基叔胺。三类叔胺中的单长链烷基叔胺产量最大，占叔胺总产量的 60% 以上，国内则达到 80% 以上，其次为双长链甲基叔胺。三长链烷基叔胺产量最小，发展也较慢。目前，国内脂肪叔胺的市场容量在每年 3 万到 5 万 t 之间，其主要用途是制成阳离子或两性离子衍生物，主要品种有十二烷基二甲基苄基氯化铵（1227）、十二烷基三甲基氯化铵（1231）、十八烷基三甲基氯化铵（1831）、双十八烷基二甲基氯化铵（D1821）、十二烷基氧化胺（AO）及十二烷基甜菜碱（BS-12）等。随着国民经济的快速发展及人民生活水平的提高，市场对叔胺衍生物的需求也在逐年增加，年增长率为 5%~8%，发展速度还是很快的。

（2）制备工艺概述

1）工艺路线

脂肪叔胺的生产工艺根据其原料种类可分为脂肪酸法和脂肪醇法。酸法的路线以脂肪酸或油脂为原料经氨化制腈及催化加氢制得伯胺或仲胺，再进一步甲基化成叔胺。这种方法工艺路线长，产品质量不高，尤其是有比较严重的废料排放问题，处于逐步被淘汰的境地。当前，国内市场价格伯胺和叔胺倒挂，即伯胺价格反而高于叔胺，更使酸法工艺无法立足。醇法路线是以脂肪醇为原料，又可分为卤代胺化法和脂肪醇催化胺化法。卤代法具有设备腐蚀和环境污染等问题，并且产品质量不高，已基本被淘汰。而脂肪醇直接催化胺化制叔胺的工艺因其具有工艺路线短，设备投资少，基本上无三废排放以及产品质量高等优点，自 20 世纪 70 年代末期实现工业化生产以来，发展很快，目前已经成为生产脂肪叔胺的主要方法。

2）脂肪醇催化胺化研究及技术概况

从化学反应的意义上讲，用脱氢胺化催化剂进行脂肪醇催化胺化的研究始于 20 世纪 30 年代。由当时发表的论文看，选择性很低，远没有工业化的价值。直到 60 年代，脂肪醇催化胺化制叔胺的技术还没有达到实际应用的水平。70年代后期及80年代初，国外BASF、Sherex、Hoechst、花王等大型化工公司相继开发出了具有工业化意义的实用技术，并建成了生产装置。这个时期也是脂肪醇催化胺化技术发展的高峰期。从80年代后期至今，国外脂肪醇催化胺化技术处于成熟平稳阶段。醇的胺化技术向胺基醇、甘醇的胺化等更广的范围发展，催化剂的开发不再有重大突破，技术开发的重点转向工程化的开发等方面。

国内，脂肪醇一步法催化胺化制叔胺技术的开发起步不晚。在20世纪80年代初期即有中国日化院（原轻工部日化所）、上海化工研究院等单位进行了催化剂及其工艺的开发并取得成果，随后又有一些研究单位和高校如长治轻工所、无锡轻工大学、大连轻工业学院等单位进行了研究开发。到目前为止，脂肪醇催化胺化法可以说是国内目前实施的生产单长链烷基叔胺的唯一方法。就催化剂性能讲，国内开发的催化剂如中国日化院在"七五"期间开发的G-20催化剂具有世界先进水平，以催化剂为核心的胺化技术获国家科技进步二等奖。现在，国内脂肪醇催化胺化生产叔胺的工艺遍及全国多个厂家，形成了年产10万t的生产能力，生产能力完全能满足国内市场需求且已显过剩。

有关脂肪醇催化胺化的专利技术报道很多，涉及多家公司和研究单位。而基础理论或应用基础方面的研究工作发表较少。国外，研究工作较集中的有瑞士联邦技术研究所，以Alfons Baiker为代表的研究小组和日本花王公司以安倍裕为代表的研究小组，其他单位的报道很少。

Baiker等从1977年至1988年发表的研究工作主要集中在以下几个方面：①催化剂组分同选择性和活性的关系；②工艺条件的优化，如温度、醇胺摩尔比及氢气量对选择性和转化率的影响；③反应机理及动力学分析；④关于催化剂失活因素的研究；⑤其他内容如Cu或Ni催化剂对长链脂肪醇C1和C2键断裂的催化作用及NH_3在催化剂表面的吸附状态等。可以说Baiker等关于脂肪醇催化胺化研究发表的文献量最大，涉及范围也比较广泛。

安倍裕等的工作主要发表在1988—1991年期间。他们对脂肪醇催化胺化制十二烷基甲基叔胺，双氢化牛油基甲基叔胺及三-十二烷基叔胺进行了研究，催化剂为有载体的Cu和Ni二元催化剂。比较深入的工作是他们对Cu，Ni催化剂中元素的价态对反应的影响研究。

进入20世纪90年代以后，关于脂肪醇催化胺化的研究报道很少，国内有无锡轻工大学，大连轻工业学院等做过一些工作，涉及催化剂载体及组分对催化剂性能的影响，反应机理及催化的失活因素等。中国日化院在此期间对脂肪醇催化胺化的机理及催化剂做了比较深入的研究，取得很有意义的结果。

(3) 催化剂的开发

脂肪醇催化胺化技术的核心是催化剂。从催化剂组成看,主要为Cu、Ni、Co、Cr等元素,另有Ba、Zn、W、Mo、Sn及稀土元素等。中国日化院自主开发的以Cu、Ni为基础的四元复合G-20催化剂和国外处于同一水平。

胺化催化剂开发要解决的问题主要有:①活性;②选择性;③稳定性。一般讲Cu,Ni二元组合或以其为基础的多元复配催化剂的胺化活性可达到较高的水平,经过组分调整其选择性也是可以的。要解决催化剂的稳定性,还需要在载体的选择、组分调整及制备工艺上做工作,某些催化剂组合其活性和选择性都好,但其致命的问题是在使用过程中铜的析出。催化剂析出的铜会镀在反应器壁、气体分布管及搅拌器上,使反应器无法正常运行。此问题必须认真注意加以解决。

经过多年的开发,脂肪醇胺化催化剂已定型在Cu、Ni或Cu、Cr为基础的、一般为有载体的复合体系上,催化剂的性能已经达到一个比较稳定的良好水平,要想再有大的突破,就需要从基础研究入手,在催化剂表面性能及分子水平上做更深入的工作,再以理论研究的结果指导催化剂的改进。

在胺化催化剂的基础研究方面,花王公司安倍裕等的工作引人注目。他们对以硅胶和氧化铝为混合载体的Cu和Ni二元催化剂进行了比较深入的研究。概括起来有以下几点:

① 对单长链烷基叔胺的制备,催化剂中Cu、Ni的比例为4:1时活性最高。

② Cu与Ni比例在4:1时选择比最好,即主要副产物双长链烷基叔胺生成量最少;Ni元素的价态对选择比有重要影响。

用XPS和俄歇电子能谱对Cu,Ni催化剂的价态进行了研究,结果表明三价Ni有利于催化剂的选择性;催化剂中Ni元素不易被还原时催化剂的选择性好。Ni的价态是影响Cu,Ni胺化催化剂选择性的重要因素,是安倍裕等的研究工作的核心结论,也代表胺化催化剂基础研究的最好水平。

Baiker等关于胺化催化剂研究比较深入的工作是其对催化剂失活因素的研究,指出Cu催化剂失活的一个重要因素是在表面氮化物的生成,氢气的存在对催化剂的失活有明显的阻止作用。

2000年前后,中国日化院对Cu,Ni催化剂中加入Zn和Mg的作用进行了研究,结果发现Zn和Mg的加入可使Cu,Ni催化剂的选择性得到明显的提高。分析其原因,主要是由于Zn和Mg可以抑制Ni^{2+}的还原。还原态的Ni是胺化反应中的主要副产物双烷基叔胺产生的主要原因,Cu,Ni催化剂的选择性和其中Ni^{2+}的含量密切相关。

(4) 脂肪醇催化胺化的反应器形式

脂肪醇催化胺化为气液固三相反应,涉及气液固三相之间的传质,并且要分出反应生成的水。反应可用固定床的形式来实现，也可以用悬浮床反应器来进行。固定床反应器为连续化操作，一般规模较大，对装置运行的稳定性要求高，控制系统、人员素质及公用工程的保障等都需要保持在较高的水平。另外，工艺技术本身也比悬浮床系统复杂。到目前为止，虽有不少关于用固定床进行脂肪醇催化胺化制叔胺的工作发表，但也只听说国外有一家工业化实施的报道。国内也有单位在做固定床催化胺化的工作，但还没有工业化的成果。

实际应用的脂肪醇催化胺化的悬浮床反应器多数为传统的间歇式搅拌釜反应器，单套设备可达到年产几千 t 的规模，但存在气液固三相之间的传质障碍，规模越大，问题更加突出。传质不良的结果是反应时间长，反应质量差。国内生产厂基本上都是搅拌釜反应器，传质效果不佳。要改变这种状态，应该从反应器形式入手，寻求强化气液固三相传质的手段。瑞士 Buss 公司和 EC Chem 公司开发的环路喷射反应器技术是解决悬浮床气液固三相传质的较好形式。Buss 公司的环路反应器技术用于加氢反应已有几十年的历史，同搅拌釜对照显示良好的传质效果。德国 Hoechst 公司（现 Clariant 公司）首先将环路反应器技术和脂肪醇催化胺化工艺结合起来，建成 16 m³ 的环路胺化装置，生产能力达 1 万 t/a。相比之下国内技术有较大差距。中国日化院承担的国家"九五"攻关项目"脂肪叔胺经济规模工程化开发"，针对脂肪胺工业存在的工程化问题，引进了瑞士 EC Chem 公司的两套环路胺化装置，年产 1000 t 叔胺的生产性装置可以很好地运行。根据生产性试验取得的技术参数，将胺化装置放大到 10000 t 的规模是有把握的。

(5) 工艺条件

除了催化剂和反应器形式外，脂肪醇催化胺化的工艺条件如温度、压力、气相二甲胺浓度等也直接影响到反应质量。一般讲，一个性能优良的催化剂有与其配套的优化工艺条件，也即不同的催化剂对工艺条件有不同的要求，但主要工艺参数有一个大致的范围。

1) 反应温度

脂肪醇催化胺化的温度为 180~250 ℃，温度偏低如低于 170 ℃ 醇的胺化反应几乎不能进行，温度太高则副反应增加。一般的温度范围尤其是用 Cu、Ni 体系催化剂在悬浮床反应器中进行反应时，温度范围在 200~220 ℃ 之间。更精细的温控点应根据催化剂的性能仔细确定。

2) 反应压力

脂肪醇催化胺化工艺在常压下即可以进行。尤其是悬浮床反应器，反应压力一般在 0.3 MPa 以下。国内开发的技术所需压力接近常压，称为"常压一步法制叔胺技术"，系统压力不超过 0.1 MPa，反应体系压力增高对反应的选择性有较大影响，尤其是对单烷基叔胺制备过程中双烷基叔胺的生成量影响很明显。

3）氢气分压

脂肪醇催化胺化需要在氢气氛下进行。实用的工业化技术需要在装置上采用某种措施使氢气和胺（甲胺、二甲胺或氨）的混合气体循环，循环气中氢气分压是一个重要参数。虽然，从化学反应表达式看氢气在反应过程中并无必要，以反应机理看醇催化胺化是一个脱氢加氢过程，生成的氢和消耗的氢成自然平衡，但氢气对醇的胺化反应是很重要的，对于反应的选择性和催化剂保持活性有明显的作用。如果氢分压偏低，则胺的歧化反应增加，反应选择性降低。氢分压太低还会引起催化剂失活，氢气分压太高则气相中胺的浓度必然偏低，也会由于供胺不足而影响反应的进程。一般讲，氢分压控制在总压的60%~80%为宜，也还需要根据所用催化剂的性能来确定比较具体的控制范围。

（6）存在问题和发展方向

如前所述，脂肪醇催化胺化制叔胺的工艺经过几十年的开发，其核心技术催化剂的性能已达到较高的水平，能够满足工业化生产的要求。与其配套的工艺条件如温度、压力、氢分压等都已经过优化确定在某一范围。存在的问题主要是：①工程化问题还需要进一步的深入研究解决，尤其是国内脂肪胺行业，工程化问题使生产规模受到限制，形不成规模经济，竞争力差。脂肪醇的催化胺化涉及气液固三相之间的传质，又有气水分离过程，工程化问题较多。用悬浮床反应器进行醇的催化胺化，需要对传统的机械搅拌加气体鼓泡的传质形式进行改革，才能有效地解决规模化问题。用固定床反应器易于解决传质和规模化问题，但工艺开发水平目前还没有达到工业化的程度。②基础研究需要加强。到目前为止，关于醇催化胺化的反应机理、催化剂的微观状态与性能研究的深度和广度都还不够。除了前面提到的Baiker等和安倍裕等有相对集中的研究工作之外，其他的研究工作很少且缺乏深度。

解决存在问题也就是今后发展的方向。关于工程化问题，应该双管齐下，从根本上加以解决。第一，对现有的悬浮床工艺进行改革，着重在反应器的形式上。一种途径是改进搅拌器，强化传质过程。第二，加快速度开发固定床工艺，中国日化院在此方面有良好的基础，进一步的开发工作也卓有成效。固定床胺化工艺的工业化将是脂肪胺行业的一次重大飞跃。关于基础研究工作，有条件的生产厂商或相关的科研单位都可以在这方面投入力量。脂肪醇催化胺化被称为"一步法制叔胺"，但其反应历程并不简单，尤其该反应为涉及气液固三相的催化反应，在机理上还有很多问题没有搞清楚，如反应过程中副产物的形成机理、胺的歧化条件等。关于催化剂本身，一般的叔胺生产厂商只注重配制方式的研究开发，得到适用的专有技术，而对比较深入的问题重视不够。到目前为止，虽然已经找到比较适用的催化剂组成及其制备工艺，但要在催化剂性能上再上台阶，就必须靠更深入的理论研究来指导方向。

脂肪叔胺的制备工艺从脂肪酸法到脂肪醇法可以说是技术上的一次飞跃。醇法制叔胺工艺经过几十年的研究开发，目前已经到了成熟稳定时期，可以满足工业化生产的要求。醇法路线的优势已如前所述，酸法路线明显缺乏竞争力。若再有脂肪叔胺的新建项目，就只宜考虑醇法路线，酸法路线只适用于制备伯胺或仲胺。

(7) 产量和质量标准

用脂肪醇一步法生产叔胺的厂家在华东地区和山东省比较集中，四川和天津也有生产。目前，产量在 10 万 t/a 左右，除了满足国内市场需求外还有部分出口。脂肪叔胺长链烷基叔胺中的单长链二甲基叔胺执行标准为 GB/T 15045—2013，其中规定的产品质量指标见表 3-32.1~3-32.3 所示。双长链甲基叔胺执行标准为 QB/T 4084—2010，产品质量指标列于表 3-33。

表 3-32.1　单长链烷基叔胺理化指标（一）

项目		指标							
		8DMA		10DMA		8/10DMA		12DMA	
		一等品	合格品	一等品	合格品	一等品	合格品	一等品	合格品
外观（25 ℃）		无色透明液体		无色透明液体		无色透明液体		无色透明液体	
色泽/Hazen		≤ 20	≤ 30	≤ 20	≤ 30	≤ 20	≤ 30	≤ 20	≤ 30
叔胺含量/%		≥ 98	≥ 97	≥ 98	≥ 97	≥ 98	≥ 97	≥ 98	≥ 97
总胺值（以 KOH 计）/(mg·g^{-1})		338~358		291~305		311~330		255~263	
伯仲胺含量/%		≤ 0.3	≤ 0.7	≤ 0.3	≤ 0.7	≤ 0.3	≤ 0.7	≤ 0.3	≤ 0.7
游离醇含量/%		≤ 0.6	≤ 0.8	≤ 0.6	≤ 0.8	≤ 0.6	≤ 0.8	≤ 0.6	≤ 0.8
主组分含量/%	C_8	≥ 97	≥ 95	—	—	50±5	50±5	—	—
	C_{10}	—	—	≥ 97	≥ 95	50±5	50±5	—	—
	C_8+C_{10}	—	—	—	—	≥ 97	≥ 95	—	—
	C_{12}	—	—	—	—	—	—	≥ 97	≥ 95

表 3-32.2 单长链烷基叔胺理化指标（二）

项目		指标							
		12/14DMA		14DMA		16DMA		18DMA	
		一等品	合格品	一等品	合格品	一等品	合格品	一等品	合格品
外观（25 ℃）		无色透明液体		无色透明液体		无色透明液体		无色透明液体	
色泽/Hazen		≤ 20	≤ 30	≤ 20	≤ 30	≤ 20	≤ 30	≤ 30	≤ 30
叔胺含量/%		≥ 98	≥ 97	≥ 98	≥ 97	≥ 98	≥ 97	≥ 98	≥ 97
总胺值（以 KOH 计）/(mg·g^{-1})		240~260		225~233		202~208		183~189	
伯仲胺含量/%		≤ 0.3	≤ 0.7	≤ 0.3	≤ 0.7	≤ 0.3	≤ 0.7	≤ 0.3	≤ 0.7
游离醇含量/%		≤ 0.6	≤ 0.8	≤ 0.6	≤ 0.8	≤ 0.6	≤ 0.8	≤ 0.6	≤ 0.8
主组分含量/%	C_{12}	68~76	68~76	—	—	—	—	—	—
	C_{14}	22~32	22~32	≥ 97	≥ 95	—	—	—	—
	$C_{12}+C_{14}$	≥ 97	≥ 95	—	—	—	—	—	—
	C_{16}	—	—	—	—	≥ 97	≥ 95	—	—
	C_{18}	—	—	—	—	—	—	≥ 97	≥ 95

表 3-32.3 单长链烷基叔胺理化指标（三）

项目		指标							
		16/18DMA		18/16DMA		18/22DMA		22DMA	
		一等品	合格品	一等品	合格品	一等品	合格品	一等品	合格品
外观（25 ℃）		无色透明液体		无色透明液体		白色固体		白色固体	
色泽/Hazen		≤ 30	≤ 30	≤ 30	≤ 30	≤ 40	≤ 40	≤ 40	≤ 40
叔胺含量/%		≥ 98	≥ 97	≥ 98	≥ 97	≥ 97	≥ 96	≥ 97	≥ 95
总胺值（以 KOH 计）/(mg·g^{-1})		195~206		185~195		154~164		151~159	
伯仲胺含量/%		≤ 0.3	≤ 0.7	≤ 0.3	≤ 0.7	≤ 0.5	≤ 0.7	≤ 0.5	≤ 0.7
游离醇含量/%		≤ 0.6	≤ 0.8	≤ 0.6	≤ 0.8	≤ 0.6	≤ 0.8	≤ 0.6	≤ 0.8
主组分含量/%	C_{16}	70±5	70±5	—	—	—	—	—	—
	C_{18}	—	—	70±5	70±5	≤ 8	≤ 8	—	—
	$C_{16}+C_{18}$	≥ 97	≥ 95	≥ 97	≥ 95	—	—	—	—
	C_{20}	—	—	—	—	10~20	10~20	—	—
	C_{22}	—	—	—	—	≥ 75	≥ 75	≥ 97	≥ 95
	$C_{18}+C_{20}+C_{22}$	—	—	—	—	≥ 96	≥ 95	—	—

表 3-33 双长链烷基甲基叔胺理化指标

类型		外观（25 ℃）	含量[a]/%	总胺值（以 KOH 计）/(mg·g^{-1})	色泽/Hazen	伯仲胺含量/%	主组分含量/%
D8MA	一等品	无色至浅黄色透明液体	≥97	209~220	≤30	≤1.0	≥95
	合格品		≥95	209~220	≤50	≤2.0	≥92
D(8/10)MA	一等品	无色至浅黄色透明液体	≥97	188~198	≤30	≤1.0	≥95
	合格品		≥95	188~198	≤50	≤2.0	≥92
D10MA	一等品	无色至浅黄色透明液体	≥97	171~190	≤30	≤1.0	≥95
	合格品		≥95	171~190	≤50	≤2.0	≥92
D12MA	一等品	白色固体	≥96	145~153	≤30	≤1.0	≥94
	合格品		≥94	145~153	≤50	≤2.0	≥92
D14MA	一等品	白色固体	≥95	125~133	≤70	≤2.0	≥94
	合格品		≥93	125~133	≤100	≤3.0	≥92
D16MA	一等品	白色固体	≥98	109~117	≤70	≤2.0	—
	合格品		≥97	109~117	≤100	≤3.0	—
D(18/16)MA	一等品	白色固体	≥98	102~109	≤70	≤2.0	—
	合格品		≥97	102~109	≤100	≤3.0	—
DHT	一等品	白色固体	≥99	105~110	≤70	≤2.0	—
	合格品		≥97	103~112	≤150	≤3.0	—

注：a 对于 D(18/16)MA 和 DHT 等高碳数胺系指纯度。

1.4.1.2 季铵盐表面活性剂

由铵阳离子 $[NH_4]^+$ 的四个氢原子全被有机基取代而成的一种阳离子型表面活性剂即为季铵盐表面活性剂。可由叔胺和烃化剂反应而制得。烃化剂可为氯甲烷、氯甲基苯等卤代烃，硫酸二烷基酯（如硫酸二甲酯、乙酯等），环氧乙烷等环氧烷类，磺酸酯类（如对甲苯磺酸甲酯）等，最常用的烷基化剂为氯甲烷和硫酸二甲酯。可用它们制成相应的季铵盐型表面活性剂。如下式：

$$R-\underset{R_2}{\underset{|}{N}}-R_1 + CH_3Cl \longrightarrow \left[R-\underset{R_2}{\underset{|}{N}}-CH_3\right]^{\oplus} Cl^{\ominus}$$

$$R-\underset{R_2}{\underset{|}{N}}-R_1 + (CH_3)_2SO_4 \longrightarrow \left[R-\underset{R_2}{\underset{|}{N}}-CH_3\right]^{\oplus} CH_3SO_4^{\ominus}$$

季铵盐型阳离子表面活性剂与一般铵盐型不同，前者在碱水溶液中稳定，并无胺游离出来。具有一个长链烷基的季铵盐在水中的溶解度与长链烷基的碳链长度有关。碳链长度增加，水溶性降低。含有一个长链烷基的季铵盐能溶于水和极性溶剂，但不溶于非极性溶剂。含有二个长链烷基的季铵盐几乎不溶于水，而溶于非极性溶剂。当季铵盐中含有不饱和的脂肪族或芳香族基团时，能增加其在极性或非极性溶剂中的溶解度。

最常见的季铵盐表面活性剂为十八烷基三甲基氯化铵（1831）、双十八烷基二甲基氯化铵（D1821）、十二烷基三甲基氯化铵（1231）和十二烷基二甲基苄基氯化铵（1227）。下面以1831和D1821为例介绍季铵盐类表面活性剂。

（1）十八烷基三甲基氯化铵（1831）

1）制备方法

将十八叔胺通入压力釜中，加适量的异丙醇和水作反应介质，再加入少量的氢氧化钠作催化剂。用氮气置换釜中空气后升温至50℃，通入比理论量过量1%（质量）的氯甲烷。封闭压力釜，在0.5 MPa下反应4 h。反应结束。经脱盐处理后，用水稀释至所要求浓度即为成品，出料罐装。

2）应用

用作纺织纤维的抗静电剂，头发调理剂，沥青、橡胶和硅油的乳化剂。并广泛用于消毒杀菌剂，还可用作土壤防水剂、油彩化妆品添加剂、织物纤维柔软剂等。

3）发展及现状

国内，在20世纪80年代初即开始规模化开发，但当时国内没有十八烷基叔胺供应，只能由烯烃或者卤代烷为原料，产品质量差，排放严重并且腐蚀设备，无法大范围推广。只有在"七五"攻关之后，脂肪醇一步法制叔胺技术开发成功，国内解决了叔胺的来源问题，1831可以完全满足市场需求。

4）产品标准及质量指标

十八烷基三甲基氯化铵以及其他的一些单长链烷基叔胺衍生的卤化铵的现行标准为QB/T 1915—93，其中规定的产品理化指标见表3-34。

表3-34 单长链烷基卤化铵理化指标

项目	指标		
	优等品	一等品	合格品
外观	白色或淡黄色透明液体或固状物	淡黄色或黄色透明液体或固状物	黄色至棕黄色透明液体或固状物
活性物含量，%	≥30		
pH值（10%水溶液）	4.0~8.5		
游离胺含量（相对阳离子活性物），%	≤1.0	≤2.0	≤3.0
灰分含量（相对阳离子活性物），%	≤0.5	≤1.0	—
重金属含量（以铅计），mg/kg	≤30		—
砷含量（以As计），mg/kg	≤3		—

（2）双十八烷基二甲基氯化铵（D1821）

产品外观为白色或微黄色膏状体或固体，易溶于极性溶剂，微溶于水，加热可溶解。有较好的乳化、分散、抗静电和防腐性。可用双十八烷基甲基叔胺与氯甲烷进行季铵化反应制得。

1）D1821 的制备

①第一条路线：双十八烷基甲基叔胺的季铵化反应。将双十八烷基甲基叔胺用氯甲烷进行季铵化，反应温度 90~95 ℃，以异丙醇作溶剂，并加入少量的碳酸钠或碳酸氢钠，为了增加氯甲烷的溶解度，促进分子间的接触和反应，反应需在 245~294 kPa 的压力下进行。反应结束即得 D1821 产品。

②第二条路线：由脂肪酸氨化脱水制腈，腈加氢制仲胺，再进行季铵化制得。先将脂肪酸氨化脱水制腈，工业上采用铝土矿、ZnO、Mn 或 Co 盐作催化剂，反应温度在 280~360 ℃。随后在 Ni 催化剂的催化下腈加氢制得双十八烷基仲胺，此步反应要求除去氨以保证反应进行完全；然后进行双十八烷基仲胺的季铵化反应：以氯甲烷作烷基化试剂，异丙醇作溶剂，加入适量的氢氧化钠以中和反应生成的氯化氢，将双十八烷基仲胺进行季铵化反应，反应结束后进行过滤，除去固体氯化钠制得 D1821 产品。

2）主要用途

①可作柔软剂、抗静电剂、调理剂和杀菌剂等。用于织物柔软剂、头发调理剂、油井开采的杀菌剂、有机膨润土改性剂和矿物浮选剂等。

②被广泛用于织物、纺织、轻工、化工、石油开采等多个领域。在水处理中可用作杀菌和黏泥防污剂。可作织物的柔软调理剂和抗静电剂，能赋予织物柔软、滑润、膨松等良好手感，而且外观平整挺括，并使织物具有抗静电性，不吸尘，便于熨烫，易于干燥，不产生静电，穿着舒适。还可用于膨润土的改性剂、沥青乳化剂、矿物浮选剂，用于三次采油，塑料抗静电剂及洗涤剂、化妆品等领域。

③还可用作稳定剂、润滑剂、塑料助剂、彩色脱色剂和防腐剂等。

3）发展与现状

D1821 有多种用途，但主要的应用是在纺织行业用作柔软剂和抗静电剂，其效果比其他化合物都好。我国在"七五""八五"计划期间都安排有与 D1821 相关的攻关课题，之后 D1821 的生产和市场供应均无问题。制备工艺以叔胺的季铵化为主，以脂肪酸经腈加氢制得仲胺再到季铵盐的为辅。由于两条工艺制得的产品性能略有差异，所以后一工艺虽不够"清洁"，但到目前为止并未消失。20 世纪 90 年代后人们认识到 D1821 的生物降解性能不佳，其用量逐渐减少，目前在发达国家已基本没有使用，而代之以生物降解性能良好的酯基季铵盐（EQ）。国内趋势和国际上一致，虽然还在使用，但已被酯基季铵盐大量取代，估计这一趋势还会继续下去，直至其退出市场。

4）D1821 的标准及指标

D1821 执行标准包含在 QB/T 2852—2007 [双烷基（C_{14-18}）二甲基卤化铵] 中，其中规定的产品理化指标见表 3-35。

表 3-35　双烷基（C_{14-18}）二甲基卤化铵理化指标

项目	指标	
	一等品	合格品
外观（25℃）	白色至微黄色膏体或固体	
活性物含量 /%	74.0~78.0	
游离胺 + 胺的盐酸盐的含量 /% ≤	2.0	2.5
pH [5% 水溶液（体积分数为 1∶1）]	6.0~9.0	
色泽（Gardner）≤	3	4
灰分含量 /% ≤	0.15	0.30

（3）结语

季铵盐型阳离子表面活性剂是阳离子表面活性剂的主要类型。阳离子表面活性剂作为功能性表面活性剂，一般讲去污力不佳，不会被用作洗涤剂的活性组分，但其独有的消杀、抗静电及织物柔顺等功能是其他产品无法替代的，因此也是家用化学品制造的重要原料。D1821 由于生物降解性能不佳，虽然目前还有一定的市场，但会被其他具有柔软功能的绿色产品逐步替代。

季铵盐的生产厂家比较分散，一般脂肪叔胺的生产厂家都有季铵盐生产，也有不少厂家外购叔胺制季铵盐。生产厂商中索维尔张家港化工公司产量较大，2018 年超过 4 万 t。全国季铵盐表面活性剂产量估计在 7 万 ~8 万 t/a。

在其他工业领域，季铵盐型阳离子表面活性剂所具有的金属缓蚀、表面抗静电及杀菌功能也得到很好的应用。传统的季铵盐型阳离子表面活性剂的生产在国内可以满足需求，而且还不断有结构改性的新品种被开发，如带羟乙基的季铵盐、具有不同的有机反离子的季铵盐等，显示出不同于传统产品的应用性能，具有很好的发展前景。

1.4.1.3　氧化胺

氧化胺（OA），是由相应的叔胺氧化制得。它在中性和碱性溶液中显示出非离子特性，在酸性介质中呈阳离子性，是一种多功能弱阳离子表面活性剂。这类表面活性剂具有调节黏度、发泡力以及降低阴、阳离子表面活性剂的刺激性的作用，因而在日化产品中有广泛应用。随着生活水平的提高，人们高档日化产品的需求不断增加，氧化胺的市场也有所扩大，具有一定的发展空间。对日化行业而言，主要用的氧化胺为 $C_{12\sim14}$ 叔胺衍生的产品。

（1）发展与现状

氧化胺的研究始于 20 世纪 30 年代后期，首先由 Farbenindustrie 等发现长链烷基二甲基氧化胺具有表面活性，可作为乳化剂和分散剂，并发表了包括这些衍生物在内的第一篇论文。其真正的应用是从 20 世纪 60 年代开始，当时发现氧化胺不仅具有一般的表面活性，还具有许多其他表面活性剂不具有的极低的生理毒性及对皮肤的柔软、保湿和杀菌防霉等作用，并将它用于配制厨房洗涤剂和人体卫生用品一举成功，从而引起了人们的极大兴趣。

目前，世界上生产氧化胺的厂商很多，其中产量最大的是美国的宝洁公司。其他生产氧化胺的厂商有 AKZO 化学公司，I.C.I. 公司，日本的花王公司和日本油脂株式会社等。这些厂商生产的氧化胺大量用于配制洗发香波、液体浴皂、护发香波、餐具洗涤剂、化妆品、口腔卫生用品以及各种硬表面清洗剂。目前世界上酸性洗发香波迅速发展，氧化胺在酸性香波中表现了独特的性能。

国内氧化胺的开发研究见之于报道已是 20 世纪 80 年代，先后有中国日用化学工业研究院、浙江丝绸科学研究院、浙江测试技术研究所、山西长治轻工所、北京合成化学厂以及上海经纬化工公司等单位进行开发研究，目前都有批量产品供应市场，但实际销售量甚小。后来北京化友工贸有限公司、洛阳市科邦精细化工有限公司、天津市浩元精细化工有限公司和广州龙沙有限公司等都有研制与销售。目前氧化胺的生产厂家不少，产量较大的有四川花语、浙江传化、广东椰氏、广州天赐等，全国总产量估计在 3 万 t/a 左右。

氧化胺的制备通常采用的路线是：在极性溶剂——水或醇介质中，加入少量柠檬酸及其盐和 EDTA 二钠等螯合剂作催化剂，升温至 60~70 ℃，滴加过量的 17%~36% 过氧化氢，保温反应 3 h，然后升温至 75 ℃继续反应 3 h，降温至 60 ℃，加入计算量的亚硫酸氢钠分解残留过氧化氢，出料即可获得活性物为 30% 左右的液体产品，叔胺转化率可达 98% 以上。该工艺简单，易于实施。

（2）氧化胺的性质

1）水溶性

由于氧化胺分子中存在极性键 N—O，偶极距为 4.38 D，所以该化合物具有极性大、熔点高的特性，易溶于水和低碳醇等极性溶剂中，而难溶于动植物油、苯等非极性溶剂。在水溶液中氧化胺大量地以水合物形式存在，但随 pH 值的变化，会发生极性的转变。如在 pH＞7 的碱性溶液中，主要呈阴离子表面活性剂性质。但在 pH＜3 时的酸性溶液中，氧化胺主要以阳离子的形式存在。氧化胺水溶液具有微弱的氧化性，在化妆品中正是利用其微弱的氧化性使皮肤达到白皙的目的。

2）表面活性

加入氧化胺后，水的表面张力会大大降低，在各种氧化胺的临界胶束浓度（cmc）时的表面张力均在 30 mN/m 左右。在 cmc 时氧化胺的表面张力比季铵盐低得多，所以氧化胺的表面活性比季铵盐高。

3）应用性能

①去污力。氧化胺与 AES 或 AS 混合时，对去污有协同增效作用，但与 LAS 混合时，其协同作用不大。

②乳化力。如将氧化胺水溶液和石油溶剂在 70 ℃下以同等条件乳化，然后静止观察乳化后体积的变化情况。结果表明，在氧化胺同系物中，乳化能力随长链烷基碳数的增加而增加。氧化胺作为乳化剂的另一个特点，是可以在很宽的 pH 值范围内发挥乳化作用，特别是在酸性介质中它可以与作为防腐剂、杀菌剂的季铵盐阳离子配伍，不但不会阻滞防腐剂的防腐性能，而且可增强其防腐性能。这是其他非离子表面活性剂所不能及的。

③起泡和稳泡力。氧化胺是一种高效的稳泡剂。十二烷基氧化胺常用于洗衣液或餐具洗涤剂中，用量 1%~5% 的产品，性能温和，对眼睛亦无刺激，抗硬水性好，在 pH=9，300 mg/kg 硬水中泡沫反而更高。脂肪醇硫酸钠（AS）与氧化胺混合时，泡沫丰满而稳定，即使有油脂存在亦不变化，故常与阴离子型活性剂如 LAS、AS、AES、SAS 等配合使用，防刺激效果很好。氧化胺所产生的泡沫具有乳脂感，广泛用于香波和淋浴制品中。

④增稠作用。氧化胺有较好的增稠作用。例如氧化胺与 AES 混合（1∶9）的质量分数为 15% 活性物溶液（以下 % 均为质量分数），在酸性介质中，即使盐分很少，增稠效果亦明显，且温和，调理性好。氧化胺的增稠作用亦可应用于高碱性的漂白液中。

4）生理毒性

氧化胺生物降解性较好，两周后可降解88%，4周达93%。氧化胺基本无毒，它对皮肤和眼睛的刺激性极低。据报道：氧化胺的半致死量 LD_{50} 为 2000~6000 mg/kg，几乎与食盐的 LD_{50} 4000 mg/kg 相当。氧化胺在和其他表面活性剂混用时，具有抗刺激性，可用于去头屑香波中，以减轻 ZPT 的刺激。另外氧化胺在酸性香波和酸性溶液中，它能与头发和皮肤角阮上的羧基作用，能调理头发，减少飘逸，易于湿梳，并改善皮肤的粗糙感。

(3) 应用范围

氧化胺是一种多功能表面活性剂，它兼有增溶、乳化、稳泡、柔软和抗静电等优良性能，广泛应用于日化、纺织助剂工业中。

1) 在日化工业中

氧化胺作为一种无毒、温和兼具柔软、保湿功能的表面活性剂，因而引起了日化行业的兴趣，并将它用来配制洗发香波、浴皂和餐具洗涤剂等。

香波是氧化胺的重要应用对象。氧化胺作为组分配制的洗发香波能使头发柔顺、滑爽，并且能降低一些药物的刺激性。这是因为氧化胺在一定pH条件下能与头发和皮肤角阮上的羟基直接作用。其中氧化胺的长链烷基部分能赋予柔软性，并使头发消除静电，易于梳理，还能使头发产生乌黑发亮的效果。阳离子表面活性剂虽然也能与头发和皮肤角阮上羟基结合并起到梳理、柔软和减少静电的作用，但它对眼睛和皮肤的刺激性较强，长期使用会导致头发和皮肤过度脱脂，而且它不能与洗发香波中用量很大的阴离子表面活性剂配伍。

用氧化胺配制液体浴皂，能改善皮肤的粗糙感，因为氧化胺具有优良的起泡和稳泡作用。据报道要获得相当的稳泡能力，氧化胺的用量应是烷醇酰胺的三分之一。氧化胺产生的泡沫细腻而具有乳脂感，对眼睛和皮肤无刺激，这些性能尤其适合于配制婴儿浴皂。在溶液中当它与AES配合使用时具有协同增效作用，使综合洗涤效果得到显著提高。

餐具洗洁精是氧化胺用量最大的领域，在美国其用量占氧化胺总消费量的90%。氧化胺作为餐具洗涤剂的基料是因为它具有对油污极好的乳化力，对皮肤无刺激，生理毒性小，生物降解性好。氧化胺最初在美国市场打开销路时，首先就是从配制餐具洗涤剂突破的，至今这类产品仍盛销不衰。

2) 在纺织助剂工业中

氧化胺也是纺织印染助剂的原料，常用于配制织物抗静电剂和柔软剂、染料的增溶剂。与其他抗静电剂相比，氧化胺随着环境湿度的变化，抗静电作用变化很小，即使在很低的湿度下也表现了良好的抗静电效果。此外，氧化胺还可以同其他的润滑剂、乳化剂配伍使用。

3) 其他领域

氧化胺在医药领域也有不少应用例子，具杀菌、防霉和除虫等功效。如十烷基二羟乙基氧化胺对金黄色葡萄球菌有较好的抑制作用，对因霉菌感染的皮肤病也有一定的疗效。

此外，氧化胺还可以在金属电镀液中作为凝结剂，在聚合反应中作引发剂和抑制剂，在化妆品中作乳化剂和保湿剂。随着对氧化胺性能认识的加深，它的用途还

(4) 主要生产厂商及产品质量指标

氧化胺甜菜碱生产厂家见表 3-36 所示。

表 3-36 氧化胺甜菜碱生产厂家一览表

编号	生产厂家
1	广州天赐高新材料股份有限公司
2	四川花语精细化工有限公司
3	浙江传化股份有限公司
4	上海圣轩生物化工有限公司
5	涟水新源科技有限公司
6	上海麦伦日化有限公司
7	江苏高维化学品有限公司
8	金坛市有机化工厂
备注	排序不分先后

氧化胺现行标准为 GB/T 26458—2011，其中规定的产品理化指标见表 3-37.1 和表 3-37.2。

表 3-37.1 脂肪烷基二甲基氧化胺理化指标（一）

项目		OA-12		OA-12/14		OA-14	
		一等品	合格品	一等品	合格品	一等品	合格品
外观（25 ℃）		无色至淡黄色透明液体					
活性物含量 /%	≤	30~32				24~26	
游离胺含量 /%	≤	0.7	1.0	0.7	1.0	0.7	1.0
pH（10% 水溶液，25 ℃）		6.0~8.0					
色泽 /Hazen		50	70	50	70	50	70
过氧化氢含量 /%	≤	0.2					

表 3-37.2 脂肪烷基二甲基氧化胺理化指标（二）

项目		OA-16		OA-16/18		OA-18/16	
		一等品	合格品	一等品	合格品	一等品	合格品
外观（25 ℃）		白色至微黄色膏体					
活性物含量 /%	≤	24~26					
游离胺含量 /%	≤	0.7	1.0	0.7	1.0	0.7	1.0
pH（10% 水溶液，25 ℃）		6.0~8.0					
色泽 /Hazen		60	100	60	100	60	100
过氧化氢含量 /%	≤	0.2					

（4）结语

氧化胺作为一种两性表面活性剂，在酸性介质中呈阳离子性，在碱性介质中呈非离子性，具有良好的增稠、抗静电、柔软、增泡和去污性能。产品刺激性低，可有效降低洗涤剂中阴离子的刺激性，还具有杀菌、钙皂分散、易生物降解等特点。洗涤性能优良，泡沫丰富而稳定，性质温和刺激性低，具有优良的抗静电性和柔软性。氧化胺的优良性质使其在日化领域应用广泛，是主要的两性表面活性剂品种之一，目前年产量达3万t以上，还会随着日化行业的发展而有所增长。

1.4.1.4 烷基甜菜碱

（1）简介

利用脂肪族叔胺的季铵化作用，即将N-烷基-N,N-二甲胺与氯乙酸钠在水溶液中反应制得烷基甜菜碱，分子通式$RN^+(CH_3)_2CH_2COO^-$，式中R是碳数为12~18的烷基。烷基甜菜碱能与各种类型的染料、表面活性剂及化妆品原料配伍，对次氯酸钠稳定，不宜在100℃以上长时间加热。产品在酸性及碱性条件下均具有优良的稳定性，配伍性良好。对皮肤刺激性低，生物降解性好，具有优良的去污杀菌、柔软性、抗静电性、耐硬水性和防锈性。这类产品有优良的发泡能力，能使毛发柔软，适用于配制香波、泡沫浴、敏感皮肤制剂、儿童清洁剂等。因耐硬水性好，用于制备硬水洗涤剂。还可作为杀菌剂，用于杀灭包括结核菌在内的多种细菌，用作纤维、织物柔软剂和抗静电剂、钙皂分散剂、杀菌消毒洗涤剂及橡胶工业的凝胶乳化剂、兔羊毛缩绒剂、灭火泡沫剂等，亦是农药草甘膦的增效剂。还可用于生产染色助剂、防锈剂、金属表面加工助剂。

日化行业用的烷基甜菜碱主要是烷基为C_{12}或$C_{12~14}$甜菜碱。十二烷基二甲基甜菜碱，商品名BS-12，英文名称Dodecyldimethylbetaine，化学名十二烷基二甲基胺乙内酯，分子式$C_{12}H_{25}N(CH_3)_2CH_2COO$。BS-12具有烷基甜菜碱类表面活性剂的优良性能，且在日化产品配方中显示良好的配伍性能，得到广泛应用。

（2）发展与现状

甜菜碱（Betaines）最早出现于1876年。当时它是从甜菜（Beta Vulgatis）中分离出来的。后来有人建议把这个名称用于化学结构上与之类似的化合物，故此得名。烷基甜菜碱是一种性能优良的两性型表面活性剂，是两性表面活性剂中发展较早、用量较大的品种之一。两性表面活性剂是在分子中同时存在阳离子和阴离子的表面活性剂，是表面活性剂产品的后起之秀。由于两性表面活性剂具有优良的发泡性、增黏性、润湿性、洗涤性、抗静电性、乳化性、低刺激性和低毒性等特点，故国外发展较早，发展也很快。

我国烷基甜菜碱表面活性剂在20世纪80年代开始发展，在上海、太原、北京等地有批量生产,刚开始时的主要问题是没有高质量的叔胺。"七五"攻关之后,国内解决了叔胺的供应问题,烷基甜菜碱的发展进入了快车道。目前烷基甜菜碱在国内已是应用广泛的原料,来源没有任何问题,产品质量稳定,满足市场供应。

(3) 结构与性能

从十二烷基二甲基甜菜碱的分子结构中可知,其疏水基中同时存在季铵氮阳离子和羧基阴离子。这就决定了甜菜碱的两性性质和在水溶液中的一些特性。甜菜碱型两性表面活性剂无论在中性介质、酸性介质或是碱性介质都能很好地溶解,而且稳定性都很好。就是在等电区也不会沉淀。甜菜碱可以在所有的pH范围内使用。

甜菜碱与各种类型的表面活性剂和助剂的配伍性都很好,有极佳的协同增效作用;有丰富的泡沫和适宜的去污性且不受硬水的影响。此外,还具有抗静电性、杀菌性和防锈的功效。甜菜碱的另一优点是低毒安全、刺激性低和易于生物降解。用小白鼠灌胃做急性经口毒性试验以及用家兔进行皮肤和眼结膜刺激性试验,证明BS-12产品确属低毒、非刺激性产品,完全符合化妆品生产的要求。

(4) 应用

由于十二烷基二甲基甜菜碱的各种优异性能,从而使其在工业生产,特别是在日用化工产品生产中具有广泛的用途。

由于甜菜碱具有润湿、分散、乳化、净洗、柔软和抗静电等性能,在纺织工业上常用作缩绒剂、染色助剂和带电防止剂。甜菜碱的防腐蚀性可用作金属的防锈剂。甜菜碱的丰富泡沫和稳泡性被用作泡沫灭火剂。甜菜碱除了用于织物的抗静电之外,还可以用于塑料和燃料的抗静电。甜菜碱对酸、碱的化学稳定性、良好的水溶性、配伍性和协同增效作用以及低毒、低刺激性更使之成为化妆品生产的理想原料,特别是在香波和泡沫浴中的应用更有广宽的前景。

十二烷基二甲基甜菜碱是极有效的增泡剂和泡沫稳定剂,其增泡和稳泡效果比常用的烷基醇酰胺类添加剂要好得多。在香波和泡沫浴等洗涤用品中配用十二烷基二甲基甜菜碱,能生成丰富而稳定的泡沫。这种泡沫具有悦目的奶油状结构。毫无疑问,这是一个成功的香波配方的重要因素。甜菜碱的用量也较低。一般30%活性物浓度的甜菜碱,其用量约为配方总量的3%,即相当于1%~2%的100%活性物量。十二烷基二甲基甜菜碱特别适于与脂肪醇聚氧乙烯醚硫酸盐(AES)配合使用。AES生成的泡沫十分稀疏,但配用十二烷基二甲基甜菜碱后,其泡沫则显奶油状而更为人们所喜爱。

(5) 产品标准与质量指标

烷基甜菜碱现行标准QB/T 2344—2012,规定的产品理化指标见表3-38。

表 3-38 脂肪烷基二甲基甜菜碱理化指标

项目	十二烷基二甲基甜菜碱	十二／十四烷基二甲基甜菜碱	十四烷基二甲基甜菜碱
外观	浅黄色至浅琥珀色透明液体		
活性物含量 /%	28.0~32.0		
未反应胺含量 /% ≤	0.5		
氯化钠含量 /% ≤	8.0	7.5	7.0
pH（5% 水溶液，25 ℃）	6.0~8.0		
色泽 /Hazen ≤	80		
氯乙酸含量 /(mg·kg^{-1}) ≤	20		

（6）结语

烷基甜菜碱在酸性及碱性条件下均具有优良的稳定性，配伍性良好。对皮肤刺激性低，生物降解性好，具有优良的去污杀菌、柔软性、抗静电性、耐硬水性和防锈性。这类产品具有优良的发泡能力，能使毛发柔软，适用于配制香波、泡沫浴、敏感皮肤制剂、儿童清洁剂等。因耐水性好，用于制备硬水洗涤剂。还可作为杀菌剂，用于杀灭包括结核菌在内的多种细菌，用作纤维、织物柔软剂和抗静电剂、钙皂分散剂、杀菌消毒洗涤剂及橡胶工业的凝胶乳化剂、兔羊毛缩绒剂、灭火泡沫剂等，亦是农药草甘膦的增效剂。也用于生产染色助剂、防锈剂、金属表面加工助剂。自从国内脂肪醇一步法制叔胺工艺开发成功，叔胺有了稳定的供应之后，烷基甜菜碱迅速发展，是国内最早开发的两性离子表面活性剂品种之一。目前烷基甜菜碱生产厂家和氧化胺的生产厂商大致重叠，可参照 1.4.1.3 节中所列厂家。

1.4.2 非烷基叔胺衍生的阳离子和两性表面活性剂

1.4.2.1 两性咪唑啉表面活性剂

（1）简介

咪唑啉型两性表面活性剂是一类性能优异的表面活性剂，其分子中同时含有阴、阳两种离子基，是改良型和平衡型的两性表面活性剂。其性质温和，有良好的去污、起泡和乳化性能，尤其以极低的毒性，对皮肤和眼睛的刺激性极小，发泡性很好。优异的乳化性能以及良好的生物降解性，在日用化工、纺织、印染等方面有着十分广阔的应用前景，广泛应用于婴儿用香波和低刺激性香波中，也用于化妆品和清洁剂生产中，还可以用作纤维的柔软剂和抗静电剂等方面。

(2) 发展与现状

咪唑啉表面活性剂具有悠久的历史。1888 年 Hoffmann 合成了第一个咪唑啉。此后，经过几十年的发展，大量的咪唑啉衍生的表面活性剂被开发出来。它具有低毒、耐硬水性能，起泡性和乳化性均良好。咪唑啉表面活性剂具有优良的应用性能，因此其在日用化工、纺织印染、化纤、医疗卫生、石油采收等领域有着广泛的应用。到目前为止，咪唑啉表面活性剂仍然是表面活性剂行业重要的品种。国内咪唑啉两性表面活性剂起步于 20 世纪 80 年代中期，是较早市场化的温和性表面活性剂，当时在一定程度上解决了下游应用行业对温和性表面活性剂的需求。之后又有大量的其他类型的温和型表面活性剂被开发出来，咪唑啉表面活性剂的发展到了必须注重提升产品品质，参与市场竞争的时代。目前，国内表面活性剂市场除了有跨国公司的一些质量较好的产品外，国内产品还需要进一步提高品质，稳定产品质量。

(3) 咪唑啉表面活性剂的制备

咪唑啉一般是由脂肪酸或脂肪酸甲酯与多胺（见表 3-39）反应制得。其合成主要分为两步：首先，脂肪酸与多胺脱去一分子水生成烷基酰胺；然后烷基酰胺在高温下继续脱去一分子水形成咪唑啉环。

表 3-39 合成咪唑啉常用多胺

名称	编写	分子式
二乙烯三胺	TETA	$H_2NCH_2CH_2NHCH_2CH_2NH_2$
羟乙基乙二胺	AEEA	$H_2NCH_2CH_2NHCH_2CH_2OH$
乙二胺	EDA	$H_2NCH_2CH_2NH_2$
三乙烯四胺	TETA	$H_2NCH_2CH_2NHCH_2CH_2NHCH_2CH_2NH_2$
四乙烯五胺	TEPA	$H_2NCH_2CH_2NHCH_2CH_2NHCH_2CH_2NHCH_2CH_2NH_2$

将咪唑啉环与烷基化试剂反应可生成两性咪唑啉表面活性剂。表 3-40 列出了一些常用的烷基化试剂。

表 3-40 常用烷基化剂

引入的阴离子基团	烷基化试剂名称	烷基化试剂结构式
羧基	氯乙酸钠 丙烯酸甲酯 丙烯酸 丙烯酸乙酯 2-羟基-1,3-丙烷磺内酯	$ClCH_2COONa$ $CH_2=CHCOOCH_3$ $CH_2=CHCOOH$ $CH_2=CHCOOCH_2CH_3$ $HO-CH(CH_2-O)(CH_2)S(=O)_2$
磺酸基	3-氯-2-羟基-丙磺酸 1,3-丙烷磺内酯	$ClCH_2CH(OH)CH_2SO_3H$ $(CH_2-O)(CH_2-CH_2)S(=O)_2$
磷酸酯基	磷酸酯卤化物	$ClCH_2CH(OH)CH_2O-P(=O)(OH)(ONa)$

(4) 两性咪唑啉表面活性剂的应用

1) 在化妆品中

咪唑啉表面活性剂在化妆品中的应用主要是用来配制高档、专用护发香波。一般来说，香波必须具备一定的去污性，但去脂能力不能太强，必须对人体有高度安全性。咪唑啉表面活性剂除具备调制香波的一般使用性能外，还具有其他表面活性剂不可比拟的温和性质，无毒、对眼睛刺激性极低，无过敏反应。典型产品如十一烷基-N-羧甲基-N-羟乙基咪唑啉，特别适合调制婴幼儿香波和婴幼儿清洁卫生用品。

2) 在清洗剂中

磺酸盐类咪唑啉在所有 pH 值范围内都保持阴离子特性，在硬水、软水中均具有良好的洗涤能力，耐硬水、耐电介质、具有钙皂分散能力、生物降解性好，在广泛的 pH 值范围内与多种清洁剂组分有相容性，在清洗剂配方中应用广泛。

丙烯酸及其酯作为引入羧基的烷基化试剂，可制取"无毒"两性表面活性剂，优于其他烷基化试剂产品，无毒、无刺激、无损害、柔和、高泡、抗静电，在清洗剂、洗涤剂中广泛应用。咪唑啉表面活性剂与其他表面活性剂复配有良好的协同效应，特别是与非离子表面活性剂的复配，能制取对合成纤维、油性污垢有良好去除力的洗涤剂及纺织浆洗剂；也能用于配制干洗剂，洗涤呢绒和羊毛等高级衣物，用作火车、汽车、轮船、飞机、宇航器等方面的清洗剂及洗涤家具、地面灰浆、砖面、蔬菜水果等。

3）在金属加工方面

两性咪唑啉衍生物在酸性溶液中是一种有效的金属腐蚀抑制剂，磺酸型咪唑啉表面活性剂对硫酸、盐酸、氢氟酸等强酸性溶液的腐蚀具有有效的抑制作用。用作润湿剂的羧基或磺酸基咪唑啉衍生物在强酸存在下是稳定的，可用在无氟的铝抛光剂配方中。在电镀锡时，电镀液中使用两性咪唑啉衍生物可使电镀快速而经济，在较宽的电流密度范围内得到理想的镀层。

4）用于纺织与皮革工业

油酸基硫酸酯盐型咪唑啉用于皮革加脂剂中，可使皮革丰满、柔软，显示出良好的应用性能。氨基酸类咪唑啉两性表面活性剂用作脱脂剂，具有乳化性好、渗透性强、在弱酸碱盐条件下使用稳定的特点。可用于猪、绵羊大油板皮及各种高级细皮毛的脱脂，对于脱除皮内脂肪细胞中的油脂效果尤为显著。氨基酸类咪唑啉两性表面活性剂用于涤棉混纺、纯棉、中长纤维、丝绸、毛料的柔软整理，使整理后的织物手感柔软，同时弹性、透气性、防缩性、阻燃性、起绒性均有所改善。

（5）两性咪唑啉表面活性剂质量标准

两性咪唑啉表面活性剂类产品标准有："两性表面活性剂 十一烷基咪唑啉"轻工行业标准QB/T2118—2012，产品理化指标见表3-41。

表3-41 十一烷基咪唑啉的理化指标

项目		羧甲基类		羧乙基类
		40型	50型	40型
外观		浅黄色至浅琥珀色透明液体		
pH（1∶10水溶液）		7.0~9.5		9.0~11.0
总固形物含量 /%		38~42	48~52	38~42
盐（以NaCl计）含量 /%	≤	9.5	12.0	0.3
色泽 /Gardner	≤	3.0	5.0	3.0
一氯乙酸含量 /(mg·kg^{-1})	≤	100		—
未反应酰胺含量 /%	≤	1.0		

（6）结语

两性咪唑啉表面活性剂是20世纪开发最早的一类温和型表面活性剂。在当时，满足了市场对低刺激表面活性剂的需求。相对于甜菜碱类等品种，烷基咪唑啉类表面活性剂的生产工艺相对复杂，产品质量控制的技术要求较高。目前，主要的生产厂家有无锡罗地亚公司、上海发凯公司、广州天赐高新材料股份有限公司、秦皇岛胜利化工有限公司、东营市科凌化工有限公司、廊坊杰杰化工有限公司、上海艾高日化有限公司等。

1.4.2.2 椰油酰胺丙基甜菜碱

(1) 简介

烷基酰胺甜菜碱和烷基甜菜碱只是起始原料叔胺不同，分子式：$RCONH(CH_2)_n N^+(CH_3)_2CH_2COO^-$，式中R的碳数为12~18，n=2，3。其性能比烷基甜菜碱有明显提高：具有优良的溶解性和配伍性，并有优良的发泡性和显著的增稠性，还具有低刺激性和杀菌作用，以及良好的抗硬水性、抗静电性及生物降解性。配伍使用能显著提高洗涤类产品的柔软、调理和低温稳定性。日化行业所用的酰胺基甜菜碱主要是$C_{12~14}$的椰油酰胺基丙基甜菜碱（商品名CAB-30）。椰油酰胺基丙基甜菜碱是当今国际上流行的洗发、护发用品中使用较广泛的一个两性表面活性剂品种。其温和的性能优于其他两性表面活性剂，能在发类用品中达到更理想的效果。

(2) 发展与现状

德国GOLDSCHMIDT公司早在20世纪60年代就研制开发了这一品种，即Tego Betainl L7。主要使用于婴儿保护用品中。之后多家公司企业相继生产出同类产品，应用范围愈来愈广，产量持续增长，逐步成为两性表面活性剂中一个占主要地位的产品，能与咪唑啉两性表面活性剂相媲美。国内在90年代初就开始开发这一品种，但当时国内缺乏高质量的中间体——二甲基丙撑二胺，需要从国外进口，导致最终产品价格高，缺乏市场竞争力。之后不久就有张家港飞翔等厂家突破了二甲基丙撑二胺的生产工艺，使得椰油酰胺基丙基甜菜碱的生产再无大的障碍，很快发展起来。目前，国内表面活性剂行业可以提供高品质的椰油酰胺基丙基甜菜碱，以满足市场需求。

(3) 制备路线

椰油酰胺丙基甜菜碱的合成，根据不同的碳链来源可以分为多种不同的合成工艺。目前，国内厂家普遍采用的是以椰油酸为碳链来源的合成工艺。这种工艺具有合成难度低、产品纯度高、色泽浅和合成设备要求简单等优点，但反应时间长，合成效率低。国外还有厂家使用以椰子油为碳链来源的合成工艺，此工艺原料价格便宜、合成设备要求简单，但产品色泽偏深，并含有约2.2%的甘油。而采用以椰油酸甲酯为碳链来源的合成工艺具有原料成本低、反应时间短、合成效率高、反应脱出的甲醇与N,N-二甲基-1,3-丙二胺混合液容易被精馏提纯后重复利用等优点。

1) N,N-二甲基-N-椰油酸基丙烷（简称叔胺）的合成

由椰子油（或椰子油酸、椰油酸甲酯）进行缩合反应，制得中间体叔胺。反应式如下：

$$\text{RCOOH} + \text{H}_2\text{NCH}_2\text{CH}_2\text{CH}_2-\underset{\underset{\text{CH}_3}{|}}{\overset{\overset{\text{CH}_3}{|}}{\text{N}}} \longrightarrow \text{RCONHCH}_2\text{CH}_2\text{CH}_2-\underset{\underset{\text{CH}_3}{|}}{\overset{\overset{\text{CH}_3}{|}}{\text{N}}}$$

2）季铵化

将中间体 N，N-二甲基-N-椰油酰基丙胺与氯乙酸在碱性条件下，进行季铵化反应得到产品。反应式为：

$$\text{RCONHCH}_2\text{CH}_2\text{CH}_2-\underset{\underset{\text{CH}_3}{|}}{\overset{\overset{\text{CH}_3}{|}}{\text{N}}} + \text{ClCH}_2\text{COOH} \xrightarrow[\Delta]{\text{OH}^-} \text{RCONHCH}_2\text{CH}_2\text{CH}_2-\underset{\underset{\text{CH}_3}{|}}{\overset{\overset{\text{CH}_3}{|}}{\text{N}^{\oplus}}}-\text{CH}_2\text{COO}^{\ominus}$$

（4）性能及应用

椰油酰胺基丙基甜菜碱与其他一些两性表面活性剂一样具有润湿性、分散性、洗涤性、渗透性、抗静电性、杀菌性和生物降解性等性能。尤其具有发泡快、泡沫丰富细腻，而且生成泡沫十分稳定，并具有良好的增溶性等特点。由于分子结构的特殊性，使它具有其他类型表面活性剂所没有的独特的优异性能，能在广泛的 pH 范围内与其他离子型和非离子型表面活性剂有良好的配伍性。又因其分子结构中带有酰胺基官能团，其增稠和柔软效果明显。特别值得注意的是产品安全性高，对人体无过敏反应，尤其对婴儿的皮肤和眼睛无刺激性。

椰油酰胺基丙基甜菜碱作为一个柔和调理剂应用于个人洗涤用品中，特别是婴儿保护品中。如德国 Tego L，主要性能是在香波配方中与其他表面活性剂配伍产生协同效应，表现出明显的调理效果，而且还兼有增稠功能。

（5）主要生产厂商及产品标准

目前，酰胺基甜菜碱生产厂家和氧化胺的生产厂商大致重叠，可参照 1.4.1.3 节中所列厂家。

椰油酰胺基丙基甜菜碱现行标准 QB/T 4082—2010，产品理化指标见表 3-42。

表 3-42 脂肪酰胺丙基甜菜碱产品理化指标

项目	指标
外观（25 ℃）	无色至淡黄色透明液体
活性物含量 /%	28~32
游离胺含量 /% ≤	0.5
氯化钠含量 /% ≤	6
色泽 /Hazen ≤	100
pH（5% 水溶液，25 ℃）	4.0~7.0
羟基乙酸含量 /% ≤	0.5
氯乙酸含量 /(mg·kg^{-1}) ≤	2.0

（6）结语

烷基酰胺甜菜碱和烷基甜菜碱比较，起始原料叔胺不同，产品分子结构有所差异，其性能比烷基甜菜碱有明显提高。日化行业常用的品种为椰油酰胺丙基甜菜碱，具有良好的溶解性和配伍性、优良的发泡性和显著的增稠性、低刺激性和杀菌性。配伍使用能显著提高洗涤类产品的柔软、调理和低温稳定性，且具有良好的抗硬水性、抗静电性及生物降解性。优良的应用性能使其广泛用于中高级香波、沐浴液、洗手液、泡沫洁面剂等和家居洗涤剂配制中，是配制温和婴儿香波、婴儿泡沫浴、婴儿护肤产品的主要成分。它在护发和护肤配方中是一种优良的柔软调理剂，还可用作洗涤剂、润湿剂、增稠剂、抗静电剂及杀菌剂等。自从 20 世纪 90 年代国内解决了二甲基丙撑二胺的供应之后，酰胺基丙基甜菜碱得到快速发展，是两性表面活性剂的主要品种之一。

1.4.2.3 酯基季铵盐（EQ）

（1）简介

酯基季铵盐是一种新型阳离子表面活性剂，具有优异的柔软、抗静电性能，抗黄变，易生物降解，绿色环保。使用中用量少，效果好，配制方便，综合成本低，具有极高的性价比，是双十八烷基二甲基氯化铵（D1821）升级替代品。随着"绿色革命"浪潮的兴起，环境保护意识的增强，不降解、难降解或降解周期长的表面活性剂陆续受到限制。目前，国内广泛使用的柔软剂以双长链烷基季铵盐为主，其生物降解性差，又不易配制成高浓度的产品，且生产成本较高，易被污泥吸附而造成环境污染。早在90年代初，德国和荷兰等国家就已经停止使用，其比较理想的替代品即酯基季铵盐（EQ）。

（2）发展与现状

1950年最早用于商业化的柔软剂之一是二氢化牛油基二甲基氯化铵（DHTDMAC，D1821）。用硫酸二甲酯代替氯甲烷对其进行季铵化反应，得到的季铵化物（DTMAMS）也是一种优良的柔软剂。在1970年左右，BASF和Hoechst公司申请了N-甲基乙二醇胺与脂肪酸反应得到酯基季铵盐的专利，但直到20世纪90年代，随着人们对环境保护的重视和对化学品生物降解性认识的提高，才促进了其产品的工业化，使之成为柔软剂的主要组分。由于这种季铵盐柔软剂不易配成稳定的分散液，因此在1977年，Stepan公司申请了用三乙醇胺与脂肪酸制酯胺，然后进行季铵化生成季铵盐柔软剂的专利，该产品是一个单、双、三酯季铵盐所组成的混合物，一般用硫酸二甲酯进行季铵化。Stepan在20世纪70年代后期利用甲酯与三乙醇胺反应实现了其生产的工业化。织物柔软剂在20世纪80年代初期的一段时间内没有很大的发展和变化，在1986年的Montreus会议时，几乎所有织物柔软剂配方中主要应用的仍是DHTDMAC，其他有少量地应用咪唑啉类和酰胺型季铵盐。1988年花王、狮子公司率先推出了浓缩型柔软剂，1990年美国市场也推出了浓缩型柔软剂。同年德国和荷兰因DHTDMAC生物降解性差的问题，开始在其国内禁止使用含有DHTDMAC的柔软剂。现在，由于各个国家人们生活和洗涤习惯的不同，柔软剂在各国的发展趋势也不完全一样。随着世界经济的发展和各国环境保护意识的增强，欧洲特别是莱茵河沿岸的德国、荷兰、瑞士等国家在1990年以后就开始使用生物降解性好的酯基季铵盐类柔软剂来替代传统的双烷基季铵盐，人们更趋向于使用对环境无害的产品。

目前，国内柔软剂产品还在较大量地使用D1821。随着人们环保意识的增强，维护公共安全的自觉性也在不断提高，酯基季铵盐（EQ）替代D1821的步伐也在加快，在不久的将来就有可能和发达国家的发展同步。

（3）酯基季铵盐的制备

以三乙醇胺为主要原料进行酯基季铵盐的制备工艺为：首先是脂肪酸和三乙醇胺进行酯化反应生成酯胺，然后酯胺与季铵化剂进行季铵化反应制备酯基季铵盐。其反应方程式为：

$$RCOOH + N(C_2H_4OH)_3 \xrightarrow[\text{cat.}]{-H_2O} \begin{cases} (RCOOC_2H_4)N(C_2H_4OH)_2 & \text{单酯} \\ (RCOOC_2H_4)_2NC_2H_4OH & \text{双酯} \\ (RCOOC_2H_4)_3N & \text{叁酯} \end{cases}$$

$$(\text{RCOOC}_2\text{H}_4)_n\text{N}(\text{C}_2\text{H}_4\text{OH})_{3-n} \xrightarrow{+\text{CH}_3\text{X}} [(\text{RCOOC}_2\text{H}_4)_n\text{N}(\text{C}_2\text{H}_4\text{OH})_{3-n}]^+ \text{X}^-$$

$$\text{X}=\text{Cl}, \text{CH}_3\text{SO}_4 \qquad\qquad\qquad\qquad\qquad\qquad\qquad |$$
$$n=1, 2, 3 \qquad\qquad\qquad\qquad\qquad\qquad\qquad\qquad \text{CH}_3$$

脂肪酸与三乙醇胺进行的酯胺化反应为多级平行反应，因此反应产物中单酯、双酯和三酯的含量会随着原料的摩尔比、反应温度、催化剂用量、氮气通入量等反应条件的不同而发生变化。作为柔软剂使用的酯胺类季铵盐，只有具有单长链和双长链结构的季铵盐柔软效果较好，特别是双长链结构的季铵盐效果最好，而三长链季铵盐几乎没有柔软性和抗静电性。因此，选择合适的工艺条件来提高单酯和双酯的收率是提高酯基季铵盐产品内在质量的关键所在。目前，世界上用脂肪酸和三乙醇胺制备酯胺，其中双酯收率最高的是Henkel公司的专利WO91/01295，其酯胺中单酯、双酯和三酯的比率分别为10%、62%和28%，但该公司并没有公布这种产品的具体制备方法。酯胺的季铵化一般用硫酸二甲酯进行，为防止过量硫酸二甲酯在产品中的残留对人体和环境造成伤害，在酯基季铵盐的生产过程中，控制硫酸二甲酯与酯胺的摩尔比在0.99∶1的范围内。

酯基季铵盐的制备工艺路线，目前均采用釜式反应的工艺路线，还未见有采用其他先进合成工艺的报道和专利。

(4) 酯基季铵盐表面活性剂的应用性能

经检测分析，以棉织物为实验对象，酯基季铵盐的抗静电性及对织物白度的影响，均优于目前国内广泛使用的柔软剂D1821。柔软性比D1821略低，是目前市场上替代D1821的性质优良的新型柔软剂。在织物柔软性，抗静电性能及织物白度影响三方面，双酯的柔软性与D1821相当，抗静电性及对织物白度影响均优于D1821，而单酯及三酯的综合性能欠佳。双酯以其良好的性能完全可以成为D1821的替代品。现在，作为柔软剂的阳离子表面活性剂种类很多，表3-43对目前世界上最流行的几种柔软剂性能进行了比较。可以看出：酯基季铵盐不仅具有生物降解性好，原材料成本低，固体物浓度高，复配性好等特点，而且它易于配制稳定性好的高浓度的产品，可以节约大量的包装、运输成本。虽然其柔软性稍逊于双烷基二甲基季铵盐，但其他性能均都优于双烷基二甲基季铵盐。

表 3-43　世界流行的几种柔软剂性能比较

性质	双烷基二甲基季铵盐	咪唑啉季铵盐	二酰胺基季铵盐	酯基季铵盐	二烷基胺盐
柔软性	☆☆☆☆	☆☆☆	☆	☆☆☆	☆☆
固体物浓度（%）	75	75~90	75~90	90	
配方含量（%）	10	20	26	25	28
抗静电性	☆☆	☆☆☆☆	☆☆☆	☆☆☆	☆☆
复配性	☆	☆☆☆	☆☆☆☆	☆☆☆☆	☆☆
用后泛黄	☆☆☆	☆☆☆	☆☆	☆☆☆	☆☆
配方变化范围	☆	☆☆☆	☆☆☆	☆☆☆☆	☆☆☆☆
流动性	☆	☆☆☆	☆☆☆	☆☆☆	☆☆
生物降解性	☆	☆☆☆	☆☆☆	☆☆☆☆	☆☆☆☆
原料成本	☆☆	☆☆☆☆	☆☆☆	☆☆☆☆	☆☆☆☆

注：表中"—"代表很差，"☆"号越多说明性能越好。

（5）酯基季铵盐的主要生产厂商及产品标准

酯基季铵盐（EQ）主要生产厂家见表 3-44。

表 3-44　酯基季铵盐（EQ）主要生产厂家

编号	生产厂家
1	索尔维（张家港）精细化工有限公司
2	广州天赐高新材料股份有限公司
3	张家港市大伟助剂有限公司
4	天津先光化工有限公司
5	石家庄联邦科特化工有限公司
6	济南法恩工贸有限公司
7	广饶县科瑞生物科技有限公司
8	河南道纯化工技术有限公司
备注	排序不分先后

酯基季铵盐现行标准为 QB/T 4308—2012。其中规定的产品质量指标见表 3-45。根据所用原料不同，EQ 产品可分为 5 种，分别是：①双牛脂乙酯基羟甲基硫酸甲酯铵（TEA-QT）；②双棕榈乙酯基羟甲基硫酸甲酯铵（TEA-QP）；③双氢化牛脂乙酯基羟甲基硫酸甲酯铵（TEA-QHT）；④双氢化棕榈乙酯基羟甲基硫酸甲酯铵（TEA-QHP）；⑤双油酸乙酯基羟甲基硫酸甲酯铵（YEA-QO）。

表 3-45 酯基季铵盐的产品质量指标

项目	TEA-QT	TEA-QP	TEA-QHT	TEA-QHP	YEA-QO
外观（25 ℃）	白色至淡黄色液体	白色至淡黄色液体	白色至淡黄色液体	白色至淡黄色液体	白色至淡黄色液体
气味	轻微溶剂气味，无其他异味				
固含量 /%	88.0~92.0				
活性物含量 /(mmol·g^{-1})	1.00~1.15				
酸值（以 KOH 计）/(mg·g^{-1})	≤ 12.0				
胺值（以 KOH 计）/(mg·g^{-1})	≤ 6.0				
pH（5% 异丙醇水溶液）	2.0~4.0				
色度 /Gardner	≤ 2				

（6）结语

酯基季铵盐（EQ）是 D1821 的升级换代产品，其最大优势在于没有 D1821 的生物降解性能不佳的问题，决定了 EQ 逐步替代 D1821 的不可逆转的优势。

2　助剂

在世界合成洗涤剂工业发展的初期，人们就发现表面活性物与某些无机盐配合使用，可以使表面活性剂的用量减少而保持原来的去污力。这些无机盐的价格一般均比表面活性剂要低，因而可以降低合成洗涤剂的生产成本。因此，这类无机盐被称为助剂，成为合成洗涤剂特别是洗衣粉配方中不可缺少的组分，其用量配比往往超过了表面活性剂。因此，助剂在合成洗涤剂工业中处在仅次于表面活性剂的重要地位。ISO 862—1984 和 GB/T 5327—2008 称合成洗涤剂助剂为助洗剂，确定其基本定义是：洗涤剂的辅助组分，其在洗涤作用方面增强主要组分的洗涤特性。助洗剂本身去污能力较小，但加入洗涤剂中后，可使洗涤剂性能得到明显改善，或可使表面活性剂的用量降低，也可称之为洗涤剂的强化剂或去污增强剂，是洗涤剂产品中不可缺少的组分。

合成洗涤剂助剂的主要功能是：

①有软水作用，对洗涤液中碱金属或其他重金属离子有螯合作用或离子交换作用。将上述离子封闭，使之失去作用。

②有碱性缓冲作用，即使少量酸性物质存在，通过助剂的作用，也可使洗涤液的碱性不发生显著变化，保持很强的去污作用。

③有润湿、乳化、悬浮、分散等作用，使污垢在溶液中悬浮与分散，防止污染物的再沉积。

通常将合成洗涤剂助剂分为无机助剂和有机助剂两类。近年来，由于限制或禁止在合成洗涤剂中使用含磷助剂，有时也将其按含磷或无磷（非磷）助剂分类。

2.1 合成洗涤剂磷酸盐类助剂

2.1.1 简介

多种磷酸盐都可作为合成洗涤剂助剂，其主要代表是三聚磷酸钠（$Na_5P_3O_{10}$，STPP）、四聚磷酸钠（$Na_6P_4O_{13}$）、焦磷酸钠（$Na_4P_2O_7$，TSPP）、焦磷酸钾（$K_4P_2O_7$）、三偏磷酸钠（$Na_3P_3O_9$）、磷酸三钠（Na_3PO_4）、六偏磷酸钠（$Na_6P_6O_{18}$），其中STPP、TSPP、磷酸三钠等可生成结晶化物，带有6、10和12个结晶水。半个世纪以来，STPP是合成洗涤剂中使用性能最优、使用量最大的磷酸盐助剂。我们通常所提到的含磷助剂主要就是指的STPP，简称"五钠"。

以STPP为代表的磷酸盐助剂的显著特点是构成硬水的钙、镁离子不是被沉淀，而是通过多价螯合作用，以溶解络合物（$Na+CaP_3O_{10}$）形式被消除，也可使重金属离子形成螯合络合物而无害化；STPP对织物污垢的胶溶、乳化与分散作用，防止了污垢的再沉积；STPP可形成六水结晶化物，所以在含水量10%以上时，制成的洗衣粉仍不结块，有良好的流动性，再加之它与烷基苯有极好的协同效应，使得STPP为代表的磷酸盐助剂在合成洗涤剂生产中得到广泛应用。

和所有的磷酸盐助剂一样，STPP溶于环境水系后，会造成水质富营养化，使水藻类植物增长过速，水中溶解氧含量下降，鱼贝类生物死亡，水体浑浊恶化。尽管洗涤剂磷不是水体磷的唯一来源，洗涤剂磷对水体磷的负荷率在25%以下，但是江河湖泊水质含磷超标，也给洗涤剂含磷助剂的应用造成了压力。

2.1.2 发展与现状

在20世纪50年代初期聚合磷酸盐的生产和应用尚未开发以前，合成洗涤剂所用的助剂就是硫酸钠和硅酸钠。它们的助洗作用首先是与水中的钙镁离子反应生成沉淀，也就是软水作用。其次是保持洗涤液处于碱性条件下，使表面活性剂的去污作用得以发挥。但是，它们的缺点是会在织物上形成不溶物的沉积使织物纤维发硬，同时，硫酸钠以及 SiO_2/Na_2O 比值低的硅酸钠的水溶液 pH 都很高，对织物纤维有损伤，在手洗条件下对人体皮肤也有损害。这些缺点都使它们在合成洗涤剂中的用量受到限制，也使合成洗涤剂得到消费者的欢迎程度受到影响。

以 STPP 为代表的聚合磷酸盐在合成洗涤剂配方中的使用，是世界合成洗涤剂工业发展中的一件大事。由于 STPP 对水中钙镁和其他重金属离子具有螯合性能，从而产生软化水的能力；而且它对于织物上污垢具有胶溶、乳化和分散的能力，使它很快地受到了合成洗涤剂生产者的重视。在使用 STPP 的实践中还发现它与烷基苯磺酸钠活性物（包括原来使用的 DDBS 以及后来改用的 LAS）具有明显的协同效应。随着烷基苯磺酸钠成为合成洗涤剂产品中的主力军，STPP 也很快地成为主助剂。不但如此，由于 STPP 能与水分形成六水物结晶，用 STPP 为主助剂的洗衣粉成型后总的含水量可保持在 10% 以上且仍能保持呈现流动性良好、不会结块、色泽洁白、颗粒均匀的产品，这样的洗衣粉当然会受到生产者、销售者和消费者的一致欢迎。合成洗涤剂在发达国家中的产量和在整个洗涤用品中的比重逐年大幅度上升，取代了肥皂的地位。在这段时期内，为了满足 STPP 的市场需求，各工业发达国家纷纷建立生产装置。所用的磷酸在开始阶段是利用磷肥工业的萃取磷酸（即一般称为湿法磷酸）经过精制而解决。美国依靠它的田纳西河域大型水利工程所得到的廉价电力，开发建设了大型预焙石墨电极的黄磷炉，德国开发建设了自焙电极的黄磷炉，苏联从德国引进技术也建成了一批黄磷生产装置。黄磷经过氧化水合得到高浓度的优质磷酸，即一般称为热法磷酸，是 STPP 的良好原料。热法磷酸的开发，使大批含硅量高的磷矿石得到有效的利用，同时也使 STPP 的质量达到了一个新的水平。从 50 年代初期到 70 年代中期这段时间里，STPP 的使用量和生产量逐年递增，全世界的总产量达到了年产 300 万 t 的规模。STPP 在合成洗涤剂中作为主助剂的地位，可称得上是独占鳌头、独领风骚。

然而，1970 年日本的琵琶湖和濑户内海等封闭水域，出现水草茂盛、鱼类死亡、饮用水发臭的现象。经过各方面专家的分析、诊断和论证，确定其原因是水中磷酸盐超过正常值而产生的过肥化现象。在这种条件下，水生植物疯长，使水中溶解氧过度消耗，从而造成上述现象。这个问题，自然地对合成洗涤剂工业产生了压力，因为合成洗涤剂是磷酸盐的使用大户，而且合成洗涤剂产品中的磷酸盐将毫无例外地最终进入水域。合成洗涤剂工业界开始寻求一种有效的代用品，以减少、甚至消除磷酸盐的使用。

但是，经过多种努力所制得的化学品都未能成功地作为STPP的有效替代方案，而在此时期，水体水质的过肥化问题造成的压力有增无减。在这种情况下，美国和德国差不多在同时开发了4A沸石作为合成洗涤剂主助剂的应用技术。4A沸石是晶体状的硅铝酸钠，具有很强的钙离子交换能力，理论值可达352 mg/g（以$CaCO_3$计），比STPP的钙离子螯合能力更高。在水中不溶解，但呈碱性，这个基本特性使他具备作为合成洗涤剂助剂的条件。经过进一步的考察和测试，4A沸石具备作为洗涤剂助剂的基本条件，因而得到快速发展。由于4A沸石助剂的兴起，STPP的全世界总产量，从高峰值年产300万t开始下降。到80年代末，已减少到250万t/a，在此期内，美、日和欧洲的STPP的主要生产者逐步关闭了STPP生产装置。至近年来世界总产量已下降到200万t/a左右，下降趋势不可逆转。

我国合成洗涤剂工业的建立，比一些发达国家迟了10多年，对于合成洗涤剂助剂的使用也与之相仿。在我国的合成洗衣粉问世初期（20世纪60年代初期），配方中所使用的助剂就是碳酸钠和硅酸钠。从20世纪60年代中期开始，STPP进入洗衣粉配方中。与此同时，国内建立了几个小型的STPP生产装置，规模约3000 t/a。到20世纪70年代初，STPP的使用已经推广，而其生产量不足，依靠进口解决。20世纪70年代中期，国内开始建设大中型STPP生产装置。1966年南化集团设计院完成了为广西三柳化工有限责任公司（广西磷酸盐化工厂）用热法磷酸工艺两步法生产的1万t/a生产装置设计。该装置于1975年建成投产，使中国STPP生产进入新阶段。80年代中期，我国采用从国外引进技术而建设的大型黄磷热法磷酸STPP联合工厂建成投产。还有一批中小型工厂进行了技术改造，产品质量和生产能力均有提高，我国合成洗涤剂所用的STPP由依靠进口转为自给，并有部分出口。其后，南化集团设计院为陕西宝嘉应用化学（集团）有限责任公司、贵州都匀五钠厂、云南磷肥工业有限公司等分别设计了生产能力分别为1万t/a、3万t/a和5万t/a的装置，在90年代先后建成并顺利投产，为我国STPP生产与发展，起到积极促进作用，这对于我国的合成洗涤剂工业界来说，是一个值得自豪的成就。但是，这个时期也就是各发达国家发生水体过肥化、寻求非磷助剂、找到以4A沸石替代STPP的过程进行时间。我国合成洗涤剂工业界人士中的大多数，刚开始对这个问题都持怀疑、反对和抵制的态度。但是，经过几十年的发展，国内洗涤剂行业对STPP对环境影响的认识不断深入，80年代始开发合成洗涤剂无磷助剂，到20世纪90年代末期，全国各地先后具备了实现合成洗衣粉助剂无磷化的条件。我国已发布禁磷的省市有安徽、辽宁、山东、江苏、浙江等省，以及昆明、厦门、深圳、哈尔滨、上海等城市，这使我国STPP市场进一步缩小，STPP的消费量下降，到2017年，全国产量为32.1万t/a，2018年约为30万t/a。

2.1.3 生产工艺

目前，世界各国通常采用两种工艺生产：热法磷酸工艺和湿法磷酸工艺。热法工艺是采用热法磷酸和纯碱中和。其优点是工艺流程短，设备简单，回收率高，产品质量好。缺点是能耗高，生产1 t产品约需黄磷0.265 t，折合电耗约3800 kW。湿法工艺是采用湿法磷酸和纯碱中和。其优点是能耗低（电耗不足热法工艺的10%），成本也较低（成本是热法工艺的60%~70%）。缺点是工艺流程长，设备种类较多，工程投资费用较大，产品质量较差，要求用优质磷矿和硫酸湿法生产磷酸。

在我国生产STPP的主要原料是热法磷酸（H_3PO_4大于75%）和纯碱（大于98.5%）。STPP生产过程为：用磷酸和纯碱进行中和反应，生成含磷酸一钠和二钠的中和液，磷酸一钠和二钠经干燥、聚合生成STPP，经冷却、粉碎、筛分得STPP产品。

正磷酸钠混合溶液经蒸发浓缩，干燥和分子脱水缩聚过程在同一个单元设备内同时进行称为一步法，在两个单元设备内分别进行称为两步法。我国生产STPP的方法按单元设备结构特性可分为回转炉一步法和空塔一步法、喷雾干燥塔和回转炉聚合的两步法，多数采用热法工艺回转炉一步法。但也有厂家采用湿法工艺，因湿法磷酸杂质含量较高，必须进行净化与浓缩处理，一般采用压滤机和蒸发器。为了降低生产成本，提高产品质量，贵州采用净化湿法磷酸生产STPP，也有企业用热法磷酸和湿法磷酸按一定比例混合制取STPP，均取得了较好的效果。

我国STPP生产技术特点是：

①生产规模一般1万~3万t/a的装置多，3万t/a以上的生产装置较少，多数为中、小型生产企业。

②粗中和及精调为间歇式或半连续式，生产工艺、装备落后。

③人工投碱，劳动强度大，劳动生产率低，自动化控制水平低，环境污染较严重。

④产品大都为工业级、初级品，产品结构单一，技术含量较低，附加值低。

⑤环境保护措施资金投入较少，操作环境欠佳，粉尘飞扬，影响操作人员健康。

⑥大多数企业用热法磷酸工艺，产品质量好，但成本高。少数湿法磷酸工艺，因湿法磷酸净化处理技术未过关，产品质量欠佳。

总体上讲，产品单一，结构不合理，经济效益差，劳动强度大以及环境污染较严重，是我国STPP生产普遍存在的问题。

2.1.4 STPP产量及产品标准

从1971年开始的STPP产量数据列于表3-46。

表 3-46 1971—2018 年 STPP 产量统计表

年份	产量（万 t）	年份	产量（万 t）
1971	0.56	1995	39.10
1972	0.76	1996	43.96
1973	1.22	1997	48.05
1974	1.08	1998	44.23
1975	1.44	1999	60.28
1976	0.85	2000	68.24
1977	1.40	2001	82.72
1978	2.11	2002	94.23
1979	2.40	2003	89.77
1980	3.46	2004	76.08
1981	4.56	2005	82.25
1982	6.09	2006	89.00
1983	6.60	2007	91.00
1984	11.78	2008	90.00
1985	13.76	2009	70.72
1986	15.70	2010	48.33
1987	18.65	2011	36.48
1988	17.13	2012	33.45
1989	17.23	2013	34.79
1990	20.22	2014	36.59
1991	22.52	2015	32.77
1992	25.98	2016	35.72
1993	26.89	2017	32.10
1994	36.13	2018	~30

STPP 现行标准 GB/T9983—2004，标准中规定的产品理化指标如表 3-47 所示。

表 3-47 工业三聚磷酸钠的理化指标

项目		指标		
		优级	一级	二级
白度 /%	≥	90	85	80
五氧化二磷（P_2O_5）含量 /%	≥	57.0	56.5	55.0
三聚磷酸钠（$Na_5P_3O_{10}$）含量 /%	≥	96	90	85
水不溶物含量 /%	≤	0.10	0.10	0.15
铁（Fe）含量 /%	≤	0.007	0.015	0.03
pH 值（1% 溶液）		9.2~10.0		
颗粒度		通过 1.00mm 试验筛的筛分率不低于 95%		

2.1.5 结语

STPP是合成洗涤剂的主要助剂之一,还可用作工业水软化剂、制革预鞣剂等。2000年以后我国STPP产品规模得到快速发展,已成为全球最大的生产国和出口国。但国内销量逐年降低,主要是受无磷洗涤剂的发展以及能源、电力、原材料价格的波动和其他行业进入的影响,另外在液体洗涤剂中难以加入,使它近几年产量下降非常明显。目前,在黄磷、纯碱等原材料涨价的同时,生产企业要想进一步降低产品成本已十分困难。随着STPP应用行业的发展,对STPP的品质和规格提出了更高的要求。尽管我国是STPP生产大国,但与国外知名企业相比,产品质量和规格仍有一定差距。我国STPP生产应走多规格、高品质发展的路子,扩大应用领域,除洗涤剂行业外,进一步开通金属处理、水处理、陶瓷、造纸和食品等行业的需要,促进行业的健康发展。

2.2　4A沸石

2.2.1　简介

1756年,瑞典矿物学家Cronstedt在瑞典Lappmak的Svappavari铜矿发现一种形态美丽的晶体,因为它在进行吹管分析加热时,具有独特的发泡特性,所以他把这种新矿物命名为"Zeolite",即"沸石",意思为"沸腾的石头"。化学家Weigel和Steinhoff在1925年,发现沸石在脱水中有吸附小的有机分子,并使其与大有机分子分离的能力。McBain在1932年论述这种现象时称之为"分子筛"。

沸石是具有四面体骨架结构的硅铝酸盐。构成沸石骨架最基本的结构是硅氧(SiO_4)四面体和铝氧(AlO_4)四面体,它们通过共用氧原子相互联结,形成三维网状结构。其化学组成通式为:$M_{x/n}[(AlO_2)_x(SiO_2)_y] \cdot mH_2O$,其中,x和y表示Al和Si的原子数,n是金属离子价数,m是水分子数。结构式如下:

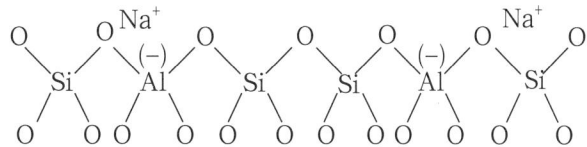

硅(铝)氧四面体通过氧桥相互联结,可形成多元环,进而形成具有三维空间的笼状多面体(晶穴)结构群。笼状多面体之间,有尺寸均一的孔道(晶孔)相通。笼的入口孔径由氧原子的4~12元环组成,它的大小限制了吸附在沸石内部表面的分子尺寸和几何构型,从而具有筛分分子的作用。

A型沸石是自然界中不存在的沸石品种。A型沸石的理想晶胞组成为:$Na_{96}[(AlO_2)_{96}(SiO_2)_{96}] \cdot 216H_2O$,即由8个β笼组成,并且相邻两个β笼之间通过四元环用四个氧桥相互联结，形成立方体结构。8个β笼相互联结后，在它们当中形成一个α笼，如图3-14所示。α笼是4A沸石的主晶穴，它们之间通过8元环相互连通，形成主晶孔，其有效孔径为0.42 nm，所以NaA沸石又称为4A沸石。

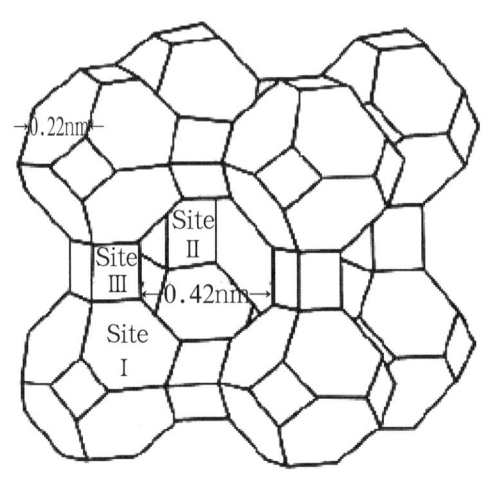

图3-14 4A沸石结构示意图

4A沸石是一种无毒、无臭、无味且流动性较好的白色粉末，具有较强的钙离子交换能力，对环境无污染，对鱼类、藻类无毒，是替代STPP理想的无磷洗涤助剂；表面吸附能力强，是理想的吸附剂和干燥剂。沸石中的钠离子能有效交换水中的钙离子，使水的软化程度大大提高。这样，从合成沸石中释放出的钠离子便留在了洗涤溶液中，不致沉淀附着在织物上。沸石的高交换容量还防止了钙镁离子与洗涤剂中的表面活性剂发生沉淀反应，从而提高了洗涤剂中的表面活性剂的活化作用，即提高了清洗效果。

2.2.2 洗涤剂用4A沸石的发展与现状

在美国，4A沸石是在1978年首次被加入粉状洗涤剂配方中。尽管沸石的质量不太好以及价格相对较高，但由于美国27个洲相继实施了"禁磷"措施，洗涤剂用沸石工业依然获得了较大的发展。到1993年用量达到了31万t。随着浓缩粉的出现，又极大地刺激了沸石的发展。由于4A沸石可以配伍较多的非离子表面活性剂，因而得以在浓缩粉中大量应用，使沸石的需求量猛增了4倍。目前，美国洗涤剂用沸石的年产量达到50万t，但仅能满足其市场需求的50%左右。

在欧洲，沸石在洗涤剂工业的应用过程与美国相似。目前，瑞士、挪威、德国和意大利等国实行了禁磷措施，英国、法国、瑞士和丹麦等国无磷粉的比例均在10%以上。意大利人均洗涤剂用沸石消费量最高，人均每年2.36 kg，德国次之，人均每年1.7 kg，欧洲市场洗涤剂用4A沸石消耗量为每年65万t。

在亚洲，日本和韩国已全部推行无磷粉，泰国、马来西亚和印度尼西亚等国无磷粉所占的比例也非常高。目前，亚太地区总的需求量已经超过 100 万 t。

在我国，早在 20 世纪 80 年代，就开始了洗涤剂用 4A 沸石以及含 4A 沸石洗衣粉的研制工作。1993 年 7 月 1 日，轻工业部发布了含 4A 沸石洗衣粉标准（QB 1767—93）和洗涤剂用 4A 沸石标准（QB 1768—93），1997 年颁布了无磷洗衣粉国家标准（GB/T 13171—1997），把我国洗涤剂用 4A 沸石工业应用提高到一个新的阶段。1996 年，国内 4A 沸石的用量在 1.5 万 t 左右，2000 年，国内 4A 沸石的用量达到约 4.0 万 t。然而，同发达家相比我国洗涤剂用 4A 沸石的消费水平还比较低。不过，在国际洗涤剂沸石大发展的背景下，国内洗涤剂沸石的用量将会有大的增加，尤其是珠江三角洲地区实行禁磷以及南水北调工程沿线的禁磷，将会对国内洗涤剂沸石的发展起到极大的促进作用。随着禁磷地区不断增加及人民生活水平的提高，对无磷、浓缩洗涤剂的需求也会越来越大，极大地促进了 4A 沸石的消费，2016 年产量达到 46.66 万 t。另一方面，液体洗涤剂的发展使得近两年 4A 沸石的需求有所下降，2018 年我国 4A 沸石的年产量约为 38 万 t。

2.2.3 4A 沸石制备方法

沸石的合成工作早在 20 世纪初即已开始，并发展出水热反应合成方法。合成沸石的水热反应温度一般在 25~150 ℃，较低的温度有利于使较多的水结合到沸石之中，从而可以得到孔径较大的沸石。在低温水热合成反应中得到的沸石大多是处于非平衡态的介稳相。因此，低温水热合成反应，一方面可以得到自然界中不存在的沸石品种，另一方面，由于反应温度比较低，为沸石的大规模工业生产提供了有利条件。

A 型沸石并非天然沸石，它是通过人工方法合成制得的。1959 年美国联合碳化公司首先开始 4A 沸石的工业化研制，先后发表了有关沸石的合成方法、结晶条件和应用范围等方面的专利文献。

4A 沸石分子筛的合成方法根据所采用的原料不同，可以分为全化学合成法（硅酸盐法）和半化学合成法（矿物原料法）。

（1）4A 沸石的全化学合成法

全化学合成法采用氢氧化钠、水玻璃、氧化铝或氢氧化铝等化学原料，按照一定的配比，在一定的工艺条件下合成出 4A 沸石分子筛。

全化学合成法的工艺过程分以下步骤：

首先，反应混合物的配制。反应混合物是按照反应需要的硅、铝、碱及水的含量配制而成的，反应混合物的组成通常以摩尔比的形式表示，一般写为：$xNa_2O \cdot Al_2O_3 \cdot ySiO_2 \cdot zH_2O$，反应混合物的配制通常是将硅酸钠溶液、铝酸钠溶液、氢氧化钠溶液按照一定的顺序混合均匀，并可根据需要加入添加剂，得到反应混合物。配制完成的反应混合物为均匀的白色不透明凝胶。

反应混合物配制完成后，根据反应的具体情况陈化一定时间后，将体系升温进入晶化反应阶段。待晶化完全后，若生产过程为间歇式，可以观察到物料分层，下部是结晶沉淀出来的4A沸石，上层母液中的主要成分为碱，可以回收再利用。下层固体经过滤、洗涤、干燥即可得到4A沸石晶体粉末。

全化学合成法整体过程的反应方程式如下：

$Al(OH)_3 + NaOH \rightarrow NaAl(OH)_4$

$12NaAl(OH)_4 + 4(Na_2O)(SiO_2)_3 + 7H_2O \rightarrow Na_{12}[(AlO_2)(SiO_2)]_{12} \cdot 27H_2O + 8NaOH$

其工艺流程示意图见图3-15。

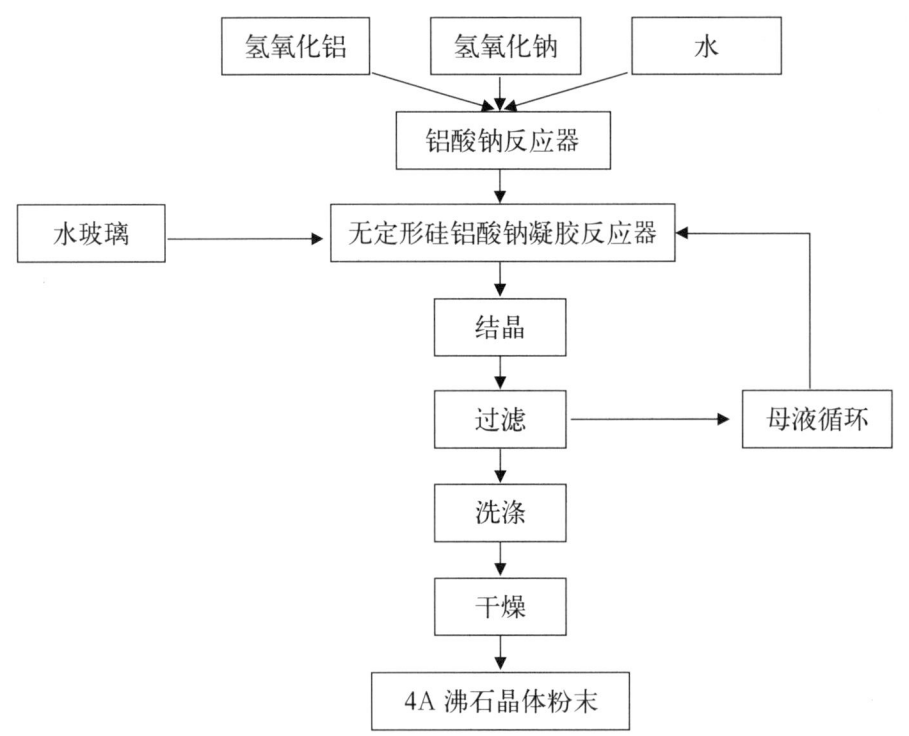

图3-15 全化学合成法生产4A沸石工艺流程框图

国际上，德国Henkel公司和Degussa公司最先采用了以氢氧化铝、硅酸钠和苛性碱为原料的水热合成工艺。此后，日本的东洋曹达公司、美国的P&G公司以及荷兰的阿克苏公司等均采用该工艺生产4A沸石。我国采用此种方法生产的厂家主要是山东铝厂。目前世界上用该工艺生产的4A沸石占全世界产量的90%以上。

化学合成法工艺流程简单、产出的4A沸石分子筛产品单晶较明显，且晶体颗粒圆滑少棱角、性能较好、质量稳定、工艺成熟。但是，原料成本较高，所以4A沸石的生产成本昂贵。

(2) 4A 沸石的半化学合成

半化学合成法以天然硅铝酸盐矿物岩石原料或工业废渣为原料。矿物岩石主要有：高岭土、偏高岭石、膨润土、蒙脱土、天然沸石、叶蜡石、珍珠岩、浮石、煤矸石、坡缕石、凝灰石及铝矾土等。工业废渣有：煤灰、氢氧化铝废渣、含硅与铝的废催化剂等。半化学合成法的实质还是水热合成法，只是其反应中的硅或铝是来自处理后的矿物或废渣，这些原料经过一定的除杂及预活化处理，有效成分溶出，加入成分调节原料，如补充硅或铝、补碱，配制成反应混合物，加入晶化导向剂和添加剂，进行晶化反应，结晶出 4A 沸石。

半化学合成法原料的预处理主要有两种方法：一种为酸化法，就是用硫酸对原料进行酸处理，一方面酸蚀出部分成分，使原料更具活性，另一方面亦可除去原料中的杂质，如氧化铁及氧化钙等，该法常见于以膨润土等为原料进行 4A 沸石合成。另一种为热处理法，就是将原料加热到一定温度，使其成分、结构发生变化，以达到活化的目的，再以碱溶出有效成分。但热处理法在高温焙烧时间和焙烧温度方面要严格控制，以高岭土为例，焙烧时间过长、温度过高，可能使高岭土收缩率增大、孔隙率下降，因而所需反应活化能大，导致反应活性减弱。对于原料质量较好的膨润土，可采用直接碱溶法生产 4A 沸石。

在半化学合成法中，目前最为成熟并已经工业化的是以高岭土、膨润土及铝矾土为原料生产 4A 沸石。

(3) 高岭土转化法生产 4A 沸石

高岭土的主要成分为 $Al_2O_3 \cdot 2SiO_2 \cdot 2H_2O$，虽然其组成和性质因产地不同而异，但其主要化学成分中硅与铝 1：1 的比例与 4A 沸石中硅铝比相同，在转化反应中不需要补加硅源或铝源，并可节约大量的碱，所以吸引了众多研究者和生产厂商。

高岭土转化法生产 4A 沸石工艺过程中，高岭土必须先经过粉碎、过筛；微波炉或高温炉中焙烧活化，使其转变成活性较高的偏高岭土无定形铝硅酸钠；待其冷却后，投入合成釜中，补加水和碱进行水热合成反应。其反应方程式如下：

$$Al_2Si_2O_5(OH)_4 \rightarrow Al_2Si_2O_7 + 2H_2O$$

$$6Al_2Si_2O_7 + 12NaOH + 21H_2O \rightarrow Na_{12}[(AlO_2)(SiO_2)]_{12} \cdot 27H_2O$$

高岭土转化法生产 4A 沸石的特点是：原料来源广泛，工艺简单，生产成本较低。但高岭土中常伴有含铁、钛等的矿物质，同时还伴有一定量的有机物质。由于有色矿物质和有机物含量不一，导致高岭土的外观色泽不一，而这些杂质对 4A 沸石产品的质量，如白度、钙离子交换度有较大影响，导致对高岭土原料要求刻薄。为保证产品质量，在原料预处理过程中还需要加入酸化或氯化除杂工艺步骤，氯化技术难度大，酸化和氯化易造成环境污染。原料的粒度还会对产品的粒度带来影响，对部分原料还需加入超细粉碎过程。

工艺流程框图如图3-16所示。

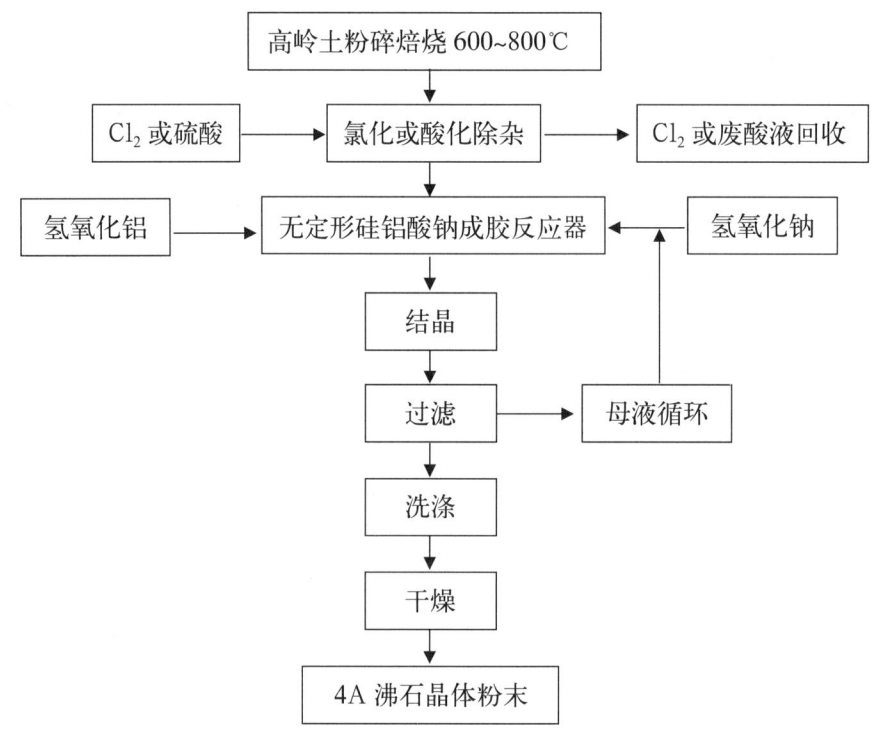

图3-16 高岭土转化法生产4A沸石工艺流程示意图

由于原料的影响使产品质量不稳定，容易造成密度高、粒度和白度不合格。

国际上，采用此种工艺的是以美国联合碳化公司为代表，其工艺过程是将高岭土在600~800℃下进行氯化焙烧后补碱溶出、成胶和结晶。

(4) 以膨润土为原料生产4A沸石

膨润土的主要成分为蒙脱石，常见的蒙脱石分为钠基型和钙基型，它常伴生有石英、长石、云母、高岭土、石膏和方解石等矿物，导致外观色泽和化学成分的不同。

以日本水泽公司为代表的膨润土酸处理工艺技术实质上还是水热合成法。膨润土的预处理步骤包括粉碎过筛、将原料用浓硫酸进行酸化处理、除去铁等金属离子杂质。处理完成的原料中补加氢氧化钠溶出硅酸钠后，补加氢氧化钠和氢氧化铝进行水热合成反应。其工艺流程框图如图3-17所示。

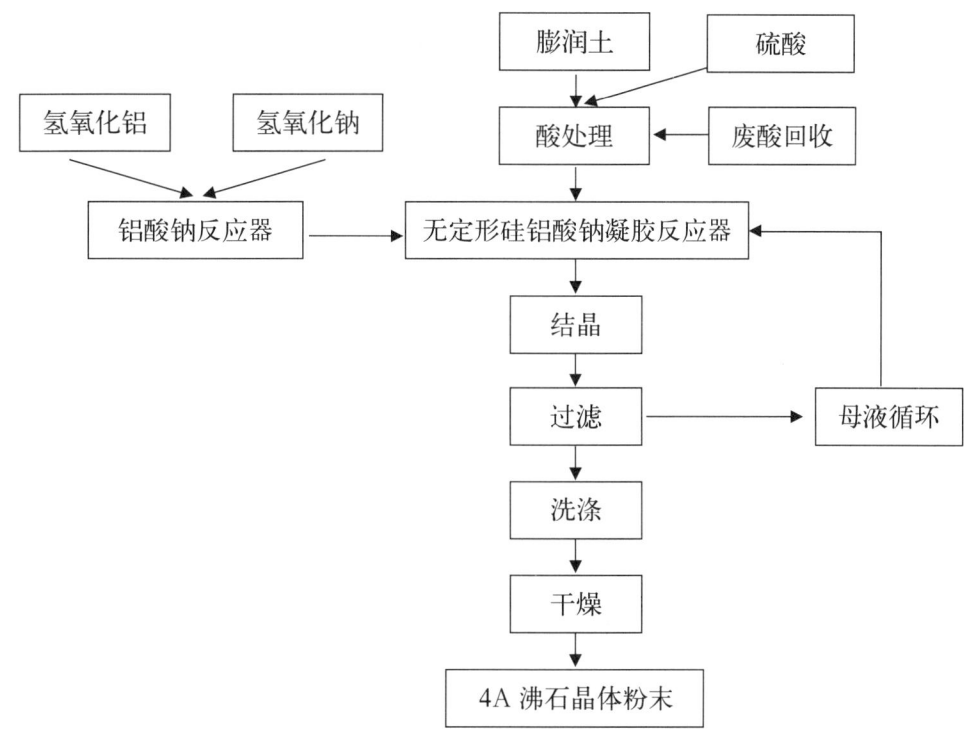

图 3-17 膨润土生产 4A 沸石工艺流程图

由于不同产地的膨润土成分及杂质含量不同，给产品质量带来很大影响，即使经过酸处理步骤也很难将杂质完全除去，酸处理步骤还可能使原料中的部分有效铝成分流失。酸处理过程的酸度和固液比会对产品白度等质量指标带来影响，而且酸处理后洗涤过滤困难，会带来环境污染问题，使生产成本增加。

2.2.4 4A 沸石的应用

由于 4A 沸石独特的空间结构、孔道表面高度极化以及优良的离子交换性和吸附性等，使得其在农业、石油化工、海水提钾、污水处理、高分子化工、水泥、食品、造纸、电子以及建材工业等方面具有广泛的用途。

（1）用作洗涤助剂

用作洗涤剂助剂是 4A 沸石的主要用途。4A 沸石是世界各国包括我国在内，经过 20 多年的探索和开发而取得成功的合成洗涤剂新型助剂，是 STPP 替代品中最为成熟的品种。为了减轻水体水质过肥化现象，合成洗涤剂中的 STPP 逐步被 4A 沸石所替代是大势所趋。我国也已经走上了这条道路。我们应该掌握这个大方向，加快我们的步伐。

4A 沸石具有阳离子交换性，且有良好的表面吸附能力，是 STPP 的 5 倍。4A 沸石作为洗涤剂助剂的作用，主要是交换水中钙离子产生软化水，去除污垢和防止污垢再沉积。4A 沸石的阳离子交换能力大，沸石中的钠离子能有效交换水中的钙离子，使水的软化程度大大提高。这样，从 4A 沸石中释放出的钠离子便留在了洗涤溶液中而不致沉淀附着在织物上，沸石的高交换容量还防止了钙镁离子与洗涤剂中的表面活性剂发生沉淀反应，从而提高了洗涤剂中的表面活性剂的活化作用，即提高了清洗效果。另外，还能去除有色离子，改善洗涤剂溶液的流动性，使容器结污的可能性减小，还能对洗涤液的pH起缓冲作用，调节洗涤液的酸度，在经济方面也优于STPP。4A沸石替代STPP作洗涤剂助剂，还对解决环境污染有着重大的作用，目前已成为STPP的主要替代品。

（2）吸附/脱附剂

4A沸石由于较大的离子交换能力，被广泛用于电镀废液回收处理、冶金脱杂、贵重金属纯化提取等领域。由于沸石结构中钠离子半径较小，在极化溶剂体系中很容易自由化。对金属离子的交换吸附存在两种历程：一是低电荷离子直接交换高电荷离子机理；二是钠离子自由化后，沸石结构中带负电荷，电荷作用完成对污水重金属离子的吸附。

4A沸石是一种优良的吸附介质。在4A沸石吸附气体或有机分子时，吸附分子的极性或尺寸差异致使分子在沸石孔腔中扩散速率不同，利用该原理，可将空气中的有毒气体分离。同样可将液体溶剂中的杂质脱除，达到纯化的目的。

（3）用于催化

沸石具有明显的孔腔结构及较高的比表面积、比热容及吸附量。经特种金属改性后同时具有较高的热稳定性和化学稳定性以及大量的L酸和B酸中心，如被活性金属氧化物、金属配合物修饰后，广泛应用于石油催化裂解。

（4）其他应用

除以上用途外，4A沸石还可用作香皂成型剂和牙膏的摩擦剂等；在环保方面，可用于处理污水、去除污水中的氨氮及重金属离子等；在冶金方面，可用于提取卤水中的钾、铯等；在农业方面，可用作土壤改良剂、脱叶剂、催熟剂和杀虫剂等；在医药工业中，可用于制备载银沸石抗菌剂。

2.2.5 生产厂商、产量及产品标准

目前，国内洗涤助剂4A沸石生产厂商主要有7家，见表3-48所示。

表3-48 4A沸石主要生产企业

序号	企业名称	产能（万t/a）
1	中国铝业山东分公司	30
2	内蒙古日盛可再生资源有限公司	10
3	河北汇鹏新材料科技有限公司	10
4	山东鲁北化工股份有限公司	10
5	汇盈化学品实业（泉州）有限公司	10（主要产分子筛原粉）
6	孝义市兴安化工有限公司	5
7	山西恒耀化工有限公司	10（投产，还未有产品面市）

2015年全国总产量45.63万t。2002年至2018年4A沸石产量数据见表3-49。

表3-49 2002—2018年4A沸石产量数据

年份	产量（万t）	年份	产量（万t）
2002	9.04	2011	43.17
2003	17.09	2012	42.88
2004	27.83	2013	44.65
2005	24.43	2014	43.27
2006	32.40	2015	45.63
2007	39.31	2016	46.66
2008	45.18	2017	37.33
2009	44.95	2018	~38
2010	41.95		

洗涤剂用4A沸石现行标准为QB/T 1768—2003，标准中规定的理化指标见表3-50。

表3-50 洗涤剂用4A沸石理化性能

项目			指标
钙交换能力，$mgCaCO_3/g$干基		≥	295
粒度	平均粒径，μm	≤	3
	≤4μm，%	≥	90
	≥10μm，%	≤	1
白度（W=Y），%		≥	95
pH（1%水溶液，25℃）		≤	11.0
灼烧失重（800℃，1h），%		≤	22
Al^{3+}（干基），%		≥	18
松密度，g/L		≤	500
休止角，(°)		≤	65

2.2.6 结语

由于环保、生产成本等诸多方面的原因，市场发展的趋势是洗涤剂中的STPP逐步被4A沸石取代，使其在洗涤用品行业使用量已经逐渐减少。这样，4A沸石的发展有了很大的空间，在洗涤剂中的使用量增加趋势明显。2017年我国合成洗衣粉中已有88%的产品为无磷粉，可见无磷产品的绝对优势，预计这一优势会继续保持下去。但是，液体洗涤剂中基本不用4A沸石，而液体洗涤剂在洗涤剂中的比重越来越大，4A沸石的市场会受到一定的影响。

基于4A沸石的结构、性能以及市场需求，其应用前景将越来越广。随着洗涤用品产量逐年增加，洗涤助剂中4A沸石的消耗量也在逐年增加。在今后一段时期内，4A沸石是洗涤剂助剂的主要品种。

2.3 其他洗涤剂助剂

除了STPP和4A沸石之外，洗涤剂工业还有一些其他品种的助剂。有些在实际应用中有一定份额，大多数品种的实际份额都不算大。

2.3.1 硅酸盐

硅和氧是地壳中分布最广的两个元素，硅在地壳中的主要存在形式是硅酸盐，在工业产品中硅酸盐也有重要地位。在硅酸盐结构中，硅与氧间的结合情况起着骨架作用。硅酸盐最一般的特征是每一个Si存在于SiO_4四面体的中央，Si^{4+}离子间不存在直接的键，而键的连接是通过O^{2-}来实现的。

硅酸盐的化学组成比较复杂，结构形式也比较多样，但在这些千变万化的硅酸盐结构中，起骨架作用的硅氧结合方式是比较单纯的。这种情况的根源，在于硅与氧的结合力是一种主要的、具有决定意义的结合力。

将硅酸盐用作洗涤剂助剂，研究较多的是硅酸钠，数十年来硅酸钠一直被用于洗涤剂配方中。开始与Na_2CO_3一起作为沉淀剂，后来作为碱源及缓冲剂。最近的发展旨在改善其功能，使之成为STPP和沸石助剂体系有竞争力的代替物。值得注意的是，过去使用的硅酸钠在结构上是短程有序的，即通常称之为的无定型硅酸钠。除此之外，近年来对层状硅酸钠在洗涤剂中应用的开发也已进入商业阶段。

（1）无定型硅酸盐

无定型硅酸钠是无定型硅酸盐最具有代表性的一种，它俗称水玻璃或泡花碱，是由彼此间无规则排列的微小硅酸盐或链构成的局部有序体。硅酸钠的通式为mNa_2OnSiO_2，其中m/n俗称为模数，洗涤剂中所用的水玻璃模数为1.6~2.4。硅酸钠与其他助剂使用时能起到相互协调的作用，具有良好的助洗效果。硅酸钠的水溶液经水解能产生游离的氢氧基，因此，能使溶液保持一定的pH值，维持溶液在一定碱性范围内。其水溶液因水解产生胶束结构的硅酸对污垢和微粒固体具有悬浮、分散和乳化的能力，防止污垢再沉积到织物上。无定型硅酸钠也有微弱的降低溶液中的 Ca^{2+} 浓度的能力，也是 Mg^{2+} 的多价螯合剂。配有无定型硅酸钠的洗涤剂还能有效地抑制金属的腐蚀。对于高塔喷粉工艺，硅酸钠的加入能降低料浆黏度，增加粉状颗粒产品的强度和流动性等。

硅酸钠在粉状洗涤剂中约占 5%~10%，与磷酸盐基的配方相比，沸石基配方中无定型硅酸钠用量较少。这是由于这些助剂在操作过程中的不相容性，尤其是在大塔喷粉工艺中。不过，无定型硅酸钠在沸石基的浓缩洗衣粉中，起着帮助形成无粉尘粒子的重要作用。

目前，国内洗涤剂行业也有用普通无定型硅酸钠加纯碱的组合作为代磷助剂，在去污性能方面也能达到或接近含磷粉标准，但碱性过强，灰分严重是其主要缺点。

（2）层状硅酸盐

层状硅酸钠是一类具有优异性能的助剂，具有很好的发展前景。德国赫斯特公司商品代号为 SKS-6 的产品已商业化生产，世界产量约为 6.5 万 t/a，其中欧洲 4 万 t/a，日本 2 万 t/a。我国也有一些单位投入到层状硅酸钠的产品开发上，也先后有不少企业建厂生产。但是，结果很不令人满意，可以说是呼声高，成效微。其原因在于技术上还不成熟，还有产品本身的性价比等因素。从目前国内开发情况看，多数处于实验室阶段，少数工业化装置由于各种原因并未达到目的。从产品本身看，混合相结构多，单一结构的少；从研究侧重点看，产品开发的多，性能、应用研究的少。所以说，在短期内成为主导代磷助剂或占据代磷助剂的一定份额是有困难的，而作为多品种的一种补充是可能的。主要原因：一是现层状硅酸钠生产过程能耗高，成本居高不下；二是产品游离碱高，添加量有限；第三，现阶段层状硅酸钠的一些性能限制了其用量的扩大，如含层状硅酸钠的料浆在高塔喷粉过程中晶体不稳定，目前只是在生产浓缩粉的后配料中加入，而我国现阶段浓缩粉的市场份额和预期市场份额业都还有待发展；第四，性能研究、应用研究和分析方法研究滞后，限制了该产品的推广和生产厂家的选用。

2.3.2 碳酸钠

碳酸钠俗称纯碱，分子式为 Na_2CO_3，是合成洗涤剂中普遍使用的重要无机助剂。外观为白色结晶粉末，相对密度 2.53，熔点 851 ℃。易溶于水，1% 纯碱溶液的 pH 值约为 10.9，最大溶解度在 35.4 ℃时为 49.7。当纯碱吸收空气中的二氧化碳和水分时，会部分变成碳酸氢钠，并发生结块现象。纯碱与水结合形成多种"水合物"，其中一水合物较稳定。

纯碱作为一种无机电解质，除能降低临界胶束浓度外，还因其发生水解，电解质呈碱性，这显然有利于洗涤过程发挥助洗作用。同时，纯碱本身能与酸性污垢发生皂化或中和反应，即去除了污垢又增强了洗涤性能。

由于碳酸钠水溶液的碱性较大，故不宜洗涤丝毛织物，但对洗涤耐碱的棉麻织物，可使洗液保持一定碱性，提高去污力。但配用这种碳酸钠作助洗剂的用量不能太多，否则能增加织物的沉积量。

2.3.3 其他助剂

近年来，国内一些企业先后研究、开发、生产了一些其他新型代磷助剂，这些助剂有的国外已有应用报道，如聚硅盐类，有的因企业作为技术秘密未予公开，具体成分尚不清楚。从已了解的情况看以复配物居多，质量参差不齐，复配物中又以硅酸盐为主。另外一些有机物如NTA、柠檬酸钠、聚羧酸盐等都具有洗涤剂助剂的功能，但由于成本或产品本身的某些缺陷而得不到大规模发展。洗涤剂属规模生产，其他代磷助剂没有规模形不成气候。就目前这类代磷助剂现状看，由于受性能、质量、规范的产品标准和成熟的应用性能研究的限制，很难占据可观的市场份额。但在市场经济体制不太完善的今天，在一定范围内，一定区域的不同档次产品中有一些应用也属正常，而离规模化发展还有相当的距离。

3 添加剂及填充剂

合成洗涤剂配方中除了活性物和助剂作为主要成分以外，还有一些可以起到其他作用的功能性组分，如漂白剂、增白剂、酶、香精及色素等，以漂白剂、增白剂和酶作用最为重要。另外，固体产品尤其是洗衣粉中还含有硫酸钠，它既不是助剂也不是添加剂，而被称为洗涤剂的填充剂。

3.1 漂白剂及其活化剂

洗涤剂中所用的漂白剂主要有过碳酸钠、过硼酸钠、过氧化氢和次氯酸钠，常用的为过碳酸钠和过硼酸钠。

3.1.1 过碳酸钠

（1）简介

过碳酸钠分子式 $2Na_2CO_3 \cdot 3H_2O_2$，它是以碳酸钠水溶液与过氧化氢水溶液并与二氧化碳气体混合搅拌下制得。产品为白色颗粒状，流动性好，溶于水，其溶解度随温度相升高而增大。2%~3%的水溶液pH值为10.3。在相对湿度为80%和室温下贮存8个月，分解不超过5%，但是含水量超过2%时易分解。在水溶液中分解为

H_2O_2 和 Na_2CO_3，进而放出新生态氧，起氧化漂白作用。过碳酸钠又称过氧碳酸钠，是过氧化氢与碳酸钠的加成化合物，分解后产生氧气、水和碳酸钠三种物质，对环境友好，无任何副作用。过碳酸钠作为高效氧系漂白剂的代表，凭其优良的漂白活性和杀菌性能，正日渐取代过硼酸钠而应用于洗涤、印染、纺织、造纸等各类工业和民用产品中。

过碳酸钠的稳定性不如过硼酸钠，若对过碳酸钠进行特殊的造粒包裹技术，稳定性就会大大提高。在配方中加活化剂 TAED（四乙酰乙二胺）能提高它的性能，配方可以多样化。

（2）性质

过碳酸钠又称过氧化碳酸钠、过氧水合碳酸钠、碳酸钠过氧化氢加合物、固体过氧化氢，理论活性氧值为 15.28%。其分子结构包括 3 种类型：$Na_2CO_3 \cdot 2H_2O_2$、$Na_2CO_3 \cdot nH_2O_2 \cdot mH_2O$ 和 $2Na_2CO_3 \cdot 3H_2O_2$。由于制法不同，性质也有所差异。目前，市场上销售的产品均属于 $Na_2CO_3 \cdot nH_2O_2 \cdot mH_2O$ 类型，通常情况下用分子式 $2Na_2CO_3 \cdot 3H_2O_2$ 来表达。

目前，市场上销售的过碳酸钠外观为白色、松散、流动性较好的颗粒状或粉末状固体，易溶于水，10 ℃时 100 g 水中溶解度为 12.3 g，并且随着温度的升高，其溶解度也相应增加。

过碳酸钠属热敏性物质，干燥的过碳酸钠在 120 ℃分解。但在遇水、遇热以及与重金属和有机物质混合时，极易分解生成碳酸钠、水和氧气，其稳定性随温度的上升而下降。所以，在生产过程中需要加入稳定剂，以得到稳定性好的过碳酸钠产品，保证其在一定贮存期内仍具有高活性的氧含量，并且要在低温和干燥的条件下存放。

过碳酸钠在水中易离解成碳酸钠和过氧化氢，在碱性溶液中因过氧化氢进行原子团反应生成水和氧，生成的氧具有漂白作用，从而显示出极强的漂白作用。

过碳酸钠是一种无毒的物质，其固体粉状物或浓度较高的溶液对皮肤、黏膜和眼均有一定的刺激性，但在稀释溶液中无任何刺激作用，所以在实际使用中不会对环境产生污染。

过碳酸钠具有碳酸钠和过氧化氢的双重性质，水溶液呈碱性，质量分数为 3% 的水溶液 pH 为 10~11。在中性或酸性条件下，过碳酸钠遇到氯、高锰酸钾等强氧化剂表现出一定的还原性，可作为测定过碳酸钠含量的依据。过碳酸钠与酸中和生成相应的钠盐，并放出二氧化碳，可用以定量地区别过碳酸钠。

（3）过碳酸钠的生产方法

过碳酸钠是由碳酸钠、过氧化氢和水三组分体系利用氢键所形成的不稳定加成复合物。有关其生产方法的文献报道很多，不同的方法可以制得不同形式和不同规格的过碳酸钠产品，概括起来生产工艺主要有干法和湿法两种。

1）干法

早期的干法工艺是将无水碳酸钠和高浓度的过氧化氢借助于搅拌进行混合，迅速生成过碳酸钠结晶体。但是，由于反应过程中放出大量的热，造成过氧化氢分解损失，而由过氧化氢引入的水又不能迅速蒸发，故易形成过碳酸钠的浆状物，得不到令人满意的高活性氧含量且流动性好的过碳酸钠产品。目前，干法工艺主要是采用喷雾的方法，即将过氧化氢水溶液喷雾到无水碳酸钠固体上，水和反应热通过流化床移去而得到干燥的过碳酸钠产品。该方法的优点是生产工艺简单，流程短，不需要过滤工序，设备少，产率高，可以直接得到产品。但存在设备投资大，技术条件苛刻，能耗高，产品稳定性差，活性氧含量低，操作难以控制等缺点，目前在实际工业生产中很少采用。

2）湿法

湿法是目前国内外生产过碳酸钠普遍采用的方法，除德国外，几乎所有过碳酸钠生产厂家都采用该方法进行生产。它是将过氧化氢水溶液与饱和碳酸钠溶液置于结晶反应釜中，在一定温度和有稳定剂存在的条件下进行反应、结晶，再经分离与干燥，即得成品。此法设备简单，投资少，技术成熟，易于操作，产品稳定性好，母液可循环利用，无"三废"。但是，过碳酸钠必须经过精制，此外还需添加稳定剂，以提高过碳酸钠的分解温度，增强贮存过程中的稳定性。该法的优点是设备简单，投资少，技术条件易于掌握，操作容易，杂质较少，产品稳定性好，母液可以循环使用。按工艺操作与控制过程的不同，该生产方法又分为喷雾法、结晶法和溶剂法3种生产工艺。

（4）作为添加剂在洗涤剂中的应用

过碳酸钠在欧美发达国家洗衣粉中应用较为普遍，平均添加比例为12%左右，而且全球产量的80%左右都应用于民用洗衣粉。据推算，2006年全球过碳酸钠产量约为49万t，而到2010年全球产量达到了86万t左右，增加了75.5%，年均增长率约为15%左右。预计到2020年，全球含氧洗衣粉产量将达到2000万t左右，则过碳酸钠需求量将会有较大增长。传统的氧系漂白剂主要为过硼酸钠，虽然过硼酸钠也有较高的活性氧，长期广泛用作漂白剂的组分，但其水中的溶解速度在低于20℃时比较缓慢，所以在冷水中的漂白效果不理想。另外，还存在价格较贵以及硼元素对农作物有影响等缺点。而过碳酸钠无味、无毒，在冷水中也易于溶解，溶于水后能释放出氧而起到漂白杀菌等多种功效，符合现代洗涤剂发展潮流。加上其生产成本比过硼酸钠低，适宜寒冷地区和冬天使用，又不会对农作物产生危害。因此，在洗涤剂中正逐渐取代过硼酸钠而得到日益广泛的应用。

将过碳酸钠作为一种活性组分添加在洗涤剂中，可以提高其去污能力，又不会带来二次污染。与传统的氯系漂白剂相比较，过碳酸钠无臭、无毒、无污染、它释放的活性氧具有优良的去渍增白功能，碳酸钠本身也有较好的去污能力，所以被视为理想的洗涤剂组分。过碳酸钠没有较浓的异味，对有芳香味的有机添加剂及增白剂无破坏作用，且能保持其香味，特别适合用作低磷或无磷洗涤剂，克服磷带来的水质污染，因而特别适用于氯系漂白剂所不适用的合成纤维、动物纤维、树脂加工纤维和荧光增白剂处理过的纤维等，且不易使布料损坏。目前，过碳酸钠在国外洗涤产品中应用较为广泛，发展较快，而我国 20 世纪 80 年代初才开始研究并生产过碳酸钠，如今已形成一定的生产规模，生产企业主要有浙江金科过氧化物有限公司和金湖县天缘化工有限公司等。

3.1.2 过硼酸钠

（1）简介

过硼酸钠分子式为 $NaBO_2 \cdot H_2O_2 \cdot 3H_2O$ 或 $NaBO_3 \cdot 4H_2O$。它是由硼砂或硼酸与碱、过氧化氢反应的产物。产品为白色、无臭、颗粒状或结晶粉末，不易溶于冷水，易溶于热水。在 40 ℃或湿热空气中能自行分解放出氧。过硼酸钠是一种温和的氧化剂，它的水溶液在普通室温下，慢慢地水解成硼砂、氢氧化钠和过氧化氢。过氧化氢不稳定，分解成水和新生氧，氧气慢慢放出，当溶液温度升高到 60 ℃以上时，氧气放出较快，一分子过硼酸钠能放出一分子过氧化氢，或一原子氧，就质量计，含有效氧 10.3%。

（2）生产方法

过硼酸钠的生产方法主要有电解法和化学法两大类，其中化学法又分为硼酸法和硼砂法两种。

1）电解法

电解法生产过硼酸钠，一般是以硼砂和纯碱为原料，在铂（铱）阳极和不锈钢阴极的电解槽内，加入电解液，在一定条件下通以电流进行电解，逐渐生成过硼酸钠，待饱和后从电解液中析出来。后经甩滤、干燥，得过硼酸钠产品。此方法由于需要消耗大量的电能，日渐走向衰退。

2）化学法

①硼酸法。硼酸法生产过硼酸钠，是将硼酸与过氧化钠混合冷却，然后徐徐加入冷水中，经酸化处理（酸化剂可以是盐酸、硫酸等）。再经甩滤、干燥，即得过硼酸钠产品。此种方法由于消耗较为昂贵的过碳酸钠，生产成本较高而无实际意义。

②硼砂法。硼砂法生产过硼酸钠，是以硼砂、氢氧化钠和过氧化氢（双氧水）为原料。目前，随着所用原料双氧水生产规模的不断扩大，生产工艺的不断更新，

生产成本的不断降低，使得化学法中硼砂法完全占据了工业生产过硼酸钠的主导地位，我国均采用硼砂法生产过硼酸钠。

（3）在洗涤剂中的应用

过硼酸钠是一种温和的含氧漂白剂，而释放氧后的硼酸钠本身也具有一定的助洗功能。因此，洗涤剂工业选用它为助剂，可以提高去除污垢和污斑的效果，增强洁白度。过硼酸钠在欧洲和美洲各地区应用于洗衣粉中，应用量很大，起漂白、消毒和去污的作用。但它的漂白作用只有在高温下（70~80 ℃）才完全起作用，低温时使用需要加入活化剂。过硼酸钠一水合物 $NaBO_2·H_2O$，与四水合物过硼酸钠相比，其特征在于它的高活性氧含量（15% 比 10%），且其稳定性、相容性都有提高。但过硼酸钠只有在水温达到 60 ℃ 以上时才能充分发挥其释氧漂白性能，故国内含氧洗衣粉中很少添加。此外，由于我国硼元素资源条件较差，同时过硼酸钠已被证明具有潜在的健康危害和环境危害，因此近年来国内产量呈递减趋势。目前，约 7000 t/a 左右。近年来，国内过硼酸钠无论产量还是增幅，均呈逐年下降趋势。

3.1.3 四乙酸乙二胺

四乙酸乙二胺（TAED）是一种高效氧系漂白活化剂，由乙胺和醋酸合成，能够快速生物降解，对环境无任何危害。TAED 作为氧系漂白活化剂，主要是与过碳酸钠一起应用于产品中，使其能够在较低温度下即可发挥漂白功效。

全球 TAED 生产企业主要有：Warwick Chemicals、Clariant、浙江金科、DUBAG 等，其中英国 Warwick 公司产能 5 万 t/a，Clariant 公司产能 3 万 t/a。由于价格等原因，并非所有含有过碳酸钠的洗衣粉产品中都添加了四乙酸乙二胺（TAED）。据估计，全球市场中约有 60% 的含氧洗衣粉中添加有 TAED，而作为漂白活化剂，全球 85% 的 TAED 均用在了民用洗衣粉中，平均添加比例约为 2.5%。根据有关推算，预计到 2020 年，全球 TAED 需求量将达到 30 万 t 左右。

目前，国内漂白活化剂 TAED 产量大概是 7500~8000 t/a，国内仅浙江时代金科过氧化物有限公司实现了规模化生产，其他大部分企业仍处于研发、建设及试产阶段，国内实际用量也不大。

3.2 荧光增白剂

3.2.1 简介

荧光增白剂（FWA）在洗涤剂中作为一种功能性助剂，具有增加被洗涤织物的白度和鲜艳度的功能。同时，超过 70 多年的全球广泛、安全的应用，证明了它对人类及环境的安全性。

荧光增白剂也称作光学增白剂（OBA），是一类具有很高量子效率的化合物，百万分之一量级即可对白色底物或称基质进行有效增白（吸收波长约340~370 nm的紫外光，反射波长约410~470 nm的蓝紫光）。它利用光学上的互补色原理，有效弥补白色基质因蓝光缺损而造成的泛黄，视觉上显著提高其白度和亮度。

3.2.2 洗涤剂用荧光增白剂的生产和使用特点

一般而言，荧光增白剂的化学结构都是含有大键的共轭体系，体系的共轭程度越高其量子效率或荧光效率就越高。虽然，荧光增白剂有上百种不同的分子结构，被广泛应用于纸张、洗涤剂、纺织品、塑料、涂料等中。但是，在洗涤剂中使用的仅有两大类10余种。目前，我国现行的洗涤剂用荧光增白剂行业标准《洗涤剂用荧光增白剂》（QB/T 2953—2008）涵盖了两大类常用于洗涤剂的荧光增白剂，即双三嗪氨基二苯乙烯类（CCDAS）以及双二苯乙烯基联苯类（DSBP）。目前，我国应用最具有代表性的型号分别为：#33增白剂（染料索引号C.I.#71，商品名后缀有DMS，CXT，AMS，CBUS，#33等）和CBS增白剂（染料索引号C.I.#351，商品名后缀有CBS，CBW，#351等）。

这两大类荧光增白剂的化学结构式如图3-18所示。只要取代基R不是国家限用和禁用的23类致癌染料中间体，以其为取代基合成的荧光增白剂都可以安全地用于洗涤剂配方中。从产品成本效率及实际使用效果考虑，仅有十几种结构的荧光增白剂被用于洗涤剂行业。当今世界荧光增白剂的发展趋于高成本效率、液体化及节能环保。目前，我国市场上已有的洗涤剂用荧光增白剂BLF和FBM，结构上属于CCDAS型大类的洗涤剂用增白剂，性能上弥补了FWA-1和FWA-5的不足。两者均有相应的液体化产品，符合洗涤剂浓缩化、液体化、节能减排、绿色环保的发展方向。增白剂FBM-EL：为超浓缩环保型液体增白剂，专用于各种类型的洗衣液；耐硬水性能优异，对纤维素纤维（棉、麻、粘胶等）的亲和力均衡，增白花斑少，均匀增白性能良好；无须加热即可与冷水混溶，使用方便，无粉尘污染，对操作者及操作环境更加友好；适合应用于各种类型洗衣液中，可获得外观透明且稳定的弱荧光液洗产品。这些液体洗涤剂用液体增白剂，产品的问世和推广使用，对操作人员更友好、安全，对于消除粉尘污染、节能冷配料工艺生产液体洗涤剂，都具有积极的环保意义。

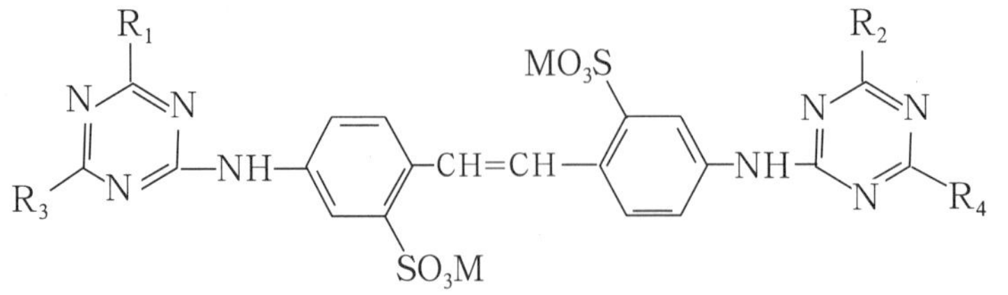

R_1, R_2, R_3, R_4 are aryl or alkyl or alkoxy or fatty alcohol or sulfonated amide, sulfonated amino or vinyl groups. M can be Na or K etc.

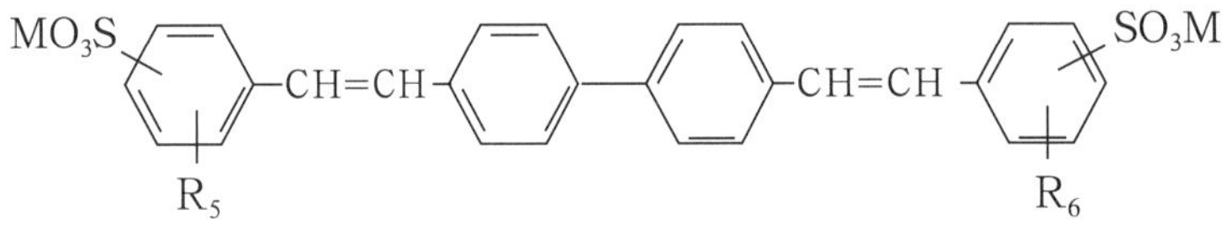

R_5 and R_6 can be Cl, Br or alkyl or alkoxy or fatty alcohol groups etc. M can be Na or K.

图 3-18 双三嗪氨基二苯乙烯类和双二苯乙烯基联苯类荧光增白剂的化学结构通式

3.2.3 荧光增白剂的安全性

荧光增白剂是一种重要的精细化学品，它能激发入射光线产生荧光，使纺织品等基质呈现更白的外观。但实际上，它们并没有改变基质的洁净程度。因此，它们的毒理学和生态毒理学性质一直为人们所关注。20 世纪 80 年代前，人们从急性毒性、反复接触毒性、刺激性、过敏性、诱变性、致癌性、水中的毒性和生物降解性等 7 个方面来研究荧光增白剂的毒理学与生态毒理学性质。对市场上某些荧光增白剂产品的研究结果认为，试验的荧光增白剂对大鼠的口服 LD_{50} 都在 5000 mg/kg 以上，也就是说它们的口服急性毒性较低；试验的荧光增白剂对人体和动物未显示出刺激性、过敏性、亚急性毒性等方面的有害影响；试验的荧光增白剂也未发现有致突变性或致畸性的报告；对 4 个荧光增白剂长期用于老鼠的研究以及 5 个荧光增白剂的光毒性和光致癌性的研究，也未发现会产生生物学的显著有害影响。CEFIC & AISE 对洗涤剂用荧光增白剂的风险评估结果列于表 3-51 中。

表 3-51 洗涤剂用荧光增白剂对环境和人类的影响（CEFIC&AISE）

荧光增白剂	FWA-1（#33）	FWA-5（CBS）
环境的水、淤泥、沉积物中的情况	FWA-1 在 11 个采样点的河流湖泊中平均浓度中位数为 107 ng/L；在水溶液中经快速异构环境的水、淤泥沉积化，随后光降解，光降解后的产物无毒性。FWA-1 分布：50% 光降解，25% 淤泥吸附，25% 被冲至下游水域，未观察到生物富集。在淤泥中的吸附率为 85%。	FWA-5 在 20 多个采样点河流中测得平均浓度中位数约 50 ng/L。在水中见光后快速同分异构化，之后 28 d 内光分解 70% 以上，光解产物易于被生物降解。在淤泥中的吸附率为 56%。
对环境的风险评估	FWA-1 在所有环境介质中的风险系数 RCRs 远小于 1，在洗涤剂中使用 FWA-1 不会造成环境危害。	风险系数 RCRs 明显小于 1，洗涤剂中 FWA-1 的使用不会造成环境风险，FWA-1 对水环境无有害效应。
对人类的风险评估	人类暴露于 FWA-1 的暴露限值 MOE 大（2278），足以涵盖毒理学数据库及安全性外推中的不确定性。家用洗衣产品中的 FWA-1 对于消费者是安全的。	人类对 FWA-5 暴露限值 MOE 很大（184466），可覆盖毒理学数据库及外推法所包括的所有不确定性，并支持 FWA-1 应用于消费品中对其安全性不需要关注这一结论。

3.2.4 生产厂商及质量标准

荧光增白剂生产厂家主要有山西青山化工有限公司、上海成昊化工有限公司、浙江永泉化学有限公司等。

洗涤剂用荧光增白剂现行标准为 QB/T 2953—2008，标准中规定的产品理化指标见表 3-52。

表 3-52 洗涤剂用荧光增白剂的理化指标

项目	指标	
	二苯乙烯基联苯类[b]	双三嗪氨基二苯乙烯类[b]
紫外吸收值[a]（$E_{1cm}^{1\%}$） ≥	1105	360
溶解性（5 g/L）	30 ℃，溶液清亮透明	95 ℃，溶液清亮透明至微混浊
水分及挥发物质量分数 /% ≤	5.0	
水不溶物质量分数 /% ≤	0.5	

注：a 紫外吸收（$E_{1cm}^{1\%}$）是在波长为 (348±2) nm，液层厚度 1 cm，试样浓度 10 g/L 的吸光度值。

b 二苯乙烯类产品有：CF-351、CBW、CBS-X 及 CBS；双三嗪氨基二苯乙烯类产品有：BLF、33#、或 CXT、31#。

3.3 填充剂无水硫酸钠

3.3.1 简介

无水硫酸钠俗称元明粉、无水芒硝，分子式 Na_2SO_4，是硫酸根与钠离子化合生成的盐。硫酸钠溶于水且其水溶液呈中性，溶于甘油而不溶于乙醇。无机化合物，高纯度、颗粒细的无水物称为元明粉。元明粉，白色、无臭、有苦味的结晶或粉末，有吸湿性。外形为无色、透明、大的结晶或颗粒性小结晶。硫酸钠暴露于空气中易吸水，生成十水合硫酸钠，又名芒硝。主要用于制造水玻璃、玻璃、瓷釉、纸浆、制冷混合剂、洗涤剂、干燥剂、染料稀释剂、分析化学试剂、医药品、饲料等。在 241 ℃ 时硫酸钠会转变成六方型结晶。在有机合成实验室硫酸钠是一种最为常用的后处理干燥剂。稳定，不溶于强酸、铝、镁，吸湿。暴露于空气中易吸湿成为含水硫酸钠。无水芒硝产于含硫酸钠卤水的盐湖中，与芒硝、钙芒硝、泻利盐、白钠镁矾、石膏、盐镁芒硝、石盐、泡碱等共生；还有江苏地区的硝盐联产（地下矿，打井开采），四川地区的地下该芒硝矿（打井洞溶开采）等。

3.3.2 无水硫酸钠用于洗衣粉配方的起因及其作用

无水硫酸钠不是洗涤剂助剂，它是配方中的填充料化学品。在合成洗涤剂问世的初期，STPP 尚未被作为助剂而引入洗衣粉配方之中，当时所用的助剂就是碳酸钠和硅酸钠，为了避免织物受损伤，并且保护人手皮肤，这两种化学品的含量都有限制。因此，早期的洗衣粉中活性物含量较高，去污力反而低，而且料浆稠度很高，使喷雾操作发生困难，喷雾干燥的产品也有发黏的倾向，在这种情况下，硫酸钠（俗称无水芒硝）作为填充料在配方中使用有很大的好处：它使喷雾的料浆易于输送和计量，并使喷雾干燥产品的流动性得到显著改善。可以说，在早期，硫酸钠在洗衣粉配方中是必不可少的。而且在国外，洗衣粉配方中大部分的硫酸钠是在工艺过程中自行生成的，因为在阴离子表面活性剂（如烷基苯磺酸钠、烷基硫酸钠等）的合成过程中早期所用的磺化（硫酸化）剂是浓硫酸或发烟硫酸，磺化（硫酸化）后的产品中必然有大量的硫酸，经过中和就成为硫酸钠。在我国，因为酸碱类化学品价格相对偏高，因此合成洗涤剂生产者宁愿采用分酸工艺，将分出的废硫酸出售供其他生产利用，从而减少中和剂氢氧化钠的消耗量。硫酸钠则在喷雾料浆配制时另行加入，等到 STPP 和／或 4A 沸石作为主助剂被大量引入洗衣粉配方后，硫酸钠的加入作为改善加工性能和产品流动性的作用就大幅度地减少了，它在洗衣粉配方中的作用就成为仅仅是降低成本的填充剂了。

无水硫酸钠在合成洗涤剂工业中是作为洗衣粉的填充剂，但后来人们认识到它亦有一定的辅助作用，如它能解离为带有二个负电荷的离子，有助于表面活性剂对织物的吸附，因而能提高去污力，也能降低表面活性剂的临界胶束浓度，使在低浓度下发挥其洗涤作用。同时，硫酸钠在洗衣粉中能防止洗衣粉结块等。目前，市售的普通洗衣粉都含有很大比例的无水硫酸钠作为填充剂，无水硫酸钠还是洗衣粉制造的主要原料之一。

3.3.3 制备方法

（1）滩田法

利用自然界不同季节温度变化使原料液中（一般取自盐湖）的水分蒸发，将粗芒硝结晶出来。夏季将含有氯化钠、硫酸钠、硫酸镁、氯化镁等成分的咸水灌入滩田，经日晒蒸发，冬季析出粗芒硝。此法是从天然资源中提出芒硝的主要方法，工艺简单，能耗低，但作业条件差，产品中易混入泥沙等杂质。

（2）机械冷冻法

利用机械设备将原料液加热蒸发后冷冻至 $-5 \sim -10$ ℃时析出芒硝。与滩田法比较，此法不受季节和自然条件的影响。产品质量好，但能耗高。

（3）盐湖综合利用法

主要用于含有多种组分的硫酸盐－碳酸盐型咸水。在提取各种有用组分的同时，将粗芒硝分离出来。例如加工含碳酸钠、硫酸钠、氯化钠、硼化物及钾、溴、锂的盐湖水，可先碳化盐湖卤水，使碳酸钠转化成碳酸氢钠结晶出来；冷却母液至 $5 \sim 15$ ℃，使硼砂结晶出来；分离硼砂后的二次母液冷冻至 $0 \sim 5$ ℃，析出芒硝。

（4）其他方法

可由化学反应制得，如硫酸和氢氧化钠反应：$H_2SO_4 + 2NaOH \rightarrow Na_2SO_4 + 2H_2O$。由天然产物萃取也可制得。

3.3.4 生产及供应

无水硫酸钠除可用作合成洗涤剂的填充料外，还在造纸工业用于制造硫酸盐纸浆时的蒸煮剂，在玻璃工业用以代替纯碱，在化学工业用作制造硫化钠、硅酸钠和其他化工产品的原料，在纺织工业用于调配维尼纶纺丝凝固浴，在医药工业用作缓泻剂。还用于有色冶金、皮革等方面。因此无水硫酸钠虽然是洗衣粉配方中占比最大的组分，但同是也是一种大宗的无机盐产品，其生产和销售规模很大，用途广泛，洗衣粉填充剂只是其应用之一。在合成洗涤剂的发展历程中，无水硫酸钠没有像表面活性剂和助剂一样，在合成洗涤剂起步阶段对洗衣粉的生产形成严重制约。我国生产无水硫酸钠的原料储藏丰富，生产工艺不断进步，保证了无水硫酸钠的市场供应。典型的生产基地有山西南风集团所属的运城盐湖以及新疆盐湖等，生产工艺成熟，产品质量好，完全可以满足洗衣粉生产的需求。

3.4 洗涤剂用酶

3.4.1 简介

酶是一种生物制品,对于环境中存在的某些破坏物质会起到降解作用,进而达到改善生态平衡的目的。衣服在穿过之后,会留下人体上的皮脂类污垢,而酶却可以起到清洁的作用,将酶添加到洗涤剂之后可以将这些污垢清除干净,对于血迹、奶渍、汗腺分泌物及各种蛋白质食品等污垢都有着良好的清除效果,尤其是对于长年留存下来的污垢,清除效果也非常理想。在洗衣粉中加入酶制剂,可以提高去污力、降低表面活性剂等有效物质的用量,节约资源、能源。应用于洗衣粉中的酶制剂主要有蛋白酶、脂肪酶、纤维素酶等。

3.4.2 合成洗涤剂用酶发展和现状

有机物在人或动物体内,很多都由于酶的作用而分解为水溶性物质而通过消化道被吸收成为营养物质。这个原理很早就为人们所认识。在 20 世纪初期就已经有人尝试将酶用于织物的洗涤,以除去污垢。然而,直到 60 年代初期才开始正式将酶用在合成洗涤剂产品配方中,市场上也出现了加酶洗衣粉。以后数年中加酶洗衣粉的市场份额逐步扩大,合成洗涤剂工业的酶使用量也逐年上升。但是,到 60 年代后期出现了反复,由于酶的安全性问题,使消费者对加酶洗涤剂产生了怀疑,导致酶在合成洗涤剂工业中的使用量急剧下降,几乎降至零。直到 70 年代,酶制剂的安全运作问题得到解决以后,又恢复上升趋势。至于许多酶的新用途、新类型、新品种、新制剂的开发和上市,则是接近 1990 年以后的事。

合成洗涤剂所用的酶和所有工业上用的酶一样,不论是直接从动植物的组织中制取的,或是从某种微生物培养得到的,或是通过遗传工程等高技术方法制备的,都必须做成制剂。经过包装、储存、销售和运输等环节,到达酶制剂的使用者(合成洗涤剂的生产者)那里。到了那里,还是要经过卸货、运输、储存、打开包装、计量、配料等环节,进入洗涤剂生产过程中。得到的洗涤剂产品还要经过类似的过程才能到消费者手里。消费者从购进相应的洗涤剂到使用完毕也有一个相当长的周期。因此,要使合成洗涤剂产品中的酶在织物洗涤过程中成功地成为一个有效的组分,必须解决酶的储存稳定性问题,就是要求酶制剂在一个相当长的时期内能够尽可能地保持它原来的活性和选择性。根据某些著名的酶制剂生产公司的报道,在当今的技术水平,颗粒状酶储存在密闭容器中,温度低于 25 ℃ 的条件下可保持一年以上。这样的储存稳定性周期是可以满足要求的。但是,当酶处于含水的液体状态,同样在温度低于 25 ℃ 的条件下,活性只能保持 3 个月。要将储存温度降低到 5 ℃ 才能保持一年以上。一种改善的方法是将酶与非离子表面活性剂制成浓缩的悬浮液料浆,水分要在5%以下，可使活性保持一年以上。

以上所叙述的仅是酶制剂本身的储存稳定性，至于酶制剂配入合成洗涤剂后的储存稳定性还会由于合成洗涤剂中其他组分而受到影响，这个问题随着技术的进步逐步得到解决，使酶的性能得到改善。此外，生物技术的发展、基因工程的采用，即使某些能产生有意义的酶，但产出率很低的源菌株转移到具有高产出潜力的宿主菌株上，从而提高了酶的产出率，又使酶产品的收率和纯度得到改进。这些成就都大幅度地改善了酶制剂生产的经济性，由此也使合成洗涤剂生产的经济性得以优化。合成洗涤剂的生产者可以使用少量的酶制剂，使表面活性剂的用量显著下降，得到明显的经济效益。由于酶在自然环境中的降解速率比任何表面活性剂都快，从环境的角度来看也是有利的。因此，从20世纪90年代开始，酶在合成洗涤剂中的地位从开始作为一种次要的添加剂变成了一种关键成分。在许多地区，加入两种酶的洗涤剂已成为常规，含有三种甚至更多种酶的洗涤剂也早已经上市。

我国在1978年开始生产加酶洗衣粉。目前，我国洗涤剂用酶的年用量约为6000 t，主要供应商为诺维信（中国）投资有限公司和杜邦公司，两家公司产量能够满足60%左右的市场。

3.4.3 洗涤剂用酶的主要品种

（1）蛋白酶

蛋白酶是在洗涤剂中最初采用的酶。1990年前，所谓洗涤剂用酶基本就是蛋白酶的同义词。至今，蛋白酶仍然是最基本、最重要和使用最为广泛、最为成熟的酶种。这是由于含蛋白质的污垢既普遍存在，又难于完全去除。而且蛋白质具有很强的黏性，其他的污垢，例如尘土的微粒等常与蛋白质混在一起而黏附在织物上，因而也难于洗净。而蛋白酶能断开蛋白质中的肽键，使之分解为较小的分子而容易被洗涤清除。蛋白酶既适合于整体洗涤用的洗衣粉，又适合于清除局部的污斑、污迹用的液体洗涤剂（我国俗称衣领净）。蛋白酶的效果是十分明确的，当今的新型蛋白酶都能满足上面所讨论过的关于适应洗涤浴条件的要求。

（2）淀粉酶

淀粉酶是提供给洗涤剂工业的第二种酶制剂，现已成为洗涤剂配方中的进一步去除含淀粉污渍的有效成分。衣服织物上，含淀粉类的污渍也是很多的，例如果汁、咖啡、酱油以及各种植物的汁液等。在我国，人们的常用服装上难于洗净的污斑中有很多是淀粉类污渍所造成的。而且，由于这类淀粉物料大多是经过部分糊化的，有着很强的胶粘力，能把其他的微粒污垢黏附在织物上，形成难于清洗的污斑。淀粉酶能够促进淀粉类物料，包括直链淀粉、支链淀粉以及部分糊化的淀粉的水解，使之成为可溶性糊精、低聚糖以及（根据水解的程度）少量的麦芽糖和葡萄糖。这个特性早就在工业上得到应用。例如：在以粮食原料制酒精的生产过程中，发酵前的处理；淀粉糖浆的制备、印染工业中坯布的退浆等。20世纪70年代初期，就有人把这个原理引入洗涤剂工业，到80年代就已经在大范围内被使用了。现在，酶的生产者已经开发了在pH范围、温度范围、稳定性和低的钙离子依赖性等方面，都适应洗涤浴条件的淀粉酶产品。由于采用了脱氧核糖核酸重组体等高技术，提高低温时洗涤活性和对漂白剂的稳定性的新型淀粉酶也取得了成功。

淀粉类和含淀粉类物料的污垢都是以局部的污斑形式出现的，极少会在大面积上以均布的形式存在。因此，把淀粉酶加在洗衣粉的配方中，并在机洗条件下应用，其效果是不会明显表现出来的。更为有效的方法是加在预浸渍污斑清洗剂配方中，作为局部处理用。而且，淀粉类污垢一般都是与蛋白质和脂肪等不同类型污垢混在一起的，消费者不可能事先鉴别。因此，淀粉酶也不宜单独加在配方中，一般都与蛋白酶等复配使用。从我国国情来看，淀粉酶的使用在洗涤剂配方中有独特的重要性，加淀粉酶的合成洗涤剂非常适用于我国市场。

（3）脂肪酶

脂肪酶是发现和使用较早的酶制剂。它是油脂水解的催化剂，能促进油脂和水的反应，使之生成甘油一酸酯、二酸酯和脂肪酸。衣服织物上的污垢中，油脂类的物质是很多的。例如：人体分泌的皮脂中的三分之一是甘油三脂肪酸酯；烹调或进食时沾到衣服上的食物液汁等也有很多是油渍。油渍的水溶性是很差的，当然也是不易洗净的污垢。人们很自然地从蛋白酶分解蛋白污渍的作用联想到利用脂肪酶来分解油渍，酶制剂的生产者和洗涤剂的生产者在酶制剂应用开发过程中正是这样设想和考虑的。但是，要实现这个设想却经过了20多年的努力，到20世纪80年代后期，第一个适用于衣物洗涤剂的脂肪酶开始商品化，并且，很快被应用于合成洗涤剂中。到了90年代，酶制剂的生产者又继续对脂肪酶产品的性能进行改进，特别是在蛋白质工程技术理论的指导下，弄清了酶的三维结构、发现了脂肪酶的最佳变体之一、改善了脂肪酶在低温洗涤浴中的特性。到目前，可以说酶制剂对合成洗涤剂工业的所有基本技术要求都已经达到。

3.4.4 展望

自从1987年开发出碱性纤维素酶以来，洗涤剂酶工业进入了飞速发展阶段。1992年通过遗传基因组合生产出脂肪酶，1998年利用新生物技术研制出低温使用的蛋白酶，都对洗涤剂配制技术产生了巨大影响。但是，洗涤剂的功能助剂特别是酶聚合物和香料的制造商往往具有很强的专一性，原料的差异使洗涤剂配方差别很大。因此，在开发新洗涤剂时，如何使酶等功能性助剂最大限度地发挥效率，是配方师首要关注的问题。今后，强化酶的性能，如何使织物增白和保护并重，增强杀菌功能酶的开发是酶研究的热点。

浓缩、节省能源、绿色环保，且可完全生物降解的酶是理想的酶品种。从欧美市场看，近年洗涤技术呈现出低温、短时间、低浴比的发展趋势，这就要求酶低温高活性、短时间发挥高效率对衣物的吸附率要高，而且未来高性能的洗涤剂需要高浓度酶的配合，由多种不同类型酶组合的复合酶具有去除多种污垢的能力，可更好地提高洗涤剂的洗净力。

与40年前比，洗涤剂酶的纯化、遗传基因的重组和发酵工艺，发生了翻天覆地的变化，使酶的安全性和价格有了很大的竞争力。今后，洗涤剂中加酶，必将成为洗涤技术发展的重点方向。

3.4.5 主要供应商

洗涤剂用酶的主要供应商如表3-53所示。

表3-53 洗涤剂用酶制剂的主要供应商

序号	主要供应商
1	诺维信公司
2	杜邦公司
3	BASF 公司
4	丹尼悦公司
5	苏柯汉潍坊生物工程公司
6	雄晋生物科技（上海）公司

在表3-53中列出的供应商中以诺维信和杜邦公司的市场份额比较大，是国内洗涤剂用酶最主要的供应商。国内公司如苏柯汉潍坊生物工程公司、雄晋生物科技（上海）公司等规模较小些。

参考文献：

[1] 黄恩慧. 直链烷基苯磺酸钠的发展及现状分析[J]. 日用化学品科学, 2006, 29(7): 1-7.

[2] 刘守涛. 国内烷基苯装置建设概况及其技术工艺[J]. 中国洗涤用品工业, 2014(4): 33-35.

[3] 中国洗涤用品工业协会. 中国洗涤用品行业年会[C]// 方银军, 孙明和. 我国磺化类阴离子表面活性剂的生产及技术发展概况: 第28届中国洗涤用品行业年会论文集. 北京: 2010: 110-115.

[4] 孙明和, 方银军, 吴红平等. 我国脂肪醇醚硫酸盐的生产及技术发展近况[J]. 中国油脂化工, 2010(2): 38-45.

[5] 吴哲, 王晟. 十二烷基硫酸钠的生产问题探讨[J]. 中国洗涤用品工业, 2003(5): 65-66.

[6] 张东义. α-烯基磺酸盐的应用发展及生产工艺控制[J]. 中国洗涤用品工业, 2013(6): 62-65.

[7] 徐坤华, 史立文, 张义勇等. 脂肪酸甲酯磺酸钠的生产工艺与应用研究进展[J]. 精细石油化工, 2017, 34(6): 33-77.

[8] 徐福利, 沈琼霞, 樊伟等. 醇醚羧酸盐产品合成方法与应用研究进展[J]. 日用化学品科学, 2016, 39(2): 35-40.

[8] 刘晓东, 龙成宏, 刘伟. 脂肪醇醚市场分析[J]. 日用化学品科学, 2013, 36(7): 3-5.

[9] 罗毅. 我国醇系表面活性剂的现状及发展前景[J]. 日用化学品科学, 2007, 30(12): 9-14.

[10] 刘伟. 脂肪酸甲酯乙氧基化物的生产工艺及性能研究[J]. 当代化工, 2015, 44(10): 2511-2512.

[11] 罗毅, 孙永强. 脂肪酸甲酯乙氧基化物的物化性能研究[J]. 日用化学工业, 2001, 31(5): 5-7.

[12] 于珍祥, 马菊瑛, 曹玉英等. 烷基多苷表面活性剂的制备方法: CN1077397A[P]. 1993-10-20.

[13] 王军, 曹玉英, 程玉梅等. 烷基多苷物化性能的研究[J]. 日用化学品科学, 1999, 22(4): 55-59.

[14] 曹玉英. 烷基聚糖苷的合成及其性能[J]. 日用化学品科学, 2000, 23(1): 151-154.

[15] 王军. 烷基多苷及衍生物[M]. 北京: 中国轻工业出版社, 2001.

[16] 曹玉英. 烷基多苷的复配性能研究[J]. 应用化工, 2004, 33(5): 10-12.

[17] 杨秀全, 张军. 烷基糖苷及其衍生物的技术进展[J]. 日用化学工业, 2012, 42(3): 213-219.

[18] 白亮, 杨秀全. 烷醇酰胺的合成研究进展[J]. 日用化学品科学, 2009, 32(4): 31-35.

[19] 梅金龙, 赵佳. 醇一步法催化胺化制叔胺生产工艺概述[J]. 中国洗涤用品工业, 2017(4): 63-68.

[20] 中国化工学会. 第五届全国精细化工清洁生产工艺与技术经济发展研讨会[C]// 徐宝财, 张桂菊, 韩富等. 季铵盐阳离子表面活性剂研究进展: 第五届全国精细化工清洁生产工艺与技术经济发展研讨会论文集. 北京, 2012: 103-106.

[21] 刘书秀. 氧化胺的制备、性质及应用[J]. 河北化工, 2004(4): 21-22.

[22] 项斌, 张群辉. 烷基甜菜碱的制备及其性能比较[J]. 浙江工业大学学报, 1995.23(2): 125-12.

[23] 刘军海, 李志洲. 咪唑啉型表面活性剂的合成工艺及其应用研究进展[J]. 中国洗涤用品工业, 2006(6): 49-53.

[24] 方奕文, 林培鹏, 卢峰. 月桂酰胺丙基甜菜碱的合成及其性能[J]. 精细化工, 2002, 19(10): 559-561.

[25] 李学雷, 牟涛, 李振等. 酯基季铵盐型阳离子表面活性剂的研究现状与应用前景[J]. 价值工程, 2015(19): 189-191.

[26] 胡卫强, 黎华美, 陈洁. N-酰基氨基酸表面活性剂的制备及应用进展[J]. 广州化工, 2016, 44(16): 34-36.

[27] 华章熙. 合成洗涤剂的热点问题：助剂[J]. 日用化学品科学, 1995, 18(4): 21-23.

[28] 华章熙. 合成洗涤剂的热点问题：助剂[J]. 日用化学品科学, 1995, 18(5): 21-24.

[29] 陈善继. 我国三聚磷酸钠生产现状与消费途径[J]. 纯碱工业, 2003(6): 7-10.

[30] 傅刚强. 我国三聚磷酸钠生产状况及分析[J]. 日用化学品科学, 2007, 30(11): 6-7.

[31] 赵永杰, 李俊. 4A沸石的合成及应用研究进展[J]. 日用化学工业, 2009, 39(6): 417-421.

[32] 金栋. 4A沸石的合成应用及发展前景[J]. 精细化工原料及中间体, 2011(1): 24-27.

[33] 高秀云. 洗涤剂助剂现状及进展[J]. 中国洗涤用品工业, 2008(5): 38-41.

[34] 崔小明, 李明. 过碳酸钠的应用及生产技术进展[J]. 化工科技市场, 2007, 30(11): 20-25.

[35] 金东, 燕丰. 过碳酸钠的合成及应用研究进展[J]. 精细与专用化学品, 2017, 25(2): 47-49.

[36] 郭成林, 邹春萍. 过硼酸钠的生产及其用途[J]. 广东化工, 2014, 41(19): 131-147.

[37] 马超, 张毅诚. 对人类和环境安全的洗涤剂用荧光增白剂[J]. 中国洗涤用品工业, 2017(12): 47-49.

[38] 曹成波, 邢丹宁, 栾晓玉等. 荧光增白剂研究进展[J]. 徐州工程学院学报(自然科学版), 2015, 30(3): 34-37.

[39] 董万田. 国内天然脂肪醇生产与市场现状及其展望[J]. 日用化学品科学, 2008, 31(8): 5-6.

[40] 华章熙. 合成洗涤剂工业的热点问题：酶(待续)[J]. 日用化学品科学, 1998(1): 26-28.

[41] 华章熙. 合成洗涤剂工业的热点问题：酶(续前)[J]. 日用化学品科学, 1998(2): 27-29.

[42] 华章熙. 合成洗涤剂工业的热点问题：酶(续完)[J]. 日用化学品科学, 1998(3): 22-26.

四
产品篇

现代洗涤剂是含有多种成分（表面活性剂、助剂和填料等）的一种复杂混合物。其中表面活性剂是起洗涤作用的主要成分，洗涤剂中的其他成分，或是为改善和增加表面活性剂的洗涤效能，或是为适应某些特殊需要，或是为制成所需产品的形式而加入的。最早的洗涤剂是肥皂，后来逐步发展了合成洗涤剂。

1 合成洗涤剂概述

1.1 合成洗涤剂的发展与现状

合成洗涤剂是德国人在第一次世界大战时因将制造肥皂的油脂原料改做其他用途而发明的肥皂取代物，它于1930年问世。由于较便宜且洗净力较强，1940年合成洗涤剂已被普遍使用，取代了肥皂的地位。

我国于1957年开始合成洗涤剂的研制工作，1958年4月，厢式喷粉的洗衣粉获得成功。1959年5月1日，由上海永星化工厂生产的"工农"牌洗衣粉上市。1959年，当年的产量只有0.57万t。1961年上海永星化工厂开始建设我国第一座年产5000 t的洗衣粉塔式喷雾干燥装置和年产7000 t的烷基苯磺酸钠车间，1963年1月30日竣工，7月投产，生产出我国第一批空心颗粒"工农""白猫""上海""五洲"牌洗衣粉。以后陆续在天津、北京建成年产5000 t装置，标志着我国合成洗涤剂工业进入了工业化生产阶段。

1985年我国合成洗涤剂的产量达到100.45万t，超过用了80多年的肥皂的产量（当年为99.56万t）。2007年合成洗涤剂产量达到了568.40万t，洗涤用品总产量达644万t多，年人均约5 kg。2014年我国合成洗涤剂总量超过1000万t，达1228.68万t，成为合成洗涤剂生产大国。到2018年合成洗涤剂总量约1350万t。表4-1中列出了1959年以来历年的合成洗涤剂产量。

表 4-1 合成洗涤剂 60 年产量统计

年份	产量（万 t）	年份	产量（万 t）	年份	产量（万 t）
1959	0.57	1979	39.74	1999	286.53
1960	0.95	1980	39.30	2000	322.00
1961	1.14	1981	47.76	2001	335.75
1962	2.43	1982	56.94	2002	353.95
1963	2.21	1983	67.70	2003	404.81
1964	2.26	1984	80.96	2004	482.90
1965	3.01	1985	100.45	2005	494.43
1966	4.16	1986	117.52	2006	546.14
1967	3.66	1987	119.20	2007	568.40
1968	4.22	1988	131.81	2008	597.89
1969	6.19	1989	146.56	2009	692.87
1970	9.30	1990	151.42	2010	730.07
1971	10.90	1991	146.17	2011	851.13
1972	15.19	1992	166.61	2012	887.67
1973	17.91	1993	188.24	2013	1029.79
1974	19.27	1994	217.02	2014	1228.68
1975	22.34	1995	278.56	2015	1264.55
1976	21.72	1996	262.20	2016	1299.14
1977	25.72	1997	279.91	2017	1265.10
1978	32.41	1998	280.71	2018	~1350

1.2 合成洗涤剂的分类

合成洗涤剂是随着石油化工的发展而产生的，表面活性剂工业的发展使合成洗涤剂工业的应用范围不断扩大，逐渐代替了肥皂的主导地位，特别是洗衣皂的地位。经过 60 年的发展，我国合成洗涤剂的品种已由过去单一的普通洗衣粉发展为加酶粉、彩漂粉、杀菌粉、增白粉以及各种用途的液体洗涤剂等等。虽然合成洗涤剂种类繁多，但其必需的成分仍是表面活性剂再配以辅助成分，如螯合剂、抗再沉积剂、荧光增白剂、酶和填充剂等。人们日常生活中接触最多的是民用洗涤剂，如洗衣粉、洗衣液、洗洁精（餐具洗涤剂）、香波等。

1.2.1 按用途分类

（1）民用洗涤剂

民用洗涤剂有 5 大系列洗涤用品，如表 4-2 所示。

表 4-2　5 大系列洗涤用品

分类	产品举例
织物系列	洗衣粉、洗衣液、柔顺剂、漂白剂、衣领净等
厨房系列	餐具洗洁精、果蔬洗洁精、油烟机清洗剂、洗碗机用清洁剂、水垢去除剂等
居室系列	家具与地板清洁上光剂、玻璃清洁剂、地毯清洁剂等
盥洗室系列	卫生洁具清洁剂如洁厕剂、浴室清洁剂、下水道疏通剂、异味去除剂等
个人清洁护理系列	香波、沐浴露、洗手液、洗面奶、口腔清洁用品等

（2）工业及公共设施用清洗剂

工业及公共设施用清洗剂包括：纺织工业、食品工业等等工农业生产过程和装置的清洗，交通运输设备、机械设备的清洗，宾馆、饭店、医院、办公楼、洗衣房及公共场所用具等方面的清洗。

1.2.2　按泡沫丰富程度分类

合成洗涤剂依配方的不同以及用途的不同，其产品的泡沫丰富程度也不同，可分为 3 种类型，详见表 4-3。

表 4-3　泡沫丰富程度分类表

分类	用途
高泡	更适用于手洗
中泡	机洗、手洗皆宜，容易漂洗
低泡	更适合于机洗，漂洗更容易

1.2.3　按物理状态分类

表 4-4 中给出了合成洗涤剂按物理状态分类情况。

表 4-4　合成洗涤剂按物理状态分类

分类	产品举例
空心颗粒状洗涤剂	普通洗衣粉
粉末状洗涤剂	浓缩洗衣粉
造粒型洗涤剂	高密度浓缩洗衣粉
液体洗涤剂	洗衣剂以及家具、地板、浴缸、多功能洗涤剂等
浆状洗涤剂	洗衣膏等
片状洗涤剂	洗衣剂、洗碗剂和浴盐等
包裹型洗涤剂	洗衣凝珠

衣物用洗涤剂从外观形态可分为固体、膏体、液体和气雾剂等类型。其中固体的又可分为粉状、粒状、片状和块状等；洗衣粉按添加剂功能特点可分为加酶粉、彩漂粉、增白粉和杀菌粉；按泡沫量可分为高泡粉、中泡粉、低泡粉；按磷酸盐含量可分为有磷粉和无磷粉；按活性物浓度可分为普通粉和浓缩粉。液体的按其功能或用途又分为重垢液洗、轻垢液洗、氧漂剂、氯漂剂、预去渍剂、上浆剂和柔软剂等。洗衣粉是一种碱性的合成洗涤剂，具有去污力强、溶解性能好和使用方便等特点。洗衣液则有弱碱性的、中性的、杀菌的、增白的、柔软的、护色的和特殊织物专用的等。

1.2.4 按污垢轻重分类

表4-5中给出了合成洗涤剂按污垢轻重的分类情况。

表4-5 合成洗涤剂按污垢轻重分类

分类	主要用途
轻垢型洗涤剂	一般偏中性的用于洗涤毛、丝化学纤维等精细织品，不伤害织物纤维，是以污垢较易去除的洗涤物为对象。 与重垢型洗涤剂相比碱性低，在水溶液中几乎为中性，最初是为洗涤羊毛、真丝等高级衣服而开发的。 现在餐具洗涤剂、香波也属于轻垢型洗涤剂，并且其应用范围越来越大。 此外中性织物洗涤剂、居室用洗涤剂中也有一部分属轻垢洗涤剂。
重垢型洗涤剂	重垢型洗涤剂用于洗涤油污重的、难于洗涤的织物，如普通的棉麻织物。 一般偏碱性的去污能力强，其功能与洗衣皂相同，以棉布等内衣上难以脱落的污垢为洗涤对象。产品呈弱碱性，如洗衣粉就是这一类产品。这是世界上使用最广泛的重垢洗涤剂。 另外，通用型衣用液体洗涤剂也属于这一范围。 液体洗涤剂由于溶解性好、产品配制容易，近年来发展较快，应用范围较广。

从以上分类情况可知，合成洗涤剂的分类可有不同的方法，不同方法之间又有交叉。我们这里主要按表4-4所列的物理形态分类的方法，对主要的合成洗涤剂产品品种进行讨论。

2 洗衣粉

洗衣粉是一种碱性的合成洗涤剂，具有去污力强、溶解或分散性能好和使用方便等特点。合成洗涤剂行业发展之初，基本都是以洗衣粉的形式生产和供应市场。到1988年，我国合成洗衣粉产量超过了100万t，是一里程碑式的事件，之后进入了快速发展期。2017年洗衣粉产量达到456.79万t，虽然液体洗涤剂得到快速发展，但洗衣粉仍然是排位第一的衣用洗涤剂品种。

2.1 我国洗衣粉工业发展历程

我国的合成洗涤剂真正开始工业生产并投放市场，有产量统计是在1959年。目前，我国洗涤用品工业已有相当规模，技术装备水平已达到或接近国际先进水平，产品的数量和质量均有较大幅度的提高，花色品种也比以前增加许多，出口亦有较大的增加。下面就我国洗衣粉工业发展过程进行回顾。

2.1.1 1959—1978年，起步发展阶段

1959年初，我国的合成洗涤剂真正开始工业生产并投放市场。1961年春，我国政府决定利用其他老厂做基础，分别在京、津、沪建合成洗涤剂厂。1962年，在上海建成我国第一座$\Phi 4 \times 28$ m的喷粉塔，随后在天津、广州、张家口、西安、潍坊、徐州、成都、洛阳、济宁纷纷建厂。由于缺乏获得当时国际上先进生产技术的条件，只能参考一些片段的资料和设计人员的设想，在工艺和设备上存在一系列的缺点，在随后的较长时间处于工艺不完整、产品质量差、原料单耗高、能耗高、产能低、环境污染严重等问题。该时期全国共建了58个洗涤剂厂，但规模万t以上仅8个工厂，总生产能力不到40万t/a。同样直径为$\Phi 6$ m的喷粉塔，国外先进水平产量最高达12 t/h，而国内大部分为1.5 t/h左右，上海产量最大达到5 t/h。

主要生产技术特征：洗衣粉喷粉塔为钢筋混凝土结构；单塔喷粉，塔喷粉能力一般为1.5 t/h；热风炉主要使用水煤气热风炉；无洗衣粉后配装置，非离子在料浆配料时加入；包装采用人工包装形式。

2.1.2 1979—1983年，蓬勃发展阶段

十一届三中全会以后，我国工业发生重大改革，为满足消费者的需求，急需快速发展洗涤用品工业。由轻工业部科技局组织，由上海合成洗涤剂厂、轻工业部北京设计院、轻工业部杭州轻工机械设计研究所，组成了攻关小组，进行"年产5万t合成洗衣粉成型技术"工业试验攻关，在上海合成洗涤剂厂2号塔进行攻关试验。

经1982—1983年两年攻关，对洗衣粉生产工艺和设备进行了系统研究。经与国外先进企业进行交流和考察，与国外先进工艺及设备进行对比，找到关键问题并得到解决。提高了料浆浓度，改进了喷粉塔结构、洗衣粉冷却老化系统和后配料系统。实验结果显示：产量达到5万t/a，同时产品质量得到了提升，能耗下降许多，劳动环境得到较大改善。由此，我国洗衣粉生产工艺及设备水平上升到一个新高度，与国际先进水平缩小了差距。

随后，各个洗衣粉生产工厂，加大了洗衣粉生产装置的技术改造力度，部分工厂开始从国外引进全套洗衣粉生产装置。天津合成洗涤剂厂、张家口合成洗涤剂厂、上海合成洗涤剂厂、武汉油脂化工厂等多家企业，相继引进洗衣粉生产技术和设备。

上海合成洗涤剂厂1号塔改造时引进意大利技术和关键设备，轻工业部杭州轻工机械设计研究所参与了翻版设计。轻工业部杭州轻工机械设计研究所结合"年产5万t合成洗衣粉成型技术"工业试验成果，对引进的意大利技术及设备进行消化吸收，洗衣粉生产工艺及其设备技术得到了进一步提升。

随着对引进技术的消化吸收，以高塔喷粉技术为基础的洗衣粉生产技术趋于成熟。各个工厂在洗衣粉引进装置的基础上进行了创新和改进。武汉油脂化学厂开创了磺酸直接中和配料技术，与最初从国外引进的配料技术相比，从工艺过程的简化、配料速度的加快，到产品质量的改善以及能耗降低方面都有了显著提高。由当时的轻工业部牵头，磺酸直接中和配料技术在国内各个洗衣粉厂得到迅速推广和应用，推动了行业内洗衣粉生产技术的提高，目前国内企业仍采用该技术。武汉油脂化学厂率先进行洗衣粉前配料生产线国产化开发，轻工业部杭州轻工机械设计研究所进行了洗衣粉后配料生产线开发，均获得成功。自此，我国已系统掌握了洗衣粉生产技术。

这一阶段，我国洗衣粉行业上海合成洗涤剂厂的白猫牌产品一枝独秀。

主要生产技术特征：洗衣粉喷粉塔主要为钢塔；单塔喷粉能力最大为8 t/h左右；开始采用柴油热风炉；后配固体原料开始采用进口电子皮带秤；非离子和香精原料在后配工艺中加入；包装仍以手工包装为主。

2.1.3　1984—1993年，市场繁荣阶段

1984年，"活力28"超浓缩洗衣粉的问世，开创了我国洗衣粉历史的新纪元。同时，海鸥、熊猫、桂林、天津等地方品牌开始雄踞一方。这一阶段，国家改革正进行的如火如荼，计划经济向市场经济的转轨，也使得国内洗衣粉行业非常繁荣。"南有白猫、北有熊猫"描述的就是另外两个行业巨头。同时，国内小型洗衣粉生产企业开始发展，主要为小型砖塔喷雾干燥生产线和附聚成型生产线。

生物酶制剂开始引入到洗衣粉产品中。由于酶制剂等热敏性原料，不能在产品前配工序中加入，必须在生产出基粉后加入，促进了洗衣粉后配技术的开发。后配工艺中液体原料以计量泵计量，酶制剂等小料以电子皮带秤计量。喷粉塔生产的基粉与后配原料采用连锁控制计量和混合。

到1993年国内洗衣粉总产量达143.74万t/a。主要生产技术特征：单塔喷粉能力最大为12 t/h左右；洗衣粉前配料生产出现了自动控制；后配生产技术趋于完善，后配系统装置实现连锁控制。国内开发成功电子皮带秤并得到应用，柴油热风炉得到广泛应用，包装仍以手工包装为主。

2.1.4　1994—1996年，外资主导阶段

这一时期，外资洗衣粉开始在我国控股合资或直接设厂生产。主要体现在：一

是以合资为手段，在我国洗衣粉行业注入的资金越来越多；二是广告投入越来越大，越来越注重品牌的综合意义，力求通过品牌的意义影响并改变中国人的消费观念；三是产品在中国市场的占有率越来越高；四是销售和售后网络越来越健全和严密，开始遍布全国的大中城市。

凭借丰富的促销手段、高密度的广告宣传、不断地技术革新，在市场上取得节节胜利，在强大的外来攻势下，许多国内品牌要么选择了与外国洗衣粉厂合资，要么无奈地退出市场。市场基本由联合利华、汉高、宝洁、花王四大外资集团所主导。到1995年，四大品牌占据了国内洗衣粉市场近50%的份额，排名前10位的国字号厂家中有8家不情愿地被冠上了合资的头衔。这一阶段，许多著名品牌在这强大的外来攻势下，无奈地选择了与外国洗衣粉厂合资。国家定点洗衣粉厂家已大部分名存实亡，只有"白猫"在苦苦支撑，但其在消费者心目中的地位已呈下降趋势。另一方面国内民营小型洗衣粉生产企业因机制灵活、生产成本低、具有地域性优势，厂家数量上得到了快速发展。

在此期间，中国日用化学工业研究所开发出硬体附聚造粒机，随后轻工业部杭州轻工机械设计研究所开发出软体附聚造粒机，并迅速得到推广应用，带动了浓缩洗衣粉的发展。到1996年国内洗衣粉总产量达188.32万t/a。主要生产设备技术特征：单塔喷粉能力最大仍为12 t/h左右；洗衣粉生产工艺和设备不断完善中，附聚造粒生产洗衣粉发展迅速。

2.1.5　1997—1999年，民营洗衣粉异军突起

自外资洗衣粉进入我国进行一番市场争夺之后，已牢牢占据了城市市场。外资与国内洗衣粉厂已渐渐进入了一个相对平静的冷战阶段。一些国内厂家合资之后，那些曾经在国内市场叱咤风云的国内品牌则被打入冷宫。

在外资洗衣粉轰轰烈烈的大做城市市场的同时，"奇强"瞄准了潜力巨大的农村市场。利用原料生产基地的成本优势，采用低价位的销售策略，主攻中低品牌的空档，迅速在农村市场广布销售网点。1997年，"奇强"的销量奇迹般的由几万t跃到了23万t，位居全国第一。奇强在1999年迎来了巅峰，年销量38万t，占据了全国洗衣粉市场19%的份额。随后浙江纳爱斯建成高塔喷雾干燥洗衣粉生产线，经过一年的"狂飙突进"，雕牌洗衣粉销量从3万t一步跨越到35万t。广州"立白"采取OEM加工的模式，也创下了在广东市场一年销量6万t的奇迹。浙江"传化"则采用高价位、高促销、高密度广告的销售模式在浙江异军突起。安徽"全力"利用低价位冲击农村市场，采取送货下乡的销售模式，也同样取得了可喜成绩。国内民营小型洗衣粉厂家数量上得到了高速发展。

这个时期，我国洗衣粉市场出现了前所未有的繁荣，低价与走农村市场的思路，

使得国内洗衣粉有了一个相对的生存空间。但是，市场呈恶性竞争趋势，陷入了低质低价的竞争误区。由于许多民营小型附聚造粒生产洗衣粉厂家，生产活性物极低的产品号称浓缩粉，消费者逐渐对浓缩洗衣粉失去了信任，给日后浓缩洗衣粉的推广带来了极大的副作用。

到1999年国内洗衣粉总产量达193.30万t/a。主要生产技术特征：国内双层喷枪生产技术开发成功并得到广泛应用，单塔喷粉能力最大为15 t/h左右；国产自动化的洗衣粉生产线开始在国内得到应用，开始应用国产半自动包装机。

2.1.6 2000年之后，民营企业快速发展，行业重新洗牌

随着市场竞争愈来愈激烈，外资企业由于成本过高，一直未有好的盈利而纷纷撤离，国有洗衣粉厂家开始合并重组或破产。国内品牌借此机会，凭借价格和广告优势，确立了自己的地位，如奇强、立白、纳爱斯。中外合资企业大部分变成了独资企业。产品从高端向中低端发展。行业集中度进一步提高，规模效应、品牌效应凸显。目前，立白、纳爱斯占据国内大半江山。

由于部分洗涤用品产品企业盲目上规模，使得产能严重过剩、开工不足。促使国内民营小型洗衣粉厂家开始技术升级换代，扩大产能和提高装备技术水平，很多企业销售转向国际市场，得到了较快的发展。

洗衣粉生产技术装备有了长足发展，计算机控制全自动洗衣粉生产线在国内得到了广泛应用，工艺及装备技术水平达到或接近国际先进水平。随着配方水平迅速提高和生产工艺水平的提高，后配除加入非离子、酶制剂及香精等传统的原料外，纯碱、芒硝、沸石及皂粉等等原料开始陆续加入后配系统，即可生产普通粉也可生产复配型浓缩粉，生产过程变更配方更加灵活方便。后配可加入总量30%~50%的原料，提高了生产线产能，并且节能。

企业越来越重视节能、环保、清洁生产、绿色生产，行业开始加大浓缩粉的推广力度。洗衣粉生产技术及装备开始向国外输出，占领了国际大部分市场。

2017年我国洗衣粉产量456.79万t，仍以普通洗衣粉为主，占总量的91.4%，浓缩洗衣粉占比很低。

主要生产技术特征：单塔喷粉能力最大为20 t/h左右；洗衣粉后配料固体原料和液体原料采用失重秤连续计量以提高计量精度；生产线实现计算机全自动控制，国产全自动包装机得到广泛应用，二次包装自动化、全自动码垛开始得到应用；燃煤热风炉得到广泛应用，后因环保原因开始改为以天然气热风炉为主。

2.2 合成洗衣粉各类产品的发展与现状

粉状洗涤剂的生产工艺有：高塔喷雾干燥成型和附聚成型，也有两者相结合的

工艺。高塔喷雾干燥的粉呈空心颗粒状，比表面积较大，表观密度较轻，均在0.3~0.5 g/cm³之间。附聚粉为附聚型颗粒，比表面积小，表观密度大，相对前者同一重量的体积减小。这两种工艺生产的粉状洗涤剂，因组成成分基本相同，不影响去污力。

加酶粉生产时，因酶在100 ℃的高温下会失活，所以一般采取后配料加入，即出塔粉经冷却后再加入酶，即两种工艺相结合的方法。附聚成型是将液体料喷洒在固体颗粒上附聚而成，只需稍许加热，因此较之高塔成型工艺节能，所以特别适合热稳定性差的原料。

2.2.1 普通洗衣粉

所谓普通洗衣粉是相对于浓缩洗衣粉而讲的。普通洗衣粉一般采用喷雾干燥法生产，为膨化颗粒状，表观密度小，表面积大，溶解快。其主要成分有表面活性剂、助洗剂和填充剂。表面活性剂一般以阴离子表面活性剂为主，它具有良好的润湿、渗透、乳化、增溶、分散和起泡等功能，是去污的最主要成分。助洗剂有聚磷酸盐（降低水硬度，并有分散和pH缓冲功能）、泡花碱（pH缓冲功能）、纯碱以及羧甲基纤维素钠（防止污垢再沉积），普通洗衣粉中还有40%~50%的硫酸钠作为填充剂，较适合于手洗衣物用。

洗衣粉品种虽然很多，其现行标准将洗衣粉分为含磷和无磷两类，分别执行GB/T 13171.1—2009和GB/T 13171.2—2009标准，该标准设定的理化指标和使用性能指标见表4-6~4-9。其中的A型产品即为所谓的普通粉（B型为浓缩型洗衣粉）。各种功能洗衣粉如加酶洗衣粉、低泡洗衣粉、漂白洗衣粉等也都执行该标准，对3种污布（炭黑、蛋白、皮脂）的去污力都必须不低于标准洗衣粉。

表4-6 洗衣粉（含磷型）的理化性能指标

项目		HL-A	HL-B
外观		不结团的粉状或粒状	
表观密度/(g·cm⁻³)	≥	0.30	0.60
总活性物质量分数/%	≥	10	10
其中：非离子表面活性剂质量分数/%	≥	—	6.5[a]
总五氧化二磷质量分数/%	≥	8.0	8.0
游离碱（以NaOH计）质量分数	≤	8.0	10.5
pH（0.1%水溶液，25 ℃）	≤	10.5	11.0

注：a 当总活性物质量分数≥20%时，非离子表面活性剂质量分数不作要求。

表4-7 洗衣粉（含磷型）的使用性能指标

项目			HL-A	HL-B
规定污布的去污力 a,b		≥	标准洗衣粉去污力	
循环洗涤性能 b	相对标准粉沉积灰分比值	≤	2.0	
	洗后织物外观损伤		不重于标准洗衣粉	

注：a 规定污布为JB-01、JB-02/03，均要求大于标准粉去污力；b 试验溶液浓度：标准粉为0.2%，HL-A为0.2%，HL-B为0.1%。

表4-8 洗衣粉（无磷型）的理化性能指标

项目		WL-A	WL-B
外观		不结团的粉状或粒状	
表观密度 /(g·cm^{-3})	≥	0.30	0.60
总活性物质量分数 /%	≥	13	13
其中：非离子表面活性剂质量分数 /%	≥	—	8.5[a]
总五氧化二磷质量分数 /%	≤	1.1	1.1
游离碱（以NaOH计）质量分数 /%	≤	10.5	10.5
pH（0.1%水溶液，25℃）	≤	11.0	11.0

注：a 当总活性物质量分数≥20%时，非离子表面活性剂质量分数不作要求。

表4-9 洗衣粉（无磷型）的使用性能指标

项目			WL-A	WL-B
规定污布的去污力 a,b		≥	标准洗衣粉去污力	
循环洗涤性能 b	相对标准粉沉积灰分比值	≤	3.0	
	洗后织物外观损伤		不重于标准洗衣粉	

注：a 规定污布为JB-01、JB-02/03，均要求大于标准粉去污力；b 试验溶液浓度：标准粉为0.2%，HL-A为0.2%，HL-B为0.1%。

虽然，出于环保和节能等方面的考虑，希望浓缩洗衣粉能够得到较快发展，但事不遂愿，到目前为止，国内洗衣粉市场还是普通洗衣粉占绝对的主导，浓缩粉只有3%的份额。

2.2.2 浓缩洗衣粉

浓缩粉的主要成分和功能大体与普通粉相同，只是表面活性剂、助洗剂含量比普通粉高，填充剂比普通粉少。普通粉中的表面活性剂主要是阴离子表面活性剂，而在浓缩粉中，则以非离子表面活性剂为主。在洗衣粉的国家标准中，将洗衣粉分为 A 型（普通洗衣粉）和 B 型（浓缩洗衣粉）。在测试洗涤能力时，浓缩洗衣粉的用量（浓度）较普通洗衣粉减半测试。在实际使用时，浓缩洗衣粉的用量较普通洗衣粉也可减半。

浓缩洗衣粉的配方设计、原料选用及制造方法与普通洗衣粉有别，普通洗衣粉通常为高塔喷雾干燥制得，故为空心颗粒，表观密度小；而浓缩洗衣粉则为附聚成型或造粒成型，故为附聚型颗粒，表观密度大。另外，浓缩洗衣粉一般以非离子表面活性剂为主要表面活性剂，属于低泡洗衣粉，易漂洗，特别适于洗衣机洗涤。

体积压缩的洗衣粉不一定都是浓缩洗衣粉。市场上有些看似浓缩粉的洗衣粉，其去污力和普通洗衣粉一样，只是体积压缩了。关键要看相关的洗衣粉执行标准中的产品类型标识，GB/T 13171.1 HL-B（含磷浓缩粉）和 GB/T 13171.2 WL-B（无磷浓缩粉）为执行国家标准的浓缩洗衣粉产品，即关键要看将洗涤剂的实际使用浓度减半后，是否能达到普通粉的去污力。

（1）国内外洗衣粉的浓缩化进程

国际上的浓缩洗衣粉兴起于 20 世纪 80 年代后期，是洗涤剂市场继合成洗涤剂替代肥皂，直链烷基苯磺酸钠（LAS）替代支链烷基苯磺酸钠（ABS），4A 沸石替代三聚磷酸钠后的又一次革命。之前，市场上的洗涤剂主要是以表观密度 0.2~0.5 g/cm³ 的洗衣粉为主。这种洗衣粉是由高塔喷粉形成低表观密度的空心颗粒，简称为普通粉。低密度普通粉具有流动性好、易溶解以及去污性能理想等特点，深受广大消费者喜爱。随着消费需求的增加，发达国家洗涤剂的生产和销售量逐年扩大，由于普通粉表观密度较低所带来的包装体积大、占货柜面积大以及资源浪费、携带不方便等缺点开始引起人们的注意。在亚洲，日本率先从 70 年代开始，尝试生产高表观密度的浓缩洗衣粉。不过，由于当时产品配方没有得到有效改进，致使这种产品的去污力与普通洗衣粉差别不大，而且计量操作不易掌握，在市场上并没有被消费者接受。1987 年日本花王公司重新推出一种具有高表观密度、高有效组分的浓缩洗衣粉，改进了传统普通洗衣粉的不足之处，具备去污效果好、使用量少、包装材料小和柜台占地面积小以及携带方便等优点。该产品一上市就受到消费者的青睐，占领了家用洗涤剂市场 60% 的份额，并在 3 年之内迅速攀升到占洗衣粉市场份额的 90% 以上，现在日本的洗衣粉中超过 95% 的都是浓缩粉。

欧洲一些国家也在 20 世纪 80 年代末期开始生产浓缩粉，由于各国条件不同，浓缩粉占总洗衣粉的比例也不一致，大约在30%~90%之间。美国浓缩粉的发展速度亦比较快，于1989年开始尝试生产，到1994年产量已经超过洗衣粉总产量的90%。相对欠发达的亚洲和拉丁美洲的发展中国家洗衣粉浓缩化的趋势不明显，如横跨欧亚大陆的土耳其，浓缩粉占有率仍在洗衣粉的总量10%以下。

我国洗涤剂行业对浓缩洗衣粉生产的关注也比较早，1985年，中国日用化学工业研究院为沙市日化厂开发的功效"1∶4"洗衣粉首先面市，开创了我国浓缩粉生产和销售的先河，走在当时世界发展的前列。20世纪80年代末期，受国际上洗衣粉浓缩化潮流的影响，浓缩粉一度成为我国合成洗涤剂工业最引人注目的热门话题，频频出现在行业发展规划和各种会议上。舆论普遍认为：浓缩洗衣粉具有投资省、能耗低、节约劳动力、节约包装和节约运输成本等优点，并且能够有效去除领口和袖口的难洗污垢；十分符合我国国情，应该能够得到很好的发展；90年代我国出现了一批新建或由原有大中型洗涤剂厂扩建而成的浓缩粉生产企业，其中绝大多数采用国外进口成套设备，形成发展浓缩洗衣粉的浪潮。国内多家单位也根据固体物料静态混合技术，设计制造了附聚成型成套设备，声称可以专门用于生产浓缩洗衣粉。因此，全国各地纷纷采用这些成套设备，又新建立了许多小规模的浓缩粉生产厂。可惜，这种发展并没有按预期轨道进行，很快出现了新生产装置的建设迅速、实际生产和市场销售量发展缓慢方面的矛盾制约，使浓缩粉占我国洗衣粉的市场份额，在90年代初期达到10%，但随着时间的推移又日益减少的局面，并一直持续到目前。这种局面的出现有许多内在原因，业内普遍认为主要有以下几点。

①浓缩粉的低泡性、小体积外观没有得到消费者的认可。因为在洗衣机普及程度不高的时代，以泡沫多少判断去污程度的消费者对产品的认知存在偏差。

②产品成本、配方和制备工艺存在问题。一方面市场竞争激烈，促使洗衣粉整体销售价格下降，产品质量也日趋下降；另一方面浓缩粉又要维持高于普通洗衣粉的销售价格，使消费者没有感到获得实惠。

③洗涤习惯问题，中国人冷水洗涤时，浓缩粉实心颗粒溶解性差

④宣传推广力度不够。20世纪90年代我国处于市场开发的初期，资源节约、环境保护，没有获得普遍认可，浓缩粉的发展没有得到应有的政策支持。

（2）浓缩洗衣粉的特点

从国外的发展轨迹来看，浓缩洗衣粉与普通洗衣粉的区别是表观密度不同，普通洗衣粉一般在0.25~0.35g/cm^3之间，而浓缩粉应该提高到0.6~0.9g/cm^3，即在相等容积下，浓缩粉的重量会比普通粉大一倍以上。包装尺寸的减小和包装材料回收再使用量的增加，使固体废弃物减少，起到保护环境、节约资源的效果。浓缩粉还更容易搬运和储存，使销售过程中的分发、货架以及陈列的成本减少。

与普通粉一样,由于不同国家的水环境和生活习惯存在差异,浓缩粉的组成也有变化。国外成功销售的浓缩粉普遍具有溶解性或分散性好和使用量少的优点,显示出更高的性价比。为此,浓缩粉的配方组成中总有效成分的用量必须提高,作为填充剂的硫酸钠含量则降低很多。

(3) 浓缩洗衣粉发展的现状与问题

在发展初期,我国浓缩粉质量与国外同类产品存在差距。而且,由于前期投入大等原因,生产和销售成本方面也未能降低。加之一些企业为了弥补原材料和能源的价格上调带来的成本压力,进一步提高了浓缩粉的销售价,严重戳伤了消费者购买的积极性。由于以上原因,我国合成洗涤剂工业的浓缩洗衣粉生产与销售一直不景气,没有真正发展起来,也为后来全行业的重新洗牌埋下伏笔。

浓缩洗衣粉是节能型产品。这是因为:第一,制造过程比普通粉节省燃料、蒸汽、电力及劳动力;第二,浓缩粉表观密度大,体积小,节省包装费、储存占地小、运输费用低;第三,浓缩洗衣粉在使用时省水、省电,减少了废水排放量和对环境污染的程度。由于浓缩洗衣粉具有以上优点,国内洗涤剂行业对浓缩粉的发展也有较好的预期,洗涤用品工业协会也在提倡浓缩粉的发展,但到目前为止,国内浓缩粉的产量只占洗衣粉产量的3%,浓缩粉发展的道路并不平坦,任重而道远。

不少业内人士认为,浓缩洗衣粉发展缓慢的主要原因是消费者的消费习惯问题。诚然,消费习惯对浓缩粉的发展有一定的影响,但这不是浓缩化进程发展缓慢的根本原因。消费习惯是可以逐步改变的,我国消费者过去曾长期使用固体肥皂,后来随着洗衣机的普及,人们都开始使用洗衣粉,现在部分消费者又逐渐转向使用洗衣液。因此,问题的关键是要让消费者真正感受到使用浓缩洗衣粉的好处。

另外,有些生产技术问题还需要进一步解决。目前,我国还没有大规模直接生产浓缩洗衣粉的装置,正如中国洗涤用品行业"十二五"规划纲要中所提到的:需"加强产品制造工艺技术的开发,对高效浓缩化洗衣粉及液体洗涤剂的生产工艺和设备需进一步地研究和改进""开发生产能力更大的浓缩洗衣粉生产装置"。要进一步研究浓缩洗衣粉的生产工艺,如怎样优化配方、降低浓缩洗衣粉的pH值;怎样提高去污力;怎样增加浓缩洗衣粉的花色品种;怎样改进包装和装饰、降低包装成本等;这些问题都有待于进一步研究并提出解决方案。

企业不断地进行新品种的开发和技术改造,是保持可持续发展的重要措施。新品种的开发以及技术改造,都会给企业带来经济效益和社会效益。经济效益和社会效益必须同时兼顾。扩大浓缩洗衣粉的产量,其带来的社会效益将更为明显。

目前,我国的洗衣粉生产主要采用喷雾干燥加后配工艺。企业原有的喷雾干燥塔是不愿废弃的,如何利用这个装置来连续不断地制造浓缩洗衣粉,这给业内人士带来了新的课题。

喷雾干燥加后配工艺的优点是：既保证了喷粉塔的设备利用率，又可以添加非离子等高热敏性原料，并可以改变洗衣粉颗粒的物理性特征（如密度和粒度）。它的缺点是：在后配中加入的液体量受到限制，导致液体表面活性剂（如非离子）的加入量很难超过4%，通过后配来提高去污力，就受到了限制；另外，即使后配中固体原料加到40%，最终产品表观密度也很难达到600 g/L，严格地说还不能算是浓缩洗衣粉。

我国一些企业生产浓缩洗衣粉采用干混法工艺，特别是一些中、小型企业，但其总产量不会大。20世纪80年代后期，我国也曾引进过另一种技术，即喷雾—附聚—流化—再附聚工艺，这种工艺生产的浓缩洗衣粉的表观密度可达到900 g/L以上。然而，引进的几套装置（如昆明五钠厂、合肥日化厂、邵阳合洗厂等企业）因浓缩粉销路不畅都逐渐夭折了，更谈不上推广应用。浓缩洗衣粉生产技术的进步，既要靠企业科技创新能力的提升，也要靠国家有计划、有组织地进行重大课题的攻关。这一点在开发浓缩洗衣粉生产设备方面尤为重要。

（4）我国浓缩洗衣粉发展建议

环境友好和可持续发展，是当今世界发展的主题。进入21世纪，如何有效地控制生态环境的进一步恶化，实现人与自然的和谐共处，已成为当今科技工作者的一项重要课题。国家中长期科学和技术发展规划纲要（2006—2020年）特别强调，改善生态与环境是事关经济社会可持续发展和人民生活质量提高的重大问题，要在整体环境状况有所好转的前提下实现经济的持续快速增长。

洗涤用品是当今必不可少的日用化学品之一，随着国民经济的快速发展，尤其是城乡一体化步伐的加快，广大群众更注重个人卫生、环境卫生，对于洗涤产品提出了更高的需求，促进了行业更快发展。2017年我国合成洗涤用品总量已近1300万t，其中456.29万t是合成洗衣粉。如前所述，洗衣粉的浓缩化可以减少储存体积，减少填充剂的消耗以至减少废弃物，符合环境友好和可持续发展，具有重大的社会效益，应该大力发展。根据我国的合成洗涤剂工业的实际情况和行业发展的经验，就如何发展我国浓缩洗衣粉，应有以下几方面的考虑。

1）政策导向，法规促进

遵照国家"节能减排"的要求，行业主管部门和行业协会积极推进洗衣粉浓缩化进程。利用政策导向，在税收、项目经费等方面适当倾斜，鼓励洗衣粉生产企业自觉走"浓缩化"的道路。同时，针对现行洗衣粉存在的问题，组织有关部门，加快相关标准的制定和研究工作。通过改进标准，为市场经济下引导企业提高浓缩粉质量、节约资源，提供有效的手段。结合产品质量认证、环境认证和清洁生产认证等多种政府行政手段，推进标准的实施。同时应加强市场监督，打击假冒伪劣产品，创造一个良好的市场环境，保障生产质量优良浓缩粉企业的合法权益。为此，相关部门要充分运用标准法规、监督检查、市场抽查等手段，保障洗衣粉浓缩化进程的顺利进行。

2）宣传普及，引导消费

积极发挥管理部门和行业协会的作用，利用新闻媒体加大"浓缩粉"宣传力度，开展知识培训，引导消费者正确认识此类产品、了解推进此项工作在改善生态与环境和维持经济社会可持续发展中的意义。教育企业遵守道德，自律、自觉承担社会责任，更多站在国家战略高度思考和调整发展思路，增长方式，更加关注社会资源、生态环境。不能抱有侥幸态度，只考虑自身的短期利益，无视环保。企业还应该在提高技术水平、保证产品质量的前提下，积极引导消费者去认识浓缩粉和正确使用浓缩粉，彻底改变过去消费理念。应该充分认识到，由于传统经济增长方式的巨大惯性，中国生态恢复和环境保护的前景不容乐观。企业应该站在承担社会责任的高度，积极开发浓缩粉生产，为"建设资源节约型、环境友好型社会"做出贡献，同时也为企业自身的进一步发展铺平道路。

3）鼓励技术创新，全面提高产品质量

发展浓缩粉，更不能忽视消费者的需求这个巨大的驱动力。应该使消费者在购买浓缩粉时，可以获得购买普通洗衣粉时同等甚至更优的利益，即就使用量来说，没有多花钱。生产企业需要真正为消费者着想，在产品的配方技术和配制工艺两方面不断进行技术创新，靠货真价实的产品赢得市场；企业应加大技术投入，扎扎实实地提高技术创新能力，开发出有特色、能为消费者带来更多利益、可减少对资源的消耗、有利于环保、符合节能、节水、高效及功能化的产品；优化产品的配方组成和改进制备工艺路线，进一步提高产品的去污、溶解和漂洗等综合性能，以改善产品对于各种织物和各种污垢的适应性，以及产品的外观特性；使产品在不降低性价比的前提下，具有方便快捷、节能节水的综合效果；促使消费者从使用浓缩粉代替普通洗衣粉中受益，形成浓缩粉生产良性发展的基础。

推进洗涤剂浓缩化进程需要各方面发挥合力，全力把工作做细、把事情办好，才能让广大消费者满意。骨干企业应珍视信誉，确保产品质量，把向市场提供优质放心的产品视为沉甸甸的责任，努力营造良好的市场环境。最后，各方应做好对消费者的宣传教育工作，提高消费者对浓缩洗衣粉的认知水平，多渠道地宣传和引导，扩大浓缩洗衣粉的市场份额，履行好保护环境、节能减排、提升产业的行业责任，实现行业的可持续发展。2017年我国洗衣粉产品中浓缩化产品只占3%，其发展任重道远。

2.2.3 加酶洗衣粉

加酶洗衣粉是在洗衣粉中添加了酶制剂的洗衣粉。酶制剂是生物体中的活细胞产生的一种具有催化作用的物质，其化学本质就是蛋白质。洗涤剂中使用的酶制剂的作用对象主要是各种食品类污渍、人体皮肤及油脂类污渍，使之水解转化为水溶性的物质，因而很容易清洗。酶是一种热敏性物质，温度是影响酶活性的一个重要因素。因此，使用加酶洗衣粉时，洗涤水温应控制在40 ℃左右，千万不可超过60 ℃，否则，酶将失活，失去其应有的作用。酶随着贮存时间的延长也会缓慢失活，因此加酶洗衣粉不可久存。加酶洗衣粉也不能用来洗涤丝、毛类含蛋白质纤维的织物，因为酶能破坏蛋白质纤维结构，从而影响丝、毛织物的牢度和光泽。

目前，在洗衣粉中应用的常见的酶制剂有四类：蛋白酶、脂肪酶、淀粉酶和纤维素酶。其中洗衣粉中应用最为广泛、效果最为明显的是蛋白酶。

酶在自然环境中是可以完全生物降解的，它是一种取自于天然、造福于人类的新型原料。而且，酶在很多应用中可以取代化学品，减小对环境的破坏。另外，酶使各种反应在温和的条件下进行，不需要苛刻的反应条件，如高温、高压等，减少了生产过程中能源的消耗，也降低了引起温室效应的二氧化碳气体的排放。因此，使用酶，能够更好地保护我们赖以生存的环境。

由于酶在洗衣粉中的良好作用，我国加酶洗衣粉发展良好。2017年主要洗衣粉生产厂商的加酶洗衣粉的产量占到洗衣粉总产量的82%，可以说加酶洗衣粉已占绝对的主导地位。

2.2.4 无磷洗衣粉

无磷洗衣粉是相对含磷洗衣粉而言，普通洗衣粉中的表面活性剂主要是烷基苯磺酸钠，但它耐硬水能力不强，在硬水中去污力明显下降。三聚磷酸钠能螯合水中钙、镁离子，达到软化水的作用，进而使洗衣粉去污力明显提高，且含磷粉的防潮性和流动性均好，至今还没有更好的助洗剂能取代它。早期的洗衣粉主要采用磷酸钠盐作为助洗剂。由于它在水质软化、固体污垢分散、酸性污垢去除等多方面的独特作用，可以对提高洗衣粉的去污效果起到很大作用。但是，磷酸钠在完成使命后随污水被排入各种水域，会加剧封闭水体的"富营养化"。磷是一种营养元素，磷酸盐本身是无毒的，磷是生命的必须物质，它甚至可作为添加剂用于食品和肉类制品的加工。在洗衣粉的各类助洗剂中，磷酸盐被公认为是最出色和最有效的一种助洗剂。但是，"磷"本身又是一种肥料，如果生活污水中的未经处理的含磷废水过多地排入内陆湖泊，会引起藻类植物过快生长，进而导致浮游生物过量繁殖，使水体溶解氧减少，最终使得水质变差，使鱼类和其他生物不能正常生存，这种现象被人们称为"富营养化"。因而，从环保的角度出发，许多国家和我国的一些内陆湖如滇池、太湖和西湖等流域采取了禁磷措施。无磷洗衣粉则是不使用磷酸盐做助剂的一类洗衣粉，这种洗衣粉不会加剧水质的富营养化，有利于水体环境保护。目前，推广和使用无磷洗衣粉已成为解决湖泊水域富营养化的重要措施之一。

我国对这一问题的认识较晚。20世纪80年代的行业标准曾规定，"合成洗涤剂中磷含量小于15%为不合格产品"，这无疑限制了无磷洗衣粉的研究及发展。国家环保局从1996年开始进行无磷洗衣粉的认证工作，并在湖泊、水库周围地区禁止销售含磷洗衣粉。2004年9月1日开始执行的GB/T 13171—2004《洗衣粉》要求，含磷洗衣粉中总五氧化二磷含量≥8%，无磷洗衣粉中总五氧化二磷含量<1.1%。国内各界环境保护意识的提高和有关政策措施的出台也极大地推动了我国无磷洗衣粉生产的发展。随着全国禁磷、限磷区域的扩大和对无磷洗衣粉的研究不断加深，其产量也在稳步增长。

目前，我国主要用4A沸石（硅铝酸钠）取代三聚磷酸钠，但它降低水硬度的原理不同于三聚磷酸钠，而是通过离子交换降低水硬度，但交换速度变慢。另外，4A沸石不溶于水，靠细微的颗粒悬浮于水溶液中，颗粒的细匀又与交换速度有关，在用无磷洗衣粉洗涤衣物时，要适当延长浸泡时间，因为4A沸石软化水速度较慢。

水质"富营养化"不是洗衣粉含磷"一家之过"。对"富营养化"有"贡献"的，除磷外，还有氮和钾。再者，磷的污染源也不只是洗衣粉，还有磷肥在农业生产中的流失、人畜排泄物等。要从根本上解决，就得对生活污水进行全面处理。但是，污水处理设施投资很大，因此我国目前尚无条件对污水进行全面处理。在这种情况下，可先在湖泊富营养化比较严重的经济发达地区实行洗涤剂中禁磷，可以部分缓解水质恶化的现象。

无磷洗衣粉的发展，除了受环保政策、广大消费者和洗衣粉生产商的环保意识等影响之外，原料的供应以及价格成本，也对其发展起到了根本性的影响。在多种因素的综合作用下，我国无磷洗衣粉得到良好发展。目前市场上民用洗衣粉已无含磷洗衣粉，仅存在部分工业洗涤剂中有含磷产品使用。

2.2.5 漂白洗衣粉

漂白洗衣粉的基础配方与普通洗衣粉基本相同，所不同的是漂白洗衣粉中要加入一定量的化学漂白剂。

在洗衣粉中加入的漂白剂有氯漂和氧漂两种。氯系漂白剂，如次氯酸钠、二氯异氰酸钠，不仅有异味而且腐蚀性较强，倘若使用不当会损伤织物。考虑到用于合成洗涤剂的漂白剂对织物纤维的颜色应该有良好的稳定性，所以几乎都采用氧系漂白剂，即所谓"彩漂"，代表性的氧系漂白剂有过硼酸钠和过碳酸钠等。这些漂白剂在常温下会缓慢释放活性氧，过硼酸钠高于80℃、过碳酸钠高于60℃才能有较好的漂白效果，如在较低的温度下洗涤，还需要加入一定量的漂白活化剂。为此此类产品在我国以常温冷水洗涤的市场环境中，产品产量一直未能有好的增长。

2.2.6 低泡洗衣粉

低泡洗衣粉是相对于高泡洗衣粉而言的。洗衣粉泡沫的高低与去污力无关，与助洗剂的种类和数量无关，主要与表面活性剂有关。表面活性剂因品种不同发泡力大小不一，洗衣粉常用的表面活性剂（烷基苯磺酸钠）发泡力较高，泡高为220 mm（罗氏法）；非离子表面活性剂（环氧乙烷加成物）泡沫较低，为180 mm。加入油溶性表面活性剂或消泡剂均能降低泡沫，在洗衣粉中加入肥皂（脂肪酸钠），泡沫就可以明显下降。这是由于肥皂在硬水中生成钙皂，钙皂是一种油溶性表面活性剂，具有消泡功能。在使用洗衣粉时加点肥皂或在溶解好的洗衣粉溶液中加入液体皂都能奏效，这样做不会降低洗衣粉的去污效果。低泡洗衣粉在采用洗衣机洗涤，特别是滚筒洗衣机洗涤时有较好的应用优势。

2.3 合成洗衣粉生产厂商及历年产量统计

2017年洗衣粉主要生产厂商统计见表4-10。能够收集到的比较确切的洗衣粉产量数据始于1983年，从1983年至2017年的统计数据见表4-11。

表4-10 2017年主要洗衣粉生产厂家

编号	厂家
1	广州立白企业集团有限公司
2	纳爱斯集团有限公司
3	宝洁（中国）有限公司
4	联合利华（中国）有限公司
5	广州市浪奇实业股份有限公司
6	南风化工集团股份有限公司
7	山东丽波日化股份有限公司
8	上海和黄白猫有限公司
9	特丝丽化工有限公司
10	南京佳和日化有限公司
11	四川立顿洗涤用品有限公司
12	东莞市立顿洗涤用品实业有限公司
13	广东鹏锦实业有限公司
14	湖南丽臣实业有限责任公司
15	北京洛娃日化有限公司
16	传化集团有限公司

表 4-11　1983—2017 合成洗衣粉历年产量数据统计

年份	产量（万 t）	年份	产量（万 t）	年份	产量（万 t）
1983	58.44	1995	188.82	2007	346.31
1984	63.30	1996	188.32	2008	335.30
1985	84.63	1997	192.48	2009	380.23
1986	96.24	1998	194.37	2010	392.62
1987	94.14	1999	193.30	2011	373.58
1988	102.71	2000	235.00	2012	420.96
1989	118.12	2001	244.40	2013	448.37
1990	119.65	2002	255.00	2014	468.26
1991	112.02	2003	275.67	2015	444.76
1992	125.01	2004	291.28	2016	446.28
1993	143.74	2005	335.00	2017	456.79
1994	164.40	2006	344.20		

2.4　结语

在我国，洗衣粉从 1959 年有产品投放市场以来，得以快速发展，尤其是在突破了烷基苯的供应瓶颈之后，从刚开始不到 1 万 t/a 的规模发展到 450 万 t/a 的规模。在发展历程中，1985 年合成洗涤剂总量超过了肥皂，1988 年洗衣粉总量超过了肥皂总量，是洗衣粉发展历程中里程碑式的事件。之后，洗衣粉在洗涤用品行业奠定了其主导的地位已达 30 多年。即使在液体洗涤剂高速发展的今天，衣料用液体洗涤剂的规模和洗衣粉规模仍有百万 t 的差距，洗衣粉仍是衣用洗涤剂的主导品种，其优势地位在今后一段时间内得以保持。

根据中国洗协信息统计中心统计显示，2017 年我国洗衣粉产品以普通型洗衣粉为主，普通洗衣粉产量超过 91%，浓缩型洗衣粉仅占总产量的 3%。另外，还有单独对加酶洗衣粉和无磷洗衣粉进行统计，统计范围内生产企业 2017 年生产加酶洗衣粉产量占总量的 82%，无磷洗衣粉占总量的 88%。可以看出，浓缩型产品的发展不尽人意，原因多方面，任重而道远。

3 洗衣液

3.1 概述

洗衣液是由水和表面活性剂、助洗剂、增效剂等组分,按一定比例配制而成的液体洗涤剂。洗衣液是近年来发展比较快的品种,美国洗衣液占衣用洗涤剂的80%左右,欧洲发达国家衣用洗涤剂也是以洗衣液为主。

在与洗衣粉有同样去污力的情况下,洗衣液更节能、省料、易溶解,而且使用方便。因此,洗衣液是我国衣用洗涤剂的发展方向。

洗衣液在水中溶解速度快,相对洗衣粉来说,碱性较低,性能比较温和,不会损伤衣物。洗衣液按其表面活性剂含量可分为普通型和浓缩型两种,按其功能的不同又可分为洗涤柔软二合一洗衣液、婴儿专用洗衣液、除菌洗衣液、消毒洗衣液和护色固色洗衣液等,按其有无加酶可分为一般洗衣液和加酶洗衣液。

洗衣液执行 QB 1224—2012 行业标准,其感官和理化指标见表 4-12,性能指标见表 4-13。由于水对各种物质都有一定的溶解度,因此各种组分的加入量就受到溶解度的限制,主要是助洗剂。我国水硬度较大(尤其北方),水硬度对去污力有较大影响。软化水最好的助剂为三聚磷酸钠,但是,三聚磷酸钠在水溶液中容易水解成磷酸钠,很大程度上失去了螯合悬浮分散抗硬水作用,它在水中溶解度低,加入量不够,水硬度就降不下来(4A 沸石不溶于水,更不能采用)。所以,洗衣液中经常采用受水硬度影响较小的非离子表面活性剂或抗硬水性好的阴离子及两性离子表面活性剂,也可以采用高分子聚合物起螯合悬浮分散抗硬水作用。

物料的溶解度与温度有关,在室温下能溶解的,在 0 ℃以下不一定能溶解,特别是易生成结晶水的纯碱。加成环氧乙烷的非离子表面活性剂有浊点,在室温下溶解,在高温下反而析出呈混浊状。因此,洗衣液必须满足耐寒耐热的要求,在理化性能上达到规定的稳定性。洗衣液的品种很多,大体与洗衣粉差别不大,也有含磷、无磷洗衣液,但还有洗衣粉没有的中性洗衣液。

表 4-12　衣料用液体洗涤剂感官和理化指标

项目		洗衣液		丝毛洗涤液		衣领袖口预洗剂
		普通型	浓缩型	普通型	浓缩型	
感官指标	外观	不分层，无明显悬浮物（加入均匀悬浮颗粒组分的产品除外）或沉淀，无机械杂质的均匀液体。				
	气味	无异味，符合规定香型。				
理化指标	稳定性　耐热	在 (42±2) ℃下保持 24 h，恢复至室温后与实验前无明显变化。				
	稳定性　耐寒	在 (−5±2) ℃下保持 24 h，恢复至室温后与实验前无明显变化。				
	总活性物质量分数 /% ≥	15	25	12	25	6
	pH(25 ℃，1% 水溶液)[a]	≤ 10.5		4.0~8.5		≤ 10.5
	总五氧化二磷质量分数 /% ≤	1.1（对无磷产品的要求）				

注：a　结构型洗衣液的 pH 测试浓度为 0.1% 水溶液。

表 4-13　衣料用液体洗涤剂性能指标

项目	洗衣液		丝毛洗涤液		衣领袖口预洗剂
	普通型	浓缩型	普通型	浓缩型	
规定污布的去污力[a]　≥	标准洗衣液去污力[b]		标准洗衣液去污力[c]		标准洗衣液去污力[d]

注：a　规定污布是指 GB/T 13174 确定的 JB-01、JB-02 和 JB-03 三种试验污布，去污力测试中洗衣液和丝毛洗涤液的浓缩型产品的试验浓度为 0.1%，其余产品种类和标准洗衣液的试验浓度均为 0.2%；b　JB-01、JB-02 和 JB-03 三种试验污布；c　至少 JB-01 污布大于或等于标准洗衣液；d　JB-01、JB-02 和 JB-03 三种试验污布中任意两种污布。

3.2　发展与现状

在洗涤用品中，由于液体洗涤剂相比于洗衣粉而言，设备简单，工艺流程短，可以常温化料，不产生粉尘，节能环保；不添加填充剂，节约资源，成本低；溶解性好、低温洗涤性能好、使用方便，易于漂洗，消费者使用体验好；既可碱性，也可中性，更适合于不同材质的衣物和不同肤质的人群，已成为发达国家洗涤剂工业发展的方向；但是，洗衣液要用到大量的塑料包装容器和纸箱，特别是电商快速发展带来的破损易漏问题，需增加额外的保护材料，带来了另外的环境和资源耗费问题。

总体讲，液体洗涤剂顺应了国家"节能减排"的可持续发展潮流，是未来衣物洗涤剂发展的必然趋势。液体洗涤剂与粉状洗涤剂相比，液体洗涤剂溶解性好、使用方便、易于计量、节能环保和不产生粉尘，而且由于配方中用水代替了大量的无机盐填充物，体系碱性低，因而更体现了产品本身对手和织物的保护。

从制造商角度，液体洗涤剂具有配方灵活、制造工艺简单、设备投资少、节省能源和加工成本低等优点，液体洗涤剂市场发展迅速。随着消费者洗涤习惯的改变以及消费群体年轻化趋势明显，使得洗衣液发展空间巨大。在超市洗涤用品货架上，洗衣液产品的数量和种类一直在呈逐年增加的趋势，在这样的变化中，消费者从洗衣粉的使用者变成了洗衣液的使用者。消费者的感受应该是最明显的，尤其是北、上、广、深这样的一线城市。目前，超市里洗衣液的市场份额明显在提升。尽管目前洗衣粉仍然占据市场主导地位，但增长速度明显放缓，而洗衣液正成为行业新的增长点，近几年增长势头良好。中国洗协的统计数据显示，目前在衣用洗涤用品市场，洗衣液的市场占有份额已经在40%左右。而在美国，目前洗衣液已经占据洗衣用品市场的80%以上，我国的洗衣液产品市场空间巨大。近20年洗衣液产量数据见表4-14所示。

表4-14 20年洗衣液产量统计表

年份	产量（万t）	年份	产量（万t）	年份	产量（万t）	年份	产量（万t）
1999	1.14	2004	3.00	2009	23.96	2014	292.60
2000	1.95	2005	5.79	2010	69.89	2015	335.62
2001	1.55	2006	7.41	2011	151.24	2016	368.44
2002	3.06	2007	11.74	2012	123.30	2017	329.79
2003	6.34	2008	11.61	2013	185.41		

一个国家的经济发展和消费者洗涤剂支出呈正比关系，产品开发经济发展也有类似的相关性，我国消费者使用液体洗涤剂的趋势也符合这个相关性。

我国正在跟随全球洗涤剂市场的发展趋势，逐渐从洗衣粉向液体洗涤剂转变。从表4-11和表4-14中20年来的数据可以看出，合成洗衣粉产量和液体洗涤剂产量都在逐年增长，但是液体洗涤剂的环比增长率超出洗衣粉很多。洗衣粉同比增长在5%左右徘徊，受液体洗涤剂排挤严重，反观液体洗涤剂，产量在2011年实现突破，增长超过30%，并且同比增长都在2位数。单从数据可以看出，我国的液体洗涤剂市场前景广阔。

据有关调查，按照洗涤剂消费总金额排名，美国是世界上洗涤剂消费的第一大国，其次是日本和中国。美国作为洗衣液的领导品牌，产品较为丰富，功能细化，如：冷水洗涤、HE洗衣机专用、婴儿衣物用、精细织物专用、柔顺、芳香、保护纤维、保护原色、柔顺和保持形状等。近几年，浓缩产品成为美国洗衣液的发展趋势。洗衣液因其明显的溶解能力优势，比洗衣粉更能适应市场的新需求。

液体洗涤剂克服了传统洗涤剂的缺点，凭借其易溶解、低残留、温和、低刺激甚至无刺激、不伤衣物和不伤手等优点赢得了消费者的青睐。一些大的一线品牌推出了超强去污力的液体产品，打消了消费者对液体洗涤剂去污力的疑虑，加快了消费者由"粉"向"液"的转变，如今液体洗涤剂迅速上升成为洗衣界的新宠。液体洗涤剂的年平均收益比过去高是由于液体比粉剂使用方便，而且液体洗涤剂的价格正变得更接近于粉剂的水平。液体洗涤剂的利润高于粉状洗涤剂是洗涤剂不断发展的一种趋势。

3.3 国内洗衣液品牌

目前，市场上主要有重垢衣用液体洗涤剂、轻垢手洗餐具洗涤剂、液体肥皂和专用液体洗涤剂等。从品牌分布来看（国内市场上主要洗衣液品牌见表4-15），目前国内市场上的洗衣液品牌众多，但是主要市场份额还是被蓝月亮、碧浪、奥妙、汰渍、雕牌、立白、开米、绿伞、浪奇、白猫、奇强和洁霸等大品牌占据。几大品牌共占据一多半的市场份额，品牌的集中度越来越高。为争抢更多的市场份额，各大品牌都在不遗余力地进行品牌营销。2017年国内主要洗衣液生产厂家列于表4-15。

表4-15 主要洗衣液生产厂家

序号	厂商	品牌
1	纳爱斯集团有限公司	雕牌、光白去渍霸
2	广州立白企业集团有限公司	立白
3	广州蓝月亮实业有限公司	蓝月亮
4	威莱（广州）日用品有限公司	威露士、卫新、威洁士
5	联合利华（中国）有限公司	奥妙、金纺
6	宝洁（中国）有限公司	汰渍、碧浪
7	北京洛娃日化有限公司	洛娃
8	广州市浪奇实业股份有限公司	浪奇
9	南风化工集团股份有限公司	奇强
10	东莞市立顿洗涤用品实业有限公司	
11	中山市美日洁宝有限公司	芭菲小天使
12	唐山市一品净日化有限公司	
13	浙江东南船牌日化股份有限公司	
14	上海和黄白猫有限公司	白猫
15	北京绿伞化学有限公司	绿伞
16	西安开米股份有限公司	开米涤王

3.4 洗衣液技术发展

欧美地区洗衣液经过较长时间的发展，技术较为成熟。近几年欧美地区洗衣液的技术发展趋势可以概括为浓缩和多功能化。1958年第1个重垢洗衣液的配方，是用比STPP水溶性更好的焦磷酸钾作为无机助剂。同时，以烷基苯磺酸钠和烷醇酰胺为表面活性剂体系，这种体系可以容忍15%~20%的焦磷酸钾。到了20世纪60年代中期，所有的洗涤剂中生物降解性差的原料，如带有四丙基侧链的烷基苯磺酸钠被直链烷基苯磺酸钠(LAS)所代替。80年代，随着洗衣液酶制剂应用的技术创新，1984年宝洁公司上市了汰渍洗衣液，美国洗衣液市场从此开始进入了快速发展的时期。到90年代，复合酶制剂尤其是蛋白酶和淀粉酶，在洗衣液中的应用已经是比较普遍的了。从80年代中期到90年代中期，美国市场上一些主要的洗衣液品牌的配方从没有助剂转化到了含有助剂的配方。

1990—2000年，洗衣液方面有了非常大的技术进展，几千份有关洗衣液的专利得到申请和授权。日本洗衣液市场的技术发展趋势基本上与欧美较为接近，但也有其独特之处。日本洗衣液市场上宣称浓缩型的产品比较少见，但其一般型产品的活性物含量基本上在35%左右，而宣称浓缩的产品，活性物含量高达75%。也就是说，浓缩虽然也是日本洗衣液的技术发展趋势，但多功能化（柔软、杀菌、香气）和维持衣物原有风格（精细织物用洗衣液）是日本洗衣液较为明显的发展趋势。

在我国，洗衣液是在20世纪80年代才出现的新一代织物洗涤产品，可以分为结构型和非结构型洗衣液。结构型洗衣液采用烷基苯磺酸钠LAS、烷基聚氧乙烯醚AEO和烷基聚氧乙烯醚硫酸钠AES等表面活性剂，与沸石、碳酸钠和硅酸钠等无机助剂与聚合物稳定剂相配合，采用特殊的生产工艺，生产出外观稀稠均一的不透明乳液状产品（为层状液晶体系），目前结构型洗衣液品种较少。非结构型洗衣液是目前国内外洗衣液产品的主流，以表面活性剂为主，助剂含量较低，多为透明或半透明均一液体。非结构型洗衣液的表面活性剂可选范围很宽、pH值较低、对皮肤刺激性较小、溶解迅速和去污力好，满足日常生活的洗涤需求，并且容易实现多功能化，可以获得柔软、抗菌和芳香等功效。可见，洗衣液相对于传统的织物洗涤剂，具有更多的特点和功能，更加适合现代家庭洗衣的需求。

3.5 优势与挑战

3.5.1 环境问题

自洗衣液在市场上风生水起，有关洗衣液和洗衣粉到底谁将统治市场的争议就在业界引发关注，尤其是当一直处于上升趋势的洗衣粉出现历史性的负增长之后，这样的争论更是达到了顶点。一种说法认为"洗衣液以强劲势头冲击洗衣粉市场";另一种说法则认为"洗衣液 10 年内仍难以撼动洗衣粉市场"。争议的背后,其实是我国洗涤用品尤其是洗衣用品的发展方向之争。从全球的发展趋势来看,洗衣液是产业未来的发展方向,但在我国,由于消费观念、质量技术和价格竞争等多方面的因素,目前洗衣液整体市场占有率偏低。但从产业发展来看,应该说洗衣液更有发展空间。

在业内人士看来,洗衣液之所以代表着产业的发展方向,一方面,从生产工艺来看,洗衣液的生产相对于洗衣粉来说,更加环保节能,它的能源消耗更低,生产过程相对更简单,生产线的投入也会低一些,对环境的污染(包括生产过程中的排污)也更小;另一方面,从消费者使用的角度来说,洗衣液使用更方便,用量更少,而且洗涤后的污水污染也相对要小。

尽管洗衣液的前景不容小觑,在发达国家市场,洗衣液在洗衣剂中所占的比重普遍较高,如在欧洲已经超过 30%,在美国更高达 70%~80%。但是,在我国真正突飞猛进也只是近几年的事,消费者的使用习惯、相对较高的价格和良莠不齐的质量等,都成为洗衣粉与洗衣液之争的主要影响因素。

业内专家认为,如果和传统的洗衣粉相比,洗衣液确实具有能耗低、更节能环保的优点,但如果和浓缩洗衣粉这样的新型洗衣粉产品相比,它们在能耗方面差不多。另外不应忽视洗衣液塑料包装增加造成的浪费和污染。因此,洗涤用品将来的发展趋势必定是洗衣液和浓缩洗衣粉,甚至是浓缩洗衣液这样更加环保的产品。根据 2007 年国家科技部编制的《全民节能减排手册——36 项日常生活行为节能减排潜力量化指标》显示,少用 1 kg 洗衣粉,可节能约 0.28 kg 标准煤,相应减排二氧化碳 0.72 kg。如果全国 3.9 亿个家庭平均每户每年少用 1 kg 洗衣粉,1 年可节能约 10.9 万 t 标准煤,减排二氧化碳 28.1 万 t。

相对于洗衣粉,洗衣液在生产过程中也大大减少了能源的消耗和二氧化碳的排放。例如生产 1 t 洗衣粉综合耗能为 280 kg 标准煤,然而生产 1 t 洗衣液的综合能耗不超过 5 kg 标准煤,见表 4-16。

表 4-16　生产 1 t 洗衣粉与洗衣液节能减排数据对比

产品	生产温度 /℃	消耗标准煤 /kg	相当于 CO_2 排放量 /kg
洗衣液	40	< 5	< 13
洗衣粉	60	280	720

早在 2009 年举行的哥本哈根联合国气候变化大会上,来自洗涤剂行业的专家指出,洗涤剂行业及其上下游产业蕴含着巨大的节能减排潜力。如果能够全面引入新

技术并普及减排意识，洗涤剂行业有望在未来大量减少碳排放。

3.5.2 质量创新

与洗衣粉时代国外品牌主导产业发展不同的是，洗衣液产品是在国产品牌打开市场空间、赢得市场发展新机遇之后，国外品牌才开始将重心转移到该类产品上来的。因此，目前国产品牌在洗衣液的发展中并不处下风。

除国外两大日化巨头宝洁、联合利华都已推出自己的洗衣液产品抢占市场之外，我国的几大日化品牌也涉足其中。在整个市场竞争中，蓝月亮、立白、绿伞和开米等组成的国产洗衣液军团，并不输给奥妙、汰渍领衔的国外品牌阵营。

其实，经过这些年的发展，我国洗涤用品市场，整体市场份额占优的已经变成国产品牌，洗衣液如此，洗衣粉也是如此。在广大农村和三、四线城市，国产品牌更具优势。不过，现在国际品牌也开始推出中低端产品，准备进军四、五线城市。

尽管我国和美国都推出了自己的洗衣液产品，但由于两大市场的发展程度不一样，也使得一些国际品牌的产品在市场投放方面也不尽相同。比如国际日化巨头宝洁公司，他们旗下的汰渍洗衣液产品并非最新技术产品。一方面，他们要适应中国市场，包括中国人的穿衣习惯和洗涤习惯，都与西方不同；另一方面，由于中国南北方水质不一样，在推广洗衣液时也会出现南方好于北方的情形。

从技术角度来看，我国与国外还是有差距，但是差距正在缩小。目前，我国绝大多数洗衣液生产厂家同时也是洗衣粉生产企业。因此，从技术角度上看，他们在洗衣液的生产制造上，有时候会有自我延续性，然而洗衣液有着不同于洗衣粉的特点，因此，企业在创新思路上应该更开阔，寻求技术思路上的转变，也利于缩小与国外的差距。2014年，关于洗衣液产品的国家质量监督抽查结果显示，产品抽查合格率4.1%，主要是表面活性剂含量不合格。整体来看，大品牌的洗衣液产品质量都是没有问题的，小品牌产品就很难说，相对质量也会差一些。但是，随着市场占有率的不断上升，洗衣液产品的整体质量水平也在不断提升。

3.5.3 包材的挑战

在超市的货架上，可以明显地看到洗衣粉多以袋装等形式包装，洗衣液多以瓶装包装，这种包装形式比较耗材，相当于洗衣粉的3~6倍，而且还要用大量的纸箱，回收和循环利用率低，和当今倡导的节能减排背道而驰。

未来洗衣液竞争将会更加残酷，洗衣液生产企业应该从环境友好，循环利用的角度去考虑所用包材，这就给生产企业提出一个新的挑战。浓缩化可以降低包装材料的成本，但是，目前一段时期内，我国的消费者洗涤习惯的改变，需要很长的一段时间。随着浓缩化进程的加快和消费者接受浓缩化概念的加快，洗衣液在包材这方面的挑战应该能够得到很好的解决。

3.5.4 结语

综上所述,虽然目前洗衣液市场发展如火如荼,但我国洗衣液市场还处于发展阶段,广大的消费者对洗衣液接受程度还有待提高,尤其是农村市场,尚未得到消费者的普遍认可。这要求投资者灵活跟踪市场动向,随市场变化做出调整,避免不必要的跟风或浪费。业内专家分析,一般情况下,消费者会根据习惯认为洗衣液感觉似乎洗不干净衣服,感觉洗衣液的洗涤对象是轻垢的衣物,加之价格又明显高于洗衣粉。因此,其目前主要停留在经济发达的大中型城市的超市,农村市场正在进一步进入。在洗衣粉消费量最大的市场——中小型城市和农村,洗衣液还不能对洗衣粉构成威胁。这也就给了一些目标消费群体在农村的品牌缓兵之计,中国日化市场总销售额中,农村市场就占据了1/3的份额,并以每年4.2%~4.8%的速度增长。随着城镇化步伐的加快,未来的农村市场必将与城市市场同分天下,洗衣液市场会得到进一步的释放。

我国早就提出落实节约资源和保护环境的基本国策,建设低投入、高产出、低消耗、少排放、能循环、可持续的国民经济体系和资源节约型及环境友好型社会。液体洗涤剂的制造过程和使用过程都非常符合国家规划的方向,我国洗涤剂的市场前景和国家政策都给液体洗涤剂市场带来了极大的机遇。我国液体洗涤剂企业要抓住机遇,迎接挑战,不断创新,提高产品质量,建立起强大的市场体系,实现自身的跨越式发展。随着人们生活水平的提升,对洗涤用品的需求量不断增加,将带动洗涤用品市场的繁荣发展。目前,洗涤用品已经成为人们日常生活的必需品,产品种类不断增多,并且逐渐朝着绿色环保、功能化、专业化、系列化的方向发展。

4 洗衣膏

4.1 概述

洗衣膏又称作浆状衣用洗涤剂。洗衣膏含表面活性剂和助洗剂,其组成大体与普通洗衣粉相同,功能也大体相同。洗衣膏生产工艺简单,相当于洗衣粉的配料工艺加研磨工艺,不需干燥,因此节能、经济。两者的主要差别是,洗衣膏中的水替代了洗衣粉中的填充剂硫酸钠。由于含水较多,在储存过程中可能引起一些变化,影响质量。除外观外,产品中的三聚磷酸钠会逐渐水解,影响洗衣膏的去污能力。洗衣膏也可以制成无磷洗衣膏,质量上不低于含磷洗衣膏。因为无磷洗衣膏可用沸石代替三聚磷酸钠,沸石在洗衣膏中不会被水解。作为软水剂的乙二胺四乙酸钠

(EDTA)因价格贵,洗衣膏中使用较少。洗衣膏使用时先用水溶解后放入衣物洗涤,也可涂抹在衣物上搓洗。膏状物体比表面积小,不利于溶解,且洗衣膏过期会影响质量,最好现买现用。

4.2 发展与现状

自1959年我国有了合成洗涤剂工业以来,合成洗涤剂有了较快的发展。随着洗涤剂产品结构的变化,洗衣膏作为洗涤剂产品的形态之一,20世纪于70年代初开始出现。由于洗衣膏的生产设备简单,投资较少,因而得到了不少洗涤剂厂家的青睐。同时,由于其价廉物美而得到了一些地区,尤其是农村消费者的喜爱。但是,自进入90年代后,表面活性剂工业应用的迅速发展促进了合成洗涤剂的高速发展,也使洗涤用品市场竞争愈来愈激烈。国外公司(如P&G、Unilever、Henkel等)进入我国洗涤剂市场,更加剧了洗涤剂市场的竞争,洗衣膏如何在激烈的市场竞争中占领一定的市场份额,将是洗衣膏生产厂家积极探索的课题之一。

据统计,洗衣膏在洗涤剂市场中占有一定的份额,但受其消费受地域和消费习惯的影响,市场占有率不高,且呈逐年下降趋势,与洗衣粉和液体洗涤剂的市场占有率无法相比。

4.3 洗衣膏面临的困境

(1) 竞争激烈,扩大市场份额难度较大

竞争激烈的洗涤剂市场使洗衣膏难以扩大市场份额。近几年来,整个洗涤剂市场竞争日趋激烈,既有跨国公司抢滩中国大陆,又有国内各洗涤剂厂家不惜一切代价,甚至牺牲企业的利润,采取各种促销手段试图扩大自己的市场占有率。同时,民营企业也不甘示弱,敢于虎口夺食,而且发展势头迅猛。面对洗涤剂市场竞争如此激烈的局面,任何一种产品的发展都面临巨大的困难。

(2) 洗衣粉对洗衣膏市场的冲击

由于洗涤剂工业的迅速发展,也带来产品结构的巨大变化,各洗涤剂厂家对目标市场越来越细分化,针对不同的目标市场皆有不同的产品。就洗衣粉而言,既有针对大中城市的中高档洗衣粉,又有针对城镇及农村市场的低档洗衣粉。同时,加酶技术的出现,使得含酶制剂的普通洗衣粉正被广大消费者认同,这不可避免地对洗衣膏带来冲击。从统计数字看,全国洗衣膏产销量始终没有超过7万t,市场份额不断缩小,难以取得突破。

(3) 假冒伪劣产品的冲击

由于洗衣膏生产设备简单、投资少,极易被不法分子假冒,这些假冒伪劣产品以其低廉的价格冲击洗衣膏市场。同时，其低劣的质量也影响消费者对洗衣膏质量的信心，从而转用其他洗涤剂。

（4）缺少新产品

洗衣膏没有创新产品的出现也限制了其更大的发展。多年以来，不管从洗衣膏的内在质量、包装质量，还是形态都没有较大的变化，这很难适应消费者不断变换的需求，很难赢得更多的消费者。

4.4 洗衣膏的发展方向

尽管洗衣膏面临诸多困难和挑战，但其也具有一些自身的优势：

①生产设备简单，投资少。

②生产时能耗低。

③使用时较易溶解，表面活性剂与助剂的功效更易发挥。

④配方技术简单，较易加入洗涤助剂，从而提高产品去污力。

⑤低廉的价格易被消费者接受，尤其是农村地区的消费者。

因此，只要我们增强信心，做好以下几方面的工作，相信洗衣膏一定会有更大的发展。

产品的竞争归根到底还是质量的竞争。目前，大多数洗衣膏仍执行企标，产品的去污力较洗衣粉仍有一定的差距。要使洗衣膏具有竞争力，其去污力必须能与洗衣粉抗衡。提高洗衣膏的去污力可采用以下途径：

①酶制剂的应用。酶制剂在洗衣粉中已得到了成功应用，并已得到了消费者的认同。如何采用新的配方技术和生产技术，提高酶制剂在洗衣膏中的稳定性，是提高洗衣膏去污力的关键。

②采用多元表面活性剂系统，充分发挥不同表面活性剂之间的协同效应，增加产品的去污力。

③使用新的高效表面活性剂或新的助洗剂，不断优化产品的配方，提高产品的性能价格比。

④开发新品种。开发不同质量和价格档次的洗衣膏，以满足不同消费者的需求。根据四川洗衣膏市场的情况，目前洗衣膏的消费者主要在农村或小城镇。开发满足中小城市消费者需求的洗衣膏，对扩大洗衣膏的市场占有率就显得很重要。这就要求新品种的洗衣膏不但要有较高的内在质量（去污力、香味等），还要提高包装质量（采用新的包装方式）。

⑤开辟新的消费市场，寻找洗衣膏新的市场增长点。充分利用宣传工具，让消费者对洗衣膏的优点有更充分的认识，引导更多的消费者使用洗衣膏。积极配合工

商部门和技术监督局打击假冒伪劣洗衣膏，保护企业和消费者的利益。

4.5 产量及质量指标

洗衣膏执行行业标准 QB/T 2116—2006，其理化指标见表 4-17。

表 4-17 洗衣膏理化性能指标

项目		指标	
		普通洗衣膏	无磷洗衣膏
总活性物质量分数 /%	≥	12	
水分和挥发物质量分数 /%	≤	50	
pH(25 ℃，0.1%)	≤	10.5	11.0
磷酸盐（以 P_2O_5 计）质量分数 /%	≤	—	1.1
全部规定污布[a]（JB-01/JB-02/JB-03）的去污力	≥	标准粉去污力	

注：a 试样溶液质量浓度 0.3%，标准粉溶液质量浓度 0.2%。

从 1999 年到 2009 年的洗衣膏产量数据见表 4-18。

表 4-18 1999—2009 年洗衣膏的产量数据

年份	产量（万 t）	年份	产量（万 t）	年份	产量（万 t）
1999	8.07	2003	6.23	2007	1.05
2000	6.29	2004	5.00	2008	2.15
2001	6.27	2005	3.50	2009	1.24
2002	6.25	2006	3.20		

5 洗衣片

洗衣片是一种固态的高浓缩衣用洗涤剂，可以做成不同的形状，遇水即溶，使用方便。随着人们生活水平的提高及环保意识的增强，国内洗涤剂朝着更加环保的浓缩型洗涤剂发展，如浓缩洗衣粉和浓缩洗衣液。但是，这两种浓缩型洗涤剂均存在不易定量的问题，洗衣凝珠的出现解决了该问题，而洗衣片（laundry detergent sheet）作为一种新型的浓缩型洗涤剂，近年来也逐渐走进人们的视野。除了易于定量之外，洗衣片相对于洗衣凝珠还有以下优点：配方中无需添加大量溶剂，从而节约一定的成本；可以自行裁剪至合适大小，灵活应对不同的洗涤量；成品为固体，贮存及运输过程中不会出现漏液和液体产品的禁运问题，便携性更佳。

5.1 洗衣片的发展与现状

早在2000年以前，市场上便有洗衣片推出，初期的洗衣片采用无纺布浸染洗涤剂制备而成，2011年LG化学推出的洗衣片还是采用相同方法。这种洗衣片存在洗涤后残留无纺布基材的缺点，目前市场上该类产品已经很少见到。

2010年，加拿大的Dizolve公司注册了洗衣片发明专利，2011年开始推广洗衣片。这种洗衣片无须添加无纺布，而是采用水溶性成型剂，解决了无纺布基材残留问题。Dizolve在该专利中指出水溶洗衣片由淀粉、洗涤剂、水和聚乙烯醇组成，同时产品中还可能含有防腐剂、螯合剂、漂白剂，但并未提及洗衣片中可以添加酶制剂。

2014年的专利中，Dizolve公司公开了高效生产洗衣片的方法和设备。由于淀粉发酵引发料浆变质问题，料浆可分为两步法配制：

①首先配制一种可以长期贮存（两个月以上）的料浆，包含成型剂和表面活性剂等。

②在料浆中加入淀粉及其他表面活性剂等原料，6 h内在设备上直接成型。

另外，该专利中公开的设备基本是目前工厂常见设备雏形。

2012年LG化学注册了洗衣片专利，摒弃了无纺布作为洗衣片基材的制备方法，采用了水溶性成型剂。不同于Dizolve公司，LG在专利中指出其优选的水溶性洗衣片配方中不含淀粉，指出淀粉会降低洗衣片的强度同时影响洗衣片的溶解性。

国内的一些公司在洗衣片的研发上也做出了尝试。例如：

2011年12月大连晟骊商贸有限公司申请了题名为《一种洗衣片》的专利，2012年6月13日公开，成膜剂为聚乙烯醇，填充料为食用玉米淀粉。

2015年广州兰洁宝生物科技有限公司申请了专利《一种超浓缩洗衣片》，保护了以成膜剂、高岭土、二氧化硅、表面活性剂、多元醇及螯合剂为组分的超浓缩洗衣片，加工成型温度为100~130 ℃。

2016年茗燕生物科技（上海）有限公司申请了《洗衣片智能化生产系统》的发明专利，保护了一种新型的可以连续化生产洗衣片装置。不同于Dizolve公开的滚筒加热成型工艺，这种连续化生产的装置包括一个可以控制料液厚度、加热温度及加快干燥的吸风风速装置。同时，增加了成型后薄片的附酶、压花及切片等设施，相对来说是能够智能化生产的一体机，或许是以后洗衣片设备的发展方向。

2018年又有几个洗衣片专利在国内申请并公开，如：青岛三禾环保科技有限公司的《洗衣片及其生产工艺》(CN108300602A)，此发明的洗衣片具有活性物含量高（≥45%)、速溶（常温4s、冷水6s)、中性不伤手、易漂洗等优点。深圳市零度智控科技有限公司的《一种复合洗衣片》(CN108441347A)，是一种稳定性好且具有多功能性的复合洗衣片。

国内市场上洗衣片的热销始于2015年，当时以泉立方为代表的微商开始推出洗衣片，并以不含荧光增白剂为销售卖点攻击线下洗衣液产品，在微商界取得成功。以广州为中心的珠三角地区分布了国内绝大多数的洗衣片加工厂，一些洗涤行业知名厂家联合加工厂也紧锣密鼓的开展研发工作，以差异化的洗涤产品涉足微商，同时聚焦洗衣片产品。尽管泉立方依靠洗衣片迅速扩大了品牌影响力并占据大量市场份额，但洗衣片依旧仅仅在微商渠道火热，且洗衣片在初期还存在着去污力和溶解速度不佳、产品不稳定等诸多问题。

5.2 洗衣片发展中存在的问题

作为新生事物，洗衣片在发展过程中也不免碰到问题，洗衣片市场看似繁荣却近乎混乱，没有可循的规范和标准。

2016年10月，中国洗涤用品工业协会委托国家洗涤用品质量监督检验中心（太原），对市场上的洗衣片进行了去污力和活性物的检测。按照洗衣粉的去污标准，此次抽检洗衣片均达不到浓缩洗衣粉的标准要求。出现此结果的原因是标准适用性问题，正如洗衣液刚问世时，检测结果同样无法满足洗衣粉去污标准，包括国外进口洗衣液亦是如此，之后行业重新制定了洗衣液标准。因此，建立洗衣片行业标准是洗衣片发展的必由之路。

5.3 展望

洗衣片虽不是商家宣传的那样无所不能，但确有自己独特的优点。目前洗衣片市场处于相对冷静时期，消费者在满足了自己最初的好奇心之后开始重新审视该产品。由于没有明确的标准作为指导，造成了市场上洗衣片产品质量参差不齐的现状，进而影响洗衣片的销售。因此，亟待制定洗衣片的行业标准来规范现在的洗衣片市场。

在整个洗衣片市场逐步规范的过程中，厂家应关注消费者的切身利益，提升洗衣片去污力、功能化以及易用性，让消费者在感受便利的同时，也可以放心购买。即便洗衣片难以成为国内洗涤剂市场的主流产品，但从织物洗涤产品的多样性以及满足个性化的需求方面来看，洗衣片凭借自身的优势也必将在洗涤市场上占有一席之地。

6 洗衣凝珠

洗衣凝珠，亦称洗衣珠，是一种创新性的洗衣产品，因外形似珠子，而得名为洗衣凝珠。洗衣凝珠，专为机洗设计，操作简单，一颗洗衣凝珠能洗一缸衣服。在保留洗衣液优点的基础上，具有易定量、便于使用、有利于节约的好处。多腔的洗衣液凝珠，可以将某些相遇后反应的原料分别存放，在洗涤过程中予以释放，增加了洗衣液配方原料的选择性。

6.1 发展与现状

洗衣凝珠早先起源于欧美国家。2013年，宝洁率先在欧洲市场推出四款功效不同的洗衣凝珠产品。数据显示，仅一年时间，欧洲便有超过3000万家庭使用洗衣凝珠，而在美国，洗衣凝珠一年销售量高达14亿颗。得益于欧美地区的快速发展，2014年宝洁将洗衣凝珠引入中国，并在易被年轻人接受的电商平台上首发。彼时，碧浪洗衣凝珠的售价约为2.5元/颗，相比于普通洗衣液，价格超出数倍。

对于消费者来说，虽然洗衣凝珠售价较高，但因为被贴上"高效""神奇"等标签，上市之初很多消费者曾尝试购买。此后，浪奇、奥妙、超能、拉芳、妈妈壹选等品牌也都纷纷推出洗衣凝珠产品。

目前在北京各大超市中洗衣凝珠并不常见，而在部分超市，甚至看不到洗衣凝珠的身影。有些超市，洗衣产品货架仅摆放了极少数的洗衣凝珠，且位置也并不显眼。

此外，目前在线下超市出售的洗衣凝珠品牌很少，基本只有碧浪和汰渍两个品牌，而两个品牌均隶属宝洁旗下。

销量持续低迷，使得洗衣凝珠在线下渠道难觅踪迹。虽然线上仍有销售，不过，纵观洗衣产品，对比同品牌同系列的洗衣液等，洗衣凝珠销量仍然较少。伴随着国内消费升级，洗衣产品也开始更新换代，但相比常见的洗衣粉和洗衣液，洗衣凝珠依然未打开市场。

对于这种情况，业内人士认为，虽然在技术上，洗衣凝珠比洗衣液等产品更加成熟，但消费者对该产品的认可程度并不高，同时由于价格和终端供货等问题，未来洗衣凝珠若想占据市场的一席之地，还有很长的路要走。

6.2 展望

虽然目前洗衣凝珠在中国市场发展缓慢，但该产品被业内认为具有广阔发展前景。据中国报告网发布的《2018—2024年中国洗涤用品行业市场供需现状调研及投资方向评估分析报告》显示，2013—2017年，全球洗衣液市场规模在不断扩大，2017年已达243亿美元。其中，中国洗衣液产量已在2017年达到300万t。然而，市场前景及规模扩大，并不意味着洗衣凝珠能够轻易叩开市场大门。资料显示，目前市场上洗衣液价格在8~16元/kg，平均每次使用洗衣液的成本为0.92元左右。但洗衣凝珠价格为2~4.5元/颗，每次洗衣使用一颗洗衣凝珠的成本为洗衣液的2~5倍。

业内人士认为，日化产品本身市场门槛较低，竞争日益激烈，虽然新兴品牌不断推出，但是整体发展水平仍然不高。洗衣凝珠相对于洗衣液而言，遇水则可溶解并无残留，可以高效快速地清洁衣物。但是，消费者洗衣服普遍是为了干净，而其中的表面活性剂是最主要的成分，而这无论在洗衣液还是洗衣凝珠中都是不可或缺的成分。

从技术层面考虑，洗衣凝珠用于含水量要求10%以下才能稳定，而目前市场上消费者习惯于透明产品，导致许多去污力好、成本低的表面活性剂和助剂难以加入，加上水溶性膜及制造成本相对高，事实上其性价比相对低。因此适合于凝珠的有价格竞争力的新型表面活性剂、助剂的开发应用、制造成本的降低，才能促进它发展。

同时，就目前国内市场而言，受困于产品仅供机洗的使用限制、价格相对较高、终端供货不足，以及消费者对洗衣凝珠产品认可度不高等原因，未来洗衣凝珠若想在洗衣产品中占得一席之地，仍面临来自传统洗衣产品的竞争压力和自身产品的缺陷等问题。

7 餐具洗涤剂

7.1 概述

餐具洗涤剂是由表面活性剂和增稠剂、香精等辅助成分配制而成，可用于餐具炊具及蔬菜水果的洗涤。主要洗涤对象是餐具上附着的油污、水果蔬菜上的化肥农药等，有良好的润湿、增溶和乳化能力。它是消费者使用率最高的一个品种，也是消费量最大的家用清洁剂。餐具洗涤剂是厨房中使用的一种典型的轻垢型洗涤剂，通常为液体状态。它是开发最早、数量很大的一种液体洗涤剂。餐具洗涤剂根据使用场合不同，有手洗餐具洗涤剂和机洗餐具洗涤剂。

手洗餐具用洗涤剂也称作洗洁精或洗涤灵，执行国家推荐性标准GB/T 9985—

2000（该标准原为强制性标准，2017年国家标准化管理委员会发文改为推荐性标准），理化指标见表4-20。手洗餐具洗涤剂配方基本要求：

①产品清晰透明，色泽浅淡，无不愉快气味，黏度适中。

②泡沫性能良好。

③对油脂的乳化和分散性能好，去油污性能强。

④手感温和，不刺激皮肤。

⑤无毒或低毒，使用安全。

7.2 发展与现状

我国餐具洗涤剂的开发和上市始于20世纪80年代初。到90年代餐具洗涤剂在液体洗涤剂中遥遥领先，无论在产量、品种和质量都得到长足发展，对提高人民生活水平与卫生水平以及健康水平都起到了积极作用。目前，在家用液体洗涤剂产品中，餐具洗涤剂产品占总量40%以上。我国2002年洗洁精消费量为43.7万t，到2017年达到341.8万t。

随着社会的不断发展和生活水平的提高，人们对清洁产品的需求也不断增加，餐具洗涤剂行业发展也在迅猛增长。截至2016年底，拥有餐具洗涤剂生产许可证的企业有765家，2015年产量约400万t/a，2010—2015年餐具洗涤剂行业平均增速约为15%，占市场份额约为22.97%。

经过多年的飞速发展，近些年餐具洗涤剂行业出现了部分回落，利润和利税全面下滑，年递增率分别为2.93%和4.94%，分别比"十一五"期间降低了9.99%和13.83%，主营业务利润率由2011年的9.74%降低到了2015年的7.28%，主营业务成本逐年大幅升高，年递增率为9.25%。成本的不断增加是利润不断下降的主要因素。

餐具洗涤剂行业市场比较稳定，主要生产厂家多年来质量较好，市场占有率比较高。行业前十位的生产企业占了总市场份额的84%。其中，广州浪奇的"高富力"、山西南风的"奇强"、浙江纳爱斯的"雕牌"、西安开米的"开米"、广州立白的"立白"、上海和黄白猫的"白猫"等，都是传统的知名餐具洗涤剂制造厂家。近几年，威莱日化的"妈妈壹选"、上海家化的"家安"，也是后起之秀，逐渐在市场上打出了品牌。而北京日化二厂的"金鱼"、浙江传化的"传化"、安徽全力的"全力"等，曾经的国内知名品牌逐步沦为本地品牌。餐具洗涤剂主要生产企业见表4-19。

表 4-19 2017 年主要洗衣液和餐具洗涤剂生产厂家

序号	企业
1	广州立白企业集团有限公司
2	纳爱斯集团有限公司
3	上海和黄白猫有限公司
4	广东鹏锦实业有限公司
5	浙江东南船牌日化股份有限公司
6	广州南顺清洁用品有限公司
7	益海嘉里食品营销有限公司
8	东莞市立顿洗涤用品实业有限公司
9	北京洛娃日化有限公司
10	四川立顿洗涤用品有限公司
11	威莱（广州）日用品有限公司
12	南风化工集团股份有限公司
13	广州市浪奇实业股份有限公司
14	成都蓝风集团股份有限公司
15	山东丽波日化股份有限公司
16	传化集团有限公司
17	南京佳和日化有限公司
18	苏州中曼日化有限公司
19	湖南丽臣实业有限责任公司

7.3 存在的问题

餐具洗涤剂产品制备工艺较简单，同质化程度比较严重，技术壁垒相对不高。所以，许多大厂家通过广告和宣传不断保持品牌曝光度，以此牢牢占据着市场份额。小型的生产企业只能依靠低廉的价格进行竞争，行业内良莠不齐，中低端市场非常混乱。

近年来，我国对餐具洗涤剂行业的监管十分严格。餐具洗涤剂的抽查种类包括：手洗餐具洗涤剂、机洗餐具洗涤剂等，大部分还是针对手洗餐具洗涤剂。主要检查项目有外观、气味、稳定性、总活性物、荧光增白剂、甲醇、甲醛、砷(1%溶液中以砷计)、重金属(1%溶液中以铅计)、菌落总数、大肠菌群、pH 值、去污力等。

7.3.1 质量问题

（1）活性物不达标

总活性物是餐具洗涤剂中起去污作用的关键物质，国家标准规定，餐具洗涤剂的总活性物含量应大于15%。总活性物含量越高，去污力越强。然而，哈尔滨、长春、温州等地的质监和卫生部门发现，一些企业勾兑的洗洁精中活性物最高只能达到8%。

（2）细菌超标

国家强制性标准GB 14930.1—2015《食品安全国家标准：洗涤剂》规定，食品洗涤剂中的菌落总数不得超过1000 CFU/g或CFU/mL。菌落总数超标的产品在使用中不但起不到清洁餐具的作用，反而会造成细菌二次污染。但是在以往的调查中发现，细菌超标是市场上洗洁精存在的最普遍的问题。

（3）砷含量超标

砷是一种剧毒物质，会损伤人体的内脏器官，长期接触，将导致诱发癌变概率上升。2015年许多媒体报道过小作坊假冒名牌洗洁精的新闻。其中，部分假冒的洗洁精案例中，砷的含量严重超标，在社会上造成了非常恶劣的影响。砷超标的主要原因是商家使用劣质的原材料，对产品质量安全严重忽视。

（4）甲醇和甲醛超标

甲醇和甲醛超标均会刺激人体皮肤、呼吸道、眼睛等。甲醛添加在餐具洗涤剂中用于防腐；甲醇作为一种有机溶剂，可以促进水相和有机相的互溶程度。该指标不合格的主要原因是生产过程中厂家质量把控不过关，引入甲醇和甲醛的污染；也有部分不法商家为了提高洗涤剂的防腐抑菌性能，增加溶解洗涤效果，大量违法添加甲醇和甲醛，使得该项目超标。

（5）荧光增白剂超标

荧光增白剂是一类严禁在餐具洗涤剂中添加的物质，GB/T 9985—2000明确要求"不得检出"。此类物质附着能力很强，如果企业生产餐具洗涤剂的设备与普通洗衣液的设备存在共同使用的情况，当洗衣液产品中加入了荧光增白剂，则会造成餐具洗涤剂的污染，导致该项目不合格。

（6）去污力不达标

该指标是一个性能指标，也是最直观地体现餐具洗涤剂的洗涤效果。总活性物项目不合格意味着洗涤剂的有效成分不足，必然会影响到去污力的效果，也是去污力不合格的主要原因。

（7）标签标识不符合规定

标签作为产品识别区分的标志，却往往得不到企业的重视。该项目不合格的主要原因是企业对相关法规不熟悉，忽视了标签的作用。

（8）标准的引领问题

餐具洗涤剂的标准有两种测试方法，一种是泡沫法，重现性好目前常用，另一种是去油力，重现性较差。所以制造厂家都更关注产品的泡沫稳定性，而消费者要的实际去污力反而不一定重视，许多去污力好，但泡沫低的产品不能达标，由此这一类产品用的许多新型低泡节水性的表面活性剂也难以推广。

7.3.2 行业产品高度同质化，市场集中度较高

根据行业统计，2017年我国洗洁精消费量已达340万t。目前，洗洁精产品种类繁多，但大都大同小异，缺乏创新，不同企业推出的新产品，大部分是市场畅销产品的仿制品，彼此差别不大，出现严重的同质化势头。

而就市场来看，我国的洗洁精市场比较集中，生产餐具洗涤剂的主要企业产品质量稳定，并能连续保持较高的市场占有率。目前占据市场前10位的洗洁精品牌为立白、雕牌、白猫、奇强、榄菊、高富力、彩奇、红玫瑰、巧手和田七等。其中，前4大品牌的市场份额接近60%，而立白和雕牌纳爱斯2个企业的市场份额就达40%。这一特征反映，洗洁精行业在激烈的市场竞争中，集中度随竞争的加剧不断提高，少数几家占了行业和市场的绝大部分份额，"大强小弱"的格局始终居于主导地位。因此，其中一家价格和产量及销量发生变化，都可能对整个洗洁精行业的竞争格局产生不容忽视的影响。

7.3.3 小作坊生产现象严重，市场存在不正当竞争

调查显示，不合格的餐具洗涤剂产品多为小型企业所生产。由于生产餐具洗涤剂主要以复配技术为主，具有工艺技术简单、原料易购、配方灵活、投资较少等特点，因此，近年来一些个体作坊式生产企业迅速增加。为了能在激烈的市场竞争中保持产品销量，他们竞相压价，有的卖到0.7元/kg。为了保持利润，他们非法生产洗涤剂，不按国家标准添加表面活性剂。

业内人士认为，洗洁精下游市场屡屡暴发以价格战为主要手段的无序竞争，主要原因就是洗洁精行业集中度高，产品缺乏差别，市场结构近似于无差别的寡头垄断，而相对来说行业下游树立的壁垒较低，退出障碍高。

7.4 产量及质量标准

餐具洗涤剂执行国家推荐性标准GB/T 9985—2000，其中规定的理化指标见表4-20。

表4-20 手洗餐具洗涤剂理化指标

项目		指标
总活性物含量，%	≥	15
pH（25 ℃，1%溶液）		4.0~10.5
去污力		不小于标准餐具洗涤剂
荧光增白剂		不得检出
甲醇含量，mg/g	≤	1
甲醛含量，mg/g	≤	0.1
砷含量（1%溶液中以砷计），mg/g	≤	0.05
重金属含量（1%溶液中以铅计），mg/g	≤	1

表 4-21 中给出了餐具洗涤剂最近 20 年（1999—2017 年）的产量数据。

表 4-21　1999—2017 年餐具洗涤剂产量统计

年份	产量（万 t）	年份	产量（万 t）
1999	22.59	2009	104.75
2000	25.60	2010	198.72
2001	29.45	2011	286.10
2002	40.16	2012	230.22
2003	50.97	2013	248.62
2004	60.46	2014	301.81
2005	66.56	2015	311.19
2006	92.68	2016	342.51
2007	97.01	2017	341.80
2008	99.63	2018	

7.5　发展方向

洗洁精行业发展的主要动力，来自消费者和社会的需求及对环保的更高期望。因此，从洗洁精产品具有的如下发展趋势我们可以看出未来洗洁精市场的消费趋势是向着个性化多元化和绿色功能化发展。

（1）需求第一位目标

除菌消毒去除农药残留等功能将取代传统的去油污功能，成为需求第一位目标。目前，消费者的需求差异越来越大，这也为市场细分提供了内在依据。我们知道长期食用农药残留超标的蔬菜会引起慢性中毒，农药在体内慢慢蓄积导致各种各样的疾病乃至影响下一代，如致癌致畸变等。如何去除蔬菜残留农药，成为消费者普遍关注的敏感问题。而现在家庭用的普通洗洁精去除农药的效果不尽人意，因此针对瓜果蔬菜洗涤的专门去除农药的洗涤灵将成为市场的热点产品，新产品的需求会越来越大。

（2）节约型产品

洗洁精的制造和使用过程中将更加重视节约资源、节省能源，特别关注节约洗涤用水和降低洗涤能耗。开发室温下应用型和节水型洗洁精，开发高效型和多功能型洗涤剂配合新型洗衣粉、洗碗机的开发使洗涤过程更加省时、省力和智能化。

（3）细分化

洗涤剂产品将越分越细。厨房清洁剂还将因用途的不同，由传统的手洗餐具洗涤剂发展到机用餐具洗涤剂、抽油烟机清洁剂、玻璃杯清洁剂和除垢剂等，洗涤灵产品将朝着更加专业的方向发展，出现更多的新产品。

（4）追求绿色、环保

餐用洗涤剂产品在功能细分的同时，在产品的原料采用上出现了追求绿色、环保的趋势，为进一步提高洗洁精对人体的安全性及对皮肤的温和性，各厂商广泛采用了低刺激、对人体更加温和的新型表面活性剂原料来降低刺激性。同时，天然组分、中草药成分，由于满足了消费者的产品绿色化与营养与安全的消费心理，赢得了人们的青睐，开发温和型、环保型洗洁精是洗涤企业竞争的新目标。

（5）开发新剂型

洗洁精是终端产品直接面对消费者，新颖独特的新剂型是其使用功能的载体，赏心悦目的外观形态，和谐宜人的香味，更能受到消费者的青睐，提高其商品价值。

参考文献：

[1] 中国洗涤用品工业协会. 中国洗涤用品工业走过辉煌60年[J]. 中国洗涤用品工业，2009(5)：29-33.

[2] 张高勇，王燕. 中国合成洗涤剂四十年及跨世纪展望[[J]. 日用化学品科学，1999(5)：1-5.

[3] 许涛，张东义. 合成洗涤剂的发展方向与思考[J]. 中国洗涤用品工业，2015(6)：19-23.

[4] 罗希权，魏斌. 洗涤剂与洗涤科普知识讲座（一）[J]. 中国洗涤用品工业，2008(5)：81-82.

[5] 罗希权，魏斌. 洗涤剂与洗涤科普知识讲座（二）[J]. 中国洗涤用品工业，2008(6)：91-94.

[6] 罗希权，魏斌. 洗涤剂与洗涤科普知识讲座（三）[J]. 中国洗涤用品工业，2009(1)：89-90.

[7] 罗希权，魏斌. 洗涤剂与洗涤科普知识讲座（四）[J]. 中国洗涤用品工业，2009(2)：85-87.

[8] 罗希权，魏斌. 洗涤剂与洗涤科普知识讲座（五）[J]. 中国洗涤用品工业，2009(3)：81-82.

[9] 罗希权，魏斌. 洗涤剂与洗涤科普知识讲座（六）[J]. 中国洗涤用品工业，2009(4)：83-86.

[10] 罗希权，魏斌. 洗涤剂与洗涤科普知识讲座（七）[J]. 中国洗涤用品工业，2009(5)：88-90.

[11] 罗希权，魏斌. 洗涤剂与洗涤科普知识讲座（八）[J]. 中国洗涤用品工业，2009(6)：87-88.

[12] 罗希权，魏斌. 洗涤剂与洗涤科普知识讲座（九）[J]. 中国洗涤用品工业，2010(1)：91-92.

[13] 罗希权，魏斌. 洗涤剂与洗涤科普知识讲座（十）[J]. 中国洗涤用品工业，2010(2)：85-86.

[14] 罗希权，魏斌. 洗涤剂与洗涤科普知识讲座（十一）[J]. 中国洗涤用品工业，2010(3)：85-88.

[15] 罗希权，魏斌. 洗涤剂与洗涤科普知识讲座（十二）[J]. 中国洗涤用品工业，2010(4)：88-90.

[16] 罗希权，魏斌. 洗涤剂与洗涤科普知识讲座（十三）[J]. 中国洗涤用品工业，2010(5)：85-86.

[17] 罗希权，魏斌. 洗涤剂与洗涤科普知识讲座（十四）[J]. 中国洗涤用品工业，2011(1)：92-94.

[18] 罗希权，魏斌. 洗涤剂与洗涤科普知识讲座（十五）[J]. 中国洗涤用品工业，2011(2)：78-80.

[19] 罗希权，魏斌. 洗涤剂与洗涤科普知识讲座（十六）[J]. 中国洗涤用品工业，2011(3)：91-92.

[20] 罗希权，魏斌．洗涤剂与洗涤科普知识讲座（十七）[J]．中国洗涤用品工业，2011(4)：94-96．

[21] 罗希权，魏斌．洗涤剂与洗涤科普知识讲座（十八）[J]．中国洗涤用品工业，2011(5)：93-94．

[22] 罗希权，魏斌．洗涤剂与洗涤科普知识讲座（十）[J]．中国洗涤用品工业，2010(2)：85-86．

[23] 罗希权，魏斌．洗涤剂与洗涤科普知识讲座（十一）[J]．中国洗涤用品工业，2010(3)：85-88．

[24] 张华涛．中国洗涤用品行业现状及发展方向[J]．日用化学品科学，2014，37(6)：7-14．

[25] 周德藻．对我国浓缩洗衣粉的几点看法[J]．中国洗涤用品工业，2015(4)：91-98．

[26] 华章熙．合成洗涤剂工业的热点问题：浓缩粉（一）[J]．日用化学品科学，1996(2)：20-22．

[27] 华章熙．合成洗涤剂工业的热点问题：浓缩粉（二）[J]．日用化学品科学，1996(3)：21-23．

[28] 华章熙．合成洗涤剂工业的热点问题：浓缩粉（三）[J]．日用化学品科学，1996(4)：24-27．

[29] 华章熙．合成洗涤剂工业的热点问题：浓缩粉（四）[J]．日用化学品科学，1996(5)：25-27．

[30] 华章熙．合成洗涤剂工业的热点问题：浓缩粉（五）[J]．日用化学品科学，1996(6)：22-24．

[31] 华章熙．合成洗涤剂工业的热点问题：酶（待续）[J]．日用化学品科学，1998(1)：26-28．

[32] 华章熙．合成洗涤剂工业的热点问题：酶（续前）[J]．日用化学品科学，1998(2)：27-29．

[33] 华章熙．合成洗涤剂工业的热点问题：酶（续完）[J]．日用化学品科学，1998(3)：22-26．

[34] 刘伦，刘军海．无磷洗衣粉的研究进展[J]．中国洗涤用品工业，2008(1)：47-49．

[35] 唐健．无磷洗衣粉及其发展前景[J]．辽宁化工，2010，39(1)：59-61．

[36] 苏龙举．国内液体洗涤剂市场发展分析[J]．日用化学品科学，2014，37(10)，17-20．

[37] 武莉英．国内液体洗涤剂市场现状及挑战[J]．日用化学品科学，2014，37(2)：6-10．

[38] 杜志平，土万绪，姚晨之．浓缩洗衣粉[J]．日用化学品科学，2010，33(4)，12-15．

[39] 杨绍洪．洗衣膏面临的困境与希望[J]．日用化学品科学，2004，23(2)：23-24．

[40] 大连晟骊商贸有限公司．一种洗衣片：CN102492573A[P]．2012-06-13．

[41] 广州兰洁宝生物科技有限公司．一种超浓缩洗衣片：CN105238584A[P]．2016-01-13．

[42] 茗燕生物科技（上海）有限公司．洗衣片智能化生产系统：CN105602773A[P]．2016-05-25．

[44] 司鹏，张利萍．洗衣片的技术发展和市场趋势分析[J]．日用化学品科学，2017，40(3)：4-7．

[45] 白彦坤，刘肖肖，李小英等．餐具洗涤剂质量现状及安全风险分析[J]．中国标准化，2017(3)：107-110．

[46] 时佩佩，伍明华，黎永津．我国手洗餐具洗涤剂存在的问题及解决办法[J]．广东化工，2015，42(11)：105-106，117．

[47] 青岛三禾环保科技有限公司．洗衣片及其生产工艺：CN108300602A[P]．2018-07-20．

[48] 深圳市零度智控科技有限公司．一种复合洗衣片：CN108441347A[P]．2018-08-24．

中国合成洗涤剂工业 60 年

五
工艺与装备篇

生产工艺，是指劳动者利用各类生产工具对各种原材料、半成品进行加工或处理，最终使之成为成品的方法与过程，是由设备等构成的平台设施要素、原理贯穿的过程要素、智能化的软硬件要素、标准化的执行要素、流程的操作要素等，构成的用于生产产品的方法与过程的系统。在上述诸要素中，设备（或称装备）是系统中的硬件条件，其他为软件条件，硬软结合，是一有机的整体。

合成洗涤剂工业在本质上属于精细化工，洗涤剂制备过程所涉及的各类化工单元操作与设备以及化学反应工程问题，和一般化工意义上的原理和方法是相通的。但是，作为精细化工的分支，合成洗涤剂工业也有一些自己特有的工艺过程和装备具有比较明显的特色而有别于其他化工领域，如：洗衣粉制备过程的大塔喷粉工艺及制备；阴离子表面活性剂制备过程普遍应用的气体三氧化硫膜式磺化等。

本篇内容主要涉及合成洗涤剂工业不同于其他行业的特殊工艺与装备。

1 洗涤剂生产工艺及装备

1.1 洗衣粉生产工艺及装备

1.1.1 我国洗衣粉装置发展历程

我国的洗涤剂工业始于20世纪50年代末，是在自力更生的基础上发展起来的。多年来，特别是改革开放以来，伴随着中国经济的持续快速发展，洗涤剂行业取得了长足的进步。作为洗涤剂行业主要品种的洗衣粉，其生产装备水平也得到了明显的提升。

1959年，生产能力为5000 t/a的我国第一套洗衣粉喷粉装置在上海永星肥皂厂建成并投产，标志着我国的洗衣粉实现了工业化大规模生产。经过60年的发展，洗衣粉装置技术水平逐步提高，大致经历了以下几个阶段。

（1）1959年以前——土法搅拌生产阶段

在1959年以前，我国没有工业化意义的洗衣粉生产。即使有少量产品，配方也很简单，以无机助剂为主，生产方法也比较简单，基本上是人工土法搅拌混合，无装备可言。

（2）1959—1980年左右——混凝土塔、砖塔为主阶段

这一阶段是我国大量兴建洗衣粉喷粉装置的阶段，洗衣粉生产基本上实现了工

业化生产。刚开始阶段为厢式喷粉，如1959年在上海永星肥皂厂建成的5000 t/a的洗衣粉生产装置。但很快发现厢式喷粉生产的洗衣粉质量欠佳，不受市场欢迎，转而建设大塔喷粉装置，在20世纪60年代初即在上海、天津、北京等地建成大塔喷粉洗衣粉生产装置，而后在全国各地普及开来。这一阶段喷粉塔以混凝土塔、砖塔为主，生产能力较小，一般在0.5万~3万t/a。

（3）1980—1990年——引进阶段

这一阶段是我国大量引进国外整套装置的阶段，包括浓缩粉装置的引进。据不完全统计，我国引进了自动配料、喷雾干燥成型装置25套，附聚成型装置9套，流化成型装置1套，使一部分企业的装备水平达到或接近20世纪80年代末、90年代初的国际水平。这些装置的生产能力相对较大，喷粉装置一般在5万t/a左右。这些装置的引进，极大地提高了我国的洗衣粉生产能力，促进了我国洗衣粉行业的发展，较好地满足了国民的消费需求。

80年代也是我国浓缩粉发展过热、大量引进浓缩粉装置的阶段。目前，这些引进的浓缩粉装置基本处于停产和半停产状态。

（4）1991年以后——消化、吸收和改进阶段

1991年，我国湖南丽臣公司引进了最后一套洗衣粉喷粉装置。此后，我国的洗衣粉装置不再引进，均为自行设计、制造，而且装置规模和自动化水平不断提高。

1.1.2 大塔喷粉工艺装备发展现状

（1）前配料生产线

前配料生产线包括粉体计量、液体计量、料浆配制、老化等过程，根据计量形式可分为间歇式前配料和连续式前配料两种。原料采用静态秤分批计量，在配料锅内分批配料的工艺称为间歇式前配料；原料采用计量秤或计量泵连续计量，在配料锅连续配料的工艺称为连续式前配料。间歇前配料的特点是配料时磺酸直接中和，工艺简单可靠，计量精度高。连续前配料的特点是配料锅利用率高、操作方便，但磺酸必须先中和，工艺相对复杂；且计量精度较间歇前配料工艺低，料浆稳定性也不如间歇前配料工艺。因考虑到计量精度直接影响产品原料成本及外观，我国洗衣粉行业基本采用计算机控制全自动间歇前配料工艺，只有少数企业选用连续前配料工艺，用户反映连续前配料不适合我国国情。

间歇前配料生产的关键设备为配料锅。目前，我国的配料锅基本采用不锈钢双速搅拌，旋转方向相反，搅拌速度内快、外慢，可避免死角，使磺酸充分中和，确保料浆的稳定和均相。

在前配料生产中，国内外工艺及装备水平差距不大。国外公司包括其国内合（独）资企业配方的加入品种比国内企业多，配方更加合理。

(2) 喷粉生产线

喷粉生产线包括料浆输送、干燥、热风等系统。料浆输送过程包括均质和输送，均质泵和高压泵为其生产的核心部分。这两种设备目前已国产化，接近或达到国外同类产品性能指标。

我国在20世纪80年代中期之前建设的企业基本采用单层喷枪工艺，80年代末以后建设的工程基本采用双层喷枪生产工艺。如浙江纳爱斯所建装置均为双层喷枪，其生产工艺及装置成熟可靠。Φ7000 mm塔单层喷枪喷粉能力为9~12 t/h，双层喷枪技术塔喷粉能力达15~18 t/h。双层喷枪不仅提高了生产能力，而且燃料单耗也明显下降。以Φ7000 mm塔为例，每t基粉柴油消耗从50 kg左右降至40~45 kg。国外直径7000 mm塔喷粉生产能力可以达30 t/h，主要是国外生产工艺对粉的外形及视比重与国内的要求不同，所采用的热风温度比国内企业高，且使用颗粒原料把料浆固体含量提高至70%以上，从而提高了喷粉塔的生产效率，我国企业在这方面还有一定的差距。

在喷粉塔的结构方面，国内外技术相差不多。塔壁板国内企业基本上采用20＃或20G碳钢，而国外许多企业采用SS304不锈钢制造。喷雾压力国内一般在3.5~4 MPa，国外高的达10 MPa左右，主要是国内基粉要求视比重轻，国外要求视比重大。另外，国外企业在喷粉过程中，在料浆管道中加入高压蒸气，以提高产量及调整视比重，国内尚无应用。

热风系统所用热风炉有燃油热风炉、燃气热风炉和直燃式燃煤热风炉。前2种热风炉在国内外均被普遍采用，性能相近。我国热风出口温度一般控制在350~380 ℃，而国外热风温度可达550 ℃左右。自燃式燃煤热风炉是近几年开始应用的新设备，与燃油、燃气热风炉一样采用烟道气直接进喷粉塔。其特点是烟煤在炉膛里进行燃烧生成1000 ℃左右热风，热风中含有的CO在二次燃烧净化室内进行二次燃烧，将由炉膛带来的煤灰熔化、粘连、沉降，与冷风混合得到净化的热风。Φ7000 mm塔用燃油热风炉。0＃柴油最低消耗40 kg/t，直燃式燃煤热风炉煤耗是100 kg/t，其成本优势非常明显。

(3) 后配料生产线

后配料我国与国外同类生产企业的基本一致，均采用连续后配料生产工艺。国内大部分企业后配料除基粉、非离子、香精外不加其他原料；而国外企业在后配料中除基粉、非离子、香精外还加入芒硝、五钠、纯碱、沸石、过氧化物等等，品种上要比国内企业多一些。另外，国外企业在不合格品的处理方面有其独到之处，将不合格粉作为后配原料的一种与其他原料一起经计量与合格粉按比例混合，再生产出合格产品。

国内外后配混合器均采用旋转式混合器。国内成功应用的后配混合器最大产量在 15 t/h，而国外已达 30 t/h，主要是国外企业在混合器抄板设计上有独到之处，在高处理量时能保证混合均匀。

电子皮带秤是洗衣粉后配料普遍采用的计量设备，由于受其结构限制系统误差在 1% 左右，在实际应用中由于皮带粘粉现象的存在，系统误差可达到 5% 左右。电子皮带秤零件精密度要求高，结构相对复杂，维修工作量也较大。失重秤是近几年才在洗衣粉行业采用的计量设备，是一种利用单位时间内物料减少数率来核算物料流量的设备。由于采用近似静态称重方式核算流量，所以计量方式简单、精度较高。

（4）生产线自动控制

我国生产企业的前、后配料均采用计算机控制的全自动生产系统，喷粉则采用仪表控制与计算机控制相结合的控制系统。所采用的软件、控制设备、元器件均进口，在合资及国内优秀企业的生产中，其性能均达到了国外同类企业的水平。

（5）发展建议

从上述我国高塔喷雾干燥洗衣粉生产工艺及装备现状可知，我国生产工艺已接近或达到国际同类企业水平，但在配方和装备力一面还有一定的差距。今后我国洗衣粉企业应从下面几点考虑，以缩小与国外同类企业的差距。

①加强洗衣粉的配方研究，在产品配方上考虑可以加入多种原料，以适应洗衣粉配方多元化要求。同时原料开发上要考虑颗粒状原料的开发，以提高料浆的固体含量，从而提高喷粉塔的产量。

②在喷粉工艺上考虑洗衣粉新国标应用，会带来视比重要求大的变化，在喷粉压力和料浆加汽方面要开展研究工作，以适应市场的变化。还要对喷雾干燥过程进行研究，分析热风温度对干燥过程的影响，以达到提高进塔热风温度从而提高产量的目的。

③在后配混合器设备的设计制造上，充分吃透混合机理，提高单台混合器的生产能力。

④在生产工艺上要考虑与附聚成型方法的结合，将高塔喷雾干燥基粉与附聚成型洗衣粉混合，生产高活性物洗衣粉，同时降低能耗。

1.1.3 附聚成型洗衣粉生产工艺

（1）发展及现状

在传统洗涤剂成型生产中，高塔喷雾干燥工艺是各洗衣粉生产厂家采用的主要方法。此工艺生产的洗衣粉具有流动性好，不易结块，外观及溶解性好的特点。但是随着人民生活水平的不断提高，对洗涤剂的要求已不仅局限在普通洗衣粉功能，而需要品种繁多的专用洗涤剂。另外，人们也在寻求能耗低、投资少、能生产多品种的洗涤剂成型工艺，于是洗涤剂附聚成型技术便应运而生。由于该技术具有节省能源、占地小、投资少，易于实现生产的连续化和自动化，且可进行多品种洗涤剂生产等优势，在20世纪90年代有较快发展。当时国内一些厂家关注附聚成型技术，引进了国外技术装置5套。从使用情况看，在工艺、材质、产品外观质量等方面还不够令人满意。国内中国日化院、杭州轻机研究所等单位，在消化吸收国外先进工艺及设备基础上，经多年努力成功地开发出了适合我国国情的附聚成型生产浓缩粉新技术。但是附聚成型工艺在普通洗衣粉的制备上和大塔喷粉工艺相比并无优势，而国内浓缩洗衣粉的发展一直没有市场突破，因此附聚成型洗衣粉制造工艺和技术在现阶段只是作为一种补充，根本无法和大塔喷粉工艺抗衡。

（2）生产工艺流程简介

附聚成型生产工艺主要由原料输送系统，固体料、液体料计量控制系统，预混合系统，造粒系统，干燥老化系统，后配系统组成，其工艺流程如图5-1所示。

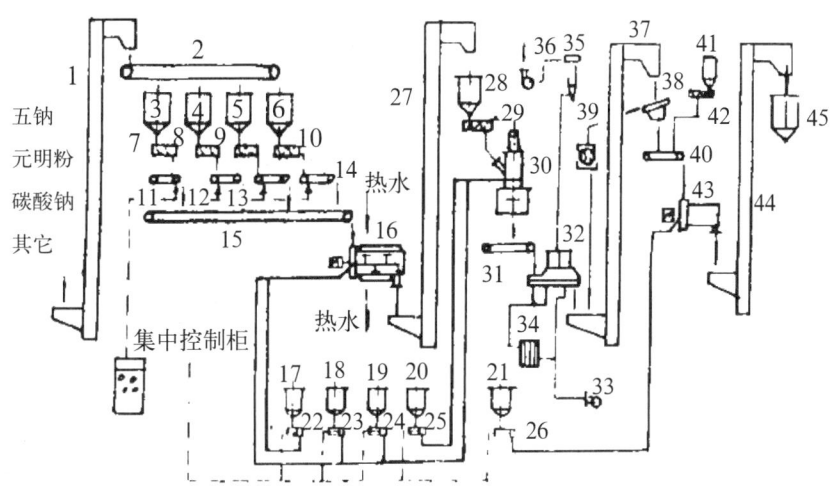

1、27、37、44：斗式提升机；2、15、31、40：皮带输送机；3：五钠粉仓；4：碳酸钠仓；5：硫酸钠粉仓；6：其他组分粉仓；7、8、9、10、29：螺旋给料器；11、12、13、14：电子皮带秤；16：预混合器；17：非离子贮罐；18：水贮罐；19：磺酸贮罐；20：硅酸钠贮罐；21：香精贮罐；22、23、24、25、26：计量泵；28：暂存仓；30：造粒机；32：流化床；33、36：风机；34：换热器；35：除尘器；38：振动筛；39：破碎机；41：酶粉仓；42：计量给料器；43：旋转混合机；45：成品粉仓。

图5-1 附聚成型生产洗衣粉工艺流程示意图

固体原料通过斗式提升机送至水平输送机上，然后通过其上的犁式卸料器分别进入4个固体料仓。固体原料的计量采用调速电子皮带秤，由中央微机控制，按预先给定的配比实现定值计量，经计量后的固体原料进入预混合器。与此同时，经计量泵计量后的液体物料（如非离子表面活性剂、水等）也以雾化状进入混合器内，以保证容器内有足够的水量使可水合盐类（如STPP、碳酸钠等）充分水合。预混合器夹套内通有热水以确保足够的热量使水合反应完全，得到稳定水合物。水合后的物料经过斗式提升机、暂存仓、螺旋给料器连续不断地进入附聚造粒机中，与此同时各种液体物料，如磺酸、泡花碱、水等经计量泵计量后从造粒机的各部位喷入。液体料的计量采用闭环控制计量泵，按预先给定的配比实现定值计量。固液料进入造粒机后一方面磺酸与纯碱、泡花碱进行中和反应，另一方面完成附聚造粒过程。整个中和造粒过程约需1~2s。混合并附聚的产品沿一条空间螺线的路径到达造粒机的出料口，然后由皮带输送机送入流化床内。流化床分成2个工作区，物料流化高度在300cm左右。附聚造粒后的物料在振动下通过烘干区与床底通入的热空气直接接触换热，从而使附聚物中的游离水被蒸发掉，然后物料进入冷风区使之冷却老化，经干燥老化的产品含水量为8%~15%。由流化床出来的附聚物经斗式提升机送至振动筛过筛，筛上大颗粒粉经粉碎机破碎后返回前工序，筛下正品粉进入旋转混合器内，与其他微量组分（如酶、漂白剂等）、液体香精等充分混合。后由斗式提升机送至成品粉仓进行包装。整个工艺过程都是通过中央微机进行自动控制且连续生产的。

1.1.4 国内洗衣粉生产装置现状

据不完全统计，目前我国已经建成的洗衣粉生产装置约94套，其中喷粉装置88套，生产能力约500万t/a；浓缩粉装置13套，生产能力约50万t/a。具体情况见表5-1和表5-2。

表5-1 中国大陆现有喷粉装置

省市	企业名称	塔径（m）	产能（万t/a）	装置来源	备注
北京	北京宝洁公司	6	10	P&G	
天津	天津汉高有限公司	6	6	Balastra	停产
河北	张家口联合利华洗涤剂有限公司	7	6	Balastra	
河北	纳爱斯正定有限公司	8	15	国产	
河北	河北纳利鑫洗化有限公司	5	3	国产	
河北	河北小帮手日化科技有限公司	6	5	国产	
山西	山西南风化工集团股份有限公司	7	7	国产	
山西	山西南风化工集团股份有限公司	7	7	国产	
山西	太原洗涤剂厂	7	5	国产	停产
山西	山西贯中日化有限公司	3.5	1	国产	
山西	大同双力洗涤用品有限责任公司	4	2	国产	
辽宁	辽宁本溪南风日化有限公司	6	5	Mazzoni	停产
辽宁	沈阳万众三威股份有限公司	7	8	国产	
吉林	四平立白日化有限公司	6	5	国产	

续表

省市	企业名称	塔径（m）	产能（万t/a）	装置来源	备注
吉林	纳爱斯四平有限公司	7	13	国产	
黑龙江	黑龙江省合成洗涤剂厂	6	5	国产	
上海	上海白猫（集团）有限公司	6	6	国产	
上海	上海白猫（集团）有限公司	7	7	Ballestra	
江苏	金陵石化公司烷基苯厂	6	6	Ballestra	
江苏	金陵石化公司烷基苯厂	6	6	M.M	
江苏	江苏徐州汉高有限公司	7	5	Mazzoni	停产
江苏	江苏徐州汉高有限公司	6	3	国产	停产
江苏	江苏盐城清婷洗涤品有限公司	4.2	2	国产	
江苏	江苏创新日化科技有限公司	6	7	国产	
浙江	浙江纳爱斯化工股份有限公司	7	12	国产	
浙江	浙江纳爱斯化工股份有限公司	8	15	国产	
浙江	浙江纳爱斯化工股份有限公司	8	15	国产	
浙江	杭州万里化工有限公司	6	5	国产	
浙江	浙江传化集团有限公司	6	7	国产	
浙江	杭州妙洁日化科技有限公司	7	8	国产	
安徽	安徽芜湖邦妮洗涤用品有限公司	6	7	国产	
安徽	安庆市南风日化有限责任公司	6	7	国产	
安徽	安徽全力集团有限公司	6	5	国产	
安徽	安徽全力集团有限公司	6	5	国产	
安徽	合肥利华洗涤剂有限公司	6	10	国产	
安徽	安徽井中集团小保姆日化有限公司	7	8	国产	
安徽	马鞍山立白日工业有限公司	6	8	国产	
江西	江西鹰潭合成洗涤剂有限公司	6	3.5	国产	
山东	山东丽波日化股份有限公司	6	6	Mazzoni	
山东	山东丽波日化股份有限公司	6	6	国产	
山东	山东佳丽日化股份有限公司	6	5	Ballestra	
山东	山东佳丽日化股份有限公司	6	5	国产	
山东	特丝丽化工有限公司	6	5	国产	
山东	特丝丽化工有限公司	6	5	国产	
山东	济南海华洗涤制品有限公司	4	2	国产	

续表

省市	企业名称	塔径(m)	产能(万t/a)	装置来源	备注
山东	聊城大众	7	5	国产	
山东	山东省乐陵市洁能集团有限公司	7	5	国产	
山东	山东嘉祥创捷公司	5	4	国产	
河南	河南矛盾日化股份有限公司	7	5	国产	
河南	河南矛盾日化股份有限公司	7	5	国产	
河南	洛阳立白日化有限公司	6	3	国产	停产
河南	新乡立白实业有限公司	7	10	国产	
河南	郑州油脂化学厂	5	2	国产	
河南	安阳市中美日化厂	4	1	国产	
湖北	武汉一枝花油脂化工有限公司	7	5	国产	
湖北	沙市活力28（集团）股份有限公司	5	3	国产	
湖北	活力美洁时洗涤用品有限公司	6	10	Ballestra	
湖北	湖北七巧板油脂化学股份有限公司	5	3	国产	停产
湖南	湖南丽臣实业股份有限公司	6	5	国产	
湖南	湖南丽臣实业股份有限公司	6	7	Ballestra	
湖南	纳爱斯益阳有限公司	8	15	国产	
广东	广州浪奇宝洁有限公司	7	6	Mazzoni	
广东	广州白洋	5	3	国产	
广东	韶关浪奇有限公司	5	3	Mazzoni	
广东	广州立白（番禺）有限公司	7	8	国产	
广东	广东科浪	5.7	8	国产	共4个
广东	惠阳全力日用化工有限公司	7	8	国产	
广西	桂林立白日化有限公司	6	5	Ballestra	
重庆	白猫（重庆）日化有限公司	6	5	国产	江北区
重庆	白猫（重庆）有限公司	6	5	国产	万州区
重庆	重庆大自然精细化工有限公司	5	3	国产	涪陵区
四川	成都蓝风（集团）股份有限公司	7	5	国产	
四川	成都宝洁有限公司	7	6	Ballestra	
四川	四川春飞日化股份有限公司	6	5	国产	
四川	纳爱斯成都有限责任公司	8	15	国产	
四川	四川明天精细化工有限责任公司	7	5	国产	

续表

省市	企业名称	塔径(m)	产能(万t/a)	装置来源	备注
四川	同庆南风有限责任公司	7	5	国产	
四川	绵阳凯特科技集团有限公司	7	6	国产	
四川	安徽全力集团彭山合成洗涤剂厂	7	8	国产	
贵州	贵州南风日化有限公司	6	8	国产	
云南	昆明蓝风洗涤用品有限公司	6	5	国产	
云南	中轻依兰（集团）有限公司	6	8	国产	
云南	昆明立白日化工业有限公司	7	10	国产	
陕西	西安南风日化有限责任公司	6	5	Ballestra	
陕西	西安南风日化有限责任公司	6	5	国产	
甘肃	兰州蓝星日化有限责任公司	6	5	国产	
宁夏	宁夏银川咪咪洗涤用品有限公司	6	4	国产	
新疆	纳爱斯乌鲁木齐有限公司	5	3	国产	

表 5-2 中国现有浓缩粉装置

省份	企业名称	装置来源	备注
内蒙古	内蒙古呼和浩特市合成洗涤剂厂	意大利 M.M 公司	停产
河南	河南安阳市日用化工厂	意大利 GMV 公司	
云南	中轻依兰（集团）公司	APV 公司流化床设备	
江苏	金陵石化公司烷基苯厂	丹麦 NIRO 公司	
湖南	湖南丽臣实业有限公司	意大利 GMV 公司	
辽宁	沈阳万众三威股份有限公司	国产	干混法
江西	江西合成洗涤剂厂	国产	
山西	太原洗涤剂厂	意大利 M.M 公司	停产
湖北	活力 28 集团	荷兰 SUGGI 公司	
安徽	合肥芳草集团	荷兰 SUGGI 公司	
辽宁	抚顺醇醚厂	意大利 Ballestra	
吉林	四平汉高公司	意大利 M.M 公司	
湖南	湖南衡阳新衡日用化工总厂	意大利 GMV 公司	

1.1.5 结语

纵观我国的洗衣粉装置，可以看出，通过多年的消化、吸收和改进，已经自主设计和建设了多套生产能力较大的洗衣粉喷粉装置，装置水平已基本达到国外21世纪初的水平。合资企业的生产装置一般能力较大，自动化控制程度也较高，多采用全自动包装，这与其经营、管理思想和不惜在生产装置上进行大的投入是分不开的。虽然我国的洗衣粉装置能力已大为过剩，洗衣粉装置技术也已基本成熟，但是基于规模、成本和市场竞争等多方面原因，洗衣粉装置新（扩）建和改造仍在不断进行，洗衣粉装置的变化仍是我国洗涤用品行业最为活跃的部分。

1.2 液体洗涤剂生产装置的技术与装备

在发达国家，液体洗涤剂出现于20世纪60年代，70年代得到了发展，80年代更为普及，到了90年代液体洗涤剂在形式上、功能上、结构上都有了很大的发展。成为洗涤剂制造商关注消费者接受的洗涤用品。经初步考证，我国液体洗涤剂工业化生产起步较晚，应该在20世纪80年代中到80年代末，比国外晚了近20年。但是，液体洗涤剂是我国近年来发展最快的洗涤剂品种。

液体洗涤剂工业化生产初期，装置规模都较小，一般为3000~5000 t/a。生产工艺以手工操作为主，劳动强度大，计量精度差。产品也局限于洗发香波和餐具洗涤剂等少数几个品种。20世纪80年末期，从国外引进了较为先进的液体洗涤剂生产装置，规模仅为1万t/a，但是自动控制水平有了明显提高。到90年代初有了较大规模的发展，配料开始采用自动程序配料。直到2009年后，液体洗涤剂销售呈连年增长态势，超市、连锁店中产品琳琅满目，花色品种繁多，各种功能型产品不断涌现。生产工艺实现了自动程序配料、自动循环电加热/冷却、自动灌装贴标封口、自动装箱码垛入库等过程。配制系统实现了单罐一次配制30~40 t的超大能力。2000年底，液体洗涤剂产量达到30万t以上，2008年产量达到153万t。特别是近年来，液体洗涤剂呈潮水般势头增加，2010年产量为337万t，2013年产量就高达581.42万t，超过了合成洗衣粉（448.37万t）的年产量，2017年更是达到808万t。

在提高产量的同时，产品品种也不断增加，单是洗衣液的品牌就达近50个。液体洗涤剂的发展速度确实高过了业界的预期，特别是洗衣液。液体洗涤剂的种类主要有：衣料液体洗涤剂（包括普通洗涤剂、丝毛洗涤剂、漂白剂、柔软剂等）；餐具洗涤剂（手洗餐具洗涤剂、机用餐具洗涤剂）；个人卫生用清洁剂（洗发水、沐浴露、洗手液、护发素等）；硬表面清洗剂（浴室清洁剂、洁具清洁剂、玻璃清洁剂等）。

产量和产品数量增加的背后，实际就是技术装备数量增加的过程，也是技术装备的质量与自动控制水平不断提高、改进、完善的过程。经过多年的发展，国内液体洗涤剂生产装备已能完全满足市场需求，达到国际先进水平。

2 表面活性剂主要生产工艺及装置

2.1 磺化／硫酸化工艺及装备

在表面活性剂的生产中，阴离子表面活性剂是最主要的品种。它是洗涤剂、化妆品的主要活性组分，在工业上也有广泛的用途。在我国用于洗涤用品和日化行业的阴离子表面活性剂的年总产量约为170万t，占民用表面活性剂总产量的60%以上。在阴离子表面活性剂中最主要的品种为磺化／硫酸化类产品，磺化／硫酸化工艺及装备也就成了表面活性剂行业最重要的技术和装备之一，而且通过多年的发展形成了具有特色的工艺和反应器形式，即在行业内普遍采用的三氧化硫模式反应工艺与装备，是表面活性剂行业不可或缺的重要技术与装备。

2.1.1 我国磺化／硫酸化技术发展历史

三氧化硫磺化／硫酸化是20世纪50年代后期开始在国外洗涤剂工业中得到广泛应用的新工艺，是洗涤剂生产工艺的一项重大突破。三氧化硫磺化／硫酸化工艺可应用于多种有机原料的磺化／硫酸化，除众所周知的烷基苯、脂肪醇、醇醚等原料外，还实现了新型表面活性剂烯基磺酸盐和脂肪酸甲酯磺酸盐的工业化生产。目前，三氧化硫磺化／硫酸化工艺技术，不仅广泛应用于洗涤用品行业，近几年还扩展到油田开采、皮革助剂、造纸助剂、医药中间体、颜料、润滑油原料生产等行业。

20世纪80年代以前，我国磺化／硫酸化技术基本上为落后的发烟硫酸磺化，严重制约洗涤剂产品的发展和提高。60年代中后期我国开始组织科研攻关，70年代末期建成了罐组式磺化装置。尔后，轻工业部组织所属科研、设计单位和有科研实力的生产企业，联合研制出国产双膜式磺化装置。80年代初期，轻工业部又组织设计院和相关企业，在国内首次引进意大利M.M公司双膜磺化技术的基础上，开发和研制出我国较为先进的磺化／硫酸化技术和设备。虽然，当时的技术水平和目前先进的磺化技术相比存在明显差距，但是这为我国洗涤剂生产技术的提高和发展起到了积极的推动作用。

20世纪80年代后期，轻工业部日用化学工业研究所承担了国家"七五"科技攻关项目"三氧化硫磺化技术消化吸收——列管式磺化器的研制"，轻工业部日用化学工业研究所和轻工业部设计院联合对当时已引进的技术和关键设备进行了消化吸收，成功开发了国产的列管式降膜磺化反应器，通过在湖南日用化工总厂引进的磺化装置上试用，1990年在太原洗涤剂厂建立了国内首套国产三氧化硫磺化装置，该项目获鉴定通过后很快在全国推广了20余套，为我国磺化／硫酸化技术的发展奠定了坚实的基础，为洗涤剂行业发展水平的迅速提高做出了显著贡献。目前，国内三氧化硫磺化／硫酸化技术已接近世界先进水平。到目前为止，我国已拥有各种不同形式、不同规模的磺化装置150多套投入生产运行，其中规模（按100%磺酸盐计）最大的磺化装置生产能力可达到6 t/h。

2.1.2 我国三氧化硫磺化技术发展的过程

我国三氧化硫磺化／硫酸化技术的研究与开发已有50多年的历史了。早在20世纪60年代，当时的轻工业部食品工业科学研究所（现为中国日用化工研究院）就进行了罐组式三氧化硫连续磺化的小试和扩试研究，并由当时的轻工业部设计院为桂林、邵阳等合成洗涤剂厂的万t洗衣粉生产装置配置了三氧化硫磺化车间，规模为0.5 t/h。70年代以后，中国日化所搬迁到太原以后又开展了双膜式三氧化硫磺化装置的中式研究，并实现了产业化推广。

回顾50多年中三氧化硫磺化／硫酸化技术的发展过程，大约分为三个阶段。

第一个阶段：自20世纪的60年代初至80年代中期为三氧化硫磺化技术发展的初始阶段，也是自主开发的初级阶段。当时我们开发了带内外膜保护风和有机物多孔分布器的双膜磺化器及其磺化装置，在上海白猫公司实现了产业化生产。

第二个阶段：是从20世纪80年代中期至90年代末，是我国三氧化硫磺化技术高速发展的时期。那时大批先进的三氧化硫磺化技术和不同规模、不同形式的磺化装置从国外引进。在此带动下，国内三氧化硫磺化技术的研发也取得很大的进步。在这几年中，国家在科技攻关项目中给予三氧化硫磺化／硫酸化技术的研究开发很大的支持。我们通过自主研发和消化吸收相结合的方法，在这期间先后实施了列管式三氧化硫磺化装置的国产化、α-烯基磺酸盐（AOS）的产业化生产的国家攻关项目研究。这时开始出现了一些专门生产和销售磺化产品的专业厂家。

第三阶段：从2000年至今，我国的三氧化硫磺化技术取得了更大的进展。三氧化硫磺化装置国产化的水平达到或接近世界先进水平，磺化装置也逐步向大型化发展。

2.1.3 我国三氧化硫磺化／硫酸化技术的现状

我国的三氧化硫磺化技术经过近半个世纪的发展，从无到有、从小到大、从弱到强，已经完全取代了落后的发烟硫酸磺化和氯磺酸磺化的旧工艺，其目前的状况归结起来有以下几点：

(1) 逐步形成了以三氧化硫磺化装置为主的磺化生产装置

逐步形成了以三氧化硫磺化装置为主要生产装置，专门生产各类磺化和硫酸化产品供应市场的企业，如浙江赞宇、中轻物产、上海科宁、四川金桐、天津天智、广州立智等。他们占据着我国磺化类阴离子表面活性剂市场的较大份额。

(2) 技术水平已接近或达到世界先进水平

我们采取了自主开发和技术引进相结合的方式，使三氧化硫磺化技术得到不断的发展。随着大型国产三氧化硫磺化反应器的研发成功，并建成整套的三氧化硫磺化装置，用于各种原料的磺化和硫酸化。三氧化硫磺化技术及生产装置的技术已接近或达到世界先进水平。现在我们已基本改变了三氧化硫磺化技术要从国外引进的历史，即使有少量进口，也只购买其反应器等主要设备和仪表，85%以上的装备采取了国内分交的方式，大大节省了基本建设投资。

2.1.4 我国三氧化硫磺化装置的分布及特点

2.1.4.1 已有装置统计

截至2016年，我国建成的三氧化硫磺化／硫酸化装置超过150套，具体情况见表5-3。

表5-3 三氧化硫磺化装置一览表（按规模分）

序号	企业名称	规模(t/h)	装置来源	主要产品	投产日期	备注
一. 5.0 t/h 及以上（12套）计 63 t/h							
1	上海科宁	5.0	Ballestra	AES/K12/LAS	1998	真空中和
2	吉化电石厂	8.0(3+5)	Chemithon	AES	2002	停产
3	抚顺洗化厂	5.0	Ballestra	LAS	2005	144N磺化器
4	天津天智	5.0	Ballestra	LAS	2005	带余热回收
5	中轻绍兴化工	5.0	国产多管	LAS/AES/AOS/K12	2006	
6	广东江门财新	5.0	国产多管	AES/LAS/AOS	2008	
7	浙江绍兴纳美	5.0	国产多管	LAS/AES	2009	停产
8	辽宁华兴	5.0	Ballestra	AES/K12	未投产	
9	辽宁华兴	5.0	Ballestra	AES/K12	未投产	
10	广州奇宁	5.0	Chemithon	MES	2011	带活性物干燥
11	江苏海清	5.0	Ballestra	MES	2012	赞宇租赁，生产AES

续表

序号	企业名称	规模(t/h)	装置来源	主要产品	投产日期	备注
12	湖南丽臣（东莞）	5.0	Ballestra	AES	2016	
二．3.8 t/h(12套) 计45.6 t/h						
13	四川金桐	3.8	Ballestra	LAS	2001	
14	四川金桐	3.8	Ballestra	LAS/AES/AOS	2006	
15	四川金桐	3.8	Ballestra	LAS/AES/AOS	2008	
16	天津天智	3.8	Ballestra	LAS	2005	
17	天津天智	3.8	国产	AES/K12	2011	Ballestra 磺化器
18	马鞍山金桐	3.8	国产	LAS/AES	2005	Ballestra 磺化器
19	广州立智	3.8	国产	LAS/AES/AOS/K12	2005	Ballestra 磺化器
20	广州立智	3.8	国产	AES/K12/LAS	2012	Ballestra 磺化器
21	惠州智盛	3.8	国产	LAS/AES/K12	2011	Ballestra 磺化器
22	惠州智盛	3.8	国产	LAS/AES/K12	2011	Ballestra 磺化器
23	惠州智盛	3.8	国产多管	LAS	2011	
24	广州立白	3.8	国产多管	LAS	2007	
25	江门景升实业	3.8	国产多管	AES/K12A	2011	
26	湖南丽臣	3.8	Ballestra	LAS/AES/K12	2005	
27	上海奥威日化	3.8	国产	AES/K12/LAS	2010	Ballestra 磺化器
28	中轻绍兴化工	3.8	国产多管	AES/K12/AOS	2004	
29	嘉兴赞宇	3.8	国产多管	AES/K12/AOS	2006	
30	嘉兴赞宇	3.8	国产多管	LAS	2007	
31	嘉兴赞宇	3.8	国产多管	AES/MES	2009	
32	嘉兴赞宇	3.8	国产	AES	2012	Ballestra 磺化器
33	嘉兴赞宇	3.8	国产	AES	2012	Ballestra 磺化器
34	四川赞宇	3.8	国产多管	AES	2012	
35	河北赞宇	3.8	国产	AES	2014	Ballestra 磺化器
36	山东东明俱进	3.8	国产多管	K12/AOS/AES	2006	亿丰加工
37	安阳兴亚	3.8	国产多管	LAS	2007	

续表

序号	企业名称	规模(t/h)	装置来源	主要产品	投产日期	备注
38	南京佳和	3.8	国产多管	LAS	2006	
39	新乡立白	3.8	国产多管	LAS/AES	2012	
40	涟水新源	3.8	国产多管	AES	2013	
41	昆明立白	3.8	国产多管	LAS/AES	2014	
42	江苏丰益	3.8	国产多管	K12	2015	
43	辽宁华兴	3.8	Ballestra	AES	未投产	
三．3.0 t/h(13套) 计 39 t/h						
44	南京佳和	3.0	Ballestra	LAS	1988	
45	南京金桐	3.0	Ballestra	LAS	1995	
46	西安南风	3.0	Ballestra	LAS/AES	1999	赞宇租赁
47	安庆南风	3.0	Ballestra	LAS/AES	2000	赞宇租赁
48	湖南丽臣	3.0	Ballestra	AOS	2002	
49	湖南丽臣	3.0	Ballestra	AES/LAS	2004	
50	湖南丽臣	3.0	Ballestra	AES/LAS	2004	
51	徐州中轻海鸥	3.0	Chemithon	LAS/AES	1992	停产
52	广州浪奇	3.0	Chemithon	LAS/AES/AOS	1996	
53	运城南风	3.0	Chemithon 改国产多管	LAS/AOS	1997	赞宇租赁
54	大庆东昊	3.0	国产多管	重烷基苯磺酸盐	2007	
55	北京罗地亚	3.0	Chemithon	AESA/K12A	1999	停产
56	镇江东泰	3.0	国产多管	AES	未投产	
四．2.0 t/h(8套) 计 16 t/h						
57	天津天智	2.0	Ballestra	AES/AOS	2000	
58	上海花王	2.0	花王自有技术	LAS/AES	1999	升膜磺化
59	济南东信	2.0	国产多管	LAS/AES	2008	
60	中轻依兰	2.0	国产多管	LAS	2007	
61	厦门金桐	2.0	国产多管	LAS	2000	

续表

序号	企业名称	规模(t/h)	装置来源	主要产品	投产日期	备注
62	北京宝洁	2.0	Ballestra	AES	1988	
63	大庆东昊	2.0	国产多管	重烷基苯磺酸盐	2006	
64	桂林立白	2.0	国产多管	LAS	2009	1.6 t/h 改造为 2 t/h
五．1.6 t/h（27套）计 43.2 t/h						
65	南京沙索	1.6	Ballestra	AES/K12	1995	
66	潍坊丽波	1.6	Ballestra	LAS	1994	
67	中山赞宇	1.6	Ballestra	AES/K12/AOS	2002	停产
68	天津天智	1.6	Ballestra	LAS/AES	1998	
69	运城南风	1.6	Ballestra	LAS	1988	停产
70	本溪南风	1.6	Mazzoni	LAS/AOS	1989	停产
71	广州浪奇	1.6	Mazzoni	LAS	1988	改国产多管
72	广州立白	1.6	国产多管	LAS	2001	
73	南京佳和	1.6	M.M	LAS	1981	改国产多管
74	上海金帝	1.6	Chemithon	LAS	1998	
75	上海金帝	1.6	国产多管	LAS	2003	
76	合肥利华	1.6	Ballestra	LAS/AS	1988	
77	北京金鱼	1.6	Chemithon	LAS	1997	
78	成都蓝风	1.6	Chemithon	LAS	1994	
79	中轻依兰	1.6	Chemithon	LAS	1995	
80	江门景升	1.6	Chemithon	AES/K12/AOS	1995	
81	湖北丝宝	1.6	Chemithon	AES/K12	1999	
82	洛阳立白	1.6	Chemithon	LAS	1989	停产
83	安顺南风	1.6	Chemithon	LAS/AOS	1997	赞宇租赁
84	四平立白	1.6	M.M	LAS	1995	
85	成都金陵石化	1.6	国产多管	LAS	2002	
86	厦门金桐	1.6	国产多管	LAS	1996	

续表

序号	企业名称	规模(t/h)	装置来源	主要产品	投产日期	备注
87	济南东信	1.6	国产多管	LAS	2003	
88	嘉兴赞宇	1.6	国产多管	AES/K12/油脂磺化	2006	
89	邹平福海	1.6	国产多管	MES	2008	停产
90	四川赞宇	1.6	国产多管	AES	2009	
91	锦州康泰	1.6	国产多管	润滑油添加剂	2013	
六. 1.0 t/h (39套) 计39.2 t/h						
92	徐州创新日化	1.0	Ballestra	AES	2008	
93	湖南丽臣	1.0	Ballestra	LAS/AES	1986	换国产多管
94	湖南丽臣	1.0	国产多管	LAS	1992	
95	邵阳赞宇	1.0	Ballestra	AES/K12/AOS	1986	换国产多管
96	锦州石油五厂	1.0	Chemithon	PS润滑油添加剂	1985	喷射磺化
97	镇江罗地亚	1.0	Chemithon	AES/K12	1991	
98	广州宝洁	1.0	Chemithon	AESA/K12A	1993	
99	广东浪奇	1.0	国产多管	LAS	2006	
100	广东韶关浪奇	1.0	Mazzoni	AES/AS	1988	
101	昆明兰风	1.0	国产双膜	LAS	1982	停产
102	长治澳尼克	1.0	国产多管	K12	1994	亿丰租赁
103	中轻化工(萧山)	1.0	Chemithon	AES/K12/AOS	1996	停产
104	中轻化工(萧山)	1.0	Chemithon	AES/K12/AOS	2000	停产
105	武安安和	1.0	国产多管	LAS	1999	
106	抚顺洗化龙莹	1.0	国产多管	LAS	1996	
107	安徽全力	1.0	国产多管	LAS/AOS	1995	
108	安徽小保姆	1.0	国产多管	LAS	2006	
109	合肥芳草	1.0	国产多管	LAS/AES	1995	停产
110	芜湖邦妮	1.0	M.M	LAS	1992	停产
111	西安南风	1.0	Ballestra	AES/LAS	1988	

续表

序号	企业名称	规模(t/h)	装置来源	主要产品	投产日期	备注
112	安阳健美日化	1.0	国产多管	LAS	1994	
113	厦门金桐	1.0	国产多管	LAS	1996	
114	南京金桐	1.0	国产多管	HABS配农乳	1997	
115	甘肃兴荣	1.0	国产多管	LAS	1997	金桐加工
116	上海白猫日利	1.0	国产双膜	K12	1999	停产
117	四川亿丰	1.0	国产多管	K12	2005	
118	白猫（重庆）	1.0	国产多管	LAS	1993	
119	白猫（万县工厂）	1.0	国产双膜	LAS	1997	
120	安阳兴亚	1.0	国产多管	LAS	2003	
121	河南宏泰	1.0	国产多管	LAS	2005	
122	安阳健美	1.0	国产多管	LAS	1994	
123	韶关兴亚	1.0	国产多管	LAS	2001	停产
124	韶关兴亚	1.0	国产多管	LAS	2003	停产
125	开封矛盾	1.0	国产多管	LAS	1994	
126	开封矛盾	1.0	国产多管	LAS	1997	
127	抚顺北天华阳	1.0	国产多管	LAS/重PS	2004	
128	新疆海斯化工	1.0	国产多管	LAS	2007	
129	大庆炼化	1.0	国产多管	石油磺酸盐	2007	
130	浙江兄弟科技	1.2	国产多管	LAS/油脂磺化	2012	
七．1.0 t/h以下（25套）计13 t/h						
131	安国金中贵	0.4	国产多管	磺化油脂	2006	停产
132	安阳兴亚	0.5	国产多管	LAS/AOS	1997	
133	安阳天虹	0.8	国产多管	LAS	2006	
134	安阳德隆	0.8	国产多管	LAS	2003	
135	济南东信	0.25	国产多管	LAS/BABS	1997	
136	济南金轮	0.4	国产多管	MES	2003	停产
137	大同兰浪	0.8	国产多管	LAS	2002	

续表

序号	企业名称	规模(t/h)	装置来源	主要产品	投产日期	备注
138	临淄汇丰	0.5	国产多管	LAS/BABS	2000	
139	淄博俱进	0.6	国产多管	K12	2003	停产
140	乐陵日化	0.25	国产多管	LAS	1996	
141	济宁日化	0.5	国产多管	LAS/BABS	1999	
142	济宁日化	0.5	国产多管	LAS/BABS	1999	
143	南京利美	0.5	国产多管	LAS/PS	1996	
144	南京浦口金陵磺酸厂	0.3	国产多管	LAS/K12	1999	
145	南京加佳乐化工	0.8	国产多管	LAS	2003	
146	南京加佳乐化工	0.8	国产多管	LAS	2004	
147	南京加佳乐化工	0.8	国产多管	LAS/BABS	2004	
148	南京法尔士化工	0.3	国产多管	BABS/PS	1993	
149	南京华悦磷酸盐厂	0.6	国产多管	LAS	2004	
150	苏州特种油品厂	0.3	国产多管	PS	2006	
151	南通油脂厂	0.3	国产多管	MES	1989	停产
152	丹阳恒洁日化	0.3	国产多管	LAS	2001	
153	句容明星日化	0.6	国产多管	LAS	2004	
154	广州浪奇	0.6	国产多管	LAS/磺化油脂	2007	停产
155	绍兴南方石化	0.5	国产多管	PS润滑油添加剂	2012	

2.1.4.2 三氧化硫磺化/硫酸化装置分布的特点

（1）三氧化硫磺化装置生产规模向大型化发展

20世纪80年代至90年代，我国发展的磺化装置主要是日化洗涤剂行业以配套洗衣粉或洗洁精生产装置为主，生产规模均较小，以1.0 t/h、1.6 t/h和2.0 t/h为主，产品也以烷基苯磺化生产LAS为主。近年来，随着磺化与硫酸化产品的不断开发并向市场化发展，特别是2004年以后，国产3.8 t/h的大型三氧化硫磺化器开发成功，促使国产化大型三氧化硫磺化装置的建立快速发展。

据2016年的统计数据，我国已建成的三氧化硫磺化装置155套，总的生产能力为246 t/h，其中生产能力（以100% LAS活性物计，下同）在3 t/h以上大型磺化装置共有37套（其中5t/h的12套，3.8t/h的12套，3.0t/h的13套），总的生产能力达到147.6t/h，已超过全部磺化装置生产能力总和的一半以上，国内三氧化硫磺化技术的发展已经向生产规模大型化发展。

一些较小规模的磺化装置，由于各种原因中止或停止生产，有很多洗涤剂工厂如宝洁和联合利华等也都关闭一些自己工厂中配套的磺化装置。上海和黄白猫在各地的磺化装置也相继关闭，改从市场采购更为质优价廉的磺酸。这些关闭的装置生产规模均较小。

目前3.8t/h生产规模的多管膜式磺化装置已成为行业内的首选，即使有些装置还进口国外的磺化器，但是其他主要设备及计算机控制系统还是使用国内的技术。

（2）三氧化硫磺化装置的集中化发展

三氧化硫磺化产品的不断开发与市场化发展，促使磺化装置在大型化发展的同时，其集中化也稳步发展。

1）三氧化硫磺化装置地域性发展

三氧化硫磺化装置在地域发展上不平衡。三氧化硫磺化装置在国内地域上的分布与其经济发达程度密切相关，主要集中在长江下游地区（或华东地区）与珠江下游地区（或广东地区）。华东地区经济较发达，有较好的工业基础，又是磺化原料如烷基苯、脂肪醇和脂肪醇醚等的主要供应地，因而集中了较多的磺化装置。据不完全统计，国内现有150多套已建成的磺化装置中在华东地区就有53套，占30%多，总的生产能力达到90t/h，为国内总生产能力246t/h的36%。广东地区是我国改革开放以来最早发展起来的地区，是表面活性剂需求量最大的地区，也是磺化产品的主要市场。近几年来，这里的磺化装置的数量增加最快，已有至少5套3.8t/h的磺化装置建成投产。相反，我国其他地区发展得较为缓慢。东北地区虽然是磺化产品原料的重要供应地之一，如辽宁华兴的脂肪醇和抚顺洗化厂的烷基苯与合成脂肪醇等，但远离市场，其磺化装置不多（仅14套），而且有不少装置是生产石油磺酸盐等工业用磺化产品的。辽宁华兴新建的4套装置多年来还未正常投入运转。华北（10套）、西北（3套）和西南（9套）地区，所拥有的磺化装置也较少。

2）磺化装置相对集中的公司

磺化产品的不断开发与市场化发展，使得三氧化硫磺化装置越来越集中于几家公司，形成了几个专门生产与销售磺化产品的大型企业或企业集团。

首先，一些磺化产品的原料厂家利用自己的原料优势，大力发展其后续产品的生产。如南京金桐在市场上生产与销售烷基苯的同时，还在各地建立了三氧化硫磺化装置，生产磺酸进而生产AES和K12等产品。近几年来，其在各地的磺化装置建设速度加快，先后在广州天智、惠州智盛（3套）、安徽马鞍山以及天津开发区等地，建成生产规模在 3.8 t/h 以上的磺化装置 6 套，产品也从主要 LAS 发展到 LAS 与 AES 并重。辽宁华兴也在前几年建成 4 套磺化装置（其中 5 t/h 的 2 套、3.8 t/h 的 1 套、1 t/h 的 1 套，总的生产能力达到 14.8 t/h），目前部分装置已投产。

还有一些专门从事磺化产品生产的公司，如浙江赞宇和浙江中轻化工等公司，通过生产装置租赁、加工与自行开发与建设，使企业日益壮大，拥有多套三氧化硫磺化装置。例如浙江赞宇除在嘉兴乍浦建成了磺化生产基地外，还在湖南邵阳、广东中山、江苏徐州、浙江绍兴、河北沧州和四川眉山等地有生产装置，在西安、安顺、运城、安庆、安阳、韶关等地有加工点，其 AES 与磺化油脂等产品近几年来的产销量居全国首位，MES 的产业化生产也取得了较快的进展。最近，浙江赞宇公司还有 3 套 3.8 t/h 的磺化装置在建，预计很快即可投入生产。拥有较多磺化装置的企业还有湖南丽臣、南风化工、安阳兴亚、广州浪奇、广州立白及南京佳和等。

另一方面，有些公司如上海和黄白猫关闭了其在 20 世纪 70 年代至 80 年代自行开发和进口的多套磺化装置（一般规模均较小），转而从市场上购买磺化产品，作为其洗衣粉和洗洁精的原料。

2.1.5 三氧化硫磺化产品的发展

(1) 工业烷基苯磺酸 (LAS) 的生产

LAS 仍然是洗衣粉、洗衣液和洗洁精中的主要活性组分，其生产量也是最大的。国内的烷基苯产地集中在南京和抚顺两地。原则上烷基苯必须经过三氧化硫磺化制成磺酸才可使用。据不完全统计，目前我国正在运转的约 110 套磺化装置中，大约一半数量的装置专门用来生产磺酸，还有近 20 套磺化装置是以生产磺酸为主，兼而生产其他产品，如 AES、AOS 及 K12 等产品。

金桐、南京烷基苯厂和抚顺洗化厂等烷基苯生产厂家，是烷基苯磺酸的最大生产者和供应商，通过自己建立磺化装置或外加工等形式控制了大部分磺酸的生产与销售。专门生产烷基苯磺酸供应市场的还有安阳兴亚集团和南京佳和等。湖南丽臣、浙江中轻化工和浙江赞宇等以生产 AES 和 AOS 等产品为主的公司也有装置生产磺酸。

由于烷基苯的磺化与其他磺化产品相比，生产工艺简单、操作方便，在烷基苯厂附近（江苏、山东、河南和安徽等地）建设了许多小型的磺化装置用于生产磺酸，目前仍然在生产中。

另外，尚有一些洗衣粉生产厂家，如广州立白、广州浪奇和南风化工，还有湖南丽臣和南京佳和等，利用自有磺化装置生产磺酸自用配制洗衣粉和洗洁精。洗衣粉的主要生产者，如浙江纳爱斯、宝洁和联合利华等则主要从市场上采购磺酸。

(2) 脂肪醇聚氧乙烯醚硫酸盐 (AES) 的生产

AES 是最近几年来发展较快的三氧化硫磺化产品，分为钠盐（AES）和铵盐

（AESA）。AES 因其泡沫丰富、表面活性性能优越，广泛用于配制洗洁精、洗衣液和洗发香波，在洗衣粉中也有使用。而 AESA 则是洗发香波的主要活性组分。

我国 AES 的生产装置相对比较集中，约有 15 家主要或专门生产 AES 的钠盐和/或铵盐产品，年产销量在 1 万 t 以上，其中包括广州宝洁与湖北丝宝 2 套自产自用的磺化装置。

浙江赞宇科技股份有限公司，近几年来 AES 产量一直处于领先地位。浙江赞宇在嘉兴的乍浦嘉化工业园区建立了磺化生产基地，4 套磺化装置中有 3 套可用于生产 AES，总的生产能力达到 8.8 t/h。另外，公司通过自建、租赁或外加工的形式在湖南邵阳、广州中山、四川眉山、江苏徐州、浙江绍兴、西安及安庆等地，都有三氧化硫磺化装置可进行 AES 生产。目前，浙江赞宇还有 3 套 3.8 t/h 的磺化装置正在建设中。

南京金桐是近年来 AES 生产发展较快的公司。最近 3 年，该公司通过合资或合作的形式分别在广州立智、天津天智、安徽马鞍山和广东惠州建立了 6 套规模为 3.8 t/h，可用于生产 AES 的磺化装置，而且均已建成投产。惠州智盛有 2 套装置同时投产，同时还建立了 10 万 t/a 的乙氧基化生产装置，为磺化装置提供所需的原料。

湖南丽臣（原湖南日化总厂）是我国最早开始生产 AES 的公司，目前其 AESA 和 K12A 的产量最大。该公司在湖南长沙有多套磺化装置可用于生产 AES，最近又在上海金山建设一套 3.8 t/h 的磺化装置，可以生产 AES 和 K12，在广东东莞也建有一套 3.8 t/h、一套 5.0 t/h 磺化装置，生产 AES 和 K12。

巴斯夫在上海金山的一套 5 t/h 磺化装置的 AES 和 K12A 等产品也有较大的产量。

浙江中轻化工、上海花王、江门景升、北京罗地亚和南京沙索等的 AES 年产销量均在万 t 以上。

AES 生产中一个突出的技术问题是产品中的二噁烷含量。现在已经确认，AES 产品中的 1，4-二噁烷是对人体有害的化学物质，应控制其在产品与配制品中的质量浓度。我国的标准部门已对 AES 和 AESA 盐产品制定了标准，1，4-二噁烷的浓度应限制在 100 mg/kg，而不少用户对其提出了更高的要求。一般认为，AES 生产过程中 1，4-二噁烷的形成是在三氧化硫磺化过程中，原料脂肪醇醚的乙氧基化链在三氧化硫的激烈作用下产生断裂，形成二氧六环，即 2 个环氧乙烷分子断链又互相结合形成 1 个六元环的稳定化合物，这种化合物溶于水，易与水形成共沸混合物。

国内在 AES 生产的研究与开发过程中，很早就注意到了可能形成 1，4-二噁烷的原因，并着力寻找脱除的方法。从 AES 的生产者来说，可从下面几个方面来控制 AES 产品中 1，4-二噁烷的浓度。

①注意原料的质量控制，尽可能缓和磺化工艺操作条件，使 AES 在生产过程中尽可能少生成 1,4-二噁烷。事实上，国内也有生产装置生产出的产品不经任何脱除可达较低水平。

②使用真空中和技术，可制得低二噁烷的 AES 产品。

③配置脱二噁烷的真空脱附装置，脱除产品中大部分的 1,4-二噁烷。

目前，我国 AES 的主要生产企业各自都有解决这一问题的方法。

需要强调的是，对于一个正常的生产装置，外加二噁烷脱除装置的主要目的，是要保证装置能够满负荷生产。

(3) 脂肪醇硫酸钠盐和铵盐的生产

脂肪醇硫酸钠通常称为 K12，使用 $C_{12\sim14}$ 天然脂肪醇经三氧化硫磺化，再用氢氧化钠中和而成，一般制成粉状、粒状和针状等固态形式或以液体状态直接使用。它是牙膏中发泡剂的主要来源，也可用于配制洗发剂，在工业上也是作为发泡剂来使用。脂肪醇硫酸铵盐 K12A 则是洗发香波专用的主要活性组分，常与 AESA 盐复配使用。

我国目前固态 K12 产品的年产销量超过 5 万 t。经过前几年的洗牌重组，目前国内仅有 2 家生产企业：

①上海星海系，现有产能 6 t/h。主要生产厂为江苏启东公司（产能 3.5 t/h）、山东东明公司（产能 1.5 t/h）和山西长治公司（产能 1 t/h）三地。

②上海金山丽臣奥威（湖南丽臣奥威公司的全资子公司），其年产能为 1.2 t/h。

由于现有产能不能满足市场需求的发展，上述两家公司分别正在或计划扩大各自的产能。

另外，正在新建的河南新乡汇淼科技有限公司，也正在建设固态 K12 产品生产装备。

K12A 盐的主要生产企业与 AESA 盐的生产企业大致相同，产量变化也不大。

(4) α-烯基磺酸盐 (AOS) 的生产

我国的 AOS 产品是在 20 世纪 90 年代中期开发成功的，目前约有 22 套磺化装置配置了 AOS 的水解系统，可以生产这种产品。主要的生产企业是浙江中轻化工、浙江赞宇和南风化工等。AOS 的生产技术已很成熟，产品质量也比较稳定。最近几年，AOS 的生产装置变化不大，主要是受进口烯烃的价格波动与来源的限制，发展的余地不大。

(5) 脂肪酸甲酯磺酸盐 (MES) 的开发

MES 的产业化生产是业内比较关心的问题。以天然油脂为原料，一般选用 $C_{16\sim18}$ 脂肪酸甲酯经三氧化硫磺化制得 MES，并在洗衣粉生产中得到应用。国际上，MES的产业化有较大的发展。日本狮子油脂公司于1990年和2007年分别建成了1t/h和4t/h的MES生产装置。美国休斯（Huish）公司于2002年利用美国Chemithon技术建成了10t/h的MES生产线，以自己配制洗衣粉产品为主。2009年马来西亚的KLK公司引进了意大利Ballestra的2.5万t/a MES生产线并试车成功，益海也建立了5万t/a的MES装置且有产品在我国市场上销售。

浙江赞宇的MES研究与开发工作也有10多年的历史。首先是在0.3t/h的小型磺化装置上进行了试验研究，继而在2005年，对原大连华能引进的2t/h的MES的磺化与干燥系统进行技术改造，按自己的工艺流程和参数与广州浪奇合作，进行了MES试生产，生产了1000余t活性物质量分数为80%的MES。浙江赞宇不仅在工艺技术和分析技术方面申请了专利，还在性能研究及应用等方面开展了大量的工作。与此同时，在嘉兴乍浦的磺化生产基地中建成了一套规模为3.8t/h的MES生产装置，在2010年实现大批量生产销售。目前，浙江赞宇公司还计划在乍浦和四川眉山再建2套MES生产装置。

近几年内，广州奇宁、山东邹平福海、山东金轮和江苏海清也在建成了MES的生产线，有的进行了小批量生产，尚处于不断完善工艺阶段。

MES的生产工艺，在上述的所有磺化产品的生产中的技术难度是最大的，尚有很多工作要做，其主要的技术难题是在活性物干燥与洗衣粉的配制应用上。

（6）油脂磺化与石油磺酸盐（PS）等工业磺化产品的生产。

磺化油脂是用于皮革加脂剂的一种活性组分。目前，浙江赞宇专门有磺化装置用于该产品的生产，产量居全国首位。浙江兄弟科技股份有限公司的磺化装置用于磺化油脂，其产品作为皮革助剂供皮革行业使用。广州浪奇也有少量生产

石油磺酸盐是利用石油馏分中比烷基苯分子量较高的部分为原料，经三氧化硫磺化制得油溶性磺酸盐产品，在三次采油中有广泛的应用。其各种金属盐还可以作为润滑油添加剂。由于该产品的性能与用途的特殊性，在石油部门有着较快的发展，如大庆东昊就在2006年后建成了2套以重烷基苯为原料、规模分别为2t/h和3t/h的PS生产装置。山东胜利油田、新疆克拉玛依以及上海和锦州等地也有三氧化硫磺化装置用于生产这种产品。该类产品今后还会有较大的发展空间。

2.1.6 结语

在洗涤剂和表面活性剂生产领域中，绝大部分阴离子表面活性剂是磺化和硫酸化产品。三氧化硫磺化技术在我国自及20世纪60年代开始开发以来，先自主开发出罐组式（又称阶梯式）三氧化硫磺化生产装置，用于烷基苯的磺化，又在70年代中期通过科研、设计、生产三结合研制开发出带二次保护风和有机物多孔分布器的双膜磺化器及其生产装置，80年代以后，随着改革开放政策，洗涤剂行业从美国和

意大利引进10余套双膜和多管膜式三氧化硫磺化装置。与此同时，中国日化研究院等单位完成了国家"七五"科技攻关项目（1986—1990年），研制出24N列管式磺化反应器，并在国内得到推广应用。90年代至今是三氧化硫磺化装置引进和国内开发同步发展的时代，三氧化硫磺化技术也从洗涤剂行业向石油、化工等行业扩展，一些外资企业和合资企业也进入有机物磺化这一领域。从80年代中期以来，国内在开发三氧化硫磺化装置的同时，也不断地扩展三氧化硫磺化和硫酸化的产品开发，如脂肪醇及其醚（AEO）的硫酸盐（钠盐、铵盐和三乙醇胺盐）、脂肪酸甲酯磺酸盐（MES）、α-烯基磺酸盐（AOS）等，其中有些已成为磺化和硫酸化装置的主要产品。

回顾50多年三氧化硫磺化技术发展的历程，我国的磺化技术不管是磺化反应器的研制和磺化产品的开发，都已取得了很大的发展，与国际水平相近。但是国产反应器和进口装置相比在一些细微的地方还有差距，在整体性能上还有不足之处，这和行业本身对装置的认识及相关行业如机加工行业的水平相关。随着经验的积累和相关行业的技术进步，国产磺化装置和进口装置的差距会越来越小，达到国际先进水平的日子也不会遥远。

2.2 乙氧基化工艺及装备

2.2.1 聚氧乙烯型非离子表面活性剂概述

非离子表面活性剂是在水溶液中不产生离子的表面活性剂。非离子表面活性剂在水中的溶度是由于分子中具有强亲水性的官能团，非离子表面活性剂在数量上仅次于阴离子表面活性剂，是一类大量使用的重要品种。非离子表面活性剂按亲水基团分类，主要有聚氧乙烯型和多元醇型两类，其中又以聚氧乙烯型为主。

聚氧乙烯型表面活性剂，传统上是以分子中具有活泼氢的原料如脂肪醇、脂肪胺、烷基酚及脂肪酸等与环氧乙烷在催化剂作用下，进行加和反应生成表面活性剂，其中以脂肪醇聚氧乙烯醚的产量最大。聚氧乙烯型非离子表面活性剂的生产工艺是在催化剂作用下的环氧乙烷聚合反应，乙氧基化反应器形式的不断更新与改进是聚氧乙烯型非离子表面活性剂生产工艺和装备进步的核心内容。近30年来，国际上开发出环氧乙烷同酯基化合物进行插入式加成的催化剂及其工艺，在国内也已开发成功并实现产业化，聚氧乙烯型非离子表面活性剂的品种得以拓展，以脂肪酸甲酯乙氧基化物最具有代表性。

由脂肪酸甲酯直接与环氧乙烷反应得到目的产物MEE，利用传统的乙氧基化装置即可满足要求，反应条件与醇类乙氧基化的条件相当（170~180℃，500 kPa），可直接以脂肪酸甲酯为原料来制备MEE，降低了生产成本，又可以减少向环境中的三废排放，对工业生产和环保都非常有利。其反应方程式如下：

$$RCOOCH_3 + n \overset{}{\underset{O}{\triangle}} \longrightarrow RCO(OCH_2CH_2)_nOCH_3$$

该工艺必须有特殊的乙氧基化催化剂方可有效地完成反应,常规的乙氧基化催化剂对于脂肪酸甲酯几乎不具备催化活性。对于脂肪酸甲酯这类不含活泼氢原料的乙氧基化,常规的碱催化剂如 KOH、NaOH、NaOCH$_3$,无法达到理想的催化效果,不仅反应速度慢,而且副产物聚乙二醇含量高以及反应转化率低,未反应甲酯含量高达40%。据研究,由于催化剂催化机理不同,并非所有的窄分布催化剂都可以达到催化乙氧基化脂肪酸甲酯的目的,如镧系窄分布催化剂就无法催化不含活泼氢的原料。目前,文献报道用于脂肪酸甲酯乙氧基化的催化剂主要有下述两类:

① Mg/Al 复合金属氧化物催化剂。日本 Lion 公司、德国 Henkel 公司、中国日用化学工业研究院、无锡轻工大学等,采用的基本都是该体系催化剂。

② Ca/Al 的有机醇盐。德国 Condea 公司与波兰重有机所,采用的是该类催化剂。

2.2.2 乙氧基化生产工艺过程概述

乙氧基化装置的工艺过程,由预处理反应单元(由催化剂将起始剂活化生成具有催化性能的物料)、乙氧基化反应单元(起始剂与环氧乙烷反应生成相应的醚,又称乙氧基化)、后处理反应单元和过滤(将反应产物最终处理或中和生成符合规格的产品,有的产品还要进行过滤)组成。乙氧基化工艺过程如图 5-2 所示。

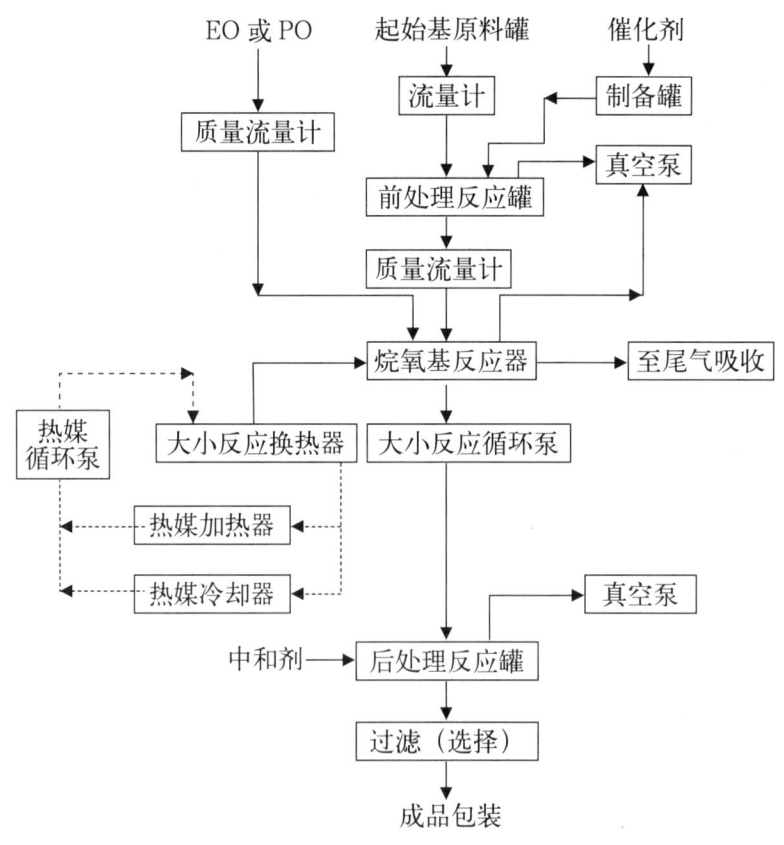

图 5-2 乙氧基化生产工艺过程示意图

(1) 生产装置的配置

由图 5-2 可看出，3 个单元有以下组合：

①预处理、乙氧基化反应、后处理 3 部分在一个乙氧基化反应器内完成。这样的配置使生产能力受到影响，但工艺流程简单，节省投资，适合用于产量不高的工厂。目前，国内许多小型企业采用这种方式，新建企业和规模较大的企业不宜采用。

②前处理、乙氧基化反应、后处理 3 部分在 3 个反应器内完成。这通常在规模较大、生产能力较高的企业中采用。

③对于某些产品，需要除去产品中的金属离子，在后处理单元增设过滤单元。

在引进装置和国内的工程设计中，上述 3 种情况的装备都有。因此，单元的组合需根据规模、产品品种而定。

(2) 预处理反应单元

预处理反应单元是乙氧基化装置的重要组成部分，在此进行催化剂的混合和催化反应，在真空下脱除原料中和在催化起始剂反应中生成的水分，最后进行加热达到乙氧基化反应温度的进料条件。起始剂催化后的水分，若带入乙氧基化反应会生成聚乙二醇，使产品中的聚乙二醇含量增加，一般要求含水量在 0.05% 以下。不同工艺的预处理工艺略有不同。

美国 HHT 公司的工艺中，预处理反应罐兼作称重计量罐，进料和出料在此称重。由于用传感器称重，理论上计量精度高，省去了进出物料的流量计，在配管设计时，所有与预处理罐的连接管道必须采用软管，要求不得因为软管的牵制而影响称量的精度。HHT 公司的预处理单元由循环出料泵、外循环加热器和反应器组成。由循环加热器调节催化反应和真空脱水温度，循环物料从罐顶的一个喷嘴以雾滴流喷入罐内，增加脱水效率。

意大利 PRESS 工艺中，预处理反应罐是一个搅拌反应器，也由循环出料泵、外循环加热器和反应器组成。由循环加热器调节催化反应和真空脱水温度，循环物料从罐顶喷嘴以雾滴流喷入罐内，增加脱水效率。不同的是罐顶部有数个喷嘴，进出物料的计量采用质量流量计。

CLIEC 公司设计的预反应器也是一个搅拌反应器，同样有一个循环回路，不同的是增加了一个专门用于提高脱水效率的膜式脱水器，避免了因采用喷雾脱水所产生的雾沫夹带。由于物料形成薄膜，使之与真空的接触面增加，提高了脱水效率。

(3) 乙氧基化反应器

乙氧基化反应器是反应的核心单元。反应器的类型有搅拌式乙氧基化反应釜、BUSS 乙氧基化反应器、PRESS 乙氧基化反应器以及由上述反应器为基础改进的乙氧基化反应器。

1) 搅拌式烷氧基化反应器

环氧乙烷从罐底部的分布器进入，在搅拌器和温度的作用下，环氧乙烷被分散、汽化，以鼓泡的形式与起始剂混合和反应，未反应的环氧乙烷进入反应釜的头部，在反应器的液位表面继续反应。带有自吸作用的搅拌器可将反应釜头部空间的环氧乙烷气体吸入液体内继续进行反应。该类反应器气液接触面较小，气体的分散性能差，因此影响到产品的分子量分布和产品质量。釜式反应器最大的缺点是搅拌器运动部件暴露在环氧乙烷的气相中，容易泄漏和因摩擦而产生静电，存在隐患，在使用时要经常检查搅拌器机械密封、运动部件的完好性和静电接地的性能。搅拌反应器独特的优点是能适应高黏度物料的乙氧基化反应。搅拌式乙氧基化反应器的设备设计采用双端面机械密封，设计压力约 1.0 MPa，设计温度约为 250 ℃，反应器封头上设置爆破片和安全阀。

2) PRESS 工艺中的喷雾式混合反应器

PRESS 工艺是将物料以喷雾形式与环氧乙烷混合，使环氧乙烷的气相与循环物料液相以最大限度分散接触，部分环氧乙烷溶解在物料中进行反应。环氧乙烷是连续相，反应物料是分散相。喷雾式乙氧基化反应器是一种环路反应器，利用外循环换热器撤除反应热，反应速率大大高于搅拌式反应器。由于其反应器壁表面被喷雾物料不断更新，不会产生过反应的现象，产品质量较高。

PRESS 工艺的起始反应压力较低，起始氮封压力为 0.012 MPa，反应压力约 0.204 MPa，设备设计压力为 1.2 MPa，设计温度为 220 ℃。在意大利 DB 公司最近给出的报价资料中，设计压力提高到 2.7 MPa。由此表明，虽然操作压力在 0.5 MPa 以下，但设计压力作了调整。

PRESS 反应器中喷雾混合器的结构，在最早的引进装置中，采用组合式喷嘴对物料雾化，而最近引进的装置中既有组合式喷嘴，也有螺旋式喷嘴。其目的是达到更好的雾化效果，增加气液接触面积。

PRESS 工艺中的喷雾式混合反应器的特点如下：

①反应起始时氮封压力低，造成反应结束时反应器内的压力较低。因此，设备设计压力低，节省设计投资费用。

②反应器头部空间无运动部件，避免了由静电产生的隐患。

③以导热油为热媒，调节反应温度比较平稳。但是，也带来传热效率较低的缺点。

④在反应最后的熟化阶段，喷雾反应效率不如文丘里混合反应器，最终在气相残留的环氧乙烷较多。但第 5 代反应器增设了外置的文丘里混合器，使头部空间的环氧乙烷能吸入文丘里混合器中，可接近 BUSS 工艺的效果。

3）BUSS 工艺中的文丘里反应器

BUSS 工艺利用文丘里喷射混合器的原理，使环氧乙烷的气相与循环物料进行混合反应，即由物料的喷射引起局部真空，将环氧乙烷气体吸入文丘里混合器，物料是连续相，环氧乙烷是分散相。由于环氧乙烷分散性能在文丘里混合器中远比在喷雾混合式反应器中好，同时在喷嘴腔体内形成了强制湍流区，强化了传质，故其在文丘里混合器中反应速率更高，产品质量更好。BUSS 乙氧基化反应器是一种更好的环路反应器，同样利用外循环换热器撤除反应热。

4）组合式化工艺流程简述

组合式乙氧基化工艺，是在原有乙氧基化装置不同工艺的基础上发展起来的工艺，归纳为以下 4 种类型。

① 搅拌与喷雾组合的乙氧基化工艺

这是国内许多工厂在 20 世纪 90 年代技术革新的产物，是由搅拌釜式反应器衍生的乙氧基化反应器。这种反应器在原有搅拌反应器基础上增设外循环喷雾混合器，从而增加了气液接触面，提高了反应速率和产品质量。这种由 2 种不同类型的反应器结合在一起的思路不仅在国内生产实践中得到应用，在国外也有相应的应用。

② 搅拌器与文丘里混合器组合的乙氧基化工艺

近年来，美国 HHT 公司推出的一种由搅拌器和文丘里混合反应器相结合的乙氧基化装置，是利用文丘里混合器的优点，结合搅拌反应器的特点而开发的一种乙氧基化反应器。该反应器能适应黏度变化很大的反应过程，能在生产高黏的产品时使用。

③ 喷雾混合器与文丘里混合器组合的乙氧基化工艺

意大利 DB 公司开发的 PRESS 第 5 代强化型乙氧基化反应器，是在喷雾混合式反应器的基础上，吸取 BUSS 工艺中文丘里混合器的优点的乙氧基化反应器。该反应器在外循环环路中增设了文丘里混合器，使反应器头部空间的未反应环氧乙烷也能被吸入物料中参与反应，从而缩短了反应熟化阶段的时间，使产品中和排放尾气中的环氧乙烷含量降低。

④ 文丘里与喷雾混合器组合的乙氧基化工艺

以文丘里混合为主，辅以喷雾混合器组合的乙氧基化反应器发扬了文丘里混合器的优点，克服了其缺点，有利于更新反应器头部器壁的表面，也有利于增加在更新品种时对反应器的洗涤效果。这种乙氧基化反应器势必会有广阔的应用前景。

2.2.3 国内乙氧基化生产工艺的发展历程

（1）传统釜式生产工艺阶段

最早乙氧基化生产工艺，是在常规机械搅拌反应釜中，采取液相或气相与一定温度的起始剂中进行鼓泡反应，采用内盘管或夹套移走热量。其优点是生产工艺成熟，易于掌握；工艺设备简单、投资少、见效快，适合小批量、多品种、高分子量、高黏度产品的生产。其缺点是反应温度和压力难以控制，生产速度慢、产品质量差，反应器内气相中含有大量环氧乙烷，且有搅拌传动易泄漏而造成重大生产事故。

由于门槛较低，只要极少量的投资就能建设一套釜式乙氧基化生产装置。因此，此类生产工艺在20世纪很普遍。但是，由于此类乙氧化生产工艺多次发生爆炸伤人的事例，目前大多数厂家已不再使用，仅在部分小批量、高黏度产品的生产中还有应用。

（2）小型化乙氧基化生产工艺阶段

在这个阶段，我国的乙氧基化工艺大多属于第Ⅱ代。国内"七五"期间引进了2套意大利PRESS公司第Ⅱ代乙氧基化生产工艺。1986年，中轻国际在北京合成化学工程厂工程"2.5 t/批非离子表面活性剂项目"工程设计中，引进了PRESS第Ⅰ代工艺。其优点就是通过雾化液相物料极大地增加与气相环氧乙烷的接触表面，从而有效地加快乙氧基化反应速度，使得每立方料反应器消耗环氧乙烷的速率为传统釜式反应工艺的5倍以上。另外，反应器为气液接触、无搅拌的设备，从而防止了气相环氧乙烷的泄漏和静电的产生，从根本上保证了安全。其缺点就是自动化程度较低，仪表采用PLC控制器对系统进行控制、操作。其反应器容积为$3\ m^3$，生产能力为6000 t/a，工艺简单，投资小，适宜于生产规模小或小品种的乙氧基化产品。

1993年，中轻国际在抚顺化工二厂"2.5 t/批蓖麻油聚氧乙烯醚项目"工程设计时，对该生产工艺进行了改革：采用质量流量计对原料和环氧乙烷进行计量，代替反应器上的计量秤；用计算机控制替代了PLC模块控制。

20世纪90年代到21世纪初，国内建设了大量的乙氧基化装置，均是参照引进的PRESS装置进行简化翻版的生产工艺，有的在带搅拌反应釜内增设喷嘴、有的采用立式倒瓶状喷雾式反应器，从外部循环再引入反应体系内。整个反应过程包括吸料、脱水、反应、熟化、后处理都在反应器里进行，反应器、原料计量罐、换热器均为Ⅲ类不锈钢压力容器，并装有安全阀和特殊防爆装置。大多是小型装置，其批次规模有1 t、2 t和5 t等，每套投资从几十万到一二百万。但此类装置不采用导热油为中间热媒，无导热油循环系统，在外循环换热器内直接用蒸汽加热和直接用冷却水撤除反应热，换热器冷热流体温差大，循环冷却水又极易引起换热器设备内结垢或被腐蚀。此外，仪表控制大多采用PLC，由人工操作控制温度和压力，要有较高熟练程度的工人操作才能得到质量好的产品，虽然也采用喷雾式气液接触反应器，但产品质量相对不稳定。不过在当时此套装置因其流程简单，且投资小，仍受到中小用户的青睐。在这期间，国内以东南沿海为主，上百套这样的装置新建并投产。相对釜式生产工艺，此类生产工艺在生产能力和安全上有了一些改进，但由于自动化水平较低，控制基本上依靠手动，不能满足生产规模大、安全性能高的要求。

（3）大中型化乙氧基化生产工艺阶段

从20世纪90年代以后引进的设备年生产能力均在万t以上，自第Ⅰ代PRESS生产工艺被引进国内之后，又相继引进多套PRESS新的生产工艺，包括瑞士BUSS和美国HHT的乙氧基化生产工艺等。国内许多单位在吸收国外先进乙氧基化工艺的基础上，相继开发出先进的乙氧基化国产化生产工艺。

1）第Ⅱ代和第Ⅲ代PRESS生产工艺的引进

1993年，中轻国际承担的安徽轻工化学厂"10 t/批非离子表面活性剂"工程设计时，引进了PRESS公司第Ⅱ代生产工艺。该工艺是将第Ⅰ代中喷雾混合反应器一分为二，气液接触喷雾反应器与反应物料的收集器分开，使反应器的有效体积增加，比第Ⅰ代工艺产能有所增加，但仍难以实现一次性投料生产高分子量的乙氧基化产品。

1994年，吉林石化从意大利PRESS公司引进第Ⅲ代生产工艺，在立式反应收集器上增设了第二循环回路即小循环回路。在生产EO高加成数产品的过程中，由于初始起始剂的量较少，无法启动大循环，可以先开启小循环回路进行环氧乙烷的加成反应，待反应物料达到一定数量后，再启动大循环回路加速乙氧基化反应，当环氧乙烷加入规定数量，完成EO高加成数产品的生产。该工艺在反应过程采用了集散型计算机（DC）程序控制，工艺成熟，自动化程度较高，生产规模较大。在DCS系统中设有安全连锁，在气相中环氧乙烷的含量很低，液相环氧乙烷的质量分数在0.05%以下，这样即便在紧急停车时，反应器的温度也不会急速上升，确保生产安全。

2）BUSS生产工艺的引进

BUSS工艺的核心是双通道高效反应混合器。这种独特的向下喷射液体的气流反应混合器，有效地限定地控制了气－液接触区域，使气－液迅速进行。1998年，北京东方罗地亚公司引进瑞士BUSS公司乙氧基化生产工艺一套，生产能力为3万t/a。在BUSS乙氧基化工艺中，反应混合物利用文丘里喷射混合器的原理，经反应喷射嘴高速喷出后，反应器顶部空间大量的环氧乙烷、氮气混合气体被由循环物料的喷射引起局部真空带入喷射器，并被具有巨大能量的液体分散成无数细小的气泡，其典型的直径尺寸为25~60 μm。通过这种手段增加了传质面积，从而大幅度提高了BUSS反应器的传质效果。

BUSS生产工艺最显著的特点是氮气保护的压力较高，反应器头部空间的氮气分压大于60%，在环氧乙烷的安全范围内，不会产生任何危险的可能，安全性能好；反应器的设计压力高达4.5 MPa，设计温度为220 ℃。这样的反应器不会产生物理爆炸的危险；在反应终了时，头部气相中残留的环氧乙烷低于1 mg/kg，环境保护好。

其他与PRESS生产工艺相比较，具有反应速率高；用压力软水作为热媒，调节反应温度灵敏；由于水的传热系数大于导热油，传热效率高等优点。在能耗方面，水、电、蒸汽的消耗较低，而氮气的消耗较高，要求氮气的纯度也较高；生产乙氧基化产品的分子量分布窄很多；生产时操作压力较高。近几年来，我国引进BUSS乙氧基化生产工艺较多，如：

① 2010年，广东智盛德州石油化工有限公司的5万t/a表面活性剂工程。

② 2013年，中轻日化科技有限公司的非离子表面活性剂产业化示范基地项目。

③ 2014年，福建钟山化工有限公司的11万t/a表面活性剂及炼化助剂工程。

近两年又有辽宁奥克、江苏泰兴盛泰、沙索南京、日本花王金山公司等陆续建成生产装置。

3）第Ⅴ代PRESS生产工艺的引进

第Ⅳ代PRESS生产工艺是在第Ⅲ代的基础上进行的改进，将喷雾接触反应器和反应收集器合二为一，节省设备空间和节约投资，但国内未见过引进的报道。在2012年天津市浩元精细化工有限公司"5万t/a表面活性剂工程"的设计中，从DB公司引进PRESS的第Ⅴ代工艺，乙氧基化反应器总容积23.3 m^3，生产工艺过程中没有前处理、后处理，反应热移走介质依然使用导热油，生产能力为3万t/a。2014年，联想化工从DB公司引进的第Ⅴ代工艺乙氧基化生产工艺，反应器总容积50.6 m^3，生产工艺过程中有前处理、后处理，反应热移走介质使用带压水，生产能力较大。

从第Ⅴ代PRESS生产反应工艺中可以看出，PRESS喷雾反应工艺再向BUSS反应工艺学习，在其循环回路上增加了喷射混合器，将反应顶部空间大量的环氧乙烷气体被由循环物料的喷射引起局部真空带入喷射器混合反应再进入反应系统。因此，第Ⅴ代PRESS生产工艺也可以看作是其与BUSS工艺的组合，继承双方在乙氧基化生产工艺上的优点。

4）国内自主乙氧基化生产工艺与装备的发展

在引进国外先进乙氧基化生产工艺的同时，国内的相关单位也在积极吸收引进工艺中先进技术和经验，为乙氧基化生产工艺国产化贡献自己的力量。中轻国际利用自己在乙氧基化生产工艺上的经验，汲取国外乙氧基化工艺技术的同时，结合其他行业的设计经验，2007年在嘉兴三江化工有限公司的10万t/a表面活性剂工程中，开发了中轻国际自己的第Ⅲ代外循环生产工艺。其后，2009年在三江化工二期（设计项目）上又作了改进，生产能力均为10万t/a；2012年，天津市浩元精细化工有限公司"5万t/a表面活性剂工程"中，设计了2套国产化生产装置，生产能力为3万t/a。2013年，在中轻日化科技有限公司的非离子表面活性剂产业化示范基地项目设计项目中，中轻国际开发了第V代外循环生产工艺，目前项目已建成，生产能力为1万t/a。

另外，辽宁奥克化学股份有限公司结合多年的生产经验，开发外循环喷雾生产出聚羧酸减水剂大单体的工艺技术，并在辽阳、吉林、广东茂名、江苏南京、山东滕州、江苏扬州以及武汉等地都建立乙氧基化生产基地。2013年共生产了17.67万t聚羧酸减水剂大单体，占国内总产量的28%以上。

2.2.4 乙氧基化产业装置布局现状

我国乙氧基化装置项目，主要分为减水剂大单体和典型非离子乙氧基化表面活性剂两大类。截止到2015年年底，我国乙氧基化总产能达到了465万t/a，规模以上企业减水剂大单体乙氧基化装置规模合计接近190万t/a（表5-4），非离子表面活性剂乙氧基化产能超过175万t/a。从装置技术水平来看，基本采用进口Press设备或Press改进装置，部分企业采用安全性能较高的Buss生产工艺，还有相当企业采用传统搅拌釜式乙氧基化生产工艺。因原料环氧乙烷运输特殊性导致聚羧酸减水剂单体主要生产企业集中在原料环氧乙烷供应地，主要分布地区为华东、东北以及华北，分别占比达35%、34%和16%。为减少原料环氧乙烷运输费用，同时由于聚羧酸减水剂单体消耗地主要集中在华北、东北以及华东地区，因此这3个地区成为聚羧酸减水剂单体产能集中地。生产企业主要集中在辽宁奥克、辽宁科隆、台界化学、抚佳化学、江苏钟山、石达化学、山东晨瑞化工等（表5-4）。

表5-4 国内乙氧基化装置统计

省市	公司名称	规模（万t/a）	产品类型
江苏	三江化工有限公司	23	醇醚为主
辽宁	辽宁华兴集团	20	醇醚为主
江苏	江苏凌飞科技	13	醇醚为主
河南	商丘龙宇化工（停产）	12	醇醚为主
上海	中轻日化科技有限公司	10	醇醚为主
山东	山东晟瑞新材料	5.0	醇醚为主
江苏	江苏盛泰科技	12	醇醚为主
广东	科莱恩化工（惠州）	8.0	醇醚为主
广东	惠州智盛化学	7.0	醇醚为主
天津	天津浩元精细化工	6.2	醇醚为主
浙江	宁波联凯化学	6.0	醇醚为主
上海	上海花王有限公司	6.0	醇醚为主
上海	上海邦高化学公司	3.0	醇醚为主

续表

省市	公司名称	规模（万 t/a）	产品类型
江苏	扬子－巴斯夫	6.0	醇醚为主
吉林	吉林石化电石厂	6.0	醇醚为主
辽宁	抚顺合成洗涤剂厂	5.2	醇醚为主
浙江	桐乡市恒隆化工	5.0	醇醚为主
上海	上海台界化学	3.0	醇醚为主
江苏	江苏嘉丰化学	3.0	醇醚为主
上海	巴斯夫（上海）	3.0	醇醚为主
江苏	沙索（中国）化学	3.0	醇醚为主
北京	北京罗地亚（已停产）	3.0	醇醚为主
上海	上海石化非离子事业部	3.0	醇醚为主
江苏	江苏海安石油化工厂	3.0	醇醚为主
安徽	安徽丰源生物化学	3.0	醇醚为主
江苏	扬州奥克化学	30.0	大单体为主
浙江	三江化工有限公司	20.0	大单体为主
浙江	浙江皇马化工集团有限公司	18.0	大单体为主
山东	山东晟瑞化工有限公司	12.0	大单体为主
四川	四川石达化学股份有限公司	10.0	大单体为主
吉林	吉林众鑫化工有限公司	8.0	大单体为主
辽宁	辽宁科隆精细化工股份有限公司	8.0	大单体为主
辽宁	辽宁奥克化学股份有限公司（辽阳）	8.0	大单体为主
山东	山东卓星化工有限公司	6.0	大单体为主
山东	联泓化工有限公司	6.0	大单体为主
上海	上海东大化学有限公司	5.5	大单体为主
上海	上海台界化工有限公司	5.0	大单体为主
上海	上海抚佳精细化工有限公司	5.0	大单体为主
湖南	石湖化学（嘉兴）有限公司	5.0	大单体为主
辽宁	抚顺东科精细化工有限公司	5.0	大单体为主
辽宁	辽宁隆益化工有限公司	5.0	大单体为主
山东	奥克化学（滕州）有限公司	5.0	大单体为主
广东	广东奥克化学有限公司	5.0	大单体为主
江苏	南京扬子奥克化学有限公司	4.0	大单体为主
吉林	吉林奥克新材料有限公司	4.0	大单体为主
湖北	湖北凌安科技化工有限公司	4.0	大单体为主
福建	福建钟山化工	10.0	大单体为主

典型非离子乙氧基化装置布局主要集中在东北、华东、华南和华北。生产企业主要有三江化工、华兴集团、商丘龙宇、江苏凌飞科技以及中轻日化科技等。

2.2.5 乙氧基化生产工艺与装备展望

由于乙氧基化反应原料和产品的多样性，物料物理性质的差异很大，尤其是在黏度方面，这使得加成环氧乙烷反应时物料的均一性和输送性能变化很大。黏度小的物料易于输送，相对易于反应，对于喷雾反应器和文丘里式的环路反应器效果较好；黏度大的原料或产品只能用搅拌型釜式反应器进行反应。因此，釜式搅拌反应器将会与喷雾式(PRESS)和文丘里式(BUSS)反应器长期并存而不被淘汰，但其产量较小。

在实际生产中，较为先进的PRESS反应器和BUSS反应器相对应的工艺流程各有优缺点。为此DB公司推出了PRESS第V代烷氧基化工艺，该工艺的特点是以喷雾混合反应为主，辅以文丘里混合器反应。HHT公司也推出搅拌和文丘里混合器结合的反应工艺，克服了不能生产高黏度产品的缺点。

我国乙氧基化生产工艺经过多年的发展，已经逐渐走向成熟。随着原料环氧乙烷的大幅扩能，其下游配套乙氧基化装置日益增多，乙氧基化的产能也随之大幅增加，乙氧基化生产也步入了快速发展的时期。今后，我国乙氧基化工艺除在搅拌式、外循环喷雾式、外循环喷射式3种方向向前发展外，主要会朝着组合式方向发展，用来适合品种繁多的乙氧基化产品的生产。

2.3 脂肪醇催化胺化制叔胺的工艺及装备

2.3.1 脂肪醇催化胺化制叔胺工艺概述

单长链烷基二甲基叔胺和双长链甲基叔胺是一类重要的脂肪胺，尤其是碳链长度在$C_{8~18}$之间的叔胺，主要作为生产阳离子表面活性剂、两性离子表面活性剂和氧化胺的原料，在杀菌消毒、织物柔软、洗涤增泡、抗静电及金属缓释等领域具有不可替代的作用。脂肪叔胺的制备工艺根据其原料种类可分为脂肪酸法和脂肪醇法。酸法路线以脂肪酸为原料经氨化制腈及催化加氢制得伯胺或仲胺，再进一步甲基化制成叔胺。这种方法工艺路线长，产品质量不高，尤其是有比较严重的废料排放问题，处于逐步被淘汰的境地。当前国内市场价格伯胺和叔胺倒挂，即伯胺价格反而高于叔胺，更使酸法工艺无法立足。醇法路线是以脂肪醇为原料，又可分为卤代胺化法和脂肪醇催化胺化法。卤代法具有设备腐蚀和环境污染等问题，并且产品质量不高，已基本被淘汰。而脂肪醇直接催化胺化制叔胺的工艺，由于具有工艺路线短、设备投资少，基本上无三废排放以及产品质量高等优点，自20世纪70年代末期实现工业化生产以来发展很快，目前已经成为生产脂肪叔胺的主要方法。

醇一步法催化胺化制叔胺生产过程，是由胺化、催化剂回收、蒸馏等单元组成，除蒸馏单元是连续化操作外，其余单元均为批次间歇式操作。其中关键工序是胺化，胺化工序的技术核心是催化剂，也是众多学者研究最为集中的部分，因为该工序直接决定了产品质量和生产效率。

2.3.2 脂肪醇催化胺化制叔胺工艺技术发展及现状

脂肪醇催化胺化研究起始于20世纪30年代，直至80年代初期，国外一些大型化工公司，如BASF、Onyx、Hoechst、Shell、Kao等相继开发出了具有工业化意义的生产技术，并建成生产装置。国内脂肪醇催化胺化制叔胺技术的开发起步不晚，在20世纪80年代初期即有中国日化院（原轻工部日化所）、上海化工研究院等单位进行了催化剂及其工艺的开发并取得成果，随后又有一些研究单位和高校如长治轻工所、无锡轻工大学（现江南大学）、大连轻工业学院等进行了研究开发。到目前为止，脂肪醇催化胺化工艺实际上是国内实施的生产脂肪叔胺的唯一方法。就催化剂性能而言，国内开发的催化剂如中国日化院在"七五"期间开发的G-20催化剂具有世界先进水平，以催化剂为核心的胺化技术满足了国内的需求。脂肪叔胺可以说是在国内表面活性剂及其原料工业中极少的没有向国外引进制备技术的品种之一。

截至2017年我国主要脂肪叔胺企业产能达到20万t/a，产量为8.44万t，约占脂肪胺总产量的50%。生产厂家主要集中在江苏、山东和天津。随着国民经济的快速发展及人民生活质量的提高，市场对叔胺的需求和质量要求也在逐年增加和提高。

2.3.3 脂肪醇催化胺化制叔胺的装备发展现状

脂肪醇催化胺化为气液固三相传质、传热反应，涉及气液固三相之间的传质，并且要分出反应生成的水。实现整个过程的关键设备是胺化反应器，因此脂肪醇催化胺化的装备问题主要就是胺化反应器的问题。

从理论上讲，脂肪醇的胺化反应可用固定床的形式来实现，也可以用浆态床反应器来进行。目前，工业化应用的叔胺生产反应器基本上都是浆态床反应器。主要有以下两种形式：

①有盘管及夹套加热带搅拌的浆态床反应器，俗称搅拌釜。
②采用外循环加热的环路反应器，生产方式都是间歇式。

（1）搅拌釜式胺化反应器

实际应用的脂肪醇催化胺化的浆态床反应器，多数为传统的间歇式搅拌釜反应器。搅拌釜式胺化反应器单套设备可达到年产几千t的规模，但是存在气液固三相之间的传质障碍，规模越大，问题更加突出。传质不良的结果是反应时间长，反应质量差。国内50多家生产厂基本上都是搅拌釜反应器，单套设备生产能力最大为2000 t/a，绝大多数设备的生产能力在1000 t/a以下，无法形成经济规模，竞争力很差。搅拌釜式胺化反应器示意图见图 5-3。

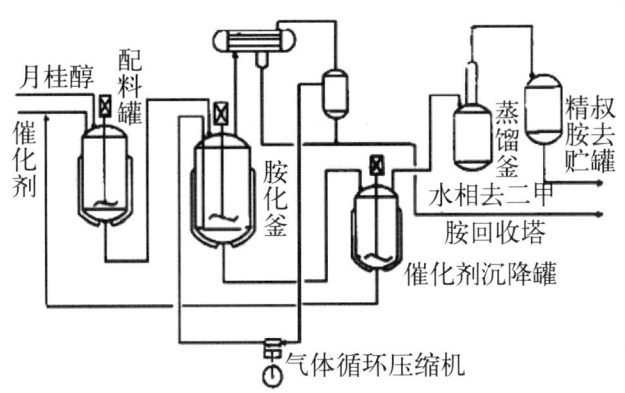

图 5-3　搅拌釜式胺化反应器示意图

（2）环路胺化反应器

要克服搅拌釜胺化反应器存在的问题，应该从改变反应器形式入手，寻求强化气液固三相传质的手段。瑞士 Buss 公司和 EC Chem 公司开发的环路喷射反应器技术是解决悬浮床气液固三相传质的较好形式。Buss 公司的环路反应器技术用于加氢反应已有几十年的历史，同搅拌釜对照显示良好的传质效果。德国 Hoechst 公司（现 Clariant 公司）首先将环路反应器技术和脂肪醇催化胺化工艺结合起来，建成 15m³ 的环路胺化装置，生产能力达 1 万 t/a。相比之下国内技术有较大差距。中国日化所承担的国家"九五"攻关项目"脂肪叔胺经济规模工程化开发"，针对目前脂肪胺工业存在的工程化问题，引进了瑞士 EC Chem 公司的两套环路胺化装置，年产 1000t 叔胺装置的运行效果良好。根据生产性实验取得的技术参数，可将胺化装置放大到 3000~5000 t/a 的规模。2004 年中国日化院和天津天女公司合作建成 3000 t/a 的胺化反应装置，达到了预期效果。

环路反应主要由主反应器、高气液比循环泵、外循环加热器和核心部件气液混合器组成，在强化气液或气液固间的传质有突出的特点，示意图如图 5-4 所示。

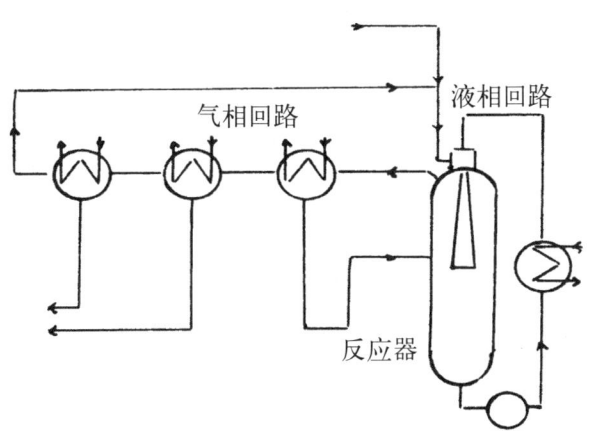

图 5-4　环路反应胺化装置示意图

国际上所谓环路反应器，主要是以瑞士BUSS公司为代表的文丘里式混合环路反应器和意大利PRESS公司为代表的气液接触喷雾式混合环路反应器，而用于脂肪醇催化胺化的环路反应器属于文丘里喷射反应器。虽然环路反应装置有极高的传质过程，但在实际应用中也存在缺陷，如催化剂在高速流动的液体中经反应泵剪切、磨蚀和气液混合器喷射后，颗粒破损严重、组分流失，对后续的反应进程和催化剂回收产生一定影响。因此，应用于环路反应装置的催化剂组分和结构性能不同于传统的搅拌釜。总体来看，环路反应装置是今后脂肪胺工业装备的发展趋势。

（3）固定床胺化反应器

固定床反应器为连续化操作，一般规模较大，对装置运行的稳定性要求高，控制系统、人员素质及公用工程的保障等都需要保持在较高的水平。另外，工艺技术本身也比悬浮床系统复杂。到目前为止，虽有不少关于用固定床进行脂肪醇催化胺化制叔胺工作的文献发表，但没有见到工业化实施的报道，据讲比利时特胺公司有工业化装置在运行。国内也有单位在做固定床催化胺化的工作，但还仅限于实验室工作，没有工业化的成果。实验室固定床催化胺化装置流程示意图见图5-5。

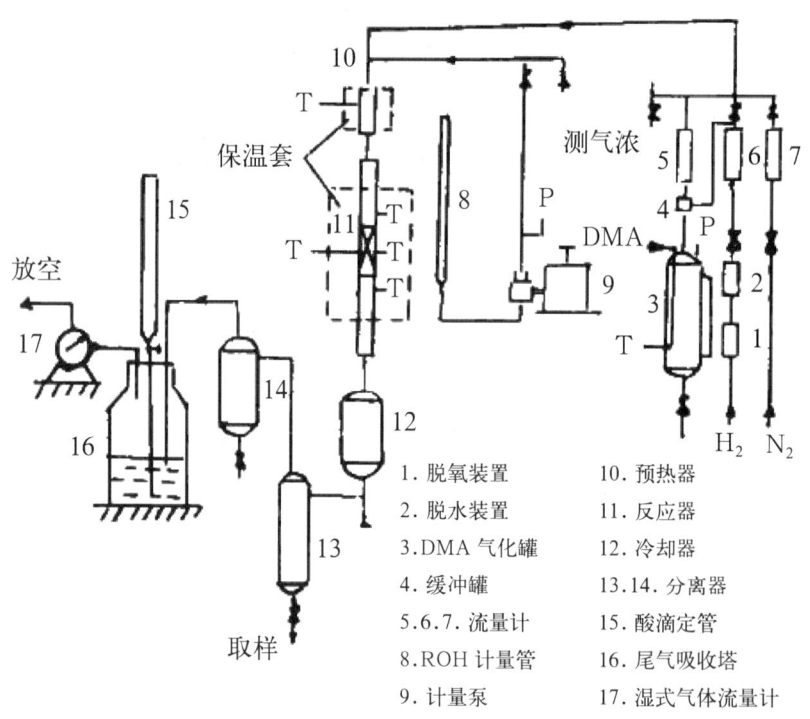

图5-5 固定床催化胺化流程示意图

2.3.4 存在问题和发展方向

脂肪醇催化胺化制叔胺的工艺经过几十年的开发，其核心技术催化剂的性能已达到较高的水平，能够满足工业化生产的要求。与其配套的工艺条件，如温度、压力、氢分压等都已经过优化确定在某一范围。存在的问题主要是工程化放大，还需要进一步的深入研究；强化胺化过程的气液固三相之间的扩散；脂肪醇的催化胺化涉及气液固三相之间的传质，又有气水分离过程，工程化难点较多。用浆态床反应器进行醇的催化胺化，需要对传统的机械搅拌加气体鼓泡的传质形式进行改革，才能有效地解决规模化问题。用固定床反应器易于解决传质和规模化问题，但工艺开发水平目前还没有达到工业化的程度。

解决存在的问题也就是今后发展的方向。关于工程化放大应该双管齐下，从根本上加以解决。

（1）对工艺进行改革

对现有的浆态床工艺进行改革，重点放在反应器的形式上。

①改进搅拌器，采用所谓"自吸式"搅拌器，如瑞士某公司的反应器技术。这种搅拌器运行时可产生很强的自上而下的轴向吸力，能把反应釜上部气体吸入液相，再经搅拌作用而达到混合目的，据称传质效果很好。

②采用环路喷射反应器。这种类型的反应器传质性能良好且易于工程放大。据讲可从扩试规模直接放大到40倍。国外Hoechst公司有用环路反应器进行脂肪醇胺化的成功先例，中国日化院引进的环路胺化工业化实验装置运行成功效果良好。

（2）加快速度开发固定床工艺

需要加快速度开发固定床工艺，中国日化院在此方面有相当的基础。固定床胺化工艺的工业化将是脂肪胺行业的一次重大突破。

综上所述，脂肪叔胺的制备工艺从脂肪酸法到脂肪醇法，可以说是技术上的一次飞跃。醇法制备叔胺工艺经过几十年的研究开发，尤其是近20年来的不断进步，目前已经到了成熟稳定时期，可以满足工业化生产的要求。但需要从工程化问题进一步取得突破，使脂肪胺工业跃上新的台阶。

参考文献：

[1] 王全贵，管大松．合成洗涤剂工业技术装备的回顾与展望[J]．中国洗涤用品工业，2015(6)：28-33．

[2] 王万绪，郭朝华．我国三氧化硫磺化装置现状及发展趋势[J]．日用化学品科学，2006，29(1)：6-11．

[3] 吴惠平，叶建春．我国洗涤用品行业生产装备情况[C]//第29届中国洗涤用品行业年会论文集．2009：60-63．

[4] 向红跃．附聚成型法生产浓缩粉新技术[J]．日用化学工业，1994(5)：15-17．

[5] 倪晓梅，吴惠平．我国高塔喷雾干燥洗衣粉生产工艺及装备[J]．轻工机械，2005(1)：122-123．

[6] 王玉德. 我国洗衣粉工业生产技术进展[J]. 中国洗涤用品工业, 2010(5): 36-38.

[7] 中国日用化学工业信息中心. 国内磺化装置信息总汇[J]. 日用化学品科学, 2014, 37(9): 27-30.

[8] 中国日用化学工业信息中心. 磺化与硫酸化技术与装备简况[J]. 日用化学品科学, 2016, 39(8): 57-64。

[9] 孙明和, 方银军. 我国磺化产品的研究与开发[J]. 中国洗涤用品工业, 2013(4): 17-24.

[10] 邹欢金, 耿二欢. 磺化产业的现状及发展趋势[J]. 日用化学品科学, 2016, 39(8): 7-20.

[11] 徐志阳. 我国烷氧基化装置的工艺进展和评述(待续)[J]. 日用化学品科学, 2016, 39(5): 44-47.

[12] 徐志阳. 我国烷氧基化装置的工艺进展和评述(续完)[J]. 日用化学品科学, 2016, 39(6): 45-51.

[13] 向珏贻. 乙氧基化反应器的技术进展[J]. 能源化工, 2016, 37(4): 11-15.

[14] 李秋小, 张高勇. 脂肪醇催化胺化制叔胺工艺技术现状及前景[J]. 日用化学工业, 2001, 31(4): 21-25.

[15] 梅金龙, 赵佳. 醇一步法催化胺化制叔胺生产工艺概述[J]. 中国洗涤用品工业, 2017(4): 63-68.

六
检测与标准篇

1 洗涤用品质量监督检验中心发展概况

产品质量是产品适合一定用途并能满足国家建设和人民生活需要所具备的特性，这些特性一般概括为使用性能、寿命、可靠性、安全性和经济实用性等方面，分析检测这些特性是衡量产品质量的主要手段。如果产品质量出现问题则会直接影响到消费者对产品的认知度和信任度，影响到社会的整体和谐。

产品质量检测工作是为社会与生产组成之间提供产品质量依据，为产品质量达成共识起着重要的支撑作用。市场规范、消费者利益、企业的合法权益等均需基础的检测工作来维护，即企业需要应用检测来规范生产自律，政府和行业需要检验来监督产品质量，以保障和实现生命安全健康、环境和谐、社会诚信等基本目标。

1.1 洗涤用品质量监督检测机构的设置和发展

洗涤用品行业的产品质量检验机构是在轻工业部日用化学工业研究所（中国日用化学工业研究院前身）分析室的基础上组建。该分析室从20世纪50年代就开始配合洗涤剂行业研究解决洗涤用品出现的质量问题。60~70年代，配合行业工艺进行合成洗涤剂产品及原料的研究开发，重点是产品质量的分析检测。随着我国洗涤用品行业的迅速发展，产品种类的不断增加，国家管理部门对市场产品质量的监控已势在必行。1978年，行业组织进行了全国性洗涤用品质量检测评比活动。在尚未建立行业专职质检机构的情况下，由轻工业部召集行业专家组成产品质量评比委员会，分门别类进行检测评比，轻工业部日用化学工业研究所分析室是参与检测评比的主要成员之一。多年来，随着行业的发展，行业检测机构从建立到完善，再壮大。根据国家管理部门的改革要求，检测部门的机构名称随之更迭，具体情况分述如下：

1981年，轻工业部（81）轻生字第5号文，批准设立"中国日用化学工业标准化质量检测中心站"。同年，根据轻工业部（81）轻塑化字第6号文，又组建了"全国合成洗涤剂质量检测中心"，工作机构均设在轻工业部日用化学工业研究所。同时组建的还有：北方地区合成洗涤剂检测中心（北京市日用化学工业研究所）、华东地区合成洗涤剂检测中心（上海日化研究室）、全国合成脂肪酸检测站（天津轻化所）、中西南地区合成洗涤剂检测中心（武汉油脂化学厂）、全国三聚磷酸钠检测站（徐州合成洗涤剂厂）。

1982年，"全国合成洗涤剂质量检测中心"组建完成，分析检测人员共53名，检测范围包括合成洗涤剂、合成脂肪酸、肥皂、香皂、甘油、三聚磷酸纳、工业烷基苯、硬脂酸等。

1985年，由轻工业部生产技术司发文，批示包括"全国合成洗涤剂质量检测中心"在内的五个部属产品质量检测中心站升级改造为"国家经委组建的国家级产品质量检测中心之一"。

1990年，轻工业部质量标准司发文，要求将"全国合成洗涤剂质量检测中心"更名为"轻工业部洗涤用品质量监督检测中心"。同时地区（中心）站更名为：轻工业部洗涤用品质量监督检测中心北京站、轻工业部洗涤用品质量监督检测中心上海站、轻工业部洗涤用品质量监督检测中心武汉站、轻工业部洗涤用品质量监督检测中心天津站、轻工业部洗涤用品质量监督检测中心徐州站。

1990年，国家技术监督局以技监局监发（1990）03号文，批示组建"国家洗涤用品质量监督检验中心"，并派审查组对筹建中心进行审查认可；同年，国家技术监督局以技监局监发（1990）521号文，批准正式设立"国家洗涤用品质量监督检验测试中心"，授权日期为1990年10月12日，有效期5年。

1990年，国家技术监督局全国工业产品生产许可证办公室，批准国家洗涤用品质量监督检验测试中心（轻工业部洗涤用品质量监督检测中心），轻工业部洗涤用品质量监督检测中心北京站、上海站、武汉站分别为合成洗衣粉产品生产许可证检验单位。

1994年，国家技术监督局全国工业产品生产许可证办公室，技管发（1994）14号文批准：国家洗涤用品质量监督检验中心为餐具洗涤剂产品生产许可证验证单位。

1995年，由国家科委、国家技术监督局认定：国家洗涤用品质量监督检验测试中心为国家级洗涤用品科技成果鉴定检验测试单位，并于1995年1月14日启动；同年9月，轻工业部洗涤用品质量监督检测中心（站）更名为：中国轻工总会洗涤用品质量监督检测中心（站）。

1997年，国家技术监督局对国家洗涤用品质量监督检验测试中心机构和计量进行了现场认证复查，并以"国家洗涤用品质量监督检验中心（太原）"新的名称继续授权。

1999年，国家轻工业局将冠有"中国轻工总会"和"轻工业部"的轻工质检中心、站给予更名。中心站更名为"国家轻工业局洗涤用品质量监督检测中心"。

2001年，国家技术监督局以质技监办发（2001）32号文，批准国家洗涤用品质量监督检验中心（太原）继续予以授权。同时中国实验室国家认可委员会对中心予以"实验室认可"，由此国家洗涤用品质量监督检验中心（太原）取得了实验室认可、计量认证、质检中心授权三位一体的资格。

2005年，国家认证认可监督管理委员会、中国实验室国家认可委员会派出评审专家对"国家洗涤用品质量监督检验中心（太原）"进行"三合一"的复评审，同时对实验室申报的新增检测能力进行了确认。

2008年，经中国消费者协会考核确认，国家洗涤用品质量监督检验中心（太原）被中消协确认为"日化商品类"检验比较实验室，业务范围为承担消费者协会的日化商品比较试验。

2009年，接受了CNAS组织的"三合一"现场复评审并通过验收。

2010年，在复评审基础上，国家认证认可监督管理委员会对中心的国家质检中心资质给予继续授权。

2012年，质检中心通过了CNAS组织的复评审以及扩展项目评审（含资质认定及授权评审）；接受了国家质量监督检验检疫总局监督司委托山西省质量技术监督局对质检中心进行的机构能力检查考评。

2013年，质检中心获得国家认证认可监督管理委员会的继续授权。

2014年，经积极申报，国家工业和信息化部批准中国日用化学工业研究院以质检中心业务为基础成立"工业（表面活性剂和洗涤用品）产品质量控制和技术评价实验室"，成为本领域唯一的国家级质量控制和技术评价实验室；同年通过了CNAS的中期监督评审。

2015年，接受了CNAS组织的"三合一"复评审并通过验收。

2016年，在复评审基础上，国家认证认可监督管理委员会对中心的国家质检中心资质给予继续授权。

2018年1月中心向工业和信息化部递交了"工业（表面活性剂和洗涤用品）产品质量控制与技术评价实验室"到期复核申请，并获资格核准。当年，中国轻工业联合会成立了检测检验认证联盟，在机构中心任副理事长单位，中心常务副主任姚晨之同志任联盟副理事长。

1.2 历届管理组织

国家洗涤用品质量监督检验中心的机构名称历经多次更改，但其行政管理一直隶属于中国（轻工业部）日用化学工业研究院（所）。故历届检验中心的主要负责人均由中国（轻工业部）日用化学工业研究院（所）院长（所长）兼任。历任管理人员见表6-1。

表 6-1 质检中心历届主要负责人

时间（年度）	主任（兼）	副主任
1981—1986	萧安民	沈来意、王懋椿
1987—1987	顾季寅	沈来意、王佩维
1988—1995	顾季寅	王佩维、吴照华
1996—1999	王佩维	周卯星
2000—2002	王佩维	姚晨之
2003—2004	张高勇	姚晨之
2005—2018	王万绪	姚晨之、樊平

1.3 国家洗涤用品质量监督检验中心的工作任务

（1）承担全国合成洗涤剂产品的仲裁检验；

（2）承担由国家技术监督检验检疫总局、全国消费者协会、中国洗涤用品协会等机构委派的全国洗涤剂产品及原料定期或不定期监督抽查检验工作，检测范围包括：民用洗涤剂产品类、工业用洗涤剂产品类、日化行业原料等；

（3）验证本行业质量标准中试验方法和仪器设备的可行性；

（4）为行业提供技术数据，交流技术信息情报；

（5）校核企业检测仪器设备，培训分析检验人员；

（6）配合标准化中心对行业标准的检验方法进行研究和验证；

（7）接收行业内各企业的委托检验。

1.4 各时期重点工作的开展情况

洗涤用品质检中心成立以来，始终本着公正、科学、准确的原则，严格按照上级主管部门的要求完成所交付的工作任务。历年来为产品质量督查、产品质量纠纷、产品质量仲裁、进出口产品检验、委托检验等各方面做了大量的工作。在打击假冒伪劣产品的工作中，检验中心为维护国家和广大消费者的利益，配合执法机关，公正地出具检验结论，多次为有关部门处理假冒伪劣产品提供可靠依据；针对进口产品产生的质量纠纷，在检验中心准确的检测数据支撑下，促使外方给予赔偿，及时为国家挽回损失并争得荣誉；多年来，配合国家各级管理机构进行了不同时期不同要求的产品质量督查，坚持严格的产品质量监督检验，保障了行业各类产品质量的稳定发展。

1978—1980 年，轻工业部合成洗涤剂产品质量评比委员会组织了三次全国洗衣粉（膏）、烷基苯等质量检测，轻工业部日用化学工业研究所分析室的洗涤剂工作组承担了这项任务。由检测结果评出 5 个洗衣粉（膏）产品的部优品牌；由检验结果得到提示：作为发展阶段的阴离子表面活性剂原料－烷基苯，由于生产工艺落后，质量有待提高。

1981年，为推动和促进产品质量的提高，合成洗涤剂产品质量评比委员会进行了第四次全国洗衣粉（膏）质量评比检测，并包括了主要原料烷基苯和三聚磷酸钠。任务由中国日用化学工业标准化质量检测中心站和上海合成洗涤剂厂共同承担，共检测洗衣粉（膏）品种83个，达95分以上的占32%。

1982年，行业进行了全国性的合成洗涤剂质量评比活动。复配洗衣粉为重点（复配洗衣粉发展迅速，其1980年投放市场，年产达15万t，占洗衣粉总量的30%。产品优点：去污力强、活性物用量少、易漂洗、节能降耗）。为此，评委会召开会议，研讨了复配洗衣粉的有关检测事项及评分办法。为了体现复配粉的优势，同时也为鼓励企业生产和消费者认可该产品，检测项目增加了漂洗性能和配方经济效益系数两项指标。本次评比检测共组织送检单位37家，占洗衣粉生产厂的80%，送检品种66个，达95分以上的占48%。由检测结果提示：复配洗衣粉的整体质量有待提高。

1983年，全国合成洗涤剂质量检测中心开始承担全国洗涤用品及其原料的质检任务。中心站起草了"全国合成洗涤剂工业产品质量检测工作管理办法"及"全国合成洗涤剂检测工作规章制度"。各检测中心（站）的分工是：全国合成洗涤剂产品质量评比集中检测；北京、天津、上海、武汉等大城市的合成洗涤剂产品质量检测任务及全国优质产品复查由质检中心（太原）负责组织检测；北京检测中心负责华北、东北、西北地区的合成洗涤剂产品质量检测；上海检测中心负责华东地区的合成洗涤剂产品质量检测；武汉检测中心负责中西南地区的合成洗涤剂产品质量检测；天津站负责全国合成脂肪酸原料质量检测；徐州站负责全国三聚磷酸钠原料质量检测；当年进行了全国合成洗涤剂评比检测，评出洗衣粉（膏）等国家奖、部优产品17个品种。由检测结果得知：我国生产的合成洗涤剂产品质量有了稳定的发展。同年，餐具洗涤剂也进行了全国性第一次质量检测，共检31个品种。该项工作对餐具洗涤剂产品质量情况有了较全面的了解，为下一步制订餐具洗涤剂产品标准提供了可靠的依据。

1985年，全国合成洗涤剂质检中心（站）执行了洗衣粉（膏）等检测评比任务。

1986年，全国合成洗涤剂质检中心执行国家标准局下达的计划，对洗衣粉进行监督抽查。共抽查25个生产厂，34个样品。依据合成洗涤剂QB 510—84标准进行检验，全项合格者仅8个品种，占抽查样品总数的23.5%。由此暴露出一些大型企业生产的洗衣粉产品合格率偏低的问题，提示国家相关管理部门对洗衣粉质量的重视。

1987年，全国合成洗涤剂质检中心（站）在执行国家标准局下达的洗衣粉（膏）

抽查任务的同时，依据轻工业部抓好产品质量的要求，对1987年全国洗衣粉（膏）进行了同步质量检测。共完成145个品牌的抽检，合格率为66%，比上年国家抽查合格率有所提高；同年，根据轻工业部日化局要求，再次进行全国洗衣粉（膏）质量评比检测，参评的78个品牌中有69个达标，合格率为88%。由数据说明国家相关管理部门进行的产品抽查检验促使产品质量有了明显提高，该项工作起到了监督作用。

1989年，轻工业部为加强对产品质量监督，进一步考察产品质量现状及了解国家标准执行情况，要求国家洗涤用品质量监督检验测试中心（筹）进行全国性餐具洗涤剂产品质量督查，共检测样品43个；对洗衣粉（膏）质量进行普查性检测，共检测样品104个；受中国农业机械学会委托，国家洗涤用品质量监督检验测试中心（筹）首次承接了金属清洗剂的全国性检测任务。参检品种43个，90分以上13个，占30%，该数据为进行全国通用水基金属清洗剂评选活动提供了依据。

1990年，全国性的洗衣粉（膏）质量检测评比进行了两次，评出国优、部优产品41个，其中国家银牌有北京日化二厂生产的金鱼牌洗衣粉、天津合成洗涤剂厂生产的双喜牌洗衣粉、上海合成洗涤剂厂生产的白猫洗衣粉等五个品牌。

1991年，国家洗涤用品质量监督检验测试中心执行国家技术监督局下达的任务，对全国普通洗衣粉（膏）产品实施了监督抽查。组织抽检样品137个，其中国优、部优产品41个。抽查结果：131个样品合格，合格率94.9%，其中优质产品40个；根据国家技术监督局下达的任务书，对餐具洗涤剂进行监督抽查。涉及企业70家，共计72个样品，合格率78%。由抽查数据结果得知：大、中型企业的产品质量合格率达100%，小型企业的产品质量堪忧；金属清洗剂样品9个，合格率56%。

1992年，根据轻工业部下达的任务，对衣料用液体洗涤剂进行全国抽查。抽检18个品种，合格率94%；另对部分省市22个洗衣粉产品进行了检验，合格率100%。由检验结果说明，洗涤用品质量有了稳步的提升。

1993年，国务院发文暂停对企业的评比升级活动和清理整顿各种对企业的评比检测工作，故在没有委派抽查检验任务的情况下，质检中心以委托检验为主，为帮助行业、企业把好质量关进行了不懈的努力。

1994年，中国洗涤用品工业协会安排两次全国洗衣粉（膏）、餐具洗涤剂检测任务，共检洗衣粉（膏）71个品牌、餐具洗涤剂产品23个。

1995年，由中国轻工总会安排，国家洗涤用品质检中心及分站对洗衣粉（膏）质量进行了抽查检验，共抽查87家企业，107个品牌，产品合格率70%。与历史情况相比，这次抽查产品合格率是自1986年国家抽查工作开展以来最低，比1991年国家抽查合格率下降25%。暴露出产品质量问题严重，尤其是在一些大型企业中，也发生了产品不合格的现象。

1996年,中国轻工总会下达任务,对全国低磷、无磷洗衣粉产品质量进行市场监督抽查,并跟踪复查1995年洗衣粉(膏)抽查时不合格以及部分合格产品的现状。共抽查61个企业,68个品牌,企业达标率75%,产品合格率76%。

1998年,根据国家技术监督局下达的任务书,针对第一季度餐具洗涤剂产品进行了质量监督抽查。共抽查70家企业,其中大型企业15家,中小型企业55家。70个品牌产品中合格的有54个,合格率70%。其中大型企业产品合格率87%,中小型企业产品合格率66%;按照中国轻工总会质量标准司发文要求,国家洗涤用品质检中心对1997年第四季度生产的洗衣粉产品实施质量调查检测。共调查企业50家,检测84个品牌,合格率为81%。其中72个品牌执行GB 13171—91、8个品牌执行GB/T 13171—1997、4个品牌执行企业标准;根据中国轻工总会质量标准司和中国洗涤用品工业协会联合发文要求,对执行新颁布洗衣粉标准的产品质量情况进行调查。共抽检47家企业,其中国有企业20家、合资企业11家、股份制企业13家、独资及私营企业3家。在68个含磷洗衣粉中,不合格产品有1个,产品合格率为98%。60个无磷洗衣粉中,不合格产品有15个,产品合格率为75%。

1999年,国家质量技术监督局下发任务书,要求对无磷洗衣粉实施国家监督抽查。此次抽查产品60个品牌,合格率75%。共抽查43家企业,产品合格的企业28家,占65%。其中,大型企业产品合格率为82%、中型企业产品合格率88%、小型企业产品合格率为50%。

2001年,根据国家技术监督局的安排,对无磷洗衣粉实施了国家监督抽查。抽查企业39家,产品48批次。合格的生产企业26家,33批次,合格率为69%,比1999年低6%。

2004年,国家质量监督检验检疫总局下达对衣料用液体洗涤剂、洗衣粉进行国家监督抽查的任务。国家洗涤用品质检中心(太原)负责对我国北方地区18家生产企业(涉及9家经销单位)的衣料用液体洗涤剂产品监督抽查。经检验,合格生产企业13家,合格产品13批次,合格率为72%。对北京、天津、山东等十个省市的洗衣粉进行的监督抽查,涉及企业27家,产品27批次。合格生产企业19家,合格产品19批次,合格率70%。

2005年,国家质量监督检验检疫总局安排了洗衣粉名牌免检产品国家专项抽查任务(洗衣粉行业自2002年实施名牌免检制度),共抽查名牌免检洗衣粉产品45批次,其中含磷洗衣粉34批次,无磷洗衣粉11批次,涉及28家生产企业,包括各分厂、联营公司和贴牌加工企业。检验结果:44个批次合格,合格率为98%;同年四季度,国家质量监督检验检疫总局委托质检中心(太原),负责液体洗涤剂产品国家监督抽查，共抽检32家企业，产品44批次，其中丝毛用洗涤剂11个，普通洗衣液33个。合格生产企业27家，合格产品39批次，产品抽样合格率为89%。

2000—2006年间，根据中国洗涤用品工业协会的安排，国家洗涤用品质检中心（太原）连续五年进行了较全面的产品质量市场跟踪调查，汇总结果见表6-2。历年的产品质量监督检验任务来源见表6-3。

表6-2 2000—2006年日化产品市场调查

时间	产品名称	调查企业数	产品批次	合格批次	合格率/%
2000年	洗衣粉	28	52	50	96
2001年	洗衣粉	23	35	35	100
2003年	洗衣粉	17	25		92
	洗衣膏	2	2		100
	洗衣液	2	2		100
2005年	无磷洗衣粉	20	29	17	59
2006年	洗手液	22	24		100
	沐浴剂	22	24		100

表6-3 1977—2006年全国洗涤用品及原料质量监督检验任务来源及年份表

产品名称	质量监督抽查（国家技术监督局）	质量评比（轻工业部）	质量监督检验（轻工业部）	国优、部优质产品检验	产品质量调查（洗协）
洗衣粉、膏	1986、1991、2004、2005	1978、1979、1980、1981、1983、1985、1987、1990	1992、1993、1994、1995、1997、1998、1999	1984、1987	2000、2001、2003
复配洗衣粉		1982		1982	
低磷、无磷洗衣粉			1986		
无磷洗衣粉	1999、2001		1998		2005
浓缩洗衣粉		1986			
液体洗涤剂	2004、2005		1992		
餐具洗涤剂	1991、1998		1983、1985、1989、1993、1994		
洗手液					2006
沐浴液					2006
金属清洗剂		1998	1991		
烷基苯		1978、1979、1980、1981、1982、1983	1977、1991	1982、1987	
三聚磷酸钠		1979、1980、1981、1982、1983、1985、1986	1987、1991	1982	
羧甲基纤维素			1986、1987、1988、1989、1990、1991		

2007年，质检中心承担"餐具洗涤剂"国家生产许可发证检验16批次；委托检验约344批次；参加了由国家质检总局食品司组织的有关牙膏、消毒剂等产品检验的能力比对工作。

2008年，质检中心承担"餐具洗涤剂"国家生产许可发证检验19批次；委托检验约261批次。

2009年，质检中心首次承担中国消费者协会委托进行的洗衣粉商品比较试验，抽查国内市场32批次的洗衣粉产品；同年，质检中心与国内其他机构共同承担了餐具洗涤剂产品的国家监督抽查任务，对46家企业的57批次产品进行了抽样检测，检测结果按程序提交国家质检总局向全国公告；同年，质检中心受中国洗涤用品工业协会委托，开展了零售市场的洗衣液质量调研检验工作，测试了国内市场45批次洗衣液商品的质量。

2010年，承担餐具洗涤剂生产许可发证检验工作8批次；接受中国洗涤用品工业协会委托，继续实施洗衣粉商品市场质量监督调查，检验样品40批次，基本掌握了洗涤用品中主要产品的质量状况和发展趋势。

2011年，承担"餐具洗涤剂"国家生产许可发证检验10批次；受中国洗涤用品工业协会委托，实施了市场液体洗涤剂质量调研检测。调查品牌产品96个，其中洗衣液38个品牌，衣领净8个品牌，涉及生产企业37家；沐浴剂29个品牌，涉及生产企业28家；洗手液21个品牌，涉及生产企业21家。这些生产企业分布于北京、上海、天津、广东、山西、浙江、山东、陕西、江苏、湖北、福建等省市区，并有部分进口商和香港企业。本次调查量大面广，涵盖了本领域重点企业的产品和著名品牌，基本反映了国内市场产品质量状况。

2012年，承担国家监督抽查任务，家用（厨卫）清洗剂产品30批次，涉及20家生产企业，检测结果由国家质检总局公示；同年，质检中心承担"餐具洗涤剂"生产许可发证检验17批次；为中国洗涤用品工业协会实施浓缩洗涤剂质量调查检验31批次，其中洗衣液20个品牌（包括2个进口产品）、洗衣粉11个品牌（包括1个进口产品），为行业推进洗涤剂的绿色浓缩化提供了技术支撑。

2013年，受中国洗涤用品工业协会委托，实施了浓缩洗涤剂商品市场质量监督调查检验。在销售市场上抽取商品包装带有浓缩、超浓缩、高浓度等类似浓缩化产品宣称的50个洗涤剂产品，其中洗衣液30个品牌（包括1个进口产品），涉及18个生产或经销企业；洗衣粉20个品牌，涉及13个生产或经销企业。这些企业分布于上海、广东、山西、浙江、湖北、陕西6个省市区，并有部分进口商和香港企业。检测结果比较全面地反映了国内市场浓缩型洗涤剂产品的质量状况。同年完成了餐具洗涤剂生产许可发证检验9批次。

2014年，受中国洗涤用品工业协会委托，实施了个人清洁用品和表面活性剂原料的质量调查检验。这是行业在终端洗涤用品质量调查基础上，对产品所用重要原料开展的对应质量调查工作。本次调查沐浴剂 32 个产品，涉及 30 家生产或经销企业；洗手液 22 个产品，涉及 21 家生产或经销企业；工业直链烷基苯磺酸产品 12 个批次，由 9 家用户企业从其日常购买使用的原料中抽取。这些企业分布于北京、上海、天津、广东、浙江、湖北、江苏、福建、山西 9 个省市区。同年，中心完成餐具洗涤剂生产许可证检验 8 批次。

2015年，中心承担国家质检总局下达的工作任务，即消毒剂产品生产过程的风险监控。对 49 家生产企业进行了实地摸排，对 26 家企业实施了生产过程的风险监测；同期牵头组织实施了《洗涤剂风险监控与安全生产技术规范》的验证工作，对广东、广西、浙江、安徽、湖南、湖北、山西、陕西等 8 个省的 21 家生产企业进行了安全监控与生产监督管理验证；同年，中心承担了餐具洗涤剂产品质量国家专项监督抽查工作，对 7 个省市自治区 62 家生产企业 64 批次产品实施了监督抽查；受中国洗涤用品工业协会委托，对衣料用液体洗涤剂（洗衣液、丝毛净、衣领净）及脂肪醇聚氧乙烯醚硫酸钠实施了市场调研检测，分别调查检测了洗衣液 50 个（其中 2 个浓缩型）、丝毛净 13 个、衣领净 12 个、表面活性剂原料－乙氧基化烷基硫酸钠 9 批次。

2016年，质检中心承担了国家质检总局的委托，牵头对国内餐具洗涤剂产品进行风险监控检测。监测生产企业 80 余家，检验样品 100 批次；按质检总局的要求，组织实施了《食品用洗涤剂风险控制与安全生产管理规范》（修订稿）的技术验证工作；完成了餐具洗涤剂生产许可发证检验 4 批次；接受洗涤用品工业协会委托的洗涤用品行业质量调查检验 108 批次，其中洗衣液 68 个（2 个浓缩型），丝毛净 10 个，衣领净 8 个，洗衣凝珠 12 个，洗衣片 10 个。

2017年，根据中国洗涤用品工业协会的安排（工作任务来源于工业和信息化部），质检中心开展了国内外家庭洗涤用品质量对比检测，涉及的洗涤用品有餐具洗涤剂、果蔬清洗剂、洗衣粉、洗衣液、洗衣凝珠、洗衣片等。共收集对比样品数量 185 个批次，其中国内产品 102 批次，国外产品 83 批次（主要为发达国家市场主流品牌及国内网站易购得品牌）。该次对比检测从内在质量到标签标识进行了全面评价，为政府部门管理和了解市场提供了依据。

2018年，质检中心接受日常委托检测样品达 1040 批次；牵头承担了国家监督抽查家用清洁剂产品质量的工作任务，期间中心对 25 批次的家用清洁剂（玻璃清洁剂、厨房油垢清洁剂和卫生间清洗剂）实施了具体检测，抽查结果上报国家市场监督管理总局公示；受洗涤用品工业协会委托，对皂类产品进行了市场调查检验。共采集了 38 个经销企业的 60 批次皂类样品，其中国内香皂类 26 批次、洗衣皂类 17

批次、透明皂类 1 批次，合计占比 73%。国外的香皂类 10 批次，洗衣皂类 6 批次，合计占比 27%。所检产品的生产企业分布于北京、上海、天津、广东、浙江、江苏、陕西、安徽、湖北、河北、山东、福建等 12 个省市和印尼、韩国、意大利、日本、德国及澳大利亚等国家。

1.5 分析方法研究及其他科研项目工作及成果

社会的进步，使人们对物质的需求越来越多，从而促使新产品不断涌现、促进企业自身结构要调整、产品要升级。为此，必须要有相应分析方法的跟踪研究来应对各类新型产品质量的检测监控，这是推动行业技术进步的必经之路。

洗涤用品产品及原料的分析方法研究始于 1957 年，当时由上海科学研究所首先展开对洗涤剂洗涤作用机理及其测定方法的研究；1963 年，轻工业部食品工业研究所分析室开始对合成洗涤剂产品标准的检验方法进行研究，内容包括：活性物、硫酸钠、碳酸钠、磷酸盐、氯化钠等成分的测定。

随着行业的快速发展，从 70 年代开始，针对洗涤用品产品及原料的分析方法研究进入了快车道。1973—1990 年间，这项工作主要由轻工业部日用化学工业研究所分析研究室（国家质检中心的前身）承担。国家洗涤用品质检中心成立后，配合行业标准化中心做了大量的分析方法研究工作，完成项目情况见表 6-4。

表 6-4 历年完成的分析方法研究和科研项目

序号	时间	研究分析项目名称	项目来源
1	1973—1974	氯化石油中单氯、多氯化烃的分析方法研究	
2		X 射线衍射法对肥皂晶相的测定	
3		氧化蜡的族组成分离和分析	
4		氯化法烷基苯的分析方法研究	
5		脱氢油中烯烃、二烯烃和芳烃分析方法	
6		皂用蜡族组成分析	
7	1975—1980	脱氢回收油和烷基苯中痕量氟的测定	
8		脱氢催化剂 X 射线分析	
9		直链烷基苯族组成的质谱测定	
10		蜡裂解 α-烯烃气相色谱法	
11		三聚磷酸钠分析方法的研究	
12	1981—1985	合成洗涤剂新型助剂的研究——4A 沸石定性测定方法	
13		烷基苯中单烷基苯含量测定	
14		洗衣粉中混合表面活性剂的分析	
15		咪唑啉含量分析研究	
16		4A 沸石的测定方法	

续表

序号	时间	研究分析项目名称	项目来源
17	1986—1990	混合表面活性剂的薄层色谱分离及测定	
18		洗涤剂中 4A 沸石 Ca，K，Na，Al，Si 等元素的原子吸收定量分析	
19		毛皮低温染色助剂的分析	
20		服装革加脂剂的分析	
21		烷基糖苷的分析	
22	1991—2000	加酶洗衣粉中碱性蛋白酶活力测定	
23		织物洗涤用品性能评价方法	
24		脂肪烷基二甲基甜菜碱平均分子量的测定	
25		烷基醚羧酸盐中氯乙酸残留量的测定	
26		高效液相色谱法（HPLC）分析十二烷基马来酸酯	
27		两性表面活性剂中有害成分的分析	
28	2001—2005	表面活性剂及其助剂对环境影响的分析研究	国家科技部
29		无磷洗涤剂对水资源影响的跟踪研究	
30		新型绿色柔软剂的分离、分析与性能评价	
31		洗涤剂耗水量与节水性能评估研究	
32		洗涤剂洗涤效果的评价方法	
33	2001—2007	脂肪酶的性能实验评价	
34		苦荞麦中类黄酮的分离纯化和分析	
35		银杏叶中重要化学成分分离纯化和有害成分分析	
36	2007—2009	承担日化行业环境保护标准（清洁生产、清洁生产审核指南）的制定工作	国家环境保护总局
37		承担"第一次全国污染源普查工业污染源产排污系数核算项目——日用化学品制造业"课题	国务院第一次污染源普查领导小组
38		"化妆品和香精、香料污染物排放控制标准"制定	国家环境保护总局
39		山西省大型科学仪器升级改造项目——高效液相色谱仪	山西省科技厅
40	2013	山西特色食品生产、检测关键技术开发——食品用清洁剂防腐剂杀菌性能的检测技术研究	山西省科技厅
41		食品用洗涤剂中重金属类有害物质残留量的快速检测方法研究	
42	2015	《食品相关产品（洗涤剂）风险监控与生产监督管理规范》编制	国家质量监督检验检疫总局
43		"阴离子表面活性剂污染物防治技术政策"编制	国家环境保护部
44	2016	洗涤用品主要原料健康风险评估研究	中国洗涤用品工业协会
45		《绿色产品评价 洗涤用品》国家标准研究项目	国家标准化管理委员会
46		洗涤用品中国标准"走出去"战略研究	国家标准化管理委员会
47	2018	承担"第二次全国污染源普查工业污染源产排污量核算项目——日用化学产品制造业"课题	国务院第二次污染源普查领导小组下达，中国环境科学研究院委托

2 洗涤用品行业标准化发展概况

标准化是一项基础的科学工作,自工业革命以来,几乎所有科技成果在转化为现实生产力的过程中,标准化都起着催化剂的作用。作为人们日常必需的日用化学品,同样需要标准化来组织先进的生产和推广先进技术、协调资源配置利用、提高生产效率、降低生产成本,从而实现产业内部专业化分工和协作的集群创新升级。而标准化组织工作则是促使资源性公共品的标准在获得最佳秩序的基础上获得最佳共同效益。

2.1 表面活性剂和洗涤用品行业标准化的发展情况

2.1.1 行业标准化机构的建设

洗涤用品行业的专业技术标准归口管理始于1976年,由轻工业部授权日用化学工业研究所承担日常的管理组织工作。由于历年机构改革和管理的需要,曾多次由主管部门发文函更迭名称,具体情况如下:

1981年1月,轻工业部发文,批准成立"中国日用化学工业标准化检测中心站",工作站设立在轻工业部日用化学工业研究所(太原),并于1981年5月1日启动。

1990年4月,根据轻工业部(90)轻质字第32号文"关于命名轻工业专业标准化中心和颁发新印章的函",取消原"中国日用化学工业标准化检测中心站"的名称,成立"全国表面活性剂和洗涤用品标准化中心",并于1990年7月1日启动。

随着国家标准化技术工作的改革及洗涤用品行业发展和管理的需要,2001年8月,标准化中心提交了成立《全国表面活性剂和洗涤用品标准化技术委员会》的申请报告。

2003年,国家标准化管理委员会办公室,以标委办计划(2003)33号文,批准筹建"全国表面活性剂和洗涤用品标准化技术委员会"。

2004年,国家标准化管理委员会下发了国标委计划(2004)52号文,批准成立"全国表面活性剂和洗涤用品标准化技术委员会"(组织编号为SAC/TC272);同时批准成立"全国表面活性剂标准化分技术委员会"(组织编号为SAC/TC272/SC1)和"全国洗涤用品标准化分技术委员会"(组织编号为SAC/TC272/SC2)。

2008年,国标委下发综合函(2008)52号文《关于成立全国食品用洗涤消毒产品标准化技术委员会的复函》,批准成立"全国食品用洗涤消毒产品标准化技术委员会"（组织编号为SAC/TC395）。

2010年，根据国标委的批复，分别对全国表面活性剂和洗涤用品标准化技术委员会、全国表面活性剂标准化分技术委员会、全国洗涤用品标准化分技术委员会进行换届，组成第二届标准化技术委员会及分技术委员会。

2014年，根据国标委的批复，对"全国食品用洗涤消毒产品标准化技术委员会"进行换届，组成第二届标准化技术委员会。

2016年，根据国标委的批复，分别对全国表面活性剂和洗涤用品标准化技术委员会、全国表面活性剂标准化分技术委员会、全国洗涤用品标准化分技术委员会进行换届，组成第三届标准化技术委员会及分技术委员会。

2.1.2 国际标准化（ISO/TC91）在国内的机构情况

1980年，国家标准总局发文，确定轻工业部日用化学工业研究所（太原）负责《国际标准化组织技术委员会》ISO/TC91表面活性剂技术委员会在国内的对口工作，并以"O"成员（观察员）身份参加该组织活动。

1981年，所承担的ISO/TC91表面活性剂技术委员会会员身份，由"O"成员（观察员）升为"P"成员（积极成员）。

2004年，国家标准化管理委员会批示"全国表面活性剂和洗涤用品标准化技术委员会"作为《国际标准化组织技术委员会》ISO/TC91表面活性剂技术委员会在国内的对口单位，履行在ISO/TC91表面活性剂技术委员会中P成员的职责，承担ISO/TC91的各项工作。

2005—2018年，"全国表面活性剂和洗涤用品标准化技术委员会"认真履行在ISO/TC91表面活性剂技术委员会中P成员的职责，积极承担并圆满地完成ISO/TC91的各项工作任务。

2.1.3 组织机构及历届管理组织

从70年代开始，中国日用化学工业研究院（2001年以前为轻工业部日用化学工业研究所）就承担起了行业标准化的核心工作。组织机构从无到有，分门别类，逐步完善。发展到目前，标准化机构包括一个中心、两个技术委员会、两个分技术委员会，同时承担国际标准化组织ISO/TC91表面活性剂技术委员会的标准归口。具体组织机构图示如图6-1所示。

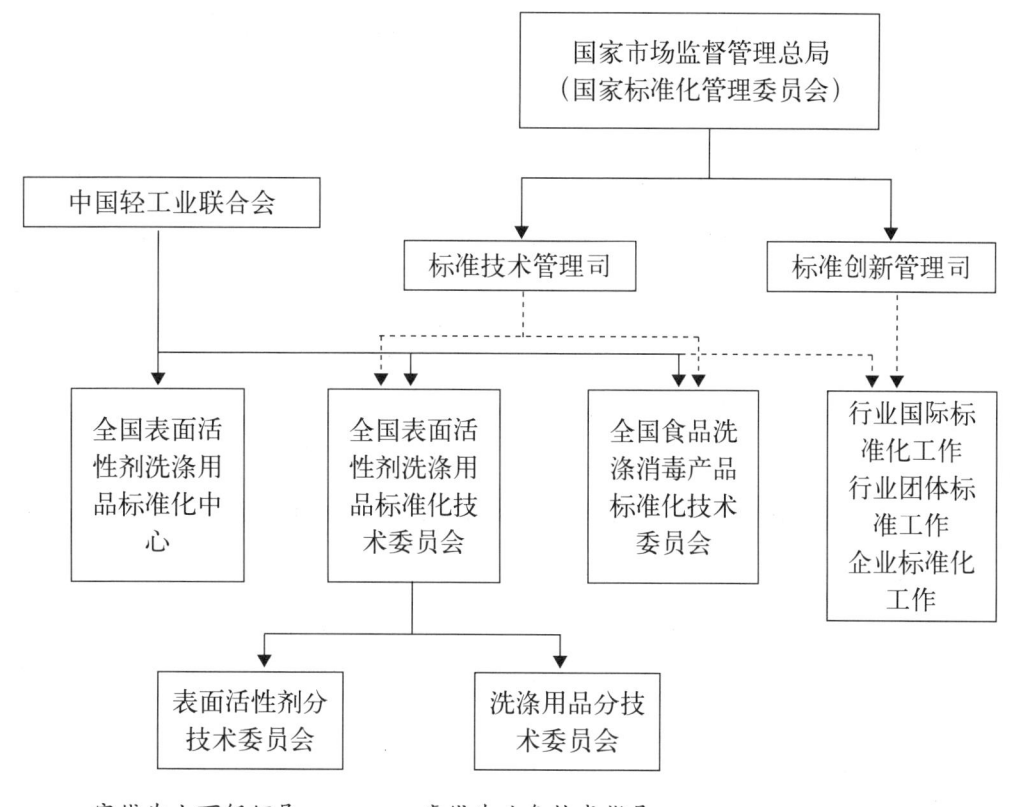

图 6-1 标准化组织机构示意图

1990 年,全国表面活性剂洗涤用品标准化中心正式启动,中心的行政管理挂靠在国家洗涤用品质量监督检验中心,朱传家作为标准化的负责人工作多年。

2004 年,全国表面活性剂和洗涤用品标准化技术委员会及两个分技术委员会成立,三个技术委员会的秘书处均设在中国日用化学工业研究院(太原),各技术委员会组织管理成员分别为:

(1)第一届全国表面活性剂和洗涤用品标准化技术委员会由 48 名委员组成,主任委员:计石祥;副主任委员:张高勇、吴允炎、张蕾、武荣鑫、章建江;秘书长:王万绪;副秘书长:李秋小、郑舞虹、姚晨之。

(2)第一届表面活性剂标准化分技术委员会由 27 名委员组成,主任委员:李秋小;副主任委员:吴允炎、吴沛成、武荣鑫;秘书长:樊平。

(3)第一届洗涤用品标准化分技术委员会由 29 名委员组成,主任委员:王万绪;副主任委员:吴允炎、张蕾、章建江;秘书长:姚晨之。

2008 年,全国食品用洗涤消毒产品标准化技术委员会成立,该技术委员会的秘书处设在中国日用化学工业研究院(太原)。第一届技术委员会管理成员由 29 名委员组成,主任委员:郑舞虹;副主任委员:王万绪、李沿飞、李新武、于文;秘书长:姚晨之。

2010年，分别对全国表面活性剂和洗涤用品标准化技术委员会、全国表面活性剂标准化分技术委员会、全国洗涤用品标准化分技术委员会进行换届。换届后的各技术委员会管理成员分别为：

（1）第二届全国表面活性剂和洗涤用品标准化技术委员会由57名委员组成，主任委员：郑舞虹；副主任委员：王万绪、张蕾、武荣鑫、于文；秘书长：姚晨之。

（2）第二届表面活性剂标准化分技术委员会由23名委员组成，主任委员：李秋小；副主任委员：王燕、贝澄、张辉；秘书长：姚晨之。

（3）第二届洗涤用品标准化分技术委员会由27名委员组成，主任委员：王万绪；副主任委员：王燕、杨作毅、潘东、徐有其；秘书长：樊平。

2014年，对"全国食品用洗涤消毒产品标准化技术委员会"进行换届。第二届技术委员会管理成员由41名委员组成，分别为主任委员：郑舞虹；副主任委员：王万绪、李沿飞、于文；秘书长：姚晨之。

2016年，全国表面活性剂和洗涤用品标准化技术委员会、全国表面活性剂标准化分技术委员会、全国洗涤用品标准化分技术委员会进行换届，换届后的技术委员会管理成员分别为：

（1）第三届全国表面活性剂和洗涤用品标准化技术委员会由53名委员组成，主任委员：郑舞虹；副主任委员：王万绪、于文、杨作毅、黄爱忠；秘书长：姚晨之。

（2）第三届表面活性剂标准化分技术委员会由23名委员组成，主任委员：王万绪；副主任委员：张华涛、黄爱忠、张辉；秘书长：姚晨之。

（3）第三届洗涤用品标准化分技术委员会由25名委员组成，主任委员：王万绪；副主任委员：王燕、张蕾、潘东；秘书长：樊平。

2.2 工作任务和职责

2.2.1 行业标准化管理工作任务和职责

向上级主管部门提交本专业的标准化工作长远规划方案；

根据国家标准化管理工作的方针政策，修改本专业标准化技术委员会的章程，并提出相应的可行性措施；

向上级主管部门提交年度标准工作计划；

掌握了解本行业国内外技术标准发展动态，组织交流研讨；

组织相关标准的制定、修订、试验方法的研究、验证；

协助标准起草单位，跟踪其标准起草工作全过程并给予全方位的技术指导；

组织各项标准的审核、上报以及颁布后的宣传、贯彻；

督查标准工作计划的执行、落实；

承担本专业相关产品技术标准的解释和仲裁；

组织协调本专业技术委员会与各分技术委员会以及其他标准化技术委员会间的工作；

2.2.2 ISO/TC91 技术对口工作职责

组织开展对国际标准的翻译、验证等工作；

协助上级主管部门处理国际往来文件、信函，行使 ISO/TC91 表面活性剂技术委员会 P 成员的义务；

向 ISO/TC91 秘书处提出有关国际标准的投票建议、年度报告，行使 ISO/TC91 表面活性剂技术委员会 P 成员的权利；

组织研究、起草相关专业的国际标准；

组织研究、起草相关专业的国际标准与国家标准、行业标准间的相互转换；

组织派员参加国际表面活性剂标准化会议，进行国际标准化技术及信息交流。

2.3 各时期重点标准化工作的开展情况

全国表面活性剂／洗涤用品标准化中心秉承专业技术归口单位的任务和职责，在做好标准化日常管理工作的基础上，同时组织做了大量的标准化技术工作。

1983 年，标准化中心根据轻工业部（82）轻生技字第 30 号文及《标准体系表编制原则和要求》，在对国内外本行业标准情况充分调查研究、综合分析的基础上，组织编制了《表面活性剂，洗涤剂及有关的原料，助剂工业标准体系表》。该体系表分为三类，即民用洗涤剂类、肥皂类和工业用表面活性剂类。其中对三类均适用的标准，如：名词术语、分类、通用检验方法等，统一归为基础标准；对仅适用于某一类的试验方法标准归为该类的通用标准；对规范产品质量的标准归为产品标准。编制完成后的标准体系表，对行业及部门的标准化工作具有系统性指导意义。对开展标准化工作，特别是在编制标准计划、行业规划时具有科学全面的引导作用，是本行业标准化工作中一项具有重要意义且非常必要的基础工作。其中《表面活性剂简化分类》GB 5328—85，被选入《1987—1988 年中国标准化科技成果选编》（国家技术监督局编辑出版）。

2004 年，随着标准化工作在国民经济和社会发展中的地位和作用的不断加强，国家标准中存在的陈旧老化、技术水平低、体系结构不合理等一系列问题，已经严重影响了国家标准的市场适应性。为了充分发挥国家标准在国民经济战略性结构调整中的作用，起到促进对外贸易和提高人民生活水平等方面的技术支撑。国家标准化管理委员会下发了"关于开展国家标准和计划项目清理工作的通知"。要求尽快解决存在问题，建立先进科学，适应社会主义市场经济体制的标准体系。国标委要求对现行的国家标准和国家标准制、修订计划项目进行全面清理。清理工作分为：标准确认、评价清理、专家评审、数据汇总整理、网上公示、公布最终清理结果等六个阶段。标准化技术委员会根据国标委要求，针对本行业的情况，组织做了大量的分析研究和整理工作。结论见表6-5。

表6-5　标准整理结果

标准项目	评价结果
推荐性国家标准	继续有效21项，占比19%；需修订、修改12项，占比11%；需整合修订74项（由74项整合为9项），占比69%；需废止的标准有1项，占比1%。
强制性国家标准	继续有效的标准1项，占比100%。
国家标准计划项目	继续执行的10项，占比63%；整合的6项（将6个项目整合为1项），占比37%。

2006年，为跟踪本行业标准的国际发展趋势，使企业对国际市场情况有所了解，标准化中心对美国ASTM、英国BSI、德国DIN、欧盟EN等国外标准化组织颁布的相关现行标准进行了收集整理；标委会建立了标准专用网站www.sdcenter.cn；同年注册了中英文网址。由此，标准化中心有了更方便、快捷的信息交流渠道，实现了标准化工作文件的电子化，提高了标准化工作的透明度和工作效率。

2007年，标准化中心承担了《全国第一次污染源普查—工业污染源产排污系数核算—日用化学品制造业产排污系数核算》课题的研究工作。该课题包括肥皂及合成洗涤剂制造业、化妆品制造业、口腔清洁用品制造业、香料香精制造业以及其他日用化学品制造业。通过对各行业重点企业的调研和污染物排放监测，提出了日用化学品各制造业的产排污系数并汇编成册。该手册为全国第一次工业污染源普查工作提供了可靠依据，为国家调整产业结构、节约资源能源、减少污染物排放做出了贡献。

2008年—2012年，根据国家环境保护总局《关于下达2007年度国家环境保护标准制修订项目计划的通知》，依据《中华人民共和国清洁生产促进法》等有关文件精神，标准化中心与质检中心共同承担了日用化学品制造业（包括：肥皂及合成洗涤剂制造业、化妆品制造业、口腔清洁用品制造业）清洁生产、清洁生产审核指南，以及《化妆品和香精、香料污染物排放标准》的制定工作。这些项目完成研究后，提交给政府环境主管，由于国家政策法规的调整变化，仅作为研究成果保留，未对外发布实施。

2015年，与中国洗涤用品工业协会共同承担修订了GB 14930.1《食品安全国家标准　洗涤剂》。

2016—2018年，再次与中国洗涤用品工业协会共同修订GB 14930.1《食品安全国家标准 洗涤剂》。目前修订工作仍在进行中。

2018年，受中国洗涤用品工业协会委托，中心组织开展了本行业团体标准的制定。已立项的标准项目有：餐饮服务业－餐饮具清洗消毒评价规程、合成洗衣粉工业大气污染物排放标准、医疗器械清洗剂、洗涤剂去污性能定量评估方法。前2个项目已完成制定，经中国洗涤用品工业协会发布实施。2018年8月国家标准化管理委员会批准中国日用化学工业研究院为首批国家级消费品标准化示范基地，即"化妆品和日用化学品国家级标准化试点单位"。

从1964年本行业第一批标准发布以来到2018年12月，标准化中心（含其前身及以后成立的标准化技术委员会）累计组织制修订国家标准和行业标准355项，其中现行有效标准153项，被代替或作废标准202项，表6-6汇总了这些标准信息。

表6-6 本行业累计制修订国家标准和行业标准情况

标准数量	国家标准	行业标准	合计
现行有效标准数量	76	77	153
被代替或作废标准数量	137	65	202

另外，自2018年新的《标准化法》实施后，本行业已制定并发布实施2项中国洗涤用品工业协会团体标准。

2.4 ISO/TC91技术对口工作开展情况

国际标准化组织成立于1947年，我国为创始者之一，是理事国成员。ISO总部设在瑞士日内瓦，ISO/TC91秘书处设在法国巴黎。目前，我国是ISO/TC91表面活性剂技术委员会的P成员，从80年代初，标准化中心就开始承担ISO/TC91在国内的技术对口工作。ISO/TC91所下发的文件、国际标准文本的翻译、传播、交流等工作及有关活动，均是标准化中心的重要工作内容。

标准化中心采用国际标准的工作始于1983年。如在制订国家标准《表面活性剂名词术语》时，是以国际标准ISO 862为蓝本；在制订国家标准《表面活性剂简化分类》时，是以国际标准ISO 2131—1972为蓝本，并进一步做了增补和编辑性修改，这两个专业标准均系等同采用国际标准。

1976—1993年间，标准化中心组织翻译国际标准112篇、国外标准（如ASTM等）95篇。1996年编写了附有国家标准和行业标准的《表面活性剂和洗涤剂国际标准汇编》，方便本行业专业技术人员参考。

采用国际标准和国外先进标准是我国一项重大的技术经济政策，是促进技术进步、提高产品质量、扩大对外开放、加快与国际接轨，发展社会主义市场经济的重要措施，同时也是一种无偿的技术引进。1983—2007年，本行业陆续采用国际标准（ISO）25项、美国标准（ASTM）5项、英国标准（BS）4项、日本标准（JIS）5项，期间相关的国际国外标准总数为93项，采标率为42%。

2000—2010年间，相继采用国际标准和国外先进标准76项（其中采用国际标准52项，国外先进标准24项）。鉴于国际或国外标准中有关洗涤用品的专业标准仅限于基础类和通用方法类，故针对本行业产品质量指标的试验方法尽量采用国际标准。

2010年，标准化中心向ISO/TC91表面活性剂技术委员会提出申请，积极要求承担国际标准的研究起草工作。历年主持制定的国际标准见表6-7。

表6-7 截至2018年主持制定的ISO国际标准

序号	国际标准名称	国际标准编号
1	表面活性剂——表面活性剂中氯乙酸（盐）的测定—第1部分：HPLC法	ISO 17293-1：2014
2	表面活性剂——表面活性剂中氯乙酸（盐）的测定—第2部分：离子色谱法	ISO 17293-2：2014
3	表面活性剂——气相色谱法测定表面活性剂中1,4-二噁烷残留量	ISO 17280：2015
4	表面活性剂与洗涤剂——聚乙氧基化非离子表面活性剂中聚乙二醇的测定——高效液相色谱法	ISO 16560：2015
5	表面活性剂——环氧丙烷聚合型表面活性剂中游离环氧丙烷的测定——气相色谱法	ISO 19619：2018
6	肥皂——氯化物含量的测定——电位滴定法	ISO 4323：2018
7	表面活性剂——洗涤剂——烷基酚聚氧乙烯醚的测定	制订中，项目号ISO/FDIS 21264
8	表面活性剂——织物调理剂——抗静电性能的测定	制订中，项目号ISO/NP 23324
9	肥皂——总脂肪物和总游离碱的测定	修订中，项目号ISO/NP 685

截至2019年2月，国际标准化组织ISO/TC91表面活性剂技术委员会共发布相关标准80项，标准化中心已组织转化76项（含列入计划，未完成的转化标准），国内本行业针对ISO/TC91标准的转化率达到了96%（未转化的4%均属方法不适用）。

2.5 国内和国际标准资料的汇编出版

本行业标准化资料汇编始于 1982 年,最早是对 57 份 ISO/TC91 英文版本的国际标准译成中文并于 1984 年由轻工业出版社出版发行。

1994 年,全国表面活性剂洗涤用品标准化中心整理编辑了《表面活性剂和洗涤剂国际标准汇编 附：国家标准和行业标准》（ISBN 7-5019-1667-5）。该书汇集了当时最新版的表面活性剂、肥皂和洗涤剂、脂肪酸、脂肪醇、甘油、三聚磷酸钠及相关通用的国际标准和国外先进标准,以及相应产品的国家标准和行业标准。该书于 1996 年 4 月出版发行。

2005 年,全国表面活性剂洗涤用品标准化中心再次组织编写《表面活性剂洗涤用品标准汇编》（ISBN 7-5066-3721-9）。该汇编编集了行业有效执行标准 193 项,其中：国家标准 148 项、行业标准 45 项。按产品分类：表面活性剂标准 97 项、洗涤用品标准 41 项。《汇编》全面系统地反映了表面活性剂和洗涤用品标准的最新状况,为采标者提供了可靠的标准信息。

2015 年标准化中心再次成立编委会,编辑出版了《洗涤用品标准汇编（2015）》。该汇编汇集了截至 2015 年 4 月底批准发布的现行有效标准 63 项,其中国家标准 24 项,行业标准 39 项,本汇编全面系统地反映了洗涤用品标准的最新情况,可为使用者提供最新的标准信息。2015 年中心还配合中国标准化研究院,参与编写了《居家洗涤用品产品标准质量安全知识讲座》。该宣传材料主要面向消费者,让消费者从标准的视角了解和认识自己所使用的商品。

2017 年,为了促进国家标准的国际化,贯穿落实"标准走出去"的发展战略,按照国家标准化管理委员会《国家标准外文版管理办法》的要求,组织翻译出版了 7 项国家标准：GB/T 13171.1—2009《洗衣粉（含磷型）》、GB/T 13171.2—2009《洗衣粉（无磷型）》、GB/T 13173—2008《表面活性剂洗涤剂试验方法》、GB/T 15818—2006《表面活性剂生物降解度试验方法》、GB/T 19464—2014《烷基糖苷》、GB/T 26396—2011《洗涤用品安全技术规范》和 GB/T 28193—2011《表面活性剂中氯乙酸（盐）残留量的测定》。

2.6 标准宣贯工作

普及标准化知识,对提高全社会信用与责任意识具有关键的促进作用,利于有效地协调人与人、人与社会、人与自然之间的关系；宣传标准知识,对提高全民的标准科学素养,引导民众增强对标准的认知水平,提升整体产品质量,保证消费者使用放心安全的产品,进而营造一个和谐向上的社会氛围等方面,十分必要而且具有现实意义。

改革开放以来，我国洗涤用品行业得到了全面快速的发展，产品结构趋于优化，品类逐渐细化，产品形态个性化，产品品种专业化、功能化，已逐步形成个人清洁护理用品、家庭清洁护理用品、工业和公共设施清洁用品三大品类体系。洗涤用品标准化工作配合产品结构的转化，跟踪制、修订了相应的国家和行业标准，尤其是针对产品安全和环保方面的技术要求给予了高度重视。为了对已发布的标准有较全面正确的理解，需对生产企业、监测机构以及消费者等各方进行针对性的宣讲。通过不同形式的活动，以达到生产企业能很好地执行标准、检测机构能很好地应用标准、消费者能很好地理解标准的目的。

2.6.1 主要工作内容和形式

（1）通过对全国各地产品质量技术监督检验部门的管理人员和企业法规部门职员的宣讲宣贯，使政府监管机构和行业管理部门能更好地理解掌握标准核心内容，从技术角度更好地监督标准的实施。

（2）针对质检部门的分析人员、全国各地产品质量技术监督检验部门的检验人员，以举办学习班的形式对标准进行实验宣讲。通过对标准检验方法的培训学习，达到统一方法、统一操作、统一仪器设备，从而提高检验水平和检验数据的准确性。

（3）通过全国洗涤用品标准化技术委员会网站和标准化中心微信平台，对正在制修订标准的技术内容和工作进度、标准报批、国际和国内相关标准的技术信息等进行及时持续的报道。

（4）组织撰写《洗涤用品产品标准、产品质量及使用安全知识讲座》文章，用以刊登在面向消费者的相关刊物上，让消费者从标准的视角了解和认识自己所使用的商品。

（5）开展"标准连接你我他"的知识普及活动，邀请媒体参与，组织面向消费者的产品标准理解和解读的宣讲活动，普及相关产品标准知识，引导消费者科学的认知产品，合理的选购使用商品。

2.6.2 组织活动

1982—2012年间，标准化中心和国家洗涤用品质量监督检验中心联合举办各种学习班37期，为来自全国各省、市质检所（站）及洗涤剂产品和原料的生产企业培训检验人员899人次。

2015—2016年间，标准化中心组织了大型的市场宣讲活动，首次将产品标准直接面对广大消费者进行宣传。涉及的标准类别有：家庭清洁护理用品，如：衣料用液体洗涤剂（QB/T 1224—2012）、氧漂剂（QB/T 4310—2012）、氯漂剂（QB/T 4311—2012）、厨房油垢清洗剂（QB/T 4348—2012）、织物柔顺剂（QB/

T 4538—2013)、地毯清洗剂（QB/T 4526—201）、硬质地板清洗剂（QB/T 4532—2013）、宠物用清洁护理剂（QB/T 4524—2013）等；个人清洁护理用品，如：洗手液（QB/T 2654—2013）、沐浴剂（QB/T 1994—2013）等；以及工业和公共设施清洁用品类。组织公共场合的标准宣讲，让消费者从标准的视角了解和认识在日常生活中所使用的日化商品，得到了很好的效果。

2016年，标准化中心组织召开了技术规范验证工作的宣贯会议。出席会议的有行业、大学、科研、检测及标准化机构共计33个单位50余名代表。该次活动对《洗涤剂类食品相关产品风险监控与生产监督管理技术规范》进行了讲解，有效地提升了洗涤剂类食品相关产品企业的风险监控意识，使《洗涤剂类食品相关产品风险监控与生产监督管理技术规范》在生产企业中顺利实施有了保障。

2017—2018年间，标准化中心多次举办"洗涤剂基础知识与配方技术"培训，讲授基本配方原理、标准分析方法和实验室基本操作等知识和技能。以课堂授课和现场试验的形式，培训学员58人次。

2.7 参加国际标准化组织活动

参加国际标准化会议是标准化中心的重要活动之一，是与国际成员国的技术人员学习、交流、沟通的好机会。历届参会情况为：

1981年，轻工业部日用化学工业研究所和无锡轻工业学院组团首次代表我国表面活性剂标准化中心，参加了在法国巴黎召开的ISO/TC91第12次委员会议。

1983年，轻工业部日用化学工业研究所组团参加了ISO/TC91在法国举行的第13次委员会议。

1986年，轻工业部日用化学工业研究所组团参加了在西班牙举行的ISO/TC91第14次委员会议。

1992年，轻工业部日用化学工业研究所组团参加了在法国巴黎举行的ISO/TC91第15次委员会议。

2009年11月，中国日用化学工业研究院组团参加了在日本东京举行的ISO/TC91第16次委员会议。这是TC91中断活动十多年后再次活动，由中国、日本、伊朗和ISO中央秘书处官员四个国家或组织的14名代表出席会议。

2010年11月，中国日用化学工业研究院协助国家标准化管理委员会在中国北京承办了ISO/TC91第19次委员会议，这是TC91首次在国内举行会议，参加会议的除东道主外，还有日本、伊朗两个国家共十余名代表。

2011年6月，中国日用化学工业研究院组团参加了在奥地利维也纳举行的ISO/TC91第18次委员会议，参加会议的共六个国家13名代表。

2012年6月，中国日用化学工业研究院组团参加了在西班牙巴塞罗那举行的ISO/TC91第19次委员会议，参加会议的国家和代表人数同上届。

2013年6月，中国日用化学工业研究院组团参加了在法国巴黎举行的ISO/TC91第20次委员会议，五个国家的10余名代表出席会议。

2014年6月，中国日用化学工业研究院组团参加了在法国巴黎举行的ISO/TC91第21次委员会议，同期举行了ISO/TC91/WG1、WG2和WG3第1次会议，先后有六个国家10余名代表出席了不同的会议。

2015年7月，中国日用化学工业研究院组团参加了在德国柏林举行的ISO/TC91第22次委员会议，同期举行了ISO/TC91/WG1、WG2和WG3第2次会议，共有七个国家或地区的13名代表出席会议。

2017年6月，中国日用化学工业研究院组团参加了在法国巴黎举行的ISO/TC91第23次委员会议，同期举行了ISO/TC91/WG1、WG2和WG3第3次会议，参加会议的国家和代表人数同上届。

2017年11月，中国日用化学工业研究院组团参加了在日本东京举行的ISO/TC91/WG1和WG2第4次会议，中国、日本、伊朗3个国家代表出席会议。

2018年6月，中国日用化学工业研究院组团参加了在法国巴黎举行的ISO/TC91第24次委员会议，同期举行了ISO/TC91/WG1和WG2第5次会议，以及WG3第4次会议。先后有七个国家15名代表出席了不同场次的会议。

2.8 标准化研究及获奖情况

标准是一个事物的两个方面，和经济实体有着密切的循环关系。标准研究落后会导致标准的缺失，而标准的缺失会造成实体经济体系的进一步落后，而且滞后的标准也不能满足市场变化和需求。因此，适时介入标准的研究制定可以降低企业的技术风险，增强企业的动力，加速市场的进程。同时，标准研究成果也为标准的制定提供了强有力的支撑，进而不断提高技术标准中的科技水平和自主知识产权质量，促进产业技术进步和核心竞争力的提升。为此，从70年代初，轻工业部日用化学工业研究所分析室（即标准化中心的前身）就开始有针对性地研究开发本行业的相关标准和检验方法，这些研究工作对行业发展起到了积积的引导和推动作用。

为此，一直受到上级主管部门的支持和鼓励，历年的部分获奖标准情况见表6-8。

表6-8 获奖标准

项目名称	标准编号	时间	获奖类别	等级	授奖部门
三聚磷酸钠及试验方法	QB 762、763—80	1983	科技进步	2	轻工业部
工业烷基苯	QB 960—85	1988	科技进步	3	轻工业部
工业烷基苯试验方法	GB 5177.1—4—85	1988	科技进步	2	轻工业部
工业烷基苯磺酸钠平均相对分子量测定 气相色谱法	GB 5178—85	1988	科技进步	2	轻工业部
表面活性剂名词术语	GB 5327—85	1988	科技进步	1	轻工业部
表面活性剂简化分类	GB 5328—85	1988	科技进步	4	国家技术监督局
合成洗衣粉	QB 510—511—84	1988	科技进步	2	轻工业部
工业烷基苯磺酸	GB 8447—87	1989	科技进步	2	轻工业部
香皂	GB 8113—87	1989	科技进步	3	轻工业部
餐具洗涤剂	GB 9985—9986—88	1990	科技进步	3	轻工业部
通用水基金属清洗剂	ZBY43002—86	1990	科技进步	3	轻工业部
三聚磷酸钠	GB 9983—88	1991	科技进步	3	轻工业部
食品添加剂三聚甘油单硬脂酸酯	GB 13510—92	1994	科技进步	3	轻工业部
含4A沸石洗衣粉	QB 1767—93	1995	科技进步	3	中国轻工总会
乙氧基化烷基硫酸钠	GB/T 13529—92	1995	科技进步	4	国家技术监督局
工业烷基苯	GB/T 5177.5—93	1996	科技进步	4	国家技术监督局
脂肪烷基三甲基卤化铵平均分子量测定	GB/T 1914—93	1996	科技进步	3	中国轻工总会
脂肪酰二乙醇胺	GB/T 15046—94	1996	科技进步	3	中国轻工总会
脂肪烷基二甲基叔胺	GB/T 15045—94	1996	科技进步	3	国家技术监督局
洗涤用品安全技术规范等三项系列标准	GB/T 26396—2011	2014	创新贡献	2	国家质量监督检验检疫总局 国家标准化管理委员会
工业污染源产排污系数核算——日用化学品制造业产排污系数核算研究	/	2014	科技进步	2	山西省科学技术奖励委员会

续表

项目名称	标准编号	时间	获奖类别	等级	授奖部门
果蔬清洗剂	GB/T 24691—2009	2015	科技进步	2	中国轻工业联合会
表面活性剂中二噁烷残留量的测定 气相色谱法	GB/T 26388—2011	2017	科技进步	1	中国轻工业联合会
《表面活性剂－表面活性剂中氯乙酸（盐）残留量的测定－1－液相色谱法》及《表面活性剂－表面活性剂中氯乙酸（盐）残留量的测定－2－离子色谱法》	ISO 17293	2018	科技进步	2	中国轻工业联合会
织物调理剂抗静电性能的测定	GB/T 16801—2013	2018	科技进步	3	中国轻工业联合会

2.9 各时期本行业部分重点标准的制、修订工作

产品执行标准是标准化工作的中心环节，其重要作用基于产品执行标准是产品质量的技术保证。产品执行标准的制、修订史也体现着该产品的发展历程。同时，产品执行标准也是保护消费者利益和维护生产企业合法权益的双刃剑，其内容涉及产品性能、人体安全、环境保护以及经济实用性等。标准中所规定的项目指标应能较全面的控制和评价产品质量，既考虑能满足国家发展的要求，又要满足人民生活的需要，还要在保证产品质量及使用安全的前提下，为产品配方的技术进步留有空间。因此，在制、修订产品标准时所设项目的科学性以及指标的合理性尤为重要。多年来，标准化技术委员会坚持技术标准制定中的公共利益优先原则，在组织起草制定中，不仅掌控要客观地反映产品质量要求，而且对实现产品质量要求进行的实验方法、检验规则及标签标识等内容进行有效的规范。

2.9.1 洗衣粉产品标准的制、修订历程

洗衣粉标准制定后曾经多次修订，最初为部颁标准 QB 510—66《合成洗衣粉》，之后修订 2 次。分别为 QB 510—79《合成洗衣粉》、QB 510—84《合成洗衣粉》；1991 年修改为国家标准 GB/T 13171—1991《洗衣粉》，之后修订 3 次，分别为 GB 13171—1997《洗衣粉》、GB 13171—2004《洗衣粉》、GB 13171.1—2009《洗衣粉（含磷型）》、GB 13171.2—2009《洗衣粉（无磷型）》。

1961 年本行业即开始洗衣粉标准的制定工作，标准名称为"合成洗衣粉"，主要负责起草的单位为轻工业部食品研究所油化室，制定工作于 1964 年完成。

1966 年，合成洗衣粉部颁标准 QB 510—66 发布，理化指标共 9 项（当时洗衣粉的性能指标去污力测定方法正研究中，在 QB 510—66 标准中没有该项要求）。

1979年，该部颁标准进行修订，修订后的标准编号为QB 510—79，包括感观、理化等指标共10项，并增加了去污力性能指标。

1984年，对《合成洗衣粉》QB 510—79进行再次修订，修订后标准编号为QB 510-84。该次修订产品按Ⅰ、Ⅱ、Ⅲ分类，Ⅰ类、Ⅱ类产品活性物以阴离子表面活性剂为主，其中Ⅱ类为低泡粉。Ⅲ类产品活性物以非离子表面活性剂为主，适用于洗衣机洗涤使用。本标准适用于洗涤棉、麻、化纤织品（除丝、毛外）时所用洗涤剂。其中物理化学指标有12项，与QB 510—79比较，修订后的标准更好地控制了洗衣粉质量，也体现了洗衣粉生产技术水平的提高。

1991年，洗衣粉部颁标准修改为国家标准（编号为GB/T 13171—91）。GB/T 13171—91中分类Ⅰ型为高泡粉（相对Ⅱ型而言）；Ⅱ型是适用于机洗、手洗的低泡粉；Ⅲ型以非离子表面活性剂为主，是适用于机洗、手洗的浓缩型低泡洗衣粉。

在GB/T 13171—91执行期间，出现了含磷洗衣粉对环境水体产生富营养化的质疑，故市场洗涤剂商品中相继出现了用4A沸石代替三聚磷酸盐的低磷洗衣粉和无磷洗衣粉。为此，轻工业部于1993年颁布了《含4A沸石洗衣粉》QB 1767—93的行业标准作为补充。

1994年，轻工业部要求对洗衣粉标准进行修订。修订理由：GB/T 13171—91中成分指标规定过于具体，不利于洗衣粉生产使用新型原材料；有些项目指标已不符合地方区域环保限磷、禁磷的要求。业内十分重视该标准的修订，在多次广泛征询意见的基础上历经3年完成了该项工作。批准执行的《洗衣粉》GB/T 13171—1997中分类为A型（普通洗衣粉）、B型（浓缩洗衣粉）；要求洗衣粉使用的表面活性剂生物降解度不低于90%，不得使用四聚丙烯烷基苯磺酸钠、烷基酚聚氧乙烯醚；对含磷洗衣粉和无磷洗衣粉分别给予规范；表面活性剂含量作了统一要求；增加了新的评价项目和评价方法；该标准突出了使用性能，充分考虑了产品原料对环境的影响。

洗涤剂生产技术的快速进步，使洗衣粉执行标准中的部分指标逐渐呈现不合理性，如去污力指标不能较客观、全面地体现产品去除污垢的能力；某些成分含量指标要求仍然过于具体，不利于洗涤剂配方的技术进步，故对洗衣粉标准进行再修订已势在必行。这次修订工作历经数年，期间对去污力测定方法进行了深入的研究和实验对比，对项目指标进行了优化组合。2004年报批，标准编号GB/T 13171—2004。修订后的洗衣粉标准作为行业标杆，即规范了企业产品质量，又可引领企业技术走向进步。

随着日化行业的迅速发展，特别是环境保护、节能减排日益成为国家经济的重要指标。为配合国家经济发展的需要，引导行业产业转型，中国洗涤用品工业协会组织业内生产企业充分讨论，由标准化中心提交立项计划，经国家标准委批复对《洗衣粉》国家标准进行第三次修订。本次修订将原标准拆分为两个部分：《洗衣粉》（含磷型）GB/T 13171.1—2009、《洗衣粉》（无磷型）GB/T 13171.2—2009。修订后的标准呈分别设定技术指标的两个部分，实仍为一套执行标准。在保留原标准整体性的基础上对产品进行了分类，便于消费者、媒体等各方面从标准的角度区分了解洗衣粉产品类别，同时也使含磷洗衣粉、无磷洗衣粉两大品种从标准要求上独立，更便于充分发挥各标准的作用，满足市场领域的需求。作为本行业的重点产品，2009版洗衣粉标准于2017年对外正式发布出版了英文版标准。

2.9.2 《衣料用液体洗涤剂》产品行业标准的制、修订历程

衣料用液体洗涤剂产品标准始于1991年，根据轻工业制定、修订国家标准、行业标准项目计划，在2006年进行了第一次修订，于2007年发布实施。本次修订源于衣料用液体洗涤剂产品10多年的快速崛起。修订内容包括洗衣液、丝毛洗涤液、衣物预去渍液三类液体产品的质量指标要求，使发展中的衣料用液体类洗涤剂产品质量有章可循。鉴于《衣料用洗涤剂去污力及循环洗涤性能的测定》GB/T 13174—2003标准于2008年重新修订，其中涉及去污力测定所用污布的染制有较大改变，这一修改内容直接影响了衣料用液体洗涤剂去污性能的评价。为此在GB/T 13174—2008的修改单中增加了评价衣料用液体洗涤剂去污性能的标准洗衣液配方。修改单及时弥补了性能评价的关键环节，使液体类产品的性能评价体系有了基础保障。

自2000年以来，衣料用液体洗涤剂无论是产量还是产品种类均有很大的变化，该类产品以其高效、多功能、使用安全方便、环保、节能节水等并具有一定科技含量和更适应消费需求的方向快速发展。在此形势下，标准应提供的技术平台是：引导企业积极采用低碳经济指导生产、研发新产品，以满足市场对产品性能及质量的新要求。故根据工业和信息化部2009年工业行业标准制修订计划，结合行业产业政策、节能降耗、倡导发展浓缩化产品的趋势，需对衣料用液体洗涤剂标准进行修订。根据当时市场洗衣液商品质量调查数据得知：产品活性物<15%的占8%，产品活性物>15%的占90%以上。洗衣液的活性物含量是该产品的重要质量指标，本次修订适当调整了普通型洗衣液的活性物含量指标；增加了丝毛洗涤液和衣物预去渍液的浓缩型产品指标及对应的去污力评价。本次修订的项目指标尤其注重产品质量和性能特性的有机结合，以及与相关标准之间的一致性、产品对环境的使用安全性等，同时也考虑到标准的可操作性和提高采标率等因素。修订后的标准更适应企业生产需要，更符合产品的技术进步趋势。该标准于2012年发布实施。

2.9.3 餐具洗涤剂产品标准及试验方法标准的制、修订历程

餐具类洗涤剂是食品用洗涤剂的主要部分，其涉及民众一日三餐餐具的清洁，

不仅用量大，而且属接触食品用，是需避免安全隐患的日用品。因此，其产品执性标准则更显重要。

1985 年，根据轻工业部（85）轻科字第 5 号文，轻工业部日用化学工业研究所负责起草了餐具洗涤剂专业标准。

1987 年，轻工业部（87）轻科字第 8 号文要求制定餐具洗涤剂国家标准。起草单位结合我国实际情况，参考日本等国标准，分别制定了餐具洗涤剂产品和试验方法标准。该套标准于 1988 年 12 月发布，即《餐具洗涤剂》GB 9985—88 及《餐具洗涤剂试验方法》GB 9986—88，前者属国家强制性标准。餐具洗涤剂用于洗涤餐饮具、蔬菜、水果等，其要求应符合国家有关卫生法规，如"食品用具、设备用洗涤剂、消毒剂，洗涤消毒剂卫生管理办法"中有关规定。当时我国生产的餐具洗涤剂多为液体状，故标准中规定了外观、气味、高低温稳定性、表面活性剂含量、pH 值以及性能指标去污力（人工洗盘数），属安全性的限制指标有荧光增白剂、甲醇、砷、重金属等。

1997 年，根据中国轻工总会轻总质（1997）13 号文，着手对《餐具洗涤剂》GB 9985—88 及《餐具洗涤剂试验方法》GB 9986—88 进行修订。其理由：《餐具洗涤剂》GB 9985—88 仅适合于高泡型的餐具洗涤剂产品，对后来出现的低泡型餐具洗涤剂的去污力（人工洗盘数）无法评价，对餐具洗涤剂中的防腐剂也无严格规定。修订后的标准更名为《手洗餐具用洗涤剂》GB 9985—2000，将检验方法并入，同时代替 GB 9985—88 和 GB 9986—88。该标准主要适用于手工洗餐具洗涤剂，理化性能指标规定了 8 项，其中增加了甲醛含量限值，pH 值规定为 4.0~10.5。餐具洗涤剂试验方法新增了甲醛含量的测定、去污性能的测定——去油率法，并将该方法规定为仲裁法。

2014 年，根据国标委下达的国家标准制修订计划，对《手洗餐具用洗涤剂》国家标准进行修订。手洗餐具用洗涤剂标准从 2000 年修订后已执行十多年之久，期间，该强制性标准对手洗餐具用洗涤剂产品的产量和质量均起到了积极的推动作用。近些年，国家针对涉及环境安全和人身安全的产品给予了高度重视，为此也将餐具类洗涤剂归为食品相关产品而受到广泛关注，执行多年的手洗餐具用洗涤剂标准需顺应形势进行修订。修订后的《手洗餐具用洗涤剂》，其最大的变化是产品生产所用原料必须执行 GB 14930.1 的规定、产品安全卫生项目指标也必须按 GB 14930.1 的规定进行。这些要求充分体现了该产品执行标准对环境安全和人身安全的保障作用。

2.9.4 《果蔬清洗剂》产品标准的制、修订

果蔬清洗剂是迎合人们追求食品健康，拒绝污染，应消费需求而产生的功能化

产品。在《国务院关于加强产品质量和食品安全工作的通知》中，对涉及健康安全领域标准的制修订工作有着严格的要求。2007年，国家标准化管理委员会下达了"果蔬清洗剂"标准制定任务。在本标准的制定中，综合考虑了所用原材料及产品的各项卫生指标，体现产品对环境要安全，对人体要无害的原则；针对产品的功能性宣称——农药残留去除效果，给出了技术上可行的验证方法，标准中所设各项指标的有机结合达到了对产品品质的有效监控。《果蔬清洗剂》国家标准于2009年发布，编号为GB/T 24691—2009。2015年该标准荣获中国轻工业联合会科技进步二等奖。

2017年，鉴于GB 14930.1《食品安全国家标准 洗涤剂》标准中针对果蔬清洗剂生产所用原料和产品的安全卫生均给予了具体的规范要求，标准化中心根据国标委下达的国家标准制修订计划，对《果蔬清洗剂》标准进行相应的修订。本次修订：增加了产品使用安全性项目指标——阴离子表面活性剂残留量限值和检测方法；农药残留去除效果的评价作为性能指标给出了要求；针对标准执行期间发现的有关农药残留去除效果评价实验方法问题进行了研究修改。

2.9.5 国家标准《洗涤用品安全技术规范》的制定

国家标准《洗涤用品安全技术规范》制定项目，是科技部"国家科技支撑计划课题—人体安全重要技术标准研制"中的一项内容。2008年，受中国标准化研究院委托，由全国表面活性剂和洗涤用品标准化技术委员会上报国家标准委批准立项。于2009年完成，2011年发布，标准编号为GB/T 26396—2011。

《洗涤用品安全技术规范》标准中根据产品使用对象不同进行了分类；对原材料的使用进行了规范，规定在正常以及合理的、可预见的使用条件下，洗涤用品不应对人体健康、动植物安全产生危害，洗涤用品使用后的排放对环境的影响应在可接受的范围内；该标准的制定使行业产品的安全性有了依据，对规范市场，提升产品整体质量，维护企业的合法权益，保证消费者使用安全的产品起到了积极的作用。《洗涤用品安全技术规范》标准，弥补了洗涤剂行业产品安全控制无章可循的空白，体现了对社会的责任感。该标准荣获2014年"中国标准创新贡献奖"二等奖，并于2017年由国家标准化管理委员会组织出版了标准的英文版。

2.9.6 国家标准《表面活性剂 洗涤剂试验方法》的整合修订

《表面活性剂 洗涤剂试验方法》标准于1991年首次发布。该方法标准自实施以来，对监测表面活性剂和洗涤剂行业的产品质量起到了重要的作用，对企业生产质量自控给予了积极的指导。针对2004年国家标准化管理委员会开展的国家标准清理整顿工作，经对归口管理的标准进行分类评估后，提出需要对《表面活性剂 洗涤剂试验方法》等13项国家标准：GB/T 12030、GB/T 12031、GB/T 13173.1~7、GB/T 13175、GB/T 13176.1~3进行整合修订。

经整合修订后的《表面活性剂 洗涤剂试验方法》(GB/T 13173—2008)国家标准,共汇集了用于洗涤剂质量控制的16项分析方法,其中等效等同采纳ISO标准6项,整合国家标准13项。同时,参考英国标准BS 3762—3.10:1989、美国标准ASTM D2023:1989(2003),对洗涤剂中甲苯磺酸盐含量的测定方法(GB/T 13173.5—1991)进行了修订。《表面活性剂 洗涤剂试验方法》标准的整合修订,体现了国家标准清理整顿工作的成效,更方便采纳使用。新加坡标准局在制定该国《洗手液》SS 625—2016标准中,将此标准作为引用文件进行了具体的引用。此标准经国家标准化管理委员会批准,于2017年正式对外发布了标准的英文版。

2.9.7 标准的沿革

根据不同时期国家对标准管理的变化,部颁标准、专业标准、国家标准、行业标准、地方标准、企业标准、团体标准等在本行业中均有制定和发布。这些标准中,少数标准随着政策和市场的变化被废止,而多数标准被修订和代替,其中一些标准则经历了多次的修订或变更。表6-9列出了本行业现行有效标准的变化情况,表6-10为本行业制定的已作废标准。

表6-9 表面活性剂洗涤剂领域国家标准（GB）行业标准（QB）及团体标准（T）变化统计

序号	标准编号	现行标准名称（发布年代）	被代替标准名称（发布年代）	被代替标准名称（发布年代）	被代替标准名称（发布年代）
1	GB/T 5173	表面活性剂 洗涤剂 阴离子活性物的测定 直接两相滴定法（2018）	表面活性剂 洗涤剂 阴离子活性物含量的测定 直接两相滴定法（1995）	表面活性剂和洗涤剂 阴离子活性物的测定 直接两相滴定法（1985）	
2	GB/T 5174	表面活性剂 洗涤剂 阳离子活性物含量的测定 直接两相滴定法（2018）	表面活性剂 洗涤剂 阳离子活性物含量的测定（2004）	表面活性剂和洗涤剂 阳离子活性物含量的测定（1985）	
3	GB/T 5177	工业直链烷基苯（2017）	工业直链烷基苯（2008）	工业烷基苯色泽的测定（GB/T 5177.1—1993）	工业烷基苯色泽的测定（GB/T 5177.1—1985）
				工业烷基苯中可磺化物含量的测定（GB/T 5177.2—1985）	
				工业烷基苯平均相对分子质量的测定（GB/T 5177.3—1985）	
				工业烷基苯溴指数的测定 电位滴定法（GB/T 5177.4—1985）	
				工业直链烷基苯（GB/T 5177.5—2002）	工业直链烷基苯（GB/T 5177.5—1993）
4	GB/T 5178	表面活性剂 工业直链烷基苯磺酸钠平均相对分子质量的测定 气液色谱法（2008）	工业直链烷基苯磺酸钠平均相对分子质量的测定 气相色谱法（1985）		工业烷基苯（QB 939—1985）

续表

序号	标准编号	现行标准名称（发布年代）	被代替标准名称（发布年代）	被代替标准名称（发布年代）	被代替标准名称（发布年代）
5	GB/T 5327	表面活性剂 术语（2008）	表面活性剂名词术语（1985）		
6	GB/T 5328	表面活性剂简化分类（1985）			
7	GB/T 7462	表面活性剂 发泡力的测定 改进Ross–Miles法（1994）	表面活性剂 发泡力的测定 改进Ross–Miles法（1994）		
8	GB/T 7463	表面活性剂 钙皂分散力的测定 改进Schoenfeldt法（2008）	表面活性剂 钙皂分散力的测定 改进Schoenfeldt法（1987）		
9	GB/T 8447	工业直链烷基苯磺酸（2008）	工业直链烷基苯磺酸（1995）		
10	GB/T 9103	工业硬脂酸（2013）	工业硬脂酸（1988）		
11	GB/T 9104	工业硬脂酸试验方法（2008）	工业硬脂酸试验方法 碘值的测定（GB/T 9104.1—1988）		
			工业硬脂酸试验方法 皂化值的测定（GB/T 9104.2—1988）		
			工业硬脂酸试验方法 酸值的测定（GB/T 9104.3—1988）		

续表

序号	标准编号	现行标准名称(发布年代)	被代替标准名称(发布年代)	被代替标准名称(发布年代)	被代替标准名称(发布年代)
11	GB/T 9104	工业硬脂酸试验方法(2008)	工业硬脂酸试验方法 色泽的测定(GB/T 9104.4—1988)		
			工业硬脂酸试验方法 凝固点的测定(GB/T 9104.5—1988)		
			工业硬脂酸试验方法 水分的测定(GB/T 9104.6—1988)		
			工业硬脂酸试验方法 无机酸的测定(GB/T 9104.7—1988)		
			工业硬脂酸试验方法 灰分的测定(GB/T 9104.8—1988)		
			工业硬脂酸试验方法 组成的测定(GB/T 9104.9—1988)		
12	GB/T 9983	工业三聚磷酸钠(2004)	工业三聚磷酸钠(1988)	工业三聚磷酸钠(QB 762—1980)	
13	GB/T 9984	工业三聚磷酸钠试验方法(2008)	工业三聚磷酸钠 白度的测定(GB/T 9984.1—2004)	工业三聚磷酸钠 白度的测定(1988)	

续表

序号	标准编号	现行标准名称（发布年代）	被代替标准名称（发布年代）	被代替标准名称（发布年代）	被代替标准名称（发布年代）
13	GB/T 9984	工业三聚磷酸钠试验方法（2008）	工业三聚磷酸钠 总五氧化二磷含量的测定 磷钼酸喹啉重量法（GB/T 9984.2—2004）	工业三聚磷酸钠 总五氧化二磷含量的测定 磷钼酸喹啉重量法（1988）	
			工业三聚磷酸钠 离子交换柱色谱法分离测定不同形式的磷酸盐（GB/T 9984.3—2004）	工业三聚磷酸钠 离子交换柱色谱法分离测定不同形式的磷酸盐（1988）	
			工业三聚磷酸钠 水不溶物的测定（GB/T 9984.4—2004）	工业三聚磷酸钠 水不溶物的测定（1988）	
			工业三聚磷酸钠和焦磷酸钠灼烧损失的测定（GB/T 9984.5—2004）	工业三聚磷酸钠和焦磷酸钠灼烧损失的测定（1988）	工业三聚磷酸钠分析方法（QB 763—1980）
			工业三聚磷酸钠 铁含量的测定 2,2'-联吡啶分光光度法（GB/T 9984.6—2004）	工业三聚磷酸钠 铁含量的测定 2,2'-联吡啶分光光度法（1988）	
			工业三聚磷酸钠 pH的测定 电位计法（GB/T 9984.7—2004）	工业三聚磷酸钠 pH的测定 电位计法（1988）	
			工业三聚磷酸钠 颗粒度的测定（GB/T 9984.8—2004）	工业三聚磷酸钠 颗粒度的测定（1988）	

续表

序号	标准编号	现行标准名称（发布年代）	被代替标准名称（发布年代）	被代替标准名称（发布年代）	被代替标准名称（发布年代）
13	GB/T 9984	工业三聚磷酸钠试验方法（2008）	工业三聚磷酸钠 表观密度的测定 给定体积称量法（GB/T 9984.9—2004）	工业三聚磷酸钠 表观密度的测定 给定体积称量法（1988）	
			工业三聚磷酸钠（包括食品工业用）氮的氧化物含量的测定 3,4-二甲苯酚分光光度法（GB/T 9984.10—2004）	工业三聚磷酸钠（包括食品工业用）氮的氧化物含量的测定 3,4-二甲苯酚分光光度法（1988）	
			工业三聚磷酸钠 I 型含量的测定（GB/T 9984.11—2004）	工业三聚磷酸钠 I 型的测定（1988）	工业三聚磷酸钠 I 型含量的测定方法（QB 882—1983）
14	GB/T 9985	手洗餐具用洗涤剂（2000）	餐具洗涤剂（GB 9985—1988）		
			餐具洗涤剂试验方法（GB/T 9986—1988）		
15	GB/T 11983	表面活性剂 润湿力的测定 浸没法（2008）	表面活性剂 润湿力的测定 浸没法（1989）		
16	GB/T 11985	表面活性剂 界面张力的测定 滴体积法（1989）			
17	GB/T 11986	表面活性剂 粉体和颗粒休止角的测量（1989）			

续表

序号	标准编号	现行标准名称（发布年代）	被代替标准名称（发布年代）	被代替标准名称（发布年代）	被代替标准名称（发布年代）	被代替标准名称（发布年代）
18	GB/T 11987	表面活性剂 工业烷烃磺酸盐 总烷烃磺酸盐含量的测定（1989）				
19	GB/T 11988	表面活性剂 工业烷烃磺酸盐 烷烃单磺酸盐平均相对分子质量及含量的测定（2008）	表面活性剂 工业烷烃磺酸盐 烷烃单磺酸盐平均相对分子量及含量的测定（1989）			
20	GB/T 11989	阴离子表面活性剂 石油醚溶解物含量的测定（2008）	阴离子表面活性剂 石油醚溶解物含量的测定（1989）			
21	GB/T 12028	洗涤剂用羧甲基纤维素钠（2006）	洗涤剂用羧甲基纤维素钠（GB/T 12028—1989）			
			洗涤剂用羧甲基纤维素钠 水分及挥发物的测定（GB/T 12029.1—1989）			
			洗涤剂用羧甲基纤维素钠 黏度的测定（GB/T 12029.2—1989）			
			洗涤剂用羧甲基纤维素钠 pH值的测定（GB/T 12029.3—1989）			
			洗涤剂用羧甲基纤维素钠 醚化度的测定（GB/T 12029.4—1989）			

续表

序号	标准编号	现行标准名称（发布年代）	被代替标准名称（发布年代）	被代替标准名称（发布年代）	被代替标准名称（发布年代）	被代替标准名称（发布年代）
21	GB/T 12028	洗涤剂用羧甲基纤维素钠（2006）	洗涤剂用羧甲基纤维素钠 纯度的测定（GB/T 12029.5—1989）			
			洗涤剂用羧甲基纤维素钠的筛分试验（GB/T 12029.6—1989）			
22	GB/T 13171.1	洗衣粉（含磷型）（2009）	洗衣粉（GB/T 13171—2004）	洗衣粉（GB/T 13171—1997）	洗衣粉（GB/T 13171—1991）	
23	GB/T 13171.2	洗衣粉（无磷型）（2009）			低磷无磷洗衣粉（QB/T 2113—1995）	
24	GB/T 13173	表面活性剂 洗涤剂试验方法（2008）	洗涤剂样品分样方法（GB/T 13173.1—1991）			
			洗涤剂中总活性物含量的测定（GB/T 13173.2—2000）	洗涤剂中总活性物含量的测定（GB/T 13173.2—1991）		
			洗涤剂中非离子表面活性剂含量的测定（离子交换法）（GB/T 13173.3—1991）		合成洗衣粉试验方法（QB 511—1984）	合成洗衣粉试验方法（QB 511—1979）
			洗涤剂中各种磷酸盐的分离测定（离子交换柱色谱法）（GB/T 13173.4—1991）		离子交换色层法分离测定洗衣粉中的各种磷酸盐（QB 881—1983）	

续表

序号	标准编号	现行标准名称（发布年代）	被代替标准名称（发布年代）	被代替标准名称（发布年代）	被代替标准名称（发布年代）
24	GB/T 13173	表面活性剂 洗涤剂试验方法（2008）	洗涤剂中甲苯磺酸盐含量的测定（GB/T 13173.5—1991）		
			洗涤剂发泡力的测定（Ross-Miles法）（GB/T 13173.6—1991）		
			肥皂和洗涤剂中EDTA（螯合剂）含量的测定 滴定法（GB/T 13173.7—1993）		
			粉状洗涤剂颗粒度的测定（GB/T 12030—1989）		
			洗涤剂中总五氧化二磷含量的测定 磷钼酸喹啉重量法（GB/T 12031—1989）		
			粉状洗涤剂表观密度的测定（给定体积称量法）（GB/T 13175—1991）		
			洗衣粉白度的测定（GB/T 13176.1—1991）		
			洗衣粉中水分及挥发物含量的测定（烘箱法）（GB/T 13176.2—1991）		

续表

序号	标准编号	现行标准名称（发布年代）	被代替标准名称（发布年代）	被代替标准名称（发布年代）	被代替标准名称（发布年代）
24	GB/T 13173	表面活性剂 洗涤剂试验方法（2008）	洗衣粉中活性氧含量的测定（滴定法）(GB/T 13176.3—1991)		
25	GB/T 13174	衣料用洗涤剂去污力及循环洗涤性能的测定（2008）	衣料用洗涤剂去污力及抗污渍再沉积能力的测定（2003）	衣料用洗涤剂去污力的测定 (GB/T 13174—1991)	衣料洗涤剂性能比较试验 循环洗涤白棉对照布法 (GB/T 15815—1995)
26	GB/T 13206	甘油（2011）	甘油（1991）		
27	GB/T 13216	甘油试验方法（2008）	甘油试验方法 桶装甘油取样方法 (GB/T 13216.1—1991)		
			甘油试验方法 透明度的测定 (GB/T 13216.2—1991)		
			甘油试验方法 气味的测定 (GB/T 13216.3—1991)		
			甘油试验方法 色泽的测定 (Hazen单位铂－钴色度) (GB/T 13216.4—1991)		

续表

序号	标准编号	现行标准名称（发布年代）	被代替标准名称（发布年代）	被代替标准名称（发布年代）	被代替标准名称（发布年代）	被代替标准名称（发布年代）
27	GB/T 13216	甘油试验方法 (2008)	甘油试验方法 20 ℃时密度的测定 (GB/T 13216.5—1991)			
			甘油试验方法 甘油含量的测定 (GB/T 13216.6—1991)			
			甘油试验方法 氯化物的限量试验 (GB/T 13216.7—1991)			
			甘油试验方法 硫酸化灰分的测定（重量法）(GB/T 13216.8—1991)			
			甘油试验方法 酸度或碱度的测定（滴定法）(GB/T 13216.9—1991)			
			甘油试验方法 皂化当量的测定 (GB/T 13216.10—1991)			
			甘油试验方法 砷的限量试验 (GB/T 13216.11—1991)			
			甘油试验方法 重金属的限量测定 (GB/T 13216.12—1991)			

续表

序号	标准编号	现行标准名称（发布年代）	被代替标准名称（发布年代）	被代替标准名称（发布年代）	被代替标准名称（发布年代）
28	GB/T 13529	乙氧基化烷基硫酸钠（2011）	乙氧基化烷基硫酸钠（2003）	乙氧基化烷基硫酸钠（1992）	
29	GB/T 13530	乙氧基化烷基硫酸钠试验方法（2008）	乙氧基化烷基硫酸钠 总活性物含量的测定（GB/T 13530.1—1992）		
			乙氧基化烷基硫酸钠未硫酸化物含量的测定（GB/T 13530.2—1992）		
			乙氧基化烷基硫酸纳平均相对分子量的测定（GB/T 13530.3—1992）		
30	GB/T 15045	脂肪烷基二甲基叔胺（2013）	脂肪烷基二甲基叔胺（1994）		
31	GB/T 15046	脂肪酰二乙醇胺（2011）	脂肪酰二乙醇胺（1994）		
32	GB/T 15357	表面活性剂和洗涤剂旋转黏度计测定液体产品的黏度和流动性质（2014）	表面活性剂和洗涤剂旋转黏度计测定液体产品的黏度（1994）		
33	GB/T 15816	洗涤剂和肥皂中总二氧化硅含量的测定 重量法（1995）			

续表

序号	标准编号	现行标准名称（发布年代）	被代替标准名称（发布年代）	被代替标准名称（发布年代）	被代替标准名称（发布年代）
34	GB/T 15817	洗涤剂中无机硫酸盐含量的测定 重量法（1995）			
35	GB/T 15818	表面活性剂生物降解度试验方法（2018）	表面活性剂生物降解度试验方法（2006）	表面活性剂生物降解度试验方法（1995）	阴离子表面活性剂生物降解度试验方法（QB 938—1984）非离子表面活性剂生物降解度试验方法（1984）
36	GB/T 15963	十二烷基硫酸钠（2008）	十二烷基硫酸钠（1995）		
37	GB/T 16451	天然脂肪醇（2017）	天然脂肪醇（2008）	天然脂肪醇（1996）	
38	GB/T 16801	织物调理剂抗静电性能的测定（2013）	织物调理剂抗静电性能的测定（1997）		
39	GB/T 17829	聚乙氧基化脂肪醇（1999）			
40	GB/T 17830	聚乙氧基化非离子表面活性剂中聚乙二醇含量的测定 高效液相色谱法（2017）	聚乙氧基化非离子表面活性剂中聚乙二醇含量的测定 高效液相色谱法（1999）		
41	GB/T 17831	非离子表面活性剂 硫酸化灰分的测定（重量法）（1999）			

续表

序号	标准编号	现行标准名称（发布年代）	被代替标准名称（发布年代）	被代替标准名称（发布年代）	被代替标准名称（发布年代）	被代替标准名称（发布年代）
42	GB/T 19421	层状结晶二硅酸钠试验方法（2008）	层状结晶二硅酸钠试验方法 δ-相层状结晶二硅酸钠定性分析 X射线衍射仪法（GB/T 19421.1—2003）			
			层状结晶二硅酸钠试验方法 白度的测定（GB/T 19421.2—2003）			
			层状结晶二硅酸钠试验方法 pH值的测定（GB/T 19421.3—2003）			
			层状结晶二硅酸钠试验方法 EDTA容量法测定钙交换能力（GB/T 19421.4—2003）			
			层状结晶二硅酸钠试验方法 EDTA容量法测定镁交换能力（GB/T 19421.5—2003）			
			层状结晶二硅酸钠试验方法 重量法测定灼烧失量（GB/T 19421.6—2003）			

续表

序号	标准编号	现行标准名称（发布年代）	被代替标准名称（发布年代）	被代替标准名称（发布年代）	被代替标准名称（发布年代）	被代替标准名称（发布年代）
42	GB/T 19421	层状结晶二硅酸钠试验方法（2008）	层状结晶二硅酸钠试验方法 测定存水量 重量法（GB/T 19421.7—2003）			
			层状结晶二硅酸钠试验方法 邻菲罗啉比色法测定三氧化二铁含量（GB/T 19421.8—2003）			
			层状结晶二硅酸钠试验方法 容量法测定氧化钠含量（GB/T 19421.9—2003）			
			层状结晶二硅酸钠试验方法 氟硅酸钾容量法测定二氧化硅含量（GB/T 19421.10—2003）			
			层状结晶二硅酸钠试验方法 原子吸收分光光度法测定氧化钙含量（GB/T 19421.11—2003）			
			层状结晶二硅酸钠试验方法 原子吸收分光光度法测定氧化镁含量（GB/T 19421.12—2003）			

续表

序号	标准编号	现行标准名称（发布年代）	被代替标准名称（发布年代）	被代替标准名称（发布年代）	被代替标准名称（发布年代）
43	GB/T 19464	烷基糖苷（2014）	烷基糖苷（2004）		
44	GB 19877.1	特种洗手液（2005）			
45	GB 19877.2	特种沐浴剂（2005）			
46	GB 19877.3	特种香皂（2005）			
47	GB/T 20198	表面活性剂和洗涤剂 在碱性条件下可水解的阴离子活性物 可水解和不可水解阴离子活性物的测定（2006）			
48	GB/T 20199	表面活性剂 工业烷烃磺酸盐 烷烃单磺酸盐含量的测定（直接两相滴定法）（2006）			
49	GB/T 20200	α-烯基磺酸钠（2006）			
50	GB/T 20214	层状结晶二硅酸钠（2006）			
51	GB/T 21241	卫生洁具清洗剂（2007）			
52	GB/T 24691	果蔬清洗剂（2009）			

续表

序号	标准编号	现行标准名称（发布年代）	被代替标准名称（发布年代）	被代替标准名称（发布年代）	被代替标准名称（发布年代）
53	GB/T 24692	表面活性剂 家庭机洗餐具用洗涤剂 性能比较试验导则（2009）			
54	GB/T 26388	表面活性剂中二噁烷残留量的测定 气相色谱法（2011）			
55	GB/T 26396	洗涤用品安全技术规范（C33）（2011）			
56	GB/T 26398	衣料用洗涤剂去污性能、耗水量与节水性能评估指南 模拟家庭洗涤试验法（2017）	衣料用洗涤剂耗水量与节水性能评估指南（2011）		
57	GB/T 26458	脂肪烷基二甲基氧化胺（2011）			
58	GB/T 26463	羰基合成脂肪醇（2011）			
59	GB/T 28191	表面活性剂 洗涤剂对酸解稳定的阴离子活性物 痕量的测定（2011）			
60	GB/T 28192	表面活性剂 洗涤剂 在酸性条件下可水解和不可水解的阴离子活性物的测定（2011）			

续表

序号	标准编号	现行标准名称（发布年代）	被代替标准名称（发布年代）	被代替标准名称（发布年代）	被代替标准名称（发布年代）	被代替标准名称（发布年代）
61	GB/T 28193	表面活性剂中氯乙酸（盐）残留量的测定（2011）				
62	GB/T 28201	合成洗衣粉生产能耗评定规范（2011）				
63	GB/T 30795	食品用洗涤剂试验方法 甲醇含量的测定（2014）				
64	GB/T 30796	食品用洗涤剂试验方法 甲醛含量的测定（2014）				
65	GB/T 30797	食品用洗涤剂试验方法 总砷的测定（2014）				
66	GB/T 30798	食品用洗涤剂试验方法 荧光增白剂的测定（2014）				
67	GB/T 30799	食品用洗涤剂试验方法 重金属的测定（2014）				
68	GB/T 34855	洗手液（2017）				
69	GB/T 34856	洗涤用品 三氯卡班含量的测定（2017）				
70	GB/T 34857	沐浴剂（2017）				
71	GB/T 35755	表面活性剂和洗涤剂甲醛含量的测定（2017）				

续表

序号	标准编号	现行标准名称（发布年代）	被代替标准名称（发布年代）	被代替标准名称（发布年代）	被代替标准名称（发布年代）	被代替标准名称（发布年代）	被代替标准名称（发布年代）
72	GB/T 35759	金属清洗剂（2017）					
73	GB/T 35830	洗涤用品 三氯生含量的测定（2018）					
74	GB/T 35833	厨房油污清洁剂（2018）					
75	GB/T 36004	食品接触表面清洗消毒效果试验方法 三磷酸腺苷生物发光法（2018）					
76	GB/T 36970	消费品使用说明 洗涤用品标签（2018）					
77	QB/T 1223	表面活性剂 用作试验溶剂的水 规格和试验方法（2012）	表面活性剂—用作试验溶剂的水—规格和试验方法（1991）				
78	QB/T 1224	衣料用液体洗涤剂（2012）	衣料用液体洗涤剂（2007）	衣料用液体洗涤剂（1992）			
79	QB/T 1323	洗涤剂 表面张力的测定 圆环拉起液膜法（1991）					
80	QB/T 1324	洗涤剂用表面活性剂合水量的测定 卡尔·费休双溶液法（1991）					
81	QB/T 1429	工业烷基磺酸钠（2013）	工业烷基磺酸钠（1992）				
82	QB/T 1768	洗涤剂用4A沸石（2003）	洗涤剂用4A沸石（1993）				

续表

序号	标准编号	现行标准名称（发布年代）	被代替标准名称（发布年代）	被代替标准名称（发布年代）	被代替标准名称（发布年代）
83	QB/T 1913	透明皂（2004）	半透明洗衣皂（1993）		
84	QB/T 1914	脂肪烷基三甲基卤化铵及脂肪烷基二甲基苄基卤化铵平均相对分子质量的测定 气相色谱法（2013）	脂肪烷基三甲基卤化铵及脂肪烷基二甲基苄基卤化铵平均相对分子量的测定 气液色谱法（1993）		
85	QB/T 1915	阳离子表面活性剂 脂肪烷基三甲基卤化铵及脂肪烷基二甲基苄基卤化铵（1993）			
86	QB/T 1994	沐浴剂（2013）	沐浴剂（2004）	浴液（1994）	
87	QB/T 2114	低磷无磷洗涤剂中硅酸盐含量的测定 滴定法（1995）			
88	QB/T 2115	洗涤剂中碳酸盐含量的测定（1995）			
89	QB/T 2116	洗衣膏（2006）	洗衣膏（1995）	合成洗衣膏（ZBY 43001—1986）	
90	QB/T 2117	通用水基金属净洗剂（1995）	通用水基金属清洗剂（ZBY 43002—1986）		
91	QB/T 2118	两性表面活性剂 十一烷基咪唑啉（2012）	十一烷基咪唑啉两性表面活性剂（1995）		
92	QB/T 2152	工业氢化油（2013）	工业氢化油（1995）		
93	QB/T 2153	工业油酸（2010）	工业油酸（1995）		

续表

序号	标准编号	现行标准名称（发布年代）	被代替标准名称（发布年代）	被代替标准名称（发布年代）	被代替标准名称（发布年代）
94	QB/T 2344	两性表面活性剂 脂肪烷基二甲基甜菜碱（2012）	两性表面活性剂 脂肪烷基二甲基甜菜碱（1997）		
95	QB/T 2345	脂肪烷基二甲基甜菜碱平均相对分子质量的测定 气相色谱法（2013）	脂肪烷基二甲基甜菜碱平均相对分子质量的测定 气相色谱法（1997）		
96	QB/T 2387	洗衣皂粉（2008）	洗衣皂粉（1998）		
97	QB/T 2485	香皂（2008）	香皂（2000）	香皂（QB/T 3755—1999，GB/T 8113—1987 降为行业标准）	香皂（QB 384—1981）
98	QB/T 2486	洗衣皂（2008）	洗衣皂（2000）	洗衣皂（QB/T 3756—1999，GB/T 8112—1987 降为行业标准）	全油脂洗衣皂（QB 383—1981）
99	QB/T 2487	复合洗衣皂（2008）	复合洗衣皂（2000）		
100	QB/T 2572	乙氧基化烷基硫酸铵（2012）	乙氧基化烷基硫酸铵（2002）		
101	QB/T 2573	十二烷基硫酸铵（2016）	十二烷基硫酸铵（2002）		
102	QB/T 2623.1	肥皂试验方法 肥皂中游离苛性碱含量的测定（2003）	肥皂试验方法 肥皂中游离苛性碱的测定（QB/T 3748—1999，GB/T 7455—1987 降为行业标准）	肥皂试验方法（QB 385—1981）	肥皂试验方法（QB 385—1964）

续表

序号	标准编号	现行标准名称（发布年代）	被代替标准名称（发布年代）	被代替标准名称（发布年代）	被代替标准名称（发布年代）
103	QB/T 2623.2	肥皂试验方法 肥皂中总游离碱含量的测定（2003）	肥皂试验方法 肥皂中总游离碱含量的测定（QB/T 3749—1999，GB/T 7456—1987降为行业标准）		
104	QB/T 2623.3	肥皂试验方法 肥皂中总碱量和总脂肪物含量的测定（2003）	肥皂试验方法 肥皂中总碱量和总脂肪物含量的测定（QB/T 3750—1999，GB/T 7457—1987降为行业标准）		
105	QB/T 2623.4	肥皂试验方法 肥皂中水分和挥发物含量的测定 烘箱法（2003）	肥皂试验方法 肥皂中水分和挥发物含量的测定 烘箱法（QB/T 3751—1999，GB/T 7458—1987降为行业标准）		
106	QB/T 2623.5	肥皂试验方法 肥皂中乙醇不溶物含量的测定（2003）	肥皂试验方法 肥皂中乙醇不溶物含量的测定（QB/T 3752—1999，GB/T 7459—1987降为行业标准）		
107	QB/T 2623.6	肥皂试验方法 肥皂中氯化物含量的测定 滴定法（2003）	肥皂试验方法 肥皂中氯化物含量的测定 滴定法（QB/T 3753—1999，GB/T 7460—1987降为行业标准）		

续表

序号	标准编号	现行标准名称（发布年代）	被代替标准名称（发布年代）	被代替标准名称（发布年代）	被代替标准名称（发布年代）
108	QB/T 2623.7	肥皂试验方法 肥皂中不皂化物和未皂化物的测定 (2003)	肥皂试验方法 肥皂中不皂化物和未皂化物的测定 (QB/T 3754—1999，GB/T 7461—1987降为行业标准)		
109	QB/T 2623.8	肥皂试验方法 肥皂中磷酸盐含量的测定 (2003)			
110	QB/T 2654	洗手液 (2013)	洗手液 (2004)		
111	QB/T 2738	日化产品抗菌抑菌效果的评价方法 (2012)	日化产品抗菌抑菌效果的评价方法 (2005)		
112	QB/T 2739	洗涤用品常用试验方法 滴定分析（容量分析）用试验溶液的制备 (2005)			
113	QB/T 2850	抗菌抑菌型洗涤剂 (2007)			
114	QB/T 2851	3-二甲胺基丙胺 (2007)			
115	QB/T 2852	双烷基（C_{14-18}）二甲基卤化铵 (2007)			
116	QB/T 2853	脂肪胺 (2007)			
117	QB/T 2949	磷酸酯 (2008)			
118	QB/T 2950	醇（酚）醚羧酸（盐）(2008)			

续表

序号	标准编号	现行标准名称（发布年代）	被代替标准名称（发布年代）	被代替标准名称（发布年代）	被代替标准名称（发布年代）	被代替标准名称（发布年代）
119	QB/T 2951	洗涤用品检验规则（2008）				
120	QB/T 2952	洗涤用品标志和包装要求（2008）				
121	QB/T 2953	洗涤剂用荧光增白剂（2008）				
122	QB/T 2967	饮料用瓶清洗剂（2008）				
123	QB/T 2974	聚乙二醇单甲醚（2008）				
124	QB/T 2975	三羟甲基丙烷油酸酯（2008）				
125	QB/T 4081	脂肪酸甲酯磺酸钠（2010）				
126	QB/T 4082	脂肪酰胺丙基二甲基甜菜碱（2010）				
127	QB/T 4083	双烷基（C$_{8-10}$）二甲基卤化铵（2010）				
128	QB/T 4084	双脂肪烷基甲基叔胺（2010）				
129	QB/T 4085	磺基琥珀酸单酯二钠盐（2010）				
130	QB/T 4086	玻璃清洗剂（2010）				
131	QB/T 4308	双脂肪酸乙酯基羟乙基甲基硫酸甲酯铵（2012）				

续表

序号	标准编编号	现行标准名称（发布年代）	被代替标准名称（发布年代）	被代替标准名称（发布年代）	被代替标准名称（发布年代）
132	QB/T 4309	衣物柔顺剂再润湿性能的测定（2012）			
133	QB/T 4310	氧漂剂（2012）			
134	QB/T 4311	氯漂剂（2012）			
135	QB/T 4312	乙二醇硬脂酸酯（2012）			
136	QB/T 4313	食品工具和工业设备用酸性清洗剂（2012）			
137	QB/T 4314	食品工具和工业设备用碱性清洗剂（2012）			
138	QB/T 4348	厨房油垢清洗剂（2012）			
139	QB/T 4524	宠物用清洁护理剂（2013）			
140	QB/T 4525	汽车清洗剂（2013）			
141	QB/T 4526	地毯清洗剂（2013）			
142	QB/T 4527	工业清洗术语（2013）			
143	QB/T 4528	工业洗衣用乳化剂（2013）			
144	QB/T 4529	工业洗衣用洗涤剂（2013）			
145	QB/T 4530	卡波树脂（2013）			
146	QB/T 4531	水垢去除剂（2013）			
147	QB/T 4532	硬质地板清洗剂（2013）			

续表

序号	标准编号	现行标准名称（发布年代）	被代替标准名称（发布年代）	被代替标准名称（发布年代）	被代替标准名称（发布年代）	被代替标准名称（发布年代）
148	QB/T 4533	脂肪烷基三甲基硫酸甲酯铵（2013）				
149	QB/T 4534	脂肪烷基酰胺丙基二甲基胺（2013）				
150	QB/T 4535	织物柔顺剂（2013）				
151	QB/T 4968	地板清洁脱蜡剂（2016）				
152	QB/T 4969	表面活性剂 原材料和按配方制造产品中阳离子表面活性剂含量的测定 电位滴定法（2016）				
153	QB/T 4970	表面活性剂 原材料和按配方制造产品中阴离子表面活性剂含量的测定 电位滴定法（2016）				
154	T/ZGXX 0001	餐饮服务业 餐饮具清洗消毒评价规程				
155	T/ZGXX 0002	合成洗衣粉工业大气污染物排放标准				

表6-10 已作废标准

序号	标准编号	标准名称（发布年代）
1	QB 595	合脂洗衣皂（1981）
2	QB 1034	食品添加剂 三聚磷酸钠（1991）
3	QB/T 1035.1	食品添加剂 三聚磷酸钠 重金属（以铅计）含量的测定（1991）
4	QB/T 1035.2	食品添加剂 三聚磷酸钠 砷含量的测定（1991）
5	QB/T 1035.3	食品添加剂 三聚磷酸钠 氟化物含量的测定（1991）
6	QB/T 1035.4	食品添加剂 三聚磷酸钠 硫酸盐含量的测定 重量法（1991）
7	QB/T 1036	工业用三聚磷酸钠（包括食品工业用）氯化物含量的测定 电位滴定法（1991）
8	QB/T 1225	天然十六、十八烷醇（1991）
9	QB/T 1226	天然十六、十八烷醇试验方法（1991）
10	QB/T 1325	表面活性剂和洗涤剂试验用已知钙硬度水的制备（1991）
11	QB/T 1428	合成脂肪酸（1992）
12	QB/T 1767	含4A沸石洗衣粉（1993）
13	GB/T 13510	食品添加剂三聚甘油单硬脂酸酯（1992）
14	ZBY 40018	加酶洗涤剂中碱性蛋白酶活力的测定（1989）

中国合成洗涤剂工业60年

七
信 息 篇

科技和市场信息是科研、生产和销售的先导与反馈，对保障科研和生产的顺利开展、节约时间和资源的大量投入、争取机会和效益的最大化具有重要意义。我国合成洗涤剂工业领域的信息收集和研究机构成立较早、发展得较为完备，为我国合成洗涤剂工业的发展进步、追赶世界先进水平做出了较大的贡献。当前我国合成洗涤剂工业领域面向全国的专业机构有中国日用化学工业信息中心、表面活性剂和洗涤剂行业生产力促进中心以及中国洗涤用品工业协会（简称"中国洗协"）等，其通过组织技术交流，开办专业媒体，开展信息研究和咨询，举办专业研讨、展览和培训等服务行业发展。其次，全国很多地区也都成立了日用化学工业协会、商会等，通过推动区域信息共享服务于地方行业发展。另外，我国合成洗涤剂工业领域的公司企业也非常注重收集行业内的科技和市场信息，有实力的大中型公司企业还成立了相应的信息收集与研究部门，专门为公司企业的发展战略服务。

1 中国合成洗涤剂工业信息机构的建立与发展

1.1 中国日用化学工业信息中心及表面活性剂和洗涤剂行业生产力促进中心

中国日用化学工业信息中心是我国合成洗涤剂工业领域最早设立的专业信息收集和研究机构，其前身为成立于1957年的食品工业部上海科学研究所技术资料室。1957年7月13日，食品工业部以中食（57）技字第1746号文批准，所内配备一般干部3人，翻译8人，组成了技术资料室。当时，该室工作分为图书、资料、技术档案管理、外文翻译、期刊编辑、信息等几个方面。主要任务是：管理全所国内外资料、图书、期刊；配合各研究室翻译有关文献；负责食品、油脂、发酵专业的期刊编辑；搜集和传播国内外重要科技信息等。

1958年，轻工业部与食品工业部合并为"中华人民共和国轻工业部"，食品工业部上海科学研究所历经几度更名并迁至北京，同时该所按照国家及轻工业部要求重视科技情报的会议精神，于1959年将"技术资料室"更名为"科技情报室"，承担起了全国油脂、洗涤用品、食品、发酵等专业科技情报中心站的工作。实际上，从"食品工业部上海科学研究所技术资料室"成立开始，作为轻工业部直属科研机构的情报部门，早已担负起了国内外专业情报的联系、收集和传递工作。截止到1958年，该室已与国内175个单位建立了固定而经常性的资料交换关系，与前苏联、捷克、罗马尼亚、匈牙利等社会主义兄弟国家中的12个研究所建立了业务联系。仅1959年一年，科技情报室即收到国外技术资料27件，其中包括122项技术合作的相关资料。

1961年6月22日，遵照轻工业部（61）轻工办字第40号令，所名更为"轻工业部食品工业科学研究所"。当时，根据中央精简下放方针的要求，所内在精简人员和调整机构中，将计划科与科技情报室合并，成立了"计划情报室"。调整后的情报部门设有：编译组、图书管理组、技术档案资料组。1963年，为适应我国合成洗涤剂、表面活性剂、合成脂肪酸工业发展的需要，创办了油印季刊《油脂化学译丛》，但由于1966年"文化大革命运动"开始，行业情报工作也随之停顿。

1969年，轻工业部食品工业科学研究所除食品研究室外，全部搬迁到了山西太原，并更名为"轻工业部太原日化实验厂"。1970年3月5日，部军事代表生产业务组以（70）一轻军生技字第2号文通知，为开展与加强工业科技情报工作，责成日化实验厂建立"日用化学工业技术情报中心站"。当年，除逐步恢复各项情报工作外，还遵照轻工业部主管部门的要求，立即组织上海、北京、天津、广州等有关单位技术人员，同情报站人员组成六人专题情报研究小组，年内即完成并编写了"合成洗涤剂工业国内生产水平的调研"报告。从此，情报站根据不同时期的需要，采取情报人员与行业科技人员相结合的方式，开始了广泛深入的专题研究。

1971年6月17日，轻工业部以（71）轻科字第3003号文，下发了《关于试行建立轻工业各专业科技情报服务站的通知》。根据通知要求："日用化学工业技术情报中心站"的名称又更为"日用化学工业科技情报服务站"，并明确承担表面活性剂、合成洗涤剂、肥皂、化妆品、牙膏等行业的情报工作。当年，为服务行业的发展，情报服务站以油印季刊和内部发行的形式，编辑创办了《日化情报》和不定期的《日化科技参考》。1972年5月，日化情报站与部分省市主管部门经会议商讨，初步建成了本系统的情报网，并以油印和周刊的形式，创办了《日用化学工业科技消息》，及时为有关主管部门和领导提供国外日化科技动态信息。同时，为使行业人员能及时了解和掌握国外发展动向，还利用日化情报站订阅的40余种国外期刊，选译编辑了"国外期刊题录索引"，以《日化情报》增刊的方式随刊发行。

1977年，经轻工业部批准，"日用化学工业科技情报服务站"更名为"全国日用化学工业科技情报站"（简称全国日化情报站），并于当年12月，在太原召开了第一届日化期刊编委会第一次会议。会议除商定《日化情报》等刊物的报道方向和组稿、编辑事宜外，还研究确定，从1978年开始，恢复出版已停刊的《油脂化学译丛》，并将刊名改为《日用化学工业译丛》，在行业内出版发行。

1978年7月14日，经轻工业部批准，《日化情报》刊名正式改为《日用化学工业》。

后又根据国家科委 242 号文，批准全国日化情报站以季刊和内部发行的形式，编辑出版《日用化学工业译丛》，并以国家科技文献出版社出版的《国外科技资料目录》分册，出版《日用化学文摘》。至此，情报站编辑出版的期刊，即形成了具有报道类、译报类、检索类和信息类完整的配套刊物。当时，全站人员已扩展为 13 人，除正、副主任外，分别设有期刊编辑部、资料专题研究组、图书管理组、收发与资料管理室等几个部门。

1983 年 5 月，轻工业部科技局为贯彻党的十二大精神，开创轻工科技情报工作新局面，在京召开部属 27 个专业情报站站长会议。会上，日化情报站作为轻工系统第一个开展专题情报研究，且取得丰硕成果的单位，作了典型介绍。1984 年，为贯彻国家科委召开的科技情报会议精神，轻工业部于 3 月，在无锡召开了全国轻工科技情报站站长扩大会议。日化情报站遵照会议要求，立即与各省、市主管部门及重点企业进行协商，10 月份在青岛召开了全国日化科技情报网建网会议，正式形成了有省、市主管部门和重点企业在内的三级日化情报网，除通过网刊实现信息共享，还根据不同时期的需要，适时组织技术交流，业务培训，科技讲座与原料、产品、设备展销等多种全国性会展和开展各种信息交流活动。在日化情报网开展工作的同时，情报站还倡导组织行业 10 个科研、院校图书馆，成立了"全国日化专业图书馆馆际协作组"，进行外文期刊订阅协调，促进资源共享服务。

1985 年，情报站人员已发展到 30 名，组织机构分为：《日用化学工业》《日用化学工业译丛》《日用化学文摘》三个编辑组在内的期刊编辑部、专题情报研究组、信息组、咨询服务组、图书馆、资料管理组等几个部门。由于情报站历来都是在上级主管部门的领导和日化所的支持下开展工作，在日化行业的各个阶段发展中，都起到了情报应有的先导作用。

1995 年，鉴于市场经济已有相当发展，读者群体外文水平已普遍较高，版权问题也受到重视，情报站决定将《日用化学文摘》停刊，并经国家科委批准，将《日用化学工业译丛》改版为双月刊的《日用化学品科学》。1996 年 11 月，经中国轻工总会批准，"全国日用化学工业科技情报站"更名为"全国日用化学工业信息中心"。1997 年，为适应行业发展的需要，交流行业间的技术发展信息，由中国日用化学工业研究所、无锡轻院承办了第一届中国日用化学工业研讨会，会议秘书处设在信息中心。自此之后，定期承办国内国际会展和培训活动成了信息中心的一项业务性工作。

2002 年，"全国日用化学工业信息中心"更名为"中国日用化学工业信息中心"。同年，借助于中国日化院网站，还与美国洗涤用品协会、日本油脂协会，以及国内相关机构和组织，建立了更加广泛快捷的网络联系，为信息工作的开展，开创了新途径。

2004年，为提高核心期刊的竞争力，将《日用化学工业信息》并入《日用化学品科学》，并改双月刊为月刊，分别以市场版、技术版的专版形式交替出版，形成了市场、技术和快讯多层次，系列化的报道。

随着信息手段和工作要求的不断提高，原有人员又陆续退休，年轻精干、富有活力的信息队伍随之壮大。2007年，"中心"队伍基本由化工、外语和文科人员组成，总人数为14人，在机构设置上，除主任和总编外，分设有《日用化学工业》编辑部、《日用化学品科学》编辑部、广告发行部、外联部和图书管理组。同时，为应对外部环境变化剧烈、内部员工新老更替频繁的现实，信息中心通过加强内部管理，至2008年初步形成了年轻化、知识化的高效、敬业、和谐的工作团队。

2010年，为了拓展新的工作领域，重新恢复了原来信息中心所承担的行业培训工作，在太原举办了"2010全国日化行业专业技术人员高级研修班"，通过与广东日化协会和江苏日化协会的合作，吸引了全国45位学员参加。2011年，为了进一步拓展业务、寻求新的经济增长点，信息中心根据院里的要求专门成立信息专题组，设专职人员3名。成立1年来，在院里的大力支持下，专题组紧紧围绕图书馆管理、对外联络、专题报告和网站改版建设等几项内容开展工作，完成多份调研报告的撰写及多个网站的改版建设。

2014年，信息中心在院党政班子的领导下，在各兄弟部门的配合下，以做好期刊和会展业务为核心，以网站、信息咨询、行业培训、两委会（中国洗协表面活性剂专业委员会和中国洗协科学技术专业委员会）、图书馆等业务为依托开展工作，实现了较好的社会效益和经济效益。《日用化学工业》自元月起由双月刊调整为月刊，《日用化学品科学》经与第三方专业公司合作组织期刊协办，11月两刊被国家新闻出版广电总局首批在全国范围内认定为"学术期刊"，12月两刊又首次同时入选《中国学术期刊影响因子年报》统计源期刊。同时随着信息传播方式的电子化、多元化和智能化，信息中心也创立了微信和微博等新媒体，8月，经过半年的市场调研和前期筹备，信息中心的官方微信和微博平台正式上线开通运行，截止到2014年底开通5个月以来，两个平台发布的信息总量已突破1200条，成为信息中心现有传播媒介中对外发布信息量最大的渠道与途径。

2015年4月1日，由信息中心申请的英文期刊《日用化学品科学（英文）》（*CHINA DETERGENT & COSMETICS*）获得国家新闻出版广电总局批复同意创办，信息中心随后开始了相关的创刊的筹备工作，并于次年开始出版发行，刊期为季刊。9月，由信息中心具体组织实施的"环境友好与安全性家用化学品技术国际培训班"成功举办，这是我院首次举办的涉外技术培训的国家项目。

2018年，为进一步盘活现在资源，做大做强日化板块，信息中心抽调专门力量，联合代理公司编辑出版了《中国日化采购指南（2019版）》，充实了专业出版的内容。至此，信息中心逐步形成了以期刊、图书编辑出版，国际、国内会展和培训组织，信息研究和咨询服务，网络和新媒体推广为核心的工作格局。

中国日用化学工业信息中心自1957年建"技术资料室"至今，组织机构由小到大，业务范围和工作内容逐步扩展，不论期刊编辑，会展和培训举办，信息收集与传递，科技专题研究，人才培养，馆藏建设，还是在我国日化行业发展的各历史阶段中，对行业规划、投资决策、科技进步和工业水平提升等，做出了应有的贡献。新时代随着我国经济发展逐步迈入新常态，中国日用化学工业信息中心也紧密围绕"传统业务转型升级、新型业务力争突破"的工作思路和指导思想，着力培育了专业出版、信息研究和咨询、专业会展和培训、网络和新媒体四大业务单元。据不完全统计，中国日用化学工业信息中心迄今共主办期刊和内部出版物11种（现在仍主办有《日用化学工业》《日用化学品科学》和 CHINA DETERGENT & COSMETICS 三种），出版图书10余部，自2012年起每年出版《中国表面活性剂行业年鉴》，组织行业会展和培训近100次，开展专题研究和咨询70余项，主办官方网站5个、微信公众号1个、微信群若干个、微博2个。

中国日用化学工业信息中心的变迁是中国合成洗涤剂工业发展的缩影和见证，对中国合成洗涤剂工业的信息支撑具有典型意义。除了中国日用化学工业信息中心之外，2005年12月成立的表面活性剂和洗涤剂行业生产力促进中心也是我国合成洗涤剂工业信息领域的一个服务窗口。表面活性剂和洗涤剂行业生产力促进中心是依托于中国日用化学工业研究院面向全行业的服务性事业单位，它以提高行业技术创新能力为宗旨，与中国日用化学工业信息中心相互协同、彼此促进，以合署办公的方式充分利用包括依托单位在内的各种行业资源，通过引入新的运行机制，为企业尤其是中小企业提供各项优质服务，并实现自身发展壮大。作为中国日用化学工业研究院联系政府、服务企业的重要通道和桥梁，表面活性剂和洗涤剂行业生产力促进中心在项目申报、年鉴出版、技术咨询与推广、项目合作与培训、检测与标准、会议组织与交流等方面开展各项工作，组建面向全行业的产学研联盟，加快成果的推广与转化，实现行业的可持续发展。

1.2 中国合成洗涤剂行业协（商）会及企业

1983年9月成立的中国洗涤用品工业协会（简称"中国洗协"）在合成洗涤剂工业信息领域也做了大量的工作。中国洗协是经民政部批准登记注册的具有独立法人资格的国家级社团组织，现处于第八届理事会期间，其由洗涤用品、表面活性剂、油脂化工及相关领域内的生产企业、事业、科研、教育等单位、组织和个人自愿结成。中国洗协从事的信息业务有：开展行业统计工作，做好信息的收集、分析、市场预测和发布工作，为政府部门制订产业政策提供依据，为行业提供信息指导与服务；对本行业的产品质量和产品安全实行自律监督和评估，发布行业产品质量及产品安全信息，宣传推广优质产品和科技新技术、新产品；组织行业的国内外技术交流、展览会、订货会、贸易洽谈会等；组织行业技术培训、专业技术教育和受委托开展等级考核工作；组织开展国内外新技术、新工艺、新产品的推广、应用、咨询等服务；广泛开展行业、企业、科普知识的宣传活动；编辑出版杂志、会刊、简讯、行业分析报告等资料，充分利用行业信息网及移动互联，服务行业发展。主办的信息服务平台有：中国洗涤用品行业信息网(www.ccia-cleaning.org)、中国洗涤用品工业协会微信公众号、《中国洗涤用品工业》杂志、《中国洗涤用品工业简讯》《中国洗涤用品行业研究报告》和《中国公共设施清洁市场研究报告》等；组织的行业会展活动有：中国洗涤用品行业年会、中国洗协工业与公共设施清洁行业年会和中国国际日化产品原料及设备包装展览会等。

此外，20世纪80年代中后期以来，随着国民经济的快速增长及改革开放的逐渐深入，我国合成洗涤剂工业领域的地方协会、商会遍地开花，尤其是在日化发展迅速的沿海地区，它们通过联系地方企业、沟通行业信息、编辑行业会刊、组织行业会议等形式在很大程度上促进了地方行业的信息交流。当前我国合成洗涤剂工业领域较为活跃的地方协会、商会有：广东省轻工业联合会香料香精化妆品洗涤用品专业分会、江苏省日用化学品行业协会、浙江省日用化工行业协会、山东省日用化学工业协会、上海日用化学品行业协会、福建省日用化学品商会、广东省日化商会、北京日化协会、苏州市日用化学品行业协会等。

进入20世纪90年代，国际日化企业巨头纷纷进驻中国，它们凭借资本、科技等的优势迅速占领市场，同时它们充分利用自身完备的信息收集及处理机制使企业处于市场主导地位。与此同时，我国的市场经济得到了较好的发展，所有制结构由单一公有制逐步向多种经济成分共存过渡，特别是在合成洗涤剂工业领域进展快速。为了获得竞争的优势，无论外资企业，还是国有企业、民营企业都十分注重信息的获取和交流，几乎所有合成洗涤剂工业领域的大中型企业都逐步设立了信息服务部门，并建起了官方网站，主办了内部出版物，同时它们还与行业内的专业信息中心开展战略合作、积极申请加入行业协会和商会等，以争取更宽广的信息渠道服务于企业的发展。

2 中国合成洗涤剂工业的信息工作

一般来说，信息工作先于科研、生产和销售活动，并为最终科学决策提供充分的论证依据。我国合成洗涤剂工业开创之前，与其相关的信息（当时称为"情报"）已有较多积累，但主要是关于国外的发展情况，此时的信息具有零碎、无序的特点。随着我国合成洗涤剂工业信息机构的成立，行业的信息工作逐步呈现专业化、系统化的特点，而且信息机构通过联系政府机关、科研单位、公司企业而逐渐形成网络，信息传播的效率和效果得以加强。20世纪90年代以前，我国合成洗涤剂行业的信息传播主要由专业信息机构主动作为，形式有：组织技术交流，主办纸质出版物，开展信息专题研究，举办专业研讨、展览和培训等。20世纪90年代中后期之后，行业信息传播形式仍没有大的变化，但随着信息机构的职能转变和公司企业的转制转型，许多企业也都办起了自己的出版物，行业信息空前繁荣，呈现出明显的碎片化特点，而企业对信息的需求则是更加主动，同时也要求更加精准，信息机构的信息专题研究也相应由主动供给转为定制咨询。进入21世纪，互联网的普及极大地方便了人们的工作和生活，我国合成洗涤剂行业的大部分企事业单位都建起了自己的官方网站，最近几年移动互联网的崛起更是催生了一大批微博、公众号和微信群等自媒体形式，助推了行业信息的网络化、电子化以及即时、交互式的共享方式，这种便捷的信息传播方式更加受到行业的青睐，一般性的行业信息在网络上唾手可得，公司企业对信息机构的信息依赖度明显下降，而信息机构的职能也进一步转变为大众传播、大众服务以及专业服务，业务进一步向专业、精深方向下沉。

我国合成洗涤剂工业领域的信息工作包括很多方面，以下着重介绍现在仍在继续进行且公开、共享的具有典型意义的专业媒体以及专业会展和培训。

2.1 专业媒体

我国合成洗涤剂行业专业媒体的发展呈现如下倾向：内部出版物向正式出版物转变，传统纸媒出版向纸媒、数字出版融合转变。当前我国合成洗涤剂行业专业媒体的主办（编辑）单位主要集中在中国日用化学工业研究院（中国日用化学工业信息中心）和中国洗涤用品工业协会，主要的期刊有《日用化学工业》《日用化学品科学》《中国洗涤用品工业》和 *CHINA DETERGENT & COSMETICS*，内部资料有《中国洗涤用品工业简讯》，官方网站有中国洗涤用品行业信息网以及表面活性剂和洗涤剂行业生产力促进中心和中国日用化学工业信息中心官网，微信公众号有中国日用化学工业信息中心和中国洗涤用品工业协会的官方微信,以下按照创办时间的先后对这些专业媒体逐一做简要介绍。

2.1.1 《日用化学工业》

《日用化学工业》,1971年创刊,月刊,国内统一连续出版物号为CN 14—1320/TQ,国际标准连续出版物号为ISSN 1001-1803,主办单位为中国日用化学工业研究院,是国内外发行的"中文核心期刊""中国百强科技期刊""中国科技核心期刊"和"RCCSE中国核心学术期刊"。该刊被《中国学术期刊网络出版总库》《中国科技论文统计源期刊》、美国《化学文摘》(CA)、《英国皇家化学学会系列文摘》(RSC)等国内外多家重要数据库和检索刊物收录。

《日用化学工业》主要报道关于表面活性剂及其原料、洗涤用品(包括洗涤剂、皮肤清洁剂、头发清洗剂及肥香皂等)及其专用助剂、个人护理用品(包括各类化妆品、护理品和口腔卫生用品等)及其专用添加剂以及香精香料等方面的学术论文、科研成果及技术革新成果、国内外研究进展及开发利用情况等。栏目设置有基础研究、科技讲座、开发与应用、专论与综述、分析与检测以及生产与技术。截至2018年底,《日用化学工业》共出版316期,发表科技论文5000余篇,其中关于表面活性剂和洗涤用品的近2000篇。

2.1.2 《日用化学品科学》

《日用化学品科学》,1978年创刊,月刊,国内统一连续出版物号为CN 14—1210/TQ,国际标准连续出版物号为ISSN 1006—7264,主办单位为中国日用化学工业研究院,该刊于2002年入选中国期刊方阵"双效期刊",2005年荣获第三届国家期刊奖"百种重点期刊",2013年入围"中国百强科技期刊",2014年被首批认定为"学术期刊",目前已经被俄罗斯《文摘杂志》、美国《化学文摘》(CA)收录,同时被《中国期刊网》《中国学术期刊(光盘版)》《中国科技期刊数据库》和《中国期刊全文数据库》等全文收录。

《日用化学品科学》主要报道表面活性剂、洗涤剂及其功能性洗涤助剂、肥(香)皂、化妆品、口腔卫生用品及其他个人护理用品等国内外最新科技发展前沿、国内外相关领域的市场经济发展动态、产品销售商情、营销战略、品牌策划、热点探讨及行业管理法律法规等内容,同时衍射材料和能源相关内容。栏目设置有行业经纬、聚焦高层、热点关注、科技广场、管理法规、公司专栏、市场营销、知识世界、要闻链接以及配方在线。截至2018年底,《日用化学品科学》共出版313期,发表文章6000余篇,其中关于表面活性剂和洗涤用品的近1800篇。

2.1.3 《中国洗涤用品工业》

《中国洗涤用品工业》,1984年创刊,月刊,国内统一连续出版物号为CN

11-3366/TS，国际标准连续出版物号为 ISSN 1672-2701，主办单位为中国洗涤用品工业协会。

《中国洗涤用品工业》主要报道涉及个人清洁护理用品（香皂、浴液等清洁剂）、家居清洁护理用品（织物、餐具、卫生间等洗涤剂）、工业和公共场所清洁用品（酒店、洗衣房等专用洗涤剂）三大洗涤用品领域以及与上述领域（化工原料、包材、设备等）相关行业的信息。此外，也报道洗涤用品的消费知识、引导消费者安全地使用或合理地使用洗涤用品。栏目设置有协会动态、会员在线、本刊特稿、综述、市场透析、新技术新产品、研究与应用等。截至2018年底，《中国洗涤用品工业》共出版214期，发表文章近4000篇，其中关于表面活性剂和洗涤用品的近1500篇。

2.1.4 《中国洗涤用品工业简讯》

《中国洗涤用品工业简讯》，月刊，主办单位为中国洗涤用品工业协会。《中国洗涤用品工业简讯》每月报道协会内部的动态消息、全国洗涤行业的最新进展以及各生产企业的生产情况。其栏目设置有特别关注、政策与法规、生产与市场、行业信息等。

2.1.5 表面活性剂和洗涤剂行业生产力促进中心和中国日用化学工业信息中心官网

表面活性剂和洗涤剂行业生产力促进中心和中国日用化学工业信息中心官网（www.cicdci.net.cn）由中国日用化学工业信息中心主办，于1996年上线运营，以"共享、共创、共赢"为服务理念，为行业、企业、科研机构及相关部门提供最新的技术进展、产品信息、企业动态等内容，涵盖国内外日化行业的政策、法规、标准、专利及资讯等领域，致力于打造成为中国日化行业有影响力和权威性的行业门户网站。

表面活性剂和洗涤剂行业生产力促进中心和中国日用化学工业信息中心官网对两个中心的各种资源进行了最大力度的有效整合，并且与中心的QQ群、微信群以及官方微博、微信公众号等联动，力求为行业及用户提供精准高效的推广和传播服务。网站设置的频道有：行业资讯、展会论坛、政策法规、调研报告、市场行情、应用技术、企业黄页、行业精品、基础知识和数据库等。

2.1.6 中国洗涤用品行业信息网

中国洗涤用品行业信息网（www.ccia-cleaning.org）由中国洗涤用品工业协会主办，是协会的官方网站，自1998年上线运营以来，一直肩负着洗涤及清洁行业国内外前沿信息发布的重任。随着行业的快速发展和互联网技术的日新月异，中国洗涤用品行业信息网的再升级成为必然。为更及时、更全面地增强协会官网信息的广度和深度，提升网站信息服务职能，从而提高协会官网的国内外行业权威性，协会对现有网站进行了全方位改版升级，利用先进的网站制作技术，专业的网站运营团队，力争将协会官网进一步打造成洗涤用品行业领先的信息发布专业网络媒体。新版网站于2017年3月28日正式上线，其页面设计、频道内容设置更符合现代行业发展实际需求，信息量更大、更及时、更权威。中国洗涤用品行业信息网PC端、手机版(www.ccia-cleaning.org/mobile)，及中国洗涤用品工业协会官方微信公众号、官方微博四位一体联动，为行业各产业链提供更全面的一站式信息服务。

中国洗涤用品行业信息网为行业企业、相关机构所提供的信息包括：中国洗涤用品工业协会的日常工作动态、行业政策法规、行业科技前沿动态、行业质量标准查询、原材料市场趋势、国际市场新闻，及洗涤用品、机械装备、油脂化工原料、工业及公共设施清洁等细分产业市场行情。

2.1.7 中国日用化学工业信息中心官方微信

中国日用化学工业信息中心的官方微信（微信号：china-cicdci）创立于2014年8月，其充分利用即时通信的优势，实时发布关于表面活性剂和洗涤用品、个人护理用品和香精香料等方面的国内外最新科技、市场、生产、营销、供需、品牌、管理等内容。截止到2018年底，中国日用化学工业信息中心官方微信共发布信息近5000条，粉丝已达10000余人。

2.1.8 中国洗涤用品工业协会官方微信

中国洗涤用品工业协会的官方微信（微信号：ccia-cleaning）创立于2015年11月，并于2016年5月进行了改版。改版两年来，目前的微粉已达15000余人。这里主要是对每天的政策、法规，以及国内外行业、市场、知名企业重要的新闻信息进行的筛选和汇总，让没有时间阅览中国洗涤用品行业信息网信息的读者能快速了解行业最新动态。

2.1.9 CHINA DETERGENT & COSMETICS

CHINA DETERGENT & COSMETICS，2016年创刊，季刊，国内统一连续出版物号为CN 14-1382/TS，国际标准连续出版物号为ISSN 2096-0700，主办单位为中国日用化学工业研究院。该杂志系经国家新闻出版广电总局批准登记注册，国内外公开发行，中国化妆品和洗涤剂行业的第一本全英文杂志，填补了中国日化领域一直没有英文版专业期刊的空白。

CHINA DETERGENT & COSMETICS 重点关注肥皂、洗涤剂、化妆品、卫浴用品、香精香料等相关化学品行业的研究与开发，为读者提供中国化妆品和洗涤剂行业的新技术、新产品、配料或配方、市场需求和法规制度等方面的最新信息。栏目设置有文摘（News Digest）、会议（Meetings）、产业（Industry）、市场（Markets）、法规（Regulations）、技术（Technologies）等。截至2018年底，*CHINA DETERGENT & COSMETICS* 共出版12期，发表文章近80篇，其中关于表面活性剂和洗涤用品的近40篇。

2.2 专业会展和培训

当前我国会展和培训活动开展得如火如荼，带动板块的经济呈现欣欣向荣的景象。我国合成洗涤剂行业专业会展有中国洗涤用品行业年会、国际表面活性剂和洗涤剂会议／展览会、中国日用化学工业论坛、全国磺化／乙氧基化技术与市场研讨会、中国国际日化产品原料及设备包装展览会、中国洗协工业与公共设施清洁行业年会，专业培训有洗涤剂基础知识与配方技术培训，主办（承办）单位也主要集中在中国洗涤用品工业协会和中国日用化学工业研究院（中国日用化学工业信息中心），以下按照创办时间的先后对这些专业会展和培训活动逐一做简要介绍。

2.2.1 中国洗涤用品行业年会

中国洗涤用品行业年会创办于1981年，每年一届，由中国洗涤用品工业协会主办。中国洗涤用品行业年会秉承为行业服务的理念，主要围绕行业发展情况、行业发展新趋势、消费者安全健康保障、产品品质提升、企业经营管理、品牌培育、可持续发展与创新、新原料开发与应用、产品开发与发展趋势、技术装备及发展、市场与营销发展趋势、国内外政策法规现状及发展等方面召开专题研讨会，旨在搭建行业内及行业间的交流沟通平台，推动行业健康有序可持续发展。2018年，会议注册人员超过500人，实际到会人数约1500人，参会代表涵盖了洗涤剂、表面活性剂、香精香料、助剂、生产设备、包装设备及包材、代理商、零售商等洗涤用品上下游行业企业的老板、高层管理人员、市场人员、采购人员、销售人员、技术人员等涉及企业生产经营的方方面面的人员，以及特邀的政府领导、专家学者等。

2.2.2 国际表面活性剂和洗涤剂会议／展览会

国际表面活性剂和洗涤剂会议（ICSD）创办于1990年，每两年一届（详见表7-1），由中国洗涤用品工业协会和中国日用化学工业研究院主办。自创办以来，来自全球近200个国家和地区的10000余位代表出席会议并参加了会议的相关活动。作为中国国内规格最高、影响力最大的表面活性剂和洗涤剂领域的国际性学术和技术盛会，ICSD以其独特的感召力和影响力吸引着越来越多的境内外的公司企业、高等院校、政府机构、行业协会以及广大从业人员的积极参与，成为中国与世界在表面活性剂和洗涤剂领域进行交流与沟通最重要的渠道和桥梁之一。ICSD自身也逐渐成为中国日化行业的最重要的品牌会议和标志性会议之一。国际表面活性剂和洗涤剂展览会创办于2000年，是中国日用化学工业研究院主办的中国境内最大规模的专业表面活性剂和洗涤剂展会，也是中国日用化学工业研究院精心培育和主推的行业交流活动之一，该展会在创办之初与ICSD同期举办。

表7-1 历届国际表面活性剂和洗涤剂会议一览表

届次	时间	地点	参会人数	论文篇数	备注
第一届	1990.10	太原	203	13	参会代表中有外国专家7人
第二届	1992.04	上海	285	43	
第三届	1994.11	西安	381	55	参会境外代表来自40家企业
第四届	1996.09	南京	350	60	
第五届	1998.09	杭州	365	68	
第六届	2000.07	成都	550	94	从本届起同期举办展览会
第七届	2002.07	深圳	600	103	
第八届	2004.06	大连	500	86	
第九届	2006.08	上海	356	60	
第十届	2008.09	上海	300	75	参会代表来自14个国家和地区
第十一届	2010.04	上海	400	68	参会代表来自17个国家和地区的180多家单位，并从本届起展览会每年一届
第十二届	2012.04	上海	400	60	参会代表来自18个国家和地区，参展企业100余家，门禁流量达到11063人次
第十三届	2014.04	上海	300	93	参会代表来自14个国家和地区，参展企业99家，展位数130个，专业观众达到9430人次
第十四届	2016.04	上海	300	63	参会代表来自14个国家和地区，参展企业100家，专业观众达到万余人次
第十五届	2018.04	上海	300	62	参会代表来自10余个国家和地区，参展企业100家，专业观众达到8000余人次

2.2.3 中国日用化学工业论坛

中国日用化学工业论坛创办于1997年，每两年举办一次（详见表7-2），由中国日用化学工业研究院主办。作为中国日化行业专业的学术和技术会议，20多年来共举办和召开了11届"中国日用化学工业研讨会／论坛"，完成了以科技进步为行业发展提供支撑的实践，记录了中国日用化学工业科学技术的发展，也见证了中国日用化学工业的成长。20多年来在全行业的热情参与之下，共同努力把论坛打造成为每两年一届的中国日化行业学术和技术盛典，并以此为契机极大地激发和提升了中国日化全行业实施科技创新的热情和动力。

表7-2 历届中国日用化学工业论坛一览表

会议名称	时间	地点	参会人数	论文篇数
第一届中国日用化学工业研讨会	1997.09	无锡	400	83
第二届中国日用化学工业研讨会	1999.09	济南	500	88
第三届中国日用化学工业研讨会	2001.05	武汉	600	82
第四届中国日用化学工业研讨会	2003.06	远程交流	因故取消	60
第五届中国日用化学工业研讨会	2005.05	广州	560	58
第六届中国日用化学工业研讨会	2007.06	天津	400	48
第七届中国日用化学工业论坛	2009.07	广州	320	52
第八届中国日用化学工业论坛	2011.07	广州	300	57
第九届中国日用化学工业论坛	2013.07	广州	500	73
第十届中国日用化学工业论坛	2015.07	广州	560	100
第十一届中国日用化学工业论坛	2017.07	广州	600	69

2.2.4 全国磺化／乙氧基化技术与市场研讨会

全国磺化／乙氧基化技术与市场研讨会创办于2000年，每两年举办一次（详见表7-3），由中国日用化学工业研究院主办，旨在适应新时期磺化／乙氧基化的行业发展需求，充分交流和探讨我国磺化／乙氧基化发展取得的成就和面临的问题，重点探讨新型、高附加值磺化／乙氧基化产品的开发和应用，积极推广我国磺化和乙氧基化的最新科研技术成果，努力搭建科研—生产—贸易及不同行业间的交流平台，促进应用市场的进步，推动我国表面活性剂工业的持续发展。

表 7-3 历届全国磺化／乙氧基化技术与市场研讨会一览表

会议名称	时间	地点	参会人数
第一届全国三氧化硫磺化／硫酸化技术与市场研讨会	2000.04	常州	141
第二届全国三氧化硫磺化／硫酸化技术与市场研讨会	2002.10	海口	192
第三届全国三氧化硫磺化／硫酸化技术与市场研讨会	2004.09	厦门	100
第四届全国三氧化硫磺化／硫酸化技术与市场研讨会	2006.11	太原	94
第五届全国三氧化硫磺化／硫酸化技术与市场研讨会	2008.12	福州	130
第六届全国磺化／乙氧基化技术与市场研讨会	2010.09	南京	160
第七届全国磺化／乙氧基化技术与市场研讨会	2012.09	宁波	180
第八届全国磺化／乙氧基化技术与市场研讨会	2014.09	抚顺	180
第九届全国磺化／乙氧基化技术与市场研讨会	2016.09	上海	180
第十届全国磺化／乙氧基化技术与市场研讨会	2018.10	杭州	180

2.2.5 中国国际日化产品原料及设备包装展览会

中国国际日化产品原料及设备包装展览会创办于 2008 年，每年举办一次，由中国洗涤用品工业协会主办。中国国际日化产品原料及设备包装展览会历经十年的不断发展，规模逐年提升，产品门类不断增多，已成为国内外日用化学品行业知名的高端展会，并逐渐成为行业发展趋势的风向标。2018 年，展会面积达到为 20000 平方米，专业观众达 1.5 万余人，展会不但吸引了来自江苏、浙江、山东、广东、河北、福建等 15 个省及上海、北京、天津、广州等近 30 个城市地区的百余家国内企业参展，更吸引了来自美国、英国、德国、丹麦、荷兰、瑞士、意大利、马来西亚等多国的在华名企参展。

2.2.6 洗涤剂基础知识与配方技术培训

洗涤剂基础知识与配方技术培训是中国日用化学工业研究院创办并着力推广和实施的一项面向国内洗涤剂行业的在职继续教育培训活动，自 2012 年创办以来已成功举办 5 期（见表 7-4），全国 20 多个省区市百余家单位的 200 多名学员先后报名参加，取得良好的培训效果。洗涤剂基础知识与配方技术培训旨在帮助洗涤剂行业从业人员特别是新进入人员掌握洗涤剂的配方原理、分析方法和实验室操作等基本知识和技能。

表 7-4 近年国内洗涤剂基础知识与配方技术培训一览表

时间	地点	学员人数	单位数量
2012.10	太原	19	
2014.10	太原	31	27
2016.10	太原	58	41
2017.09	太原	48	37
2018.09	太原	46	37

2.2.7 中国洗协工业与公共设施清洁行业年会

中国洗协工业与公共设施清洁行业年会创办于2014年，由中国洗涤用品工业协会主办，年会主要围绕商业布草清洗和食品餐饮清洗、医疗清洗与消毒、工业清洗等内容展开。截至2018年年底，清洁年会的参会人员已从最初的100余人发展到300多人，参会企业涵盖北京日光、中万恩、白猫专用、和黄白猫、上海康跃、艺康、泰华施、巴斯夫、陶氏、诺维信、诺力昂、赢创、3M等多家国内外行业知名企业。中国洗协工业与公共设施清洁行业年会是目前I&I清洁行业里最具规模和专业性的行业会议，已得到行业普遍认可。

八
企 业 篇

宝洁（中国）有限公司

1　关于宝洁

宝洁公司始创于 1837 年，是世界上最大的日用消费品公司之一，总部位于美国俄亥俄州辛辛那提市。通过坚持用细微但有意义的方式美化消费者每一天的生活，宝洁公司得以在百余年间保持持续的增长。宝洁公司在全球大约 70 个国家和地区开展业务，所经营的 65 个品牌的产品畅销 180 多个国家和地区，为全球大约 50 亿人提供深受信赖的优质产品。

2　宝洁的宗旨

为现在和未来的世世代代，提供优质超值的品牌产品和服务，在全世界更多的地方，更全面地亲近和美化更多消费者的生活。

作为回报，宝洁将会获得领先的市场销售地位、不断增长的利润和价值，从而令员工、股东以及生活和工作所处的社会共同繁荣。

3　宝洁的价值观

宝洁品牌和宝洁人是公司成功的基石。在致力于美化世界各地消费者生活的同时，宝洁人实现着自身的价值。宝洁公司价值观包括：领导才能、主人翁精神、诚实正直、积极求胜、信任。

4　宝洁的愿景

成为并被公认为提供世界一流消费品和服务的公司。

5　宝洁中国

1988 年，宝洁公司在广州成立了在中国的第一家合资企业——广州宝洁有限公司，从此开始了其中国业务发展的历程。如今，中国市场已成长为宝洁全球发展速度最快的市场之一。宝洁也一直通过在环保以及社会责任等方面的一系列努力，切实履行对中国社会的可持续发展所担负的责任。

● 8000 多名员工，98% 为中国本土员工；

● 十大品类超过 20 个品牌：吉列、博朗、佳洁士、欧乐 B、碧浪、汰渍、纺必适、飘柔、潘婷、海飞丝、沙宣、澳丝、玉兰油、SK-Ⅱ、舒肤佳、伊卡璐、护舒宝、帮宝适、当妮；

● 1个研发中心：北京宝洁技术有限公司；

● 9个生产工厂：位于北京、上海、广州、天津、成都、江苏等地；

● 8个供应中心：位于湖南、天津、江苏、四川、广州、沈阳、陕西等地。

创新、人才和可持续发展是宝洁公司的三大核心战略。

● 创新是宝洁成功的基础，也是宝洁产品改善全球消费者生活水平的最直接方式；

● 人才培养计划是宝洁特有的优势，人才是宝洁最珍贵的财富；

● 在宝洁，环境与社会责任是每一位员工工作职责的一部分，它们有机地融入日常工作与企业经营中。

宝洁中国立足于中国，发展于中国。

5.1 创新

2010年迁至北京顺义区的宝洁北京研发中心拥有先进的实验室和行业领先的设施，目前有600多位科学家、工程师、研究员在宝洁北京研发中心工作，其中100多位拥有博士学位。宝洁还与中国多家领先的研究机构、大学建立了战略合作关系，致力于结合自身的专业知识与外部合作伙伴形成协同效应，实现联合解决方案和多样化创新。

5.2 人才

宝洁积极培养本土人才，服务中国消费者。它致力于为员工提供有趣又具挑战性的工作、轻松又健康的工作氛围、全球顶尖的培训，以及具有竞争力的薪酬福利，从而吸引和发展优秀人才成为未来的商业领袖。宝洁已多年蝉联行业最佳雇主殊荣。

5.3 可持续发展

环境保护	回馈社会
● 宝洁中国先锋计划：培养中国未来环保领袖 ● 每年处理废弃物4万t，99%以上资源/能源化利用 　－材料循环再用 　－纸品再造 　－液体废弃物回收 　－污水零排放 　－塑料制品再生 　－污泥造砖	● 宝洁支持希望小学23年 　－200所宝洁希望小学 　－30万名受益儿童 　－宝洁是在中国捐建希望小学数目最多的跨国公司 　－希望小学是宝洁在全球持续支持时间最长的公益项目

北京绿伞化学股份有限公司

北京绿伞化学股份有限公司始创于1993年,是一家研制、生产、销售相结合的环保型国家高新技术企业。公司总部坐落于北京市中关村高新技术产业基地。在北京市平谷区兴谷开发区和辽宁省大连经济技术开发区设有两个现代化的生产基地。

公司从创立至今,一直致力于推动民族工业的发展。绿伞在创立之初就提出了"不能洗干净了小环境而污染了大环境"的产品研发理念,多年如一日秉持新清洁理念,坚持科技创新,持续改善生产工艺,研究开发出多种新技术、新产品,解决了许多行业难题。

绿伞化学的产品涵盖人们日常居住护理方面的衣物洁护系列、厨房洁护系列、卫浴洁护系列、家居洁护系列、个人洁护系列五大系列超百种产品,提供家用洗护产品全面解决方案。

作为国家级高新技术企业、行业标准的制定者,绿色产品的倡导者,绿伞以关注消费者需求为导向,至今已经承担了22项国家标准、行业标准、环保标准、地方标准的起草工作。申请专利多达58项,其中发明专利54项。是全国食品消毒产品用洗涤剂标准化技术委员会委员、全国表面

活性剂和洗涤用品标准化委员会副主任委员、表面活性剂分技术委员会副主任委员、洗涤用品分技术委员会委员单位,中关村的标准化试点企业。

绿伞已建立了完善的产品管理体系。2003年通过ISO 9001质量管理体系认证、ISO14001环境管理体系认证和环境标志产品保障体系认证，2018年获得了职业健康安全管理体系认证。在产品的立项、研发、生产、储存、运输、销售和使用过程中都用系统工程理论指导，坚持对性能、质量无关的原材料不用或尽可能不用；尽可能少用或者不用含有有毒有害物质的原材料；尽可能选用有两种或两种以上功能的多功能原料的最优化组合，使产品性价比最优；系统地考虑原材料选用、产品配方、包装设计、容量、包装材料、装箱数量、生产、销售、消费者的使用成本、回收、处理等因素，减少污染物产生和排放，力求产品在全生命周期中最大限度降低资源消耗，从而实现环境保护。

绿伞公司与中国日用化学工业研究院结成"产学研"联盟，共同进行表面活性剂和洗涤剂的基础理论、应用理论的研究，促进科研成果转化，共同承担国家科技支撑项目，共同申报和制定国家和行业标准，共同培养研究生，是研究生教育基地和产学研基地。公司与北京科技大学合作，建立了北京科技大学绿伞本科生、研究生教育科研基地，并联合培养研究生。公司成为北京市质量技术监督局、海淀区教委的北京市中小学生教育基地，让中小学生从事简单的实验，从中体会化学的乐趣和魅力，让中小学生爱上生活，爱上劳动，爱上科学，爱上创新。

绿伞公司无论在标准化水平、技术水平、市场份额、发展潜力，还是在影响力方面，在全国同行业处于先进水平。

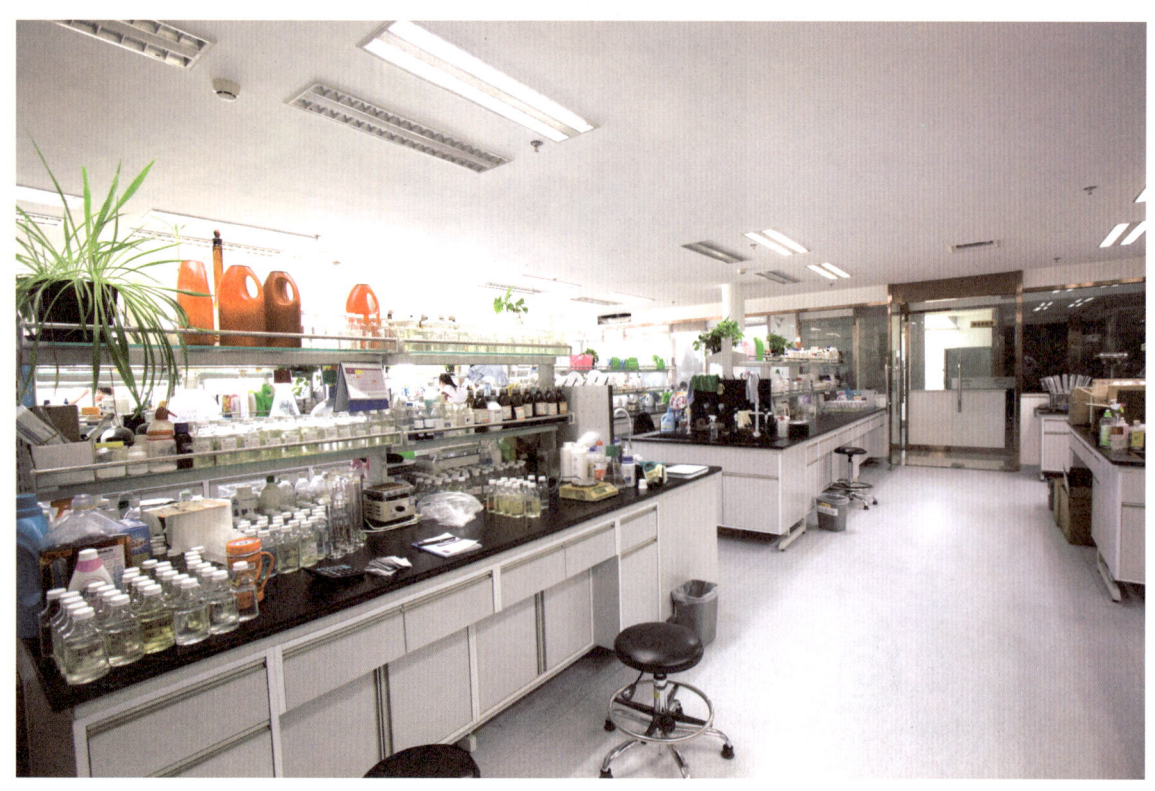

2018年11月，以绿色发展为目标的41款绿伞产品入选绿色设计产品，涵盖衣物洁护、厨房洁护、卫浴洁护、家居洁护及个人洁护五大系列。产品不使用易造成污染的原料，产品中磷酸盐含量不超过0.5%，远低于1.1%的国家标准，真正做到低碳环保。同月，绿

伞荣获中国洗涤用品工业协会颁发的"中国洗涤用品行业质量奖"。这一奖项的颁发充分肯定了绿伞一直以来严把质量关、绿色环保的发展战略。

2014年3月绿伞化学在新三板挂牌，公司将借助资本市场的力量，进一步整合资源，踏实做好公司业绩，以保障公司健康快速发展。

以消费者需求为导向，绿伞在坚持生产高品质的产品的同时，不忘勇担社会责任。坚持以绿色可持续发展为己任，不断研发新技术、新产品，力求产品在全生命周期中最大限度降低资源消耗，从而实现环境保护。

针对日益变化的市场，绿伞审时度势，根据消费者需求，制定了多品牌发展战略，深耕销售渠道，陆续推出了针对不同消费群、不同渠道的品牌产品，并得到了市场的认可。

以科技创新引领并推动我国洗涤用品行业的发展是绿伞公司坚持的目标。绿伞已经成为中国洗化行业深具影响力的企业和消费者最信赖的品牌之一。并将继续提供给消费者绿色环保的家庭清洁全面解决方案，让消费者在使用过程中将繁重的家务劳动变得轻松而愉悦，让生活变得更美好。

东莞立顿集团企业有限公司

立顿集团（以下简称"立顿"）创建于20世纪90年代初，是一家集洗涤用品研发、生产、销售于一体的大中型企业，先后成立了东莞市立顿洗涤用品实业有限公司、四川立顿洗涤用品有限公司、东莞市家家宜日用化工有限公司、东莞市激浪洗涤科技有限公司、东莞市建文洗涤用品有限公司等5家全资子公司。目前，立顿拥有员工3000余人，年产销各类洗涤用品约50万t。

未来，立顿将继续秉承"创新是第一生产力、成本是第一竞争力"的经营理念，以核心技术力量打造一流的民族日化自有品牌，以自主研发实力打造一流的日化OEM加工品牌商，把立顿打造成最具有核心竞争力的行业领先企业。

1 坚持技术创新，打造行业优品

立顿自成立以来，依靠国家政策的大力支持，在各级党委、政府和社会各界人士的关心和支持下，坚持"创新是第一生产力、成本是第一竞争力"的经营理念，

凭借着雄厚的科技实力、先进的工艺设备和不懈的锐意革新，以创新谋发展、以成本创价值，取得了持续快速发展。

在秉承技术创新经营理念的同时，立顿始终以"性能领先"和"成本领先"为指导思想，公司常年保持100人左右的科研团队，逐年加大研发投入，在配方性能、包装材料、生产工艺、生产成本、生产效率的优化提升等方面取得了长足的进步。尤其是新型高分子材料运用、新型护衣护色技术、洗护二合一技术、高效助洗剂运用、洗衣皂粉生产工艺、高效液洗灌装、包装轻量化、"不倒翁"自立袋等众多技术成果，成为立顿乃至行业科技水平不断提升的有力见证。在配方、工艺、包装材料持续优化的协同作用下，立顿的产品成功升级为"不牺牲性能的成本领先型产品"和"高性能的功能型产品"两大类，形成了强大市场竞争力。目前，立顿拥有品牌经销商1000余家，销售网络覆盖了全国31个省（区、市），直接或间接创造就业岗位2万余个。

历经20多年的坚实运营，立顿发扬锐意革新、追求卓越、彰显非凡的精神，通过自主创新和技术研发打造出多品类过硬的产品线，不仅赢得了广大消费者的青睐与热捧，更赢得了社会各界的肯定与认可。如今的立顿已成长为国内民用洗涤用品行业最具影响力的优秀企业之一。立顿各子公司先后获得"省质量、品牌信誉AAA单位""市政府质量奖""市民营企业建立现代企业制度单位""中国洗涤行业协会理事会理事单位""广东省守合同重信用单位""中国日化百强企业""东莞市民营企业50强""广东省高新技术企业""广东省著名品牌"等荣誉称号。

2 开展国际合作，拓展全球市场

随着生活水平的不断提高，人们的环保意识也在增强，对洗涤用品的绿色环保要求越来越高。面对日益激烈的市场竞争，在坚持自主创新的同时，立顿广泛开展国际合作与交流，与世界500强的德国巴斯夫公司、美国陶氏化学公司、阿克苏诺贝尔公司等国际知名日化企业建立战略合作伙伴关系，兼收并蓄，不断增强自主研发创新能力，加快产品结构调整，促进企业转型升级，推动企业发展进入快车道，实现科学绿色发展。近年来，随着日化行业的发展，立顿创造性地提出以自有品牌、OEM加工"齐头并进"的模式作为企业发展的主旨方向。

在自有品牌方面，立顿努力提升产品质量，打造一流品牌。"家家宜"系列已拓展成为包含"衣物洗涤、衣物护理、餐具清洁、厨卫清洁、消毒杀菌"5大类40多种产品的知名品牌，市场反馈效果优异。不过，立顿并未满足于此，为实现大日化品牌的梦想，立顿正以核心技术力量打造一流的民族日化自有品牌，扎根中国，力争走向国际，全力以赴拓展全球市场。

在 OEM 加工方面，立顿充分利用自身技术研发、供应链、效率、成本、规模、质量保障等优势，制定并实施了"创新是第一生产力、成本是第一竞争力"的 OEM 加工宗旨，以自主研发实力打造一流的日化加工品牌商，先后为国内外各大品牌企业提供服务。目前，立顿拥有海内外 OEM 客户 200 多个。此外，为推动实现"科技创造价值"的理念，立顿先后将"柔软系列""除菌系列""天然柔护系列"等科研成果共享，提升行业产品质量，降低质量成本，提高产品的市场竞争力。

3 始终牢记使命，奉献回报社会

一直以来，立顿始终牢记使命，为构建和谐社会建功立业。作为一家非公企业，立顿主动向党靠拢，先后成立党支部、工会等组织，并荣获"优秀党支部""优秀工会"等荣誉称号。立顿用党建引领企业文化建设，真正做到坚守初心、不忘使命，注重用党建塑造积极向上的企业文化，善于与企业管理结合，为员工创造积极向上的工作生活环境，激发每一个党员和职工的文化内涵，增强企业的凝聚力、向心力和战斗力。因此，立顿的党建工作与立顿经济效益的稳步跨越式发展形成了良性的双赢共进关系。

在企业自身发展壮大的同时，立顿还坚持社会责任与经济责任同频共振，热心参与社会公益事业，关注弱势群体，帮扶家庭困难职工，慰问孤寡老人，回报社会，奉献社会，承担起企业应有的社会责任。

风正时济，自当破浪前行；任重道远，更需快马加鞭。未来，立顿将继续秉承"创新是第一生产力、成本是第一竞争力"的经营理念，为员工创造机会、为顾客创造价值、为社会创造效益的宗旨，强调内强素质、外塑形象，不断完善内部经营管理机制，提高产品质量，凭借一流的产品、一流的管理、一流的成本效应、一流的团队服务，把立顿打造成最具有核心竞争力的行业领先企业。

广东铭康香精香料有限公司

广东铭康香精香料有限公司成立于1998年，一直致力于高品质日用香精、食用香精、口腔护理类香精的研发及应用，是一家集研发、生产和销售高品质香精为一体的高新技术企业。铭康本着"科学发展、追求卓越"的企业宗旨，秉承"携手共进、诚信共赢"的经营理念，历经二十载的不懈努力，已发展成为在中国香料香精行业知名度高、创新能力强、影响力大的品牌企业，历任中国香料香精化妆品工业协会副理事长单位、香精专业委员会副主任委员单位、香料香精法规事务工作委员会副主任委员单位、科技工作委员会副主任委员单位，是国家标准GB/T 22731—2017《日用香精》主要起草单位，连续多年被评为中国香精香料行业十强企业。

1 主营业务及产品

铭康是专业的香精香料制造商，主要经营日化、食用、口腔护理等三大品类香精产品，是中国香精香料行业领先企业，为全球客户提供全面的香氛和香味解决方案。

日化香精广泛应用于香水、护肤化妆品、个人清洁用品、洗发护发用品、个人护理用品、空气调节用品、织物和家居护理用品等产品；食用香精广泛应用于冷饮工业、乳品工业、饮料工业、调味工业、糖果工业、烘焙工业等产品；口腔护理香精广泛应用于牙膏、漱口水、牙线、牙粉、口喷、洁牙棒等产品。公司的"名芳"品牌是"广东省著名商标"，其产品是"广东省名牌产品"，公司主营产品被认定

为"广东省高新技术产品"和"广东省自主创新产品"。

2 强大的研发能力和高品质的香精创造

铭康以科技为兴企之本，以创新为发展驱动力，依据全球前沿科技的发展趋势，依托"国家高新技术企业""广东省院士专家企业工作站""广东省省级企业技术中心""广东省香精香料工程技术研究开发中心""广东省香精香料公共技术服务示范平台"等科技平台，并与华南理工大学、华南农业大学、上海应用技术大学、仲恺农业工程学院、浙江工商大学、上海东华大学、上海香料研究所等高等院校、科研院所开展科学技术合作，整合优势技术资源，形成多层次、多领域、全方位的研发体系，加速前沿技术、核心技术、共性技术的研究，不断提高研发水平和创新能力。

铭康配备有一系列先进的研发设备。通过多年的不断探索和研究，铭康在调香技术、应用技术、膜分离技术、生物酶解技术、热反应技术、天然提／萃取技术、控释香精技术、色谱层析技术等领域已具备较强的国际竞争力，形成具有自主知识产权的核心关键技术，实现科研技术和产品研发的领先。

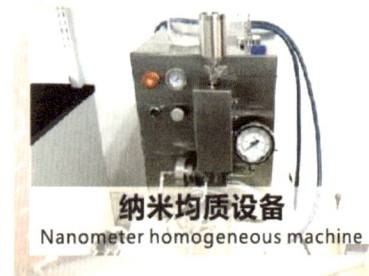

"品质至上、精益求精"是铭康一直秉承的质量方针。铭康拥有完善的供应链管理系统，实现了全球化的原料采购，对选择使用的原材料在各类产品中的应用表现做了大量的基础研究及稳定性测试，建立了原材料基础应用大数据库，从原料的全球化采购到使用，严格执行国际标准及管理体系。铭康实行全面的质量管理、严格的品质监控，所有产品和原料均可双向溯源，并配备了精密的检测仪器和一批专业的检测人员，确保了产品的高品质和安全稳定性。

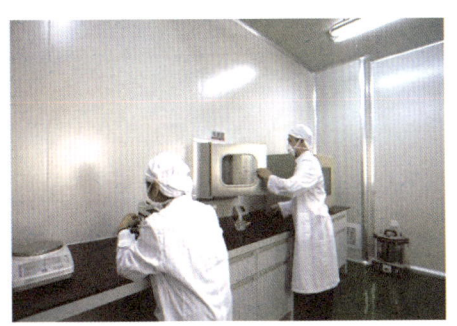

3　国际化的运营和增值服务

铭康立足于国内，布局国际市场，依据国际化的发展战略，努力拓展国际市场，积极发展国际化运营。铭康在广州、上海设有分公司，国内十几个省市设有办事处，在东南亚、中东、非洲等国家和地区设有代理处，销售网络覆盖全国及东南亚、欧美、非洲、中东等地区。经过多年的拼搏与锤炼，铭康以高品质的产品和优质的服务，赢得了国内外客户的信赖与好评；同时为客户提供全球日化行业、食品行业和口腔护理行业的最新市场动态趋势、潮流信息和最前沿的技术资讯，并针对客户的个性化需求，提供最佳的产品解决方案和优质服务，提升客户的市场竞争力，成就客户的价值。

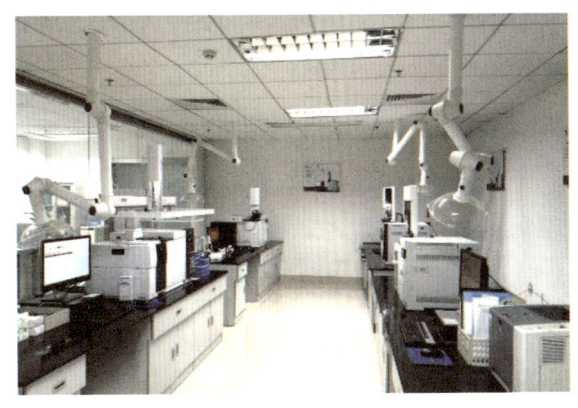

铭康不仅致力于高品质香精产品的创造和传播，更是追求产品在安全、天然、绿色与环保等方面的优异表现，充分利用强大的资讯平台，多维度分析国内外市场动态趋势，深入洞察消费者的需求。依据科学、前沿的感官分析，结合合作双方的经营战略，量身定制全面的产品解决方案，竭诚为广大国内外客户提供增值的服务。

铭康在追求企业永续发展的进程中，将继续以创新驱动、匠心品质满足市场高品质、多元化、个性化的产品需求，履行一个中国企业的责任与担当，为成就香精香料行业的优秀品牌，为促进中国香精香料产业的繁荣与发展而不懈奋斗。

广州立白企业集团有限公司

广州立白企业集团有限公司（简称"立白集团"）是国内日化龙头企业，创建于1994年，总部位于广州市，主营民生离不开的日化产品，营销网络星罗棋布，遍布全国各省（区、市）。

在国家的改革开放政策和各级党委政府、社会各界的关心、支持和帮助下，立白集团保持持续快速发展，2017年销售收入超200亿元，洗涤剂销量全国第一、世界第四，年向国家上缴税收超15亿元，先后荣获了"全国文明单位""全国守合同重信用企业""中国私营企业纳税百强""中国质量奖提名奖""全国质量标杆企业""中国绿效企业最佳典范奖""世界环保大会碳金奖总奖"等各种世界级、国家级荣誉100余项，立白集团已成为民族日化工业的一面旗帜。

随着销售的不断增长，立白集团的生产规模迅速扩大。至今，立白集团在全国各地已拥有十三大生产基地，30多家分公司，员工近万人。立白集团在全国的各大生产基地生产设备先进，生产管理规范，环境保护严格，能有效控制"三废"排放，实施清洁生产、环保生产、节约生产和循环生产。立白集团荣获国家环境保护局颁发的"中国环境标志企业优秀奖"，广州番禺生产基地被评为"广州市清洁生产优秀企业""绿色工厂"，污水处理工程被评为"广东省环境保护示范工程"。

立白集团成立以来一直十分重视科技研发和技术创新工作，过硬的产品品质赢得了消费者的信赖，强大的自主创新能力顶起了民族日化工业的脊梁。目前，立白集团拥有两个国家级"高新技术企业"、四个"省级科技研发中心"、一个中国轻工业绿色洗涤用品重点实验室、一个"博士后科研工作站"和一个"院士企业工作站"。此外，立白集团还广泛开展国际合作，与世界500强的德国巴斯夫公司、美国陶氏化学公司、美国杜邦公司等国际知名日化企业建立战略合作伙伴关系，同时与中国日用化学工业研究院、中山大学等科研院校进行校企合作，不断提升立白集团的科技研发水平和自主创新能力，促进产品结构调整、企业转型升级，实现企业科学发展。

立白集团实施"绿色健康"战略，成立绿色生活研究院，与众多原料供应商、高校及科研机构达成战略合作关系，致力于绿色洗涤剂产品和工艺的研究和开发，从绿色原料、绿色配方、绿色技术、绿色制造到绿色产品，打造全生命周期绿色产品，降低能源和水的消耗。立白集团通过科技创新，实现节能减排和绿色生产，谋求人和自然环境健康和谐共存，实现地球生态环境的可持续发展，让消费者生活更美好，让中国更美丽。

立白集团时刻牢记使命，感恩共产党，拥护共产党，为构建和谐社会建功立业。2001年立白集团率先成立党支部，2002年成立机制健全的工会，2007年成立广州市迄今唯一的非公企业基层武装部，2008年成立纪委，2011年成立广东省首家非公企业党委统战部，2012年成立团委，2015年成立妇女委员会。立白集团已发展成为全国非公企业党组织结构最健全的民营企业，先后荣获了"全国非公有制企业双强百佳党组织""全国民营企业思想政治工作先进单位"等称号，成为全国最具影响力的非公企业先进党组织。

发展中的立白集团积极履行企业公民的社会责任，关爱民生、匡助教育、周济孤贫，以高度的社会责任感和感恩的心态回馈社会，热心公益慈善事业，关心弱势群体，坚持服务社会、承担责任，为国家解决15万人就业问题，累计为公益慈善事业捐款超过2亿元。

面向国际化、现代化的立白集团，在立白一家亲文化的统领下，以"世界名牌、百年立白"为愿景，以"健康幸福每一家"为使命，以"立信、立责、立质、立真、立先"为价值观，坚持绿色健康发展战略，努力为消费者提供更安全、更健康、更环保、更优质的产品，做专做强做大民族大日化，实现产业报国，为国家争光，为民族争气，与伟大祖国同频共振，拥抱新时代、跟上新时代、引领新时代，争做新时代的领先者和排头兵，为构建社会主义和谐社会做出更大的贡献！

广州市浪奇实业股份有限公司

广州市浪奇实业股份有限公司（以下简称"广州浪奇"）成立于1959年，总部地处广州市，是中华人民共和国成立后洗涤行业最早期的企业之一，60年来砥砺前行，初心不变，为千家万户创造生活无限美。

广州浪奇前身是广州油脂化工厂，是华南地区定点日化产品生产企业。1993年完成股份制改造成功上市，是广州市第一批向社会公开发行股票的试点企业，成为国有上市股份有限公司。2017年公司销售收入逾百亿元，拥有广东、辽宁等多个日化产品和化工原料生产基地，均衡分布，辐射全国。旗下拥有多家子公司，业务覆盖资产管理、优质产品供应、现代服务业等领域。公司主要产品有洗衣粉、液体洗涤剂、皂类和日化洗涤材料等，建立了以"浪奇"为总品牌，同时拥有"高富力""天

丽""万丽""维可倚""肤安""洁能净"等品牌系列的知名品牌体系，产品先后获得"中国环境标志产品"称号，"中国驰名商标"称号。公司拥有完善的现代化管理制度，通过 ISO 9001、ISO 14001、OHSAS 18001 认证，国家知识产权管理体系认证。连续多年获得中国轻工业联合会授予的"中国轻工业百强企业"称号。

1 披荆斩棘，开拓绿色之路

广州浪奇一直以来是绿色原料与绿色日化产品的探索者和先行者。2006年启动第三代表面活性剂代表——可再生棕榈油脂肪酸甲酯磺酸钠（MES）项目，与最大的棕榈油生产企业之一马来西亚金希望公司、科宁油脂化学公司合资在广州南沙开发区打造世界级 MES 生产基地。MES 被寄予希望代替行业长期使用的石油基烷基苯磺酸，从而推动日化行业向环境友好、节能减排等可持续发展方向前进。2012年MES 量产，广州浪奇成为国内最大的 MES 供应商。同时建成南沙浪奇低碳工业园，是华南地区具有代表性的绿色日化产业园区，致力于提供环保、安全、节能的绿色日化优质产品制造服务，客户包括多个知名跨国企业。通过上下游业务的整合，南

沙低碳工业园已成为拥有产能成本优势，颇具竞争力的全球日化OEM产品供应基地。工厂在2018年获得市工信委"绿色工厂"认定，也是广州市首批"绿色工厂"。

广州浪奇持续构建绿色可持续发展技术核心竞争力，建设了高水平的绿色日化产品开发和应用的企业技术平台，获得"国家企业技术中心"认定，拥有"博士后科研工作站"，下辖的广州市日用化学工业研究所实验室获CNAS实验室认证，同时组建了广东省重点工程技术研究开发中心。先后承担多项国家"863计划"、国家科技部、国家工信部等科研项目。棕榈油脂肪酸甲酯磺酸钠（MES）、淀粉基表面活性剂、生物酶等与绿色未来产业息息相关的新材料应用性研发成果与绿色化日化产品研发成果多次获得广州市科技进步一等奖、二等奖，广东省科技三等奖，中国专利优秀奖等。并在2018年中国轻工业联合会组织评选中获得首届"中国轻工业科技百强企业"称号。

2 勇于探索，筑建浓缩"新世代"

2010年以来，市场环境发生剧烈变化，消费升级、供给侧改革的市场需求与日俱增，广州浪奇以绿色产品创新、渠道创新迎接市场的变化。在行业中较早启动了第三代洗涤剂——水溶膜包裹定计量超浓缩洗衣凝珠的研制投产，2014年率先推出自主配方技术的"快易洁"洗衣凝珠，2016年上市"浪奇洗衣凝珠"，2018年率先推出"浪奇洗衣皂珠"。洗衣凝珠为消费者创造了一种非常简便的洗涤方式，从供

给侧响应了当下快节奏生活方式的变化，并为浓缩化日化产品的发展探索了实践路径。作为行业内较早上市该产品的企业，广州浪奇公司为洗衣凝珠市场化推动做了大量工作，积极推进建立行业标准，与全国表面活性剂和洗涤用品标准化委员会及行业其他企业起草《洗衣凝珠》标准，为凝珠市场有序发展营造良好环境。

3　迎接时代变化，构建现代服务平台

2011年以来，随着电子商务的崛起，传统销售通路受到巨大冲击，销售渠道与模式发生变迁。广州浪奇主动迎接时代变化，2014年发起成立了现代化综合性化工产业电子商务平台——奇化网。它将电子商务与传统化工贸易有机结合，推出了崭新的化工现货电子交易系统，打造国内日化行业首家由B端链接至C端的资源整合赋能平台，覆盖原料端到产品端所有触点。奇化网成立以来积极发挥日化全平台资源协同赋能作用，聚焦客户需求，以创新为引擎获得迅速发展，近年屡次获得中国产业互联网百强、中国日化百强等各种荣誉。

60年前，浪奇人在珠江畔淤泥冲击而成的孤岛上挑担填土建厂房，一砖一瓦建筑了华南地区最大的日化生产基地。时光荏苒，将来可期，广州浪奇将坚持探索绿色未来产业发展方向，努力推进科技创新，以技术引领，资本推动带动行业创新。未来，将持续为千万家庭创造生活无限美！

湖南丽臣实业股份有限公司

湖南丽臣实业股份有限公司位于长沙经济技术开发区，是国内表面活性剂、家庭洗涤用品、宾馆洗涤用品专业生产企业，是中国洗涤用品工业协会副理事长单位。

公司始建于1956年，历经60多年的发展，是国内大型的表面活性剂（新材料）生产企业之一，年产销约25万t，其关键设备和工艺技术从国外引进，并消化吸收、改进提升创新，综合优势居行业前茅。洗涤产品生产能力23万t/a，拥有比较先进的制造优势，产品有洗衣粉、液体洗涤剂、肥皂、牙膏等。

公司一贯坚持"韬光养晦管理务实到位，提高素养人人知书达礼"的经营理念，坚持环保是企业的唯一最高准则，坚持绿色可持续发展，人品产品两个品质一起抓，瞄准行业发展趋势，坚持实体不动摇，心无旁骛本分抓主业，积极进行产品结构调整，自主创新与集成创新相结合，成功地走出了有自己特色的务实经营模式，实现了从传统洗涤产业向高新技术的表面活性剂新材料产业的嬗变，从作坊式生产到自动、智能化生产的跨越，迈上了高速高质量发展的大道。

1984年，公司引进国外先进技术，建设1 t/h的磺化装置，成为国内首家成功生产AES的企业。

2002年企业改制后，大力进行产品结构调整和战略布局，发展比较优势，先后在长沙、上海、广东建成3个新基地，建成10套磺化生产装置，至2019年底年产能达38万t；2套K12生产装置，年产能2万t；2套氨基酸表活装置，年产能1万t。产品由省内走向全国，进入国际市场。

公司被认定为省、市、区级企业技术中心，具有较强的技术能力。拥有知识产权专利68项，四个子公司被认定为高新技术企业。产品的二噁烷含量远低于欧标和国标，最低达到5mg/kg，领先于行业。率先实现了自主开发DCS自动控制系统。打破了小装置余热回收的瓶颈，工艺余热利用项目获得长沙市十大优秀节能工程的殊荣，实现资源循环增效。上海工厂被评为上海市节水型企业。

公司通过了ISO 14000环境管理体系认证和清洁生产审核验收、ISO 9001质量管理体系认证、欧盟REACH注册、清真认证、棕榈油可持续发展认证。拥有的奥威、光辉、马头、一匙丽商标被评为湖南省著名商标，奥威商标被认定为"中国驰名商标"，是国内行业中唯一的驰名商标。奥威牌表面活性剂产品被评为湖南省和上海市名牌产品。洗衣粉、肥皂、洗洁精等产品被授予"湖南名牌产品"称号。

公司被授予"全国轻工行业先进集体""中国洗涤用品行业最具影响力原料供应商""湖南省纳税信用A级单位""湖南省创新型企业""上海市金山区科技小巨人企业""上海市专精特新中小企业""长沙市工业十大标志性工程龙头企业""长沙工业十大突出贡献企业""湖南省先进基层党组织""长沙市五一劳动奖状""长沙市利税过亿元企业""长沙工业二十强"等众多荣誉。

在未来的经营中，公司将优化产能，科学管理，加快智能化步伐，助推公司高速高质量发展，与时代同进步，与行业同发展。

蓝月亮（中国）有限公司
——专注洗涤科技，成就洁净梦想

蓝月亮品牌创立于 1992 年，是中国改革开放早期开始从事家庭清洁剂生产的专业品牌之一。秉承"一心一意做洗涤"的宗旨，蓝月亮坚持科技创新，不断推出优质洗涤产品、科学清洁方法，提供全套家居清洁解决方案。经过 27 年砥砺前行，蓝月亮已成为中国家庭日常生活中不可或缺的一部分，并成长为洗涤日化行业里的一股中坚力量。

翻开蓝月亮品牌发展史，犹如翻开当代国民洗涤用品升级史。自诞生以来，蓝月亮用科技创新，推动了中国家庭清洁用品的变迁；也因专注洁净，不断升级并改变中国消费者的洗涤方式。

1 技术创新，引领轻松洁净生活

发展洗涤科技是实现洁净的有力方式。"将世界先进技术融于消费者的生活"是蓝月亮的产品研发理念。多年来，蓝月亮积极开展前瞻性的技术储备与研发工作，持续研发高效优质的产品及科学的洗涤方法，以满足消费者多元化的洁净需求。

20 世纪 90 年代初，改革开放的浪潮激荡向前，人民生活环境开始发生巨大的

变化，生活水平快速提高；而彼时，中国家用洗涤剂仍以肥皂、洗衣粉和洗洁精为主，品种单调，功能简单。伴随着商品房的出现，热水器、油烟机走入千家万户，但人们的清洁方式还停留在比较传统的状态。

1992年，蓝月亮通过技术创新，率先研发推出喷雾型油烟机清洁剂——蓝月亮油污克星，通过采用强力渗透、快速去污和缓蚀保护技术，达到去污更保护的效果；并率先引进高品质喷枪，达到"一喷一抹、即擦即净"的效果，为消费者带来油烟机清洁免拆洗的轻松洗涤体验。

1994年，蓝月亮推出专利型洁厕液——蓝月亮厕清，去除了传统强酸型洁厕剂气味刺激、使用时容易溅射而不安全的缺陷，使其自动黏附在污渍表面，达到"一冲即净"的效果。产品一经上市，便受到了消费者的欢迎与喜爱。此后，蓝月亮不断改进配方技术，于2012年推出市场上首款无毒无刺激的有机酸型洁厕液——蓝月亮卫诺香氛洁厕液，使用时清香宜人，并率先采用人性化童锁瓶盖设计，以特有的锁扣技术给家庭多一层保护与关爱。

1999年，蓝月亮推出芦荟抑菌洗手液，并于国内率先采用透明包装，让消费者在视觉享受的同时，温和清洁更抑菌、滋润呵护双手，引领洗手液发展潮流。至今，蓝月亮洗手液已连续7年（2012—2018）获得同类产品市场综合占有率第一。[①]

通过对消费需求的精准洞察，蓝月亮积极主动地走在技术创新前沿，以多样化、功能化洗涤产品的研发生产，不断丰富洗涤用品的市场，为消费者带来轻松洁净的生活。

[①] 根据中国商业联合会、中华全国商业信息中心对全国各省市区（海南、西藏及港澳台地区除外）年销售额在亿元以上、具有代表意义的典型大型零售商业集团企业的市场销售调查统计：蓝月亮洗手液连续7年（2012—2018）荣列同类产品市场综合占有率第一位。

2 迎难而上，开创洗衣"液"时代

2008年，中国洗衣剂市场绝大部分是洗衣粉，洗衣液占比不到3%。蓝月亮基于对行业前景的洞察、原料趋势的前瞻分析，重点布局洗衣液产品研发，全力构建全新的配方体系。通过对表面活性剂构效关系的研究，蓝月亮一举突破技术瓶颈，大量使用更具可持续发展潜力、性能更优秀的新型表面活性剂，在保留液体洗涤剂使用方便、温和不伤衣物等优点的基础上，突破洗衣液去污力不佳的难题，推出的蓝月亮深层洁净护理洗衣液，去污力得以大幅提升，且更易漂洗；并率先在全国大力推广，由此拉开中国洗衣"液"时代的帷幕。此后，洗衣液在洗衣剂中的占比不断攀升。2018年，中国洗涤剂市场上洗衣液占比已高达44%，而蓝月亮洗衣液也从2009年开始连续10年位居市场综合占有率第一名[1]。

蓝月亮关注可持续发展，以减少洗涤剂对生态环境的影响作为企业的重要责任，大力倡导洗涤剂浓缩化。2015年，通过10000多次实验，蓝月亮攻坚克难，研制出国内市场上首款包装新颖、具有准确计量功能的泵头装、且活性物含量高达47%的高效"浓缩+"洗衣液——机洗至尊洗衣液，一泵8 g可洗8件衣服[2]，真正实现了用量少、效果好，方便轻松的洗涤体验，同时大幅减少每次洗涤所耗费包装物和综合碳排放，对环境友好。随后，蓝月亮再次创新升级，于2018年推出至尊生物科技洗衣液，其拥有"生物去渍""抗污渍再沉积""纤维整理"等洗涤科技，能有效预防衣服发黄、发灰变旧，养护衣物纤维，使其保持光亮；7种不同的颜色搭配7款不同的香型，为消费者带来更洁净、更高效、更时尚、更个性化的洗涤新体验，丰富了国内衣物洗涤剂高端市场。

---

[1] 根据中国商业联合会、中华全国商业信息中心对全国各省市区（海南、西藏及港澳台地区除外）年销售额在亿元以上、具有代表意义的典型大型零售商业集团企业的市场销售调查统计：蓝月亮洗衣液连续10年(2009—2018)荣列同类产品市场综合占有率第一位。

[2] 指8件男士纯棉短袖衬衫。

3　科学洗涤，倡导健康洁净生活

蓝月亮坚持科学洗涤，为人们提供美好洁净生活的解决方案。同时，通过支持教育、关爱儿童、关心社会、致力环保等公益事业，蓝月亮将企业发展与社会责任紧密结合，倡导健康洁净生活。

为了更好走进消费者、服务消费者，蓝月亮进行了"中国消费者污渍衣服"主题调研。调研结果显示：中国消费者人均拥有至少52件衣服，平均每人有12件有污渍的衣服，而在这些有污渍的衣服中，又有7件是消费者自己认为洗不干净的。全国来说，这些疑难衣物将达到百亿级的规模。

为将科学的洗涤方法传递给更多消费者，2012年起，蓝月亮持续开展"科学洗衣中国行——拯救100亿件衣服"系列公益活动，走进社区、单位，用实际行动解答消费者日常洗衣疑难，传递科学洗涤知识，普及科学洗涤方法。

2017年，作为CCTV公益合作伙伴，蓝月亮携手央视，将科学洗衣教学从线下延续到了线上，启动"洗衣大师"项目，培养普通消费者使其成为专业洗衣大师，共推送180位洗衣大师亮相央视，讲述"一涂一泵"的洗涤科技，普及科学洗衣知识；并同步开设《洗涤课堂》，通过180秒专家教学视频，为消费者讲授洗涤原理及科学洗衣方法，解答消费者日常洗衣疑难。

此外，蓝月亮还启动了优质教育普及计划、举办健康小天使活动、协助开展新长城助学项目、实施社区扶助计划等众多公益项目，不断将引领者的责任、使命与对消费者的洁净承诺变为实践。据统计，2001—2018年，蓝月亮连续18年资助"蓝月亮洗手液杯"健康小天使活动，发放宣传手册1660万册，覆盖幼儿园2.18万所，评选健康小天使153.5万名，受益家庭逾千万。

一路走来，蓝月亮已成为中国洗涤行业中一面亮眼的蓝色旗帜。蓝月亮将持续"以科技造产品""以创新促升级""以匠心做服务"，成就每个家庭的洁净梦想。

联合利华（中国）有限公司
——与行业共成长，齐进步

2019年是一个特殊的年份。它是中华人民共和国成立70周年，它也是中国日化院建院90周年和中国合成洗涤剂工业60周年。伴随着中国经济发展、改革开放、加入WTO，中国日化行业包括合成洗涤剂行业都得到了充分发展。联合利华作为最早进入中国日化市场的跨国企业之一，其在中国的成长即中国日化行业发展的缩影。从1923年来到上海建肥皂厂，到1986年重返中国，再到如今深耕中国市场，联合利华始终伴随中国日化行业乃至中国社会一起，共成长，齐进步。

1 "新奇洋货"，带动行业蓬勃兴起

作为一家全球经营的跨国公司，联合利华一直将中国视为重要战略市场。联合利华在中国的历史可追溯至90多年前，利华兄弟在上海黄浦江畔建立了中国肥皂有限公司，生产并销售阳光牌和力士牌香皂，为中国消费者打开了卫生和健康生活的新方式。胡蝶、阮玲玉等明星代言力士香皂的照片被印在当时的月历牌里，流传在大街小巷、家家户户。这对于当时的中国消费者带来说是"新奇洋货"，大家都以拥有一块力士香皂为时髦的象征。这些产品在当时的中国基本上垄断了长江以南地区的肥皂市场。而后很快，中国肥皂有限公司就成为当时远东最大的香皂生产商。

著名影星胡蝶代言力士香皂的海报

中华人民共和国成立前，联合利华在上海的老厂房

2006年，联合利华在上海设立大中华地区总部，又在2011年，升级为北亚区总部

2　引进先进技术，提升行业生产水平

1978年，中国政府发出了改革开放的信号，以发展市场经济为目标的经济改革随之展开，迅速激发了联合利华的投资兴趣。随后，联合利华便来中国考察。考察时发现，1923年在中国建造的制皂厂的设备还跟当初一模一样，且完全能正常运转，让人倍感欣喜。在改革开放的政策鼓励和感召下，联合利华与当时的上海制皂厂成立了合资公司，重新回到了上海。当时该合资厂年产10万t硬皂和2.5万t香皂，占据了中国1/3的肥皂市场。联合利华在中国设厂，引进先进机器设备和生产技术，带动了中国日用消费品行业的发展，促进了当时行业的生产管理水平进一步提升。

3　创新营销方式，打开行业发展新思路

改革开放初期，电视广告形式单一，大部分还是念大字报，而力士已经启用"明星＋口号"的广告形式，娜塔莎金斯基的一句"我只用力士"在中国消费者中掀起了一场"力士风暴"，成为中国日化市场的"广告营销先锋"。而后，联合利华发现了中国消费者"踮起脚尖，够一够便能买到"的心理需求，通过"高价策略"让旁氏大获成功。当时，这些品牌的成功发展更是为行业内营销方式的发展提供了先进的理念和思路。

4　引入新兴品类，丰富日化品类

20世纪80年代末，联合利华逐渐把洗发水、沐浴露、衣物柔顺剂等对当时中

国市场而言的新兴日化用品品类，带到了中国市场，不仅显著丰富当时日化市场的产品品类，更使国内日化行业的表现直接趋向并对接国际水平。不仅如此，联合利华始终持续不断地为中国消费者带来新品类。2018年，联合利华参加了首届中国国际进口博览会，精心挑选了来自11个国家近30个国际品牌的400余种国际品牌系列产品，为国内消费者带来新体验——"不出国门，买遍全球"。

联合利华在首届中国国际进口博览会现场的展台

5 提升生产水平，带领产业"走出去"

联合利华在过去的30多年中，持续深耕中国市场：从最初设立合资企业，到全国经营并在合肥打造了联合利华全球最大的日化生产基地；从引进产品到推动行业共同进步，国内生产的产品销往世界各地；从引进国外技术到建立全球研发中心，为全球供应中国研发成果……这些均是

目前，合肥工业园已成为联合利华全球最大的生产基地

得益于中国经济发展，行业蓬勃向上。联合利华不仅着眼于把好产品"引进来"，更是希冀把国内研发的成果推向全球——"走出去"。

6 践行企业使命，推动行业可持续发展

联合利华是一家积极倡导和践行可持续发展企业，他们的愿景是让可持续生活常态化。他们致力于在实现业务增长一倍的同时，减少对环境的不利影响，并提高积极的社会影响。此外，联合利华通过自身持续不断的可持续发展行动，影响并呼吁行业内其他企业，共同为推动行业的可持续发展贡献力量。2011年，联合利华旗下品牌力士参与中华环境保护基金会的"藏北植草"环保项目。随后联合发起"力士·绿哈达行动"，截至2018年，该活动在西藏地区种植的人工草地累计超1.2万亩。该活动不仅带动区域环境、经济诸方面的可持续发展，更是影响和带动了更多企业关

2018年，力士·绿哈达行动的第八年

注高原生态，共同助力藏区环境保护。

联合利华对中国有长远发展承诺，同时，对中国的发展和联合利华在中国的前景充满信心。他们努力为中国消费者、客户、员工和社会带来积极影响，持续引领行业可持续发展，助力行业发展更上一层楼！

7　关于联合利华

联合利华是世界领先的美妆及个人护理、家庭护理、食品饮料与冰激凌的供应商之一，产品畅销全球190多个国家和地区，每天触及25亿消费者。2018年的销售总额达510亿欧元。联合利华在中国的历史可追溯至90多年前，利华兄弟在上海黄浦江畔建立了中国肥皂有限公司。1986年，联合利华重返中国，始终把成为可持续发展的本土化跨国公司作为其努力的目标，并取得了显著的进展。从1986年至今，联合利华在中国投资20多亿美元，引进了多项先进的专利技术，直接雇用了超过7000名中国员工，间接提供了超过23000个就业机会。

洛娃科技实业集团有限公司日化板块

1　北京洛娃日化

北京洛娃日化有限公司成立于1995年，是洛娃集团的创始产业，自成立以来一直坚持自主创新，致力于引领健康环保的洗涤风潮，一直走在行业的前列，2004年至今被连续认定为国家高新技术企业。截至2018年年底拥有国家发明专利等70余项，其中一项发明专利于2018年获中国发明优秀奖。参与起草行业／国家标准11项，先后获得北京市火炬计划证书5次、国家火炬计划证书4次、北京市重大科技成果奖2项，拥有商标89项，获得北京市新技术新产品证书10余项。

先后获得北京市专利试点单位、北京市专利示范单位、北京市工业企业知识产权运用能力培育工程试点企业、北京市工业设计创新中心、国家知识产权优势企业等荣誉称号。

2　美国攀柔莎

美国PANROSA（攀柔莎）是洛娃集团投资收购的专业从事日化产品研发、生产、销售的大型个人护理和家居清洁国际化专业供应商。

立足美国国际顶尖的日化科研能力，攀柔莎在成立之初就确定了有机、天然的产品方向。攀柔莎产品研发中心集聚了来自各大知名日化企业的优秀人才，并与各大科研机构合作，获得多项国际专利，拥有多项生物科技个人护理和家居清洁产品配方，开发出纯天然系列产品，主要生物元素和主要高科技功能性原料全部产自美国，获得了美国有机认证，并符合美国和中国的双重标准。

2018年5月，位于洛杉矶科罗纳市的25000平方米大型现代化生产研发基地获得了市政府颁发的生产许可证。该中心按照国际制药标准，选用意大利、美国、日本等先进的全自动智能化生产设备，建造了GMP 10万级净化车间，拥有11条国际领先的家庭和个人护理产品生产线，从吹瓶、生产、灌装、装箱到码垛，全部实现自动化、智能化生产，极大地提高了生产效率，降低了制造成本，现均已通过美国严苛而复杂的UL认证并正式投产。该中心全部按照"美国先进制造／工业互联网"的标准建设，是名副其实的智能工厂和数字化工厂。

攀柔莎拥有PANROSA、VANISSA、NATURISA、LAVE、LUOWA五个品牌，产品涵盖家居清洁和个人护理两大体系，1000多个品种。从洗发护发、洁面护手，到身体沐浴，攀柔莎的个人护理产品覆盖了香波、皂类、乳霜、面膜数十个品类；从居室、卫生间、厨房到衣物，攀柔莎的产品已经覆盖了家居清洁的方方面面。

伴随着美国政府推行产品本地化政策，美国国内市场渠道坚持销售本土制造的产品，早期的制造业外流造成美国生产厂家，特别是日化生产企业，成为稀缺资源。可以说，攀柔莎的投产，不仅符合美国关于产品本地化的政策导向，也满足了国际和中国日益增长和提高的消费需求。

2018年，美国攀柔莎旗下高端个护品牌VANISSA（万莎）连锁专卖店在洛杉矶正式开业，这是继攀柔莎大型研发生产基地获得生产许可正式投产后的又一重要举措。从工厂到连锁专卖店，中国日化企业在国际化道路上又迈出了新的一步。

3 法国 LE CHATELARD 1802

世界上最负盛名的薰衣草在法国，法国最好的薰衣草在普罗旺斯。LE CHATELARD 1802（夏特拉尔1802）就是位于法国普罗旺斯的一个拥有200余年悠久历史的，以薰衣草制品著称的品牌。2017年，洛娃集团收购了LE CHATELARD 1802，将其纳入大日化产业，成为国际化的重要组成部分，同时，也标志着洛娃集团大日化产业链正式向前延伸到原料领域，已经建立起从原料、研发、生产到销售完整的产业链。

法国的个人护理产品长期处于国际前沿地位，其品牌传播能力、研发水平、生产工艺、产品体系均位居世界前列。

LE CHATELARD 1802 始自拿破仑时代，距今已有 200 多年历史，丰厚的历史积淀和浪漫的薰衣草元素相结合，使该品牌既保持了悠久的历史传承，又富有时尚气息，在各种国际大型展会上广受国际买家的好评。

作为从 19 世纪初期就从事薰衣草事业的品牌，LE CHATELARD 1802 的创始人是首批在当地定居并种植薰衣草的人之一，延续至今，他们已经从单一的种植，到为其他生产商制造和交付原材料，再到终端产品的生产和销售，拥有完整的产业链，其在薰衣草制品方面的研发能力独占鳌头。

LE CHATELARD 1802 全部按照传统配方，严格遵循最高的质量标准，百分百采用法国工艺，严格把控产品的各个生产环节。

以护肤、个护、家居香氛、香水、精油原料等高端产品为主，现有 1000 余个品类，在欧洲的 LE CHATELARD 1802 专卖店、化妆品连锁店、有机产品店和药店等市场广受欢迎。

洛娃集团日化产业以真正的国际化发展之路，将具有国际因子的不同品牌纳入大日化旗下，中国的洛娃、卫尔、REWARD、优手，美国的 PANROSA、VANISSA、NATURISA、LAVE、LUOWA，连同法国的 LE CHATELARD 1802，依托中国、美国、欧洲三大生产研发基地，完成了从家庭到个护、从大众到高档、从专业到特色，覆盖中国、美国、欧洲的国际化布局，搭建起了洛娃大日化·国际化的品牌家族、走出去，引进来，融中外之长，形成了独特的低碳绿色环保发展之路，快速实现弯道超车，在新消费升级的大背景下，提升品牌形象，不仅带给消费者绿色健康的产品，更要为消费者提供全方位的绿色健康生活方式，正在形成一个全球家用和个人护理产品供应链生态圈，不断满足国际国内日益增长的品质生活需求。

通过将美国、欧洲、中国以及世界上其他国家和地区的市场进行有机整合，洛娃集团日化产业兼具了中国、美国和欧洲的多重优势，全球化进程不断加快，正在日益成长为具有国际影响力的日化企业。

纳爱斯集团有限公司
——蹚出"两山"生态工业发展新路

纳爱斯集团是中国日化行业领军企业,是"大国品牌"先行者。企业建厂创业于1968年,秉承"环境友好、安全健康"发展理念,持续引领行业科技升级、引领高品质的消费需求,以实实在在的发展成果蹚出了"两山"生态工业发展的新路,成为国家改革开放浪潮中持续实现"产业报国""实业强国"的典型代表。

习近平总书记曾多次称赞纳爱斯发展得好,当年他任浙江省委书记时视察的第一家企业也是纳爱斯。他说:"纳爱斯的发展有活力,纳爱斯的创业经验是浙江企业的宝贵财富。""你们按照既定转型升级的方向前进,好!"纳爱斯不忘初心、坚持奋斗,取得一系列骄人的成绩:获全国日化行业首家国家级工业产品生态设计示范企业和国家级绿色工厂殊荣;日化行业首家荣获"中国质量奖提名奖";连续10年蝉联"中国制造业企业500强"且位居日化行业首位;自中国轻工业百强榜发布至今,连续8年遥居日化行业榜首;以及率先于同行评获国家生态示范点,荣登《中国制造2025》绿色制造先进典型榜、轻工业联合会《升级和创新消费品指南》名录等,成为国家供给侧改革引领消费趋势的示范样板。

纳爱斯丽水总部一角

1 秉承"环境友好、安全健康",成就大国品牌典范

纳爱斯的发展理念"环境友好、安全健康"与国家"两山"理念高度一致,能够在丽水这个中国生态第一市、"美丽浙江"大花园最美核心区发展成为中国日化领军企业,也极好地佐证了纳爱斯能够切实做到生态与经济发展共生共荣。

集团董事长兼总裁何丽明阐述"环境友好、安全健康"的核心内涵,就是对消费者的责任心,对自然的敬畏心;纳爱斯人所做的一切努力,就是让生活更洁净、世界更美好。纳爱斯全面贯彻落实"环境友好、安全健康",呈现诸多领先优势,譬如从产品研发、生产到消费者使用体验的全过程,做到了产品的全生命周期绿色化,同时搭建的生态产品设计平台,能够带动上下游行业一起绿色发展,不仅提升了整个产业链的竞争力,也给合作伙伴带来新的发展机遇。

2019年7月15—16日,中国工业和信息化部节能与综合利用司联合欧盟发展总司举办了2019年工业产品绿色设计培训班,纳爱斯作为日化行业唯一受邀企业,分享了生态工业发展与绿色产品设计的成功经验,促进中欧工业高质量绿色发展。中央电视台CCTV-1《大国品牌》

纳爱斯国际科创园一角

栏目也分别在2018年"国庆日"、2019年"中国品牌日"专题解读了纳爱斯落实"环境友好、安全健康"所起到的社会价值与意义,向世界展示了中国企业的科技实力与品牌魅力。《大国品牌》官宣表示:"作为中国日化行业的领军者,纳爱斯以高质量发展的坚实基础与岿然底气,呈现出'大国品牌'先行者的核心实力。纳爱斯是工业发展与环境保护共生共荣的样板和典范。"

2 引领行业科技升级,持续提升"您"的生活品质

"只为提升您的生活品质"是纳爱斯的经营宗旨,也是纳爱斯引领行业科技升级与发展的风向标。纵观纳爱斯的发展历程便可见一斑:20世纪90年代初,创新推出改质改性、创肥皂历史先河的雕牌超能皂,一统全国肥皂市场成为中国肥皂大王,至今稳居龙头宝座;2002年率先推出用天然椰子油生产的天然皂粉,颠覆了传

统的合成洗衣粉，开启"天然"洗涤时代；接着在洗衣液盛行的年代，纳爱斯又率先推出洗衣凝珠，引领中国洗涤从"液"到"凝珠"的创新升级；继而《中国制造2025》公布首批绿色制造先进典型榜，纳爱斯的粉、皂、洗衣液和洗洁精类产品均入选为国家绿色制造体系首批绿色设计产品……在各个发展时代，纳爱斯都坚持做创新发展的引领者，不断提升人们的生活品质。

作为中国轻工业洗涤剂重点实验室、中国轻工业联合会科技进步荣誉企业，纳爱斯的基础应用与研究、多项技术荣获国家发明专利，形成强有力的核心技术优势。纳爱斯还在杭州建成纳爱斯国际科创园，其中被誉为行业一流的纳爱斯创新发展研究院，拥有全新的核心技术平台，强化新技术、新原料的应用研究，带动行业向更高科技、更高品质转型升级，这也是企业社会责任和价值的体现。

一家三代都在用大国品牌纳爱斯

近年来，纳爱斯加速科技创新与高质量绿色发展，取得诸多优势成果：以创新的安全除菌技术，研发出能除菌99%的产品；添加维生素C和维生素E的牙膏，能让每一次刷牙变成牙龈的健康护理；蕴含经过欧洲权威机构绿色天然双认证原料的植物氨基酸洗发水，能有效进行头皮和头发的双重养护；纳爱斯还从织染领域收获灵感，以天然生物酵素为原料，填补了传统工艺洗衣护色、去毛球功效的不足，让衣物更柔软更鲜艳；等等。这些高品质、高科技含量的产品，如水一般滋润着人们的生活。

如今，纳爱斯的产品已覆盖家居洗护、织物洗护、口腔护理、个人护理等多个领域，拥有雕、超能、纳爱斯、健爽白、伢牙乐、100年润发、西丽、西亚斯、李字、妙管家等十多个品牌近千款产品。纳爱斯用卓有成效的科技创新，呵护着千家万户，纳爱斯已经成为中国家庭一家三代都在用的大国品牌，持续推动行业与社会的进步。

3 弘扬中国品牌力量，让世界更美好

好产品、好品牌，无国界。

纳爱斯一直坚持既定的"明天的纳爱斯是世界的纳爱斯"这一愿景目标不懈努力，历经半个多世纪的发展，从浙江丽水出发，在湖南益阳、四川成都、河北正定、吉林四平、新疆乌鲁木齐、江苏太仓和台湾等地区分别设有驻外生产基地，并建有

50多家销售分公司，市场网络覆盖全球，产品远销欧洲、非洲、大洋洲、东南亚、美国等地区和国家，深受世界各地的消费者喜爱。

2019年7月，纳爱斯在非洲安哥拉投资的实体项目正式破土动工，这是中国企业在安哥拉创建的第一家日化生产型企业，也是纳爱斯进一步引领中国日化走出国门、整合世界资源、成就世界级企业的重大举措。纳爱斯的出口事业起步早，在同行中率先"走出去"并坚持以自主品牌为引导的产品出口模式，体现"中国品牌"的含金量。纳爱斯在境外注册了DIAO、Fasclean等9个商标、图案和公司标志，涉及亚洲和非洲、欧美等68个国家和地区。自主品牌DIAO（雕）于2012年起被连续认定为"浙江省出口名牌"，集团也入选浙江首批"品质浙货"出口领军企业。多种品牌产品进入中东、非洲、南美洲、大洋洲等60多个国家和地区，自主品牌占比达到90%以上，尤其在中东、非洲部分国家，纳爱斯的市场占有率达到百分之五六十。自主品牌洗衣粉类产品出口位列全国第一。

纳爱斯还通过"收购"加速国际化发展进程，2006年全资收购英属香港公司麾下的品牌，以日化界最大宗的收购知识产权为主要特征的成功实践，壮大民族品牌实力；2015年全资收购台湾妙管家100%股权，成为迄今最大宗大陆对台收购案，向国际市场架起有力的"桥头堡"。此外，纳爱斯还与众多世界500强企业建立全面的战略合作伙伴关系，始终保持发展水平走在世界前沿，凸显中国企业的自信与自强。

经过对国外市场多年耕耘，夯实了市场基础，也积累了丰富经验。当国家发出共建"一带一路"倡议，纳爱斯积极响应，走出去整合当地资源建设工厂，将"一带一路"沿线国家的经济发展需求与纳爱斯的优势结合起来，共赢发展。2016年"全球经济治理首要论坛"G20峰会在杭州召开，纳爱斯入选峰会外宣书籍《站在世界舞台上的浙商》与《G20浙商宣传片》，向海内外展示了中国企业的智慧；同年又荣登"亚洲品牌500强排行榜"的行业榜首，超越了日本、韩国和印度等国家的知名企业品牌。

水利万物而不争，纳爱斯利万众而有成。纳爱斯秉持对消费者的责任心，对自然的敬畏心，向着"明天的纳爱斯是世界的纳爱斯"的宏伟目标昂首奋进，持续提升中国企业的国际竞争力，推动制造大国迈向制造强国，让人们的生活更洁净、世界更美好！

南京佳和日化有限公司
——"加佳",奋斗在民族企业的振兴之路上

南京佳和日化有限公司是中国石化集团金陵石化公司的改制企业。目前公司主营业务收入超 10 亿元,员工 700 余人。曾获"中国日用化工 50 强企业"的称号。公司现有三套磺化装置,两套洗衣粉装置、液洗及水处理剂生产装置,具有年产 10 万 t 加佳牌烷基苯磺酸、20 万 t 洗衣粉、10 万 t 液体洗涤剂及 2 万 t 水处理剂的生产能力,是产销一体化的大型洗涤产品及原料生产基地。

公司已建立完善的质量管理体系,取得 ISO 9001、ISO 14001、GB/T 28001 等管理体系认证证书。提出了"科技创新、严细管理、精益求精、超前发展、顾客满意"的质量方针和"出厂合格率 100%、顾客满意率 99%"的质量目标。先后与宝洁、联合利华、浙江纳爱斯集团、广州立白集团、和记黄埔等知名企业建立了战略合作关系,成为具有超强市场竞争力和创新活力的现代化企业。

"加佳"品牌蕴含了"用心加倍,生活倍佳"的寓意,即只有加倍用心才能拥有更美好的生活。第一指企业在管理运作过程中更加用心,才能给企业带来更好的发展;第二指员工在生产操作过程中更加用心,才能给消费者带来更好的产品;第三指消费者在生活中更加用心,才能体会更美好的生活。"加佳"二字传递出一种积极向上的理念,不仅是一个企业精神面貌的反映,更是一种做人的哲理,佳和日化正是希望通过"加佳"商标的概念传递一种美好、乐观、健康向上的生活态度,希望广大消费者在使用"加佳"产品的时候能够体验到更加健康舒适的生活。

"创驰名商标,攀日化新高"是加佳人一直以来奋力追求的目标,自佳和日化成立以来,这个宏伟蓝图便酝酿在佳和日化的事业版图里,体现在每个加佳人的不

懈努力中。"加佳"品牌的洗涤产品畅销多年,销售网络遍布城乡各地,成为广大消费者喜爱的家用洗涤产品。三十年以来先后获得南京市名牌产品及著名商标证书,江苏名牌产品及著名商标证书。近年来,"加佳"洗涤用品产销量节节攀升,产品线不断丰富,形成了多层次的系列产品以满足消费者的差异性需求,成为国内市场上最具性价比优势的家用洗涤用品,深受广大消费者信赖。

琪优势化工（太仓）有限公司

琪优势化工（太仓）有限公司（以下简称"琪优势"）是由新加坡伟东化工私人有限公司投资的生产企业，全部股份由印度尼西亚三林集团和韩国梨树化学株式会社持有，各占50%。

公司成立于2009年12月，注册资本3100万美元，主要从事烷基苯的生产和销售业务。

公司股东之一的梨树化学株式会社成立于1969年，是韩国唯一的综合烷基苯生产商，年产能18万t，居世界前五名，其优质的产品质量闻名于全球。同样，在安全生产和环境保护方面，梨树化学也处于世界领先水平。梨树化学将为琪优势今后的生产和发展提供充足的原料和生产技术上的大力支持。

另一股东印尼三林集团是一家多元化的跨国公司，其业务涵盖食品、农业、房地产、基础设施建设、通信和化工等多个领域。它的洗涤剂工厂遍布印尼、马来西亚和新加坡，其中，洗衣粉、液态和糊状洗涤剂的年产能合计46万t，磺化能力年产8万t。

琪优势坐落于江苏省太仓市太仓港港口开发区，占地面积100亩，引进了世界先进的烷基苯生产技术，一期项目已于2012年投产。现直链烷基苯（LAB）

年产10万t左右，重烷基苯（H-LAB）年产5000t左右。

山西焦煤运城盐化集团有限责任公司

山西焦煤运城盐化集团有限责任公司（简称"山焦盐化"）是山西焦煤集团的全资子公司，南风化工集团股份有限公司（简称"南风化工"）为其控股的上市公司。

山焦盐化在全国10个省（区、市）有22个参控股公司、7个分公司。公司主要经营日用化工系列产品、无机盐系列产品、国际贸易、化工机械加工、旅游业及美容养生服务业等，是全国主要的无机盐生产基地和重要的日用洗涤剂生产企业，是中国洗涤剂协会副理事长单位，是中国无机盐协会副理事长单位、芒硝硫化碱分会会长和元明粉出口协会会长单位。

山焦盐化资源优势突出，拥有驰名中外的硫酸钠型盐湖——运城盐湖和江苏、四川等地丰富的芒硝矿资源开采权；盐湖黑泥是可以与以色列"死海"相媲美的天然美容稀缺资源，与河东大盐一起被评为"国家地理标志保护产品"。

山焦盐化技术研发实力雄厚，设有国家级技术中心，并

山焦盐化·南风化工集团总部大楼

山焦盐化洗涤产品生产基地

七彩盐湖自然景观

与清华大学、中北大学、江南大学、中国日化院、中国地质科学院等国内高校和科研机构建立了良好的合作关系；在无机化工精细产品和日用洗涤剂的研发上走在了国内同行前列。在黑泥化妆品开发上产品获得过多项国家专利。

山焦盐化市场营销体系完善，在全国各省（区、市）建有布局合理、运作顺畅的营销网络；建有自营进出口公司，拥有固定的国际客户，产品远销30个国家和地区。

山焦盐化先后荣获"全国五一劳动奖状""中国企业管理杰出贡献奖""全国精神文明建设工作先进单位""全国思想政治工作优秀企业""全国厂务公开先进单位""全国职工之家""全国企业文化建设优秀单位""全国质量诚信标杆典型企业""全国产品和质量诚信示范企业""全国质量信用先进企业"等荣誉。

奇强植物皂精华洗衣液系列产品

天使专业母婴洗护系列产品

拜尼品牌系列美容化妆品

山焦盐化总部位于山西省运城市，始建于1948年2月，其前身为晋冀鲁豫边区太岳行署"潞盐管理局"。1958年7月，成立山西省地方国营运城盐化局，即山西运城盐化局。

1992年，山西运城盐化局涉足洗涤剂行业。1996年，山西运城盐化局联合国内四家企业成立南风化工。

2002年，南风化工进入旅游行业，实现了对运城盐湖康养资源的开发。运城盐湖旅游向国际化方向发展，南风化工迈出了向化妆品领域发展的脚步。2004年9月，正式注册成立北京南风欧芬爱尔日用化学品有限责任公司，南风化工产品由日化洗涤行业向化妆品业延伸。2013年9月26日，运城盐池大盐（河东大盐）、运城盐池黑泥被认定为"国家地理标志保护产品"。

2012年12月，运城市政府与山西焦煤集团签署协议，将盐化国有资产无偿划转给山西焦煤集团，成立山焦盐化。

山焦盐化坚持不懈推进对内改革和对外开放，激发企业内部活力，增添企业内生动力，增强企业发展实力。坚持化工产品精细化、日化产品差异化、康养产品特色化、黑泥化妆产品高端化、新兴产业产品规模化，满足日益变化的市场需求。目前，山焦盐化日化产业拥有7个洗涤用品生产企业、1个牙膏生产企业、1个化妆品生产企业。拥有41条洗衣粉、皂类、液洗类产品生产线，设备产能65万t/a；牙膏生产线设备产能1亿标准支／年；2条化妆品生产线可生产膏霜、乳液、面膜、面贴膜等护肤类产品。获得国际先进科技成果2项，取得各项专利53项。27年来，山焦盐化日化产业始终秉持"绿色、环保、健康"的发展理念，坚持产品创新、原料创新、工艺创新，在业内引领了"浓缩化""植物化""绿色化"的行业发展潮流；坚持用工匠精神打造国货精品，将打造民族品牌作为产品生命的灵魂，将健康洗涤作为产品孜孜以求的目标，通过产品的不断创新和品质提升，让更多的消费者享受到健康、快乐的品质生活。洗涤品牌"奇强"先后荣获了"中国驰名商标""亚洲品牌500强""全国洗涤用品行业质量领先品牌""全国质量信得过产品"等多项国家级荣誉。

作为有着70多年建厂史的优秀国有企业，山焦盐化从成立之日起，就将"在社会需要的时候挺身而出"作为行为准则。从"勇扛民族工业大旗"，到"用工匠精神打造国货精品"；从1998年长江抗洪、2003年抗击非典到2008年汶川抗震以及2013年雅安抗震，无不体现山焦盐化（南风化工）集团"全心全意为国家建设无私奉献"的国企风骨和社会担当。

进入新时代，山焦盐化将进一步明确发展战略，理清发展思路，深化改革创新，突破重点、难点，不忘初心，奋发进取，砥砺前行，不断开创转型发展、创新发展和高质量发展的新局面。

上海和黄白猫有限公司

上海和黄白猫有限公司是专业的合成洗涤剂生产厂商，也是国内最大的清洁用品生产企业之一，拥有洗衣粉年产15万t、洗洁精年产30万t的规模。

"白猫"创立于1948年，定名为上海永新化学工业股份有限公司；1966年更名为上海合成洗涤剂厂；1994年，上海合成洗涤剂厂与香港新鸿基中国工业投资有限公司合资，成立上海白猫有限公司；2006年，和记黄埔（中国）投资有限公司、香港日用化工产品有限公司共同注资，组建成立如今的上海和黄白猫有限公司。

"白猫"作为国内洗涤用品行业的领导者，在半个多世纪的发展历程中，曾创下多个国内第一：第一包合成洗衣粉、第一座喷粉塔、第一台洗衣粉包装机、第一批浓缩洗衣粉。公司的主业和支柱产品为洗涤产品，从织物洗衣粉开始经几十年的发展，白猫品牌已从原来单一的洗衣粉、洗洁精拓展为一个白猫产品体系，已形成了六大系列、几十个品种的架构产品，即织物专用系列、厨房专用系列、盥洗室专用品系列、个人清洁用品系列、居室专用品系列和公共及工业清洁系列。

上海和黄白猫有限公司的发展，离不开对创新的大力投入。其技术中心是行业内为数极少的国家级企业技术中心，2001年即通过认定，为行业首家；技术中心实验室也于2001年被认定为国家级分析中心实验室；2017年上海和黄白猫有限公司被认定为上海市高新技术企业。

这林林总总的成绩绘就了一幅卷轴，下面将引领各位回首这段精彩的过往。

年份	公司大事记	产品大事记
1948	上海永新化学工业股份有限公司，建厂工作正式启动	
1949		产品：洗涤皂
1950	甘油工场、硬脂酸工场建成试车	新增产品：永星牌药用甘油、永星牌化学纯甘油、三压和二压硬脂酸
1951		新增产品：工业皂、浆纱油
1958	磷酸盐车间成立	
1959		4月，试喷出中国第一包合成洗衣粉。是月，合成洗涤剂正式投产，第一批"工农牌"合成洗衣粉14.3t问世
1961	7000 t/a 烷基苯磺酸钠车间验收投产	
1962	建成中国第一座洗衣粉喷粉塔 烷基苯磺酸钠车间验收投产	白猫牌合成洗衣粉试制成功 增加产品：特种甘油
1963	制造中国第一台洗衣粉包装机 "白猫"商标诞生	扇牌洗衣粉、白猫洗衣粉开始出口
1964	批量生产出三聚磷酸钠	
1966	公司更名为国营上海合成洗涤剂厂 三聚磷酸钠车间建成投产，规模为1710 t/a，是国内同行业中第一座	
1973		生产出了洗涤剂用碱性蛋白酶
1974		试制成配方中加聚醚、皂片的高效低泡美加净洗衣粉
1978		一种新型的洗涤产品——佳美（加酶）洗衣粉研制成功并通过鉴定，填补了国内市场上这一商品的空白
1979		白猫牌洗衣粉被上海市工商行政管理局评为上海市优质名牌，并授予上海市"著名商标"称号
1980	白猫推出第一条电视广告，堪称中国广告经典，这只欢快跳动的白猫在当时家喻户晓，"洗衫不用愁，白猫帮你手"	
1981		白猫洗衣粉，经国家质量奖审定委员会批准，荣获国家经委颁发的国家质量银质奖 柠檬香型液体洗涤剂——白猫洗洁精投入生产

续表

年份	公司大事记	产品大事记
1985	万吨烷基苯车间竣工验收	
1986		白猫牌超浓缩型洗衣粉评为1986年度上海市优质产品
1987		经上海市名牌产品评选委员会评选，上海合成洗涤剂厂生产的佳美洗衣粉和白猫洗衣粉双获"上海名牌"证书
1988		白猫洗衣粉经国家质量奖审定委员会复查确认，被继续授予国家银质奖
1989	在"上海经济区出口名优商品展评会"上，朱镕基市长特地与马立行副厂长等进行了交谈，他一再强调："你们这个厂很重要，要保证洗衣粉市场供应，避免引起市民的恐慌。" 上海合成洗涤剂厂和轻工业部日化所共同起草了《合成洗衣粉》国家标准	白猫超浓缩洗衣粉、白猫丝毛双功能洗涤剂、五洲增白洗衣粉首次面市。洗涤丝毛织物专用品的白猫牌丝毛洗涤剂正式投产
1990		白猫喷洁净投产上市。同年，推出升级换代新产品——白猫超浓缩洗衣液 具备洗发、护发、去屑、止痒四大功能的法奥四合一香波，完成试制
1991		白猫浓缩洗衣粉荣获国家质量银质奖 白猫牌丝毛洗涤剂被评为1991年度上海市优质产品
1992	上海市委书记吴邦国亲临上海合成洗涤剂厂视察工作，并认真听取马立行厂长的汇报 上海合成洗涤剂厂被上海市政府教卫办评为上海市高校校外实习基地先进集体	加酶浓缩洗衣粉正式生产销售 白猫运动鞋泡沫喷剂，完成了试生产 白猫牌洗衣粉和白猫牌洗洁精荣获由国家商业部、国家技监局、轻工总会等九部委组织评审的1992年全国最畅销国产商品"金桥奖"
1993	上海合成洗涤剂厂与香港新鸿基中国工业投资有限公司，经多次协商洽谈，合资建立上海白猫有限公司 在第二届中青年科技成果博览会上，国务院副总理邹家华在团中央书记李克强陪同下，参观"白猫"新品展台，并鼓励说："只有不断出新品，路才能越走越宽。"博览会期间，全国人大常委会副委员长李沛瑶、中国科协副主席朱光亚、上海市委宣传部部长金炳华、团中央和上海团市委领导先后到我公司展台参观 1.6 t/h磺化装置试生产宣告成功	漂水系列产品、白猫油污清洗剂、白猫丝绸专用洗涤剂上市 白猫牌洗衣粉和白猫牌洗洁精荣获全国最畅销国产商品"金桥奖"

年份	公司大事记	产品大事记
1994	上海白猫有限公司正式挂牌开业。上海市副市长蒋以任，上海市经委副主任符卫国，中国轻工总会洗涤剂协会理事长计石祥，上海市轻工业局局长郑国培、党委副书记彭桂珠，以及本市有关部局、主管部门和兄弟单位领导共260余人，出席了开业典礼 赞助上海中学生化学竞赛。本公司是"白猫杯"上海中学生化学竞赛的唯一赞助商，至今已连续20多年，由此荣获"青少年教育培养基地"称号	白猫牌洗衣粉再次荣获1994年全国最畅销国产商品"金桥奖"，为1992年后的"三连冠"
1995	白猫万州分公司成立，布局内地的同时，也响应了国家提出的知名企业到三峡投资办企业、为三峡移民工作对口支援的号召	白猫牌洗衣粉再次荣获"金桥奖"，为"四连冠" 白猫牌洗衣粉、洗洁精被推荐为1995年上海名牌产品
1996	通过ISO质量管理体系认证 江泽民同志在上海知名企业家座谈会上接见白猫集团总经理马立行	
1997	完成《洗衣粉》国家标准的修订 白猫辽宁分公司成立 李鹏总理考察三峡库区落户的名企，视察了白猫万州分公司	
1998	白猫产品被授予环境标志产品认证证书	
1999	"白猫"荣获中国驰名商标	白猫宝宝洁衣液、羊毛织物洗涤剂上市
2001	公司技术中心通过国家企业技术中心认证，为洗涤行业首家 顺利通过国家认可实验室申请、评定工作	白猫无磷洗衣液上市
2002		白猫牌合成洗衣粉被评为中国名牌产品
2003	通过ISO环境管理体系认证	
2004	完成《洗衣粉》国家标准的修订 "白猫"商标被认定为上海市著名商标	白猫牌洗衣粉、洗洁精被推荐为上海名牌产品 白猫牌液体洗涤剂被评为中国名牌产品
2006	上海白猫有限公司完成合资操作。和记黄埔（中国）投资有限公司、香港日用化工产品有限公司共同注资，组建成立上海和黄白猫有限公司 完成《洗涤剂用羧甲基纤维素钠》国家标准的制定	
2009	上海和黄白猫有限公司与上海世博局成功签约，成为2010年上海世博会首家清洁洗涤用品行业项目赞助商 完成《洗衣粉》国家标准的修订	成为首家获批使用浓缩粉标志的企业，白猫超浓缩洗衣粉成为国内获首个认标的浓缩粉产品

续表

年份	公司大事记	产品大事记
2010	荣获全国清洁博览会金钻奖	
2012		白猫浓缩型洗衣液获得浓缩洗涤剂标志准用证书 大自然清馨洗衣液上市
2015	荣获中国工业与公共设施清洁行业产品质量奖	
2016	获得"专精特新"企业称号	
2017	上海和黄白猫有限公司获高新技术企业认定 配合市政动迁，从龙吴路搬至漕河泾聚鑫园区，从生产性企业转型为管理和研发为主的企业 收购中方股权，上海和黄白猫有限公司由合资企业转为外商独资企业	小白猫婴幼儿系列产品上市
2018	再次荣获中国工业与公共设施清洁行业产品质量奖 被评为上海市专利工作试点企业 "白猫"商标进入上海市重点商标保护名录 受上海市质量技术监督局、上海日用化学品行业协会委托，制定《油烟机清洗剂质量提升细则》 参与《食品安全国家标准洗涤剂》《手洗餐具用洗涤剂》国家标准的修订 成为"中国真丝洗"团体标准制定方；成为"中国真丝洗"真丝洗涤剂标准样品提供方 荣获中国洗涤用品行业质量奖	白猫洗洁精获得上海市畅销金品奖
2019	知识产权专项奖励正式启动，洗衣粉、洗洁精研发人员因2018年授权专利，首获殊荣	

上海家化联合股份有限公司
——见证时代进步，顺应潮流创新

2019年，上海家化进入发展的第121年。上海家化始终以国家复兴和振兴民族产业为己任，打造了许多家喻户晓的品牌，创造出众多时尚的产品，为数亿消费者带去了美丽与自信。作为民族日化龙头，上海家化一路风雨兼程，顺应时代进步的潮流，挺立创新潮头。

1 品牌传承，续写国货传奇

从1898年，香港广生行雙妹品牌的创立，到1978年间，上海家化推出雅霜、美加净等大众护肤品品牌及其产品，并创立了市场上的多个第一；再到改革开放后，随着消费者需求的井喷，针对细分市场推出了中国第一个男士护肤品牌高夫，以及以中医中草药为核心差异化品牌定位的六神和佰草集。121年，上海家化完成了从广东南海边化妆品小生意到民族日化龙头的华丽转变，实现了跨越式的高速发展。

改革开放初期，我国经济刚刚从计划经济体制下转换跑道，进行市场经济的试水。家化在这个阶段敢为人先，凭借前瞻性的市场意识和营销手段，扩大了旗下品牌的知名度和市场影响力，迈入了快速发展的轨道。1981年在上海开设了上海第一家美容美发厅——"露美"，并进而推出了我国第一套高级成套美容化妆品——露美化妆品，1984年，美国总统访华，露美产品礼盒作为国礼赠送给总统夫人；家化同时抓准改革开放初期国内日化市场产品种类极度稀缺的契机，利用"美加净"品牌不断地推出市场上的首创产品。

20世纪90年代后，消费者生活质量有所提高，审美也逐渐多元化、个性化，对护肤品的需求开始急速扩张。1992年，家化敏锐地关注到了中国男性消费市场的发展机遇，推出了中国第一个男士专业护肤品牌高夫。同时，外资纷纷开始瞄准中国这个庞大的市场，面对来自国际巨头的激烈竞争，上海家化以中医中草药为切入点，走出了一条差异化的发展道路，相继推出国民品牌六神以及定位高端化妆品市场的佰草集。

在消费升级的当下，家化不断完善品牌矩阵，通过子母品牌联动优化品牌驱动力，实现品牌价值最大化，形成一个充满活力的良性品牌生态圈。

家化陆续推出针对消费者细分需求的新品牌，如主攻医学护肤领域的玉泽、婴幼儿护肤市场的启初以及家居护理领域的家安。2017年，公司全资收购全球领先的婴童喂哺品牌Tommee Tippee（汤美星），与启初东西合璧发力国内母婴护理用品市场。2018年，上海家化与美国Church&Dwight公司签署中国地区长期合作协议，成为C&D公司家居护理产品、口腔护理产品、发类产品、女性护理产品四个品类在中国大陆市场的独家合作伙伴，把国际领先的高品质个人护理与家居护理产品引入中国。通过内生增长、外延并购的方式，上海家化进一步壮大完善了商业生态圈。

	美容护肤	个人护理	家居护理
高端化	VIVE 雙妹　佰草集 Herborist	tommee tippee 汤美星	
年轻化	美加净 maxam　一花一木 FRESHHERB	六神	
细分化	玉泽 Dr.Yu	gf高夫　Giving 启初	家安

2　潜心研究，匠心成就品质

上海家化是现存的最早投入研发、最重视研发的本土化妆品企业之一。早在1989年，家化的研发人员就依照传统中医理论和重要功效研制出了六神花露水，一经上市，六神迅速赢得了70%的市场。1995年，在普遍采用生化技术的护肤市场，上海家化研制推出中国首个现代中草药护肤品品牌佰草集，开辟了本土品牌发展新路径。

家化在前端不断开拓新品的底气，来自后端研发实力的供应保障。2009年，上海家化以"医研共创"的模式，联手上海交通大学医学院附属瑞金医院开展合作，打造了专注皮肤屏障修护的玉泽品牌，由传统美妆市场跨入科学护肤市场。2013年，上海家化又联合首都儿科研究所皮肤科，及生物学、植物学、养身学等多领域国内外权威专家、机构成立启初婴幼儿个人护理研究中心，延续自20世纪90年代便开始的婴幼儿肌肤护理的研究，为家化深化在母婴市场的布局提供科技研发的支持。

家化坚持研发先行方针，不断完善新品开发流程，强化研发技术，提高产品创新水平及质量。2018年，公司研发中心升级为科创中心，不仅在文化、体制和研发

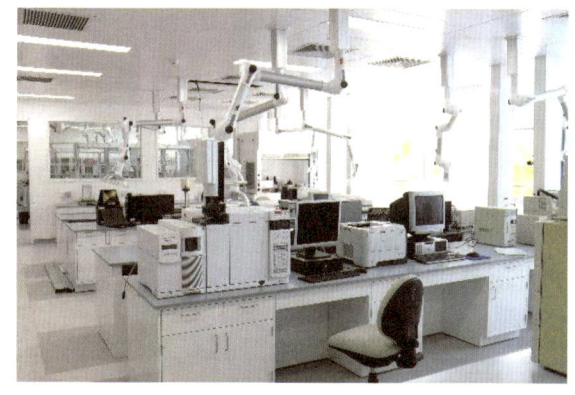
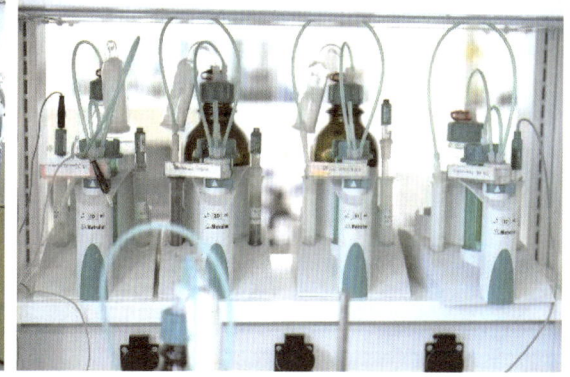

团队上注入了更多创新的元素，同时注重强强联合，在微生态、表观遗传学、干细胞、智能靶向、仿生学等领域深入研究，引领行业的发展趋势。

2019年，上海家化与上海市预防医学研究院签署合作框架协议，上海家化将继续打造优质产品，造福中国消费者。

经过多年积累，上海家化建立健全了包含基础研究、产品研发、安全评估、功效测试、消费者洞察及工业设计开发的完整的研发体系，并率先提出了"开放式创新平台"的研发模式，整合全球资源提升研发水平，加快创新导入市场的速度，为本土企业发展研发提供了可参照的范本。

3　精益管理，铺就成功之道

随着改革开放方针政策的提出，市场经济的大门被叩开，中国开始进入经济的高速发展时期，上海家化也开始尝试向市场经济转型来顺应改革开放的时代潮流，在公司治理方面开创了国内企业的众多先河：在国内企业中率先成立法律部和审计部；在国内企业中率先组建了市场部，成为与销售部、科研部和生产部等部门并立的全新部门；在同行业中第一个设立经营部制度，开始对传统的销售渠道进行变革；行业内最早推行"品牌经理制度"；等等。

加入世贸组织后我国的对外开放开始转变为市场主导型的对外开放，从体制上和世界经济接轨。2001年，上海家化在上海证券交易所挂牌上市，成为国内化妆品行业首家上市企业。2011年，上海家化完成了由国有企业向民营企业的转变，公司运营机制变得更加灵活，更加市场化。

现阶段，上海家化在决策与执行上形成了以各品牌负责人为主导的决策机制，尝试决策授权与去中心化，鼓励一线人员大胆创新，并建立容错机制，以便在瞬息万变的复杂竞争环境中及时做出反应。在系统运营方面，家化强调协同效应，形成品牌主导、渠道协同、销售执行的扁平化、开放式组织构架。

4　百年龙头续创非凡，华美与共焕新生

新时机下，上海家化将坚持"创新领先、增长领先、品质领先"的发展战略和"研发先行、品牌驱动、渠道创新、供应保障"的经营方针，深入推动上海家化生态圈建设，依托"品牌拓展、精准营销、品类挖掘、渠道创新"四大发展路径，贯彻"高端化、年轻化、细分化"策略，不断壮大品牌矩阵、提升品牌影响力与公司整体实力，以实现"跻身世界一流日化公司俱乐部"的战略目标。

公司将创立生产、研发、渠道营销、品牌管理、资本五大平台，助力公司发展制造、服务、科技三大产业，同时，将融合八大渠道，集中力量发展十大品牌，大力推进上海家化生态圈发展：在品牌拓展方面，公司将持续发展自有品牌、推进发展合作品牌；精准营销方面，公司建设了"华美家CRM"系统和"家化第一方DMP"系统，深度挖掘消费者需求，进行个性化营销；品类挖掘方面，上海家化将充分挖掘护肤、彩妆、家居、护发、口腔护理的细分品类机会，致力于成为品类领导者，抢占万亿规模日化用品市场；而渠道创新方面，上海家化则将继续深耕精作八大渠道，实现协同发展。

作为百年龙头和民族标杆企业，家化承载着中华文化，让传统中华智慧焕发新生；凭借非凡匠心，打造行业领先的工艺和品质；坚持恒久诚信，规范经营，与合作伙伴共同发展；持续锐意创新，为国人带去更多"美"的体验。未来，上海家化将继续以传承民族经典、融合创新为己任，以每个人的美丽健康，每个家庭的洁净幸福为使命，让东方美在全球绽放！

苏州绿叶日用品有限公司
——"智惠零售＋品牌电商＋绿叶惠购APP"创新模式建设

绿叶科技集团位于苏州国家高新区浒墅关工业园内，是一家集科技研发、智能制造、自主品牌推广、互联网营销、绿叶惠购APP平台与连锁经营于一体的现代化集团企业。

总投资7亿元的绿叶科技集团化妆品产业园，占地面积72亩，总规划建筑面积10.68万平方米，是一座综合性的化妆品产业基地，设计总产能达8万t/a，整个车间通过ISO 9001认证及国际GMP认证，拥有10万级洁净标准的生产车间。生产线采用德国EKATO、法国KALIX、瑞士ABB机器人等先进生产设备和质量控制系统。

在核心科技方面，绿叶做出重点投资科技研发的科技兴企战略，徐建成董事长宣布将以每年营业额的3%作为研发费用投入，大力提升研发水平，鼓励科技创新，保持产品核心竞争力。目前已建立完成五大科研中心——总部科研中心（苏州）、上海张江高科博士后工作站（上海）、欧洲联合研发中心（瑞士）、江南大学联合研究中心、浙江大学纳米材料联合工作组，形成五大中心协同发展的完善科研体系。其中欧洲联合研发中心是与国际化妆品企业意大利INTERCOS集团、瑞士国家生物护肤研究中心——瑞士CRB联合成立，致力于民族精品日化的研发。在深厚的自主研发基础上，绿叶科技实力不断提升，逐

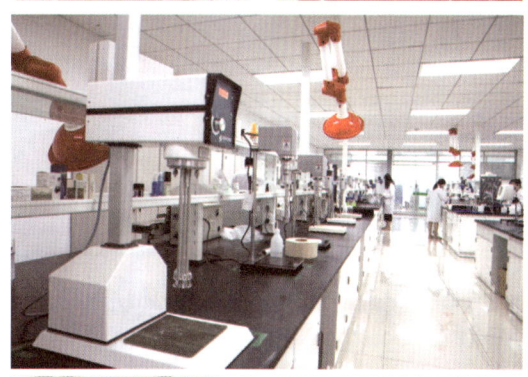

步发展成为中国日化行业颇具竞争力的民族企业。

凭借国际领先的科技研发、一流的生产制造、严格的质量管理与控制，绿叶智能制造生产中心不断推出希诺丝、爱生活、卡丽施、家得丽、纽维兹、玛维莎等品牌的系列化生活用品，深受消费者青睐。

绿叶科技集团紧抓互联网发展的时代脉搏，独辟蹊径创立了"智惠零售＋品牌电商＋绿叶惠购 App"的新型商业模式，建设 C2F（Customer to Factory，以消费者需求为核心、从消费者需求直达工厂）大平台发展模式，打造完成了线上购物、线下体验和现代物流相结合的高品质、真价格服务平台和自主品牌电商平台，市场反响热烈。

立足自身发展的同时，绿叶科技集团积极回馈社会，特别注册了绿基金。绿基金是由绿叶科技集团注资成立的公益基金会，2014 年 8 月 27 日正式获得苏州市民政局批准成立。以"热心慈善公益事业、积极承担社会责任"为宗旨，致力于传播"孕育美丽、甘于奉献"的绿叶精神，绿基金主要关注的公益方向有：扶贫助学、济困救灾、救助灾害、扶老抚幼。绿基金先后捐资于公安部中国公安民警英烈基金会，中国警察协会，江苏省、浙江省、湖北省、辽宁省、广西壮族自治区等地公安局大病特困基金会和见义勇为基金会，河北省助残脱贫，四川九寨沟地震灾区以及河北、宁夏等地精准脱贫。在湖南、广西、云南、贵州、山东各省、自治区建立六所绿叶小学，资助北京大学贫困学生、甘肃和江苏贫困学生累计 1800 余名，捐助慈善金总额达 6000 余万元。

威莱（广州）日用品有限公司
——以巩固健康生活为理念

位于珠江畔的广州市，既有为共和国催生的红色历史，还闪耀着岭南文化的灿烂光辉。威莱（广州）日用品有限公司，其总部位于广州市繁华的商业中心天河区，门前每天的车水马龙映照着日新月异的时代气息。而公司的工厂则在市郊山清水秀的从化区，是通过了ISO 9001和ISO 14001等全球质量体系认证的现代化的生产基地。

巩固健康生活，是威莱（广州）日用品有限公司自创始之日起就一直秉承的战略理念。十余年来，经过艰苦奋斗，威莱在家居消毒领域开创出一片崭新的天地，成为行业的领军企业。不仅如此，公司还努力创新，坚持向新的市场挺进，在家居清洁、衣物清洁、个人护理等领域也硕果累累，将健康的生活方式推向了国内及海外更多的家庭和更广大的消费者。

提到中国家居消毒的领导品牌，大家都会想到公司核心品牌之一的威露士（Walch）。它作为早期获得国家卫生许可批件的消毒产品，将消毒、健康和安全三点有机地结合起来，销量多年来在同类产品中处于领先地位。令人可喜的还有，具有健康杀菌形象的威露士消毒液和洗手液，常年在我

国香港保持销量第一，在我国澳门和新加坡等地也获得了广大消费者的青睐。与此同时，品牌已从消毒液的单一产品线衍生到了不同的市场。2004年，威露士泡沫洗手液诞生。2010年，威露士洗衣液系列产品上市。每一次的创新，都是奉献给消费者一次关爱生活、注重生活健康品质的新体验。

在新品研发及品牌推广上，公司总是朝气蓬勃，近年来在个人护理产品的发展上更是充满着如火的热情。18本精油沐浴露为公司主推的含精油概念的美体型高档沐浴露，特聘请香港金像奖影后杨千嬅代言，已成为香港精油沐浴露的热销品牌；少女系列的花露士品牌于2015年上市，是专为爱美的青春少女设计的护肤精品系列。

威莱集团与时俱进，在日化行业率先开创新零售、全渠道销售模式。线下已覆盖沃尔玛、大润发、家乐福、麦德龙、华润万家等国际国内大型连锁系统。线上已开拓天猫、淘宝、京东商城、苏宁易购、1号店等各大知名网络渠道。自集团开拓线上渠道至今，连续5年创造了全网销量第一的业绩神话。自2015年以来，天猫双十一购物节，连续4年创造单日销售突破1亿元的辉煌战绩，稳居天猫家清类目第一，并创下洗衣液、消毒液、洗手液、皂液、洗衣凝珠等双十一单品销售第一。

尊重科学、注重数据是威莱研发部门乃至整个公司都一直遵循的工作模式。威露士的消毒产品根据国家标准具备优异的杀菌性能，但日常使用能否提高人们的健康水平，特别是能否减少儿童感染性疾病的发病率？为了寻找科学的答案，公司的研发部门自2009年起用3年多的时间与中国疾病预防控制中心（CDC）环境所进行产学研合作，开展了"消毒与儿童感染性疾病发病率的研究"的大型科学调研项目。项目挑选了生活水平有明显差异的多个城市，参加调研的儿童及家庭达1000多个。通过对日常（实验组）和不常（对照组）进行清洁消毒的数据比较发现，在幼儿园和家庭日常使用清洁消毒产品，可降低儿童呼吸道感染性疾病症状发生率、肠道症状发生率及眼部感染症状发生率等。据了解，就消毒清洁产品的健康效果开展如此广阔的科学调研，威莱不愧为国内企业的开路先锋，反映出公司对"巩固健康生活"的事业具有强大的责任心。

在与行业协会加强合作的同时，公司近年来和行业外专业协会的合作也日趋广泛。中国医师协会是全中国医师的家，有着与威莱相同的理念：为改善和提高人民的健康生活而努力。公司积极参与协会发起的健康产业发展论坛、

八、企业篇

治未病大讲堂等活动，并荣获中国医师协会授予的"中国健康事业最具社会责任感企业"的荣誉称号。

慈善公益事业在公司对外交流中一直处于重要地位。公司在成立之初，就成为国际儿童希望基金早期最大的赞助商。公司还于2006年携手中国社会工作协会儿童希望救助基金联合成立"威露士健康心基金"，以"别再让孩子心疼"为口号，投入巨资关注患先天性心脏病的贫困儿童。少年儿童是祖国的未来，关爱小朋友的健康要从养成良好的卫生习惯入手。2014年初秋，威露士发起了"爱心妈妈"的公益活动，向全国上万所幼儿园送出了20多万瓶泡沫洗手液。在成千上万个"爱心妈妈"的踊跃参与下，从富饶的城里到偏远的农村，小朋友们都用上了威露士抑菌泡沫洗手液。从小养成勤洗手、爱洗手的好习惯，满手又白又滑的泡沫让洗手变得既有益又好玩！春季是禽流感的高发期，而儿童则是其中的高危人群。为此，在年初春暖花开的季节里，公司在全国启动了"帮书包系上健康"的大型公益活动，让威露士Q版免洗洁手液挂在了全国近百万幼儿园和小学孩子们的书包带上。凭借其迷你的包装，加之简便的使用方法，"她"迅速风靡了校园。看着孩子们你帮我我帮你地把"她"系在同桌的书包上，兴高采烈地用"她"清洁着小手，在校园、街道、春游、阖家出行的路上，粉红色的"她"伴着孩子们如花的笑脸……威莱人的心里都充满着温暖而灿烂的阳光。

随着公司的日益成长，广州从化和天津武清的两个生产基地将同时为公司的大业开足马力。最近，公司又斥资收购了多家境外洗涤剂工厂，为日后进一步在日用化工领域发展壮大打下基础。中国日化工业，就像一条波涛澎湃的江河，有风平浪静的河湾，也有暗流滚滚的险滩，而威莱日化这条轻便的快船，正扬起风帆，迎着朝阳，向着"巩固健康生活"的宏伟目标，勇往直前。

西安开米股份有限公司

开米品牌为自有品牌，开米拥有自有知识产权，创建于1992年。开米公司实现了中国洗涤用品行业"衣用液体洗涤剂、洗手液、实际无毒级的果蔬清洗剂和餐具清洗剂"三大科技进步。公司以绿色、生态、健康、低碳为发展宗旨，坚持使用绿色原料，并采用智能制造工艺，生产生态型液体洗涤剂。

公司发展初期是在租用的手工作坊里生产；随着新型液体洗涤剂的需求日益增长，公司适时地于2001年建成了我国行业内第一个实施双绿色标准的现代化工厂，引导了我国绿色环保洗涤剂的消费潮流，为我国绿色环保洗涤用品质量赶超世界领先水平做出了重大贡献。

公司历经27年的创业发展，始终坚持以自主研发为主的科技创新道路，传承与发扬工匠精神，不忘初心，持续打造开米环保绿色生态洗涤用品。开米的技术研究

中心经国家级评审已被授牌为国家认定企业技术中心。科研创新能力和产品研发质量均已达到国际同行业一流水平。公司已获得11项技术发明专利，已报批在审的技术发明专利有23项。公司主持和参与制订、修订的国际、国家和行业标准共计43项，公司是全国食品消毒洗涤产品标准技术委员会副主任单位，是我国洗涤用品行业中参与制订、修订标准最多的企业。公司所有产品的产权均为自主知识产权，公司已拥有8大系列，100多种绿色环保洗涤用品。公司先后荣获了国家五部委颁发的"国家高新技术企业""国家认定企业技术中心""中国第一家双绿色认证企业""国家高新技术产业示范工程""A级纳税企业""中国名牌""中国驰名商标"等多项荣誉。开米系列产品是中国唯一纳入联合国采购目录的液体洗涤用品。2014年在德国绿色论坛上荣获"国际绿色

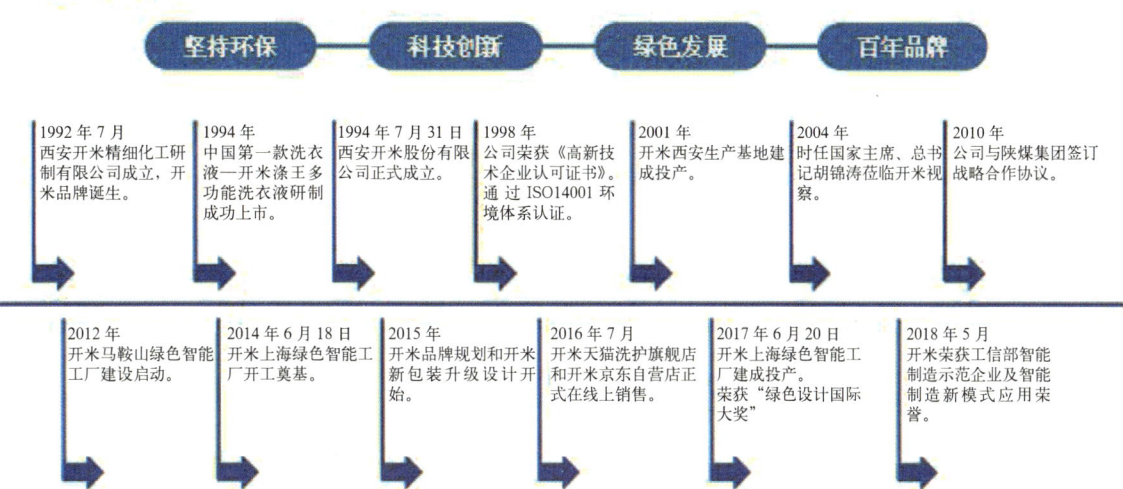

设计贡献奖"。公司已在美国、英国、日本等全世界189个国家成功注册了开米商标，通过了欧盟认证，产品已销往澳大利亚、英国、俄罗斯、日本等国家。

公司稳步发展，现已进入跨越式发展阶段，开米马鞍山工厂已于2016年竣工投产，上海工厂于2017年6月成功试投产。未来几年，公司将形成年产30万t液体洗涤剂，产值近百亿元的经济规模，将开米打造成为国际一流、世界知名的低碳绿色洗涤用品企业，开米公司将依靠品牌优势、规模优势成为国际液洗行业知名企业。

新浪爱拓设备（江苏）有限公司
——技术领先的探索者、智能制造的先驱

新浪爱拓设备（江苏）有限公司是日化设备行业一颗璀璨的明珠，是新工艺、新技术的探索者，是《中国制造2025》的先驱。公司成立于1990年，以德国的机构设计中心和轻工日化研究机构为依托，以高级工程师为技术核心，在设备信息化、智能化方面不断探索，现已成为日化化工机械行业的高端企业，新浪爱拓是中国化妆品设备出口的领先品牌。

新浪爱拓一直以技术优先、品质为本的理念，用心设计、保质生产、专业服务。不断培养具有匠人精神的技术型人才，为企业发展积蓄力量，为国家工业发展贡献力量。中国日化院王万绪院长考察时，要求新浪爱拓保持高端日化装备制造企业发展模式。新浪爱拓不断努力，持续创新，这些年来取得了新浪爱拓人为之骄傲的佳绩。在荣誉方面，获得了国家高新技术企业、2019中国日化百强企业、COSMETECH装备奖、中国洗涤用品十佳设备供应商、中国美容化妆品业全国质量诚信5A级企业、中国美容博览会中国化妆品优秀供应商、中国美容化妆品绿标企业、中国日用化学工业信息中心理事会理事等荣誉；在销售方面，中国化妆品设备出口连续10年稳居首位；在技术方面，乳化机、灌装机拥有30多项实用新型和外观专利；在新工艺方面，拥有AES稀释系统的实用新型专利，对提高化妆品生产的效率做出了极大的贡献；在信息化方面，合作研发了MES系统，使得生产数字化得以实现，为实现工业4.0的目标迈出了坚实的一步。

1 技术改变生活

新浪爱拓的理念是领先的技术造就美好的生活，高新的技术不仅提高了公司员

工的生活质量，极大地提高了日化企业产品的质量及生产效率，也促使了消费者使用品质更高的产品。新浪爱拓的数据化、信息化的乳化设备使得生产出来的化妆品细腻度更高，更容易被皮肤吸收，这就是改变生活品质的体现；数据化的生产设备能够有效地利用资源，减少浪费。

新浪爱拓秉承着技术改变生活的理念，不断地寻求突破，单机设备上的乳化机、灌装机在国内已处于领先的地位，不断做到精益求精。在智能化生产方面，新浪爱拓也在积极地推进，主办中国日化装备工业4.0扬州论坛。论坛会集了日化行业的很多著名的大企业，听取他们对智能化生产的看法和要求，集思广益，保证新浪爱拓研发的智能化生产设备符合现在企业的实际需求。

为全球客户提供智能化产品是新浪爱拓的长远目标，以高质量的单机设备为基础，以数字化为起点，通过新浪爱拓人的不懈努力，一步一个脚印地朝这个目标迈进。

2 让世界知道中国制造

新浪爱拓从1998年开始做外贸，是化妆品设备制造企业中最早做外贸的企业，从一开始便很注重公司品牌的推广，新浪爱拓董事长许玉田先生坚信品牌的力量、坚信中国制造的力量，新浪爱拓人一直贯彻着董事长的思想，通过20年的努力经营，销售网络覆盖全球50多个国家，包括美国、日本、阿联酋、南非、朝鲜、泰国、马来西亚、利比亚、苏丹、伊朗、意大利、俄罗斯、越南、巴基斯坦、印度、土耳其、约旦、黎巴嫩、巴西、古巴等等。

新浪爱拓给客户提供最优质的产品，做中国最领先的化妆品设备品牌，坚持引进来、走出去的思想。新浪爱拓和德国的国际机构设计中心合作就是为了引进国外的先进理念和技术做研发，生产出更好的产品。有了技术和质量的保证才能更好地走出国门，向全世界推广新浪爱拓的产品，让世界知道新浪爱拓造，让世界知道中国造。

赞宇科技集团股份有限公司
——创新突破实现可持续发展

赞宇科技集团股份有限公司的前身是浙江省轻工业研究所。在中国改革的浪潮中，公司顺应时代的发展，响应国家政策，走上由科研院所向企业化发展的道路。经过十几年的发展，公司发挥原科研院所的技术和人才优势，坚持自主创新，围绕表面活性剂基础技术、工艺技术及其相关领域的应用开展持续研发和创新，通过委托加工、租赁、收购、合资建设等途径实现科技成果产业化，逐步成为我国表面活性剂行业的引领者，2011年11月在深交所中小板成功上市（股票代码：002637）。

公司目前专业从事表面活性剂和油脂化学品研发、生产和销售，并提供食品安全、环境、职业卫生等第三方检测认证服务，在我国杭州萧山、浙江嘉兴、四川眉山、河北沧州，江苏镇江，印尼雅加达等地均有自己的生产基地，年销售各类表面活性剂、油脂化学品100多万t，产品销售覆盖全国各省、直辖市、自治区，同时远销东南亚、中东、非洲、欧洲、北美、澳洲等100多个国家和地区。第三方检测业务范围已由食品、日化扩展至职业健康、安全、环保领域。经过10余年的努力，公司由一个仅有550万元注册资本、不足100人的小型研究所，发展成为一个技术领先、管理规范、综合竞争力强、国际化程度高、发展前景良好的上市公司。

嘉兴赞宇工厂

1　委托租赁加工，实现科技成果产业化

改革开放之初，科研所实力十分有限，科研所面临没有资金，没有销售队伍，没有工厂等困境。公司决定采用租赁国内现有磺化装置的方式，并利用自身的技术优势进行工艺改造，生产赞宇自己的表面活性剂产品。从 2000 年公司第一次租赁了湖南合成洗涤剂厂年产 1 万 t 的磺化装置开始，先后启动了大连、抚顺、南京、中山、天津、广州、西安、安庆、徐州等地的磺化装置的租赁或加工，实现科技产业的低成本快速扩张。

河北赞宇车间

为了满足日益增长的市场需求，进一步巩固提升公司的竞争优势和市场占有率，公司开始规划建设自己的生产基地。2005 年，嘉兴赞宇生产基地在嘉兴乍浦投资成立，这是公司自己规划设计，具有技术优势、区位优势、规模优势的第一个先进的产业基地。乍浦工厂磺化产能超过 20 万 t/a，也是目前国内磺化产能最大、最具竞争力的磺化生产基地。2009 年，为提升公司在中西部地区的市场竞争力，又组建了四川赞宇科技有限公司。2014 年，为满足华北市场的巨大需求，在河北沧州投资建立河北赞宇科技有限公司，公司在全国的产业布局已初现雏形。经过几年的实践和摸索，公司走出了一条通过委托加工、租赁、收购、合资建设、自己建设等途径加快实现科技成果产业化的不寻常路子。

2　重视技术创新，持续提高科技创新能力

坚持自主创新，以科研技术推动可持续发展的理念贯穿公司发展的整个过程。公司承继了原科研院所较强的专业研发力量，围绕表面活性剂、油脂化学品基础技术、工艺技术及相关领域开展持续研发和创新，加快科技成果产业化，发展支柱产业。公司目前拥有国内先进技术、国际先进技术多项，拥有自主研发的成果并实现产业化 16 项，许多工艺技术均为国内首创，科研成果产业化能力处于行业领先水平。公司持续研发投入，近几年获中国轻工业联合会科学进步二等奖 5 项，获中国标准创

新贡献二等奖1项,获中华全国工商业联合会科学技术二等奖1项,获浙江省科技进步奖二等奖2项、三等奖2项,获浙江省化学工业科学技术二等奖1项,获中国标准创新贡献奖二等奖1项。授权发明专利57项,国内外期刊上发表论文百余篇,承担省部级及以上科研项目30多项,主持或参与起草国际、国家及行业标准10余项。为充分利用行业、高校的外部科研力量和调动本公司内部技术人员的积极性,公司设立"赞宇基金",基金面向高校、科研院所、企业的科技研发人员,为开展研究开发、分析测试、成果产业化等项目提供经费、实验仪器和试验设备等的支持。自该基金设立以来共立项112项,已完成103项,在研9项。

公司以绿色、环保的天然油脂基表面活性剂及油脂化学品为主攻方向,将继续致力于技术创新、引领行业发展。设有"中国轻工业磺化表面活性剂工程技术研究中心""浙江省赞宇表面活性剂重点企业研究院""浙江省表面活性剂重点实验室",通过这些平台的建设,进一步完善科研体系,吸引优秀科研人才,提升公司的创新能力和综合竞争优势,并为公司引领国内、走向世界、夯实科研储备力量。

3　利用资本市场,向上游延伸产业链,加快企业发展

2011年公司成功上市,资本市场和证券市场的平台拓宽了公司的融资渠道,帮

赞宇科技研发中心

助公司在产业发展和结构升级的过程中获取并占据有利竞争地位，从而实现公司的快速可持续发展。为实现主营业务向上游延伸产业链，2012年公司收购了杭州油脂化工，迈出了进入油脂化工行业的第一步。通过对杭州油化技术研发和技术改造，杭州油化在2014年实现扭亏为盈，杭州油化已步入良性发展的轨道。2016年开始公司成为印尼杜库达的控股股东，继续延伸产业链，增加产品的种类，优化产品结构，合理布局产能，提升油脂化工产品市场影响力，强化公司天然油脂基表面活性剂的竞争力。目前公司形成了包括印尼杜库达、我国杭州油化在内的油脂化工业务板块，油脂化学品已具备60万t/a产能，成为国内油脂化工行业领先企业之一。

4　拓展第三方检测业务，进一步提升盈利能力

公司第三方检测业务由科研所时期的浙江省食品质量监督检验站和浙江省日用化工产品行业质量监督检验站发展而来，依托原浙江省轻工业研究所的技术、人才背景，以及科学、严谨、务实、高效的管理，检测业务得到稳健的发展，2018年入选国家食品企业质量安全检测技术示范中心。目前全资子公司——赞宇检测，作为第三方检测认证业务的经营管理平台，名下已有子公司浙江公正、浙江宏正、浙江金正、杭康检测、杭环检测等5个检测公司，第三方检测业务范围已由食品、日化扩展至职业健康、安全、环保领域。随着业务结构的优化、资源的有效整合，检测业务布局逐步完善，第三方检测业务已成为公司新的经济增长点。公司将坚持做大做强检测业务，提升公司在检验检测领域的专业化服务水平和影响力。

创新是企业发展的原动力，作为一个由研究所改制而成的科技型企业，公司将继续把创新放在重要位置，通过体制、机制、制度、管理、产品、技术、经营模式等的创新，实现企业的转型升级和产品结构的调整；通过新技术、新工艺、新产品的开发和应用，提升企业的综合竞争力和盈利能力；通过新领域、新市场的开拓和培育，规避激烈的竞争，降低企业经营运行风险，实现企业的可持续发展；通过收购兼并，充分利用资本市场的优势，迅速做大做强企业。

公司将继续以国际先进水平为标准，以绿色、环保的天然油脂基为主攻方向，以高市场占有率、高附加值为目标，打造表面活性剂、油脂化学品行业国际知名供应商，进一步提升公司的品牌形象和综合竞争力，推动我国表面活性剂、油脂化工行业的技术进步和产业升级，实现公司持续、稳健、快速的发展。

浙江嘉化能源化工股份有限公司
——依托园区循环经济，建设可持续发展企业

浙江嘉化能源化工股份有限公司是一家在上交所上市的公司（股票代码600273），公司坐落于中国化工新材料（嘉兴）园区内，地处上海、苏州、杭州、宁波四点所在圆的圆心浙江省嘉兴市乍浦镇滨海大道。目前公司股本超过13亿股，市值200亿元左右，2018年营业收入56亿元，净利润11亿元。

嘉化能源是首家在国家级化工新材料园区落户企业，是全国循环经济工作先进单位，是园区内整个经济产业链的基础化工和蒸汽供应商，连续几年获得园区纳税前两名，2018年获得园区纳税第一名。公司主营硫酸系列、氯碱系列、邻对位系列和脂肪醇（酸）等系列产品。

脂肪醇（酸）系列产品引进了意大利、英国两家公司的技术和专利，产品设计能力20万t/a，产量居全球同行业前十位之内，国内排名为首位，该产品是以公司放空氢气回收的循环经济系列产品，脂肪醇生产工厂由脂肪酸装置、脂肪醇装置、油酸装置、公用工程和罐区五大部分组成。主要产品种类：脂肪酸系列（$C_{6\sim8}$，$C_{8\sim10}$，$C_{12\sim14}$，C_{16}，$C_{16\sim18}$酸）、单碳脂肪酸系列（C899，C1099，C1698，C1690，C1685酸）、$C_{12\sim14}$脂肪醇、油酸、油酸硬饼、甘油系列（99.5%和95%甘油），目前公司正在努力积极申请食品等级甘油的认证。酸、醇系列产品广泛应用于橡胶、塑料、纺织、日化、造纸、食品、合成树脂、油漆、制药、香料、化妆品、卫生用品、农药、机械、洗涤、矿石浮选等工业领域。

脂肪醇于2013年9月投产，设计产能13.5万t/a，采用国际先进的低压加氢技术合成脂肪醇，2017年与2018年分别生产产品13.25万t和14.06万t，产量逐

步接近并超出设计产能。2018年占全国中碳醇总产量比重达50%以上。2017年为拓展多元化产品市场，脂肪醇厂新建并投产了一套3万t/a的油酸，同时副产3万t/a的硬脂酸装置。该装置采用国内先进的工艺，零污染，不使用溶剂进行分离，不产生废水，无须干燥和蒸馏，自动化程度高，油酸产品纯度高，产品质量达到国内先进水平。

脂肪醇（酸）系列产品主要销往全国各地，$C_{8\sim10}$脂肪酸、C899脂肪酸、C1099脂肪酸产品还对外出口，2018年脂肪醇厂主营业务收入达到21.8亿元，给公司带来了较好的经济效益。在经济发展的同时，脂肪醇厂时刻不忘所肩负的社会责任，在国家安全环保和低碳经济的要求下，正努力加快各项安全环保工艺技术改造，构筑安全环保体系，实现节能减排的目标。

公司以绿色环保、安全生产为前提，在循环经济、客户资源和技术环保等方面的竞争优势进一步显现，保持了稳健的发展，取得了一系列成绩，2018年公司获得中国石油和化工民营企业百强、浙江省高新技术企业技术领域十强（资源与环境）、安全生产先进集体、2018年度嘉兴港区纳税贡献十强企业（特等奖）、2018年度嘉兴港区新型工业化先进企业等荣誉，美福码头获得口岸诚信管理先进单位。公司一直高度重视安全生产和危险化学品管理，目前已建立了ISO 9001质量体系、ISO 14001环境安全体系和OHSAS 18000职业安全卫生管理制度，并取得安全生产标准化二级证书。

2019年，公司结合园区"两无一化"理念（无异味企业，无异味园区创建及园区景区化），进一步提升公司安全环保管理水平，消除内部薄弱环节，逐步推进建设无异味企业。

中国石化集团金陵石油化工有限责任公司烷基苯厂
——国内最早的合成洗涤剂原料生产基地

中国石化集团金陵石油化工有限责任公司烷基苯厂（以下简称"烷基苯厂"）是在原国家轻工部报请国务院批准同意后，引进美国 UOP 公司的专利技术和意大利的成套设备，于 1976 年开始建设，1980 年正式投产。当时工厂装置产能为烷基苯 5 万 t/a，轻质液体石蜡 5 万 t/a。自建厂 40 多年来，工厂消化吸收再创新，一代代烷基苯人始终坚持走内涵发展道路，不断做大做强做精，创造了自建厂以来连年盈利的奇迹，成就了我国洗化行业"消化、吸收、再创新"的标杆。

花园式工厂

1 区位优势

烷基苯厂坐落于龙盘虎踞的六朝古都——南京的东郊，南京二桥绕城连接线东侧，南京经济技术开发区南侧。工厂占地 1000 余亩，拥有铁路专用线和可通达世界各主要港口的专用船舶码头。

2 主要产品

工业直链烷基苯、系列重烷基苯、轻蜡、环保型重蜡、$C_{12\sim14}$ 液体混合蜡、C_{12} 及 $C_{10\sim11}$ 等系列蜡产品、拥有自主知识产权的脱氢系列催化剂和双烯选择加氢催化剂。

3 发展历程

（1）筹备建设投产阶段（1973 年 1 月—1982 年 10 月）

以国务院批准引进烷基苯成套装备，李先念副总理"一定应搞上去，关系到广大人民的需要"的批示为起点，至烷基苯工程项目建成投产通过国家验收，历时十年。

(2) 消化吸收积累阶段（1982年11月—1993年12月）

以烷基苯车间7.2万t/a改造全面完成和洗衣粉二车间3 t/h磺酸、两套5万t/a洗衣粉生产装置建成投产为主要标志，烷基苯厂在消化吸收国外先进技术的基础上，产能扩大，催化剂实现国产化并拥有自主知识产权，生产规模和技术进步达到新的高度。

建成后的烷基苯核心装置

(3) 改革创新发展阶段（1994年1月—2010年7月）

工厂持续进行技术改造，形成了年产14万t轻质液体石蜡和10万t烷基苯生产能力，同时还担负起两家合资企业两套年产10万t烷基苯装置的生产管理，使南京成为中国乃至亚洲最大的烷基苯生产基地。

装置节能改造

(4) 推进高质量发展阶段（2010年8月至今）

工厂坚持走绿色环保发展之路，在装置产能提高到年产30万t轻质液体石蜡、10万t环保型重蜡和20万t烷基苯，主要技术经济指标达到了世界领先水平的同时，工厂加大环保投入和治理，不断提高安全管理水平，绿色环保实现了跨越式发展并全面达新标，工厂"开门办企业"得到社会各界广泛好评。

4 主要业绩

自1980年投产以来至2018年，工厂取得了连续38年经营无亏损，利润总和接近90亿元的卓越成绩。工厂生产的工业直链烷基苯产品曾获国家轻工业部金奖，烷基苯和轻蜡等各项产品物耗、能耗处于国内乃至亚洲的领先水平。

在一代代烷基苯人不懈努力下，工厂不但掌握了全套装置的核心技术，而且脱氢催化剂国产化后性能不断提升，在同国内厂家合作的基础上实现了24通回转阀的制造，具有自主知识产权的双烯选择加氢技术出口海外。截至2018年，工厂累计取得各类科研成果34项，申报专利46项，其中国外专利6项。

烷基苯厂的建设与发展，伴随着伟大祖国改革开放的大潮应运而生，浸润着几代人的心血和汗水。烷基苯人始终坚守"爱我中华、振兴石化"的不变情怀和"为美好生活加油"的企业宗旨，以实现企业价值最大化为引领，紧紧抓住市场机遇，积极应对挑战，不但填补了我国洗涤剂原料空白、引领了一个产业的发展，同时更是走出了一条"精细管理、内涵发展、创新创效"的高质量发展之路。

自主研发双烯选择加氢技术及成套设备落户海外

中国石油天然气股份有限公司抚顺石化分公司洗涤剂化工厂

中国石油天然气股份有限公司抚顺石化分公司洗涤剂化工厂（简称"洗化厂"）地处全国重要工业基地——辽宁省抚顺市西部，是国家"七五"期间全国20项重点建设项目之一，于1990年3月破土动工，1993年末建成投产，1998年划归中国石油天然气集团公司管理。

洗化厂主要产品及产能有20万t/a直链烷基苯、2.3万t/a驱油用烷基苯、3.4万t/a烷基苯磺酸、5万t/a合成脂肪醇，洗化厂是目前亚洲最大的表面活性剂原料生产基地，是世界上独具特色的烷基苯生产基地，驱油用烷基苯、合成脂肪醇产品中国独此一家。

洗化厂主要经历了六个发展阶段：

第一发展阶段：工厂创建（1983—1994年）

1983—1990年是项目立项阶段，1990—1993年是项目建设和原始开工阶段，项目总投资7.41亿元。

第二发展阶段：扩能改造（1995—1998年）

为解决原料问题，从1995年

1月1日起划归中国石化抚顺石化公司管理,生产经营得到了根本性改善,1997年烷基苯二套装置建成投产,装置规模能力实现第一次翻番。

第三发展阶段:重组改制(1999—2003年)

1999年,进行了重组改制,摆脱了连年亏损的困境,于2001年进行再次扩能改造,一跃成为亚洲单地最大、世界第三的表面活性剂原料生产基地。

第四发展阶段:多元发展(2004—2010年)

为应对激烈的市场竞争,2004年建成5 t/h SO_3磺化装置,2006—2007年建成驱油用烷基苯精制装置,逐步实现产品多元化发展。

第五发展阶段:清洁生产(2011—2019年)

为适应新形势下国家环保管理新要求,洗化厂深知肩负的使命和责任,对废物、废水、废气进行全方位的综合治理,污水处理场改造、锅炉烟气脱硝改造、燃气锅炉改造等环保项目先后上马,保护和改善周边生活环境和生态环境,守卫着一片碧水蓝天。

第六发展阶段:科技创新(2020年以后)

加快推进科技创新,确立了以产品多元化发展为目标,以向市场提供民用多品种、工业多用途的规模化系列表面活性剂产品为宗旨的发展思路,全力向高质量建成"国内站排头,国际有影响"的世界级表面活性剂生产基地发起冲锋。

洗化厂作为亚洲最大的表面活性剂原料生产基地,受到党和国家领导人高度的重视,国家领导人朱镕基、吴邦国先后到我厂视察工作,并做出重要指示,朱总理还亲笔题词:"抚顺洗化",这四个大字,一直是洗化人的骄傲。

中轻化工股份有限公司

——专注磺化产业 25 年
——具深厚发展基础的阴离子表面活性剂生产企业

中轻化工股份有限公司为中国轻工集团有限公司下属企业中轻日化科技有限公司的控股公司。公司前身为浙江吉利达化工有限公司，成立于 1995 年 3 月 8 日。2008 年 1 月，公司由有限责任公司改制为股份制公司，并改为现名中轻化工股份有限公司。2015 年公司按照集团公司《中轻集团日化产业整合实施方案》要求，正式纳入以中轻日化科技有限公司为整合平台的集团日化产业板块。公司本部位于杭州市钱江世纪城民和路保亿中心，注册资本金为 6000 万元。公司全资子公司中轻化工绍兴有限公司，位于浙江省绍兴市上虞杭州湾经济技术开发区，成立于 2003 年 5 月，注册资本 3874.7609 万元。

中轻化工是中国国内较早从事阴离子表面活性剂产品生产的企业之一。主导产品有：脂肪醇聚氧乙烯醚硫酸盐系列、脂肪醇硫酸盐系列、α-烯基磺酸盐系列等，商标为"洁浪"。产品主要应用于洗涤及个人护理行业，也在纺织、建筑、洗矿、采油等工业领域应用。公司拥有 12 万 t/a 磺化产品产销能力，

产销量一直位居国内同行业前列。

公司拥有较为先进的生产装置，完善的质量控制体系，较强的产品研发能力，以及较高的生产组织和企业管理水平，公司通过了ISO 9001：2015质量体系认证、ISO 14001：2015环境管理体系认证、OHSAS 18001：2007职业健康安全管理体系认证。公司产品的适用性和满意度在业内得到较好评价和认同，国内知名品牌洗涤产品生产厂家如纳爱斯、立白、蓝月亮、联合利华等都将本公司纳入其合格供应商名单，作为其产品稳定可靠的原料来源；除大客户外，公司还拥有一大批中小客户，其构成了公司稳定的客户群；另外，公司近年来每年还出口相当数量的磺化产品到国外市场。

回顾历史，自中轻化工1995年3月注册成立浙江吉利达化工有限公司，本公司至今已走过25个年头，其间为国内磺化产业的发展做出了多个里程碑式的贡献，也为自己的发展奠定了深厚的基础。1995年3月12日与美国Chemithon公司签约，引进整套磺化装置及产品生产技术，1996年5月磺化装置试车成功，6月起AES投产，产品质量国内领先，达到国际先进水平。1998年，投产AES-A、K12-A两大系列铵盐产品，填补了浙江省空白，品质达国内先进水平。1999年，"八五"攻关成果产业化，率先在我国投产AOS产品，开发专利并实现AOS粉状产品产业化。2003年开发大型磺化装置成套技术，2004年3月完成首套3.8 t/h国产化磺化装置（使用国产磺化器），实现国产磺化装置大型化突破，产品质量等主要技术经济指标达到国内先进水平。2006年10月，完成首套5 t/h国产化磺化装置（使用国产磺化器），产品质量、能耗物耗等主要技术经济指标达到国内领先、国际先进水平，实现国产磺化装置大型化新突破。至2006年底，中轻化工拥有磺化产能15万t/a，中和后的磺化产品产能居行业首位。公司积极参与行业标准工作，主持制订AOS国标、修订AES国标，修订AES-A、K12-A行业标准，公司累计获得6项国家发明专利授权。

展望未来，借助于集团日化板块整合形成的体系优势，积极落实公司制定的未来五年规划，公司将获得更进一步的发展。

中山榄菊日化实业有限公司

榄菊1982年诞生于有着数百年菊花文化历史、素有"菊城"美誉的中山市小榄镇。在这块底蕴深厚、人杰地灵的土地上，伴随着百年菊香孕育出了"榄菊"这个灿烂的民族品牌。37年来，它植根中国南部，深耕细作，开拓创新，不断进取，现已发展壮大成为中国家庭卫生杀虫行业的领军企业之一，几乎参与了中国家用杀虫行业所有的国家标准和行业标准的制（修）订，为消费者源源不断地提供着优质、健康、绿色、环保的产品。

榄菊在行业内开创性地提出了"以科技护卫家居健康"的全新理念并付诸实践，通过对产品的改良创新和产品概念重塑，实现"健康生活，榄菊相伴"的企业使命。榄菊牌蚊香、杀虫剂、洗洁精、洗衣液等系列产品均通过国家环保总局"环境标志产品"认证。2018年，榄菊荣获国家级"绿色工厂"称号。

榄菊在国内投资建立了六大生产基地，销售业务平台遍布全国，海外销售远至东南亚和非洲。榄菊的发展得到社会各界的广泛认可，曾先后荣获"全国优秀民营化工企业""中国轻工行业先进集体""中国轻工业日用杂品行业十强企业""中国日化百强""全国质量检验工作先进企业""全国质量诚信标杆典型企业""全国质量领军企业""中国标准创新贡献奖"等殊荣。

2017年，榄菊推出全新的VIS，榄菊品牌以崭新形象面世，并在2017年12月发布《榄菊中国家护白皮书》，首次提出由"日化"至"家护"的行业升级理念。目前，榄菊已形成了以黑蚊香、气雾剂、电蚊香、电蚊液、杀蟑产品等家卫产品系列为核心，以洗涤、生活用纸、家居清洁为延伸的100多个产品族群。产品涵盖了消杀品类、餐具洗护品类、衣物洗护品类、家居清洁护理品类、生活用纸品类等居家生活的方方面面，为家庭提供一揽

子生活服务方案,为广大消费者提供更安全、更健康、更暖心的产品。

2019年3月,榄菊集团2019年病媒生物防制专家研讨会成功举行,昭示着榄菊将以开放、交流、合作、探求的心态,紧跟世界技术前沿,追求技术进步,以科技作为企业未来的发力点,推动企业持续健康发展。

在持续发展的同时,榄菊不忘履行社会责任,在弘扬传统文化、捐资赈灾、扶贫助学等方面做出了积极的努力与贡献。长期以来,榄菊给力慈善公益和文化事业,助推全民书法热潮、捐资重建历史建筑、举办书画大赛、新年音乐会、公益武术培训……主动承担起了传承、发扬优秀文化的责任,自觉为增强文化自信摇旗呐喊,鼎力推动中华传统优秀文化在民间开花结果,累计为文化慈善事业捐助数以千万元。

"不畏严寒,其志弥坚,不事张扬,其味溢香",悠久而底蕴深厚的菊花文化赋予了"榄菊"品牌别样的风采与内涵,也赋予了榄菊人不畏艰难、积极有为的品格。面向未来,榄菊集团将继续为广大消费者积极研发、提供更安全、更高效、更环保的家护系列产品,让榄菊成为国民心目中受人尊敬的大国品牌。

中国合成洗涤剂工业60年

九
花絮拾遗篇

忆日化院脱氢一条龙时的辉煌

冯正诗

1973年，国家决定引进美国UOP公司5万t/a脱氢法烷基苯工业生产装置。1973—1976年，以大连化物所林励吾、吴荣安与我院殷福珊、陈元德为首的催化剂小组和我院氧化铝担体组，在脱氢小试装置上，共同筛选出性能基本达到UOP水平的脱氢催化剂。

1976—1978年，轻工业部决定在日化院内建起一套完全模拟"南烷厂"进口装置的一条龙中试装置。这包括加氢、脱氢、HF催化烷基化和精馏分离回收油四个工段。外加纯水站和分析组。

设计规模为脱氢反应器装载1 L催化剂，按空速30 h^{-1}计，每小时反应器进30 L正构煤油，反应温度360 ℃，压力0.2 MPa，并有氢气循环保护。脱氢转化率约11%，即脱氢生成油中烯烃含量只有11%，其余为未反应烷烃。因此，做脱氢催化剂寿命考核时，四个工段必须24 h同时运行。以保证每小时约有27 L未反应轻油，经烷基化和精馏工段分离后，返回到脱氢工段，并且，每小时有3 L轻油经过加氢精制，送到脱氢工段。每批催化剂都要连续考核50~60 d才能完成。为了精确模拟"南烷厂"工业条件，每个工段的设计和操作都不能有任何差错。

我记得，汤鑫发同志是加氢工段负责人，他们设计安装了制氢用的电解槽，50 m^{3}氢气储柜，改装了高压氢气压缩机和高压加氢反应器。我是脱氢工段负责人，首先要把1 L脱氢反应器设计得和"南烷厂"的相似。由"南烷厂"催化层厚度为20 cm的环状反应器，演化为我们的催化层厚度仍为20 cm的柱状绝热反应器。为了分离反应油中的微量裂解产物，我们也要像"南烷厂"一样，先让反应生成油经过一个微型分馏塔，每小时从塔顶取走10~30 mL轻馏分，塔底部分送往烷基化工段。脱氢工段人员还有张锦秀、孙学谦、王任伯、魏富英、孙建民等同志。徐长卿负责烷基化工段。采用与"南烷厂"一样的HF催化烷基化，由于HF是剧毒化学品，他们设计了附有安全装置的脉冲反应器。该套装置和工艺，不仅成功完成脱氢一条龙中试任务，也在蜡裂解烯烃烷基化技术改造中得到广泛应用。精馏工段由罗希权负责，高高的精馏塔必须24 h精心操作，源源不断返回回收油。分析组的负责人是王华琴，为配合一条龙运行，做了大量分析检验工作。

脱氢一条龙包括担体制备，从设计、安装、试车到完成试验任务，经过了2年左右。

这阶段，全院包括机修、水电气供应和后勤部门，约有100人都在三班倒。脱氢一条龙中试，全面验证了我们国产催化剂的优异性能，使轻工业部做出决策：要立即在"南烷厂"建设催化剂制备车间，实行脱氢催化剂的真正国产化。

脱氢一条龙中试的成功实施，体现了我们日化院全体技术人员和工人对工作精益求精、一丝不苟的负责精神，体现了日化院全体同志为工作、为国家利益不计报酬，不讲名利的献身精神，体现了全院一盘棋，同志们的互敬互爱的团结协作精神。值得我们永远回忆。

叔胺新技术开发花絮

冯正诗

1984年脱氢催化剂项目已圆满完成，我当了四室主任。某日，我与汤鑫发同志一起查阅专利文献时，发现国外有脂肪醇直接催化胺化法制备长链烷基二甲基叔胺的报道。该法工艺比较简单，是在氢气保护下完成催化胺化反应。由于我们对氢气的使用很熟悉，以前也做过催化剂的研究，这次所用无载体催化剂的制备也不复杂。我们就决定马上着手试验。我们邀请擅长工艺与分析的叶敏同志和学化工的姚瑶同志一起，四人组成一个实验小组。

我们在通风橱里很快搭起了玻璃试验装置，从太化买来二甲胺，每天忙于试验。又要制备催化剂，忙得不亦乐乎。经过4~5个月的努力，不但找到了催化剂合适的组分和制备方法，也解决了胺化时有关二甲胺浓度、反应温度、搅拌条件、反应时间和脱水控制的问题。试验得出只要反应3~4 h，脂肪醇转化率即达100%。副反应极少，蒸馏所得长链烷基二甲基叔胺纯度可达98%以上。

这时，我们才了解到，国内上洗三厂早就在用氯化法生产叔胺，不但反应条件苛刻、有毒、设备腐蚀严重，而且生产的叔胺纯度不高，只有90%~92%。因而，用该叔胺再加工制得的烷基甜菜碱、长链烷基二甲基季铵盐阳离子表面活性剂和氧化胺质量就差了。这更坚定了我们尽快使新工艺工业化的决心。

扩大试验要解决三个主要问题。一是反应器设计，如何保证气、液和固体催化剂三相充分接触，以加速主反应，减缓副反应。二是如何使含有高浓度二甲胺的氢气循环使用，如何改造循环压缩机。三是如何用仪表随时监控循环氢气中的二甲胺浓度。我们利用氢气和二甲胺两种气体具有不同热导性的特点，成功设计了热导式分析仪。随着三个关键问题的解决，有氢气循环的2 L不锈钢胺化反应器的扩试用时3个月左右，取得圆满成功。

接着，我们在长治轻工所上了一套100 t/a规模的叔胺装置，并请姚学柱同志负责电气和仪表设计，进一步验证了设备设计、仪表控制和工艺流程。首次开车因经验不足，大半锅料都吹到了冷凝系统里。经过修改罐顶，改进工艺规程，开车逐步转入正常。不但叔胺质量达到要求，而且催化剂回用系统运行良好，大大节省了催化剂成本。

随后几年中，一步法叔胺装置推广到北京、上海等地。并在所里建了400 t/a

规模的叔胺中试装置。一步法制叔胺，包括所里后来搞的双烷基叔胺和有载体胺化催化剂，1991年获得国家级科技进步二等奖，并已在全国推广应用。

回想我们的这一段经历，我们敢于创新，又能团结协作，发挥每个人的特长，使试验进展神速。我们全组也是为我国的阳离子表面活性剂工业做过一点贡献的。

正确而完美的设计是中试成功的关键

冯正诗

1979年NDC-1脱氢催化剂在我所一条龙模拟工业化装置上完成稳定性考核，催化剂的活性、选择性和稳定性均达到UOP公司DEH-5水平。为此，轻工业部1045号文下达了催化剂制备中试任务，明确指出：催化剂制备装置设计由日化所负责，建在南京烷基苯厂，年产10 t。

设计具有相当的难度。原来实验室最大制备量是每天5 L，现要放大到每天100 L，放大了20倍。而且要经过浸渍、干燥、高温活化等多个复杂工序，每天产出100 L成品。催化剂担体氧化铝小球密度小、压碎强度小、耐磨性差，加工时要极为小心。由于氧化铝小球用含有乙醇的氯铂酸盐酸水溶液浸渍，因而所有设备管线都要耐盐酸腐蚀，而且要有防爆设计。更为要命的是，最大制备量是5 L时，小球浸渍完成后，是用60 ℃热水来加热蒸发脱水的。规模放扩大后，怎么来满足此要求呢？活化催化剂要用到大量300~400 ℃的热空气，活化又会产生高浓度氯化氢，只有用非金属材料才能满足此要求。

我和缪列平、杨顺华、陈寿林、吕华霖接下了该设计任务。我负责整个工艺设计，包括确定工艺流程和工艺参数，确定主体设备的大小、结构、材质以及设计的特殊要求，确定设备选型、车间平面布置，工艺配管和仪表控制方案选定。缪列平负责真空回转浸渍罐设计，杨顺华负责活化炉设计，陈寿林负责不锈钢短路加热器设计，吕华霖负责仪表设计。

我首先考虑的是，要打破用60 ℃热水来加热的限制。氧化铝小球浸渍完后，如果先抽真空，在较高的真空条件下才开始加热，即使我们是用100 ℃的水蒸气来加热，由于此时小球的含水量很大，在真空条件下，水的沸点已大大下降，此时蒸发温度也会保持在60 ℃以下。随着小球中含水量大大下降，小球温度才会慢慢上升。这样用水蒸气夹套加热的设计，既满足了水分在低温下蒸发的要求，又加快了水分蒸发速度，满足了工业化要求。

浸渍罐是要上海工业搪瓷厂为我们特制一台有两侧开口的500 L工业搪瓷罐，而且对罐体的圆整度有较高的要求。该厂经几次试验，才做出了合格成品。缪工要将它改造设计成一台卧式、带内部刮板的回转式浸渍罐。在两个转轴上，要加装浸渍液进料和抽真空管道，也要有夹套蒸汽进入和冷凝水排出管道。因结构复杂，缪工动足脑筋，精心设计，试车一切正常，取得圆满成功。

对于活化炉我们决定采用钢质外壳，内衬刚玉（类似陶土材料）。杨工精心完成施工图设计，我们也到南京的刚玉加工厂做了实地考察，试车中未见任何腐蚀和泄漏现象，满足了活化催化剂的高质量要求。

不锈钢短路加热器是陈寿林设计的，在长长的不锈钢管两端，加上低电压，利用不锈钢的电阻性能，产生大电流流过不锈钢管，使钢管发热，从而加热通过管内的空气。试车表明，这套设备通过调节电压大小，控温很方便，也足以把管内的空气流加热到 300~400 ℃。

先前从我所调到南烷厂的谢镇基同志，在中试设备安装、配管和仪表安装中，应用他的全面技能，发挥了很大作用。1981 年 9 月，中试装置顺利试车投运，产出成吨的合格催化剂。

这时，催化剂组又提出，要在南烷厂加建一套 360 ℃ 干氢预还原中试装置，使活化炉制备的催化剂在装入反应器前，把催化剂小球上的氧化铂先还原成金属铂，这样催化剂的性能会更好。我立即为南烷厂做追加设计，包括工艺和设备，由于采用了 5A 分子筛作为循环氢的脱水剂，氢气中含水量可降到 10 mg/kg 以下，满足了工艺要求，干氢预还原也一次开车成功。

1984 年，新的 NDC-2 脱氢催化剂经南烷厂 69 天连续生产，表明不论活性、选择性和稳定性，还是技术经济指标，都达到了 UOP 公司 DEH-5 的水平。每公斤催化剂产出烷基苯高达 14.4 t，超过 UOP。

脱氢项目得了很多奖，至今已在全国推广应用了 30 多年。现在，南京共有 3 套 10 万 t/a 的烷基苯装置在满负荷运行，它们都在用我们的国产催化剂。南京成为全世界最大的烷基苯生产地。这是很值得我们日化所骄傲的事，而且，一条龙中试期间，日化所大部分同志都是对脱氢催化剂作出过贡献的。

附：冯正诗工作简历

1956 年毕业于食品工业部上海机械学校化学工厂装备专业，并进入在上海的部属轻工研究所工作（日化所的前身）。1959 年随所迁往北京，改名部属食品研究所，其在油化室工作。1969 年随所迁往太原，改名部属日化研究所。

1969 年以前，主要参与油化室以姚正华同志为首的合成甘油项目研究，以甲醛、乙醛为原料，经缩合制丙烯醛，然后还原为丙烯醇，再氯化、水解，制得甘油。从小试到在上海牙膏厂做的中试，试验取得成功，但并不适合在中国工业化生产。也参与了离子交换法精制特种甘油（炸药用）的研究，并在大连油化厂进行中试，也取得成功。1965 年，从北京石油学院夜大炼油化学专业毕业。

1969—1970 年，在太原参与太原洗涤剂厂万吨石蜡裂解车间设计、建设，直到顺利试车投产。

共同完成设计的还有汤鑫发、徐志陶和北京轻工业设计院的两位同志。

1971—1975年，参与长链烷烃脱氢制烯烃用脱氢催化剂研制实验室试验，是项目负责人之一。1976—1978年，参与脱氢一条龙脱氢催化剂中试，是脱氢工段装置设计和试验负责人。一条龙中试成功获轻工业部重大成果奖。

1979—1981年，是南京烷基苯厂脱氢催化剂制备中试设计负责人，直至顺利试车投产。1981—1982年，又负责为南京烷基苯厂追加设计一套干氢预还原装置，也顺利试车投产。脱氢催化剂获得国家发明三等奖、中石化总公司科技成果一等奖。

1983年参与过高碳酸制脱模剂的研究，到大连做了中试。1984—1989年，任四室主任，与汤鑫发同志一起负责了长链烷基二甲基叔胺一步法新工艺的开发，从小试、扩试、中试，一直到在长治、北京、上海推广应用。在所里升为高级工程师。

1990—1998年，调离太原日化所，到上海表面活性剂厂工作，任生产部长。合资后成立上海汉高油脂化学品公司，任质保部经理。在上海升为教授级高工。

我国合成洗涤剂工业的起步

唐鸿鑫

我国合成洗涤剂的研究和生产开始于1958年,从1958年到1968年这一起步阶段,建设了第一批合成洗衣粉工厂,工厂均采用我国自行研究和开发的工艺技术,这是自力更生和自主创新的起步。

我国第一个生产洗衣粉的表面活性剂品种是烷基磺酸钠。它的原料是从煤制合成石油的一个馏分(当时由锦州石油六厂生产)。石油烃与二氧化硫和氯气反应生成烷基磺酰氯,后者与碱反应即得烷基磺酸钠。工艺较简单,设备容易操作,首先在市场上以此工艺生产的有"工农"牌、"洁民"牌洗衣粉。

紧接着生产的是烷基苯磺酸钠。以石油馏分为原料,经氯化后与苯缩合得到烷基苯,最后磺化后制得烷基苯磺酸钠,以此生产的有"五洲"高级洗衣粉等。

初期生产的洗衣粉均用箱式喷粉,例如上海生产的"五洲"洗衣粉就是用生产奶粉的设备喷制的。

在这段时期,为了开发不同的洗涤剂品种,并寻找国内可用原料和提供生产配方等等,我们做了大量的探索和研究工作。例如:

用以煤为原料的合成石油制烷基磺酸钠[1]。

用不同煤油和尿素蜡制烷基苯磺酸钠[2~5]。

用上油炼油厂侧塔油和大同煤低温焦油制仲烷基硫酸钠[6,7]。

用油脂经高压加氢法和金属钠还原法以及石蜡氧化法制脂肪醇及其硫酸化[8~12]。

用脂肪醇制非离子表面活性剂[13]。

以椰油酸及石蜡氧化酸制阳离子表面活性剂[14,15]。

合成洗涤剂的配方试验[16~18]。

…………

这些都为我国合成洗涤剂工业的从无到有做了大量的开创工作。

在这段时期,我们的生产工艺水平和产品质量都是有待提高的,生产工艺也在不断地改进和革新之中,例如:

烷基磺酸钠和烷基苯磺酸钠工艺的改进[19,20]。

烷基苯磺酸钠生产中,石油氯化的连续化扩大试验[21]。

氯化石油与苯的烷基反应连续化及生产规模试验[22,23]。

三氧化硫连续磺化烷基苯，罐式反应[24]。

　　……

这些都为自制工艺路线的不断的革新和完善做了一定的贡献。

这一时期进行研究和生产的主要有食品工业部食品研究所的油脂研究室以及北京、天津、上海三地区的日化研究单位和生产工厂。其中食品所油脂室的技术力量，是推动我国合成洗涤剂工业起步的重要力量，在这一时期的实践中也锻炼和培养了一支为保证今后我国合成洗涤剂工业茁壮成长和迅速发展的重要科研力量。我也躬逢其盛，在1957年参加了上海食品所油化室工作。

当时，我受出版单位的邀请，为了适应合成洗涤剂工业的发展，编撰和出版了《肥皂和合成洗涤剂物理性能及其测定》（1960年）和《合成洗涤剂生产工艺》（1962年）两本书籍。后者是我国最早的一本详细叙述各种重要洗涤剂生产工艺的参考书籍。以后又出版了王载纮、张余善、唐鸿鑫等译的德国斯提佩耳名著《合成洗涤剂》（俄文版，1965年）。这些也对我国合成洗涤剂工业的发展起了一些推动作用。

1980年，美国油脂化学家协会（AOCS）国际会议，邀请我国参加，当时我随我国油脂代表团出席。在会议上作了"A Review of the Detergent Industry in China"（此稿曾呈轻工业部批阅）的发言。这是我国第一次在国际会议上与世界各国进行油脂化工的交流。虽然当时我国合成洗涤剂工业的年产量只有35万t，还落后先进国家很多，但多是自力更生取得，这些没有什么值得骄傲，也没有什么要自卑的了。

参考文献：

[1] 沪油5816.唐鸿鑫，沈来意.石油磺酸钠工艺的研究，1958.

[2] 沪油5817.朱佩真，陈承济.石油苯磺酸钠的研究，1958.

[3] 油6005.唐鸿鑫，朱也雄.天然煤油制烷基苯磺酸钠，1960.

[4] 油6501.利用尿素脱附重蜡制烷基苯磺酸钠，1965.

[5] 档油107.尿素蜡试制烷基苯磺酸钠，1966.

[6] 沪油5846.朱佩真.仲烷基硫酸钠实验室工作小结，1958.

[7] 所油6007.唐鸿鑫，辛明清.大同煤低温焦油制合成洗涤剂，1960.

[8] 档油038.徐泽华，肖尧荣.金属钠还原制脂肪醇硫酸钠小结，1958.

[9] 沪油5840.曹伯申.石蜡氧化试制脂肪醇硫酸钠，1958.

[10] 档油048.唐鸿鑫，陈元德.高压氯化制伯脂肪醇的试验，1959.

[11] 油6203.$C_5 \sim C_9$酸催化加氢制脂肪醇试验，1962.

[12] 油5907.唐鸿鑫，朱也雄.伯脂肪醇硫酸化试验，1959.

[13] 油5908. 唐鸿鑫, 辛明清. 伯脂肪醇与环氧乙烷缩合物的制备及其性能的初步测定, 1959.

[14] 所油6201. 俞福良, 曹伯申. 高效表面活性剂阳离子的试验, 1962.

[15] 所油6201. 俞福良, 曹伯申. 高效表面活性剂阳离子扩大试验, 1962.

[16] 档油039. 俞福良, 翁世瑜. 洗涤剂配方工作小结, 1958.

[17] 档油094. 聚磷酸钠在洗衣粉中的效用与合适配比, 1965.

[18] 油6403. 液体洗涤剂配方试验, 1966.

[19] 油6004. 唐鸿鑫, 陈元德. 烷基磺酸钠工艺的改进, 1960.

[20] 油6105. 唐鸿鑫, 俞耀南. 苯与烷代苯系统中苯的蒸气压和活度系数, 1961.

[21] 油6108. 唐鸿鑫, 陈元德. 烷基苯磺酸钠生产中石油连续氯化扩大试验小结, 1960.

[22] 油6402. 氯化石油与苯烷基化反应连续化, 1965.

[23] 档油102. 氯化石油与苯连续烷基化生产规模试验, 1966.

[24] 档油105. 三氧化硫连续磺化烷基苯——罐式磺化反应器, 1967.

我国合成洗涤剂和表面活性剂工业 60 年发展过程的点滴回忆

徐长卿

本人 1964 年 7 月大学毕业分配到第一轻工部日用化学工业科学研究所后，先被派到天津合成洗涤剂厂实习一年，1965 年 6 月回到原单位参加科研工作直到 1999 年 6 月退休。35 年来的亲身经历和工作实践，使我不但见证了单位的变迁和发展，同时也见证了我国合成洗涤剂和表面性剂工业的发展过程。为配合单位整理总结我国合成洗涤剂及表面活性剂工业 60 年来的发展历程，根据个人亲身经历的点滴回忆，提供如下几点内容仅供领导参考。

一、1965 年 6 月—1969 年 5 月（北京）

天津合成洗涤剂厂是我国当时最大的合成洗涤剂和洗衣粉的日化厂之一，除了生产烷基磺酸（AS）和拉开粉之外，最主要是用合成油光氯化法生产烷基苯磺酸钠制洗衣粉。实习期间除了参加烷基磺酸和拉开粉车间的具体岗位的操作外，还重点参加了合成油光氯化制氯代烷，烷基苯缩合、磺化、配料和喷粉及包装等各工段的岗位操作。通过一年的生产实习和锻炼，不仅从工人师傅身上学到艰苦奋斗的敬业精神和认真负责的思想品质，同时也为本人日后从事科研工作打下了坚实的基础，创造了条件。1965 年 6 月，实习结束回到单位后直接参加了本所承担并有上洗厂、天洗厂和北洗厂参加协作的合成洗涤剂／洗衣粉用"天然油"（尿素蜡）代替"合成油"合成烷基苯磺酸钠制备洗衣粉的部级重点课题。课题本身包括正构烷烃的光氯化制氯代烷，和苯的 $AlCl_3$ 催化烷基化制烷基苯，烷基苯的磺化、中和及制粉和对其性能的测试和评价等全部研究工作。这一科研成果于 1968 年在北京合成洗涤剂厂得到了生产验证后正式在全国各大洗涤剂厂投产应用，从此为我国合成洗涤剂／洗衣粉工业开辟了以国产石油为原料的新时代。

二、1969 年 6 月—1972 年 12 月（太原）

由于当时中苏关系恶化和根据国内外形势发展的需要，1969 年 6 月 29 日在军代表的指挥和带领下由第一轻工业部食品工业科学研究所中油化研究室（日化所的前身）全部和分析室、情报室、机修车间、仓库、供销及财务、行政等相关部门的部分职工和有关家属随同设备仪器及用品统一乘火车从北京搬迁到太原，正式挂牌成立第一轻工业部日用化学工业科学研究所。根据当时形势的要求，单位曾几度更名，最终1995年2月正式改名为中国日用化学工业研究所。

刚搬到太原后，单位为了生存和发展，一方面走政治建厂的道路，上西山开山采石自力更生建车间和试制生产洗衣膏，另一方面积极开展了恢复、筹建实验室的仪器及设备以开展科研工作。与此同时，主要科研人员参加了山西省经委关于"太原合成洗涤剂厂的万吨蜡裂解法生产洗衣粉"的会战项目，并承担了项目中的科研、调研方案的制定和设计及原料蜡规格的制定等工作。在工程指挥部的统一领导下，本所除了配合承担上述任务外，还承担了蜡裂解工艺、裂解烯烃的分馏切割、高低碳烯烃综合利用的调研，目的烯烃制烷基苯、烷基苯的磺化、中和、配料及喷粉等工艺技术的研究以及试车，对厂方人员的培训等任务。全所职工的共同努力保证了1972年项目的建成投产。该项目的胜利完成和产品的上市为我国合成洗涤剂工业开辟了蜡裂解法生产洗衣粉的新原料、新技术、新路线，既满足了山西市场的需要，也为北京曙光化工厂蜡裂解法生产烷基苯的工程设计提供了技术依据和选用原料蜡的规格参考。

三、1973年1月—1980年12月（太原）

为配合上洗厂的氯化法生产烷基苯的技术改造，1973年初本所承担并于当年完成了该厂氯化法能够缩合生产烷基苯的技术查定工作。通过技术查定，不仅制定出了改进氯化深度，优化缩合工艺，提高烷基苯产率及质量的技改方案，还制定并承担了氯化法生产烷基苯的高沸物的综合利用的研究工作。

1974年初，接上级通知要求本单位要全力配合南京烷基苯厂的烷烃催化脱氢生产烷基苯的技术引进工作。为配合本所脱氢催化剂的研制工作，也为了应淮阳油化厂和北京曙光化工厂的蜡裂解法生产烷基苯的技术改进的要求，本所集中力量承担并于1978年底胜利完成了烯烃同苯的HF催化烷基化制烷基苯的重点课题的研究任务。这一课题的胜利完成，既保证了"脱氢一条龙"中试脱氢催化剂的研制成功及南京烷基苯厂技术引进工作取得胜利，也为我国蜡裂解烯烃同苯的HF催化烷基化生产烷基苯开辟了新的技术路线。该项目成果于1981年获轻工业部科技进步三等奖。

四、1981年1月—1985年12月（太原）

根据国外发展趋势和国内洗涤剂、化妆品和消防等行业对生产无刺激性婴儿及成人香波、浴液和发泡性好的消防灭火剂原料两性咪唑啉表面活性剂的需要，为取代进口和节省外汇，本所于1981年初承担了国家经委关于"乙酸钠基型两性咪唑啉表面活性剂的研制"这一新技术、新品种的重点课题的研发任务。经过全所职工的积极努力和配合，于1985年底胜利完成了小试和中试的全部研究内容，并通过了专家鉴定和部级验收。该成果除在本所形成一定的批量生产能力外，还应江苏省轻工厅和连云港市轻工局的要求转让给了连云港市日化厂，该厂于1986年建成了500~1000 t/a的生产装置，并投入了生产，生产出的乙酸钠基型两性咪唑啉（即羟甲基型两性咪唑啉）新产品的上市不仅为国内取代进口填补了空白，满足了上海家化、上洗四厂、上洗五厂及天津消防所等企业生产高档无刺激香波、浴液和泡沫灭火剂的生产需要，也为企业产生了显著的社会效益和经济效益，该产品还获得了1987年江苏省的优秀新产品奖。该研究成果于1987年分别获得了轻工部的科技进步二等奖和国家经委的技术开发优秀成果奖并由国家经委颁发了奖杯，还在1988年获得了国家科技进步二等奖并被颁发了个人获奖证书。

五、1986年1月—1990年12月（太原）

为了进一步适应和满足国内洗涤剂、化妆品、棉麻加工、纺织、印染、化纤和公路建设、稠油开采及其管道输送、金属清洗及加工和防腐等行业对表面活性剂新品种的迫切需要，"六五"期间本所在完成上述国家重点科研项目"乙酸钠基型两性咪唑啉表面活性剂研制"的基础上并进一步推广应用的形势下本所又承担了国家"七五"科技攻关项目"咪唑啉系列低刺激两性和阳离子表面活性剂新品种开发"的研究任务。经过大家三年多的共同努力，通过大量试验和对其产品性能的测试及应用评价后，最终通过采用不同原料和技术于1990年按期完成了国家"七五"科技攻关合同中规定的全部研究内容，先后共开发出了两大系列阳离子型和三大系列两性离子型咪唑啉表面活性剂新品种数十种。其中两大系列阳离子型咪唑啉品种主要有：（1）以硬脂酸、油酸或油脂与羟乙基乙二胺为原料反应生成的烷基咪唑啉及其与季铵化剂硫酸二甲酯反应生成的季铵化物及与冰醋酸反应生成的咪唑啉冰醋酸盐系列品种；（2）以硬脂酸、油酸或油脂与二乙烯三胺反应生成的酰胺基型烷基咪唑啉及其与季铵化剂硫酸二甲酯反应生成的季铵化物和与冰醋酸反应生成的咪唑啉冰醋酸盐系列品种。三大系列两性咪唑啉品种主要有：（1）用不同碳链长度的饱和脂肪酸或椰子油与羟乙基乙二胺反应生成的烷基咪唑啉及其与季铵化剂氯代羟丙基磺酸钠反应生成的磺酸盐型两性咪唑啉系列品种；（2）以不同碳链长度的饱和脂肪酸或椰子油与羟乙基乙二胺反应生成的烷基咪唑啉及其与季铵化剂氯代羟丙基磷酸酯反应生成的磷酸酯型两性咪唑啉系列品种；（3）以不同碳链长度的饱和脂肪酸或椰子油与羟乙基乙二胺反应生成的烷基咪唑啉及其与丙烯酸酯反应生成羟乙基型两性咪唑啉（无盐型）表面活性剂系列品种。该项技术成果于1991年初通过了专家鉴定和国家验收，其结论为"技术水平达到了国外同期同类产品的先进水平，填补了国内空白,其中磷酸酯型两性咪唑啉表面活性剂未见有国外产品销售及报道属国际领先水平"。

为满足市场的需要和厂方的要求,该项技术成果除在本所及其南阜基地形成批量生产能力外,还先后转让给了武汉化工厂、南阳日化厂、江苏如皋有机化工厂、南京永寿表面活性剂厂、深圳利德化工厂、广东省龙门县化工厂、河北邢台地区助剂厂和山海关胜利化工厂等企业,分别形成了500~1000 t/a的生产能力。上述企业生产出的各种具备不同性能特点和有着不同用途的两性和阳离子咪唑啉表面活性剂产品,不仅作为洗涤剂、乳化剂、抗静电剂、柔软剂、润湿剂、渗透剂、金属缓蚀剂、柴油及重油的增效剂和矿物浮选剂等,在国内相关行业或领域得到了广泛应用,产生了显著效果。新原料或新产品的上市,既满足了国内市场的需要及相关行业快速发展的要求,也为国家及企业节省了大量外汇,创造了可观的经济效益和社会效益。上述的"七五"攻关科技成果于1991年获得了轻工部科技进步二等奖,并于同年在北京人民大会堂召开的国家"七五"科技攻关成果表彰大会上受到了党和国家领导人的表扬,也获得了国家计委、国家科委和财政部授予的国家"七五"科技攻关重大成果奖,并被颁发了集体荣誉证书。

在执行国家"七五"科技攻关计划的同时,根据国外发展趋势和对外技术交流的信息,为满足国际形势的发展和国内市场对新型阴离子表面活性剂新品种、新原料的需要,于1986年6—7月,本所就着手对具有可生物降解、清洗能力强、抗硬水、分散性好、乳化能力强、发泡性好、配伍性好等多种优良性能或特点的新型阴离子表面活性剂"醇(酚)系列新型阴离子表面活性剂"进行了研究,该项目于1989年正式列入了轻工部的基金会重点项目。经过大量的试验和对其产品性能的测试和应用评价后,于1993年按攻关合同要求完成了全部研究内容,并在1994年通过了专家鉴定和部级验收。该成果于1995年获得了轻工部科技进步三等奖。

该成果包括"醇(酚)醚系列羧酸盐型""醇(酚)醚系列磺基琥珀酸单酯二钠盐型"和"醇(酚)醚系列磷酸酯型"三大系列新型阴离子表面活性剂的制备技术,该技术和其产品填补了国内空白。上述成果除在本所形成了批量生产能力外,还分别转让给了南京永寿表面活性剂厂、河北邢台地区助剂厂和邢台市日化厂等企业,都形成了500~1000 t/a规模的生产能力。该技术的研发成功和产品的上市既大大改变了当时国内阴离子表面活性剂品种单一、配方产品单调的局面,也为洗涤剂、化妆品、纺织、印染、稠油开采和降黏输送等行业或领域提供了性能优良、用途广泛又清洁的新型原料,大大促进了相关行业的快速发展。

为了进一步提高这一绿色产品的质量和推广应用这一新技术、新产品,于1996年11月将"醇(酚)醚系列羧酸盐的工程化技术研究"列入了国家"九五"重点科技攻关计划。经过大家的艰苦努力和刻苦攻关，于1999年按期完成了合同内容。不仅在200 t/a规模的装置上验证了该技术的可行性和可靠性，也为氯乙酸钠干混法生产高质量的羧酸盐型新型阴离子表面活性剂的1000 t/a工业化生产装置提供了基础设计数据。

六、1990年—1999年（太原）

国内洗涤剂等行业生产或配方产品所用化工原料——乙醇胺、二乙醇胺和三乙醇胺及生产咪唑啉用的羟乙基乙二胺当时要从国外进口，为了改变这一局面而满足国内市场的需要，本所于1991年开始承担了国家"八五"科技攻关项目"乙醇胺生产技术的研究"任务。在项目招标已通过并在执行过程的初期，浙江大学通过国家教委和轻工部，提出要求参加该项目。通过双方的共同努力，开发出了管式快速制备乙醇胺类的反应技术和反应设备，并于1993年完成了1000 t/a规模的扩试，通过了专家的鉴定和"八五"攻关评估，评估结论为A类。1994年同长治回民化学厂合作在该厂通过了500 t/a规模的中试后正式通过了专家鉴定和验收。该技术成果以转让的方式在浙江大学化工厂也形成了500 t/a的批量生产能力。除此之外，天津助剂厂和抚顺脂肪醇厂也先后提出了要建立1000 t/a和10000 t/a规模的乙醇胺类的生产装置，并同前者签订了技术转让合同。该技术的研发成功和上述装置的速成投产，不仅为国内市场提供了物美价廉的乙醇胺类产品或原料，为企业、为国家节省了大量外汇，同时也大大促进了国内洗涤剂和表面活性剂及相关行业的快速发展。

综上所述，在我国合成洗涤剂和表面活性剂工业发展的60多年的过程中，本所在上级大力支持和全所职工的共同努力下，先后为国家的合成洗涤剂工业的发展和表面活性剂品种的开发做出了巨大贡献。据不完全统计，1999年底之前先后共研究开发出了如下技术成果和表面活性剂新品种：

（1）承担并完成了用"天然油"（尿素蜡）代替"合成油"为原料生产烷基苯磺酸钠及洗衣粉的生产技术的研究，开辟了我国合成洗涤剂／洗衣粉以国产天然石油为原料的新时代。

（2）承担并完成了用HF代替$AlCl_3$为催化剂由烯烃生产烷基苯的国家重点课题的研究任务，不仅提供了蜡裂解烯烃和烷烃催化脱氢烯烃生产烷基苯的新技术，特别是配套烷烃催化脱氢制备烷基苯的"脱氢一条龙"中试的完成，既保证了国家项目"脱氢催化剂"的研发成功，也促进和保证了南京烷基苯厂关于烷烃脱氢生产烷基苯的技术引进工作。

（3）为满足国内洗涤剂、化妆品、纺织、化纤、金属加工及清洗、公路建设等行业以及大型运输车辆或海运船舶为燃油增效、减少排放物污染的需要，本所在"六五"和"七五"期间先后开发出了两大系列多种类型的阳离子咪唑啉和四大系列或类型的两性咪唑啉表面活性剂的新品种、新原料数十种，填补了国内空白，产品质量和技术水平达到了 20 世纪 80 年代国外同类产品的先进水平，其中磷酸酯型两性咪唑啉为国际领先品种。

（4）为改变我国当时合成洗涤剂等行业用的阴离子表面活性剂品种单一的局面，本所先后开发出了"醇（酚）醚系列羧酸盐型""醇（酚）醚系列磷酸酯型""醇（酚）醚系列磺基琥珀酸单酯二钠盐""高碳不饱和醇及其醚硫酸盐／磺酸盐型"多种新型阴离子表面活性剂新品种，填补了国内空白。

（5）为满足国内市场 20 世纪 90 年代对乙醇胺类和羟乙基乙二胺等化工原料的需要，本所同浙江大学共同研发和改进了乙醇胺类的生产技术，开发出了管道式的快速反应生产乙醇胺类的新技术。新技术的推广应用和产品的上市，既为国家节省了大量外汇，又极大地促进和提高了国内乙醇胺类生产企业的快速发展和产品质量，也带动了相关行业的快速发展。

附：徐长卿个人简历

姓名：徐长卿　　性别：男

民族：汉　　籍贯：河南省社旗县陌陂乡

学历：大学本科　　政治面貌：中共党员

主要经历：

1953 年 9 月—1959 年 7 月，河南省方城县一中初、高中学习；

1959 年 9 月—1964 年 7 月，兰州大学化学系有机化学专业学习；

1964 年 7 月，大学毕业分配到第一轻工部日化所；

1864 年 9 月—1965 年 7 月，由单位派到天津合成洗涤剂厂实习；

1965 年 7 月—1969 年 6 月，轻工部日化所，技术员；

1969 年 6 月，随单位搬迁到太原；

1969 年 7 月—1981 年 7 月，轻工部日化所，技术员；

1981 年 7 月—1987 年 12 月，轻工部日化所，工程师；

1988 年 1 月—1999 年 6 月，轻工部日化所，教授级高工；

1999 年 6 月，退休。

半个多世纪以来我国三氧化硫磺化技术的发展

孙明和

有机物的三氧化硫磺化技术在我国的发展至今已有近60年的历史了。早在20世纪50年代后期，我国日化行业中的合成洗涤剂生产的发展促进了磺化技术的快速发展。当时在合成洗涤剂生产装置中，烷基苯的磺化普遍使用发烟硫酸泵式循环磺化的技术，磺化剂的利用率低（仅1/3），生成的废酸多（含量为70%的黑废硫酸），废酸处理困难。基于此，国内轻工行业的一些工厂与研究单位即着手进行三氧化硫磺化技术与磺化装置的技术开发研究。

我国的三氧化硫磺化技术的研究起步于20世纪60年代，比国外的三氧化硫磺化技术的发展要迟10~20年。中国日用化学工业研究院（当时为轻工业部食品工业科学研究所）十分重视三氧化硫磺化技术的研究开发工作，在20世纪60年代初就由当时的油化室组建洗涤剂组进行罐组式三氧化硫磺化技术的实验室、扩试研究，所取得的数据和成果提供给设计部门进行产业化设计，建成了与1万t/a洗衣粉生产工厂配套的罐组式气体三氧化硫磺化装置。虽然其生产规模较小，只有0.5 t/h，但这是由我们日化院自行研究、开发的三氧化硫磺化技术第一次能够在生产上使用的结果。

在这期间，上海、天津、大连当时的工厂和研究所等单位也进行了三氧化硫磺化技术的研究开发工作，但未真正实现产业化生产。

1969年，在北京的轻工业部食品工业科学研究所的部分科室搬迁至山西太原，组建山西日化实验厂，并建设了一套小型的以发烟硫酸为磺化剂的泵式连续磺化装置，生成的磺酸经碱中和成单体，用以配制成浆状洗涤剂即洗衣膏，供应山西及周边地区。同时也锻炼了一支与生产实际相结合的磺化技术队伍。两年以后当时的日化实验厂（即日化院）重新组建三氧化硫磺化研究小组。

20世纪70年代以后中国日化院即开展降膜式三氧化硫磺化技术的中试研究，设计开发出带多孔分布器与二次保护风技术的双膜磺化反应器。该中试项目完成后，中国日化院又与当时的轻工业部设计院（现为中轻国际）和上海合成洗涤剂厂（现为上海白猫集团）等单位合作进行双膜三氧化硫磺化装置的产业化开发，在上海白猫建了一套规模为880 kg/h的三氧化硫磺化装置，用于烷基苯的磺化。该项目取得了圆满成功，并先后获得了1978年全国科学大会奖和1982年国家科技进步二等奖。

除了上海白猫建设了 5 套磺化生产装置外，这种国产化的三氧化硫磺化技术还先后推广到成都、江西鹰潭（二套）、杭州万里、昆明等地，最大规模为 2 t/h，主要用于生产烷基苯磺酸。上海白猫有一套装置用于低浓度脂肪醇醚硫酸钠盐的生产，自用为主。与此同时，大概在 1978 年，当时的南京烷基苯厂（现为南京金陵石化公司）从意大利现代机械公司（MM）引进的 1 t/h 的双膜磺化装置建成投产。这是我国改革开放以来从国外引进的三氧化硫磺化技术与装置首次在国内建成投产。

20 世纪 80 年代以后，国家的改革开放政策促使洗涤剂日化行业大批从国外进口三氧化硫磺化技术与生产装置。这期间主要引进的三氧化硫磺化装置主要有意大利 Ballestra 公司和 Mazzoni 公司的多管降膜磺化反应装置与美国 Chemithon 公司的双膜磺化装置。这些装置的生产规模均较小，因为当时主要是考虑与洗衣粉生产装置配套的，一般为 1.0 t/h、1.6 t/h 或 2.0 t/h 的，以烷基苯磺化为主，但都配有中和系统，仅有一套由南京烷基苯厂从意大利 Ballestra 公司引进的规模为 3.0 t/h 的多管膜式磺化装置。为此当时的轻工业部日用化工行业的主管部门组织部日化院与部设计院等单位的相关技术人员利用为湖南日化和西安日化引进的 1.0 t/h 多管膜式磺化装置试车服务时会同外方试车人员试生产了 70% 高浓度脂肪醇醚硫酸钠（AES）产品，并在这两地先后安排了定点加工 AES 的生产工作，实现了 AES 的国产化。与此同时，由当时的中国日化院牵头，会同轻工业部设计院等单位，开展了对国外三氧化硫磺化技术的消化吸收工作，承担了"列管式磺化器的研制"的国家"七五"科技攻关项目。该项目于 1990 年经鉴定通过验收后，在当时的太原合成洗涤剂厂实现了多管膜式磺化反应器和三氧化硫磺化装置的国产化，生产的规模为 1.0 t/h。这项科技攻关项目的成果迅速在行业中得到推广。

20 世纪 90 年代中期以后是国内三氧化硫磺化技术快速发展的时期。这是因为：

（1）国内开发的三氧化硫磺化技术得到大力推广，国内洗涤剂行业内的洗衣粉生产厂普遍采用国产多管膜式磺化装置和带保护风与多孔分布器的双膜磺化反应装置，逐步取代了落后的发烟硫酸磺化技术。

（2）三氧化硫磺化技术扩展到石油开采、石油化工与其他化工领域，产品品种也得到进一步开发。

（3）一些外资企业通过独资或合资的方式进入三氧化硫磺化技术的领域。这些外资企业如美国宝洁、日本花王、联合利华等公司因为自身的产品如洗衣粉、洗发香波等需要磺化和硫酸化产品而配置三氧化硫磺化装置，但更多的如罗地亚、科宁（原为德国汉高）、南京沙索（原为康迪亚）等建立三氧化硫磺化装置生产磺化和硫酸化产品以供应市场。这些公司一般均使用进口的磺化装置与技术，而且生产规模均比较大，加之自身带有先进生产管理模式与经验，其生产的产品质量较优，在市场具有较大的竞争力。外资企业的进入及国外先进的管理技术的引进促使我国三氧化硫磺化技术飞速发展。

（4）磺化产品的某些原料生产厂家，主要是烷基苯生产厂，利用他们的原料优势积极建设磺化装置或通过外协合作加工的方式控制了较大份额的烷基苯磺酸生产市场，从而也促进了三氧化硫磺化技术的发展。一些生产规模较大的三氧化硫磺化装置建成投产，如抚顺洗化厂、天津天智的 5 t/h 进口磺化装置等。

（5）随着国产三氧化硫磺化技术的发展与积极推广以及三氧化硫磺化和硫酸化新产品的开发成功，出现了一大批专门生产磺化与硫酸化产品供应市场的企业，除了上述专门生产烷基苯磺酸的厂家，如有多套磺化装置的金桐系企业、5 t/h 磺化装置的抚顺洗化厂外，还有河南兴亚、南京佳和等烷基苯磺酸生产厂家。这一磺酸产品的集中生产，提高了产品质量、降低了生产成本，促使一些洗衣粉生产厂家由自己配套生产磺酸改为到市场去采购，从而关闭了自己的磺化装置。三氧化硫磺化和硫酸化产品进入市场的还有 AES 的钠盐与铵盐产品。这是近年来发展最快的硫酸化产品，除了前述一些专门生产这类产品的外资企业和合资企业外，最近发展较快的国内企业还有浙江赞宇科技有限公司。他们有多套三氧化硫磺化装置分布于全国各地并生产各类磺化与硫酸化产品，在市场上占有较大的份额。

由于这 30 年间我国的三氧化硫磺化技术通过国产化推广与技术引进相结合，三氧化硫磺化技术得到快速发展，促使三氧化硫磺化装置向大型化、产品多样化发展，三氧化硫磺化技术也日趋成熟。

目前我国三氧化硫磺化技术和三氧化硫磺化装置的现状：

（1）三氧化硫磺化装置的建立向大型化发展。早期建设的三氧化硫磺化装置主要是为洗衣粉生产装置配套的，生产规模均较小，一般为 1.0 t/h、1.6 t/h 和 2.0 t/h 的，仅有少量的 3.0 t/h 规模的较大型的装置。20 世纪 90 年代中期以后，随着国内磺化和硫酸化产品的不断开发，逐步形成以磺化产品作为主产品进入市场的局面，一些大型的三氧化硫磺化装置开始从国外引进。2004 年以来，国产化大型磺化反应器研制成功，更多的大型磺化装置建立起来并投入使用。在现有的 112 套正在运转的三氧化硫磺化装置中，生产规模为 3.0 t/h 的有 11 套，3.8 t/h 的有 12 套，5.0 t/h 的有 8 套，总的生产能力达到 118.6 t/h，占总生产能力 211.9 t/h 的 56%。在这些大型磺化装置中，国产的装置也占有较大的比重，如 8 套 5 t/h 的磺化装置中有 3 套是国产的，12 套 3.8 t/h 的磺化装置中有 8 套是国产的，11 套 3.0 t/h 的有一套是国产的，另一套（运城南风化工集团）的进口磺化装置的磺化器也被国产多管降膜磺化器所取代。今后三氧化硫磺化装置向大型化发展的趋势将会继续下去。

（2）三氧化硫磺化产品的生产向集中化发展。随着三氧化硫磺化与硫酸化产品的不断开发，逐步形成了几个较大的表面活性剂产品供应商。它们随着市场的扩展，不断通过新建、租赁、购买、委托加工等多种方式将各种三氧化硫磺化装置收在自己的名下，将自己企业的品牌做大做强。例如，浙江中轻物产化工是1996年涉足表面活性剂领域的。当时由浙江轻工业公司与中国日化研究院等单位共同组建的浙江吉利达化工有限公司凭借一套从美国Chemithon公司引进的1 t/h磺化装置起步，主产品为AES，以后又先后开发了其铵盐、K12的钠盐（液体与粉状产品）和铵盐、AOS的液体与粉状产品。该公司经改制成为中轻物产化工后又在浙江绍兴建立了新的磺化生产基地，拥有2套大型（3.8 t/h和5.0 t/h）国产磺化装置，生产上述各种产品，并且通过租赁、委托加工的方式与广东中山（现已退出）、山东俱进（东明）、广东江门财新等公司合作生产各类磺化与硫酸化产品，最近又收购了徐州汉高的工厂，使其在国内三氧化硫磺化装置的拥有量达到6套，总的生产能力为18.8 t/h（山东俱进未计在内），在国内三氧化硫磺化与硫酸化产品市场占有较重要的位置。

浙江赞宇科技股份有限公司起步要更晚一点。它的前身为浙江轻工业研究所，开始时建立了一套300 kg/h的国产三氧化硫磺化中试装置（磺化器为7管的多管反应器），但其发展速度更快一些。该公司先通过租赁湖南邵阳合洗（先租后买）、大连四方（后退出）的磺化装置生产并开发各类磺化与硫酸化产品，迅速占领市场后，又于2005年在浙江嘉兴嘉化工业园区建立了三氧化硫磺化生产基地，3年内先后建立起4套三氧化硫磺化装置（其中3套规模为3.8 t/h，1套规模为1.6 t/h），使其磺化与硫酸化产品的市场占有率快速增加。最近几年，该公司又先后与江苏徐州创新日化（1.0 t/h）、四川赞宇科技（1.6 t/h）、浙江绍兴纳美（5.0 t/h）、广东中山凯达（1.6 t/h）建立了加工合作关系，现在拥有9套三氧化硫磺化装置，总的生产能力达到23.2 t/h，其AES的年产销量数年来位列全国第一。浙江赞宇生产的磺化产品品种在国内也是最多的，最近正在开发脂肪酸甲酯磺酸盐的新产品。

南京金桐化工则是凭借其是磺化原料烷基苯国内主要供应商的优势，通过独资和合资的形式在国内建立了多套三氧化硫磺化装置，用于将烷基苯加工成磺酸，控制了洗衣粉的表面活性剂主要原料市场。近年来该公司又在一些装置上开发出AOS、AES和K12等产品。到现在为止，金桐公司运转的各类磺化装置约有12套（南京金桐1套、天津天智3套、厦门金桐2套、上海金帝2套、广州立智1套、四川金桐2套），总的生产能力达到30.8 t/h。目前，金桐公司产品还是以烷基苯磺酸为主，但有着向其他磺化和硫酸化产品发展的趋势。

还有一些公司如湖南丽臣、广州浪奇、河南兴亚、广州立白、运城南风等拥有多套三氧化硫磺化装置。

（3）三氧化硫磺化与硫酸化产品不断得到开发。早期的磺化装置主要是为烷基苯磺化、洗衣粉生产配套而建立的。现在国内的各种磺化装置已能生产日用化工产品所需的各种磺化和硫酸化产品如 LAS、AES、K12、AOS 等，正在开发脂肪酸甲酯磺酸盐（MES）新产品。三氧化硫磺化技术还在向工业应用领域进军，不仅将这些传统的磺化与硫酸化产品应用到工业产品中去，也不断开发出专门用于工业生产的磺化产品，如石油磺酸盐、磺化油脂等。

综上所述，我国目前三氧化硫磺化技术已经取得了很大的发展，国产的大型三氧化硫磺化器及整套磺化装置的研制成功、各种磺化与硫酸化新产品的开发，使我国三氧化硫磺化技术的整体水平接近或达到世界先进水平，产品质量能够满足洗涤剂与化妆品行业对表面活性剂原料的质量要求，包括一些国际著名企业对原料的特殊要求。

"公正、科学、求实"是标准化中心和质检中心发展之本

王佩维

我国洗涤用品工业从无到有，走过了60年的辉煌历程，尤其是在改革开放的40年中得到了飞速发展，缩小了与发达国家的差距，至今已达到或接近国际先进水平。我是一名科技人员，在行业里一直从事分析方法研究和标准检测工作，在庆祝行业发展60年之际，我感到无比激动和自豪。2019年也是中国日用化学工业研究院在太原落户的第五十年，也勾起了我的美好回忆，我是这段历史的实践者，也是这段历史的见证者。

一、积极参加国际标准化组织工作，努力推广采用国际标准

1978年我国恢复了联合国合法席位，国家标准局批准我院为洗涤剂和表面活性剂标准中国的归口单位，代表中国参加ISO/TC91分委的工作，我国是P成员（积极成员）。在1981到1994年间，共有4次国际会议，1981年萧安民、夏季鼎（巴黎），1983年萧安民、王佩维（巴黎），1986年王佩维（巴塞罗那），1994年王佩维、朱传家（巴黎）参会。

ISO/TC91洗涤剂和表面活性剂标准中，没有产品标准，只有分析检验方法标准。会议内容都是讨论分析检验方法的送审稿，讨论表决报批稿和表决投票。后来，标准化中心把多项标准汇编成册，发行推广宣传。对采用国际标准、制定标准都起到很好的参考作用。

在国内标准化工作中，在轻工部质量标准司的领导下，标准化中心做了大量的工作，如制定标准化年度计划，组织落实分工，进度检查，审订标准等。工作中我们坚持公正、科学、求实精神，对各企业研究所，各起草人等都是一视同仁，不分亲疏。行业产品厂家多，品牌多，订产品质量指标的数值时，经常发生意见分歧和争论，我们强调采用国际先进水平产品来参照，订标准既有先进性，也让大多数企业努力改进产品质量后，可以达到标准要求，体现标准的实用性。经过20多年的努力，国际标准中的方法标准大多被采用，一大批国标、行标、企标在我国使用，逐步提高了产品质量，满足了消费者需求。

二、国家洗涤用品质检中心的建立和发展

1983年轻工业部批准我院建立全国日用化学工业标准化质量检测中心站，审查验收后，还对下属的四个分站进行了验收：北京分站（北京日化所）、上海分站（上海日化所）、天津分站（轻化所）、徐州分站（合洗厂）。主要任务是对产品进行抽查，季度检验，评优检测（年度）。当时几个站之间，互相配合，团结协作，为行业服务，听从日化局和洗协的指挥，都出色完成了检测任务。

1986年国家技术监督局批准我院在第一批中建立国家级中心，筹建期五年。当时要求很严格，要与单位相对独立，场地、仪器计量传递，财务单独立账，人员上岗有证，办公、档案、仪器维修等都要落实任务。加上多项规章制度后，形成一本管理手册，规范了全中心的工作程序。1990年国家级中心经专家组考核验收，领取图章，在国家技术监督局的指导下，开始正常的检验工作。按规定国家质检中心每五年都要进行一次复查，我们都顺利通过了。管理水平、人员素质、工作质量和效率逐步提高，检验场地得到改善，院里大力支持，1998年搬入新大楼的第五层。质检中心在国家技术监督总局和中国洗协、轻工部日化局的业务指导下，多次完成全国性的洗涤用品质量抽查、行业评比和仲裁检验，全国各地企业样品委托检验等工作，未出现过任何质量事故，都完满地完成了任务。

三、坚持"公正、科学、求实"是做好标准化和质检工作之本

古人云，"没有规矩，不成方圆"，对各种产品来说，规矩就是产品的质量标准，标准就是"法"，检验产品质量就是执"法"，样品的检验报告就是产品合格与否的"判决书"，在质检中心工作也可以说是在当"法官或裁判"，质检人身上的担子很重，责任重大。要完成好这些任务，我们必须"公正"，我们必须站得直、坐得正，对各企业、各产品都一视同仁，没有亲疏。所谓"科学"就是严格执行标准，确保操作规范，数据准确。我们要求中心质检人员严格按照管理手册规定办事，一心为公，不求私利，发扬公正、科学、求实的精神。30多年里虽然我们没有出现过质量检测事故，但是，我们遇到过许多艰难险阻和惊心动魄的时刻，至今记忆犹新。在此仅举三例。

（1）协助山西省打击假酒。20世纪90年代初的一个春节前，山西省朔州市发生了饮用假酒致多人中毒死亡和眼瞎事件，当时震惊全国。正月初三的晚上，山西省质量监督局牛勇局长打电话来说，朔州工商局在市场商店取了假酒样品，有近百个，要求质检中心对这批样品进行甲醇含量检测。时间紧，任务重，我们收到样品后，按照标准进行检测，周卯星高工不分昼夜，连续加班，测定完样品。区分了真酒和假酒，

完成了这次委托验证检验任务，我们质检中心受到省里的好评。在这人命关天的千钧一发之际，我们质检中心能为本省做点有意义的事，打击假酒，保护百姓的生命安全，维护消费者权益，感到无比欣慰和高兴。

（2）坚持公正求实，维护质检中心的权威性。在90年代初的一次全国肥皂、香皂评比会议上，名牌厂家的一位评委偷偷涂改了他们厂的一项不达"国优产品"指标的数据，被我及时发现后，在会上我严肃指出这是严重的错误，数据绝不能改！评委们很支持我的意见，批评了该评委，把数据复原了。后来，我给该厂厂长、总工写信汇报情况，说明要批评教育该评委，不能让这种损坏厂家声誉和不尊重质检中心数据的行为再发生。

（3）"玉羊洗粉事件"的真相。1992到1993年间，河南省商丘华侨洗涤剂厂携其生产的玉羊牌洗粉到太原进行有奖销售，奖品是桑塔纳轿车。太原市质检所抽查了样品，委托国家质检中心检验，按当时标准检验结果为"不合格"。样品包装上写着该粉能洗衣服，也能洗餐具，无磷无毒等。太原质检所对该厂进行了处罚，商丘厂不服，上告到太原市南城区（已撤销）法院，法院判决太原质检所败诉，厂家在北京、山西、河南大肆宣传，在报纸上要求国家质检中心赔偿300万元损失。他们还到北京走上层路线，直到国家技术监督局出面干预此事，下达文件否定我中心的检验报告，还让我们"停工整顿一年"。此后，关于"玉羊洗粉事件"的大辩论就开始了。

在中国洗涤用品工业协会全国行业年会上，企业共同商定，委托律师在报纸上发表声明，驳斥商丘厂宣传的谬论和对检验报告的否定，认为能洗衣服又能洗餐具的玉羊牌洗粉违反国家强制性标准，是一个伪劣产品，三聚磷酸钠无毒，食品级的三聚磷酸钠还是食品添加剂。洗协理事长计石祥主持在北京召开的专家论证会，与会的新闻界、国家技监局法规司领导也都指出，玉羊洗粉是不合格产品，三聚磷酸钠是无毒的。国家轻工局质量标准司张殿义司长和朱业耘处长在《消费时报》上，连续发表三篇整版文章，批驳玉羊洗粉的宣传，揭开真相，并对国家技监局提出，正确对待质检中心的报告。山西省技监局慰汝曾局长亲自动笔写出一本说明材料，我中心写了不服从国家局裁定质检报告的结论，写出行政复议书。慰局长、李副局长、中心办公室主任吴照华和我四人去北京送材料，去见当时国家局徐鹏航局长，质检中心的复议发放给国家技监局及有关处室，还放入朱镕基总理在国务院生产办公室的信箱中。

在山西太原，省委书记王茂林、轻工业厅厅长张宝顺等领导都很关注此事件并大力支持。国家轻工局决定让质检中心在专家组的监督下，进行重复检验玉羊洗粉样品。质检中心重新启封一年前的仲裁样品，按原标准进行检验，结果数据与原检验结果完全重复，出报告，仍然判定其为"不合格"产品。山西省高级人民法院、检察院决定把此案提升到省级人民法院审理。在开庭前，华侨洗涤剂厂提出撤诉，服从太原质检所的处罚。历时一年多的"玉羊洗粉事件"风波宣告结束了。我们坚持了公正，顶住压力，赢了两方面的官司。而华侨洗涤剂厂倒闭了，以欠下了媒体的大笔费用无力偿还而告终。由于多方面的支持和帮助，质检中心压倒了歪风邪气的冲击，我们自身坚持公正科学求实，扎实工作，数据经得起推敲而站稳脚跟。常言道："脚正不怕鞋歪"，"玉羊洗粉事件"是一个很好的反面教材，告诫我们：质检人员责任重大，要严格要求自己，要有法制观念，要廉洁奉公，坚持公正科学求实，只有这样才能为行业为人民做出应有的贡献。

2019年是我国合成洗涤剂工业开创60周年，也是中国日化研究院在太原落户的50周年。迄今我离开工作岗位已10年，在近来的15年里，王万绪院长带领党政领导班子，狠抓创新和成果转化，在扩大开放、人才培养等方面，真是十五年又磨一剑，初露锋芒。我看到日化院实现跨越式发展，看到质检中心和标准化中心创新思路，扩大业务面，成为ISO/TC91的骨干会员，起草国际标准，培训国外技术人员等，我感到非常自豪和欣慰。相信中国日化院和中国洗涤用品行业在扩大开放的新时代，会为国家和人民做出更大的成绩，为提高人民的生活质量而努力奉献。祝愿中国洗涤用品行业和中国日化院明天会更好！

天津"九玻"叔胺试车记

李秋小

1992年,轻工业部日用化学工业科学研究所(中国日用化学工业研究院前身)和天津第九玻璃厂(下称"九玻")签订了400 t/a长链烷基叔胺生产技术的转让协议。协议规定由日化所提供技术软件,天津轻化所("九玻"的上级单位)根据日化所提供的软件进行工程设计,然后由天津第九玻璃厂进行装置建设,建成后由三方共同进行试车。该项目签协议时日化所叔胺小组由周渭熊高工负责,但周工在1993年调离日化所,所余工作由我接手完成。

项目设计工作没有占用多少时间,但进入施工期后,由于施工队伍里基本都是厂里的工人,专业水平相对不高,进度不够理想,且很多部分都有反复。装置最终在1994年秋天才基本具备了试车条件。日化所试车队伍5人,由我带队。另天津轻化所设计室的孙主任以及"九玻"叔胺车间的两位负责人和该车间的师傅们,共20人左右。

参加试车的人员进驻车间后,正式投料前的工作均按既定的程序进行,比较顺利。当生产出第一批催化剂产品后,按日化所拟定的生产规程必须先在实验室500 mL胺化装置上进行催化剂标定。但实验结果出人意料,用月桂醇和二甲胺进行催化胺化反应得到的产物中单长链烷基二甲基叔胺的含量只有85%左右,而高沸物达到10%以上。这种结果是不可接受的,更主要的是催化剂也就不能用于实际生产,评价实验经多次重复其结果都差不多。

接下来是查找原因,除了对现场生产的催化剂进行评价外,首先想到的是使用从日化所带的催化剂样品(该样品早已实验证明无任何问题)对装置进行标定,结果显示叔胺含量也是85%左右。由此排除了对催化剂的怀疑,推定问题应该是出在原料上。接下来对原料由主到次进行一一排除:首先考虑脂肪醇,它是从印尼三林公司进口的,应该没有问题;氢气是"九玻"自己生产的,厂家保证质量,实验室测定证明其含氧量确实很低;最后问题的焦点集中在二甲胺上。厂家积极配合进行实验室标定,随即从天津轻化所借了半瓶剩下的二甲胺进行胺化实验,叔胺含量达96%以上,如此结果令人振奋!至此,可以下结论了,但是仅凭这一项还不能作定论,这对生产厂家和本厂采购部门及人员都是不负责任的,还要有进一步的数据依据——分析结果佐证,由此引出的问题是没有现成的二甲胺的分析方法。建立二甲胺纯度的分析方法迫在眉睫，自己作为试车负责人心急如焚，凭借自己多年来的实践经验和知识积累，综合分析考虑后，初步形成了一个采用化学分析法来测定二甲胺纯度的方法。于是，立即动手建立方法，先对从轻化所借来的二甲胺进行分析，纯度达99.5%，再对厂家采购的二甲胺进行分析，纯度不到90%。分析实验一举成功，从而建立了一个快速、简便、可行的二甲胺纯度的分析方法，也明确了二甲胺的质量问题。此法的建立为厂家挽回了一定的经济损失（厂家与供应商及时沟通，供应商承认自己有过错，并给予退换货），同时也为脂肪醇胺化制叔胺工艺实时监测原料二甲胺的纯度提供了方便可靠的分析方法。

催化剂标定问题解决后，很快进入了投料试车。接下来的试车还比较顺利（小问题也出现过不少，都很快得以解决），先由课题组人员负责操作，厂家人员跟着学习，共试验6批次，产品质量指标均达到合同要求。然后再由厂家人员独立操作试验6批，产品质量同样达到合同规定指标。至此试车工作结束，装置转入生产阶段。

试车结束后，厂家很痛快地把技术转让费的余款结清（之前所里也有迟迟不结、拖欠技术转让费用的情况），同时，为了表达对课题组试车人员的感谢还特地请我们周末到天津辖区的长城游玩了一次。回到所里后，自己对这次试车进行了认真回顾和总结，特别是对刚建立的二甲胺纯度的化学分析方法整理成文，将其发表在中文核心期刊《日用化学工业》上。

通过这次试车我深刻体会到，遇事要冷静，抓主要矛盾，重点分析，综合考虑，果断决策。这件事情过去20多年了，它给我的启迪却使我受益终身。

烷基多苷研发琐记

曹玉英

烷基多苷（APG）研发的真正起步，始于20世纪80年代末，先在实验室进行过无数次的探索实验，小试成功后又进行了多次的100 t/a放大试验，最后才走上了工业化生产之路。过程是曲折的、复杂的和艰苦的，但又是令人振奋与欣慰的。

APG的生产技术先后经历了两条路线，即两步法和一步法。

一、两步法

第一条工业化生产线采用的技术是两步法。第一步是葡萄糖与短链醇（主要是正丁醇），在酸性催化剂存在下进行反应，生成丁基糖苷；第二步是丁基糖苷再与长链脂肪醇进行取代反应，生成APG。两步法，为目前广为采用的一步法也称直接法提供了丰富、翔实、可靠的试验数据与经验，奠定了厚重的基础。

APG的研制，在国内日化院是较早开展的，一切从零开始，从实验室做起。那时，我刚从南方调到日化院（当时叫日化所），正值隆冬，居民取暖各自为政，锅炉随处可见，太原的天空灰蒙蒙一片，毫不夸张地说，每天早上起来往窗台上一看，只见黑煤灰一层，心情差极了。现在的太原环境大变，汾河水清清，天空常蓝蓝，滨河路宽宽，长风圈靓靓……

心情归心情，且初来乍到，谁也不认识，每天只管准时上班基本会提前一点，但并不能每天准时下班，时有加班。合成条件探索筛选实验每天一批，就我一个人具体操作，有机反应烦人的特点之一就是反应时间长，时间太紧张了（说句逗笑的话，上卫生间也须选能走得开的时候）。条件选择主要为反应物料的配比、催化剂的种类及用量、反应温度、反应时间等等。葡萄糖是热敏性物质，传质传热不好，长时间受热会有自聚等副反应发生，甚至焦化结块后无法继续反应。因此，主反应物物质的量比1∶1的理论价值是实现不了的，同时反应时间、反应温度、催化剂的种类及用量也尤为重要。就拿反应时间来说吧，到底反应多久才合适，采用何种办法能简单明了初步判断反应终点呢？特别是要了解反应的进程。我一方面听从领导的安排，一方面谨遵理论知识，觉得选择以反应出水情况来作指示性判断是合理的也是最直观简单的一种，当然用分析数据指导是最科学的，但需要诸多条件（如人力物力等）的配合，也有随时需取样（取样时反应体系的微环境或多或少会受到影响）

以及不能及时得到数据的不便。另一方面仔细观察实验情况，随时记住实验过程发生的一些现象，特别是一些异常情况。经过无数次的反复实验并用分析数据加以佐证，最终选择以出水量来初步判定反应进程与确定反应时间，同时也结合积累的经验，以此帮助最终选出合适的反应时间。当然，还是要以分析数据来真正定夺。反应过程中实际出水量并不能与理论值完全吻合，绝大多数有机反应都有副反应发生以及很难进行得完全彻底，所以实际出水量会少于理论量，但还是有一定的范围。这种直观简单具有指示性的判定方法还受到老室主任徐长卿专家的夸奖呢！这无疑对我这个后入门的人来说是莫大的鼓励。

小试成功啦！该项目1991年11月30日顺利通过了部级鉴定，得到了专家们的好评。顺利通过鉴定极大地鼓舞了我们课题组的全体同仁，坚定了我们对APG进一步深层次研究（包括推向工业化以及新的制备路线）的信心！

这一项目从1991年开始被列入"八五"科技攻关项目。

小试成功完成后，开始了在100 t/a反应装置上的放大试验（扩试）。这个时期原有课题组人手不够，陆陆续续增加了一些年富力强的人员，课题组力量得到了加强。

100 t/a反应设备安装在多年不用的旧脂肪酸车间，该车间采光、通风等条件都不具备，夏热冬冷，条件很差。

尽管环境差，也没什么防护措施，但是全课题组人员毫无怨言，加班加点（基本每天都加班，从来没有补休或申请加班费），只要每批试验能顺利进行，取到合适的工艺参数，大家就高兴。每一批试验都小心翼翼，仔细观察，认真记录，包括每天的大气压都须及时记录下来。在大家共同不懈的努力下，扩大试验得到圆满完成，获得了试验的各项参数，为工业化生产奠定了坚实的基础，提供了有力的技术支撑。

两步法合成APG技术具备了工业化生产的条件，此项技术以成果转让的形式入驻广东省中南精细化工厂，于1994年盛夏产业化试验成功并投产，规模为1000 t/a，成为国内第一条APG工业化生产线（1995年又在湖北省美华化工股份有限公司成功试车投产）。此项研究为"八五"攻关计划项目，试车成功也就意味着该项目顺利完成，1996年1月通过中国轻工总会科技发展部组织的鉴定。从鉴定意见"……填补了国内空白……合成技术与产品质量的主要指标达到国际上同类工艺的先进水平"中，可以看出，此项研究得到了鉴定专家的充分肯定，取得了社会效益和经济效益双丰收。

从100 t/a放大到1000 t/a，并不是简单的设备放大和投料量成比例增大，在广东省中南精细化工厂生产线试车（简称中试）也是曲曲折折的，并非一帆风顺。先期会做多批次验证试验，以此可适时微调工艺过程的一些参数，同时要取到工程化工艺条件参数，完成"八五"计划。但其间仍有意外发生。如：反应阶段完成后，要将催化剂中和，然后才能进入粗产品精制阶段——脱除长链脂肪醇。设备调整完毕后前几批试验还算顺利（小毛小病难免，新装置嘛），再做几批就可以正式进入试车，不料在大家满心欢喜的时候问题出现了，脱醇时粗产品从反应釜不能正常流入脱醇系统，经检查发现出料口粗产品料液有结块，虽量不多，但足以堵住出口，接下来两三次出现同样现象。领导明智，当机立断停车带问题休息，大家动脑筋分析情况，找到问题症结所在，然后集中开会讨论。记得那天还下着小雨，尽管是还有动脑任务，但毕竟可以缓解一下多天来连轴转的疲惫。晚饭后集中开会了，大家纷纷发表自己的看法，加以分析，经分析一致认为"NO"的，随即排除，留下分歧进一步讨论，形不成统一意见的只能试验验证。我所提观点当场有几位合作者赞同，并不是全部。后经试验证实了我的看法正是问题的症结所在，随后的试验同类问题再无出现，真是实践出真知。APG的合成试验我做得最多，从一开始的小试做起，比大家多了点实践操作经验罢了。

　　试车是很辛苦、很累的，但大家会在忙累中取乐。如：吃饭时插空开个玩笑；设备不停人倒班，若自己不在班时也会和同班组人员到田埂边坐坐（注：这个厂是在四面都不靠城市与乡村居民的山沟里，在当时选厂址就注重环保，确具有远见），聊聊天什么的，还有一道最亮丽的风景可欣赏：经常会看到扎着红头绳小辫的女同志，肩挑用竹子编的大箩筐，匆匆行走在布满碎石的山路间，筐内盛满稻谷之类的粮食（像是交公粮）。从未见当地男同志如此，也许当地习俗就是女士耕作，或许是改革开放了男士外出打工挣钱去了。她们虽担挑百斤（看箩筐的样子，远超百斤），但步伐很轻盈，姿势好优美！她们顶起的远不止半边天！每每看到她们，心中就有一种崇敬之感，同时会觉得我们的试车之累又算得了什么，顺利试车成功才是我们所期待的！

　　那时到工厂开/试车，吃住由厂家负责。这个厂远离广州，而我们返程时需要在广州住宿。厂家是厉行节约的，让我们入住他们在广州的办事处。办事处有两间房（里外间，算套间），房内只有多张单人高低床，水池、厕所等卫生设施都在房间外，且共用。我们一行十多人，男士略多于女士，男士住外间，女士住里间。其实也无所谓，有睡的地方就行，只是尴尬些许，正值盛夏，广州的天气潮热得很，男士晚上睡觉相对随意点，晚饭上如此美味的广州煲汤女士们都不敢多光顾，恐夜起遇尴尬场面（哈哈）。想想那个时候人并无多高要求，厂家能安排住下就足够了，大家不在意这些，只是一直沉浸在试/开车成功的兴奋之中。

二、一步法

两步法制APG研发成功,并投入了生产,但由于产品中存在一定量的丁基糖苷,更主要的是正丁醇的使用有防爆要求,还会给环境带来一定的影响,不符合绿色化原则。再则,国外已有一步法工业化产品,由此可知,一步法制APG的研发势在必行。

一步法制APG,是以天然长链醇与葡萄糖为原料在酸性催化剂存在下进行反应,一步完成全过程反应。一步法制APG的研发,1996年被列入了"九五"攻关项目(专题名:烷基多苷及衍生物的研究开发)中,1997年真正正式开始,我们课题组全力以赴投入了"九五"项目的工作中。

参照两步法相关实验条件,一步法小试少走了一些弯路,但并不平坦。如反应时,原料葡萄糖和长链脂肪醇的相溶性差,属固液反应,搅拌效果会直接影响到固液两相的混匀程度,那么搅拌叶型式是重要因素之一。小试装置不同于大试验装置,小试反应是在四口玻璃烧瓶中进行,选择搅拌叶型式时不仅要考虑其对反应液的搅拌效果,还要确保搅拌叶能顺利装入反应瓶中,满足每批次实验时拆装都方便。经过反复试验修改,确定了半圆形叶片双层搅拌。

一步法制APG的扩试装置(100 t/a)是在两步法装置上经过一定的改造后实现的。有小试的经验,扩试反应条件的筛选范围相对缩小了,但也难题多多。例如:反应过程同样存在固液悬浮问题;长链脂肪醇脱除工序中重点要考察出料泵的情况;等等。值得一提的还有一些看似简单的事情,使人倍感头疼,如管道的保温之事,所用的保温材料是传统的短纤维保温棉(易碎成渣),法兰连接处或管道拐弯处这些特殊部位保温效果往往不太好。十二醇的凝固点约为24 ℃,在冬天系统保温不太好的情况下时有凝固。十二醇一旦凝固我们的头疼事情就来了,要拆掉保温材料后再用蒸汽吹管道,实在不行还要拆法兰,拆得多了,拧螺丝就不在话下了,大家风趣地说像扣扣子,类似于卓别林动作。说实在的,不怕拆,怕的是保温棉渣,一动四处飞扬,脸上、脖子上、手腕处都沾满了保温棉渣,不仅奇痒难忍,而且过敏起小红疙瘩。使人难以忘怀的插曲还有:原料十二醇气味较大且难闻,衣物吸附后很难散去。由此引发出小笑话:每次我们从车间出来办事几乎是遇上谁谁躲,并说上一句"APG"味来了;每每去仓库领料,仓库的几位爱美女士就会说"你们这味太难闻了,快把我们熏得晕过去了"。

困难虽多,但经过课题组不懈的努力,圆满完成了扩试。

特别提出,有一个人需要记住和感谢,他就是已故多年的蒋元芳老师傅,他并不是我们课题组成员,也不在相关科室,却有求必应,从不计较付出。他是一位敲白铁皮工,手艺炉火纯青,他的工作间就在我们扩试车间旁边,因此少不了麻烦老师傅做些试验小用具，如接料盘、水浴筒等等。还经常到他那里借用工具加工如垫片等。扩试的顺利完成，老师傅也出了一份力，从他身上我们也学到了敬业与奉献精神！这或许就是那个年代老一辈的优良传统吧！

中试装置（500 t/a）建设在我院（日化院）新车间，环境条件比扩试好了许多许多，但试验的艰巨性和复杂性是可想而知的。从100 t/a放大到500 t/a，全套装置自行设计，由本院机修车间的师傅们安装，装置贯穿车间的一层至三层，课题组人员全力配合全程安装，每天都要早早到现场做好师傅们安装前的各项准备工作。我是第一次亲临这么大装置的安装现场，记得为了能观看清安装过程中的一些细节情况，近距离接触了电焊，又没有防护罩，眼睛遭殃了。

一步法制APG，其反应过程属非均相反应，反应工序重点要解决固液悬浮问题。为了能使葡萄糖很好地悬浮于脂肪醇中，采用了预混模式进料，另特别对搅拌器型式和搅拌速度进行了优选，使固体葡萄糖很好地分散在液体（长链脂肪醇）介质中，进而增大相间接触面积，有效地强化了固液传质传热及化学反应的进行。反应结束后的脱醇工段，其装置可参照两步法加以调整，确定了采用两级脱醇技术。经过课题组全体人员悉心工作，反复试验，圆满完成了中试，圆满完成了"九五"任务，并通过了中国轻工总会科技发展部组织的验收，此项研究得到了参加验收专家的充分肯定。同时也成了上海发凯公司一期项目的首选产品，至此，一步法制APG步入了工业化生产之路。

一步法制APG中试表现出的主要亮点是：①首次采用计算机控制；②反应过程采用预混模式进料；③二级脱醇工艺及装置。

自己作为"九五"项目第二负责人，参加了该专题的全过程工作，从小试到扩试再到中试。成功研发出了一步法制APG系列产品，即：C_8APG、$C_{12\sim14}$APG和$C_{8\sim14}$APG。同时，对它们的物化性能也进行了研究。

三、结束语

APG研发成功，并走上了工业化生产之路，上海发凯公司也从起初的3000 t/a装置发展到10000 t/a规模。APG研发成功不仅成就了上海发凯公司十几年来的发展，而且结束了APG市场完全靠进口的历史，极大地方便了用户，并给予了用户更大的选择空间。

另外，在以天然脂肪醇与葡萄糖为原料，成功合成APG技术的基础上，我们抽时间还完成了羰基合成醇替代天然醇一步法制APG的实验室条件探索性工作。同时针对APG配伍性能好，并可降低配方中其他表面活性剂的刺激性等优点以及为改善APG产品水溶性不太好，且价位较其他非离子表面活性剂要高的缺点，进行了

APG 与典型的阴离子和两性离子表面活性剂的复配工作，优选出了复配产品的最佳复配比例、复配条件及总活性物浓度，确定了可应用于广泛配方中的两个 APG 复配产品 APG-A 和 APG-B。除此之外，还初步探索了 $C_{16}APG$、$C_{18}APG$ 以及以淀粉代替葡萄糖合成 APG 的实验室工作。

事件的发生、发展和结束已是几十年前的事情，虽成过往，却记忆犹新。不管是苦累还是酸甜，它已成为我一生当中的重要组成。我与 APG 结缘十几年之久，有了深厚的感情，每每想起仍激动不已，愿它越来越壮大！

坚信 APG 将会成为业界推崇的"绿色表面活性剂"主要品种，其工业化生产以及应用有着广阔的发展前景！

多种污布织物洗涤性能评价去污力测定方法建立

杜志平

1992年我从华东化工学院（现华东理工大学）研究生毕业，来到轻工业部日化所工作。先在一室徐长卿主任的研究组工作了3年，参与了咪唑啉系列和醇（酚）醚系列阴离子表面活性剂的中试生产及成果转让。在这里我学习到了不少实践知识，特别是在实验和大规模生产中遇到困难时的应变能力有了很大提升。1995年由于工作需要我被调到应用研究室任配方组组长。我在研究生阶段虽然学习了化学基本知识和胶体与界面化学相关理论，但洗涤剂相关知识非常匮乏，对配方研究和去污力测试更相当陌生。好在有陆用海老师做我们的项目指导，他渊博的知识、实事求是的态度和无私的教导，使我受益匪浅、进步很大。

在洗涤用品行业，去污力测试是评价洗涤用品性能的实验方法，需要确定能够模拟实际洗涤情况的测试条件和制备出能够代表实际穿着情况的人工污垢。而当时我国洗涤剂去污性能评价一般采用GB/T 13174中介绍的标准污布（碳黑油污布）去污力测试方法，此方法已经不能满足洗涤行业的实际需求。我们的任务就是：开发皮脂、蛋白、机油、植物油、黏土等多种污布，建立新的织物洗涤性能评价方法。这也是我就任配方组组长后所接受的第一个任务。为了更好地开展工作，我和配方组当时的年轻人——刘俊芳、刘晓英和史东等人，首先对标准污布（碳黑油污布）洗涤剂的去污力方法进行了全面系统的测试。针对实验误差大、重复性不好的问题，我们在一年内进行了上千次实验，常常是一天十几个小时连轴转，周末不休息。辛苦总有收获，最后我们也掌握了一定规律，为开发新的评价方法打下基础。

随后，根据国外对人体污垢的成分分析结果，我们开始了人工皮脂污布的制备。皮脂污垢是模拟人体实际皮脂的污垢，成分复杂，包含了棕榈油、角鲨烯、硬脂酸、胆甾醇等十几种，很难混合均匀形成乳液。这时候在一室做的有机合成实验所积累的经验对我帮助很大，通过对加料方式、加料顺序、搅拌速度和制备温度等多次优化，终于制备出均匀的皮脂污垢乳液。但是，皮脂污布的染制又成了大问题。由于皮脂污垢乳液黏稠、油性原料含量高，原来用于碳黑油污布的浸泡提拉法根本不适用于此。通过查阅文献，发现国外大多使用机器压染，而且要求压辊绝对均匀，辊两端压力相等。当时国内没有相应设备，联想到纺织印染行业有类似的需求，我们求助了许多印染机器厂，然而大部分只生产大设备，对我们实验室染制污布不感兴趣。那段时间，我天天在外面跑，到处咨询洽谈都没有结果。即便如此，我没有放弃，仍然在拼命寻找。终于在无数次碰壁后，在宁波发现一家印染机器厂开发实验室小型印染设备，我马上激动万分地拿起电话。电话接通后，我详细介绍了我们的需求，对方非常客气地说他们的机器只用来染制条纹图案，也做不到非常均匀，很遗憾帮不上我们的忙。

但是，这是我们唯一的希望，怎么能轻易放弃？我马上决定找厂家面谈，为了节约经费我只身前往。当时交通还没有现在这么发达，我先乘26个小时火车前往上海，第二天早晨达到后，等到晚上才有火车去宁波，到宁波时正值凌晨四五点。宁波方言比较难懂，又找不见去厂里的路，内心非常忐忑。"怕鬼就有鬼"，跨出火车站，刚刚想开口问路，周围马上围了十几个当地青壮年，七嘴八舌说20元保证送到。当时心疼钱，主要是害怕，我决定也不跟谁走，返回车站等天亮。好不容易熬了几个小时，看见公交开始发车，我出来问清楚后买票上车。结果就一站地，3分钟就到。到达厂里后，找到负责技术的厂长，说明来意。对方被我的执着和勇气感动，领着我现场观摩了设备并当场一起讨论拟订了更改方案，答应为我们改制一台小型染污设备。就这样，我们用1万元的价格购置回一台小型印染设备作为染污机。

有了设备，染污试验也并非想象中那么容易。由于当时处于改革开放初期，设备制造技术还不成熟，改制设备就更不能满足条件。我们在使用时发现不是污液染跟不上、染不均匀，就是污布皱皱巴巴成不了形。面对一片质疑，我们通过坚持不懈的实验，在机修车间韩卫彪师傅的帮助下，终于制备出了染制比较均匀，能够用于织物洗涤性能评价的皮脂污布，为多种污布织物洗涤性能评价去污力测定方法的建立奠定了基础。后面植物油、机油、黏土和可漂性污布的制备，也克服了重重困难，但有了前面的基础就相对还是容易得多。蛋白污布是检测站刘栖娥高级工程师负责完成的，她也克服了原料选择、重复性、去污力对比等方面的困难，终于完成任务。所有污布都是用我们从宁波购置的那台去污机染制的，这台设备使用了二三十年，直到最近才被更新的设备替换，可以说它立下了汗马功劳。

中国合成洗涤剂工业60年

十
大事记

大事记

1. 1957年，有关单位开始合成洗涤剂的研制工作。

2. 1958年5月，在上海制皂厂建成了烷基磺酸钠的中试装置，随后建成生产车间。

3. 1959年5月1日，上海永星化工厂"工农"牌洗衣粉问市。

4. 1959年，上海中国化学工业社（现在上海牙膏厂的前身）开始用椰子油进行十二醇的试制工作。

5. 1959年，全国合成洗衣粉产量共计5700 t。

6. 1960年9月，公私合营上海永星化工厂更名为公私合营上海永星合成洗涤剂厂。

7. 1962年，苏州肥皂厂推出以表面活性剂配制的液体洗涤剂。

8. 1963年12月，徐州化工厂建成300 t/a三聚磷酸钠生产装置，1964年1月正式投产。

9. 1964年，第一座塔式喷雾干燥洗衣粉装置建成，年产5000 t。

10. 1964年11月，第一批空心颗粒合成洗衣粉上市，商品牌子为"白鸽"。

11. 1964年，江西省轻化厅科研所开始研究开发湿法制三聚磷酸钠的生产工艺，并于1965年5月在鹰潭蛋品厂建成1000 t/a三聚磷酸钠的生产装置。

12. 1966年，南化集团设计院完成了为广西三柳化工有限责任公司（广西磷酸盐化工厂）用热法磷酸工艺两步法生产三聚磷酸钠的1万t/a生产装置设计，该装置于1975年建成投产。

13. 1967年，上海合成洗涤剂厂用煤油馏分制得的正构烷烃生产了烷基苯（氯化法）。

14. 1968年，石蜡裂解制 α-烯烃的工业装置开始投产。

15. 1969年初，日化所研制出了以四聚丙烯烷基苯磺酸钠为活性物的浆状洗涤剂，当年9月投产。

16. 1969年5月，轻工业部日用化学工业科学研究所迁到山西省太原市。

17. 1970年，日化所完成了四聚丙烯烷基苯的试制，进行了中试。

18. 1970年3月5日，"日用化学工业技术情报中心站"（中国日用化学工业信息中心前身）建立。

19. 1971年，情报站创办第一本刊物《日用情报》。

20. 1971年，合成洗涤剂产量超过10万t。

21. 1972年，情报站创办了刊物《日用化学工业科技消息》。

22. 1973年，正式通过了我国第一代脱氢催化剂研制的小试鉴定。

23. 1974年，榆次日化厂生产出了加酶洗衣粉。

24. 1975年，正式签订了引进年产5万t脱氢法烷基苯生产装置合同，建设南京烷基苯厂。

25. 1975年，轻工业部组织多家单位共同研究设计了0.8t/h磺酸的双膜磺化生产装置，该装置于1978年投产。

26. 1976年3月，轻工业部确定轻工业部日用化学工业研究所为标准化专业技术归口单位。

27. 1977年，"日用化学工业科技情报服务站"更名为"全国日用化学工业科技情报站"。

28. 1978年，国家决定建设昆明三聚磷酸钠厂，规模为年产3万t黄磷，11.7万t三聚磷酸钠。

29. 1978年，《日用化学工业译丛》在行业内出版发行，同年7月14日，经轻工业部批准，《日化情报》正式更名为《日用化学工业》。

30. 1979年，芒硝供应基地——新疆盐湖化工厂芒硝工程一期工程动工，1981年建成投产。

31. 1980年11月25日，南京烷基苯厂生产出烷基苯。

32. 1980年3月，国家标准局确定轻工业部日用化学工业研究所为"国际标准化组织表面活性剂技术委员会（ISO/TC91）"在我国的归口单位。

33. 1981年，轻工业部决定在轻工业部日用化学工业研究所内设立"中国日用化学工业标准化检测中心站"。

34. 982年10月26日，全国合成洗涤剂产品质量检测中心组建完成。

35. 1982年，餐具洗涤剂通过轻工业部组织的技术鉴定，该配方生产的产品很快普及。

36. 1983年，湖北沙市日化厂引进意大利1t/h磺酸的三氧化硫磺化装置。

37. 1983年，中国洗涤用品工业协会成立。

38. 1985年，中国日用化学工业研究院为沙市日化厂开发的功效"1∶4"洗衣粉面市。

39. 1985年，合成洗涤剂产量超过肥皂，达100万t。

40. 1986年1月，昆明三聚磷酸钠厂正式投产。

41. 1986年7月15日，上海利华有限公司由上海制皂厂与英国联合利华有限公司合资组建。

42．1986年，中轻国际在北京合成化学厂工程"2.5 t/批非离子表面活性剂项目"工程设计中，引进了PRESS第Ⅰ代工艺。

43．1986年，液体洗涤剂产量超过10万t。

44．1987年，国家决定从国外引进技术和成套设备，建设抚顺脂肪醇厂（后更名为抚顺洗涤剂化学原料厂）。

45．1988年，洗衣粉产量超过100万t。

46．1989年7月，联合国计划开发署批准了日化所申报的《洗涤剂生产的研究、开发和工业支持》援助项目，10月开始执行。

47．1990年10月23日，第一届国际表面活性剂和洗涤剂会议在山西太原召开。

48．1990年12月12日，由国家技术监督局批准授权，正式成立了"国家洗涤用品质量监督检验测试中心"。

49．1992年9月，抚顺洗涤剂化学厂7.2万t/a烷基苯装置试车成功。

50．1993年11月，抚顺洗涤剂化学厂5万t/a合成脂肪醇装置试车成功。

51．1993年，烷基苯产量超10万t。

52．1993年7月1日，轻工业部发布了含4A沸石洗衣粉标准（QB 1767—93）和洗涤剂用4A沸石标准（QB 1768—93）

53．1993年，中轻国际在完成所承担的安徽轻工化学厂"10 t/批非离子表面活性剂"工程设计时，引进了PRESS公司第Ⅱ代生产工艺。

54．1994年，合成洗涤剂产量超过200万t。

55．1995年12月，金陵石油化工责任有限公司与英属维尔金宝智投资公司、我国台湾和桐化学股份有限公司合资建设的金桐石化公司5万t/a烷基苯项目投产。

56．1995年，《日用化学工业译丛》改版为双月刊的《日用化学品科学》。

57．1996年3月4日，国家计委以计科技（1996）363号文批复，同意依托中国日用化学工业研究所，建设表面活性剂国家工程研究中心。

58．1997年9月，第一届中国日用化学工业研讨会（中国日用化学工业论坛前身）在无锡召开。

59．1998年，北京东方罗地亚公司引进瑞士BUSS公司乙氧基化生产装置一套，生产能力为3万t/a。

60．1999年，烷基苯产量超过30万t。

61．1999年，餐具洗涤剂产量超过20万t。

62．2000年4月26—28日，第一届全国三氧化硫磺化／硫酸化技术与市场发展研讨会在江苏常州召开。

63．2001年1月，国家洗涤用品质检中心（太原），以"中国日用化学工业研究所表面活性剂洗涤剂分析实验室"的名称，首次通过中国实验室国家认可委员会的实验室认可。

64．2002年，南风化工集团国内实现了AOS的工业生产。

65．2004年5月25日，国家标准化管理委员会批准成立全国表面活性剂和洗涤用品标准化技术委员会及表面活性剂、洗涤用品两个技术委员会分会。

66．2005年，洗衣粉产量超过300万t。

67．2006年，合成洗涤剂产量超过500万t。

68．2007年，在上海建成年产5000 t APG装置。

69．2007年，洗衣液产量超过10万t。

70．2008年5月27日，国家标准化管理委员会批准成立全国食品用洗涤消毒产品标准化技术委员会。

71．2009年，餐具洗涤剂产量超过100万t。

72．2010年，全国三氧化硫磺化／硫酸化技术与市场研讨会增加了乙氧基化研讨内容，由此该会议更名为全国磺化／乙氧基化技术与市场研讨会。

73．2011年，洗衣液产量达到150万t。

74．2013年，合成洗涤剂产量超过1000万t。

75．2014年，餐具洗涤剂产量超过300万t。

76．2014年1月起，《日用化学工业》由双月刊改为月刊。

77．2014年1月，中国日用化学工业研究院主持起草的两项国际标准ISO 17293—1：2014，ISO 17293—2：2014通过FDIS投票，成为国际标准。

78．2016年1月，*China Detergent & Cosmetics*创刊。

79．2017年12月29日，国家标准化管理委员会批准GB/T 13171.1—2009等七项国家标准英文版发布出版。

80．2019年，中国合成洗涤剂工业成立60周年。

81．2019年，中国日用化学工业研究院建院90周年，迁并50周年。

编后记

60年，在中国传统文化中是一个很重要的时间节点。

2019年，是中国合成洗涤剂工业建立60周年，也是中国表面活性剂／洗涤剂行业唯一的国家级研究机构——中国日用化学工业研究院（下称中国日化院）建院90周年和从北京迁入山西太原50周年。值此重要的历史时刻到来之际，中国日化院决定将合成洗涤剂行业60年发展的历史以书面形式做一总结，编纂成册，定名为《中国合成洗涤剂工业60年》，以此作为庆祝中国合成洗涤剂行业成立60周年以及中国日化院迁并50周年的一份贺礼。

编纂任务确定之后，中国日化院于2018年1月成立了编纂工作领导小组及编辑部，正式开始工作。编辑部工作人员从搜集资料开始，对大量文献进行分析、归纳，再加上一些实地调研和人物走访，并邀请行业内一些资深人士提供素材，在此基础上形成了初稿。初稿形成后分章节请行业内专家进行了审阅，根据专家们提出的宝贵意见和建议进行了修改，形成了最终稿。

编纂过程中主要的参考资料，一是来源于正式期刊中的相关论文，尤其是《日用化学工业》《日用化学品科学》《中国洗涤用品工业》三种刊物；二是参考了《中国日用化学工业研究院院史》（2009年版）和《中国洗涤用品工业发展史》（2003年版）两本书以及2012—2018年的《中国表面活性剂行业年鉴》中的有关内容；三是采用了中国日化院档案室收藏的部分内部资料；四是参考了中国洗涤用品工业协会内部发行的一些资料，主要是《中国洗涤用品工业简报》《中国洗涤用品行业研究报告》《洗涤用品行业统计信息》；五是参考了表面活性剂行业相关的国家标准和行业标准中的一些内容。编辑部对这些文献资料的作者、编者和提供者表示衷心的感谢！

《中国合成洗涤剂工业60年》收集的信息、数据等截至2018年底，其中所涉及的内容不包括港、澳、台的情况。

限于编者水平，加之年代跨度大以及资料难以收全等，很多重要事件可能被遗漏，表达不准确甚至错误的地方在所难免，恳请业内同仁和广大读者不吝指正，不胜感激。

编 者
2019年5月